2022中国水利学术大会论文集

第一分册

中国水利学会　编

黄河水利出版社

内 容 提 要

本书是以"科技助力新阶段水利高质量发展"为主题的 2022 中国水利学术大会（中国水利学会 2022 学术年会）论文合辑，积极围绕当年水利工作热点、难点、焦点和水利科技前沿问题，重点聚焦水资源短缺、水生态损害、水环境污染和洪涝灾害频繁等新老水问题，主要分为国家水网、水生态、水文等板块，对促进我国水问题解决、推动水利科技创新、展示水利科技工作者才华和成果有重要意义。

本书可供广大水利科技工作者和大专院校师生交流学习和参考。

图书在版编目（CIP）数据

2022 中国水利学术大会论文集：全七册/中国水利学会编 . —郑州：黄河水利出版社，2022. 12
ISBN 978-7-5509-3480-1

Ⅰ. ①2… Ⅱ. ①中… Ⅲ. ①水利建设-学术会议-文集 Ⅳ. ①TV-53

中国版本图书馆 CIP 数据核字（2022）第 246440 号

策划编辑：杨雯惠 电话：0371-66020903 E-mail：yangwenhui923@163.com

出 版 社：黄河水利出版社   网址：www.yrcp.com
　　　　　地址：河南省郑州市顺河路黄委会综合楼 14 层   邮政编码：450003
发行单位：黄河水利出版社
　　　　　发行部电话：0371-66026940、66020550、66028024、66022620（传真）
　　　　　E-mail：hhslcbs@126.com
承印单位：广东虎彩云印刷有限公司
开本：889 mm×1 194 mm 1/16
印张：261（总）
字数：8 268 千字（总）
版次：2022 年 12 月第 1 版   印次：2022 年 12 月第 1 次印刷

定价：1 200.00 元（全七册）

《2022 中国水利学术大会论文集》

编　委　会

前言 Preface

  学术交流是学会立会之本。作为我国历史上第一个全国性水利学术团体，90多年来，中国水利学会始终秉持"联络水利工程同志、研究水利学术、促进水利建设"的初心，团结广大水利科技工作者砥砺奋进、勇攀高峰，为我国治水事业发展提供了重要科技支撑。自2000年创立年会制度以来，中国水利学会20余年如一日，始终认真贯彻党中央、国务院方针政策，落实水利部和中国科协决策部署，紧密围绕水利中心工作，针对当年水利工作热点、难点、焦点和水利科技前沿问题、工程技术难题，邀请院士、专家、代表和科技工作者展开深层次的交流研讨。中国水利学术年会已成为促进我国水问题解决、推动水利科技创新、展示水利科技工作者才华和成果的良好交流平台，为服务水利科技工作者、服务学会会员、推动水利学科建设与发展做出了积极贡献。

  2022中国水利学术大会（中国水利学会2022学术年会）以习近平新时代中国特色社会主义思想为指导，认真贯彻落实党的二十大精神，紧紧围绕"节水优先、空间均衡、系统治理、两手发力"的治水思路，以"科技助力新阶段水利高质量发展"为主题，聚焦国家水网、水灾害防御、智慧水利、地下水超采治理等问题，设置1个主会场和水灾害、国家水网、重大引调水工程、智慧水利·数字孪生等20个分会场。

  2022中国水利学术大会论文征集通知发出后，受到了广大会员和水利科技工作者的广泛关注，共收到来自有关政府部门、科研院所、大专院校、水利设计、施工、管理等单位科技工作者的论文共1 000余篇。为保证本次大会入选论文的质量，大会积极组织相关领域的专家对稿件进行了评审，共评选出669篇主题相符、水平较高的论文入选论文集。按照大会各分会场主题，本论文集共分7册予以出版。

  本论文集的汇总工作由中国水利学会秘书处牵头，各分会场协助完成。论文集的编辑出版也得到了黄河水利出版社的大力支持和帮助，参与评审、编辑的专家和工作人员克服了时间紧、任务重等困难，付出了辛苦和汗水，在此一并表示感谢！同时，对所有应征投稿的科技工作者表示诚挚的谢意！

由于编辑出版论文集的工作量大、时间紧，且编者水平有限，不足之处，欢迎广大作者和读者批评指正。

中国水利学会

2022 年 12 月 12 日

目录 Contents

流域发展战略

期　刊

水灾害

桥墩壅水对城市河道行洪的影响研究

李甲振[1]　王　涛[1]　郭新蕾[1]　郭永鑫[1]　周志刚[2]

(1. 中国水利水电科学研究院 流域水循环与调控国家重点实验室，北京　100038；

2. 珲春市水务局，吉林珲春　133002)

摘　要： 桥墩壅水是影响城市河道行洪的一个重要因素。以珲春河防洪规划作为案例，通过模型试验和数值模拟研究了桥墩壅水的影响。结果表明，在 50 年一遇洪水条件（3 325 m^3/s）下，珲春大桥和森林山大桥的壅水高度分别为 0.09 m 和 0.15 m。与模型试验测量结果相对比，经验公式的计算值偏小，其原因主要是珲春大桥的桥墩形式复杂、尺寸变化大，且两座大桥均存在与水流斜交的情况，经验公式未能考虑上述因素。若桥墩形状复杂或存在与水流斜交的情况，研究案例的经验公式计算值偏小，建议开展模型试验或二维、三维数值计算。

关键词： 桥墩壅水；城市河道；行洪；模型试验；数值模拟

1　引言

城市河道在交通航运、景观建设、雨水利用、洪涝排泄等方面发挥了巨大作用，是城市建设的重要组成部分。安全宣泄洪水以保证人们的生命财产安全是城市河道规划的首要目标之一[1-3]。

影响城市河道行洪的因素有很多，如过流断面的形状和尺寸、水力坡降、河道糙率、典型阻水建筑物等，其作用机制和规划方式不同[4-6]。一般情况下，过流断面形状和尺寸是依据洪水标准、地质条件、水力坡降等进行确定的；河道糙率取决于河床或选择的衬砌材质，这几个因素在规划设计初期就可以通过查阅手册并进行水力学计算确定。但在初步规划完成后，依然存在一些影响行洪的不确定因素。例如，考虑市内或城市间交通，一般需要修建跨河桥梁，多数桥墩均位于河道内，桥墩会束窄过水断面，造成一定的水位壅高。桥墩墩型、尺寸、数量、布局复杂多变[7-10]，对行洪影响是工程规划和科学研究需要解决的问题。

本文以珲春河河道治理防洪规划研究为例，通过模型试验和数值模拟研究桥墩壅水对河道行洪的影响，并给出具体建议。

2　材料与方法

由于原有堤防标准低、堤防建筑物不配套，洪水决堤风险大，严重威胁着两岸人民的生命财产安全，因此对珲春河河道进行了治理。治理过程中，重建了珲春大桥、森林山大桥以方便两岸交通。鉴于桥墩局部壅水的复杂性，开展了模型试验研究，以辨识并量化复杂桥墩壅水对河道安全行洪的影响。

2.1　模型试验

模型试验在中国水利水电科学研究院水力学试验厅进行。模型试验平台由进水系统、行洪河道、测量设备、调控设备和尾水系统五部分组成，如图 1 所示。进水系统包括地下水库、进水管、电泵、水平花管、稳流池和花墙。电泵由地下水库取水，经进水管、水平花管、稳流池和花墙后进入行洪河道。水平花管是一根两端封堵、沿河宽径向开口的水平管，水从下侧进入稳流池，经花墙进入河道，

基金项目： 国家自然科学基金项目（52179082）；中国水科院科研专项（HY0145B032021，HY110145B0012021）。

作者简介： 李甲振（1989—），男，高级工程师，主要从事水力学及河流动力学工作。

确保进流均匀。通过表面刮制 0.6~0.7 cm 的 W 形波纹凹槽，糙率值为 0.018[3, 11]。测量设备包括电磁流量计和测针。电磁流量计安装在进水管上，用于监测上游来流量，精度为 0.5%FS。测针用于监测典型位置的水位，精度为 0.1 mm。沿线共布置 6 个水位测量断面，每个断面沿河宽方向布置 5 个测点，以其均值作为断面水位。控制设备包括进水管上的蝶阀以及河道下游的叠梁式尾门，分别用于控制上游来流量和下游水位。尾水通过 1.5 m 宽的渠道、地下廊道汇入地下水库。

图 1　模型试验平台

珲春大桥结构较为复杂，桥墩形式、形状、尺寸和间距不同，其特征见表 1。森林山大桥结构简单，采用三柱式桥墩，桥墩间距为 26.3 m；柱直径为 1.3 m，柱间距为 4.95 m。两座大桥分别由规则桥墩和不规则桥墩构成，在结构特征上具有典型代表性。模型试验中，珲春大桥和森林山大桥均采用有机玻璃结构，按照 1∶55 的原模型比尺制造。

表 1　珲春大桥特征

序号	里程/m	尺寸/m	间距/m	形状	形式
1	30	1.3	6.3	圆形	四柱式桥墩
2	60	1.3	6.3	圆形	四柱式桥墩
3	90	1.3	6.3	圆形	四柱式桥墩
4	120	1.3	6.3	圆形	四柱式桥墩
5	150	4	19	正方形	两柱式桥墩
6	300	8.8×7.5	27.6	矩形	实体墩
7	430	4	19	正方形	两柱式桥墩
8	460	1.3	6.3	圆形	四柱式桥墩

2.2　数学模型

数值计算的控制方程包括连续性方程和运动方程[8,12-13]。

连续性方程：

$$\frac{\partial \xi}{\partial t} + \frac{\partial p}{\partial x} + \frac{\partial q}{\partial y} = 0 \tag{1}$$

运动方程：

$$\frac{\partial p}{\partial t} + \frac{\partial}{\partial x}\left(\frac{p^2}{h}\right) + \frac{\partial}{\partial y}\left(\frac{pq}{h}\right) + gh\frac{\partial \xi}{\partial x} + \frac{gp\sqrt{p^2+q^2}}{C^2 h^2} - \Omega q - fVV_x + \frac{h}{\rho_w}\frac{\partial}{\partial x}(p_a) - E\left[\frac{\partial^2 q}{\partial x^2} + \frac{\partial^2 q}{\partial y^2}\right] = 0 \tag{2}$$

$$\frac{\partial q}{\partial t} + \frac{\partial}{\partial y}\left(\frac{q^2}{h}\right) + \frac{\partial}{\partial x}\left(\frac{pq}{h}\right) + gh\frac{\partial \xi}{\partial y} + \frac{gq\sqrt{p^2 + q^2}}{C^2 h^2} + \Omega p - fVV_y + \frac{h}{\rho_w}\frac{\partial}{\partial y}(p_a) - E\left[\frac{\partial^2 q}{\partial x^2} + \frac{\partial^2 q}{\partial y^2}\right] = 0 \quad (3)$$

式中：$h(x, y, t)$ 为水深，m；$\xi(x, y, t)$ 为自由水面水位，m；$p(x, y, t)$、$q(x, y, t)$ 分别为 x、y 方向上的垂向平均流量分量；$C(x, y)$ 为谢才参数；g 为重力加速度，m/s^2；ρ_w 为水的密度，kg/m^3；f 为风阻力系数；V、V_x、V_y 分别为风速和 x、y 方向上的分量；$\Omega(x, y)$ 为柯式力系数；x、y 为空间坐标；E 为黏涡系数；p_a 为大气压。

2.3 经验模型

针对桥墩壅水问题，国内外专家总结了大量的经验公式[14-15]。Rehbook 公式将桥墩壅水表示为阻水面积比、过流面积、流速和水面宽的函数：

$$\Delta h_m = (0.72 + 1.2\alpha + 20\alpha^4)\left(1 + \frac{V^2}{gA/B}\right)\alpha\frac{V^2}{2g} \quad (4)$$

式中：α 为阻水面积比，桥墩阻水面积与过水面积之比；V 为未设桥墩的水流流速，m/s；A 为过流面积，m^2；B 为上下底宽的平均值，m。

Liu-Bradley 公式在分析桥墩壅水时，通过水深和弗劳德数反映水流条件的影响，计算公式为

$$\left(\frac{\Delta h_m + h_0}{h_0}\right)^3 = 4.48Fr\left[\frac{1}{m} - \frac{2}{3}(2.5 - m)\right] + 1 \quad (5)$$

式中：m 为桥孔几何压缩比；Fr 为弗劳德数，$Fr = \dfrac{V}{\sqrt{gh_0}}$。

Yarnell 公式是根据约 2 600 组模型试验结果推导的，在美国工程界和 HEC-2、HEC-RAS 及 MIKE 11 等行业软件中应用较多，计算公式为

$$\Delta Z = 2k(k + 10\omega - 0.6)(\alpha + 15\alpha^4)\frac{V_3^2}{2g} \quad (6)$$

式中：k 为试验得到的桥墩形状系数，取值如表 2 所示；v_3 为桥墩下游断面水流流速，m/s；ω 为下游断面流速水头与收缩断面下游水深比，$\omega = v_3^2/2gh_3$；h_3 为下游水深，m。

表 2　k 取值

桥墩形状	k
半圆形墩头和墩尾	0.9
有联接隔墙的双圆柱墩	0.95
无隔墙的双圆柱墩	1.05
90°三角形墩头和墩尾	1.05
方形墩头和墩尾	1.25

修正 Yarnell 公式是在阻水面积比 $\alpha = 0.058 \sim 0.108$ 的试验条件下获得的，基本适用于低阻水面积比的桥墩，但仅有半圆形桥墩和圆形桥墩两种桥墩的修正参数：

$$\Delta Z = 2\psi k(k + \chi 10\omega - 0.6)(\alpha + 15\alpha^4)\frac{v_3^2}{2g} \quad (7)$$

式中：ψ、χ 为修正系数，取值如表 3 所示。

表 3　ψ、χ 取值

桥墩形状	ψ	χ
半圆形墩头和墩尾	0.65	0.69
圆形墩头和墩尾	1.24	0.40

3 结果与讨论

3.1 桥墩壅水结果

50 年一遇洪水条件下，珲春大桥和森林山大桥的壅水高度结果如表 4 所示。由表 4 可知，根据经验公式计算的结果，小于模型试验的实测值。这主要归因于以下几点：①经验公式一般是将壅水高度量化为流速、流量和阻水面积比的函数，通过表格给定的经验系数对不同形状桥墩进行校订，需要说明的是，桥墩形式有实体墩、柱式墩、排架墩等，截面形状有圆形、矩形、尖端形等，尺寸变化大[16]，因此经验公式在资料数据库方面具有一定的局限性，致使修正系数仅限于几种典型结构。②实际工程中，由于地形因素、地质条件、水文情况、技术水平等因素的影响，桥墩通常为多种结构和形式的组合，利用经验公式进行分析的难度较大，可能会产生一定的误差。③研究人员开展模型试验和数值计算，多是针对桥梁垂直于过流断面的情形。桥梁与河道斜交时，实体墩和柱式墩的阻水面积增加，特别是柱式墩，单柱后的尾水叠加影响机制更加复杂[8-9]，因此斜交桥的桥墩壅水大于与水流正交的情况。相比较而言，二维数值模拟的结果更接近模型试验值。

表 4 桥墩壅水高度结果　　　　单位：m

大桥	Rehbock	Liu-Bradley	Yarnell	修正 Yarnell	数值模拟	模型试验
珲春大桥	0.010 4	0.050 1	0.088 7	0.073 4	0.11	0.09
森林山大桥	0.047 0	0.086 2	0.079 5	0.057 0	0.20	0.15

3.2 局部流场特性

珲春大桥的局部流场特性如图 2 所示。由于桥墩的阻水作用，同一断面处，桥墩位置的水位明显高于两个桥墩中间的位置；反映在水位等值线上为桥墩间的水位等值线向上游偏移，桥墩下游侧的水位等值线向下游偏移。3~4 号桥墩的壅水在上游侧的影响范围要小于下游侧。3~4 号桥墩位于河道凹岸处且 3 号桥墩在内侧，通过对比发现，同一断面处的两个桥墩，靠河道内侧桥墩的影响范围相对较小。4 号桥墩上游侧的影响范围为 2.9 m。

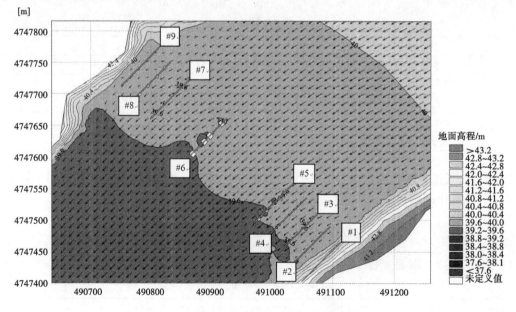

图 2 珲春大桥的局部流场特性

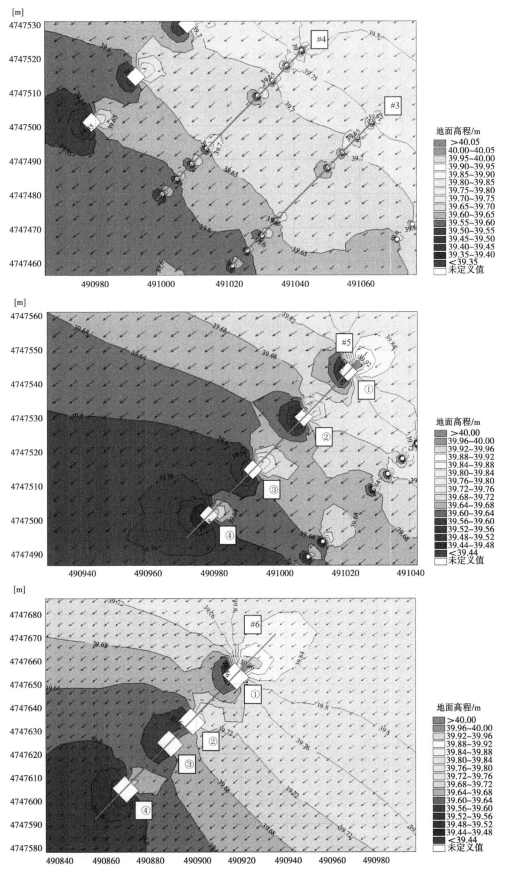

续图2

5 号桥墩为方柱形桥墩，其尺寸为 4.0 m×4.0 m。主流方向不与桥墩边界垂直，与四个边界面均为斜交，桥墩一侧的压力梯度大，另一侧相对较小。同样地，方柱形桥墩壅水对上游的影响要小于对下游侧的影响。①号柱使得 39.84 m 的等值线偏向上游左岸，距桥墩最远的距离为 18 m；④号柱使得 39.56 m 的等值线偏向下游右岸，距桥墩最远的距离为 25 m。6 号桥墩单柱的平面尺寸为 7.5 m×8.8 m，阻水作用显著。①号柱使得 39.84 m 的水位等值线向上游偏移，距桥墩最远的距离为 35 m。①号柱前后的水面差距较大，为 0.30~0.40 m，而后面②号、③号、④号柱前后的水面差相对较小，为 0.10~0.20 m。这主要是由于①号柱位于上游侧，来水流速较大，水的动能在水流碰到桥墩后转变为位能，形成较大的水位壅高，而①号柱后侧，由于绕流出现漩涡，使得水面更低，因此桥墩前后的水位差大。②号、③号、④号柱前后的水流流速小于①号柱，柱前的水位壅高和柱后的水位降低相对较小，同一柱前后的水面差相对较小。

4 号、5 号和 6 号桥墩的形状分别为直径为 1.3 m 的圆柱形墩、4.0 m×4.0 m 的方形桥墩以及 8.8 m×7.5 m 的方形桥墩，上游侧的影响范围为 2.9 m、18 m 和 35 m，可见，随着桥墩尺寸的增大，桥墩上游侧影响范围增大。森林山大桥的流场为圆柱绕流，国内外已有大量研究，此处不再赘述。

4 结论

以珲春河防洪规划作为案例，开展了模型试验和数值模拟，分析了桥墩壅水不确定性对城市河道行洪的影响，并给出了城市河道规划的建议。主要有以下结论：

（1）50 年一遇洪水条件（3 325 m³/s）下，珲春大桥和森林山大桥的壅水高度分别为 0.09 m 和 0.15 m。与模型试验测量结果相对比，经验公式的计算值偏小，其原因主要是珲春大桥的桥墩形式复杂、尺寸变化大且两座大桥均存在与水流存在斜交的情况，经验公式未能考虑上述因素。

（2）桥墩形状复杂或存在与水流斜交的情况，经验公式计算值一般偏小，建议开展模型试验或二维、三维数值计算。

参考文献

[1] 陈文学，穆祥鹏，崔巍．南水北调中线工程桥墩壅水特性研究 [J]．水利水电技术，2015，46（11）：121-125.

[2] 郭晓晨，陈文学，穆祥鹏，等．南水北调中线干渠桥墩壅水计算公式的选择 [J]．南水北调与水利科技，2009，7（6）：108-112.

[3] 王涛，郭新蕾，李甲振，等．河道糙率和桥墩壅水对宽浅河道行洪能力影响的研究 [J]．水利学报，2019，50（2）：175-183.

[4] Azizah C, Pawitan H, Dasanto B D, et al. Risk assessment of flash flood potential in the humid tropics Indonesia: a case study in Tamiang River basin [J]. International Journal of Hydrology Science and Technology, 2022, 13 (1).

[5] Kyuka T, Okabe K, Shimizu Y, et al. Dominating factors influencing rapid meander shift and levee breaches caused by a record-breaking flood in the Otofuke River, Japan [J]. Journal of Hydro-environment Research, 2020, 31 (prepublish).

[6] 李淑珍．基于生态景观理念的河道治理与城市防洪工程设计——以额敏县城市防洪景观工程为例 [J]．水利水电技术，2019，50（S2）：133-137.

[7] 吴时强，薛万云，吴修锋，等．城市行洪河道桥群阻水叠加效应量化研究 [J]．人民黄河，2019，41（10）：96-102.

[8] 许栋，杨海滔，王迪，等．河道斜交桥墩壅水特性数值模拟研究 [J]．水力发电学报，2018，37（8）：55-63.

[9] 严军，蔡显赫，卢鹏，等．涉河正交桥墩壅水模型试验研究 [J]．华北水利水电大学学报（自然科学版），2021，42（1）：60-67.

[10] 张铭，范子武．水力不确定性因素对堤防防洪风险效益的影响 [J]．水利水运工程学报，2011（1）：71-75.

[11] 李甲振，郭永鑫，甘明生，等．河工模型试验加糙方法综述 [J]．南水北调与水利科技，2017，15（4）：129-135.

［12］鞠俊，闻云呈．桥墩对水流影响的二维数值模拟［C］//中国海洋工程学会．第十三届中国海洋（岸）工程学术讨论会论文集．北京：海洋出版社，2017：290-294．

［13］李婉亭．基于平面二维浅水工程的海河干流行洪模拟研究［J］．中国农村水利水电，2020（1）：120-124．

［14］毛北平，钟艳红，肖潇．基于实测资料的桥墩壅水计算经验公式比较研究［J］．人民长江，2021，52（12）：157-161．

［15］王开，傅旭东，王光谦．桥墩壅水的计算方法比较［J］．南水北调与水利科技，2006（6）：53-55．

［16］黄玄，王玲玲，唐洪武．平原河道桥墩形状对河道壅水影响规律研究［C］//吴有生，邵雪明，胡兴军．第十四届全国水动力学学术会议暨第二十八届全国水动力学研讨会文集（下册）．北京：海洋出版社，2017：858-866．

基于乡镇单元的山洪灾害风险评估与区划研究
——以重庆市为例

张乾柱[1]　卢　阳[1]　赵　姹[1]　胡　月[1]　甘孝清[1]　严同金[2]　谢　谦[2]

（1. 长江水利委员会长江科学院重庆分院，重庆　400026；
2. 重庆市水旱灾害防御中心，重庆　401147）

摘　要：山洪灾害风险评估与区划是山洪风险管理和决策的重要依据，可有效指导山洪灾害防治工作。本文以重庆市为例，基于山洪灾害危险点调查评价成果，综合考虑流域产汇流、河道断面及成灾水位等危险性指标，选取山洪灾害危险区内的人口密度、家庭财产密度及居民住房类型抵御灾害的能力等易损性指标，建立山洪灾害风险度评价体系。据此，将山洪灾害隐患点风险反演至乡镇山洪灾害风险，实现以乡镇为单位的风险区划。本文开展以乡镇为单元的山洪灾害风险评价研究，提出了一种山洪灾害风险区划新思路，成果可进一步指导山洪灾害防治工作。

关键词：山洪灾害；风险评估；乡镇单元；重庆市

山洪灾害是山丘区常见的一种自然灾害，具有突发性强、危害性大及预警困难等特点[1-2]。我国山洪灾害多发，境内约 463 万 km² 有山洪灾害防治任务，约占国土总面积的 48%[3]。近年来，山洪灾害造成的损失呈显著增加趋势[4]，制约着山丘区社会经济的可持续发展[2,5]。为加强山洪风险管理，有效指导山洪灾害防治，开展山洪灾害风险评估与区划十分必要[6-7]。唐川等[8-9]针对山洪孕灾环境、致灾因子和承灾体的社会经济状况，借助 GIS 技术，经过数据采集、空间数据库构建、评价体系选择和预测评价分析等，建立了相对成熟的山洪灾害危险性评价体系与风险区划技术路线。之后，上述方法进入广泛应用时期，邹敏[10]利用 GIS 评价技术研究了黄水河流域山洪灾害风险区划，唐余学等通过对山洪灾害形成的动力条件、孕灾环境、降水背景的分析，完成重庆市山洪灾害区划。丁文峰等[11]基于 GIS 技术，借鉴自然灾害风险概念，在全国山洪灾害一、二级防治分区的基础上，进行了四川省山洪灾害风险区划。

目前，利用 GIS 技术构建的山洪灾害风险评价体系是基于致灾因子对灾害发生概率及损失的宏观判断，在一定程度上，风险区划结果对预测山洪灾害发育趋势和开展防御工作具有重要的指导意义。根据上述评价方法，在山洪灾害风险度计算时，往往通过层次分析与因子空间叠加实现。考虑到致灾因子之间往往会存在交叉影响，区划结果存在风险扭曲和趋势变形的可能性。就目前全国山洪灾害防治工作而言，山洪灾害预警平台一般延伸至乡镇，乡镇是开展山洪灾害监测、预警及抢险救灾的基本单元。因此，对于山洪灾害防御工作来说，以乡镇为单元的风险区划更易于政策的制定与实施。在山洪灾害风险分析时，可以隐患点风险整体水平反映乡镇山洪灾害风险。据此，建立山洪灾害风险度评价体系，开展以乡镇为单元的山洪灾害风险评价研究，提出一种山洪灾害风险区划新思路，成果可

基金项目：武汉市 2022 年度知识创新专项——曙光计划项目（2022020801020245）；国家重点研发计划项目（2021YFE0111900）；中央级公益性科研院所基本科研业务费（CKSF2021744/TB）。

作者简介：张乾柱（1989—），男，高级工程师，博士，主要从事全球环境变化、灾害防治与流域物质循环工作。

通信作者：卢阳（1982—），男，高级工程师，工学博士，主要从事山地灾害形成演化机制与减灾技术研究工作。

进一步指导山洪灾害防治工作。

1 研究区概况

重庆市地处青藏高原与长江中下游平原过渡带,根据重庆市最新区划,将其分为东南部、东北部、中部、西部四个区域。重庆属亚热带季风性湿润气候,年平均降水量较丰富,大部分地区在 1 000~1 350 mm,降水多集中在 5—9 月,占全年总降水量的 70%左右。境内地理环境复杂,地貌以山地、丘陵为主,分别占 75.8%和 15.2%。重庆典型的地形、地貌特征及降水时空异质性特征,决定了境内支流水系汇流急速、冲袭力强、历时短及洪峰量集中等特点,导致境内山洪灾害频发。据不完全统计,1949—2016 年重庆市范围内发生山洪灾害高达 827 次,共造成 1 076 人死亡或失踪,损坏房屋 483 909 间,直接经济损失 2 148 975 万元。

2 数据来源与详查点分布

2.1 数据来源

根据水利部统一部署,自 2013—2019 年,重庆市开展了全市 38 个区县的山洪灾害调查评价工作。在现场调查工作中,根据《山洪灾害调查与评价技术规范》(SL 767—2018)及相关测量技术要求,结合实际情况,对重庆市山洪灾害危险区进行了河道断面和承载体高程测量,并确定成灾水位。采用水位流量关系或曼宁公式等水力学方法,求出成灾水位对应的洪峰流量,采用频率分析法或插值法确定流量对应的洪水频率,现状防洪能力以成灾水位对应流量的频率表示。以行政村(居民委员会)、自然村(组)或企事业单位基层行政区划为单位,调查居民区人口、户数、耕地面积、住房结构及数量。

2.2 山洪灾害危险点现状防洪能力

根据分析成果,统计重庆市 4 058 个山洪灾害危险点现状防洪能力基本情况见表 1。其中,现状防洪能力为 5 年一遇及以下的数量为 1 286 个,占总数量的 32%;现状防洪能力为 10 年一遇的数量为 772 个,占总数量的 19%;现状防洪能力 20 年一遇的数量为 560 个,占总数量的 14%;现状防洪能力 50 年一遇防灾对象 568 个,占总量的 14%;现状防洪能力 100 年一遇防灾对象 872 个,占总量的 21%。

表 1 现状防洪能力统计

统计项目	现状防洪能力				
	5 年一遇	10 年一遇	20 年一遇	50 年一遇	100 年一遇
渝西部地区	305	282	202	234	327
渝中部地区	166	91	54	74	178
渝东北部地区	445	284	196	144	253
渝东南部地区	370	115	108	116	114
统计总数	1 286	772	560	568	872
所占比例/%	32	19	14	14	21

2.3 山洪灾害威胁对象财产情况

经统计,全市共 598 643 户居住在山洪灾害危险区,常住总人口数达 2 135 493 人,涉及 547 459 座住房和 2 819 个事业单位。以重庆市统计局《农村住户调查方案》和《城镇住户调查方案》抽样调查报表为依据,按全市社会经济发展水平差异,将典型户样本按家庭财产价值由高到低排序,按样本总数的 20%、50%、80%比例划分为 4 类[见图 1(a)]。

根据区(县)具体情况,将代表性农户按住房结构形式、建筑类型和造价划分为一层砖木结构或其他结构、一层钢砖结构、二层钢砖结构及三层以上的钢砖结构4类。其中,Ⅰ类、Ⅱ类、Ⅲ类及Ⅳ类住房分别为117 653座、165 871座、154 539座及112 507座,分别占总住房数的21.37%、30.13%、28.07%及20.43%,总体呈正态分布[图1(b)]。

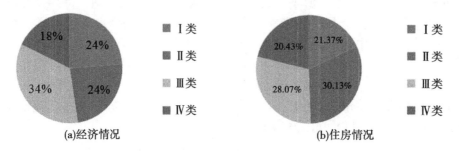

图1 危险区内家庭经济情况和住房情况

3 结果分析与讨论

3.1 基于乡镇单元的危险性分析

在山洪灾害隐患点调查评价过程中,测量了受山洪灾害威胁区域河道断面和房屋高程,确定成灾水位与对应的洪峰流量频率,结合控制断面的水位流量关系,计算受灾体发生山洪灾害的频次,也称为现状防洪能力。以乡镇为单位,统计隐患点数量和现状防洪能力,通过式(1)计算山洪灾害发生的危险性。

$$H_i = \sum_{k=1}^{5} (p_k \times N_{ik}) \tag{1}$$

式中:H_i 为乡镇 i 的山洪灾害发生危险性,i 取值为 $1 \sim n$;p_k 为各隐患点对应的现状防洪能力;N_{ik} 为乡镇 i 内现状防洪能力为 k 的隐患点数量,k 可取值 20%、10%、5%、2%、1%,分别代表山洪灾害频率小于或等于 5 年一遇、6~10 年一遇、11~20 年一遇、21~50 年一遇以及大于 50 年一遇。

3.2 基于乡镇单元的易损性分析

易损性即承灾体受灾时可能造成的损失,本研究基于山洪灾害调查评价结果中的危险区统计信息,综合考虑了人口密度、经济条件和房屋结构,计算重庆市山洪灾害易损度。山洪灾害造成的房屋损毁会直接威胁到人民的生命财产安全,是造成直接损失的重要因素之一。评价房屋脆弱性是进行山洪灾害风险评估与防灾减灾规划需要考虑的一个重要环节[12]。根据已有相关研究结果[13-14],可将第 j 类房屋的山洪灾害的抗损能力(C_j)计算为

$$C_j = T_j \times \frac{M_j}{M_t} \tag{2}$$

式中:T_j 为第 j 类房屋抗损系数,用以表征房屋抵御山洪灾害的能力;M_j、M_t 分别为某一危险区第 j 类房屋数量和房屋总数。

本研究旨在提供乡镇单元的山洪灾害风险等级区划依据,故所有指标都在乡镇单元内进行计算。乡镇 i 的山洪灾害房屋抗损能力(C_i)计算式为

$$C_i = \sum_{j=1}^{4} \left(T_j \times \frac{M_{ij}}{M_{ti}} \right) \tag{3}$$

式中:T_j 为第 j 类房屋山洪灾害抗损系数;M_{ij} 为乡镇 i 危险区内第 j 类房屋数量。

综合考虑包括人口、经济在内的承灾体暴露性,并结合房屋的抗损能力,基于乡镇单元统计的危险区内人口、家庭经济及房屋类型,按照"人贵于财"的原则,对人口密度、经济财产密度以及房屋抗灾能力进行归一化后,利用式(4)对山洪灾害可能造成的损失进行评估。

$$V = (0.55P + 0.45E) \times (1 - C) \tag{4}$$

式中:V 为承灾体易损度;P 为危险区人数归一化指标;E 为危险区经济归一化指标;C 为危险区房屋抗损能力。

3.3　基于乡镇单元的风险区划

基于山洪灾害危险度和易损度的估算结果,利用式(1)计算得到重庆市各乡镇的山洪灾害风险度。根据风险度,按照前期研究的命名方式,将重庆市区划为 5 类山洪灾害风险区:微度风险区、低度风险区、中度风险区、高度风险区及极高度风险区,结果如图 2 所示。可以看出,大致空间分布情况与前期结果近似,重庆市山洪灾害风险较高的区域主要分布在渝西的大部分地区,以及渝东北和渝东南的部分地区。采用比区县更小的乡镇作为计算单元能够更清晰地揭示小范围内的实际山洪灾害风险等级,不至于被大面积的趋势所掩盖,有利于指导地方乡镇根据实际风险度情况制订更有效的山洪灾害防御预案。

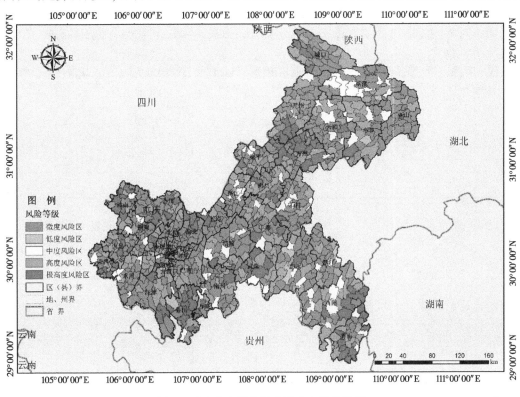

图 2　重庆市乡镇单元山洪灾害风险等级

4　结论

在山洪灾害的防治过程中,不确定性和各种风险是需要考虑的重要因素,风险度评价指标的选取和相应评估方法的研究也是山洪灾害防治规划中不可或缺的一环。考虑到乡镇是开展山洪灾害监测、预警及抢险救灾的基本单元,对于山洪灾害防御工作来说,以乡镇为单元的风险区划更易于政策的制定与实施。本成果以乡镇单位内防灾对象现状防洪能力、威胁人口、居民财产及房屋抗损能力等指标,将隐患点风险整体水平反演至乡镇山洪灾害风险,实现以乡镇为单位的风险区划。基于乡镇单元计算的风险度空间分布情况大体上与栅格单元的结果相似,即重庆市山洪灾害风险较高的区域主要分布在渝西的大部分地区以及渝东北和渝东南的部分地区,但更有利于指导地方乡镇根据实际风险度情况制订更有效的山洪灾害防御预案。

参考文献

[1] 赵士鹏. 基于 GIS 的山洪灾情评估方法研究[J]. 地理学报,1996,19(5):471-479.

［2］任洪玉,邹翔,张平仓.我国山洪灾害成因分析［J］.中国水利,2007(14)：18-20.

［3］长江水利委员会.全国山洪灾害防治规划报告［R］.武汉:长江水利委员会,2005.

［4］马建华,胡维忠.我国山洪灾害防灾形势及防治对策［J］.人民长江,2005(10)：5-8.

［5］赵健,范北林.全国山洪灾害时空分布特点研究［J］.中国水利,2006(13)：45-47.

［6］张骞.基于 GIS 的北京地区山洪灾害风险区划研究［D］.北京:首都师范大学,2014.

［7］周成虎,万庆.基于 GIS 的洪水灾害风险区划研究［J］.地理学报,2000,55(1)：15-24.

［8］唐川,朱静.基于 GIS 的山洪灾害风险区划［J］.地理学报,2005,60(1)：87-94.

［9］唐川,师玉娥.城市山洪灾害多目标评估方法探讨［J］.地理科学进展,2006,25(4)：13-21.

［10］邹敏.基于 GIS 技术的黄水河流域山洪灾害风险区划研究［D］.济南:山东师范大学,2007.

［11］丁文峰,杜俊,陈小平,等.四川省山洪灾害风险评估与区划［J］.长江科学院院报,2015,32(12)：41-45.

［12］牛方曲,高晓路,季珏,等.区域房屋震灾脆弱性模拟评估系统［J］.防灾减灾工程学报,2012(4)：514-520.

［13］刘毅,吴绍洪,徐中春,等.自然灾害风险评估与分级方法论探研——以山西省地震灾害风险为例［J］.地理研究,2011(2)：195-208.

［14］王楠,程维明,张一驰,等.全国山洪灾害防治县房屋损毁风险评估及原因探究［J］.地球信息科学学报,2017,19(12)：1575-1583.

外凸式阶梯在陡坡阶梯溢流坝中的应用

陈卫星[1,2]　杨具瑞[2]　吴欧俣[3]

(1. 庐江县水务局,安徽合肥　231500;
2. 昆明理工大学现代农业工程学院,云南昆明　650500;
3. 中国水利学会,北京　100053)

摘　要:随着高水头、大流量的泄水建筑物的发展,传统的阶梯溢流坝面已无法起到高效消能的作用,并且阶梯面存在空蚀空化破坏的影响。基于 RNG k-ε 的湍流模型,结合 VOF 方法,考察 16.67 mm×12.50 mm、11.11 mm×8.33 mm、8.34 mm×6.25 mm 三种尺寸的外凸式阶梯对阶梯溢流坝掺气与消能的影响。通过对阶梯溢流坝面的负压、时均压强的计算结果进行对比分析,结果表明:外凸式阶梯可在阶梯溢流坝面产生双峰负压,分别位于首级阶梯和过渡阶梯与均匀阶梯的衔接处;随着外凸式阶梯尺寸的增大,空腔掺气较为充分,最大负压逐渐下移,且有所减小;外凸式阶梯的尺寸较小,对应外凸式阶梯的数量较多,有利于加大其对水流的扰动,从而降低了水流在溢流坝面的压力,时均压强较小,消能效果较为显著。

关键词:外凸式阶梯;阶梯溢流坝;数值模拟;负压;时均压强

1　引言

阶梯溢流坝是一种具有高效消能的消能结构之一,在国内外水利工程中备受青睐。早在 5 000 年前阶梯溢流坝就应用于实际工程,直至 20 世纪 70 年代开始受到人们的关注[1],并对其进行研究。至今国内外一些学者对阶梯溢流坝面上的速度分布、掺气浓度分布、压力分布等方面做了大量的模型试验研究[2-5]。在实际工程[6-9]中,发现在高水头、大流量的条件下,单一的消能工无法满足消能情况,而且泄洪后阶梯溢流坝面还会出现许多空蚀坑,严重危害泄水建筑物的稳定、安全运行。为了解决阶梯面空蚀空化破坏、加大消能的问题,魏文礼等[10]通过数值模拟发现,相比较阶梯消力池消能工,增设宽尾墩后的消能工会更有利于消能;后小霞等[11]发现,通过改变宽尾墩的收缩比,可以改变阶梯面地掺气范围,从而使得阶梯面能够较好地掺气,可以降低阶梯面的负压。此外,也可以通过增设掺气坎、改变阶梯的形态来实现对阶梯溢流坝的消能。例如,郭莹莹等[12]将三种掺气坎高度、三种掺气坎坡度进行两两组合,对组合后的 9 种掺气坎采用正交设计的方法进行分析,发现不同的掺气坎对阶梯溢流坝面的掺气与消能有着巨大的影响;张勤等[13]、王强等[14]分别就首级阶梯角度、阶梯大小对溢流坝消能进行了分析。以上所研究的溢流坝均以传统的内凹式阶梯为主,而黄智敏等[15]提出外凸式阶梯作为溢流坝的新型结构,发现受外凸式阶梯突体的影响,陡坡段壁面的抗空蚀性显著增高,但是仅仅建立在坡度为 1:3 的阶梯溢流坝上。

为了将外凸式阶梯应用到陡坡上,能够更好地消能,本文基于坡度为 1:0.75 的阶梯溢流坝的阿海水电站,将前 6 级阶梯修改成尺寸分别为 16.67 mm×12.50 mm、11.11 mm×8.33 mm、8.34 mm×6.25 mm 的 3 种外凸式阶梯,采用 RNG k-ε 的湍流模型结合 VOF 的方法,对这 3 种外凸式阶梯的阶梯溢流

基金项目:国家自然科学基金(51569010)。
作者简介:陈卫星(1994—),男,助理工程师,主要从事工程水力学研究工作。
通信作者:杨具瑞(1964—),男,教授,主要从事水力学及河流动力学研究工作。

坝掺气与消能特性进行分析,对工程实践设计方案选型具有重要的意义。

2 数学与物理模型

2.1 数学模型

本文所研究的模型形状较为复杂,因此采用 RNG k-ε 的湍流模型结合 VOF 的方法,对整个模型的流场进行数值模拟。通过 VOF 方法确定自由表面,从而追踪水流流态,$F(x,y,z,t)=1$,表明单元区域内充满水体;$0<F(x,y,z,t)<1$,表明单元区域内部分充满水体;$F(x,y,z,t)=0$,表明该单元区域内不存在水体。RNG k-ε 模型的湍动能和耗散率的控制方程如下:

连续方程

$$\frac{\partial \rho}{\partial t} + \frac{\partial \rho u_i}{\partial x_i} = 0 \tag{1}$$

动量方程
$$\frac{\partial \rho u_i}{\partial t} + \frac{\partial}{\partial x_j}(\rho u_i u_j) = -\frac{\partial p}{\partial x_i} + \frac{\partial}{\partial x_j}\left[(\mu + \mu_t)\left(\frac{\partial u_i}{\partial x_j} + \frac{\partial u_j}{\partial x_i}\right)\right] \tag{2}$$

k 方程
$$\frac{\partial(\rho k)}{\partial t} + \frac{\partial(\rho k u_i)}{\partial x_i} = \frac{\partial}{\partial x_i}\left[\left(\mu + \frac{\mu_t}{\sigma_k}\right)\frac{\partial k}{\partial x_i}\right] + G - \rho\varepsilon \tag{3}$$

ε 方程
$$\frac{\partial(\rho\varepsilon)}{\partial t} + \frac{\partial(\rho\varepsilon u_i)}{\partial x_i} = \frac{\partial}{\partial x_j}\left[\left(\mu + \frac{\mu_t}{\sigma_k}\right)\frac{\partial\varepsilon}{\partial x_i}\right] + C_{1\varepsilon}\frac{\varepsilon}{k}G - C_{2\varepsilon}\rho\frac{\varepsilon^2}{k} \tag{4}$$

式中:ρ、μ 分别为体积分数加权平均的密度和分子黏性系数;p 为修正压力;σ_k 和 σ_ε 分别为 k 和 ε 的紊流普朗特数,$\sigma_k = 1.0$,$\sigma_\varepsilon = 1.3$;$C_{1\varepsilon}$、$C_{2\varepsilon}$ 为 ε 方程的常数,分别为 1.44、1.92;μ_t 为紊动黏性系数。

与 Standard k-ε 模型、Relizable k-ε 模型相比,RNG k-ε 模型具有以下优点:①在 ε 方程中增加了一个条件;②考虑了湍流漩涡;③提供了低雷诺数流动黏性的解析公式。基于以上几点,RNG k-ε 模型的运用提高了其对复杂剪切流动、旋流及分离流的计算精度。

2.2 物理模型

物理模型依据的是阿海水电站按照 1∶60 的模型比尺缩小后的试验模型。堰面曲线为标准的 WES 曲线,后接高度 16.67 mm、角度 10° 的掺气坎。溢流坝总高度 483.43 mm、宽度 300.00 mm,坝面坡度为 1∶0.75。整个溢流坝面共设置 29 级阶梯,阶梯高度为 16.67 mm、长度为 12.50 mm,从上至下依次编号。其中,前 6 级阶梯为过渡阶梯,后 23 级阶梯为均匀阶梯。下游采用反弧面与消力池相连。试验流量为 0.55 m³/s。

为了探究外凸式阶梯对溢流坝面压力特性的影响,在上述试验模型的基础上,将前 6 级过渡阶梯设计为阶梯尺寸分别为 16.67 mm×12.50 mm、11.11 mm×8.33 mm、8.34 mm×6.25 mm 的连续性外凸式阶梯,依次为方案 1、方案 2、方案 3,其中方案 1 的过渡阶梯个数有 6 个,方案 2 的过渡阶梯个数有 9 个,方案 3 的过渡阶梯个数有 12 个。外凸式阶梯示意图如图 1 所示。

3 计算结果及分析

3.1 负压

表 1 显示的是各方案的负压在阶梯溢流坝的分布情况,其中加下画线的数据为过渡阶梯上的负压,无下画线的数据为均匀阶梯上的负压。各方案在阶梯溢流坝面的负压分布规律基本一致,阶梯溢流坝自上而下,负压先逐渐减小,在过渡阶梯与均匀阶梯的衔接处负压突然增大,随后负压又逐渐减小。分析其原因,过渡阶梯为外凸式阶梯,在与均匀阶梯的衔接处形成了一个梯度差,对水流的运动状态有一定的影响,从而改变了水流的掺气能力,掺气相对不足,导致此处的负压较大,因此会在溢流坝面上出现两个峰值负压,第一峰值位置位于阶梯溢流坝的首级阶梯,第二峰值位置位于过渡阶梯与均匀阶梯的衔接处。其中,方案 1 的最大负压为 -1.72 kPa,处于第二峰值位置;而方案 2、方案 3

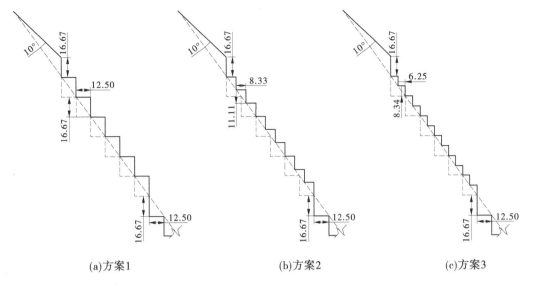

图 1 外凸式阶梯示意图 （单位：mm）

的最大负压处于第一峰值位置，负压依次为-7.42 kPa、-20.33 kPa。从最大负压位置来看，方案2与方案3的最大负压所在阶梯一致，从方案2到方案1，最大负压从首级阶梯下移至均匀阶梯。由此可见，当外凸式阶梯的尺寸增大到一定程度，相邻阶梯之间巨大的垂直梯度差对水流产生巨大的影响，迫使最大负压出现在均匀阶梯附近。从最大负压的负压大小来看，外凸式阶梯尺寸为 8.34 mm×6.25 mm 的方案3的负压为-20.33 kPa，当阶梯尺寸增加到 11.11 mm×8.33 mm，负压降低至-7.42 kPa。随着阶梯尺寸的继续增大，负压进一步下降，下降至-1.72 kPa。出现此种变化的原因主要是方案1的阶梯尺寸较大，形成可掺气空腔的容积也就越大，掺气效果较好，负压较小。综上所述，外凸式阶梯的存在会使溢流坝上出现两个峰值负压，随着外凸式阶梯尺寸的增加，最大负压产生的位置会出现下移状况。同时，外凸式阶梯尺寸的增加有利于阶梯面掺气，掺气较为充足，负压逐渐减小。

表 1　阶梯溢流坝负压分布

阶梯号	负压/kPa		
	方案 1	方案 2	方案 3
1#	-1.27	-7.42	-20.33
2#	-1.08	-1.73	-4.35
3#	-0.98	-1.65	-3.28
4#	-0.88	-1.50	-2.25
5#	-0.78	-1.36	-2.09
6#	-0.67	-1.32	-1.89
7#	-1.72	-1.07	-1.69
8#	-0.57	-0.93	-1.51
9#	-0.42	-0.84	-1.32
10#	-0.26	-1.38	-0.92
11#	-0.18	-0.15	-0.75
12#	-0.16	-0.25	-0.60

续表1

阶梯号	负压/kPa		
	方案1	方案2	方案3
13#	-0.15	-0.11	-1.29
14#	-0.13	-0.04	-0.31
15#	-0.08	-0.03	-0.26
16#	—	-0.01	-0.15
17#	—	—	-0.08
18#	—	—	-0.05
19#	—	—	-0.02

注：加下画线的数据为过渡阶梯上的负压，无下画线的数据为均匀阶梯上的负压。

3.2 时均压强

图2为不同尺寸的外凸式过渡阶梯方案在阶梯溢流坝面的时均压强分布趋势，测点桩号布置于 $x=1.73$ m 至 $x=1.92$ m，共6个测点，分别对应阶梯溢流坝自下向上的第16、13、10、7、4、1个阶梯的水平面中央处。

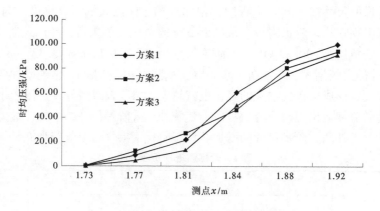

图2　阶梯溢流坝面时均压强分布趋势

从图2中可以看出，各方案的时均压强在阶梯溢流坝面上的分布规律基本一致，沿溢流坝面自上而下，时均压强逐渐增加，主要是下泄水流势能转化为动能的原因所致。下泄水流由于宽尾墩的收缩作用和掺气坎的挑坎作用，与阶梯溢流坝面发生分离，跌落在若干级阶梯面上，水舌表面与阶梯面之间形成掺气空腔。下泄水流在接触溢流坝面前，在掺气空腔内的阶梯面产生的压强较小。当水流接触溢流坝面后，水气交界面处，不仅有空腔吸卷进的空气，也有跌落水舌由于不完全发育水跃所带来的掺气，致使紊动边界层逐渐发展到水面。水体被掺气后，在内部剧烈翻滚，逐渐向两边膨胀，所以压强急剧变大。各方案在 $x=1.92$ m 处产生的时均压强最大，依次为99.32 kPa、93.81 kPa 和91.55 kPa。其中，方案1的压强最大，依次是方案2的压强，方案3的压强最小。可见，随着外凸式阶梯尺寸的减小，时均压强越来越小。外凸式阶梯的尺寸虽然小，对应其数量较多，水流在下泄过程中，受到的扰动频率较高，较多的空气进入水体，与主流水体发生碰撞，从而消耗了大量的能量，降低了水流对阶梯面的压力，因此时均压强较小。

4　结论

（1）外凸式阶梯可能会使阶梯面出现两个负压峰值。当外凸式阶梯的尺寸增大到一定程度时，最大负压的位置会出现下移，下移至过渡阶梯与均匀阶梯的衔接处，且负压值较小。

（2）外凸式阶梯的数量越多，对水流的扰动作用越大，从而降低水流对阶梯溢流坝面的压力，对应时均压强越小，消能较好。

（3）从时均压强来看，方案3的时均压强较小，消能效果最好；从负压来看，方案1的负压最小，其次是方案2，方案3的负压最大，均未超过规定允许值。各方案阶梯面产生的负压均符合规定要求。因此可以得出，尺寸较小的外凸式阶梯对阶梯溢流坝的消能效果较佳。

参考文献

［1］Essery I，Homer M. The hydraulic design of stepped spillways［J］. 2nd ed. CIRIA Report No. 33，London，1978.

［2］Chanson H. The Hydraulics of Stepped Chutes and Spillways［M］. Lisse：Swets & Zeitlinger，2001.

［3］Ohtsu1 I，Yasuda Y，Takahashi M. Flow characteristics of skimming flows in stepped channels［J］. Hydraul Eng，2004，130（9）：860-869.

［4］Pfister M，Hager W H，Minor H E. Bottom aeration of stepped spillways［J］. Hydraul Eng，2006，132（8）：850-853.

［5］Zamora A S，Pfister M，Hager W H. Hydraulic performance of step aerator［J］. Hydraul Eng，2008，134（2）：127-134.

［6］麦家乡，覃永恒. 百色水利枢纽泄水建筑物设计［J］. 红水河，1998，17（1）：20-25.

［7］尹进步，刘韩生，梁宗祥，等. 用于大单宽泄洪台阶坝面上的一种新型宽尾墩［J］. 西北水电，2002（1）：44-46.

［8］郭军，刘之平，刘继广，等. 大朝山水电站宽尾墩阶梯式坝面泄洪水力学原型观测［J］. 云南水力发电，2002，18（4）：16-20.

［9］杨首龙. 福建省泄水建筑物中应用的新技术及其作用［J］. 水力发电学报，2004，23（1）：84-90.

［10］魏文礼，吕彬，刘玉玲. 阶梯溢流坝和宽尾墩及消力池组合消能的水流数值模拟研究［J］. 水动力学研究与进展，2012，27（4）：442-448.

［11］后小霞，杨具瑞，熊长鑫. 宽尾墩体型对阶梯溢流坝阶梯面掺气和消能的影响研究［J］. 水力发电学报，2015，34（4）：51-58.

［12］郭莹莹，杨具瑞，任中成，等. 高水头阶梯溢流坝掺气坎体型优化试验研究［J］. 排灌机械工程学报，2020，38（2）：152-156，169.

［13］张勤，杨具瑞，叶小胜，等. 首级台阶角度对联合消能工水力特性的影响研究［J］. 排灌机械工程学报，2018，36（4）：313-319.

［14］王强，杨具瑞，张钟阳，等. 过渡阶梯大小对一体化消能工消能特性的影响研究［J］. 水力发电，2017，43（7）：46-52.

［15］黄智敏，付波，陈卓英. 外凸型阶梯式陡坡段掺气和动压特性［J］. 水资源与水工程学报，2018，29（3）：138-143.

［16］黄智敏，陈卓英，付波. 外凸型阶梯陡槽段水力特性试验研究［J］. 中国农村水利水电，2015（3）：152-154，157.

考虑溃漫堤洪水影响的交通线路设计洪水位分析方法

陈睿智　刘壮添

（珠江水利委员会珠江水利科学研究院，广东广州　510611）

摘　要：溃漫堤洪水是交通线路工程设计时必须考虑的重要风险来源。本文在总结交通线路工程常用洪涝设计水位分析方法的基础上，针对目前设计水位计算方法在溃漫堤洪水方面考虑不足的问题，提出了基于一、二维耦合溃漫堤分析模型的溃漫堤水位分析方法，并以柳梧铁路浔江溃漫堤洪水位分析的实例进行阐述。通过该方法开展溃漫堤水位分析可在保障交通线路工程自身安全的前提下，最大程度地减少不必要的工程投资，可为重要交通线路工程洪涝设计水位的确定提供借鉴。

关键词：设计水位；溃漫堤；交通线路工程

根据《中国水旱灾害公报》，2006—2018 年期间我国平均每年因洪涝灾害造成铁路中断 128 条次，公路中断 37 003 条次，造成了严重的社会经济影响。以 2022 年珠江流域洪水为例，2022 年 6 月北江发生 1915 年以来最大的"北江 2 号洪水"，石角站最大流量达到 18 500 m³/s，韶关、清远两市大范围遭受洪水淹没。洪水期间，G240、G358 等多条重要交通线路部分路段因受淹被迫中断，直接导致了巨大的经济损失，同时交通中断也在很大程度上影响了抗洪救灾工作的开展。为何洪涝灾害会对公路、铁路等交通线路工程产生如此大的影响？究其原因，除部分因超标准暴雨、洪水导致的天灾外，更多的是交通线路工程自身设计标准不够或在设计阶段对工程所在区域的洪涝风险要素考虑不足。因此，在交通线路工程设计时充分考虑洪涝风险要素，科学合理地进行洪涝水位确定，对保障交通线路工程自身安全和提高通行保障程度尤为关键。

1　常用设计水位分析方法及其不足

目前，公路、铁路等交通线路工程在确定洪涝设计水位时，除线路中涉水桥梁或沿河段外，其余位置一般采用所在区域的内涝水位作为设计依据。实际工程中内涝水位确定的常用方法主要有历史水位调查法[1-2]和"平湖法"[3-6]。历史水位调查法是通过调查项目区域的历史洪涝水位，并采取一定的修正方式得到项目所需频率的设计水位，常用公式如下：

$$H_S = H + \Delta H \tag{1}$$

$$H = \frac{F\Delta h}{A_j} \tag{2}$$

式中：H_S 为设计水位，m；H 为历史最高水位，m；ΔH 为设计水位与历史最高水位的差值，m；Δh 为设计频率降雨量与历史最高积水位相对应的降雨量之差，m；F 为流域汇水面积，m²；A_j 为历史最大积水面积，m²。

"平湖法"是利用水量平衡原理，将项目区域当作一个具有调蓄功能的湖泊来看待，进行雨量的调蓄计算，并结合利用地形生成的水位–容积曲线，确定内涝水位。调蓄计算常用公式如下：

$$V_2 = V_1 + \frac{Q_1 + Q_2}{2}T - \frac{q_1 + q_2}{2}T \tag{3}$$

作者简介：陈睿智（1986—），男，工程师，主要从事洪涝灾害防御方面的研究工作。

式中：V_1、V_2 分别为时段初、末蓄滞水量，m^3；Q_1、Q_2 分别为时段初、末涝水流量，m^3/s；q_1、q_2 分别为时段初、末排水流量，m^3/s；T 为计算时段，h。

这两种内涝水位计算方法简单实用，但若将其衍生到溃漫堤洪水风险的考虑上，则存在一定的不足。历史水位调查法受历史发生的最大洪水以及是否溃堤的影响，很难准确预见特定设计标准下的设计洪水位。"平湖法"则是将整个区域当作平湖处理，只适用于地势相对平缓区域，对具有一定坡度的区域存在较大误差。

综上，目前常用的设计水位计算方法无法充分考虑溃漫堤洪水对设计水位的影响，可能会出现设计水位取值不合理的情况：若不考虑江河溃漫堤的影响或采用不适用的方法进行分析，可能会出现风险估计不足而导致设计水位偏低的情况，影响工程的自身安全；若参考涉水路段或桥涵直接采用河道归槽设计水位的方式考虑溃漫堤风险，又可能导致设计水位偏高，增加不必要的工程量。因此，对于存在江河溃堤、漫堤洪水风险区域内的交通线路工程，有必要在其设计环节选用合理方法，充分考虑溃堤、漫堤洪水影响，保障交通线路工程的自身安全，提高交通线路工程在标准内洪水条件下的通行保障程度。

2　溃漫堤洪水位分析方法

2.1　影响溃漫堤洪水位的因素

从影响来源的角度，可将影响交通线路工程溃漫堤洪水位的因素分为两类。第一类为外部环境因素，即交通线路工程建设前，决定交通线路工程线为溃漫堤洪水位的因素，主要包括河道的流量、水位，堤防的形式、高度，溃口的位置及尺寸、两岸的地形等。第二类为工程自身因素，由于交通线路工程多呈线状，其高于周边地面的路基段在受到洪水影响的同时，也会对天然的洪水演进产生一定的影响，如阻碍洪水行进路径、改变洪水淹没范围、壅高洪水位等。在实际洪水灾害发生时，外部环境因素与工程自身因素同时作用、相互影响，共同决定着交通线路工程的溃漫堤洪水位。

2.2　溃漫堤洪水位分析流程

为综合考虑上述影响因素，溃漫堤洪水位分析的主要流程如下：

（1）开展交通线路工程沿线调查，识别工程影响范围内存在溃漫堤风险的河段，尤其是大江大河，并综合风险河段的水流特征、堤防现状等情况，分析可能发生溃漫堤的河段，可能出现的溃口位置、溃决方式、溃口尺寸等风险要素。

（2）开展风险河段的水文分析工作，作为溃漫堤洪水分析的边界条件。

（3）为同步考虑内外部因素的影响，溃漫堤洪水位分析需构建一、二维耦合的溃漫堤分析模型，并在模型中考虑交通线路工程自身的阻水作用。

（4）采用溃漫堤分析模型计算设计频率条件下交通线路工程沿线溃漫堤洪水位。若有多个溃口工况，需在同一桩号取计算洪水位外包值作为该桩号的溃漫堤洪水位。

（5）确定溃漫堤洪水位后，需与同一桩号的内涝水位成果进行分析比较，取两者中的大值作为该桩号的设计水位。

2.3　一、二维耦合溃漫堤分析模型

一、二维耦合溃漫堤分析模型包括一维河道模型、二维洪水演进模型和一、二维耦合联解界面的建立。一维河道模型主要用于模拟风险河段河槽中的洪水运动规律，模型中需根据实际情况概化堤防形式、高程，溃口位置、尺寸等工程信息。为减小边界条件的影响，通常选取风险河段上下游一定距离外的控制站或重要控制断面作为一维模型的边界。模型主要控制方程如下：

水流连续方程：
$$\frac{\partial Z}{\partial t} + \frac{1}{B}\frac{\partial Q}{\partial x} = \frac{q}{B} \tag{4}$$

水流运动方程：
$$\frac{\partial Q}{\partial t} + gA\frac{\partial Z}{\partial x} + \frac{\partial}{\partial x}(\beta u Q) + g\frac{|Q|Q}{C^2 AR} = 0 \tag{5}$$

式中：x 为里程，m；t 为时间，s；Z 为水位，m；B 为过水断面水面宽度，m；Q 为流量，m^3/s；q 为侧向单宽流量，m^2/s，正值表示流入，负值表示流出；A 为过水断面面积，m^2；g 为重力加速度 m/s^2；u 为断面平均流速；β 为校正系数；R 为水力半径；C 为谢才系数，$C = R^{1/6}/n$，n 为曼宁糙率系数。

二维洪水演进模型主要用于模拟洪水出槽后在陆地的演进过程。模型中除考虑两岸地形外，还需重点考虑交通线路工程路基对洪水演进的影响：通常在模型中将具有阻水路基的交通线路考虑为宽度为 0 的一维线段，投影在模型中连续的三角形网格或四边形网格边上，作为溢流堰考虑概化其阻水和过水作用。交通线路工程的路面高程即为堰顶高程，在两侧网格水位低于堰顶高程时，投影边作为固壁边界考虑，在网格水位高于堰顶高程时，通过堰流公式即可求得每一个模拟步长内两侧网格单元的交换水量。根据规范规定，交通线路工程路面高程应高于设计洪水位，并留有一定超高。因此，在设计频率下，线路路基段可作为完全不过水的固壁边界考虑。模型主要控制方程如下：

$$\frac{\partial U}{\partial t} + \frac{\partial E^{adv}}{\partial x} + \frac{\partial G^{adv}}{\partial y} = \frac{\partial E^{diff}}{\partial x} + \frac{\partial G^{diff}}{\partial y} + S \tag{6}$$

式中：U 为守恒向量；E^{adv}、G^{adv} 分别为 x、y 方向的对流通量向量；E^{diff}、G^{diff} 分别为 x、y 方向的扩散通量向量；S 为源项向量。

用于计算交通线路工程路面过水量堰流公式：

$$Q = \sigma_s \sigma_c M n H_0^{3/2} \tag{7}$$

式中：σ_s 为淹没系数；σ_c 为侧收缩系数；$M = m\sqrt{2g}$，m 为自由溢流的流量系数，g 为重力加速度，m/s^2；H_0 为包括行近流速水头的堰前水头，m。

一维河道模型和二维洪水演进模型建立完成后，通过建立一、二维模型间联解界面进行模型耦合，实现水位、流量信息在模型间的传递，从而达到模拟溃漫堤洪水在河槽和两岸间交换的效果。

3 实例应用

本文以柳梧铁路 DK120—DK160 段浔江溃漫堤洪水位分析为例，阐述本文提出的考虑溃漫堤洪水影响的交通线路设计洪水位分析方法的具体应用。

3.1 基本情况

柳梧铁路设计线路自柳州市进德站引出，经武宣、桂平市金田镇、平南县、藤县后接西江北岸的梧州站，正线线路长度约 237 km，设计防洪标准为 100 年一遇。其中，DK120—DK160 段位于浔江北岸河谷阶地，地势平坦，路线走向与浔江大致平行，路线所在区域曾因浔江堤防溃决遭受洪灾。

3.2 分析模型构建

通过构建一、二维耦合溃漫堤分析模型，分析柳梧铁路 DK120—DK160 段溃漫堤洪水位。为充分考虑浔江段洪水来源及组成，一维河道模型范围包括郁江（贵港站以下）、黔江（武宣站以下）、浔江（郁浔江口至长洲水利枢纽），以及 10 条流域面积较大的支流：社坡河、南木江（甘王水道）、金田河、大湟江、思旺河、乌江、秦川河、白沙河、濛江、北流河，其余支流以点源形式进行概化。为考虑浔江两岸洪水出槽对风险河道流量及水位的影响，二维洪水演进模型范围结合浔江沿程 100 年一遇最高洪水位，并增加一定裕度圈定，确保范围涵盖了浔江河段左、右岸两侧可能淹没的区域，涉及县市主要包括平南、藤县、苍梧和梧州。一、二维模型范围见图 1。

根据线路所在区域洪水调查结果，浔江左岸历史上曾发生多次洪水灾害，其中位于柳梧铁路 DK120—DK160 段附近的河段的平南县白马防洪堤历史上曾出现溃决。另外，江口镇段防洪堤距离柳梧铁路 DK120—DK160 段空间距离最近，该位置一旦发生堤防溃决，对该段铁路影响最大。鉴于以上情况，在开展溃漫堤洪水位分析时，设置了三组计算工况，分别考虑了堤防仅漫溢、历史溃口溃决、最不利位置溃决三种情况，如表 1 所示。

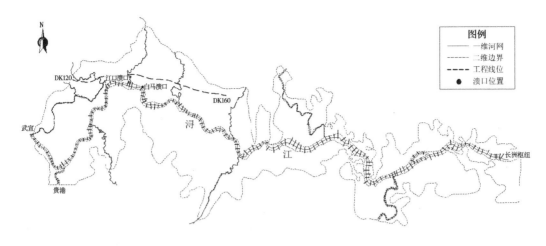

图1 一、二维模型范围示意 （单位：mm）

表1 计算工况设置

序号	计算工况	设置原因
1	浔江两岸堤防漫溢	历史多次出现
2	两岸堤防漫溢，白马防洪堤出现溃口	历史溃口位置
3	两岸堤防漫溢，江口镇段防洪堤出现溃口	最不利溃口位置

根据设计方案柳梧铁路DK120—DK160段中共有8.36 km为阻水路基段。在模型的工程概化方面，由于本次分析重点是铁路设计洪水频率下的溃漫堤洪水位，因此在二维洪水演进模型中，阻水路基段按完全不过水的固壁边界考虑。最后，将一维模型中考虑的浔江干支流两岸堤防与二维模型进行耦合，完成柳梧铁路DK120—DK160段一、二维耦合溃漫堤分析模型的构建。

3.3 分析结果及对比分析

从不同工况的模型计算结果看，柳梧铁路DK120—DK160总体上位于浔江100年一遇溃漫堤洪水影响范围内，取线位沿线各桩号三种计算工况的最大水位作为溃漫堤洪水位，得到线路沿线最大溃漫堤洪水位在35.97~38.56 m（1985国家高程基准）范围内。本次从线位中选取桂平北站、平南北站两个典型位置，对比本次计算溃漫堤洪水位与归槽洪水位、内涝水位间的关系，对比结果如表2所示。

表2 设计水位成果对比

桩号	位置	100年一遇水位/m		
		本次计算溃漫堤洪水位	归槽洪水位	内涝水位
DK122+700	桂平北站	38.53	40.29	37.73
DK152+650	平南北站	36.38	37.5	31.90

表2中归槽洪水位采用距典型位置最近河道断面的一维归槽水位计算结果，从对比结果可以看出，由于未考虑洪水出槽的影响，对应位置最近的浔江归槽水位均大幅度高于本次计算得到溃漫堤洪水位。若直接采用归槽水位作为设计水位，则线路的路基高程平均将抬高1 m以上，将会大幅度增加不必要的工程投资。

表2中内涝水位采用柳梧铁路内涝分析专题成果，其中桂平北站场距离大湟江很近，内涝水位主要受大湟江水位控制，100年一遇内涝水位为37.73 m。平南北站场处于乌江流域和秦川河流域分界

区域，站场所处区域至乌江河口段较至秦川河口段地势平坦，其内涝水位主要受乌江区域涝水控制，100 年一遇内涝水位为 31.90 m。从对比可以看出，两个典型位置的内涝水位分析结果均小于本次溃漫堤洪水位计算结果。若直接采用内涝水位作为线路的设计水位，则可能会导致设计水位偏低，在浔江发生洪水时出现险情。

4 结语

（1）在开展交通线路工程水文分析时，应重点关注其线位是否位于周边大江大河的溃漫堤洪水影响范围内，避免在设计时忽略了重要的风险来源。

（2）通过构建一、二维耦合溃漫堤分析模型可以科学合理地分析交通线路工程沿线的溃漫堤洪水位，在保障交通线路工程自身安全的前提下，最大程度地减少不必要的工程投资。

（3）从安全角度考虑，交通线路工程设计水位应综合溃漫堤洪水位、内涝水位分析成果，取高值采用。

参考文献

［1］中华人民共和国交通运输部. 公路工程水文勘测设计规范：JTG C30—2015［S］. 北京：人民交通出版社，2015.
［2］吉锴，冯绍伟. 蓄滞洪区内公路设计方法研究［J］. 科学技术创新，2019（10）：111-113.
［3］中华人民共和国铁道部. 铁路工程水文勘测设计规范：TB 10017—99［S］. 北京：中国铁道出版社，1999.
［4］岳建彬，马凤杰. 高速公路峰丛洼地水位分析［J］. 工程技术研究，2021，6（14）：43-44.
［5］王艺浩，刘树锋，陈记臣. 铁路站点建设对洪涝灾害的影响及防控措施研究——以广州市新塘动车所为例［C］//中国水利学会. 中国水利学会 2021 学术年会论文集：第五分册. 郑州：黄河水利出版社，2021：114-121.
［6］张性慧，刘柱. 无地形资料地区电力工程内涝水位估算方法［J］. 电力勘测设计，2016（S2）：68-71.

改进的多变量灰色预测模型在大坝沉降监测中的应用

吴　剑[1]　田　慧[2]

(1. 黄河水利委员会河南水文水资源局，河南郑州　450000；
2. 黄河水利委员会山东水文水资源局，山东济南　250100)

摘　要： 常用的灰色预测模型 GM（1，1）不能全面考虑各沉降监测点间的相互影响，不足以反映大坝整体的变形规律。本文采用改进的多变量灰色预测模型，该模型可以实现对大坝中相互影响的多个沉降监测点进行整体建模和预测，采用原始数据二次累加法对多变量灰色预测模型进行改进，通过某混凝土坝实测沉降资料进行计算，模型精度较高。

关键词： 大坝；沉降监测；多变量灰色模型；二次累加法

1　引言

目前常采用数理统计的方法预测大坝变形，在观测资料残缺或施工、蓄水初期观测资料序列较短的情况下，其预测的精度会受到很大的影响[1]。灰色模型是一种小样本量模型，可以有效地克服数理统计方法中存在的不足[2]。MGM（1，n）灰色模型避免了 GM（1，1）模型单点建模的不足[3]，能够全面考虑各个监测点间的相互影响。为了减少数据波动，弱化随机性，在进行 MGM（1，n）建模之前，对原始序列进行累加处理。本文采用利用二次累加法[4] 改进的多变量灰色预测模型对某混凝土坝的沉降数据进行拟合和预测。

2　MGM（1，n）灰色模型的建立和精度评定

2.1　MGM（1，n）灰色模型的基本方程

设 $x_i^{(0)}(k)$ 为原始序列：

$$x_i^{(0)}(k) = \{x_i^{(0)}(1), x_i^{(0)}(2), x_i^{(0)}(3), \cdots, x_i^{(0)}(n)\}, i = 1, 2, \cdots, m$$

式中：n 为相应的观测周期；m 为选取的参与建模的大坝沉降监测点的个数。

对该数据序列进行一次累加生成（1-AGO）：

$$x_i^{(1)}(k) = \sum_{i=1}^{k} x_i^{(0)}(i), k = 1, 2, \cdots, n \tag{1}$$

生成新的数据列为：$x_i^{(1)}(k) = \{x_i^{(1)}(1), x_i^{(1)}(2), x_i^{(1)}(3), \cdots, x_i^{(1)}(n)\}, i = 1, 2, \cdots, m$

考虑到 m 个点相互关联和相互影响，对生成的新的数据列建立 m 元一阶常微分方程组：

作者简介： 吴剑（1987—），男，高级工程师，黄河水利委员会河南水文水资源局技术科副科长，主要从事水文测验及测绘数据处理方向的研究工作。

$$
\left.\begin{array}{l}
\dfrac{\mathrm{d}x_1^{(1)}}{\mathrm{d}t} = a_{11}x_1^{(1)} + a_{12}x_2^{(1)} + a_{13}x_3^{(1)} + \cdots + a_{1m}x_m^{(1)} + b_1 \\[2mm]
\dfrac{\mathrm{d}x_2^{(1)}}{\mathrm{d}t} = a_{21}x_1^{(1)} + a_{22}x_2^{(1)} + a_{23}x_3^{(1)} + \cdots + a_{2m}x_m^{(1)} + b_2 \\[2mm]
\vdots \\[1mm]
\dfrac{\mathrm{d}x_m^{(1)}}{\mathrm{d}t} = a_{m1}x_1^{(1)} + a_{m2}x_2^{(1)} + a_{m3}x_3^{(1)} + \cdots + a_{mm}x_m^{(1)} + b_m
\end{array}\right\}
\tag{2}
$$

写成矩阵形式：
$$
\frac{\mathrm{d}\boldsymbol{X}^{(1)}}{\mathrm{d}t} = \boldsymbol{A}\boldsymbol{X}^{(1)} + \boldsymbol{B}
\tag{3}
$$

式中：$\boldsymbol{A} = \begin{bmatrix} a_{11} & a_{12} & \cdots & a_{1m} \\ a_{11} & a_{22} & \cdots & a_{2m} \\ \vdots & \vdots & & \vdots \\ a_{m1} & a_{m2} & \cdots & a_{mm} \end{bmatrix}$，$\boldsymbol{B} = \begin{bmatrix} b_1 \\ b_2 \\ \vdots \\ b_m \end{bmatrix}$，$\boldsymbol{X}^{(1)} = \begin{bmatrix} x_1^{(1)} \\ x_2^{(1)} \\ \vdots \\ x_m^{(1)} \end{bmatrix}$。

由积分生成变换原理，对式（3）两边乘 e^{-At} 得：$\mathrm{e}^{-At}\left[\dfrac{\mathrm{d}\boldsymbol{X}^{(1)}}{\mathrm{d}t} - \boldsymbol{A}\boldsymbol{X}^{(1)}\right] = \mathrm{e}^{-At}\boldsymbol{B}$，在区间 $[0, t]$ 上积分，整理后有：
$$
\boldsymbol{X}^{(1)}t = \mathrm{e}^{-At}(\boldsymbol{X}^{(1)}(0) + \boldsymbol{A}^{-1}\boldsymbol{B}) - \boldsymbol{A}^{-1}\boldsymbol{B}
\tag{4}
$$

式（4）即为生成序列模型的一般形式。

通过对式（4）离散化，得时间响应函数为
$$
\hat{\boldsymbol{X}}^{(1)}(k) = \mathrm{e}^{\hat{A}(k-1)}(\hat{\boldsymbol{X}}^{(1)}(1) + \hat{\boldsymbol{A}}^{-1}\hat{\boldsymbol{B}}) - \hat{\boldsymbol{A}}^{-1}\hat{\boldsymbol{B}}
\tag{5}
$$

式中：$\mathrm{e}^{\hat{A}(k-1)} = I + \sum\limits_{i=1}^{\infty} \dfrac{\hat{A}^i}{i!}(k-1)^i$。

根据最小二乘法，模型参数矩阵 $\boldsymbol{A}$ 和参数向量 $\boldsymbol{B}$ 的估计值可按下式计算：
$$
\hat{a}_i = [\hat{a}_{i1}, \hat{a}_{i2}, \hat{a}_{i3}, \hat{a}_{i4}, \cdots, \hat{a}_{im}, \hat{b}_i]^{\mathrm{T}} = (\boldsymbol{L}^{\mathrm{T}}\boldsymbol{L})^{-1}\boldsymbol{L}^{\mathrm{T}}\boldsymbol{Y}_I, \quad i = 1, 2, \cdots, m
\tag{6}
$$

式中：
$$
\boldsymbol{L} = \begin{bmatrix}
\frac{1}{2}(x_1^{(1)}(2)+x_1^{(1)}(1)) & \frac{1}{2}(x_2^{(1)}(2)+x_2^{(1)}(1)) & \cdots & \frac{1}{2}(x_m^{(1)}(2)+x_m^{(1)}(1)) & 1 \\[2mm]
\frac{1}{2}(x_1^{(1)}(3)+x_1^{(1)}(2)) & \frac{1}{2}(x_2^{(1)}(3)+x_2^{(1)}(2)) & \cdots & \frac{1}{2}(x_m^{(1)}(3)+x_m^{(1)}(2)) & 1 \\[2mm]
\vdots & \vdots & & \vdots & \vdots \\[2mm]
\frac{1}{2}(x_1^{(1)}(n)+x_1^{(1)}(n-1)) & \frac{1}{2}(x_2^{(1)}(n)+x_2^{(1)}(n-1)) & \cdots & \frac{1}{2}(x_m^{(1)}(n)+x_m^{(1)}(n-1)) & 1
\end{bmatrix};
$$
$\boldsymbol{Y}_i = [x_i^0(2), x_i^0(3), \cdots, x_i^0(n)]^{\mathrm{T}}$。

将式 $\hat{\boldsymbol{X}}^{(1)}(k) = \mathrm{e}^{\hat{A}(k-1)}(\hat{\boldsymbol{X}}^{(1)}(1) + \hat{\boldsymbol{A}}^{-1}\hat{\boldsymbol{B}}) - \hat{\boldsymbol{A}}^{-1}\hat{\boldsymbol{B}}$ 做累减还原有：
$$
\begin{cases}
\hat{X}^{(0)}(k) = \hat{X}^{(1)}(k) - \hat{X}^{(1)}(k-1), & k = 2, 3, \cdots, n \\
\hat{X}^{(0)}(1) = X^{(0)}(1)
\end{cases}
\tag{7}
$$

2.2 模型的平均拟合精度

$$
\sigma^2 = \frac{\sum\limits_{i=1}^{m} \boldsymbol{V}_i^{\mathrm{T}}\boldsymbol{V}_i}{mn}
\tag{8}
$$

式中：残差 $v_i(k) = x_i^{(0)}(k) - \hat{x}^{(0)}{}_i(k)$；$V_i = [v_i(1)，v_i(2)，v_i(3)，\cdots，v_i(n)]^{\mathrm{T}}$（$i = 1，2，\cdots，m$；$k = 1，2，\cdots，n$）。

3 二次累加法

为了减少数据波动，弱化随机性，在进行 MGM（1，n）建模之前，需要对原始序列进行累加处理。

设 $x_i^{(2)}(k)$ 为 $x_i^{(0)}(k)$ 的二次累加生成序列，即 2-AGO

$$x_i^{(2)}(k) = \{x_i^{(2)}(1)，x_i^{(2)}(2)，x_i^{(2)}(3)，\cdots，x_i^{(2)}(n)\} \tag{9}$$

式中：$x_i^{(2)}(k) = \sum_{i=1}^{k} x_i^{(1)}(i)$，$k = 1，2，\cdots，n$。

用 $x_i^{(2)}(k)$ 建立 MGM（1，n）模型，根据式（2）~式（7），由于进行了两次累加计算，对求得的 $\hat{X}^{(2)}(k)$ 进行两次累减还原，可求得拟合值 $\hat{X}^{(0)}(k)$。

对于大坝沉降监测，其原始观测序列（累积沉降量）相对于每期的沉降量来说已经是一次累加值。

4 计算步骤

计算步骤：①列出原始序列 $x_i^{(0)}(k)$（累积沉降量）；②求一次累加生成序列 $x_i^{(1)}(k)$；③求二次累加生成序列 $x_i^{(2)}(k)$；④按式（6）建立数据矩阵 L 和数据阵列 Y，并进行矩阵运算求得模型参数矩阵 A 和参数向量 B；⑤按式（5）进行建模，计算和预测 $x_i^{(2)}(k)$，按式（7）进行二次累减还原预测模型并计算 $x_i^{(0)}(k)$；⑥计算模型的平均拟合精度 σ，进行精度评定。

5 工程实例

本文采用的是某混凝土坝布设的 5 个监测点 TP19~TP23 作为原始观测序列建立 MGM（1，n）模型，观测以 30 d 为一个周期，总共选取 9 个周期的累积沉降数据序列，其中前 7 个数据序列用于建模，后 2 个数据序列用于验证预测值的准确性。5 个监测点的沉降观测序列（相对于每期沉降量的一次累加值）如表 1 所示。

表 1　某混凝土坝沉降监测点原始观测数据　　　　　　　　　　　　　单位：mm

点号	周期								
	1	2	3	4	5	6	7	8	9
TP19	1.6	4.1	7.8	13.0	18.8	25.8	33.1	41.5	51.8
TP20	2.0	5.3	10.1	17.0	24.7	34.1	43.8	55.1	68.6
TP21	1.5	3.8	7.3	12.1	17.6	24.1	31.0	38.9	48.5
TP22	1.7	4.0	7.3	12.0	17.2	23.6	30.2	37.9	47.2
TP23	2.1	5.3	10.2	17.0	24.7	33.9	43.6	54.7	68.0

运用改进的多变量灰色模型进行计算，计算结果及误差见表 2、表 3。

通过计算，三次累加法在计算过程中 $e^{\hat{A}(k-1)}$ 较大，模型精度差，这是因为随着累加次数的增大，序列中的数据增加得越来越快，这样建立起来的模型势必会和原始数据有较大的偏差，所以，对于大坝沉降数据，我们对其累积沉降量的一次累加生成序列建模，就能达到良好的模拟和预测精度，累加次数越高，精度反而会越低。

表2　改进的多变量灰色模型拟合及预测值（二次累加法）　　　　　单位：mm

点号	周期								
	1	2	3	4	5	6	7	8	9
TP19	1.6	3.9	7.8	12.9	18.9	25.5	32.9	41.4	51.6
TP20	2	5.1	10.1	16.9	24.8	33.7	43.5	54.9	68.5
TP21	1.5	3.7	7.3	12.1	17.6	23.8	30.8	38.7	48.2
TP22	1.7	3.9	7.3	11.9	17.3	23.3	30	37.8	47.2
TP23	2.1	5.1	10.2	16.9	24.8	33.5	43.3	54.5	68

注：采用一次累加法和三次累加法进行计算时，计算出来的 $e^{\hat{A}(k-1)}$ 较大，模型精度差。

表3　改进的多变量灰色模型的误差统计（二次累加法）　　　　　单位：mm

点号	周期								
	1	2	3	4	5	6	7	8	9
TP19	0	0.2	0	0.1	−0.1	0.3	0.2	0.1	0.2
TP20	0	0.2	0	0.1	−0.1	0.4	0.3	0.2	0.1
TP21	0	0.1	0	0		0.3	0.2	0.2	0.3
TP22	0	0.1	0	0.1	−0.1	0.3	0.2	0.1	0
TP23	0	0.2	0	0.1	−0.1	0.4	0.3	0.2	0

$$模型的平均拟合精度 \ \sigma = \sqrt{\frac{1.39}{5 \times 9}} = 0.18$$

由上述计算过程可知，改进的多变量灰色预测模型不仅兼顾了监测点间的相互影响，提高了沉降信息的利用率，而且能处理小样本波动数据，通过对第8、第9个周期的预测值与实测值进行对比可知，改进的多变量模型预测的沉降值与实测值十分接近，预测精度较高。

6　结语

（1）改进的多变量灰色预测模型避免了单点建模的不足，能够全面考虑各个监测点间的相互影响，实现了对多点变形的整体预测，提高了预测精度。

（2）改进的多变量灰色预测模型能较好地对小样本波动数据进行拟合和预报，通过实例计算，预测和拟合的沉降值与实测值十分接近，在实际的大坝沉降监测中具有良好的应用价值。

参考文献

[1] 何勇兵.多变量灰色预测模型在大坝安全监测中的应用［D］.杭州：浙江大学，2003.
[2] 刘思峰，党耀国，方志耕，等.灰色系统理论及其应用［M］.5版.北京：科学出版社，2010.
[3] 秦亚琼.基于实测数据的路基沉降预测方法研究及工程应用［D］.长沙：中南大学，2008.
[4] 崔伟杰，包腾飞，张学峰，等.改进的灰色线性回归组合模型在大坝变形监测中的应用［J］.水电能源科学，2013，31（6）：103-105.

大坝外部变形监测自动化研究与应用

张石磊[1,2]　孙建会[1,2]　武学毅[1,2]　田振华[1,2]

(1. 中国水利水电科学研究院，北京　100038；
2. 北京中水科工程集团有限公司，北京　100048)

摘　要：在对某水库外观坝变形监测系统现状分析的基础上，阐明常规测量范围、监测手段的局限性等不足，分析自动化大坝变形监测系统需求，开展了基于测量机器人实现外部变形自动化监测的技术研究。研究结果表明：①由于倒垂线深度有限，仅在坝顶一个高程设置测线，无法监测坝体中部变形情况。现有垂直位移无法实现自动化监测，右岸边坡缺少变形监测设施。②采用极坐标测量方法，通过 GPRS 或 TCP/IP 协议结合光纤通信传输至控制中心或服务器，通过控制中心计算机或工作终端实现了基于测量机器人 TM50 自动化监测。

关键词：大坝变形；安全监测；自动化；测量机器人

1　引言

大坝受各种自然灾害及人为因素影响较多，例如：自然灾害风险、人为风险、工程风险等。因此，加强大坝及库岸边坡安全监测，能有效减少大坝安全事故的发生[1]。变形监测是大坝安全监测中的一个重要内容，及时有效地开展大坝工程的动态监测，掌握重要枢纽各建筑物的变形规律及安全性态，预测大坝在极端工况下的变形趋势及发生危险的可能性，对于及时评估大坝枢纽安全性态和提出相应的防灾减灾措施具有重大意义[2]。

外部变形监测是大坝变形监测中的主要工作内容，包括基准网观测、垂直位移和水平位移观测。大坝外部变形监测方法采用多测站边角交会和直接水准法等，常规测量观测周期和数据整编过程相对较为复杂，而外部变形监测自动化则可以实现实时多重差分改正，最大限度地消除或减弱多种误差因素；测量数据可以实时采集处理，实时图表显示（也可以事后输入处理）；按 24 h 无人值守自动化运行[3]。因此，大坝外部变形自动化领域成为近年来大坝变形监测技术研究的热点[4-7]。

基于"无人值守、少人值班"的工程安全运行管理理念，在某大坝外观变形监测系统现状分析的基础上，阐明测量范围局限性、监测手段的局限性等不足，分析自动化大坝变形监测系统需求，在此基础上开展利用测量机器人实现外部变形自动化监测方案设计及实施技术研究，建立和完善水库大坝安全监测系统。

2　大坝外部变形监测系统现状分析

2.1　工程概况

某水库是一座以防洪为主，结合供水，兼顾生态环境用水和发电的综合性大（2）型水利枢纽工程。枢纽建筑物主要包括拦河坝和电站。

拦河坝为全断面碾压混凝土重力坝坝型，由左岸非溢流坝段、电站坝段、底孔坝段、河床非溢流坝段、溢流坝段和右岸非溢流坝段等共计 24 个坝段组成。坝体设基础灌浆排水廊道、交通观测检查

基金项目：国家重点研发计划（2018YFC1508502）。
作者简介：张石磊（1986—），男，工程师，主要从事大坝安全监测工作。

廊道，以及坝体和坝基排水孔。坝基位于弱风化基岩上部，电站为坝后式电站。

2.2 大坝变形监测系统现状分析

大坝变形监测项目包括水平位移监测和垂直位移监测。大坝水平及垂直位移测点统计见表1。

表1 大坝水平及垂直位移测点统计

监测项目	位置	仪器设施名称	坝段	测点数量	监测项目	位置	仪器设施名称	坝段	测点数量
水平位移	坝顶	引张线	1#~24#	24	垂直位移	坝顶	沉降标点	1#~24#	24
	坝基	倒垂线	右岸	1		坝基	沉降标点	1#~22#	22
			4#	1			起测基点	左岸	1
			8#	1				右岸	1
			14#	1				右岸灌浆平硐	1
			18#	1			水准基点	坝下游	3
			左岸	1					

大坝水平位移包括坝顶水平位移和坝基水平位移。采用引张线和倒垂线相结合的方法观测。坝顶水平位移采用引张线法观测，坝基水平位移采用倒垂线法观测，测点布置在基础灌浆排水廊道内。

大坝垂直位移包括坝顶垂直位移和坝基垂直位移，采用水准测量法观测。坝顶垂直位移测点除溢流坝段布设在闸墩墩顶交通桥下游侧外，其余坝段均布设在坝顶上游侧。

根据目前的安全监测布置，仍存在以下几个方面的问题：

（1）现有坝顶表面水平位移监测项目测量范围的局限性。大坝坝顶长度533 m，设置了倒垂线与分段式引张线相结合的内部变形监测系统，但由于倒垂线深度有限，测得的水平位移仍为相对于倒垂线深部锚固点的相对位移，且仅在坝顶一个高程设置了测线，无法监测坝体中部变形情况。

（2）现有垂直位移无法实现自动化监测。虽然在坝顶和坝基设置了水准沉降标点，但这种监测手段的局限性是无法实现自动化监测的。

（3）右岸边坡无变形监测设施。右坝肩岩体裸露，山体相对高耸陡立，库水位骤升骤降会增加其不稳定因素。

鉴于以上不足，需增设一套外部变形监测系统，同时实现对大坝、边坡的变形监测，并将监测数据纳入现有安全监测系统，实现全面实时在线监控大坝安全。

3 大坝外部变形监测自动化系统设计

测量机器人，即全站型电子测距仪（Electronic Total Station），是集竖直角、水平角、平距、斜距、高差测量功能于一体的测绘仪器系统，是电子经纬仪、光电测距仪及微处理器相结合的光电仪器[8]。它通过CCD影像传感器和其他传感器对监测目标点进行识别，自动完成照准、读数、测量数据处理与分析等操作。测量机器人全自动监测模式见图1。

3.1 系统设计原则及精度

自动化观测系统具备独立的测记功能；监测设备运行稳定，满足连续正常运行需要；系统输出的数据信息采用国际或国内通用的标准格式，便于系统功能扩充和监测成果的开发利用；软件系统支持其他监测设备数据分析、支持人工巡检记录等。混凝土坝的监测精度需满足表2的要求。

3.2 系统架构

系统主要由五大部分构成：参考系、变形点、测量机器人基站（Nova TM50）、三维自动化监测软件、数据库。系统逻辑结构如图2所示。

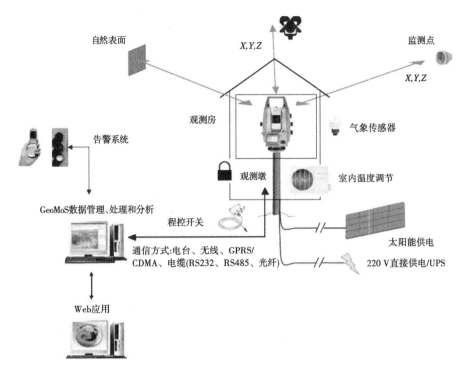

图 1 测量机器人全自动监测模式

表 2 混凝土坝的监测精度[8]

项目		监测精度/mm
变形监测控制网		±1.4
水平位移	坝顶	±1.0
	坝基	±0.3
垂直位移	坝顶	±1.0
	坝基	±0.3

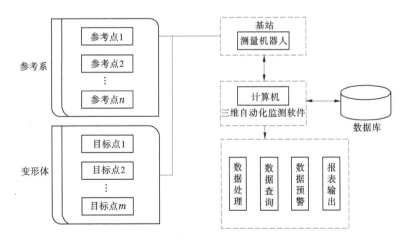

图 2 系统逻辑结构

采用极坐标测量方法，通过计算机控制测量，获取目标点相对于测站的角度、距离，进行差分改正后，计算得到目标点的三维坐标信息。测量数据通过测量机器人采集后，通过 GPRS 或光纤通信传输至控制中心或服务器，通过控制中心计算机或工作终端实现对测量机器人的控制或观测数据的分析工作。

根据相对独立、尽量小的数据依赖、最小数据冗余、管理发展的需要以及系统分阶段实现的原则，本系统共划分为 4 个子系统，分别为系统管理子系统、工程信息管理子系统、监测数据管理子系统和监测数据分析子系统。

3.3 系统功能及性能要求

3.3.1 数据采集、传输与控制功能

（1）系统的数据采集综合准确度满足大坝安全监测技术规范的要求。

（2）系统的数据采集装置能够以中央控制方式（应答式）按照中央控制装置（监控主机）指令进行选点、巡回及定时检测，或以自动控制方式（自报式）按设定的时间和方式进行自动数据采集。

（3）系统的数据采集装置能够按要求将传感器采集的各种输出信号转换为监测量数据并将所测数据传送到系统的中央控制装置或其他采集计算机。

（4）系统中央控制装置能自动地对接收到的监测数据进行分类管理，存入各数据库。

（5）具有监测数据自动检验和报警功能，能对监测数据进行自动检验、判识，监测量超限、显示异常时能检错、纠错处理，能自动报警。

（6）具有设备故障监测、报警功能，能对系统设备、电源、通信状态自动进行监测、检验，具有自诊断功能。

3.3.2 数据整编、分析软件功能

外观自动化变形监测系统中，控制、管理均需要在无人值守的情况下完成，因此要将各子系统（数据采集、数据传输、数据处理、数据分析）科学合理地组织起来，并在无人参与的情况下实现数据自动提取、处理、分析、预警、预报等功能，系统的自我控制与管理则是极其关键的环节。

（1）除自动采集数据自动入库外，还具有人工输入数据功能，能方便地输入未实施自动化监测的测点或因系统故障而用人工补测的数据。

（2）具有对原始数据进行检验、计算，制作图形报表等一系列日常监测管理功能。

（3）能够为监测数据进行初步分析和异常值判识提供计算、检验和辅助服务。

（4）可方便地制作或自动生成日常管理报表、图形，可方便地对数据库进行维护及资料的整编和制作整编图表。系统具有基于剖面或平面显示实时监测数据功能，图形可无级缩放。

（5）可通过人机对话的方式方便地对数据进行查询、检索及编辑，能灵活显示、绘制和打印各种监测数据、图表及文档、图片。

（6）具有大坝安全信息文档、图片管理功能，可以以人机交互方式方便、快捷地查询、检索、输出各种安全管理档案。

（7）具有必要的离线分析与评估功能，具备对监测资料进行定量分析所需的主要计算、检验、评价功能。

3.4 业务流程

首先建立计算机和测量机器人的通信；然后对测量机器人进行初始化，进行测站定向及控制限差的设置；所有设置完毕后便进行学习测量，也可以直接导入学习测量数据执行自动观测任务；接下来设置点组，根据点位以及监测频率将相同的观测点编入同一点组；然后进行循环任务的编辑；最后便是根据循环任务的设置来控制仪器定时进行自动观测，周期观测完毕后，软件对原始观测数据进行差分处理，得到各变形点的三维坐标、变形量。系统详细流程如图 3 所示。

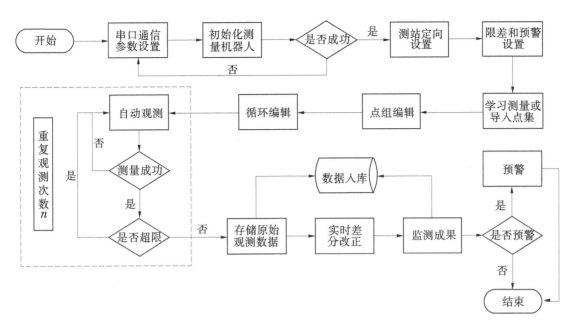

图3 系统业务流程图

4 系统实施

整套系统为无人值守的自动化变形监测系统,电源采用220 V交流电,并配备蓄电池电源备用。考虑到蓝牙、GPRS数据传输在复杂气候环境下不够稳定,对全站仪与控制中心服务器之间的通信采用串口服务器—网线—光纤—网线的方式。现场观测房选在右岸坝肩山体。变形监测自动化系统结构示意及实施效果分别见图4和图5。

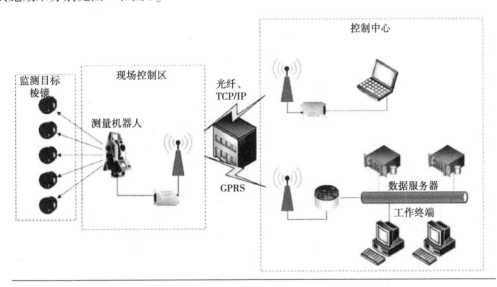

图4 系统结构示意图

4.1 数据采集、传输及通信

测量机器人输出支持RS232通信协议,用RS232通信电缆与串口服务器相连,然后将转换得到的网络信息汇入交换机,使用光端机把网信号转换为光信号并通过光纤传导到控制中心机房内,再通过光端机将光转换为TCP/IP协议,最后以网线同服务器或者工控机直接相连。

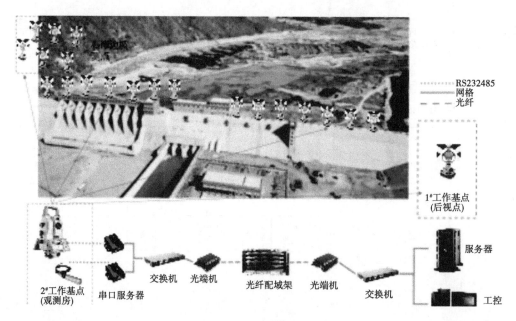

图 5　系统实施效果图

4.2　控制分析系统

监测软件包含监测及分析 2 个模块。监测模块主要负责设备（包括全站仪、GPS 数据、雨量计、温度气压计等设备）的管理，测量计划安排、数据存储，计算结果、测量数据及成果的检核，系统消息生成。分析模块主要负责数据分析及成果显示以及生成分析图表供打印输出。利用虚拟串口将 TCP/IP 数据转换成监测软件可以识别的 RS232 型号数据，并存储于控制室的服务器上。监测软件可以根据需求设定的限差，直接对观测数据及结果进行比对，若发现观测数据超出设定的限差，系统会按照用户定义的告警方式告警，例如：软件界面显示超限、电子邮件、手机短消息、报警器鸣叫等，以此来提醒用户。

其主要功能如下：

（1）数据成果自动分析。分为监测器和分析器两部分，系统调试完成后，将进入自动运行状态，数据实时地传回控制中心数据库，分析器将对实时传回的数据进行自动分析处理。

（2）站点图生成。待第一次测量完成后，系统就可以自动生成测点的网型图，该图包含了位置、点号、变形是否超限等，系统会自动生成超限的测量具体数据。

（3）成果报送形式。日常报表可以根据以上各种分析结果，归纳出变化速率、最大变形值、最小变形值、各监测点的稳定性、整体变形趋势等信息（见图 6）。根据需要提供日报、周报或月报等多种报表形式。变形数据处理结果可用不同的方法来显示，包括时间序列图、矢量图、累积位移图、多属性图表等。

（4）设备接入。能无缝连接到测量机器人、远程控制开关、温度气压计，并且能实现对测量的距离结合温度气压计的数据进行实时自动化改正，能实现远程重启功能。

（5）自动运行。系统软件一旦设置好并开始运行后，无须人工干预，软件可自动运行。

（6）系统扩容。监测软件为大型监测控制软件，可以接入多台设备，后期如果需要扩容，同时支持接入本地或者相同内网网段下的 GNSS 系统数据进行分析。

（7）粗差。监测软件可以实现粗差的探测，可以对粗差进行剔除。

（8）坐标转换。具有坐标转换功能，能实现 1984 大地坐标转换为 1954 北京坐标、施工坐标，同时能实现坐标量的投影，能将 1954 北京坐标、施工坐标投影到用户自己假定的坐标系上。

（9）数据备份：采用 SQL 数据库，能进行数据库的备份与恢复，防止因系统崩溃而导致数据丢失，也可以在更换服务器时恢复到新的服务器上保持数据的完整性。

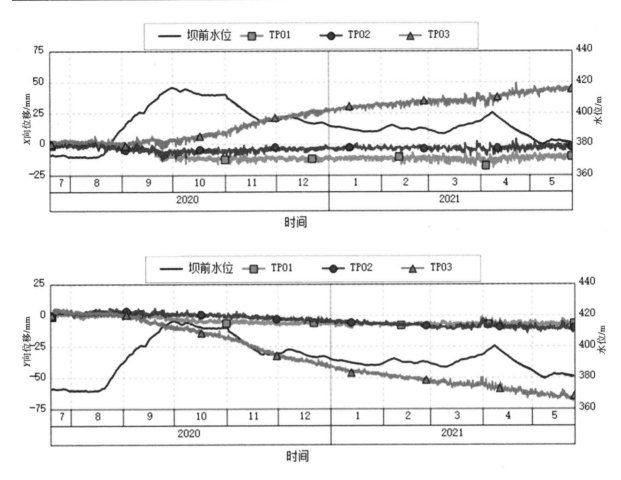

图6 垂直位移数据初步整编成果

5 结语

针对变形监测系统现状分析，阐明测量范围局限性、监测手段的局限性等不足，分析自动化大坝变形监测系统需求，在此基础上开展利用测量机器人实现外部变形自动化监测方案设计及实施技术研究，得到以下结论：

（1）由于倒垂线深度有限，测得的水平位移仍为相对于倒垂线深部锚固点的相对位移，且仅在坝顶一个高程设置了测线，无法监测坝体中部变形情况。现有垂直位移无法实现自动化监测。右岸边坡缺少变形监测设施。右坝肩岩体裸露，山体相对高耸陡立，库水位骤升骤降会增加其不稳定因素。

（2）采用极坐标测量方法，通过 GPRS 或光纤通信传输至控制中心或服务器，对全站仪与控制中心服务器之间的通信采用串口服务器-网线-光纤-网线的方式。通过控制中心计算机或工作终端实现了基于测量机器人自动化监测。

参考文献

［1］渠守尚，马原平. 大坝外部变形自动化监测系统的应用试验［J］. 大坝观测与土工测试，2001（3）：25-28.

［2］王德厚. 大坝安全与监测［J］. 水利水电技术，2009，40（8）：126-132.

［3］陈国明. 莲花水电站外部变形自动监测系统改造［J］. 大坝与安全，2007（2）：43-46.

［4］渠守尚，马原平. 大坝外部变形自动化监测系统的应用试验［J］. 大坝观测与土工测试，2001（3）：25-28.

［5］吴钊平，吴巧，毛清华，等. 基于 Nova TM50 测量机器人的水电站大坝边坡变形自动化监测系统架构及运用［J］. 四川水利，2019，40（6）：138-142.

［6］刘朋俊，丁万庆，张荣林 . TCA2003 在小浪底工程外部变形监测系统中的应用研究［J］. 广西水利水电，2003（2）：3-7.

［7］张志国，李晓飞 . GPS 在石门子水库大坝外部变形监测中的应用［J］. 全球定位系统，2014，39（1）：85-90.

［8］梅文胜，张正禄，黄全义 . 测量机器人在变形监测中的应用研究［J］. 大坝与安全，2002（5）：33-35.

［9］中华人民共和国水利部 . 混凝土坝安全监测技术规范：SL 601—2013［S］. 北京：中国水利水电出版社，2013：9-10.

长江中下游多级分汊河段航道治理及防洪效应模拟

李寿千　王海鹏　左利钦　陆永军　黄　伟　张　芮

（南京水利科学研究院水文水资源与水利工程科学国家重点实验室，江苏南京　210000）

摘　要： 长江中下游河道多呈分汊形态，各汊道相互关联，水沙动力条件复杂，一贯是航道整治与河势控导的重点河段。以马当河段为例，建立多级分汊河段二维水动力泥沙数学模型，模拟分析了各汊道单项整治工程作用下的冲淤演变规律及对其他汊道的关联影响，从航运及防洪的角度提出了多级分汊河道整体治理方案，并模拟预测了全河段冲淤演变规律及其对防洪的影响，为类似河段治理提供技术支撑。

关键词： 分汊河段；水动力泥沙；冲淤演变；防洪效应

分汊河道为冲积河流中常见形态，一般由顺直段、分汊段和再汇合段三部分组成。由于其边界不规则及地形复杂，往往存在平面回流、断面环流、螺旋流等复杂流态，从而呈现出洲滩众多、主流摆动频繁、主支交替等演变特征，一贯是河势控导与航道整治的重点河段。

分流分沙比是汊道演变的主控因素，杜德军等[1] 通过模型试验分析了安庆江心洲分流比的变化规律，杨婷等[2] 利用实测资料分析了长江口南北槽分流、分沙特征，徐锡荣[3] 及洪思远等[4] 通过实测资料分析和数学模型研究了小黄洲汊道、新生洲汊道分流比变化及新生洲洲头冲淤、汊道兴衰的内在关联性。洲头控导及汊道限流是控制分流比的重要措施，姬昌辉等[5] 通过模型试验研究了天星洲汊道整治工程对河道行洪、流速流态、分流比的影响，吴书鑫等[6] 运用数学模型分析了导流坝、切滩、疏浚等工程措施对汊道河床冲淤的影响，陈冬等[7] 通过数学模型分析黑沙洲水道潜坝的设置对调整南水道分流比的作用，范红霞[8] 等实测资料分析表明和畅洲三道潜坝使得左汊分流比下降，右汊河床经历了缓慢淤积到普遍冲刷的阶段性变化。

以往研究多针对单一汊道及上下临近汊道情形，对于多级分汊汊道研究较少。本文以马当河段为例，分析多级分汊河道演变规律，建立二维水沙数学模型，模拟分析单项工程治理效果，形成多级分汊河道整体治理方案，并预测治理效果及评价其防洪效应，为类似河段治理提供技术支撑。

1　研究河段概况

1.1　滩段的形态特征

长江马当河段位于安徽省彭泽县，右岸为起伏连绵的山丘，多处山矶濒临江边，自上而下主要有彭郎矶、矶后山、马当矶、娘娘庙、牛矶等。马当河段江心分布有骨牌洲和瓜子号洲。

河段上游进口小孤山与彭郎矶节点隔江对峙，下游出口节点为牛矶。河道北汊呈弓背形；南汊则以马当矶、娘娘庙为界，分为上、中、下三段。上段为马当南水道，其进口较为宽浅，出口处马当嘴与马当矶相对峙；水道中部江心发育有棉外洲，形成左、右两槽。中段为马当阻塞线水道，为一放宽型分汊河段，其进口段为马当阻塞线沉船区，下游则被瓜子号洲分为左、右两汊，其中右汊为航道主槽，左汊为支汊。下段为东流直水道，自娘娘庙至华阳河口长约 6.5 km，为单一微弯河段，水道顺

基金项目： 国家重点研发计划项目（2021YFC3001003）。

作者简介： 李寿千（1986—），男，博士，高级工程师，主要从事河流海岸动力学研究工作。

通信作者： 陆永军（1964—），男，博士，副总工程师，主要从事的港口航道工程研究工作。

直，深泓居右。马当河段河势图见图1。

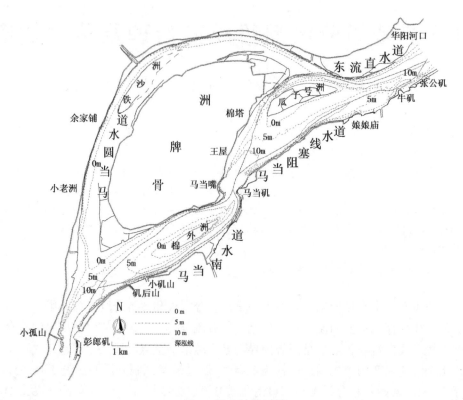

图1　马当河段河势

1.2　形成机制及演变特征

近年来，河道北汉即马当圆水道河势稳定；马当南水道棉外洲洲体保持稳定，左槽呈持续发展态势，右槽深槽宽度基本不变并有所淤积；马当阻塞线水道上段沉船浅险区实施打捞后，打捞区深泓左摆，导致主流不稳定；由于南水道发展，马当矶的挑流作用增强，造成下段瓜子号洲头冲刷和崩退，出现左、右汉争流局面；东流直水道瓜子号洲左汉分流增加使得洲尾浅滩下移，并发生右偏而压缩航槽，影响航道维护。

马阻、马南水道航道实施了整治工程，并于2012年2月完工。整治工程实施后对不利发展趋势有所缓解，但马当南水道两槽并存、双槽争流的态势仍将继续，马当阻塞线水道沉船区主流仍有左偏可能；东流直水道受瓜子号洲尾淤积体压缩航槽，航道条件的维护和提升需采取必要的工程措施，同时应兼顾防洪影响。

2　二维水沙数学模型的建立与验证

2.1　数学模型的建立

建立了二维水沙数学模型，有关模型的控制方程、数值解法、边界条件及动边界技术等详见文献[9]、文献[10]。计算域进口位于东北直水道的三洲圩，下游出口位于华阳河口，全长约58 km。计算域内共378×73个网格点，河宽方向网格间距为10~60 m，水流方向网格间距为80~250 m。

2.2　数学模型的验证

根据2013年10月、2014年2月测流资料，对应流量分别为22 641 m³/s、12 709 m³/s，对马当河段水面线、流速分布及各汉道分流比进行了验证，计算与实测的水位偏差均在0.05 m以下，计算与实测流速分布基本接近，计算与实测的分流比（见表1）偏差在1.0%左右。

表1　实测与计算分流比

日期 （年-月）	流量/ （m³/s）	骨牌洲左汊分流比/%			棉外洲左槽分流比/%			瓜子号洲左汊分流比/%		
		实测	计算	偏差	实测	计算	偏差	实测	计算	偏差
2014-02	12 709	0.90	1.03	0.13	55.22	55.00	-0.22	14.83	13.65	-1.18
2013-10	22 641				56.14	57.44	1.30			

开展了 2012 年 2 月至 2014 年 3 月河床冲淤的验证。采用大通站日均流量和含沙量过程代表马当河段的来水来沙过程，根据实测资料分区给定底沙粒径，计算与实测的冲淤部位及冲淤幅度（见图2）总体上比较接近。

3　单项方案冲淤规律

根据演变趋势的分析，主要治理思路为稳定并加高棉外洲头及低滩，保证或者增大右槽分流比；稳定棉外洲洲体中下部，防止滩体冲刷或下移；稳定瓜子号洲头及洲头低滩，保证或者增大右汊分流比；增加瓜子号洲尾滩槽高差，保证东流直水道进口航道水深。据此形成不同单项方案，并开展效果模拟和探索研究。

单项方案一：棉外洲左槽布置三道护底，高于现河床 1 m。工程实施后，棉外洲左槽 10 年相对淤积 1~1.9 m，右槽相应的冲刷发展，右槽宽度远小于左槽，10 年后相对冲刷 1~3.3 m。该工程促使马当南水道左槽萎缩、右槽冲刷发展，对其他汊道冲淤影响较小。单项方案一 10 年冲淤见图3。

单项方案二：棉外洲头守护工程加高并上延约 260 m，高程为设计低水位，守护工程根部下延约 1 600 m，高程为整治水位。工程实施 10 年后，左槽进口段冲刷 0.2~2.0 m 并扩展至中下段，相应右槽冲刷 0.5~1.5 m。该工程促使马当南水道左槽萎缩、右槽冲刷发展，对其他汊道冲淤影响较小。单项方案二 10 年冲淤见图4。

单项方案三：瓜子号洲左汊新建潜坝，顶高程为 1.44 m。工程实施 10 年后，瓜子号洲左汊及洲尾淤积 0.5~1.6 m，相应右汊略有冲刷 0.2~0.5 m，马阻水道左侧河道微淤、右侧河道微冲。该工程促使瓜子号洲左汊淤积、右汊发展，对其他汊道冲淤影响较小。单项方案三 10 年冲淤见图5。

单项方案四：瓜子号洲头守护工程加高至 5.41 m。工程实施 10 年后，左汊进口冲刷 0.5~1.2 m，左汊淤积保持在 0~0.5 m，对于右汊，普遍冲刷 0~0.2 m。工程引起马当南水道的微冲微淤。该工程能起到促使左汊淤积萎缩、右汊冲刷发展的作用，但工程效果不十分明显。单项方案四 10 年冲淤见图6。

单项方案五：瓜子号洲右缘新建丁坝，坝顶高程为 5.41 m。工程实施 10 年后，工程区至张公矶明显冲刷 0.5~1 m。该工程使得右汊冲刷发展，特别是过渡区冲刷明显，顺应右汊发展态势，对其他汊道冲淤影响较小。单项方案五 10 年冲淤见图7。

单项方案六：瓜子号洲尾护滩工程加高，坝顶加高至 5.41 m。工程实施 10 年后，工程区冲刷 0.5~1.5 m，过渡区冲刷 0.5~1 m。该工程使得右汊过渡区冲刷明显，顺应右汊发展态势，对其他汊道冲淤影响较小。单项方案六 10 年冲淤见图8。

4　总体方案冲淤规律及防洪效应

4.1　总体方案思路

单项工程探索研究表明，马当矶节点在马当南汊上、下段的演变中起到了主要控制作用，使得各自演变相互影响较小。因此，在总体方案组合中，可从单项方案角度考虑整治效果，同时在满足整治效果的同时，尽可能减小工程力度，减小对防洪的影响。

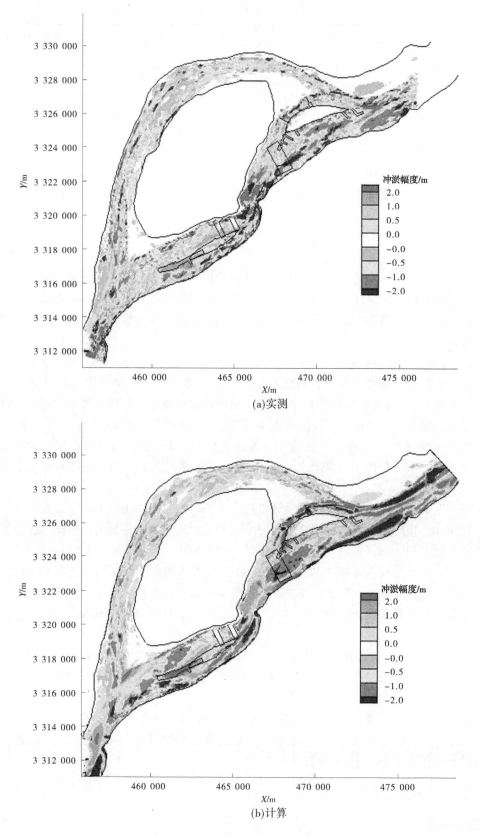

(a)实测

(b)计算

图 2　2012 年 2 月至 2014 年 3 月冲淤分布图

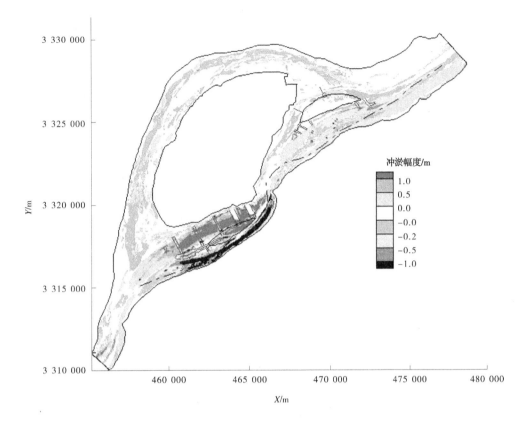

图 3　单项方案一 10 年冲淤

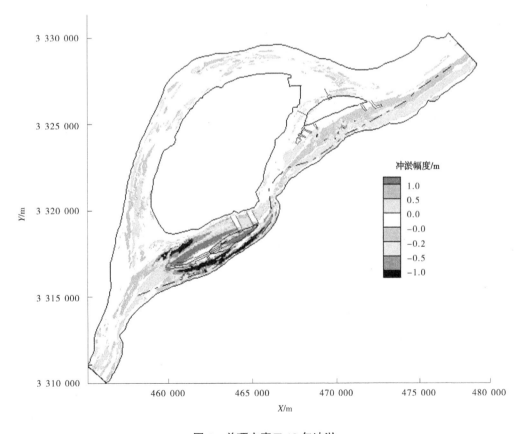

图 4　单项方案二 10 年冲淤

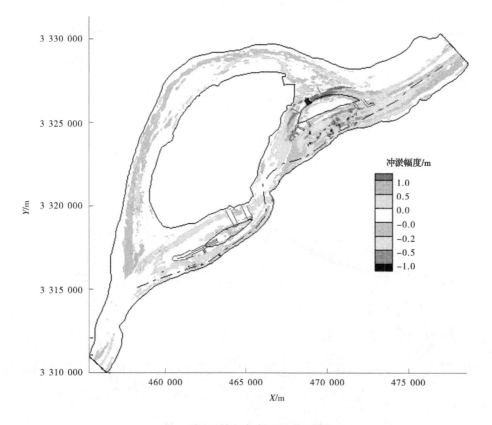

图 5　单项方案三 10 年冲淤

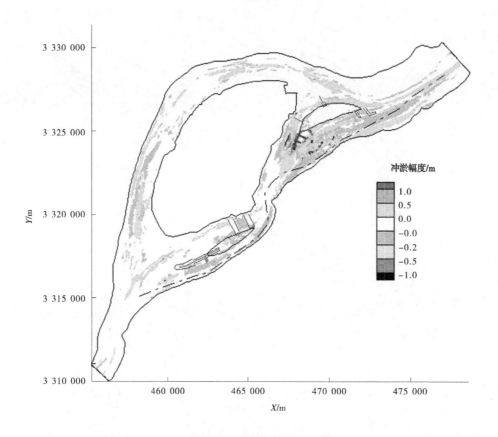

图 6　单项方案四 10 年冲淤

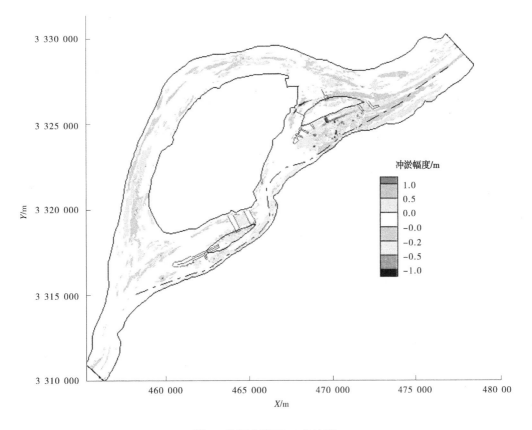

图 7　单项方案五 10 年冲淤

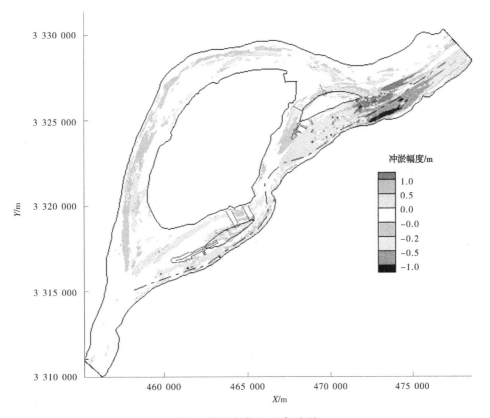

图 8　单项方案六 10 年冲淤

马当南水道棉外洲左槽三道护底能够有效遏制左槽发展趋势，促使右槽冲刷发展，进一步优化为两道护底；棉外洲的守护工程加高及洲头上延工程，能够增加右槽分流比，明显冲深进口浅区加航宽；棉外洲根部守护工程延长能够有效遏制洲尾滩体下移趋势，避免压缩主航槽。

马当阻塞线水道、瓜子号洲左汊潜坝工程可以有效控制分流比，减小沉船区主流左摆的概率，稳定瓜子号洲尾汇流角，遏制洲尾浅滩下移。瓜子号洲头守护工程加高及右缘新建丁坝均促使右汊发展，由于该段航道水深已满足，可仅实施左汊潜坝工程巩固现有有利条件，防止沉船区主流左摆。

东流直水道、瓜子号洲尾护滩工程加高促使洲尾淤积带缩窄，过渡段航槽冲深，但淤积带所处的航槽水深较大，一般大于 10 m，尾部护滩带加高工程近期不迫切，可作为远期方案视航道发展而定。

综上所述，整体方案为马当南水道整治采用棉外洲左槽两道护底工程、棉外洲守护工程加高、洲头上延、根部延长工程；马阻水道仅实施左汊潜坝工程；东流直水道瓜子号洲尾部护滩带加高工程作为远期方案视航道发展而定。

4.2 冲淤变化规律

方案实施后，设计及整治流量时，棉外洲右槽分流比增大 2.04% ~ 2.21%，瓜子号洲右汊分流比增大 1.08% ~ 1.40%，马当圆水道分流比增大 0 ~ 0.06%。棉外洲右槽枯水时流速增加 0.010 ~ 0.013 m/s，1~3 年后冲刷 0.5~2.5 m；阻塞线沉船区水流往右侧偏转 0.2°左右，沉船区左侧相对微淤，打捞区相对微冲，利于主流保持在打捞区；瓜子号洲右汊枯水时流速变化甚微，增幅小于 0.01 m/s，1~3 年后右汊普遍冲刷 0~0.5 m。方案实施 1~10 年后可满足预期 6.0 m 航深及 200 m 航宽的目标。总体方案实施后的效果见图 9。

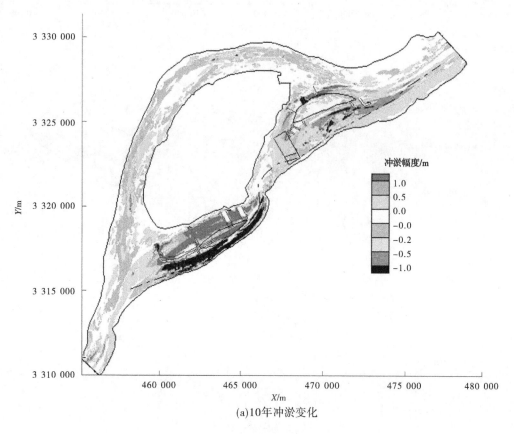

(a)10年冲淤变化

图9 总体方案实施后的效果

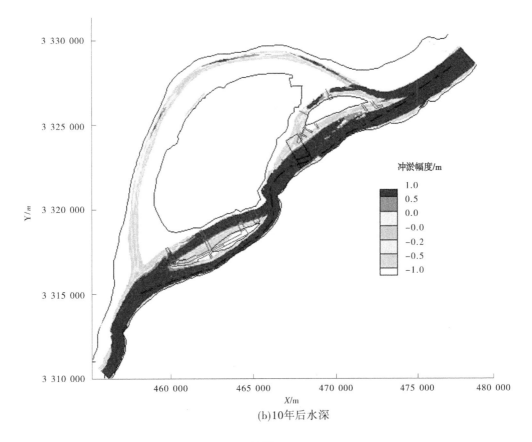

(b)10年后水深

续图9

4.3 防洪效应

方案实施后，工程的壅水效应主要体现在棉外洲头及其上游部分，中洪水流量时，棉外洲头及其上游水位壅高 0.005~0.012 m，棉外洲中下部位水位降低 0.005~0.007 m，其他除工程区局部的水位变化外，洪水位变化甚微，变幅在 0.005 m 以内。对洪水位的影响较小。总体方案实施后的水位相对变化见图 10。

方案实施后，中洪水流量时，马当圆水道同马大堤近岸流速变化均小于 0.019 m/s；对于马当南水道右岸，流速增加 0.01~0.05 m/s；马当矶至瓜子号洲头段右岸，流速增加 0.015~0.05 m/s，对岸线稳定影响较小。

方案实施后，中洪水流量时，棉外洲右槽分流比增大 1.06%~1.14%，瓜子号洲右汊分流比增大 0.44%~0.86%，马当圆水道分流比增大 0.21%~0.31%；马当河段各分汊主支汊格局没有发生变化。

整体而言，航道整治为枯水整治，整治建筑物高程较低，加之工程实施后河床的冲淤自适应调整，合理的工程方案可以协同实现整治效果及防洪安全。

5 结论

（1）建立了马当河段二维水沙数学模型，进行水面线、流速分布、汊道分流比、河床冲淤的验证，计算值与实测值吻合较好。

（2）模拟分析了单项方案冲淤规律及其对其他汊道的影响，马当河段为节点控制性河段，马当矶节点在马当南汊上、下段的演变中起主要控制作用，各自演变相互影响较小。提出了节点控制型多级分汊河道整治思路，可从单项方案角度考虑整治效果，在满足整治效果的同时，尽可能减弱工程力度，减小对防洪的影响。

（3）提出了节点控制型多级分汊河段整体治理方案，方案实施后，棉外洲左槽淤积，相应的右

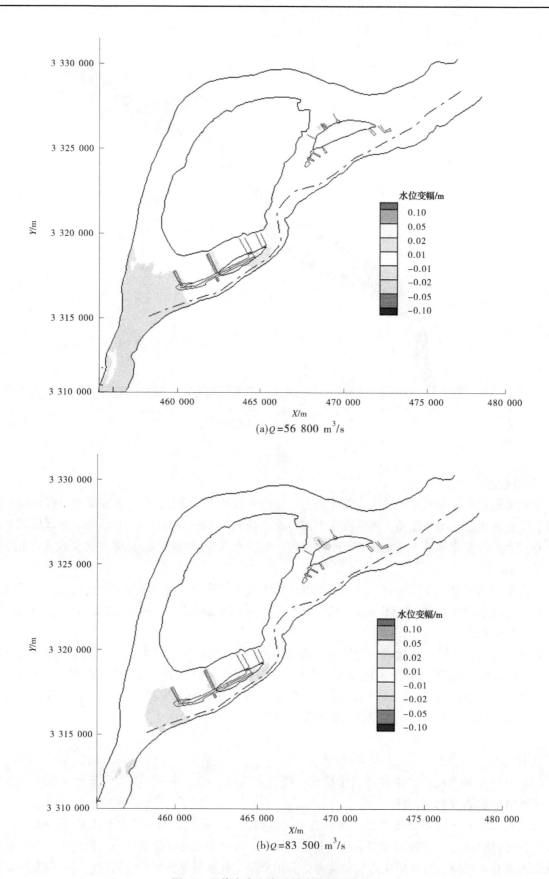

(a)$Q = 56\ 800\ \mathrm{m}^3/\mathrm{s}$

(b)$Q = 83\ 500\ \mathrm{m}^3/\mathrm{s}$

图 10 总体方案实施后的水位相对变化

槽冲刷发展，并抑制了洲头冲刷后退及洲尾下移；瓜子号洲左汊衰退，右汊冲刷，利于主流稳定在沉船打捞区，瓜子号洲尾过渡浅区受到冲刷。工程实施后可满足 6.0 m 航深及 200 m 航宽的整治目标。由于航道整治为枯水整治，中洪水时减小过水面积有限，工程实施对洪水位及近岸流速影响甚微，实现航运与防洪目标的协同。

参考文献

[1] 杜德军，夏云峰，吴道文，等 . 汊道分流比变化对安庆长江二桥影响试验研究 [C] //中国海洋工程学会 . 第十五届中国海洋（岸）工程学术讨论会论文集（中册）. 北京：海洋出版社，2011：696-699.

[2] 杨婷，陶建峰，刘桂平，等 . 整治工程后长江口南北槽的分流分沙季节特征 [J] . 河海大学学报（自然科学版），2012，40（3）：338-344.

[3] 徐锡荣，钟凯，白金霞 . 长江小黄洲演变对下游汊道分流特性的影响 [J] . 河海大学学报（自然科学版），2014，42（3）：211-216.

[4] 洪思远，王建中，范红霞，等 . 长江下游新生洲洲头分流段演变特征及洲头守护措施 [J] . 水利水运工程学报，2017（2）：91-99.

[5] 姬昌辉，谢瑞，洪大林，等 . 长江扬中河段天星洲汊道整治工程物理模型试验研究 [C] //中国海洋工程学会 . 第十六届中国海洋（岸）工程学术讨论会（下册）. 北京：海洋出版社，2013：570-576.

[6] 吴书鑫，沈余龙，房树财，等 . 八卦洲整治工程措施对汊道分流比和冲淤变化的影响研究 [J] . 浙江水利科技，2014，42（5）：57-60，86.

[7] 陈冬，陈一梅，黄召彪 . 长江下游黑沙洲南水道演变特征分析 [J] . 水利水运工程学报，2015（2）：84-90.

[8] 范红霞，王建中，朱立俊 . 新水沙条件与整治工程下和畅洲汊道演变分析 [J] . 水利水运工程学报，2021（5）：19-26.

[9] 陆永军，陈国祥 . 航道工程泥沙数学模型的研究（Ⅰ）——模型的建立 . 河海大学学报（自然科学版），1997，25（6）：8-14.

[10] 陆永军，刘建民 . 航道工程泥沙数学模型的研究（Ⅱ）——模型的验证与应用 [J] . 河海大学学报（自然科学版），1998，26（1）：66-72.

南水北调中线工程运行安全风险识别与管理

刘俊青

（焦作市黄河华龙工程有限公司，河南焦作 454000）

摘　要：南水北调中线工程安全运行是解决京津冀豫4省（直辖市）的水资源短缺问题，为沿线十几座大中城市提供生产生活和工农业用水的前提。因其工程线路长、规模大、影响因素多，运行安全会受到施工材料、组织管理、生产环境、沿线居民生活等多种因素影响，识别与管理安全风险是确保工程运行的关键。基于中线工程运行情况调研的基础开展风险分析，识别潜在运行安全风险；针对工程潜在风险，提出针对性风险管理措施。研究表明，工程运行的主要风险为工程维修及防护设施、人身安全、环境和水质、重点风险部位等。研究成果可供中线工程运行与维护参考。

关键词：水利工程；南水北调中线工程；安全运行；风险管理

1　引言

南水北调中线工程是从长江最大支流汉江中上游横跨湖北和河南两省的丹江口水库调水（水源主要来自汉江），在丹江口水库东岸河南省淅川县境内工程渠首开挖干渠，经长江流域与淮河流域的分水岭方城垭口，沿华北平原中西部边缘开挖渠道，通过隧道穿过黄河，沿京广铁路西侧北上，自流到北京市颐和园团城湖的输水工程。输水干渠地跨河南、河北、北京、天津4个省（直辖市），供水范围内总面积15.5万 km²，输水干渠总长1 277 km，重点解决河南、河北、北京、天津4省（直辖市）的水资源短缺问题，为沿线十几座大中城市提供生产生活和工农业用水。工程可极大地缓解中国中北方地区的水资源短缺问题，推动我国中、北部地区的经济社会发展。因其工程线路长、规模大、影响因素多，运行安全会受到施工材料、组织管理、生产环境、沿线居民生活等多种因素的影响，工程运行存在巨大的安全风险。

水利工程运行安全风险识别与管理研究成果较多，如：李宗坤等（2015）[1] 从法律法规、研究进展两个角度，对中国大坝安全管理与风险管理进行对比分析，指出当前采用的安全管理方法存在事故概率计算难度较大、对事故后果重视不足、评价准则不够全面及管理措施较为单一等问题；周志维等（2019）[2] 基于脆弱度理念，结合标准化管理评价办法，采用层次分析法构建了风险评价指标体系；阿力木·许克尔（2015）[3] 以新疆南岸干渠工程渠道为例，对长距离输水渠道工程运行中安全管理的重要性进行了阐述，并对其存在的问题进行了分析，提出了相应措施，为类似工程运行管理提供了参考。部分南水北调中线工程风险分析研究成果，例如：聂相田等（2011）[4] 从工程风险管理的角度，对南水北调中线工程（陶岔至黄河南段工程）风险监控点进行了分析；吉莉（2021）[5] 开展了基于FMEA的南水北调中线输水干渠运行风险预警研究。但这些成果难以直接应用，仍需进一步完善。因此，针对南水北调中线工程特点，进行工程运行风险识别与管理，对于确保工程安全运行意义重大。

开展南水北调中线干线工程运行情况调研，利用风险分析方法[6-7] 识别工程潜在的运行安全风险，提出针对性的风险防控措施，可为南水北调中线工程安全运行提供技术支持。

基金项目：国家重点研发计划课题（2017YFC1501202）。

作者简介：刘俊青（1973—），女，工程师，主要从事水利工程施工与运行管理等工作。

2 风险识别

根据南水北调中线干线工程的结构形式、运行情况，分析南水北调中线干线工程在运行过程中所面临的风险，进而进行风险管理，并为整个工程的运行管理提供依据。

做好风险管理，需要对运行过程中的各个阶段的风险进行全面分析，由于不确定因素多，影响范围广，各种风险之间相互影响，并将随着工程运行条件的变化而发生变化，也可能在风险相互转换的同时产生新的风险，不同风险造成的不同后果也可能完全不同。因此，在工程运行中，对风险的分析将显得尤其重要。根据风险的类型，对各种风险因素进行识别分析，按照各种风险因素的可控程度，确定风险管理重点。组织风险、经济与管理风险、技术风险可以通过管理或预测手段进行预防或减轻；工程环境风险相对来说比较难控制，可通过相关手段进行预测分析。通过科学系统的方法对风险进行控制和管理，以减少或规避工程运行过程中存在的危险。

南水北调中线干线工程风险分析表明，工程运行的主要风险为工程维修、工程防护设施、人身安全、环境和水质、重点风险部位等。

3 安全运行与风险管理

根据南水北调工程运行的安全管理工作与各项工作紧密地联系在一起，是调水工程管理单位的主要管理内容。加强南水北调工程运行中人身、工程、水质三部分的安全管理，是输水工程运行的关键。优先考虑作业人员的人身安全，在确保人员安全的前提下，努力实现工程运行中的其他目标。

3.1 工程维修风险管理

工程施工材料、工程质量、组织管理等对工程的安全运行起着至关重要的作用。因此，在施工中要严把进场材料关、工程质量关，通过有效的组织管理，对工程运行过程中的风险加以控制。比如南水北调日常维修养护项目，严格按照合同要求进行材料采购，不合格的材料坚决不进入施工现场。管理单位的工巡人员加强对工程巡视及监察，通过巡视及监察，将发现的潜在风险告知施工单位，重点部位发现安全隐患的，要求施工单位及时编制专项施工方案，并上报管理单位审批。施工单位通过风险分析，制订相应的风险控制措施，只有做好不同环节的风险管理，才能避免事故的发生，使工程运行正常。

3.2 安全规章制度和防护设施管理

安全生产管理的目标是减少和控制危害及事故，尽量避免由于事故所造成的人身伤害、财产损失、环境污染。根据工程的特殊性，制订适合工程运行的各项规章制度和防护措施，所有参与人员要严格遵守各项规章制度，提高人员的安全认识和自我保护能力。做到科学管理、科学调度。严格制定安全生产管理台账，对发现的安全生产隐患及时进行整改，整改过程中加强监督管理，确保安全生产工作落到实处。在合适的地点，通过计算和实地验证，设置牢固、准确的用以确保安全的防护设施，使突发事件发生时，工程、人员、材料、机械能得到及时有效地处置，尽量减小突发事件造成的损失。

3.3 人身安全风险管理

脚手架工程、基坑支护工程、模板工程、施工用电、起重吊装等施工过程中，经常会出现不同程度的人身风险。施工人员进入施工现场前，必须进行施工安全、消防救援知识的教育培训和考核，对考核不合格的人员，禁止进入施工现场。进入施工现场必须戴安全帽，作业人员严格按照操作规程，不得违章指挥和违章作业。现场用电由专人管理，设专用配电箱，配电箱必须有漏电保护装置和良好的接地保护地线，严禁乱拉乱接，防止人身、线路、设备事故的发生。高空作业人员要穿防滑鞋并定期体检，不适合高空作业的，不得从事高空作业。通过安全检查和自我防护，消除不安全因素，保障作业人员人身安全。

3.4 环境和水质安全管理

由于南水北调工程输水距离长、跨度大，沿线城市的原有建筑工程可能会影响工程地质发生变化，会对南水北调中线工程运行造成安全风险，造成渠道局部出现塌陷、管涌、漏水、滑坡等安全隐患。穿堤建筑物发生变化时还可能引起溃堤，沿线发生水质污染等，发生此类风险隐患要及时进行整改修复，否则造成的安全损失将不可估计。运行过程中，采用实验室监测、自动监测、应急监测等方式，对沿线站点地表水环境质量标准进行检测，构筑水质安全三道防线。

加强对水源头和供水沿线周边生态环境的保护，加强对沿线居民和工程施工的生活用水、生活污水、工业废水的处理，以免污染水源。建立完善日常巡查、工程监管、污染联防、应急处置等制度，消除安全隐患，确保环境和水质安全。

3.5 重点风险部位安全管理

作为输水工程，南水北调工程的首要目的是保障受水区的供水，同时不能影响周边群众的财产和生命安全，所以可能造成的危害包括受水区的供水情况和对沿线群众的影响。根据中线工程沿线结构形式及运行情况，分析运行过程中存在的风险，从而进行风险管理。全线实行巡查监督管理制度，尤其对明渠、涵洞、渡槽、倒虹吸、隧洞、高填方、深挖方、膨胀土等部位要着重进行巡查。

风险最大的部位是穿堤建筑物和渠道。加强对穿渠建筑物及周边渠堤的监控，重点严密监控穿堤建筑物及周边堤防的动态，观察、观测渗漏情况和沉降情况等。渠道很容易受到外界因素的影响，管理起来十分困难。水工建筑物易受不均匀沉降和地质灾害，导致发生断裂漏水而影响结构安全等问题。险情发生时，立即采取科学有效的措施，防止危害扩大衍生次级危害。发现渗漏、沉降变形或周边渠堤渗漏，及时采取有效措施，保证堤防和穿渠建筑物安全，并尽量保障供水。发现非法、违规穿越，立即制止，防止因穿越施工造成堤防工程破坏或建筑物破坏。

4 强化宣传警示工作

南水北调工程是优化我国水资源时空配置的重大举措，一是着力宣传南水北调工程对优化我国水资源配置的作用。改善了华北和西北地区的水资源条件，从根本上缓解这一地区长期资源性缺水的矛盾，促进了区域协调发展。二是从社会、经济和生态环境三个方面大力宣传南水北调工程的显著效益，促进供水区的工农业生产和经济发展，改善了供水区卫生条件，促进了城市化建设。

通过进村入户、印发传单、制作警示标牌、地方媒体刊播、录制警示视频等通俗易懂、百姓乐于接受的方式，提高运行人员意识及沿线周边群众的护渠守法安全意识，防止恶意损害和破坏事件。引导广大居民对南水北调输水工程的认识，逐步了解南水北调工程的社会意义、经济意义和生态意义。

5 结语

（1）南水北调工程是建设者智慧的结晶。南水北调中线工程已通水运行，要时刻清醒认识到南水北调工程运行所面临的风险，在运行中不断寻找、总结调水运行管理经验，通过科学的管理和论证，完善风险管理和安全管理，持续改进运行管理工作。使之真正惠及百姓，造福人民，为社会的发展发挥应有的作用。

（2）南水北调中线干线工程风险分析表明，工程运行的主要风险为工程维修、工程防护设施、人身安全、环境和水质、重点风险部位等。

（3）通过开展南水北调中线干线工程维修、工程防护设施、人身安全、环境和水质、重点风险部位等风险管理，并强化宣传警示，可以提高工程运行的安全性，为工程发挥重要作用提供技术支持。

参考文献

[1] 李宗坤，葛巍，王娟，等. 中国大坝安全管理与风险管理的战略思考 [J]. 中国水利，2015，26（4）：589-595.

［2］周志维，喻蔚然，罗梓茗，等．基于标准化管理大坝风险指标体系与评价［J］．中国水利，2019，30（12）：28-32.

［3］阿力木·许克尔．长距离输水渠道运行安全管理重要性探析［J］．陕西水利，2015（1）：159-160.

［4］聂相田，郭春辉，张湛．南水北调中线工程风险管理研究［J］．中国水利，2011（22）：37-39.

［5］吉莉．基于 FMEA 的南水北调中线输水干渠运行风险预警研究［D］．郑州：华北水利水电大学，2015.

［6］刘恒．南水北调运行风险管理关键技术问题研究［M］．北京：科学出版社，2011.

［7］丁士昭．建设工程项目管理［M］．北京：中国建筑工业出版社，2011.

土工大布连续快速铺设抢护技术

牛万宏　郑　钊

（河南黄河勘测规划设计研究院有限公司，河南郑州　450008）

摘　要： 2018—2021 年，河南黄河勘测规划设计研究院有限公司承担了国家重点研发计划项目堤防险情演化机制与隐患快速探测及应急抢险技术装备（2017YFC1502600）课题 6 专题 3《崩岸险情的快速抢险技术研究》，旨在针对现有岸坡与堤脚防护材料防冲刷能力弱、铺设难度大的缺陷，通过室内外试验，研发适应堤防岸坡地形条件、可水上水下连续快速铺设防护材料的施工方法，建立崩岸险情快速抢险成套技术与工艺。河南黄河勘测规划设计研究院有限公司通过数次现场试验，最终圆满完成相关研究。本文主要介绍土工大布连续快速铺设抢护技术的设计思路、关键技术、应用情况和创新点。

关键词： 崩岸；抢护；土工大布；快速铺设

1　引言

崩岸是堤坝工程主要险情之一，具有发生突然、发展迅速、后果严重的特点。目前，崩岸抢护仍主要采用抛投石料、柳料等传统技术，土工布、土工袋等土工材料在崩岸抢护中也得到越来越多的应用。土工材料在实际应用过程中，主要存在以下几方面的问题：①水下快速铺设困难；②土工布与岸坡贴合不紧密；③为了取得较好的铺设效果往往需要动用大量的人力与机械装备，抢护效率低、劳动强度大。基于此，在以往土工大布护岸抢险试验的基础上，通过理论分析与现场试验，我们研发了一套能够较好适应堤坝岸坡地形条件、可水上水下一体化快速铺设土工大布进行崩岸抢护的技术方法，弥补了土工织物应用于崩岸抢护的不足。

2　快速抢护技术总体设计路线

土工大布连续快速铺设抢护技术主体包括防护底布与缝于其上的长管袋两部分。利用大面积土工布作为防冲隔离材料，通过向缝于其上的长管袋内充填泥浆，驱动土工大布卷滚动展铺，形成完整的覆盖软体排防护体，继续充填泥浆形成压重，使土工大布与被保护堤坝岸坡及其附近河底紧密贴合，增强堤坝岸坡、坡脚抗冲刷能力，遏制崩岸险情。长管袋的作用是充沙、助推和压重，沿防护底布边缘布置，中间可均匀增布纵向长管袋，总体布置见图 1，展铺机制见图 2。土工大布快速抢护崩岸险情具有如下特点：①土工大布可工厂化制作，充填土料可就地取材，具有重量轻、易于加工准备、便于储运、工作强度低等优点；②在土工大布铺设过程中，同步施加充沙长管袋压重，可以有效防止土工大布被掀起，且与岸坡贴合紧密，保证了铺设的质量和效率；③所需机械设备少，对场地适应性强。

3　土工大布抢护方案设计

3.1　土工大布抢护材料

土工大布抢护材料主要由防护底布和充沙长管袋两部分组成。防护底布土工材料需满足保土性、

基金项目： 国家重点研发计划"堤防险情演化机制与隐患快速探测及应急抢险技术装备"（2017YFC1502600）。

作者简介： 牛万宏（1968—），男，高级工程师，主要从事岩土工程勘察设计工作。

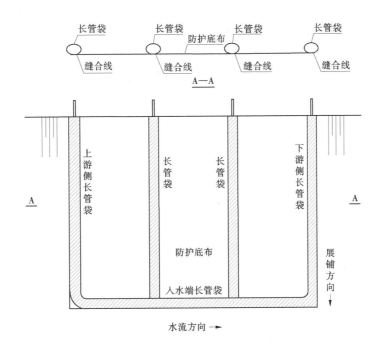

图1 水力展铺方案土工大布总体布置

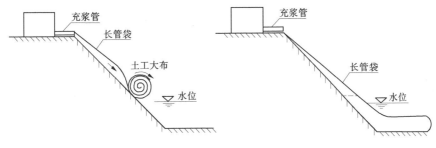

图2 土工大布铺设机制示意图

透水性以及防堵性要求，并具有一定的抗拉强度，长管袋土工材料承受充填压力大，还应具有更好的抗拉强度，避免胀裂。

3.2 大布尺寸

土工大布顺堤线方向尺寸为宽度，垂直堤线方向尺寸为长度。土工大布宽度根据抢护段长度、水情、现场作业条件等因素合理确定。原则上宜宽不宜窄，提高整体性，减少搭接，过宽则施工不便且效率降低，大布宽度一般取 20~30 m 为宜。大布长度应大于坡长、护底长度和坡顶安全长度总和。

3.3 压重设计

长管袋直径大，泥沙沉降快，充盈度高，压重效果好，缺点是直径越大，需要泥浆量越多，充填时间越长，还是以满足土工大布抗漂浮、抗边缘掀起和压重等规范要求为原则选择长管袋尺寸，直径一般宜取 0.8~1.5 m。

3.4 锚固与定位设计

（1）锚固。在堤坝坡肩稍向里处设锚固桩，在土工大布固定端设置锚固点，利用锚固绳索将锚固点拴挂在锚固桩上，防止大布垂落水中。每个长管袋宜设 2 个锚固点，土工大布宜间距 4.0 m 设一个锚固点。

（2）定位。定位引绳布设在土工大布上、下游入水端，通过牵引控制整个展铺过程，防止土工大布在展铺过程中发生偏移、扭曲、折弯现象。定位桩的布设以及定位引绳的长度、条数应根据堤坝岸坡条件、水深流速等计算分析确定。上游侧宜设置 2~3 条定位引绳，下游侧设置 1 条定位引绳即可。

3.5 布幅搭接设计

当堤坝岸坡崩岸范围较大，单幅土工大布不能满足抢护宽度要求时，需要多幅土工大布搭接抢护。土工大布铺设搭接宽度应根据上下游长管袋直径大小确定。

铺设时，应自下游向上游施铺，上游块压下游块，上游大布的下游侧长管袋置于下游大布的上游侧长管袋的下游侧，相互嵌套，增强整体压护效果。上下游布幅搭接宽度取长管袋直径的 2.5～3 倍为宜。

4 关键控制技术

4.1 快速造浆充填与展压同步控制技术

利用土工大布快速护坡、护底铺设进行崩岸险情抢护，采用的主要材料是土工大布和沙土，其成功的核心因素是土工大布水下铺设过程中能够始终紧密贴合坡面及河底展开，防止大布悬浮或兜水。贴面铺设实现的关键取决于水下快速充填与展压同步控制技术。长管袋快速充填泥浆形成并保持足够的水头压力，利用泥浆的流动性提供持续源动力，推展土工大布卷，同时伴随着袋内泥浆析水排出，粗颗粒能够快速沉积下来，形成压重，土工大布压重和水下滚动展铺一体化同步作业，即展即压，再配合流动泥浆的较强推展能力和良好的地形适用性，实现了土工大布水下始终紧密贴合坡面及河底展开铺设的目标。

对各种影响泥浆流动性和沉淀速度的因素进行了分析，对泥浆成分以及满足快速沉淀的粗颗粒粒径、含量进行分析比较，研究提出了泥浆土料性能指标及浆液主要技术指标要求；为满足长管袋快速充填泥浆要求，研发了快速组装式造浆辅助设备，具有现场组装快、容量大、冲搅方便、出浆可控、移动灵活等特点。

4.2 土工大布水下定位与展铺协调控制技术

土工大布及长管袋一体化抢护材料属于柔性体，进行崩岸险情抢护的区域往往是水流湍急、流速分布复杂多变和地形高低起伏，长管袋充填泥浆推展铺设土工大布，极易受到地形、水流等因素影响而发生偏移、扭曲或折弯。为此采取上、下游侧定位引绳控制展铺方向，通过对展铺影响因素进行深入分析，研究提出了关键环节控制技术、充填展铺与定位协调控制技术，确定了不同展铺方式各阶段（初始人工展铺、水上顺坡展铺、水下顺坡展铺、水下贴底展铺）人员数量、分工、站位、职责要求与操作要领。现场指挥观察估判土工大布卷滚动展铺状况，协调造浆管理员、造浆操作人员适时调整长管袋泥浆充填强度与浓度，协调定位操作员松放引绳定位力度，保持相对稳定长管袋泥浆水头形成足够的展铺动力，确保土工大布水上、水下连续快速即展即压，一气呵成抢护作业。

5 现场试验与示范

5.1 试验基本情况

示范应用工程位于黄河下游濮阳县梨园乡焦集—段寨河段防护堤上，防护堤堤顶宽度 7.6 m，临背河边坡 1：2.0～2.5，临背河地面高差较大；堤身土质为壤土，堤基土质为壤土、砂壤土互层。近年来，黄河靠堤行洪，受黄河水流淘刷，堤岸经常发生崩塌，致临河侧下部边坡陡峭，坡比达 1：0.5。实验当日天气阴，东北风 2～3 级，黄河流量 870 m³/s，流速 0.85～0.9 m/s。

试验参加人员包括现场指挥 1 人，工作人员 15 人，其中：观察员上下游各 1 人、造浆管理员 1 人、造浆工作人员 4 人、定位操作人员 3 人、观测记录 5 人。

主要材料设备包括：水泵 2 台，ZL-10 型装载机 1 台，造浆池 1 个，一体化抢护材料（长×宽=25 m×20 m），直径 1.0 m 的长管袋 80 m，土料 20 m³ 等。

试验现场布置示意见图 3。试验现场照片见图 4。

本次试验历时 2 d，共进行了 4 组平行试验，均达到了预期效果。

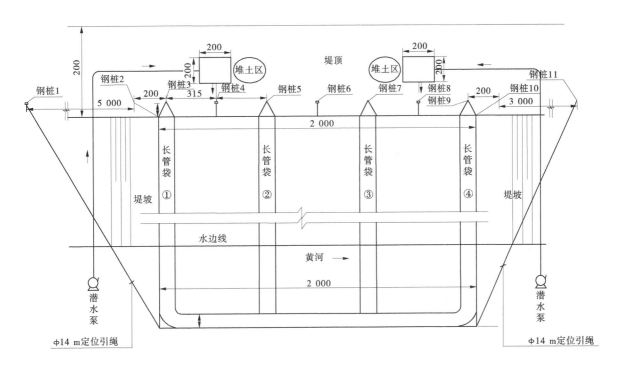

图 3　试验现场布置图　（单位：m）

图 4　试验现场照片

5.2　试验结果分析与评价

5.2.1　时效分析

从试验过程看，水力展铺方案准备时间 1 h，展铺时间 4 h，总耗时约 5 h。相比传统抗洪抢险方法，"轻装简从"，早到现场，达到了抢早、抢小、快速、灵活的目的，现场速度取决充填速度，随着经验积累和工艺改进，现场耗时可控制在 2~3 h 完成 20 m 宽度的岸坡险情抢护，较传统崩岸抢护技术具有明显的时间效益。

5.2.2　效果分析

（1）展铺效果。水力展铺方案要求形成完整的覆盖软体排防护体，保护岸坡、坡脚及附近河床免遭冲刷破坏，理论上大布展开率应该达到 100%。在方案设计时，考虑了河底局部冲刷深度，即大布护底长度 5 m。根据土工大布实测水下展开情况，大布已铺设至水下坡脚位置外侧，护坡、护脚效果 100%，达到设计预期要求。护底效果为 60%，尚需改进提高。

（2）压重效果。大布初入水时，上下游侧都有压重，大布两端入水平稳，无边缘掀起与漂浮现象，大布中部未完全入水，随着充填泥浆，底部长管袋形成压重，大布整体沉底，根据铺设结束后岸上观测和水下探测，"U"形长管袋充填良好，压护达到预期要求。

5.2.3 绩效分析

采用充填长管袋展铺土工大布抢险，每延米耗资 1 500 元左右；用工 10 个工日；运输量 0.4 t 左右。与散抛石抢护对比，投资相比差 3 倍多，用工相比差 20 多倍，运输量相比差百倍以上，效益显著。与其他土工织物抢护技术对比，土工大布连续快速铺设技术仅需在岸上操作，不存在水上作业，采用拌和泥浆作为压重，无论从设备，还是从抢险物料，都可以大幅度节省投资。社会效益明显，避免了砍树、采石，减少了向河道中抛投块石与柳石枕等传统抢险物料，有效降低了对生态环境的负面影响。

6 主要创新点

（1）研制了土工大布快速卷布机。采用人工手摇或者电力驱动两种方式，卷布宽度 20～30 m，解决了人工卷布工作强度大、所需人工多、工作效率低、需要较大的场地条件等问题，实现了现场有芯快速卷布和室内无芯快速卷布，提高了成品布卷质量和工作效率。为护坡、护底一体化抢护材料工厂化制作、卷制、储备创造了条件。

（2）形成了土工大布展压同步控制技术。基于泥浆的流动性以及长管袋的保土性、透水性及结构设计等特点，通过泥浆成分与浓度对泥浆流动性影响的分析，利用长管袋泥浆水头压力推展铺设土工大布，同时伴随着袋内泥浆析水排出，粗颗粒能够快速沉积下来，形成压重，研究形成了一套土工大布压重和水下滚动展铺同步控制技术，使得土工大布在铺设过程中就能与被保护堤坝岸坡与附近河底紧密贴合展开，实现了抢护现场快速造浆、土工大布即展即压、土工大布水下连续快速铺设的目标。

（3）设计了护底、护坡一体化土工大布崩岸抢护材料。根据土工大布水上水下连续快速铺设技术要求，以及不同河道特点和可能出现的崩岸险情种类，设计提出了不同规格型号的护坡、护底一体化土工大布崩岸抢护材料系列产品。预置监测装置，卷制成卷，打包备用，发生险情时可快速运至抢护现场，克服了场地条件的局限性，解决了临时制作难度大、质量难以保障、费时费力等方面的问题。

（4）创立了土工大布水下定位与展铺协调控制技术。利用长管袋泥浆水头压力形成的展铺端推力展铺土工大布，配合定位引绳操作，研究创立了定位与展铺协调控制技术，解决了水下铺设中土工大布易发生偏移、扭曲或折弯的难题，实现了土工大布水上水下连续快速铺设和较好到位，提高了崩岸险情抢护的效果。

（5）提出了水下大布铺设监测方法。基于护底、护坡一体化抢护材料的应用，将大布水下展铺效果监视标志物和测量装置预置于一体化抢护材料内部，提出了水下大布铺设监测方法，解决了水下展铺效果探测难题，为一体化抢护技术的效果评估、经验总结提供重要依据。

7 后续研究建议

土工合成材料的应用日益广泛，如何"用对""用好"并进而"用精"，需要不断的创新研究与实践，在使用过程中不断地创新发展、总结提高和完善。

（1）利用泥浆水头压力展铺土工大布（水力展铺方案）影响因素多，对关键因素需要进一步试验、探索。作为一项新技术、新材料、新工艺，还不够完善，仍需广大技术人员在今后抢险实践中进行改进与提高。

（2）利用连续快速铺设技术铺设一体化抢护材料进行崩岸险情的快速抢险还处于初期探索和完善阶段，建议组建、培训专业化队伍，在抢险实际中不断探索、分析、总结、完善与优化技术要领与工艺，以便加快科技成果向现实生产力转化。

（3）崩岸险情抢护作为临时抢护措施，应结合土工布在空气中易老化、水下耐久性好等特点，研究探索土工大布护坡、护底材料后期的耐久性处理，及其与永久性工程结合使用问题，以提高抢险材料的使用率和价值，达到降低工程投资的目的。

参考文献

［1］陆付民，李建林．崩岸的形成机理及防治方法［J］．人民黄河，2005（8）：16-17.

［2］陈敏，沈华中，冯源，等．长江中下游河道近年崩岸应急整治［J］．水利水电快报，2017，38（11）：15-18，24.

［3］耿明全，方林牧．抽沙充填土工织物反滤布长管袋褥垫筑坝技术［J］．华北水利水电大学学报（自然科学版），2000，21（1）：9-12.

［4］赵雨森，刘洪彬，肖发光．土工布在黄河抢险堵口及水中进占中的应用［J］．河南水利与南水北调，2008（12）：39-41.

［5］彭攀，熊涛．土工织物的功能及特性［J］．黑龙江科技信息，2010（10）：284.

粤港澳大湾区防洪标准制定的思考

石瑞花　张志崇　李广一　金　贤　房　巍

（中水东北勘测设计研究有限责任公司，吉林长春　130061）

摘　要： 粤港澳大湾区防洪标准的制定是实现大湾区堤防巩固提升工程建设的依据，分析了国内现行防洪标准对大湾区的适用性，比较了以往防洪标准研究与现行防洪有效版本的不同，指出了大湾区现状防洪标准存在的问题，研究可以为大湾区防洪标准制定提供参考。

关键词： 防洪标准；城市防洪；粤港澳大湾区

1　引言

　　粤港澳大湾区（简称大湾区）是国家建设世界级城市群和参与全球竞争的重要空间载体，由香港、澳门两个特别行政区和广东省的广州、深圳、珠海、佛山、中山、东莞、惠州（不含龙门）、江门、肇庆（市区和四会）9市组成。中央已明确粤港澳大湾区战略定位及港澳广深四城定位（四大中心城市）。粤港澳大湾区地处珠江流域下游及粤东粤西沿海局部，其核心区域为珠江三角洲网河区。湾区内地势平坦，人口密集，经济发达。

　　珠江河口面临南海，常受南太平洋台风侵袭，台风暴雨恶劣天气时常发生，洪涝灾害频发，防灾减灾任务非常重，目前，三角洲江海堤围已达到50年一遇防洪标准，重要堤围已经达到或超过100年一遇防洪标准。但是，堤围受多年洪水侵袭、水下建筑物等因素影响造成险工险段上百个，水下基础部分存在诸多安全隐患，直接影响堤围安全。近20年来，在不同河段和堤围相继产生数十宗滑坡、坍塌、决口等险情，造成经济损失数亿元。另外，随着气温升高、海平面抬高，大湾区最高潮位呈上升趋势。近年来，超强台风暴潮频发，极端潮位屡创新高，潮灾损失严重。按照中央对粤港澳大湾区发展战略布局和相关规划要求，进行大湾区堤防巩固提升工程建设，并开展防洪（潮）标准论证专题研究。

2　现行防洪标准的适用性

　　水利部公益性行业科研专项《水工程防洪潮标准及关键技术研究（项目编号200701018）》（简称《防洪标准研究》）围绕我国防洪（潮）标准开展了广泛的调查分析和深入的研究论证工作，研究期限为2007年12月至2010年10月，研究过程中依据、引用的国内现行防洪标准部分已废止，由新的标准代替（见表1）。

　　我国现行《防洪标准》（GB 50201—2014）与原标准相比，增加了防洪保护区。防洪保护区指洪（潮）水泛滥可能淹及且需要防洪工程设施保护的区域。防洪保护区类型分为城市防护区、乡村防护区两类。防洪保护区是根据地形、地物进行防洪分区，然后根据各分区的社会经济情况确定防洪标准。

作者简介： 石瑞花（1976—），女，高级工程师，主要从事河流整治与河道治理等方面的研究工作。

表 1 专题论证依据的防洪标准有效性比较

序号	《防洪标准研究》采用的版本	现行有效版本	备注
1	《防洪标准》（GB 50201—94）	《防洪标准》（GB 50201—2014）	增加了防洪保护区
2	《水利水电工程等级划分及洪水标准》（SL 252—2000）	《水利水电工程等级划分及洪水标准》（SL 252—2017）	1. "水利水电工程分等指标"的防洪指标体系进行了部分调整； 2. 部分水工建筑物级别和洪水标准指标进行了调整
3	《堤防工程设计规范》（GB 50286—98）	《堤防工程设计规范》（GB 50286—2013）	堤防工程的防洪标准及级别按现行国家标准《防洪标准》（GB 50201—2014）执行
4	《海堤工程设计规范》（SL 435—2008）	《海堤工程设计规范》（GB/T 51015—2014）《海堤工程设计规范》（SL 435—2008）	在海堤特殊防护区的防潮（洪）标准的最大值方面有区别，国标给的是重现期≥100 年，水利标准是 100~200 年
5	城市防洪工程设计规范（CJJ 50—92）	《城市防洪规划规范》（GB 51079—2016）《城市防洪工程设计规范》（GB/T 50805—2012）	国标《防洪标准》（GB 50201—2014）与《城市防洪工程设计规范》（GB/T 50805—2012）对 20 万人口定义的防护等级有区别，前者为Ⅲ级，防洪标准 50~100 年；后者为Ⅳ级，防洪标准 20~50 年

我国现行防洪标准是根据各防护对象的规模和重要性等指标，进行分等分级，然后根据其等级确定防洪标准。对于有特殊情况的保护对象的防洪标准，在总则和各章相关条文中进行了补充规定："各类保护对象的防洪标准，应根据防洪安全的要求，并考虑经济、政治、社会、环境等因素，综合论证确定。有条件时，应进行不同防洪标准所可能减免的洪灾经济损失与所需的防洪费用的对比分析，合理确定"，没有硬性规定采取经济分析的方法确定防洪标准。防洪标准的表示方式统一采用洪水的重现期。现有的防洪标准体系主要涉及以下方面：

（1）以等级划分为主体方法，在等级划分基础上采取一些其他辅助指标和影响防洪标准的因素进行综合分析，如重要性、地形条件、洪灾淹没损失等。

（2）防洪标准取值范围，防洪标准不是一个确定的值，而是一个有上、下限的取值范围，可以根据保护对象的具体情况取较高值或较低值。

（3）等级划分数量和指标，现行《防洪标准》（GB 50201—2014）中等级划分数量一般为 3~4个，与现行相关行业标准总体上是一致的。

现行的防洪标准主要有：《防洪标准》（GB 50201—2014）、《水利水电工程等级划分及洪水标准》（SL 252—2017）、《城市防洪规划规范》（GB 51079—2016）、《城市防洪工程设计规范》（GB/T 50805—2012）、《海堤工程设计规范》（SL 435—2002）、《堤防工程设计规范》（GB 50286—2013）等，上述标准均有"应符合现行国家标准《防洪标准》有关规定"的相关条文。

分析结果表明，国内现行防洪标准除表 1 列出的不同外，分等指标及防洪标准基本一致。防潮标准在《海堤工程设计规范》（SL 435—2008）和《城市防洪工程设计规范》（GB/T 50805—2012）中均有提及且分等指标及防潮标准一致。综上所述，国内现行防洪（潮）标准适用于大湾区防洪（潮）标准论证专题研究。

3 大湾区城市现状防洪标准

大湾区城市现状防洪标准见表2。由表2可见，除广州外，其他城市的现状防洪标准均较低，大部分为50年一遇；珠海、惠州、东莞的规划防洪标准也低于《防洪标准》（GB 50201—2014）中的规定，防洪保护区人口≥150万人，防洪标准≥200年一遇。

表 2 大湾区城市现状防洪标准

序号	城市	防护对象	防洪标准	防风暴潮标准
1	广州	洪水、风暴潮	200年	现状20~100年，规划300年
2	深圳	洪水、风暴潮	现状100年，规划200年	现状50~200年，规划深圳湾和大亚湾水系核电系统段1 000年
3	珠海	洪水、风暴潮	现状50年，规划100年	20~100年
4	肇庆	洪水	现状50年，规划100~200年	—
5	江门	洪水、风暴潮	现状50年，规划100~200年	20~100年
6	佛山	洪水	现状50年，规划100~200年	—
7	中山	洪水、风暴潮	现状50年，规划100~200年	50~100年
8	惠州	洪水、风暴潮	100年	大亚湾石化海堤200年一遇，荃湾港区海堤100年一遇，其他10~50年
9	东莞	洪水	100年	50~100年

目前，大湾区处于高度城镇化建设中，城镇变迁情况较大，大规模建港设桥、口门围垦、滩地占用等，现状防洪工程体系及防洪标准基本是按照水系、重点城市、重点防洪保护区划分的，已不适应大湾区的建设发展要求。

由图1可以看出，大湾区城镇化率基本达到了60%以上，仅肇庆为47.76%；由图2可知，大湾区工业产值排在前三位的分别为深圳、佛山、东莞，与城镇化率排序一致；由图3可知，农业产值排在前三位的分别为肇庆、江门、广州。深圳、佛山、东莞工业发达，深圳和佛山的城镇化率较高，肇庆和江门以农业为主，广州的工业产值和农业产值均较高。大湾区城市常住人口排序见图4。

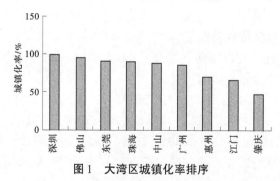

图 1 大湾区城镇化率排序

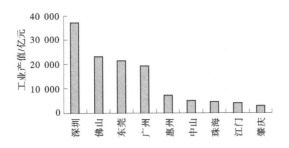

图 2　大湾区工业产值排序

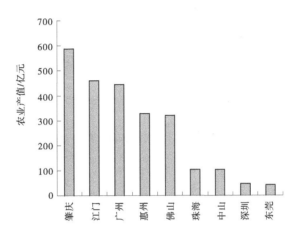

图 3　大湾区农业产值排序

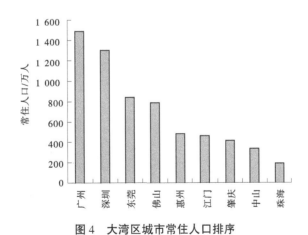

图 4　大湾区城市常住人口排序

4　结语

大湾区地处珠江流域下游，滨江临海，河网密布交错，径流潮流相互作用，加上全球气候变化带来的海平面上升、短历时强降雨、台风暴潮等极端天气的增加，以及人类活动引起的洪水归槽等影响，导致大湾区防洪安全问题非常复杂。同时，城镇化发展与交通基础设施建设使不透水面积增大，导致下垫面改变，使得城市雨洪产生的峰值增大，而城市排涝设施建设滞后于城镇化发展，城市内涝问题普遍突出，如广州市易受涝范围比 20 世纪 80 年代增大了 16 倍。综上所述，建议依据我国现行相关防洪标准，综合考虑城市所处的地理位置、经济状况及城镇化率，并结合城市的排涝状况等因素来制定大湾区城市群防洪标准。

参考文献

［1］李原园，文康，李蝶娟，等．中国城市防洪减灾对策研究［M］．北京：中国水利水电出版社，2017.

［2］卢治文，陈军．粤港澳大湾区防洪安全保障策略初探［J］，中国水利，2019（21）.

［3］刘俊勇．珠江三角洲河网主要节点分类与作用分析［J］，人民珠江，2014（6）.

［4］中华人民共和国住房和城乡建设部，中华人民共和国国家质量监督检验检疫总局．城市防洪工程设计规范：GB/T 50805—2012［S］．北京：中国计划出版社，2012.

［5］中华人民共和国住房和城乡建设部，中华人民共和国国家质量监督检验检疫总局．堤防工程设计规范：GB/T 50286—2013［S］．北京：中国计划出版社，2013.

［6］中华人民共和国住房和城乡建设部，中华人民共和国国家质量监督检验检疫总局．海堤工程设计规范：GB/T 51015—2014［S］．北京：中国计划出版社，2014.

［7］中华人民共和国住房和城乡建设部，中华人民共和国国家质量监督检验检疫总局．防洪标准：GB 50201—2014［S］．北京：中国计划出版社，2015.

［8］中华人民共和国住房和城乡建设部，中华人民共和国国家质量监督检验检疫总局．城市防洪规划规范：GB 51079—2016［S］．北京：中国计划出版社，2016.

［9］中华人民共和国水利部．水利水电工程等级划分及洪水标准：SL 252—2017［S］．北京：中国水利水电出版社，2017.

浅议南水北调中线干线工程超标准降雨水毁成因分析及应对措施

郑晓阳[1]　张建伟[2]　李　伟[1]　张飞跃[3]

(1. 中国南水北调集团中线有限公司河南分公司，河南郑州　450000；
2. 中国南水北调集团江汉水网建设开发有限公司，湖北武汉　430040；
3. 西安理工大学，陕西西安　710048)

摘　要： 南水北调工程是国家重大战略性基础设施，功在当代，利在千秋，2021年汛期南水北调总干渠工程经历了"7·20"特大暴雨洪水的考验，本轮强降雨虽然给中线干线工程造成了一定的损失，但也总结了很多宝贵的经验。本文通过水毁的成因分析及应对措施，总结本次水毁的经验教训，希望对其他类似工程防汛应急管理及避免水毁、减小损失有所帮助。

关键词： 水毁；重现期；降雨量；超标准

1　工程概况

南水北调中线干线工程全长1 432 km，工程以明渠输水方式为主，局部采用管涵过水。渠首设计流量350 m³/s，加大流量420 m³/s。总干渠沟通长江、淮河、黄河、海河四大流域，穿过黄河干流及其他集流面积10 km²以上河流219条，穿越铁路44处，跨总干渠的公路桥571座，此外还有渠道倒虹吸、跨渠渡槽、分水闸、退水建筑物和隧洞、暗渠等，总干渠上各类建筑物共936座。

2　研究背景

习近平总书记2021年5月14日在推进南水北调后续工程高质量发展座谈会上强调：南水北调工程事关战略全局、事关长远发展、事关人民福祉。南水北调工程是重大战略性基础设施，功在当代，利在千秋。要从守护生命线的政治高度，切实维护南水北调工程安全、供水安全、水质安全。习近平总书记对南水北调的重要性做了深刻的阐述，同时也对南水北调的运行维护提出了具体的要求，如何确保工程安全，最主要的还是要确保南水北调的度汛安全。度汛安全是南水北调现阶段最大的考验，一旦失守后果不堪设想，所以有必要分析研究南水北调工程在防汛度汛中的一些经验与不足，补足短板确保"三个安全"。

3　水毁的成因分析及应对措施

郑州"7·20"特大暴雨期间，中线干线工程渠道局部产生了水毁问题，主要原因是超标准降雨导致区域内涝、积水深度过大、排泄不畅，积水超过渠道防护标准进入渠道，冲刷边坡和衬砌面板；另外河道采砂坑改变断面形态，使得河床局部下切，单宽流量加大，形成溯源冲刷，冲毁建筑物顶部保护层或基础桩周土体。

3.1　超标准降雨影响

2021年7月南水北调中线干线工程沿线渠首分局方城段至北京分局惠南庄泵站普降暴雨、大暴

作者简介： 郑晓阳（1978—），男，教授级高级工程师，副处长，主要从事大型调水工程运行管理工作。

雨、特大暴雨，最大点雨量荥阳环翠峪雨量站 854 mm、尖岗站 818 mm、寺沟站 756 mm，重现期超 5 000 年一遇。其中，7 月 20 日郑州市遭遇极端强降雨，多个国家级气象观测站日降雨量突破有气象记录以来的历史极值，1 h 降雨量超年降雨量平均值的 1/3，3 d 降雨量几乎达到郑州多年平均降雨量（640.8 mm），见图1、图2。通过降雨量不难发现本次水毁问题与发生超标准降雨关系密切。

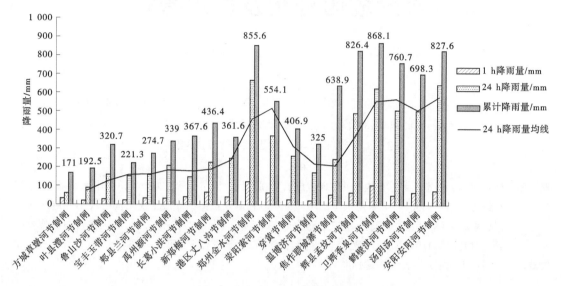

图 1　方城至安阳段降雨量统计

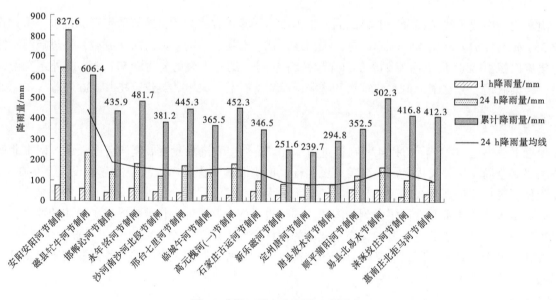

图 2　安阳至惠南庄段降雨量统计

3.2　水毁的类别、成因分析及应对措施

（1）边坡浅层滑塌。此类水毁问题主要发生在渠道挖方段边坡、填方段边坡、进出渠道路引道侧边坡、跨渠桥梁引道边坡，以挖方段边坡滑塌情况最为常见。此类水毁风险主要因为：①降雨造成边坡表层种植土饱和，摩擦角减小，表层土体不能稳定在自身重力作用下，边坡表层土体滑塌至坡脚，坡脚局部排水沟挤压破坏；②边坡排水系统不完善，降雨不能及时排除。应对措施：①汛前及降雨前后要确保排水系统通畅，发现杂草、杂物要及时清理，尤其要关注汇流、交叉断面变窄部位；②对坡面无排水沟且坡度大于 1∶2 的重要渠段（建筑物裹头、挖方段分水口上方等），预警后可及时覆盖，防止滑塌。

（2）渠道衬砌板隆起滑塌。此类水毁问题多发生在挖方渠段高地下水位渠段。此类水毁风险主要因为地下水位高于渠道水位，差值超限，地下水压力顶托衬砌面板，造成衬砌面板上浮、断裂、滑塌等破坏。成因分析：①降雨造成渠道周边地下水位快速上升；②渠道紧急退水，短时间内渠道水体下降过快，地下水的降幅未同步或超前降低引起。应对措施：①管理处应在发布预警或接到降低水位通知后，提前（及时）组织抽排挖方段地下水；②降雨前可利用渠道已有的强排泵站、排水井、水质观测井等一切可以降低地下水的设施，抽排地下水降低水位，同时通过调度措施抬高渠道运行水位，降低衬砌面板破坏风险；③渠道衬砌面板隆起破坏后，应及时采取措施将水面以上未发生破坏的面板固定，防止上层衬砌面板下滑造成二次受损。

（3）建筑物基础或周边回填土塌陷，此类水毁风险主要因为降雨积水自电缆沟等进入建筑物基础，积水浸泡后造成回填土塌陷。致使个别建筑物墙体开裂、机柜倾斜，建筑周边出现塌坑等。应对措施：①应确保建筑物周边及电缆沟排水通畅；②应确保降雨期间尤其是强降雨期间，闸站建筑物、闸站机房等建筑物及管理设施的巡视，及时处置因房屋漏雨、地基沉降等问题造成的设施、设备损坏，保障设施、设备正常运转；③对已沉降可能危及设备运行安全的采取及时的处置措施。

（4）外水入渠风险。此类水毁风险主要因为南水北调工程渠线长，周边环境复杂，城市周边因公路、铁路、城市基建等基础设施修建改变周边地形地貌，雨水产流汇集方向改变，使得本应汇入左排建筑物上游沟渠的雨水直接汇集至渠道左岸截流沟，并通过左岸截流沟下泄至左排建筑物进口，由于左岸积水速度超过截流沟排泄能力，雨洪水漫溢防洪堤造成边坡和衬砌面板破坏。应对措施：①积极协调地方部门，在地方一些建设项目审批时充分考虑对南水北调工程的不利影响；②降雨期间，现场研判可能存在洪水入渠的渠段，可提前铺设土工膜保护坡面，有序引导局部雨洪水入渠，避免工程受损；③加大工程本身的抗风险能力，加高、加固防洪堤，加大截流沟断面，从而使得防洪堤、截流沟保障能力得到提升。

（5）河道泄洪或排水通道冲刷造成破坏。此类水毁风险主要出现在渠道倒虹吸管顶、渠道渡槽墩柱基础、左排倒虹吸进口与截流沟连接处、左岸截流沟护砌、围网等部位。风险原因分析：河道采砂坑改变断面形态，河床局部下切，导致单宽流量加大，形成溯源冲刷，致使建筑物顶部保护层或基础桩周土体冲毁。应对措施：①汛前全面排查河渠交叉建筑物河道现状，对于下游存在采砂坑可能导致河道河床下切的及时联系地方政府采取必要措施；②对于河床已局部下切管身顶部保护层厚度不足或渡槽槽墩基础不满足要求的应在汛前采取应急防护措施确保建筑物汛期安全；③对于河道防护网等安全设施可在预警发出后及时安排拆除；④对于截流沟出口与河道交叉的应在汛前进行加固，确保该薄弱位置在河道行洪时不受损坏。

（6）雨水自跨渠桥梁和渠道连接处入渠边坡冲刷破坏。此类水毁风险主要发生在挖方段桥梁与渠道连接处，以左岸居多，右岸也有发生。风险原因分析：桥面积水深度超过桥头挡水坎，雨水进入渠道，集中水流冲刷边坡，造成边坡水毁。应对措施：①对挖方段渠道左岸积水，雨洪水存在入渠风险的渠段，应及时查看干渠上下游跨渠桥梁引道，对截流沟穿越跨渠桥梁引道涵洞过水能力不足、桥梁引道路基阻水的，应及时联系地方，视跨渠桥梁的重要性研判拆除引道，加大排水的可行性，避免水位持续上涨雨洪水进入渠道；②桥头两侧引道外坡应布置排水沟，加强边坡防护，防止外水冲刷破坏。

（7）左排建筑物排水不畅。此类水毁风险主要以挖方段左排渡槽水位壅高，洪水翻越渡槽侧壁冲刷渠道边坡，产生破坏为主；填方段的破坏主要是左排倒虹吸进出口水位壅高浸泡堤脚现象。风险原因分析：由于左排建筑物进口及管身淤堵，出口沟槽淤堵、出口跨沟槽建筑物过水能力小于左排建筑物设计排水能力，造成左排建筑物进出口积水。应对措施：①汛期应提前拆除左岸排水建筑物进出口防护网，联系地方疏通扩大左排建筑物下游过流能力明显低于建筑物排水能力的沟渠，保证行洪通道畅通；②及时对倒虹吸进口、管身的淤积进行清理；③河渠交叉建筑物、左排倒虹吸处水位上涨过快时，应及时巡查出口下游，联系地方防汛指挥部，疏通阻水桥涵、清理漂浮树木等，降低水位。

3.3 水毁类型分析

2021 年 7 月，南水北调工程沿线受强降雨影响，导致超标准洪水发生，对渠道沿线造成一定程度水毁，但由于应对及时、措施得当，南水北调工程总体运行平稳，未发生影响工程正常通水功能事件。在本次超标准洪水水毁中，主体工程水毁占比 29.0%，附属工程水毁占比 71.0%，超标准洪水造成的水毁问题大部分出现在强降雨集中的新郑至邯郸段。主体工程水毁主要类型包括：渠道倒虹吸管身段覆盖层冲刷、渠道渡槽桩基础外露、河道淤积、左排倒虹吸淤堵、渠道边坡冲毁、渠道边坡滑塌、衬砌面板破坏、左排建筑物进出口护砌破坏、挖方段外水管涌入渠、35 kV 路短路断电等。附属工程水毁主要类型包括：桥梁引道边坡滑塌、截水沟护砌损坏、安防围网损坏、地下设施进水、房屋地基沉降、园区绿化带塌陷、绿化苗木倒伏等。

4 水毁处置问题的经验教训

南水北调工程在 2021 年"7·20"特大暴雨洪水期间，经受住了应急度汛方面的层层考验，工程运行安全。但通过仔细梳理还存在一定的不足，主要表现在：强降雨危害估计不足，高地下水位渠段地下水降排缺少相关标准；应对超标准洪水方面处置稍显不足，应急预案中专项处置方案的针对性还需进一步加强；对风险点准确部位和风险类型判断不准确；强降雨期间安全监测对地下水位监测的预警作用表现不强；通信联络工具单一，极端情况下通信畅通难以保证；防汛道路特大暴雨期间通行不畅等问题。

5 结语

2021 年 7 月的强降雨河南郑州至河北磁县段暴雨重现期超过了 500 年，局部超过 5 000 年，是对中线干线工程建设质量和运行管理水平的一次"大考"，通过"大考"查短板、找不足，提高灾害抵御能力，将预防工作做好做实，将防范应对措施安排部署到位。防汛工作始终坚决守住安全底线，立足于"防大汛、抗大洪、抢大险"的要求，要确保标准内洪水工程安全度汛和供水安全，超标准洪水损失降到最小程度，确保工程安全度汛，平稳运行。

南水北调中线工程安全能力提升应对风险策略研究
——以南水北调中线河北段水毁修复为例

郭海亮　朱亚飞　刘建深

（中国南水北调集团中线有限公司河北分公司，河北石家庄　050035）

摘　要： 南水北调中线总干渠沿线河流水系发育，与 655 条大小河流交叉，需建众多河渠交叉建筑物，如平交、立交和左岸排水工程等；而总干渠以东是京广铁路，以及众多大中型城市，人口稠密。若总干渠左岸上游发生特大暴雨，将引发某处或多处河渠交叉建筑物失事，不仅会影响总干渠输水工程安全、供水安全，而且还会加剧成灾的洪水，直接影响其右侧的京广铁路和城市的安全。本文以南水北调中线河北段汛期水毁为例，坚持以"三个清楚"为原则，提炼水毁修复的经验做法，提出了主要风险应对策略和水毁成因进行研究，进一步推动南水北调工程高质量发展，全面提升工程运行安全保障能力。

关键词： 南水北调；安全能力；提升；风险策略；研究

1　工程概述

河北段总干渠主要穿越太行山东麓浅山丘陵与平原交接地带，沿线多属山麓坡积和冲积、洪积地貌，西侧为太行山迎风山区，东侧为山前平原。地形西高东低，南高北低，南北地面高程为 90～60 m，局部山丘渠段地面高程达 100～200 m。工程段沿线属暖温带大陆性季风气候区，四季分明。春季蒸发量大，降雨稀少；夏季炎热潮湿，降雨量集中；秋季风和日丽，凉爽少雨；冬季寒冷干燥，雨雪稀少。沿线多年平均气温 11.7～14 ℃，由南向北递减。多年平均降雨量沿线变化规律不明显，变化范围为 468～570 mm，多年平均水面蒸发量为 1 512～2 159 mm。沿线冬春季盛行西北风，夏季多东南风；沿线最大风速 15～29 m/s，多为北风或西北风。河北省辖区段渠段西侧太行山浅山区为华北地区暴雨多发区，太行山迎风山坡高程 100～1 000 m，有一降雨高值带，其中：滏阳河系的野沟门—獐么是暴雨中心多发区。本地河流基本属季节性河流，洪水期为 6—9 月，主要洪水出现在 7—8 月。

2　水毁应对策略分析原则

结合河北段 2021 年汛期水毁，分析主要采用"强降雨过程要还原清楚、发生问题成因要分析清楚、采取措施方案要论证清楚"工作原则，聚焦颠覆性问题和重大风险源，对险情隐患梳理、对措施方案论证、对防汛工作总结，以水毁项目修复为基础，全面提升南水北调中线工程运行安全保障能力。

2.1　强降雨过程还原清楚

将特大暴雨、超警洪水等极端气象条件作为工程防洪度汛的检验标准、历史数据，作为防汛工作中最恶劣条件下的真实比照典型，包括总干渠通水以来历次防汛抢险经验，例如，2016 年"7·19"、2021 年的"7·21"防汛抢险也是运行管理的宝贵经验。

作者简介： 郭海亮（1980—），男，高级工程师，主要从事水利水电工程技术管理、运行管理研究工作。

2.2 发生问题成因分析清楚

通过对降雨过程水情工情的还原，分析到底是什么成因造成的，进而提出针对性的可行措施。比如高地下水集水井抽排，水从哪来的，外水还是内水，抽水是否有意义，从根本上研究把水降下来才是根源，而不只是考虑采用什么方式抽水。比如倒虹吸河道冲刷问题处理方案，是否能长久性解决问题，有没有上下游河道的成因。

2.3 采取措施方案论证清楚

以系统思维统筹考虑方方面面的问题，采取的方案哪些是临时的、哪些是永久的，谁来干、怎么干，都要论证清楚。

3 汛期水毁分析经验做法

结合总干渠工程特点，全面收集工程沿线雨量信息、降雨时段信息、总干渠交叉河流上游水库信息、河道信息、沿线水毁信息等关键影响因素信息。

3.1 收集总干渠交叉河流上游水库信息

南水北调中线河北段总干渠交叉河流左岸上游共有 446 座水库，其中大（1）型水库 4 座，大（2）型水库 7 座，中型水库 23 座，小型 412 座 [小（1）型水库 77 座、小（2）型水库 335 座]。

总干渠交叉河流收集范围包括河渠建筑物、左岸排水建筑物上游水库，收集信息包括建筑物名称、水库名称、距总干渠距离、病险水库情况、除险加固情况、水库运行管理单位等水库基本情况。

3.2 收集总干渠交叉河流上游河道信息

南水北调中线河北段总干渠交叉河流左岸上游共计 192 条河道，其中邯郸至邢台段有 94 条，据统计有 50 条河道存在一定问题；石家庄至保定段有 98 条，据统计有 41 条河道存在一定问题。主要问题为：①河道内存在树障、垃圾，造成排水不畅；②河道束窄、淤积、阻塞，影响行洪；③河道内存在坑塘、沙坑，河沟泯灭，无行洪通道，导致洪水散排。

3.3 收集历次强降雨引起的水毁信息

结合历次强降雨引起的水毁，对水毁情况进行分类，同时重点收集水毁影像资料、水毁位置、水毁情况（问题）描述等关键信息。水毁工程按照问题发生的类型划分为 12 类：①边坡滑塌（内侧边坡）；②边坡滑塌（外侧边坡）；③防护（洪）堤冲毁受损；④渠道衬砌隆起、沉陷等；⑤建筑物裹头、管身段或墩柱冲刷等；⑥截流沟、排水沟冲毁等；⑦路面沉降积水、破坏等；⑧隔离网基础淘刷、倾倒；⑨截流沟、排水沟或左排淤积；⑩绿化带积水；⑪树木损毁；⑫其他。

3.4 水毁修复分类处理策略

结合水毁特点及现场实际情况，制定了汛期水毁修复处理指导意见。水毁项目分为应急项目、专项项目和日常项目三类。

3.4.1 水毁项目分类定义

应急项目指在风险隐患排查中发现的危及工程安全和供水安全须立即采取工程措施进行应急处置的安全隐患处理项目，或者发生的各类突发事件已危及工程安全和供水安全，达到突发事件级别需立即启动应急响应的抢险项目。

专项项目按项目特征分为两类：一类指处理技术方案复杂、需委托设计单位编制专项处理方案进行处置和加固的项目；另一类指处理技术方案简单、不涉及工程主体结构安全，需尽快修复的项目。

日常项目指本年度日常维护合同内的项目，以及合同内项目新增工程量部分。

3.4.2 水毁项目处理策略

应急项目申报审批、应急处理等按照应急管理办法有关规定和制度执行。

专项项目分两种情况：一是对于处理技术方案复杂、需委托设计单位编制专项处理方案进行处置和加固的专项项目，按一事一议原则管理。主要包括渠道边坡衬砌板较大面积损毁，渠道一级马道以下边坡滑塌，填方渠道边坡滑塌，倒虹吸、暗渠管身冲刷外露等项目。二是处理技术方案简单、不涉及工程主体结构安全,如不及时修复处理,后续强降雨将会造成更大损害,需尽快修复的专项项目,纳入清单管理。主要包括挖方渠道一级马道以上边坡、左排建筑物进出口局部滑塌,输水建筑物裹头局部沉陷滑塌,截流沟、排水沟、防洪堤局部冲毁等项目。

日常项目,合同内的工作任务按原合同约定执行,合同外新增工程量按合同变更处理。

3.5 水毁成因分析

河北分公司牵头组织设计单位、现场管理机构,结合水毁的现状,按水毁部位分类进行水毁成因分析。水毁成因主要有以下几类:

(1)渠道内侧边坡(一级马道以下)。

水毁成因分析一是边坡逆止阀淤堵,排水系统失效;同时由于排水系统失效情况,导致一级马道混凝土路面下部土体饱和软化,失去对一级马道以上边坡土体的支撑,边坡出现变形。二是衬砌板隆起变形范围内基岩节理裂隙发育,强降雨导致地下水位迅速抬升,地下水沿节理裂隙下渗入衬砌板下,水量较大,同时由于排水系统局部存在阻塞,排水不及时,地下水高于渠内水位,导致衬砌板隆起。局部衬砌板隆起后,在渗流力作用下,破碎岩体进入隆起的衬砌板与基岩缝隙之间,导致衬砌板隆起。地下水或雨水持续进入基岩缝隙,导致衬砌板隆起进一步扩大。

(2)渠道内侧边坡(一级马道以上)。

水毁成因分析:一是汛期连续强降雨过程中雨水入渗泥砾层,导致表层松散—稍密状态泥砾层达到饱和,土体呈软塑-流塑状态,土体抗剪强度降低,在土体自重及水流的冲刷作用下,发生局部滑动。二是地下排水系统堵塞。地下排水系统堵塞将导致附近地下水位抬升,特别是河道行洪期间,浸润线抬升更高,对一级马道路面等产生破坏并有可能危及建筑物安全。

(3)渠道外侧边坡。

水毁成因分析是汛期连续强降雨过程中雨水入渗泥砾层,导致表层松散-稍密状态泥砾层达到饱和,土体呈软塑-流塑状态,土体抗剪强度降低,在土体自重及水流的冲刷作用下,发生局部滑动。

(4)河渠交叉建筑物进出口。

发生水毁问题的部位主要集中在进口段,进口段存在较多淤泥及杂物,淤积较为严重。护坡一般为浆砌石防护形式,大部分被冲毁,左侧截流沟边坡为浆砌石防护形式,局部防护被冲毁。在强降雨过程中,上游河道水量大,流速高,上游河道部分树木进入河道,在进口处拦污桩形成阻水,造成左岸护坡冲毁严重。

4 总干渠重点风险应对策略

4.1 高地下水渠段

总干渠沿线高地下水渠段均设置有排水设施,分为内排和强排两种形式。内排方案为衬砌板下部集水系统通过设置在衬砌板上的逆止阀,在外水高于渠内水时,外水由逆止阀排入渠道内。强排方案为衬砌板下部集水系统将外水集中至集水井,采用水泵抽排。

经过多年运行,部分高地下水渠段出现原排水系统排水不畅,逆止阀淤堵失效的问题,引起部分衬砌板变形破坏。据统计,总干渠河北段沿线有多处衬砌板出现隆起、滑移等变形现象,由于损坏程度较轻,未影响总干渠正常通水,因此大部分尚未采取处理措施。

目前,针对总干渠沿线高地下水渠段,一般处理原则为以排为主,增加排水系统。采取的应对策略为增加截渗槽、抽排井,采用自排、强排相结合的方式。该处理方案基本能够解决高地下水问题,但也存在一些缺点,高地下水渠段大都为深挖方,而增加的截渗槽位于二级边坡坡脚,该设施对边坡稳定有一定程度的削弱,横向排水管需穿过现有衬砌板,出口高程同设计水位,在加大水位运行情况下,会出现倒灌情况。

下一步,建议将横向排水管出口高程提升至加大水位运行高程;同时根据渠道类型、水文地质条件等,建议在风险较大渠段增设监测断面,加强对高地下水渠段的监测预警。

4.2 膨胀土渠段

膨胀土渠段水毁主要表现为边坡滑塌，涉及弱膨胀土渠段和中膨胀土渠段。其中，弱膨胀土渠段主要问题为边坡出现纵向裂缝、错台，局部土体滑移，排水沟侧壁倒塌，混凝土拱格护坡发生滑移、损坏等；中膨胀渠段主要问题为边坡出现纵向裂缝、错台，部分土体沿换填面发生滑移等。

膨胀土渠段出现水毁的主要成因为受连续强降雨和土层滞水变化的影响，导致土体呈软塑-流塑状态，土体抗剪强度降低，在土体自重及水流的冲刷作用下，发生局部滑动。

结合汛期膨胀土渠段水毁方案及审查情况，针对膨胀土渠段治理提出以下应对策略：

（1）在条件允许的情况下，清除滑坡体后尽量放缓边坡。

（2）增设排水设施，主要是在边坡增设排水管，中、强膨胀土边坡均存在换填土，排水管应穿过换填层深入边坡内部。

（3）优化边坡防护结构。弱膨胀土渠段一级马道以上边坡采用混凝土拱格防护，建议治理方案优化齿脚结构，增加防护结构的整体稳定性。

（4）考虑到膨胀土的特性，在局部发生滑塌现象时应及时处理，在不具备采取其他处理措施条件时，建议采取苫盖措施，尤其是中、强膨胀土，不可长时间暴露，避免滑塌范围进一步扩大。

（5）绿化带位置地形局部发生变化，部分区域低洼易存水，对内侧边坡稳定不利。建议对膨胀土渠段绿化带地形进行复核调整，绿化带地面应向截流沟侧倾斜，并采用黏性土换填，换填厚度不小于1 m。缺少换填土料，可考虑采用铺设土工膜防渗，建议取消树坑，避免存蓄雨水。

4.3 截、导流沟

截、导流沟出现的水毁主要表现为一是在排水过程中，受水流冲刷影响，衬砌板基础被淘空，进而导致衬砌板出现裂缝、错台；二是穿桥梁位置埋设涵管不能满足排水要求，导致截流沟排水不畅。水毁应对策略为对受冲刷部位进行恢复；针对桥梁位置涵管不能满足过流要求时，重新按过流要求埋设涵管。提出了以下工程维护建议：

（1）保证截、导流沟畅通，及时清淤疏浚。

（2）复核截、导流沟纵坡，对于不符合要求渠段应按原设计进行恢复。

（3）桥梁占压导致排水不畅位置，建议按要求设置涵管，条件允许情况下优先采用涵洞结构形式。

4.4 左岸排水建筑物

左岸排水建筑物进口出现水毁现象，主要表现为进口浆砌石防护被局部冲毁。针对左岸排水建筑物存在问题的应对策略如下：

（1）梳理交叉河流的现状情况，对汇水条件发生变化的河流重新复核水文成果，并根据新的水文成果制订防洪安全治理措施。

（2）建议根据河道排查成果，协调地方水利主管部门，对总干渠左岸上游河道一定范围内的树障、垃圾进行清理。

（3）建议协调地方水利主管部门，按照设计标准对存在问题的河道进行清淤疏浚。

（4）建议协调地方水利主管部门，按照设计标准对存在问题的河道进行整治，避免洪水散排、漫溢。

（5）建议汛前应对沉沙池及时清理，建筑物进口存在的冲积杂物也应及时清除。

4.5 总干渠交叉河流上游水库的应对策略

建议对总干渠沿线水库进行系统的排查，针对距离总干渠较近，泄洪方式通过溢流堰的小型水库。通过水文分析成果，建立降雨、流量关系，梳理出对总干渠影响较大的水库，并提出预警值，为总干渠防汛预案提供决策依据。协调地方水利主管单位，针对总干渠防洪威胁较大的水库，采取工程措施，消除或降低对总干渠的防洪影响。

5 下一步水毁应对策略展望

结合历次水毁资料及成因分析，建议选取具有代表性或存在风险的建筑物，开展防洪二维物理模型研究，建立降雨量与工程过流、水位、水毁损失的关系曲线。使运行管理人员依据二维物理模型关系曲线，根据天气预报或降雨量能够快速、合理地推算可能发生的过流信息、水位信息，以及可能发生的水毁严重程度，以及应该采取的有效应急处置措施，提高防洪防汛保障能力。

结合历次已发生过水毁的建筑物、渠段和采取应急处置措施，建议对存在类似地质条件、类似气象条件、类似运行状态的渠段或建筑物进行模拟水毁推演和分析，进一步提升防洪防汛应急抢险综合保障能力。

6 结语

本文主要以南水北调中线河北段水毁修复为基础，探索水毁修复原则、主要经验做法、水毁成因分析等，提炼出南水北调中线工程重要风险应对策略和下一步水毁应对策略展望，进一步提升了防洪防汛应急综合能力水平，为南水北调工程的"工程安全、供水安全、水质安全"提供安全保障，全面提升工程运行安全保障能力。

参考文献

［1］郭海亮 . 2021 年汛期水毁分析专题报告（以南水北调中线河北分公司辖区段为例）［R］. 2022.
［2］刘建深 . 河北分公司 2022 年工程度汛方案［R］. 2022.
［3］朱元 . 南水北调中线工程交叉建筑物水毁风险分析［J］. 水文，1995（3）：1-7.

黑龙江黑河江段干支流洪水叠加特性

李成振[1,2]   王 岩[3]   孙万光[1,2]   范宝山[1,2]

（1. 中水东北勘测设计研究有限责任公司，吉林长春 130061；

2. 水利部寒区工程技术研究中心，吉林长春 130061；

3. 长春工程学院水利与环境工程学院，吉林长春 130012）

摘 要：针对黑龙江黑河市城区段干支流洪水量级相当，结雅河对黑龙江具有强烈顶托作用的特点，采用水文资料分析及数值模拟相结合的方法，研究了黑河江段干支流洪水叠加特性。结果显示，在一定来流条件下，黑龙江干流水位、流速分布及汉道分流比与结雅河汇流比密切相关；分析了不同来水条件下，黑龙江干流水位及汉道分流比随结雅河汇流比的变化规律。研究成果对黑河市防洪及国土防护具有一定的参考意义。

关键词：黑龙江；干支流交汇；洪水叠加；汇流比

1 引言

干支流交汇是自然水系和渠道系统中普遍存在的现象，不少学者对干支流交汇河段的水流运动特性开展了研究，对干支流交汇河段水面形态、汇流区水流结构及其影响因素等有了深入地认知[1-3]，这些研究成果为防洪、河道整治及环境保护等提供了重要的理论及技术支撑。黑龙江干流石勒喀河口（洛古河村）至乌苏里江口为中俄界河，全长 1 889 km[4]，两国以主航道为界。其中，黑河江段是中俄之间的重要界河段，作为我国面向俄罗斯开放的国际化门户和重要桥头堡的黑河市即坐落于本江段右岸，以黑龙江主航道中心线为界，与俄罗斯远东第三大城市阿穆尔州首府布拉戈维申斯克市隔江相望，是中俄边境线上唯一一对规模最大、规格最高、功能最全、距离最近的对应城市，最近处相距仅 750 m，如图 1 所示。黑河江段左岸有大型支流结雅河入汇，我国的"黑河四岛"（大黑河岛、小黑河岛、黄河口岛及女雅通岛）位于入汇口江段。与其他干支流交汇河段相比，黑河江段干支流交汇问题有其独特的特点：其一是结雅河多年平均径流量与黑龙江干流相当[4]，对干流洪水有强烈的顶托作用，对黑河市防洪产生重要影响；其二是受俄方超大型水库结雅水库（总库容 684.2 亿 m³）的调蓄影响，结雅河汇流比变幅很大（0.06~0.88），可能产生不利于我国国土安全的水流形态。因此，研究黑河江段干支流洪水叠加特性对黑河市防洪与国土防护具有重要意义。

本文首先通过实测水文资料分析，对黑龙江受结雅河洪水的顶托影响有一个基本认知，然后利用二维水动力学模型对干支流洪水叠加特性进行深入探讨，得出规律性成果。

2 水文实测资料分析

2.1 结雅河对黑龙江水位影响分析

我国境内黑河江段建有上马厂与卡伦山两个水文测站，两站均建立于 1987 年，观测至今，建站以来测流断面均较为稳定，未发生较大变化。上马厂站位于交汇口上游约 10 km 处，代表了结雅河入汇前的黑龙江流量。卡伦山站位于交汇口下游约 19 km 处，代表了结雅河入汇后的黑龙江流量。

基金项目：国家重点研发计划项目（2018YFC0407303）。

作者简介：李成振（1977—），男，高级工程师，主要从事水力学及河流动力学研究工作。

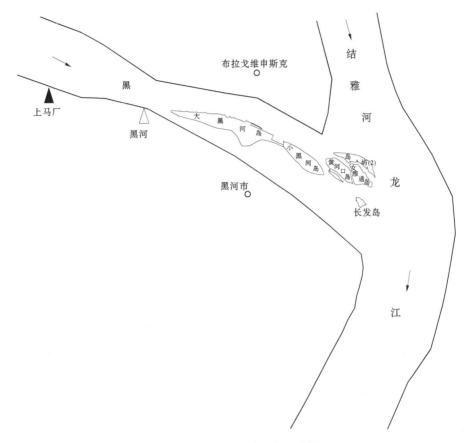

图1 黑龙江黑河市江段示意图

上马厂站与卡伦山站1987—2019年非封冻期水位流量关系分别如图2、图3所示。位于结雅河汇口上游的上马厂站水位流量关系较为散乱，存在大量异常高水位点，而位于汇口下游的卡伦山站水位流量关系较为稳定，结雅河入汇是上马厂站水位流量关系散乱的根本原因。

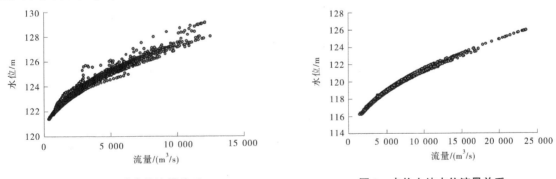

图2 马厂站水位流量关系　　　　　　　**图3 卡伦山站水位流量关系**

为进一步探讨结雅河洪水对黑龙江水位的顶托特点，基于两水文站1987—2019年非封冻期同期水位、流量观测资料，套绘了8个不同场景下，上马厂站、卡伦山站水位及结雅河汇流比（结雅河来流量与卡伦山来流量之比）的变化曲线，如图4所示。图4中每个子图，代表了上马厂站水位受到结雅河洪水顶托影响的一个特定场景。这些场景反映了当上马厂站流量一定时，其水位随结雅河汇流比的变化规律。图4中结雅河汇流比是单调递增的，表示当上马厂站流量一定时，结雅河来流不断增大的过程，每个子图中的上马厂站水位急剧增高，表示受到了结雅河洪水的强烈顶托。

由图4可见，当上马厂站流量一定时，卡伦山站水位与结雅河汇流比呈正向变化关系，符合一般的水位流量变化规律。当干流上马厂站流量一定时，在结雅河汇流比由小变大的过程中，开始阶段上

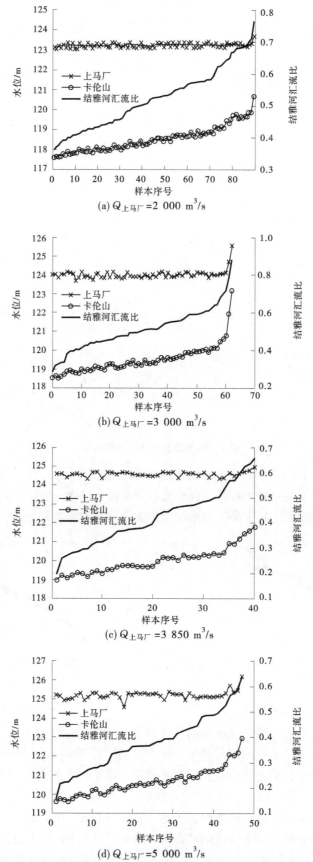

(a) $Q_{上马厂}=2\ 000\ \mathrm{m}^3/\mathrm{s}$

(b) $Q_{上马厂}=3\ 000\ \mathrm{m}^3/\mathrm{s}$

(c) $Q_{上马厂}=3\ 850\ \mathrm{m}^3/\mathrm{s}$

(d) $Q_{上马厂}=5\ 000\ \mathrm{m}^3/\mathrm{s}$

图 4　不同流量下上马厂、卡伦山水位及结雅河汇流比的变化曲线

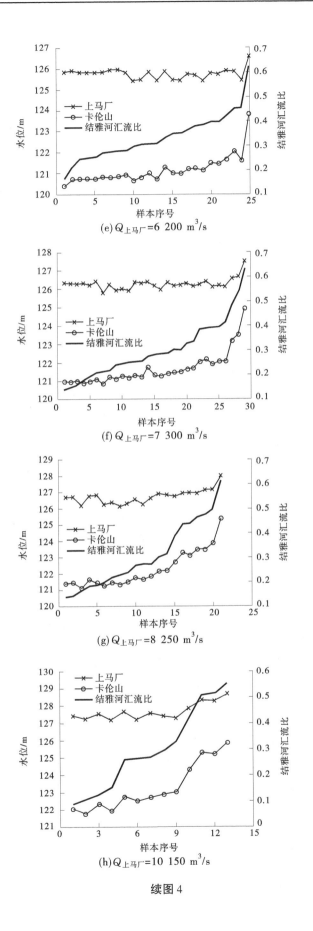

(e) $Q_{上马厂}$ = 6 200 m³/s

(f) $Q_{上马厂}$ = 7 300 m³/s

(g) $Q_{上马厂}$ = 8 250 m³/s

(h) $Q_{上马厂}$ = 10 150 m³/s

续图4

马厂站水位呈常规的波动性变化，但当结雅河汇流比增大到某一阈值后，上马厂站水位发生大幅抬高，该阈值随着上马厂站流量的增大而减小，在上马厂站流量由 2 000 m³/s 增大至 10 000 m³/s 的过程中，该阈值由 0.77 减小至 0.42。

2.2 结雅河对汊道分流比的影响分析

在 2018—2019 年，在黑河城区段布设了 20 个测流断面，开展了 4 次流场观测及地形测量。流场观测期河道水情要素见表 1。4 次测流包括 2 次低水、1 次高水、1 次中水，结雅河汇流比为 0.69~0.82，均为结雅河来水占优。

表 1 流场观测期水情要素一览表

序号	观测日期（年-月-日）	上马厂		卡伦山		结雅河汇流比	备注
		流量/（m³/s）	水位/m	流量/（m³/s）	水位/m		
1	2018-09-19	2 490	123.47	5 480	119.15	0.69	低水
2	2019-07-10	839	122.16	3 740	118.41	0.82	低水
3	2019-08-02	3 250	125.69	14 385	123.28	0.82	高水
4	2019-08-09	2 970	124.47	9 660	121.62	0.77	中水

根据测流断面地形及测流结果统计黑河四岛各汊道分流比，结果见表 2。2018 年 9 月 19 日测流时，结雅河汇流比为 0.69，河道处于低水情况，主流基本沿岛屿 2 左侧汊道下泄（河道流场见图 5），少量水流沿黄河口岛两侧的汊道下泄；2019 年 8 月 2 日测流时，河道水位高于平均水位，结雅河汇流比为 0.82，在结雅河洪水的顶托作用下，水流在结雅河汇口前缘向右偏移（河道流场见图 6），主流沿小黑河岛与黄河口岛之间的水道下泄，同时黄河口岛与岛屿 2 之间的水道过流量也有所增大，岛屿 2 左侧汊道分流比由 0.82 减小为 0.19。当上马厂站来水量较小时，因河道水位较低，水流基本沿主汊下泄，支汊不过流，此时汊道分流比基本不受结雅河汇流比影响。2019 年 7 月 10 日测流时，结雅河汇流比同样为 0.82，但因上马厂站来水较小，河道水位较低，右侧支汊仍不过流。可见，结雅河洪水对黑龙江交汇口段流速分布具有一定影响，汊道分流比受黑龙江来水及结雅河汇流比的双重影响。

表 2 不同测流期汊道分流比统计

江段	汊道	分流比			
		2018-08-19	2019-07-10	2019-08-02	2019-08-09
大黑河岛	左汊	0.98	1.00	0.95	0.95
	右汊	0.02	0	0.05	0.05
小黑河岛	左汊	0.98	1.00	0.68	0.79
	右汊	0.02	0	0.32	0.21
黄河口岛	岛屿 2 左汊	0.82	1.00	0.19	0.42
	黄河口岛与岛屿 2 之间汊道	0.12	0	0.13	0.13
	黄河口岛右汊	0.06	0	0.68	0.45

3 二维水动力模拟分析

实测水文资料中，大洪水样本数量较少，难以得出大洪水时干支流叠加影响的规律性认知，为此采用中水东北勘测设计研究有限责任公司研发的二维水流模拟软件 CFD-FVM2D[5]，对干支流不同设

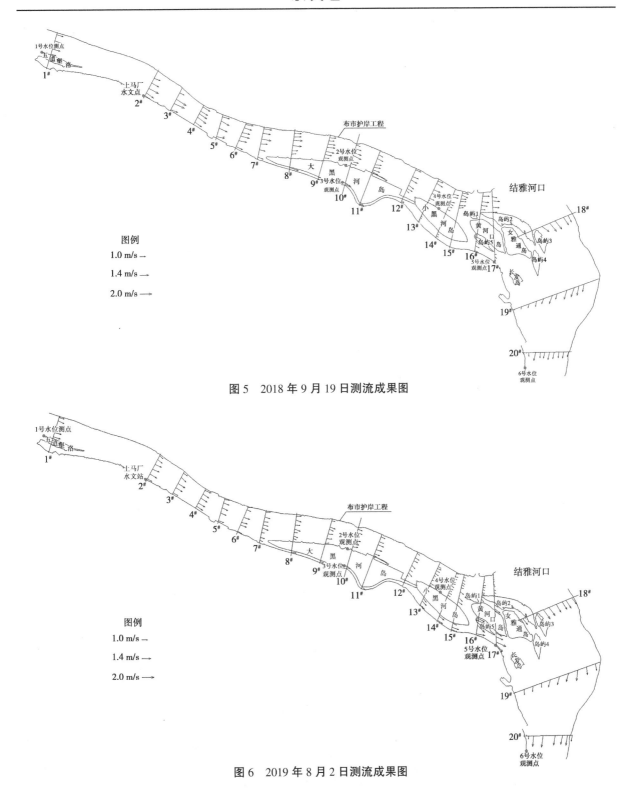

图5　2018年9月19日测流成果图

图6　2019年8月2日测流成果图

计洪水组合进行模拟,以期完善黑河城区段干支流洪水叠加特性研究成果。模拟范围自上马厂至卡伦山江段,地形数据为2019年实测水下地形。采用2019年7月10日、2019年8月2日及2019年8月9日三场实测洪水率定模型。模型率定结果满足精度要求后,拟定了如表3所示的4个场景进行模拟。场景1~场景4分别表示上马厂站发生2年一遇、10年一遇、50年一遇及100年一遇洪水时,结雅河汇流比由0.1逐渐增大,直至卡伦山站流量达100年一遇洪水。

表3 计算场景一览表

模拟场景	上马厂流量/（m³/s）	结雅河汇流比 $R_{结}$	对应卡伦山流量/（m³/s）
场景1	8 060（P=50%）	0.10~0.75	8 956~32 800（P=1%）
场景2	14 500（P=10%）	0.10~0.55	16 110~32 800
场景3	20 700（P=2%）	0.10~0.37	23 000~32 800
场景4	23 300（P=1%）	0.10~0.29	25 900~32 800

3.1 水面线

各计算场景下，黑龙江受结雅河洪水顶托水位上涨，涨幅自交汇口向上游逐渐衰减，随着结雅河汇流比的增大，上马厂至结雅河口江段水面比降逐渐减小，结雅河口至卡伦山江段水面比降基本不变。对于场景1（见图7），当结雅河汇流比由0.1增大至0.75时，上马厂至结雅河口江段水面比降由0.33‰减小为0.04‰；结雅河口至卡伦山江段水面比降在0.10‰~0.13‰，基本保持不变；黑河站水位由125.63 m增大至130.02 m，涨幅达4.39 m。

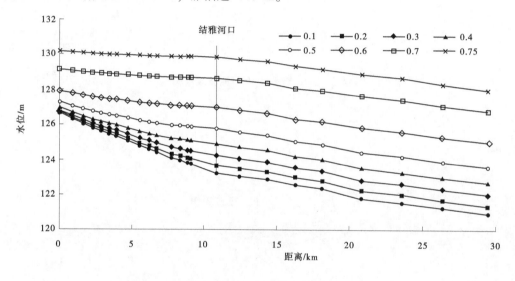

图7 场景1水面线计算结果

由各场景黑河站水位计算结果可知（见表4），即使黑河站发生一般洪水，若结雅河洪水较大，黑河站也可能出现稀遇洪水位；当结雅河汇流比一定时，上马厂站流量越大，受结雅河洪水顶托的影响也越大。当上马厂站发生100年一遇洪水时，结雅河汇流比为0.2，就可使黑河站水位升高0.32 m。

表4 各计算场景黑河站水位统计　　　　　　　　　　　单位：m

类别	结雅河汇流比										
	0.1	0.2	0.29	0.3	0.37	0.4	0.5	0.55	0.6	0.7	0.75
场景1	125.63	125.72	—	125.88	—	126.16	126.64	—	127.51	128.92	130.02
场景2	127.87	128.11	—	128.46	—	128.99	129.77	130.35			
场景3	129.64	129.95	—	130.38	130.79						
场景4	130.26	130.58	131.02								

3.2　流速及汊道分流比

3.2.1　流速分布

受结雅河洪水顶托影响，交汇口以上江段在水位上涨的同时，流速大小也随之减小，流速分布也相应发生改变。对于计算场景1（见图8），当结雅河汇流比由0.1增加到0.7时，大、小黑河岛左侧汊道流速降低了0.8~1.3 m/s，随着结雅河洪水顶冲作用的加强，结雅河口江段主流由左岸逐渐摆动到右岸。该变化规律与流场实测结果相吻合。

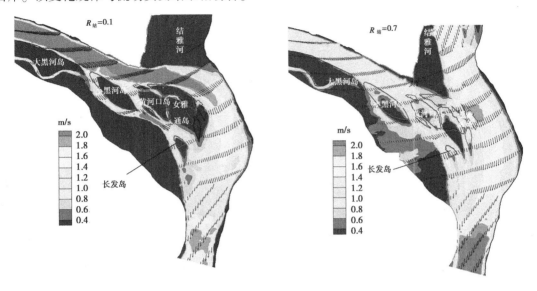

图8　场景1流速分布计算结果

3.2.2　汊道分流比

各计算场景汊道分流比随结雅河汇流比的变化规律如图9所示。大、小黑河岛及黄河口岛右侧汊道分流比均随结雅河汇流比的增大而增大。其中，大、小黑河岛右汊为支汊的地位不会发生改变；当结雅河汇流比大于某阈值时，黄河口岛右汊分流比会急剧增大，并开始成为主汊道，该阈值随着上马厂站来流的增大呈减小趋势。由图9可知，虽然黄河口岛右侧汊道在结雅河汇流比较大的条件下成为主要过流汊道，但由于水位也随之上涨，其汊道流速反而有所减小，且高流速区右移，长发岛受水流顶冲的作用反而减弱。黄河口岛与岛屿2之间的汊道分流比在开始阶段随着结雅河汇流比的增大而增大，但当结雅河汇流比超过某阈值后，主流继续右移，导致汊道分流比减小。根据上马厂和卡伦山两站1987—2019年日流量观测资料，结雅河汇流比在0.06~0.88，平均为0.50，受结雅水库调节影响，大水年份结雅河汇流比一般小于0.5，故干支流交汇区主流一般位于黄河口岛左汊道。

4　结语

（1）结雅河对黑龙江干流洪水有较大的顶托作用，在一定来流条件下，黑龙江干流水位、流速分布及汊道分流比与结雅河汇流比密切相关。

（2）当干流上马厂站流量一定时，在结雅河汇流比由小变大的过程中，开始阶段上马厂站水位呈常规的波动性变化，但当结雅河汇流比增大到某一阈值后，上马厂站水位发生大幅抬高，该阈值随着上马厂站流量的增大而减小；当结雅河汇流比一定时，上马厂站流量越大，受结雅河洪水顶托的影响也越大，即使黑河站发生一般洪水时，若结雅河洪水较大，黑河站也可能出现稀遇洪水位。在上马厂站流量由2 000 m³/s增大至10 000 m³/s的过程中，该阈值由0.77减小至0.42；当上马厂站发生100年一遇洪水时，结雅河汇流比为0.2时，便可使黑河站水位升高0.32 m。

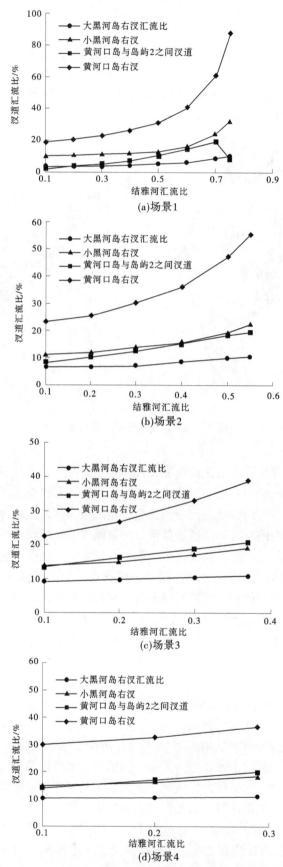

图 9 各计算场景汉道分流比与结雅河汇流比的关系

（3）当黑龙江干流水位处于中、高水位时，结雅河汇流比给干支流交汇河段汊道分流比产生重要影响，干流河道的水流动力轴线随着结雅河汇流比的增加而右移，汊道分流比也随之发生相应变化。在本江段河道演变研究中，需考虑汊道分流比的变化特点。

参考文献

［1］倪晋仁，王光谦，张国生．交汇河段水力计算探讨［J］．水利学报，1992（7）：51-56.
［2］郭世兴，王光社．水库调洪计算方法的应用研究［J］．人民黄河，2016，38（7）：24-26.
［3］于宁，温州，关见朝，等．结雅河对黑龙江山马厂水位的顶托效应分析［J］．泥沙研究，2017，42（4）：67-72.
［4］松辽水利委员会．中俄额尔古纳河和黑龙江界河段水资源综合利用规划［R］．长春：松辽水利委员会，1994.
［5］徐小武，薛立梅，范宝山，等．基于有限体积法的二维浅水流动模拟程序开发［J］．水利科技与经济，2012，18（10）：68-73.

渔光互补光伏发电项目防洪影响分析

喻海军[1]　马建明[2]　田　培[3]　曾　鹏[1]　刘春果[1]

(1. 中国水利水电科学研究院，北京　100038；
2. 国家自然灾害防治研究院，北京　100085；
3. 华中师范大学城市与环境科学学院，湖北武汉　430079)

摘　要：基于"渔光互补"模式的光伏发电工程可以使得发电与养殖并行，实现节约土地资源与节能减排双重目的，但同时会带来一定的防洪问题。本文针对某采煤塌陷区"渔光互补"光伏发电工程，结合最新高精度地形数据，构建了研究区精细化二维水动力学模型，采用地形提升法和加大糙率法等两种不同方法对工程本身的阻水作用进行概化，模拟分析了建设工程对所在湖区行蓄洪的影响和工程自身的防洪风险。结果表明，该工程对研究区防洪影响较小，但需要注意自身潜在的防洪问题，研究成果可为相关工程实践提供参考。

关键词：光伏发电；采煤塌陷区；二维水动力模型；防洪影响

1　引言

煤炭是我国能源供应的首要功臣，目前我国仍是最大的煤炭消费国，且用于供电的煤炭占了近50%[1]，传统的以煤电为主导的产业结构带来了许多生态环境问题，对地球生态平衡和人类健康也产生了一定的危害[2-3]。因此，可再生能源的开发利用引起了世界各国的高度重视，而太阳能光伏发电因其清洁性、安全性、经济性及范围广等特点成为全球发展最快的新兴产业之一[4-6]。电池板下鱼塘养鱼的"渔光互补"模式使得发电与养殖并行，极大地提高了土地利用效率，实现了节约土地资源与节能减排的目的，从而使水产养殖业与光伏发电相互促进，共同发展[7-9]。本文结合某采煤沉陷区实施的"渔光互补"光伏发电项目的实际情况，构建了研究区精细化二维水动力学模型，采用不同方法综合分析了工程对所在区域防洪影响以及工程自身的防洪风险，研究成果可以为相关工程实践提供参考。

2　项目概况

项目工程位于山东省南四湖地区某采煤沉陷区。南四湖是微山湖、昭阳湖、独山湖和南阳湖的总称，是我国第六大淡水湖，也是北方最大的淡水湖。南四湖可根据1960年在昭阳湖腰建成的二级坝枢纽工程将全湖分为上下两级。南四湖地区属于暖温带，半湿润季风区大陆性气候，具有冬夏季风气候的特点，历年平均降水量793.0 mm，最大年降水量1 392.9 mm，最小年降水量386.5 mm，7月、8月雨量最多，冬、春两季干旱缺雨。南四湖以防御1957年型洪水，南阳湖水位控制在36.99 m作为防洪治理标准，2010年起按50年一遇防洪标准治理。建设项目主要任务是发电，同时兼顾采煤沉陷区治理、渔业综合开发利用，实际使用面积为1.14 km²，建设总容量为50 MW，场址现状地面高

基金项目：北京市自然科学基金重点项目（8181001）。

作者简介：喻海军（1988—），男，高级工程师，主要从事计算水力学研究工作。

通信作者：田培（1988—），男，讲师，主要从事水文水资源研究工作。

程 30~34 m，场区内主要发变电设施的防洪高程为 35.0 m。

3 防洪分析计算

3.1 模型构建

本次以工程所在的南四湖下级湖为分析范围，结合最新高精度地形数据，构建了湖区精细化二维水动力学模型，分别采用地形提升法和加大糙率法两种方法来模拟建设工程对南四湖行蓄洪的影响。

3.1.1 模型计算原理

地表和湖区洪水演进采用二维水动力学模型，控制方程采用守恒型的二维浅水方程：

$$\frac{\partial U}{\partial t} + \frac{\partial E}{\partial x} + \frac{\partial G}{\partial y} = S \tag{1}$$

$$U = \begin{bmatrix} h \\ hu \\ hv \end{bmatrix} \quad E = \begin{bmatrix} hu \\ hu^2 + gh^2/2 \\ huv \end{bmatrix} \quad G = \begin{bmatrix} hv \\ huv \\ hv^2 + gh^2/2 \end{bmatrix}$$

$$S = S_b + S_f = \begin{bmatrix} 0 \\ gh(S_{ox} - S_{fx}) \\ gh(S_{oy} - S_{fy}) \end{bmatrix} \tag{2}$$

$$S_{oy} = -\frac{\partial b}{\partial y} \quad S_{ox} = -\frac{\partial b}{\partial x} \quad S_{fx} = \frac{n^2 u \sqrt{u^2 + v^2}}{h^{4/3}} \quad S_{fy} = \frac{n^2 v \sqrt{u^2 + v^2}}{h^{4/3}}$$

式中：h、u、v 分别为水深、x 和 y 方向的流速；S_b 为底坡项；S_{ox} 和 S_{oy} 分别为 x 和 y 方向的底坡项；S_f 为摩阻项；S_{fx} 和 S_{fy} 分别为 x 和 y 方面的摩阻项；b 为底高程；n 为曼宁糙率系数。

本文采用基于 Godunov 格式的有限体积法对该二维浅水方程组进行求解，其中黎曼问题采用 Roe 格式的近似解进行计算，进而得出通过界面的数值通量，为保持离散格式的和谐性，底坡源项采用特征分级离散，阻力源项采用半隐式离散提高模型的稳定性，采用 MUSCL 空间重构和两步 Runge-Kutta 法使得模型具有时间和空间二阶精度，所有变量都定义在单元中心[10-12]。

3.1.2 计算范围及网格离散

本次计算选取的计算范围为南四湖二级坝以下的区域（见图 1），东西长约 18 km，南北长约 50 km，面积约为 732 km²，研究区域地形图如图 2 所示。

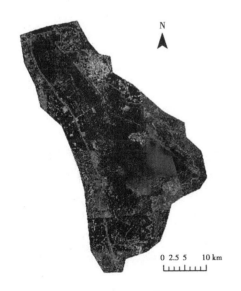

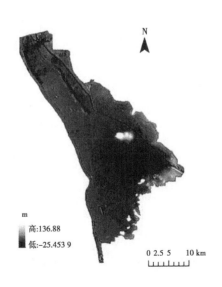

图 1　模型构建范围　　　　　　　　图 2　研究区域地形图

依据主要水系、堤防以及地貌、道路等地物分割情况，对研究范围进行二维网格剖分。对整个计算区域采用 75 m 的网格单元进行离散，采用四边形非结构网格，局部网格进行加密，工程所在区网格尺寸为 15 m，共划分网格 131 245 个，具体网格离散和高程插值效果如图 3 所示，局部网格放大如图 4 所示。

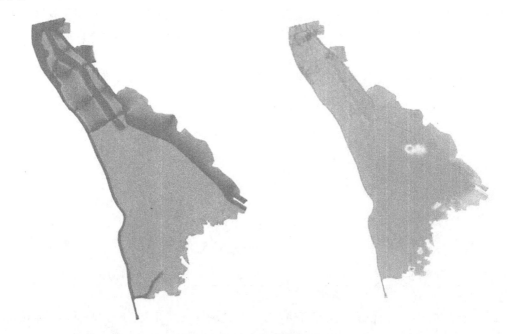

图 3　网格离散和高程插值效果

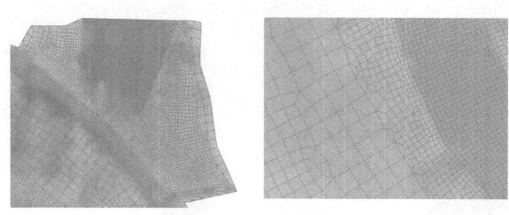

图 4　局部网格离散效果

3.1.3　工程概化方法

为更全面、更准确地反映光伏发电工程对南四湖行洪安全的影响，分别采用地形提升法和加大糙率法两种方法来模拟建设工程对南四湖行蓄洪的影响。地形提升法（见图 5）是将光伏发电工程中的构筑物所在区域均视为不过水区域，整体提升工程区高程，提升后的工程区高程等于原地形高程加上构筑物的高程。由于该方法将项目区内的构筑物均视为不过水区域，考虑的是最不利的一种工况，其计算结果代表着建设项目对南四湖行蓄洪带来影响最大的情况。加大糙率法（见图 6）是将光伏发电工程中的太阳能面板区视为过水区域，将建筑物所在区域视为不过水区域。透水区域（太阳能面板区）采用面积修改率和加大糙率来考虑，不过水区域（升压站、逆变器等）整体提升高程。由于实际太阳能面板区实际上具有一定的过水能力，所以加大糙率法可以相对真实地反映建设项目对南四湖行蓄洪的影响。

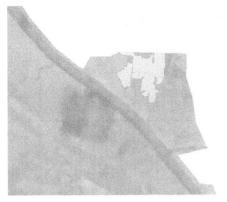 

图 5　采用地形提升法工程区模型示意图　　　　　图 6　采用加大糙率法工程区模型示意图

结合南四湖的洪水调度方案和二级坝的泄流能力，分别选取超标准洪水和 50 年一遇洪水条件进行模拟，根据这两种方案的模拟结果分析评估光伏发电工程对南四湖行蓄洪的影响。

南四湖设计防洪标准为 50 年一遇，下级湖 50 年一遇防洪水位 36.29 m，1957 年型（超标准洪水）防洪水位 36.49 m，二级坝按极限能力（14 520 m³/s）下泄。

本次共计算了 6 种情景：①工程建设前 50 年一遇洪水和超标准洪水两种情景；②采用地形提升法时，50 年一遇洪水和超标准洪水两种情景；③采用糙率加大法时，50 年一遇洪水和超标准洪水两种情景。通过对不同情景下洪水计算结果进行分析和对比，分析了光伏工程对南四湖防洪的可能影响。具体计算情景设置如表 1 所示。

表 1　计算情景设置

情景编号	工程概化方法	洪水工况	微山站控制水位/m	说明
1	无	50 年一遇	36.29	工程建设前
2	无	超标准洪水	36.49	工程建设前
3	地形提升法	50 年一遇	36.29	工程建设后，假定项目区全部为
4	地形提升法	超标准洪水	36.49	不过完水区域，概化方法偏保守
5	糙率加大法	50 年一遇	36.29	工程建设后，假定建筑区不过水，
6	糙率加大法	超标准洪水	36.49	认为光伏板区过水，适当加大糙率

3.1.4　边界条件及糙率设置

超标准洪水及 50 年一遇洪水方案边界条件：上游边界条件为该区极限泄洪能力，下游分别以建站防洪水位 36.49 m 及 36.29 m 作为下游水位边界条件。均以下级湖正常蓄水位 32.29 m 作为初始水位条件。

根据项目区现状踏勘，结合湖区和河道现场情况，根据河床组成、植被条件参考《水力学》中的经验表格，河槽和主行洪区糙率取值 0.030、滩地糙率取值 0.045、厂区糙率取值 0.140。

3.2　计算结果分析

3.2.1　水位影响分析

经过模型分析计算，不同计算方法和计算方案情况下工程建设前后的水位变化情况见表 2。采用地形提升法，50 年一遇洪水条件下工程前后水位变化约为 1.5 cm，超标准洪水条件下工程前后水位变化约为 1.4 cm。从影响范围来看，工程建设前后水位受到影响的区域均在工程局部区域，其他区域影响较小。采用糙率加大法，50 年一遇洪水条件下工程前后水位变化约为 0.32 cm，超标准洪水条件下工程前后水位变化约为 0.30 cm。从影响范围来看，工程建设前后水位受到影响的区域均在工程局部区域，其他区域影响较小。

表2　工程建设前后水位变化情况

序号	工程概化方法	水位变化/m	
		50 年一遇方案	超标准洪水方案
1	地形提升法	0.014 9	0.013 6
2	糙率加大法	0.003 2	0.003 0

3.2.2　流速影响分析

工程区域最大流速分布如图7所示，从流速的角度看，在遭遇50年一遇洪水时，项目所在区最大流速基本处于0~0.3 m/s的范围内，对项目本身安全以及堤防安全不会造成明显的冲击或冲刷作用。

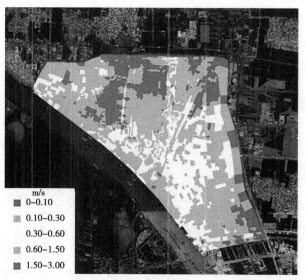

图7　工程区域最大流速分布图

4　防洪影响分析

4.1　洪水对建设项目的影响分析

项目自身防洪标准采用50年一遇，项目区地面高程为32~34 m，下级湖50年一遇防洪水位36.29 m，项目主要发变电设施防洪高程按照35.0 m进行设计，工程自身有遭受洪水淹没的风险，可能会造成一定的财产损失。

4.2　项目建设对行洪的影响分析

建设项目位于南四湖湖东大堤内侧采煤沉陷区，该区域以蓄洪和滞洪为主，非主要行洪通道，最不利情况下工程前后水位最大改变值约为1.5 cm，且影响范围局限于采煤沉陷区周围，对其他区域水位没有影响，因而工程对整体行洪基本没有影响。该项目升压站位于湖东大堤内侧湖滩地，升压站区布置在整个场区的东北角，占用了一定的防洪库容，但占下级湖和南四湖防洪总库容的比例都极小，对南四湖整体蓄洪基本没有影响。

5　结论

针对"渔光互补"光伏发电项目防洪影响问题，本文基于二维水动力学模型，采用两种不同方法对工程的洪水影响进行了分析，得出了以下结论和建议：

（1）根据模型计算结果，最不利情况下工程前后水位最大改变值约为1.5 cm，影响范围局限于工程周围，对其他区域水位几乎没有影响，因而工程对行洪影响非常小。工程会占用一定的蓄洪库容，对整体库容影响较小，但建议根据侵占库容规模，在场区内进行挖方，以补偿侵占的库容。

（2）项目主要发变电设施防洪高程按照 35.0 m 进行设计，工程自身有遭受洪水淹没的风险，建议对重要设备采取防洪保护措施，并制订防洪预案，确保人员安全，最大限度地减少财产损失。

参考文献

［1］中华人民共和国国家统计局能源统计司 . 中国能源统计年鉴 2018 ［M］. 北京：中国统计出版社，2019.

［2］初冬梅，姜大霖，陈迎 . 弃用煤炭发电联盟成立的背景、影响及应对思考 ［J］. 煤炭经济研究，2019，39（11）：4-9.

［3］昌金铭 . 国内外光伏发电的新进展 ［C］//可再生能源规模化发展国际研讨会暨第三届泛长三角能源科技论坛论文集 . 2006：122-134.

［4］苏雨艳，郭刘超 . 中节能一期 5MWp 渔光互补光伏发电项目防洪影响研究 ［J］. 水资源开发与管理，2018（6）：50-53，45.

［5］周玉立，袁宏永 . 中国煤炭发电与光伏发电技术的经济性评估 ［J］. 技术经济与管理研究，2020（12）：97-102.

［6］陈静，郑维娟 . 中国太阳能光伏发电的发展现状及前景 ［J］. 时代农机，2018，45（3）：48-49.

［7］江富平 . 光伏发电项目综合效益评价研究 ［D］. 武汉：湖北工业大学，2016.

［8］朱晓飞，王康东 . 祁南煤矿采煤沉陷区光伏发电场地稳定性评价 ［J］. 山东工业技术，2018（22）：75-76.

［9］王成 . 利用采煤沉陷区建设集中式光伏电站综合效益分析 ［J］. 山东工业技术，2017（16）：67-68.

［10］Wang Z, Geng Y, Lei Y. Two-dimensional shallow water equations with porosity and their numerical scheme on unstructured grids ［J］. Water Science and Engineering, 2013, 6（1）: 91-105.

［11］Wang Z L, Geng Y F, Jin S. An unstructured finite-volume algorithm for nonlinear two-dimensioal shallow water equation ［J］. Journal of Hydrodynamics, 2005, 17（3）: 306-312.

［12］Garcia-Navarro P, Vazquez-Cendon M E. On numerical treatment of the source terms in the shallow water equations ［J］. Computers & Fluids, 2000, 29（8）: 951-979.

云南降水分级组成及暴雨资源潜力估算

王东升[1] 李伯根[1] 杨家月[2] 吴 捷[1]

(1. 云南省水文水资源局，云南昆明 650106；

2. 云南省水文水资源局 临沧分局，云南临沧 677000)

摘 要：云南干旱频发多发，暴雨资源利用需求强烈。本文分析了云南年降水分级组成，并基于地表径流系数，以草地、水泥地面为典型下垫面建立了暴雨资源潜力估算方法。结果表明：①多年平均降水情况下，云南大暴雨、暴雨、大雨、中雨、小雨量级降水量分别占年降水量的 1.0%、9.4%、25.8%、36.1%、27.7%，且年降水量越大，大暴雨、暴雨、大雨量级降水占比越大。②各地草地暴雨资源潜力为 0.11~0.28 m^3/m^2，平均 0.19 m^3/m^2；各地水泥地面暴雨资源潜力为 0.40~0.95 m^3/m^2，平均 0.65 m^3/m^2；空间上有南部、西南部和东南部边沿地区多，广大中部、东北大部分地区相对偏少，西北大部、东北个别县区相对稀少；年际间差异大的特点。③云南暴雨资源潜力总量为 423.0 亿~1 079.6 亿 m^3，多年平均为 722.8 亿 m^3，各县区暴雨资源潜力受年降水量与国土面积影响。

关键词：降水组成；暴雨资源潜力；典型下垫面；定量估算方法；产流系数；地面径流

本文研究的暴雨资源指强降雨中形成坡面径流、存在直接通过坡面收集利用可能性的水资源。云南省降水及水资源年内分配极不均衡，存在干旱频发、多发、广发的现状，94%的陆域国土面积为山区、地形起伏大，28.14%陆域国土面积为岩溶荒漠化地区[1]，水资源利用难度大的自然地理环境，点多面散的生产生活习性，为干季抗旱保供水带来重重困难和挑战。如何充分利用好暴雨资源，挖掘暴雨资源利用潜力成为提高干季抗旱能力的有效可行途径。自古以来，人们便采取多种措施利用暴雨资源，改善生产生活条件、生存环境。近年来，学者们对暴雨资源或雨水资源的利用主要集中在城市[2-5]，提出了可行的估算方法和利用措施建议[6-7]，对广大山区、农村地区也有一定研究[8-10]，但关注的较少，同时，缺少针对云南暴雨资源的系统性研究。本文拟结合现有观测资料及水资源分析成果，分析降水量级组成特征，建立科学可行的暴雨资源潜力计算方法，系统估算各地区暴雨资源潜力量，为开展暴雨资源利用、提高抗旱减灾能力提供科学依据。

1 数据与方法

1.1 数据

在云南省各县级行政区内，选择了 128 个资料可靠性高、一致性强、代表性较好的水文站或雨量站作为代表站，收集了各代表站 1990—2020 年日降水量资料，资料均由云南省水文水资源局观测、整编、刊印，质量可靠。根据日降水强度分级标准，按照特大暴雨、大暴雨、暴雨、大雨、中雨、小雨分别统计各年不同量级降水量，同时统计了各代表站每年降水日数。

1.2 方法

据两水源新安江模型，降水形成的径流包括坡面地表径流和地下径流两部分[11]，坡面地表径流量即为本研究的暴雨资源潜力量。计算过程中可使用径流总量扣除地下径流作为坡面地表径流量[12]，

作者简介：王东升（1981—），男，正高级工程师，主要从事水文情报预报、山洪灾害预警、水文基础规律等研究工作。

即暴雨资源潜力量。

影响不同地区降雨转化为坡面地表径流的因素包括气候气象条件、前期降雨量和地形地貌、植被、地质、土壤等下垫面条件。在同一降水过程，下垫面条件为影响坡面地表径流量关键因素。因下垫面复杂多变，为提高成果的可用性，在此选用代表性相对较强的草地和水泥地面作为典型下垫面分析估算暴雨资源潜力量。

学者采用试验方法对不同下垫面径流系数进行了研究[13-15]，草地下垫面雨强在 38~75 mm/t 时，降雨 5~7 min，累计降水量在 4.5~6.5 mm 时，开始产流。基于此，结合日降水量分级标准，小雨（24 h 降水量<10 mm）量级降水，主要考虑为满足流域蒸发、植物截留、入渗、填洼损失[16] 等需要，一般难以满足蓄满形成地表径流条件。中雨及以上量级降雨除满足流域损失外，随着降雨量增多，逐步开始出现局部产流乃至流域蓄满产流[17]，形成地下、地表径流。我们常通过场次洪水分割[12]，得到地下、地表径流量，并计算各部分占径流总量的比重，反之可通过径流总量、占比推算各部分径流量。云南省第三次水资源调查评价计算了多年来水情况下四级水资源分区（与县级行政区基本一致）地表径流占总径流量的比重，为我们依据产流总量、地表径流占比来估算地表径流量，即暴雨资源潜力量提供了基础。据分析，对于草地典型下垫面，年度降水量扣除年度小雨量级降水量得年度可能发生产流的降水量，乘以草地场次降水径流系数，可得年度场次降水径流量之和，再乘以地表径流占比可得年度暴雨资源潜力量，即计算公式为

$$W_q = k \times \psi_c \times (P_z - P_x) \times A \qquad (1)$$

式中：W_q 为草地典型下垫面暴雨资源潜力量；k 为地表径流占径流总量的比重；ψ_c 为草地典型下垫面场次降水产流系数，参考武晟等[13] 通过试验得到的草地典型降雨强度产流系数，取 0.37；P_z 为年降雨总量；P_x 为 年小雨量级降水总量；A 为计算面积。

对于水泥地面典型下垫面，下渗几乎可忽略不计，降雨扣除雨水损耗、蒸发后形成的径流可认为是地表径流，即暴雨资源潜力量。

$$W_s = \psi_s \times [P_z - D \times (P_0 + E)] \times A \qquad (2)$$

式中：W_s 为水泥地面典型下垫面暴雨资源潜力量；ψ_s 为场次水泥地面产流系数，参考武晟等[13] 通过试验得到的水泥地面典型降雨强度径流系数，取 0.89；P_z 为年降雨总量；P_0 为雨水损耗量，取 1 mm/日；E 为降水日蒸发量，参考云南省第三次水资源调查评价成果，按照 1.64 mm/日计算；D 为年降水天数，根据实际降水发生天数；A 为计算面积。

2 结果与分析

2.1 云南省日降水量分级特征

云南省各代表站 1990—2020 年多年平均降水量 1 067.3 mm，日降水量级以大雨、中雨、小雨为主，分别占年降水量的 25.8%、36.1%、27.7%，暴雨、大暴雨占比分别为 9.4%、1.0%。系列最大年降水量平均为 1 501.3 mm，日降水量级仍以大雨、中雨、小雨为主，分别占年降水量的 29.1%、32.7%、21.9%，大暴雨、暴雨占比分别为 2.0%、14.3%，与多年平均比较，各级降水量均有不同程度的增加，中雨、小雨占比出现较大幅度降低，大暴雨、暴雨、大雨量级降水量占比增加明显。系列最小年降水量平均为 684.1 mm，日降水量级仍以大雨、中雨、小雨为主，分别占 21.4%、36.7%、35.3%，大暴雨、暴雨降水量仅占 0.3%、6.3%，与多年平均比较，各级降水量均有不同程度的减少，中雨、小雨占比出现较大幅度提升，其中小雨量级增大 7.3%，最为明显，大暴雨、暴雨、大雨量级降水量占比均有明显减少。各代表站未监测到特大暴雨。

经统计分析，各代表站 1990—2020 年多年平均每年有 127.7 d 发生降水，历年最多 166.2 d，历年最少仅 89.5 d。据此有年度降水量越大，降水天数越多，降水量级越大，降水强度也越大；年度降水量越小，降水天数越小，降水量级越小，降水强度越小；年降水量是日降水天数与日降水强度共同结果。云南省代表站 1990—2020 年日降水分级特征统计见表 1。

表1 云南省代表站 1990—2020 年日降水分级特征统计

年份	降水天数/d	项目	小雨	中雨	大雨	暴雨	大暴雨	特大暴雨	年降水量
多年平均	127.7	降水量/mm	278.4	381.6	285.8	109.5	12.0	0	1 067.3
		占比/%	26.1	35.8	26.8	10.3	1.1	0	100.0
历年最大	166.2	降水量/mm	318.4	487.5	441.2	221.9	32.3	0	1 501.3
		占比/%	21.2	32.5	29.4	14.8	2.2	0	100.0
历年最小	89.5	降水量/mm	228.2	254.6	152.2	46.9	2.2	0	684.1
		占比/%	33.4	37.2	22.2	6.9	0.3	0	100.0

2.2 草地典型下垫面单位面积暴雨资源潜力

据各代表站 1990—2020 年日降水量资料及草地典型下垫面暴雨资源量估算方法,分析多年平均降水、历年最大降水、历年最小降水情况下,云南省各县级行政区 1 m^2 单位面积草地典型下垫面暴雨资料潜力量,结果见图 1。多年平均降水情况下,云南省 129 个县级行政区每平方米草地典型下垫面暴雨资源潜力为 0.05~0.50 m^3,平均 0.19 m^3,地区差异显著,普洱市江城县 0.50 m^3,单位面积暴雨资源潜力最为丰富,迪庆州德钦县和香格里拉市 0.05 m^3,单位面积暴雨资源潜力最小。历年最大降水情况下,各县级行政区每平方米暴雨资源潜力为 0.07~0.64 m^3,平均 0.28 m^3,普洱市江城县和红河州金平县 0.64 m^3,单位面积暴雨资源潜力最为丰富,迪庆州德钦县 0.07 m^3,单位面积暴雨资源潜力潜力最小。历年最小降水情况下,各县级行政区每平方米暴雨资源潜力为 0.02~0.30 m^3,平均 0.11 m^3,普洱市江城县 0.30 m^3,单位面积暴雨资源潜力最为丰富,迪庆州德钦县 0.02 m^3,单位面积暴雨资源潜力潜力最小。

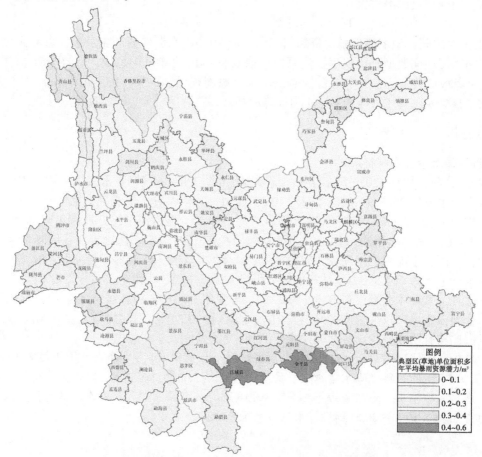

图 1 草地典型下垫面多年平均降水 1 m^2 面积暴雨资源潜力分布

草地典型下垫面，不同降水条件下，云南省暴雨资源潜力总体分布有南部、西南部和东南部边沿地区多，广大中部、东北大部分地区相对偏少，西北大部、东北个别县区相对稀少。各年间差异显著，历年最大降水暴雨资源潜力为最小降水情况下的 2.55 倍。

2.3 水泥地面典型下垫面单位面积暴雨资源潜力

根据各代表站 1990—2020 年日降水量资料及水泥地面典型下垫面暴雨资源量估算方法，分析多年平均降水、历年最大降水、历年最小降水情况下，云南省各县级行政区 1 m^2 单位面积水泥地面典型下垫面暴雨资料潜力量，结果见图 2。多年平均降水情况下，云南省 129 个县级行政区每平方米水泥地面典型下垫面暴雨资源潜力为 0.14～1.54 m^3，平均 0.65 m^3，地区差异显著，普洱市江城县 1.54 m^3，单位面积暴雨资源潜力最为丰富，迪庆州德钦县 0.14 m^3，单位面积暴雨资源潜力最小。年最大降水情况下，各县级行政区每平方米暴雨资源潜力为 0.22～2.29 m^3，平均 0.95 m^3，怒江州贡山县 2.29 m^3，单位面积暴雨资源潜力最为丰富，迪庆州德钦县 0.22 m^3，单位面积暴雨资源潜力潜力最小。年最小降水情况下，各县级行政区每平方米暴雨资源潜力为 0.03～1.01 m^3，平均 0.40 m^3，红河州金平县 1.01 m^3，单位面积暴雨资源潜力最为丰富，迪庆州德钦县 0.07 m^3，单位面积暴雨资源潜力潜力最小。

图 2　水泥地面典型下垫面多年平均降水 1 m^2 面积暴雨资源潜力分布

水泥地面典型下垫面,不同降水条件下,暴雨资源潜力空间分布与草地典型下垫面基本一致,即南部、西南部和东南部边沿地区多,广大中部、东北大部分地区相对偏少,西北大部、东北个别县区相对稀少;年际间差异显著,历年最大降水暴雨资源潜力为最小降水情况下的2.38倍。

2.4 行政区暴雨资源潜力估算

据云南省林业和草原局信息,2020年底,云南省森林覆盖率65.04%,预计到2025年,全省森林覆盖率达65.7%,草原综合植被盖度达80%。为综合分析云南省各行政区暴雨资源潜力,采用草地典型下垫面1 m^2 单位面积暴雨资源潜力量×辖区面积,估算各级行政区暴雨资源潜力量。

多年平均降水情况下,云南省暴雨资源潜力总量722.8亿 m^3,各县级行政区暴雨资源潜力量为0.56亿~19.5亿 m^3,地区差异显著。因降水量较大、辖区陆域国土面积较大,普洱市澜沧县19.5亿 m^3,暴雨资源潜力量最为丰富;其次为西双版纳州勐腊县17.2亿 m^3;因辖区陆域国土面积较小,昆明市盘龙区0.56亿 m^3,暴雨资源潜力量最小,次小为昭通市水富县0.59亿 m^3。历年最大降水情况下,云南省暴雨资源潜力总量为1 079.6亿 m^3,各县级行政区暴雨资源潜力为0.89亿~26.72亿 m^3,西双版纳州勐腊县26.72亿 m^3,暴雨资源潜力量最为丰富;其次为怒江州贡山县25.41亿 m^3;昆明市盘龙区0.89亿 m^3,暴雨资源潜力量最小,次小为昭通市水富县1.00亿 m^3。历年最小降水情况下,云南省暴雨资源潜力总量为423.0亿 m^3,各县级行政区暴雨资源潜力量为0.22亿~12.11亿 m^3。普洱市澜沧县12.10亿 m^3,暴雨资源潜力量最为丰富;其次为保山市腾冲市11.40亿 m^3;因辖区陆域国土面积较小及降水综合影响,昆明市官渡区0.22亿 m^3,暴雨资源潜力量最小,次小为昆明市盘龙区0.26亿 m^3。云南省16个州(市)级行政区暴雨资源潜力量见图3。

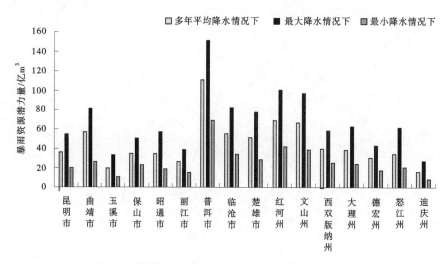

图3 云南省16个州(市)级行政区暴雨资源潜力量

3 结语

(1)以草地、水泥地面作为典型下垫面,基于地表径流系数、产流系数及试验径流监测数据,建立了不同下垫面暴雨资源潜力量的估算方法,实现了对暴雨资源潜力量的定量计算。

(2)多年平均降水情况下,云南省大暴雨、暴雨、大雨、中雨、小雨量级降水分别占年降水量的1.0%、9.4%、25.8%、36.1%、27.7%,降水量级以大雨、中雨、小雨为主,总体有年度降水量越大,则降水天数越多,降水量级越大;年度降水量越小,则降水天数越小,降水量级越小;各代表站平均年降水天数为89.5~166.2 d,多年平均为127.7 d。

(3)多年平均降水情况下,草地典型下垫面,云南省每平方米暴雨资源潜力量为0.05~0.50 m^3,各地平均暴雨资源潜力量为0.19 m^3;水泥地面典型下垫面各县暴雨资源潜力量为0.14~1.54 m^3,各地平均暴雨资源潜力量为0.65 m^3。水泥地面暴雨资源潜力是草地的3.42倍,更具有利用价值。全省暴雨资源潜力空间分布是南部、西南部和东南部边沿地区多,广大中部、东北大部分地区相对偏少,西北大部、东北个别县区相对稀少;年际间差异显著。

(4) 不同降水情况下,云南省暴雨资源潜力总量为 423.0 亿~1 079.6 亿 m³,多年平均暴雨资源潜力量为 722.8 亿 m³,暴雨资源潜力丰富,各县区暴雨资源潜力量受降水量与陆域国土面积影响。

参考文献

[1] 谷勇,陈芳,李昆,等. 云南岩溶地区石漠化生态治理与植被 [J]. 科技导报,2009,27 (5):75-80.

[2] 吕玲,吴普特,赵西宁,等. 城市雨水利用研究进展与发展趋势 [J]. 中国水土保持科学,2009,7 (1):118-123.

[3] 车伍,唐宁远,张炜,等. 我国城市降雨特点与雨水利用 [J]. 给水排水,2007,33 (6):45-48.

[4] 路琪儿,罗平平,虞望琦,等. 城市雨水资源化利用研究进展 [J]. 水资源保护,2021,37 (6):80-87.

[5] 余海龙,黄菊莹,肖国举. 黄土高原半干旱区雨水资源化研究综述 [J]. 人民黄河,2010,32 (1):46-47,49.

[6] 黄显峰,邵东国,魏小华. 基于水量平衡的城市雨水利用潜力分析模型 [J]. 武汉大学学报 (工学版),2007,40 (2):17-20,33.

[7] 史正涛,曾玉超,刘新有. 西南高原盆地型城市可利用雨水资源潜力及效益分析 [J]. 云南师范大学学报 (哲学社会科学版),2010,42 (2):82-87.

[8] 董杨,雷孝章,吕宗强,等. 川中丘陵区小流域雨水资源化潜力分析与计算 [J]. 人民长江,2013,44 (9):8-10,28.

[9] 马永强,李梦华,郝姗姗,等. 黄土丘陵沟壑区雨水资源化途径及潜力分析 [J]. 中国农村水利水电,2018 (7):9-14.

[10] 杨旭. 云南山地村镇规划中雨水资源利用与景观营造 [J]. 林业调查规划,2013,38 (2):88-90.

[11] 赵人俊. 流域水文模拟 [M]. 北京:水利电力出版社,1984.

[12] 包为民. 水文预报 [M]. 4 版. 北京:中国水利水电出版社,2009.

[13] 武晟,汪志荣,张建丰,等. 不同下垫面径流系数与雨强及历时关系的实验研究 [J]. 中国农业大学学报,2006,11 (5):55-59.

[14] 张凯凯,马娟娟,孙西欢,等. 太原市高校不同下垫面条件下降雨径流系数试验研究 [J]. 节水灌溉,2014 (12):29-32.

[15] 华亚,汪志荣,韩志捷. 城市典型下垫面降雨产汇流特性模拟实验研究 [J]. 天津理工大学学报,2016 (6):48-53.

[16] 芮孝芳. 水文学原理 [M]. 北京:中国水利水电出版社,2004.

[17] 芮孝芳. 产流模式的发现与发展 [J]. 水利水电科技进展,2013,33 (1):1-6,26.

基于 SWMM 模型的二次开发综述

王　佳[1,2]　刘家宏[1,2]　梅　超[1]　王　浩[1]　张冬青[1]

（1. 中国水利水电科学研究院流域水循环模拟与调控国家重点实验室，北京　100038；
2. 水利部数字孪生流域重点实验室，北京　100038）

摘　要：SWMM 是一款开源的城市雨水管理模型，在全球应用广泛。SWMM 模型提供了开发接口，具有多种二次开发方式。本文回顾了 SWMM 模型的发展历程，分析了 SWMM 模型在物理机制、前后处理功能、自动化功能等方面的二次开发进展，梳理了辅助 SWMM 模型二次开发的有关工具，总结了基于 SWMM 模型开发的衍生模型。最后，在数字化、信息化发展背景下，提出 SWMM 模型与大数据、云计算、物联网等技术集成方面的二次开发发展方向，为实现城市水文过程的实时模拟，城市洪涝风险的智慧管控提供更有效的技术支撑。

关键词：SWMM；城市水文；城市洪涝；二次开发；智慧水务

1　引言

Storm Water Management Model（SWMM）是美国环境保护署（U. S. EPA）资助开发的城市雨水管理模型。SWMM 被广泛地应用于城市水文领域，模拟单一降雨事件或长期的降雨径流以及径流污染过程，从而作为城市排水、防涝工程的规划、设计、管理，雨水径流污染控制，海绵城市规划设计等的辅助工具。SWMM 是基于 Windows 的桌面程序，为编辑研究区输入数据，运行水文、水力和水质模拟，并以各种格式查看结果提供了一个集成环境。SWMM 基本原理严密，全面地反映了降雨径流形成的基本水文过程，在全球应用广泛[1]。

SWMM 模型自 1971 年问世以来，从模型的物理机制、计算引擎、数据处理、用户界面等多方面进行了多次的完善和升级，发布了多个官方版本。此外，基于 SWMM 的开源并提供开发接口特性，除 EPA 官方的升级外，为进一步扩展 SWMM 模型的物理机制和功能特性，世界范围内的政府、科研人员、企业人员等都对改进 SWMM 模型进行了尝试，基于 SWMM 的二次开发非常广泛。

2　SWMM 模型发展历程

SWMM 版本发布历程及具体改进内容如表 1 所示。2004 年发布的 SWMM 5 版本，采用 C 语言对 Fortran 版本的核心引擎进行了完全重新编译，它可以在 Windows XP、Windows Vista 和 Windows 7 下运行，并在 Unix 下进行重新编译。2022 年初，U. S. EPA 官网发布了 SWMM 模型的最新版本 SWMM 5. 2. 0，该版本在原有 5. 1. 015 版本的基础上进行了较多更新，特别是增加了街道和雨水口收水系统。

基金项目：国家重点研发计划（2021YFC3001404）；国家自然科学基金（51739011）。
作者简介：王佳（1986—），女，工程师，主要从事城市水文效应、海绵城市、智慧水务等研究工作。
通信作者：刘家宏（1977—），男，正高级工程师，主要从事水文学及水资源、城市水文与水务工程等研究工作。

表1　SWMM模型发展历程[2]

版本	发布年份	主要内容
SWMM Ⅰ	1971	重点关注合流制溢流（CSO）
SWMM Ⅱ	1975	引入 Extran 模块，可按指定路径输送水流，实现更全面的分析
SWMM 3	1981	引入 Green-Ampt 下渗模块、融雪模块等
SWMM 3.3	1983	SWMM 的第一个 PC 版本
SWMM 4	1988	新增考虑地下水以及不规则的水道截面等
SWMM 5	2004	重新编译 SWMM 核心引擎，新增 LID 模块等
SWMM 5.2	2022	增加了街道和雨水口收水系统

3　SWMM 模型二次开发相关研究进展

3.1　物理机制扩展

　　SWMM 模型作为一款主要面向城市水文过程模拟的水文模型，其物理机制不全面，不适用于大规模、非城市的流域，在模拟城市水文过程中，在建立蒸发、入渗、产流、汇流、溢流、水质等模块时均存在一定程度的概化，因此科研人员一直致力于健全和扩展 SWMM 模型的物理机制。Pang 在 SWMM 5 中增加了长期连续降雨入渗（SPULTCRDI）方法，模拟了长期连续降雨入渗过程[3]。Feng 等在 SWMM 5 中引入 Penman-Monteith 方法改进了蒸散发模块[4]。王昊等将 SWMM 模拟节点溢流的方式进行改进，使溢流水体依据桥区地势进行平面流动[5]。Zhang 等修改了 SWMM 的低影响开发（LID）模块，将地下水位深度纳入浅水方程[6]。Baek 等修改了 SWMM 5 中 LID 的水质模块，完善了水质模拟功能[7]。Swathi 等对 SWMM 5 模型的水文模块和水动力模块进行了改进，水文模块补充了线性水库和动态波浪坡面流方法；水动力模块补充了 Muskingum、Muskingum Cunge 方法[8]。除对 SWMM 模型模块的改进外，更多研究致力于将 SWMM 模型与现有工具或模型进行综合集成，主要是通过将 SWMM 模型数据接口与其他模型或工具建立联系，将 SWMM 的输出导入到其他模型或工具中，或将其他模型或工具的输出导入到 SWMM 模型中，使 SWMM 的物理机制得到扩展。SWMM 模型综合集成相关研究成果总结如表2所示，应用于与 SWMM 耦合的模型或工具包括 SWAT、MODFLOW、TELEMAC-2D 等。

表2　SWMM 模型物理机制扩展相关进展

模型或工具	简介	文献来源	物理机制扩展
SWAT	分布式流域水文模型	侯倩倩[9]	流域径流与城市径流耦合模拟
MODFLOW	模块化的三维有限差分地下水流动模型	Zhang 等[10]	绿色基础设施地表-地下径流模拟
ISFLOOD-FP	二维水动力模型	曾照洋等[11]	内涝淹没范围与淹没水深模拟
TELEMAC-2D	二维水动力模型	梅超[12]	城市洪涝风险评估
MIKE 11	一维河网水动力模型	栾慕等[13]	管网及河道水流过程模拟
WCA2D	元胞自动机二维模型	曾照洋等[14]	城市洪涝的范围与深度
CADDIES2D	元胞自动机二维洪水模型	Yin 等[15]	LID 设施的地表径流控制效果
HEC-HMS	树状流域降雨径流模拟模型	边易达[16]	HEC-HMS 模拟降雨径流部分

3.2 前后处理功能扩展

SWMM 模型的前后处理功能不够强大。对于前处理功能来说，SWMM 模型的输入文件只支持 .inp 文件格式，不兼容其他文件格式，对于规模较大的研究区来说，手动设置 SWMM 模型输入文件参数的方法工作量巨大，为扩展前处理功能，通常采用 GIS 地理信息系统中各类对象的地理信息和属性信息来管理和处理 SWMM 模型中的输入数据，并通过 inp.PINs 等接口工具，将 GIS 地理信息系统中 .shp 格式文件存储的各类对象的地理信息和属性信息转换成 SWMM 模型 .inp 格式文件，生成 SWMM 输入文件；对于后处理功能来说，SWMM 作为一维模型，模拟结果不能在二维或三维空间中直观展示，为扩展后处理功能，研究人员将 SWMM 模型的输出数据进行地表淹没及积水演算，并在 GIS、Cesium 等二维、三维场景中实现可视化。SWMM 模型前后处理功能扩展相关进展如表 3 所示。

表 3　SWMM 模型前后处理功能扩展相关进展

模型或工具	功能扩展	文献来源	功能实现
ArcGIS	前处理功能	Abbas 等[17]	管理和处理 SWMM 输入数据
	后处理功能	黄国如等[18]	地表淹没水深和范围二维可视化
inp.PINs	前处理功能	Pina 等[19]	利用 .shp 格式文件生成 .inp 格式文件
	后处理功能		利用 DEM 数据和 SWMM 模拟结果创建 .shp 文件
Cesium	后处理功能	章旭等[20]	利用三维地图引擎实现面向城市内涝的三维可视化

3.3 自动化功能扩展

SWMM 是一个结构复杂的分布式模型，模型所需设置参数较多，但模型缺少自动化分析模块，不能进行输入参数的自动率定，也不能进行城市水系统多情景模拟和方案的自动优化，通常采用试错法或情景分析法等，这在很大程度上影响了模型的运算效率以及方案决策的全局最优特性。为提高应用 SWMM 模型开展参数率定、方案决策等方面的效率以及全局最优特性，通常利用 SWMM 的计算引擎调用函数，将 SWMM 模型与优化算法进行耦合，扩展 SWMM 模型的自动化分析功能。这些优化算法包括遗传算法、神经网络算法、和声搜索算法、蚁群算法、模拟退火算法等，表 4 列举了部分相关研究进展。

表 4　SWMM 模型自动化功能扩展相关进展

模型或工具	文献来源	功能实现
NSGA-Ⅲ快速非支配排序遗传算法	周云峰[21]	SWMM 模型参数 自动率定
BP 神经网络算法	袁绍春等[22]	
和声搜索算法	杨森雄等[23]	
NSGA-Ⅱ快速非支配排序遗传算法	Wang 等[24]	城市水系统的多目标 自动优化
NSGA-Ⅲ快速非支配排序遗传算法	Wang 等[24]	
蚁群算法	Di Matteo 等[25]	
模拟退火算法	Eckart 等[26]	

3.4 二次开发工具

SWMM 模型采用 C 语言开发，提供的数据接口有限，给二次开发带来一定的难度。另外，SWMM 5

不允许建模人员在模拟期间与 SWMM 进行交互，也不允许在建模期间访问所有的模拟值和结果[27]。Pathirana 为 SWMM 的属性提取、rpt 文件及 out 文件提取等编写了 Python 接口[28]。Riano-Briceno 等[29] 采用 Python、Matlab 和 LabVIEW 三种编程语言开发了 MatSWMM 工具包，为 SWMM 模型的二次开发提供了更多的接口和灵活性。McDonnell 等[30] 采用 Python 语言开发了 PYSWMM 工具包，除实现对 SWMM 5 源码的 Python 封装外，还提供了多个扩展接口，允许用户在模拟期间与模型进行交互。

3.5 SWMM 的衍生模型

世界范围内，基于 SWMM 模型进行功能扩展，并重新进行用户界面的包装，先后开发出了多个应用软件。表 5 列举了国外基于 SWMM 模型开发的一些应用软件及其简介。

表 5 国外基于 SWMM 模型开发的衍生模型

软件名称	产地	开发者	首发年份	功能介绍
PCSWMM	加拿大	CHI	1984	参数敏感性分析；GIS 接口；一二维耦合；并行计算；谷歌地球可视化
XPSWMM	美国	XP Soft	1993	一二维耦合；地下水交互；整合 GIS 和 CAD
InfoSWMM	美国	Innovyze	2004	开发 InfoSWMM 2D、SWMMLive、20MAP SWMM 等多款软件，实现软件功能互通
GreenPlan-IT	美国	SFEI	2015	集成 GIS；集成优化算法

我国基于 SWMM 模型开发的应用软件及其简介如表 6 所示。

表 6 我国基于 SWMM 模型开发的衍生模型

软件名称	开发者	首发年份	功能介绍
DigitalWater DS	北京清华同衡规划设计研究院	2008	支持 GIS、CAD、Excel 数据；一二维耦合；基于 GIS 的模拟结果展示
HYSWMM	鸿业软件	2014	CAD 数据自动提取；三维淹没分析；设计成果三维展示；支持 GIS、Excel 数据格式
HS-SWMM	上海慧水科技	2018	支持 Excel、dxf 和 shp 数据格式；节点、管段的表格批量修改功能
SWMMKernel	福州城建设计研究院	2020	自动率定；更多二次开发接口；淤积分析和水力性能实时分析

4 SWMM 模型的二次开发展望

随着数字化、信息化技术的飞越，国家大力推进数字中国、智慧社会建设，城市雨水管理的智慧化已成为现阶段的重要发展方向，对城市洪涝风险预测、预报、预警、预案以及城市洪涝的实时模拟与智慧决策提出了更高的要求。在水信息智能感知、涉水大数据、水循环过程模拟、水务决策及自动化控制等方面，如何将各项技术进行有效的集成，形成面向应用的成套技术体系还面临诸多问题有待突破。未来将 SWMM 模型与物联网、大数据、云计算等新一代信息技术进行有机结合，在实时海量的数据流中挖掘有用信息，实现城市水文过程及洪涝风险的实时模拟与评估，可以有效地支撑城市智慧水务的发展需求。将 SWMM 模型应用于城市智慧水务的开发框架如图 1 所示。

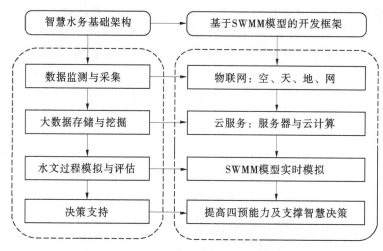

图 1　SWMM 模型应用于城市智慧水务的开发框架

5　结语

SWMM 模型在世界范围内广泛应用于城市水文过程模拟等方面研究与实践。作为一款开源的水文模型，SWMM 模型经过多次改进升级以及集成其他模型或工具，表现出了更强大的功能。未来，随着技术的不断进步，联合多种技术对 SWMM 模型进行二次开发，也将是未来的一个主要发展趋势。集成大数据、云计算、物联网等技术，实现 SWMM 模型的实时模拟与智慧决策，为城市雨水管理和洪涝风险控制提供更有效的技术支撑。

参考文献

[1] 芮孝芳，蒋成煜，陈清锦，等．SWMM 模型模拟雨洪原理剖析及应用建议 [J]．水利水电科技进展，2015，35 (4)：1-5.

[2] Simon M. USEPA's Future Role for the Storm Water Management Model (SWMM) [C] //Presented at International Conference on Water Management Modeling, Toronto, Ontario, CANADA, February 28-March 01, 2018.

[3] Pang J. Proposed Addition to SWMM5 Capability to model long term continuous rainfall dependent infiltration [J]. Journal of Water Management Modeling, 2014, C369：1-13.

[4] Feng Y, Burian S, Pomeroy C. Potential of green infrastructure to restore predevelopment water budget of a semi-arid urban catchment [J]. Journal of Hydrology, 2016, 542：744-755.

[5] 王昊，张永祥，唐颖，等．改进 SWMM 的下凹式立交桥内涝灾害模拟方法 [J]．北京工业大学学报，2016，42 (9)：1423-1427.

[6] Zhang K, Chui T F M, Yang Y. Simulating the hydrological performance of low impact development in shallow groundwater via a modified SWMM [J]. Journal of Hydrology, 2018, 566：313-331.

[7] Baek S S, Ligaray M, Pyo J, et al. A novel water quality module of the SWMM model for assessing Low Impact Development (LID) in Urban watersheds [J]. Journal of Hydrology, 2020, 586：124886.

[8] Swathi V, Raju K S, Varma M R R. Addition of overland runoff and flow routing methods to SWMM-model application to Hyderabad, India [J]. Environmental Monitoring and Assessment, 2020, 192 (10)：643.

[9] 侯倩倩．基于 SWAT 与 SWMM 模型的城市内涝预警技术研究 [D]．杭州：杭州师范大学，2017.

[10] Zhang K, Chui T. Assessing the impact of spatial allocation of bioretention cells on shallow groundwater-An integrated surface-subsurface catchment-scale analysis with SWMM-MODFLOW [J]. Journal of Hydrology, 2020, 586：124910.

[11] 曾照洋，王兆礼，吴旭树，等．基于 SWMM 和 LISFLOOD 模型的暴雨内涝模拟研究 [J]．水力发电学报，2017 (5)：68-77.

[12] 梅超．城市水文水动力耦合模型及其应用研究 [D]．北京：中国水利水电科学研究院，2019.

［13］栾慕，袁文秀，刘俊，等．基于 SWMM–MIKE11 耦合模型的桐庐县内涝风险评估［J］．水资源保护，2016，32（2）：57-61.

［14］曾照洋，赖成光，王兆礼，等．基于 WCA2D 与 SWMM 模型的城市暴雨洪涝快速模拟［J］．水科学进展，2020，31（1）：31-40.

［15］Yin D，Evans B，Wang Q，et al. Integrated 1D and 2D model for better assessing runoff quantity control of low impact development facilities on community scale［J］．Science of the Total Environment，2020，720：137630.

［16］边易达．基于 HEC–HMS 和 SWMM 的城市雨洪模拟［D］．济南：山东大学，2014.

［17］Abbas A，Salloom G，Ruddock F，et al. Modelling data of an urban drainage design using a Geographic Information System（GIS）database［J］．Journal of Hydrology，2019，574：450-466.

［18］黄国如，黄维，张灵敏，等．基于 GIS 和 SWMM 模型的城市暴雨积水模拟［J］．水资源与水工程学报，2015，26（4）：1-6.

［19］Pina R D，et al. Floodplain delineation with free and open sourcesoftware［J］．12th International Conference on Urban Drainage，11-16September 2011，Porto Alegre，Brazil. 8 p.

［20］章旭，沈婕，周卫，等．基于 Cesium 的城市内涝模拟三维可视化方法［J］．南京师范大学学报（工程技术版），2020，20（3）：65-70.

［21］周云峰．SWMM 排水管网模型灵敏参数识别与多目标优化率定研究［D］．杭州：浙江大学，2018.

［22］袁绍春，李迪，陈垚，等．基于 BP 神经网络算法的 SWMM 参数自动率定方法［J］．中国给水排水，2021，37（21）：125-130.

［23］杨森雄，卿晓霞，朱韵西．一种耦合 SWMM 计算的参数自动率定算法及实现［J］．给水排水，2021，47（1）：148-154.

［24］Wang J，Liu J，Mei C，et al. A multi-objective optimization model for synergistic effect analysis of integrated green-gray-blue drainage system in urban inundation control［J］．Journal of Hydrology，2022，609：127725.

［25］Di Matteo M，Maier H R，Dandy G C. Many-objective portfolio optimization approach for stormwater management project selection encouraging decision maker buy-in［J］．Environmental Modelling & Software，2019，111，340-355.

［26］Eckart K，Mcphee Z，Bolisetti T. Multiobjective Optimization of Low Impact Development Stormwater Controls［J］．Journal of Hydrology. 2018，562：564-576.

［27］McDonnell，et al. PySWMM：The Python Interface to Stormwater Management Model（SWMM）［J］．Journal of Open Source Software，2020，5（52）：2292.

［28］Pathirana，A. SWMM5 Python calling interface［R/OL］．https：//pypi. org/project/SWMM5/［2022/8/28］

［29］Riano-Briceno G，Barreiro-Gomez J，Ramirez-Jaime A，et al. MatSWMM-An open-source toolbox for designing real-time control of urban drainage systems［J］．Environmental Modelling & Software，2016，83：143-154.

［30］McDonnell，Bryant E，Ratliff，et al. PySWMM：The Python Interface to Stormwater Management Model（SWMM）［J］．Journal of Open Source Software，2020，5（52）：2292.

山洪灾害风险预警方法研究与实践

涂 勇[1,2] 吕国敏[1,2] 董 睿[3] 赵延伟[3]

(1. 中国水利水电科学研究院，北京 100038；

2. 水利部防洪抗旱减灾工程技术研究中心，北京 100038；

3. 北京天智祥信息科技有限公司，北京 100190)

摘 要： 本文从山洪灾害防御工作实际需要出发，提出了一种山洪灾害风险预警方法，对山洪灾害风险影响因子进行了分析，建立了山洪灾害风险预警指标计算模型，并对不同土壤含水量条件下多时段不同风险等级的预警指标进行修正；以河北省为例，对山洪灾害风险预警指标合理性进行了分析，结果表明考虑了土壤含水量的山洪灾害风险预警指标合理性及科学性均较高，预警范围及成果更加精细，能更好地支撑山洪防御决策。

关键词： 山洪灾害；预警指标；风险预警；动态预警

1 引言

山洪灾害突发性强，破坏力大，且多发生在偏远山区，交通不便、通信不畅，是我国当前自然灾害中造成人员伤亡的主要灾种。由于灾害多发生在山丘区，洪水历时短，汇流快，洪水陡涨陡落，因此预报预警难度很大。国外常用的山洪预报预警方法主要有两种：一种是基于分布式水文模型的山洪预报预警，如马里兰大学基于分布式水文模型开发的山洪预报系统（HEC-DHM）、日本国际合作社（JICA）开发的山洪早期警报系统；另一种是考虑土壤初始含水量的动态临界预警方法，如美国的FFG（Flash Flood Guidance，FFG）系统，均已被广泛应用[1]。国内外关于山洪预警技术的研究大部分集中在临界雨量分析计算方法，当某时间尺度内降雨达到或超过一定量级时，就会达到警戒流量，并可能激发山洪灾害，对应时间尺度内的降雨量即为临界警戒雨量（临界雨量）[2]。刘志雨等通过研究前期土壤饱和度变换提出了一种"动态临界雨量法"，将土壤饱和情况作为影响临界雨量的关键因素，计算不同初始土壤含水量条件下的临界雨量值，即为动态临界雨量[3]。陈桂亚等根据历史数据采用统计分析法对雨量站稀疏区域进行山洪灾害临界雨量计算，作为判定山洪灾害发生的指标[4]。但这种临界雨量计算方法由于没有考虑流域前期土壤含水量饱和度，因而容易造成山洪预警的漏报和空报现象[5]。叶金印等基于土壤含水量对山洪灾害风险预警方法进行了探讨[6-7]，徐辉等提出了一种基于潜在风险指数（FFPI）的山洪灾害风险预警技术的研究方法[8]，雷声等提出了递进式山洪灾害风险预警体系[9]，在提高山洪灾害预报预警效果方面进行了有益的探索。

目前，山洪灾害预警方式主要包括实测雨量（水位、流量）预警、洪水预报预警、山洪灾害气象预报预警[10]。实测雨量（水位、流量）预警方法是目前国内应用最广泛的预警方法，但在预警指标的分析过程中对土壤含水量考虑不足，导致基于实测数据山洪预警存在精确度不高、预见期过短的问题。洪水预报预警可以有效延长预警的预见期，但是由于模型参数确定困难，因此预报预警的准确性很难得到保证。山洪灾害气象预报预警优点是预见期延长，缺点是预警准确度不高。预见期短和准确率低严重影响了山洪灾害预警的效果。

基金项目： 国家重点研发计划课题"智能化水位流量监测和预警设备研发"（2019YFC1510602）。

作者简介： 涂勇（1981—），男，高级工程师，主要从事山洪灾害防治方面的研究工作。

为支撑完善不同时段天气预报预警、短时临近暴雨预报预警、实时动态预警和乡村简易预警相结合的山洪灾害渐进式预警方式，2021年水利部组织编写了《山洪灾害动态预警指标分析技术要求》（试行）并下发给各省，并将山洪灾害动态预警指标分析工作纳入全国山洪灾害防治项目实施方案（2021—2023年）[11]。山洪灾害动态预警指标分析是在山洪灾害调查评价等工作基础上，对应预报降雨、实时监测降雨和水位等信息源，考虑土壤含水量对产汇流的影响，确定山洪灾害风险预警指标和山洪灾害实时动态预警指标，将相关成果集成应用，为山洪灾害多阶段动态预警提供科学决策支持[12]。本文借鉴动态预警的技术思路，提出了山洪灾害风险预警方法，对影响山洪灾害风险的危险性、承灾体、易损性指标进行了分析，并对不同土壤含水量条件下的风险预警指标进行修正，以河北省为例，结合近年来发生的典型山洪灾害事件对风险预警指标的合理性进行了分析。

2 数据处理

2.1 数据收集与整理

收集整理基础地理信息数据、山洪灾害调查评价数据、水文气象数据和典型历史山洪灾害四部分基础数据，具体如下：

（1）基础地理信息数据。包括工作底图和小流域数据。工作底图包括国家基础地理信息数据（DLG、DEM）、遥感影像图（DOM）、土地利用类型图、土壤类型图和土壤质地类型图等。小流域数据包括小流域矢量图层，以及流域面积、平均坡度、最长汇流路径长度、标准化单位线等属性成果。

（2）山洪灾害调查及分析评价成果数据。包括行政区划、危险区、分析评价名录、现状预警指标成果、设计暴雨、设计洪水、防灾对象防洪现状评价等成果。

（3）水文气象数据整理。包括气象数据解析（汛期8时、20时逐3 h未来10 d气象数值预报数据）、实时监测雨水情数据、历史降雨洪水数据整理及统计、土壤含水量数据整理。

（4）典型山洪灾害事件及数据收集整理。选取近年来10~20场典型山洪灾害事件或典型暴雨洪水过程（重现期≥20年），主要收集整理典型事件或典型过程期间的1~24 h不同时段预报降雨、历史雨洪数据、土壤含水量数据、水文手册/暴雨图集等水文气象数据。

各类数据收集整理完毕后，为满足土壤含水量及风险预警指标计算对于数据的需求，需构建各类数据多维关联体系，以流域、政区、模型网格、时间序列为基础维度，构建各类数据关联关系，实现山洪灾害风险预警分析相关对象及其属性信息按照行政区划、流域上下游关系、网格关联关系、时间演进关系的统一组织和应用。

2.2 土壤含水量分析计算

从实际应用来看，逐日消退模型广泛应于降雨径流关系模型模拟中的土壤含水量初值计算。作为传统洪水预报的重要组成部分，模型稳定性强，可靠性高，并且模型参数少，对初值不敏感，非常适用于大规模连续演算，因此本文选取逐日消退模型开展土壤含水量的计算。采用逐日消退模型计算土壤含水量，将前期影响雨量 P_a 作为土壤含水量，P_a 从汛期开始连续计算，并以最大初损作为上限控制，当 $P+P_a \geq W_m$ 时，$P_a = W_m$，W_m 为最大土壤蓄水容量。

$$P_{a, t} = K(P_{t-1} + P_{a, t-1})$$

对于每个网格需要确定逐日消退模型的两个主要参数：最大土壤蓄水容量 W_m 和日消退系数 K。日消退系数 K 综合反映流域需水量因流域蒸散发而减少的特性，可直接用水文气象资料分析确定。根据不同网格区域的土壤类型，将田间持水量作为 W_m 初值，用以下关系式对网格 W_m 进行修正，W_{m_i} 是第 i 个网格的 W_m 值，其平均坡度为 α_i。

$$W_{m_i} = W_m (1 - \sin\alpha_i)^{0.7}$$

3 山洪灾害风险预警模型构建

3.1 风险因子选取

依照自然灾害系统理论，可以将山洪灾害风险表示为危险性、承险体、易损性因子的函数（见表 1）。运用主成分分析法对备选指标进行了降维处理，筛选出核心且独立的指标用于风险评估。为尽量减小指标彼此间的相关性，根据风险分析基本要素，对主成分分析结果再次进行危险性、承险体和易损性指标的归类与合并，最终确定各项风险因子。采用层次分析法构造判断矩阵，计算出矩阵的最大特征值及其特征向量，对各因子的向量权重进行确定。

表 1 风险因子选取

一级	二级
	1 h 100 年一遇设计暴雨值（$R1$）
危险性（H）	6 h 100 年一遇设计暴雨值（$R6$）
	平均坡度（S）
	5 年一遇洪水线下人口（Pop5）
承险体（E）	20 年一遇洪水线下人口（Pop20）
	100 年一遇洪水线下人口（Pop100）
易损性（V）	防洪能力（FCC）

危险性：①降雨因子：高强度、短历时强降雨是山洪事件的激发因子，采用暴雨图集中 1 h、6 h 100 年一遇设计暴雨值作为降雨因子。②地形因子：采用平均坡度作为地形因子。

承险体：调查评价中针对受山洪威胁的沿河村落进行了详细调查和分析评价，统计了不同洪水频率下受影响人口数，选择 5 年一遇、20 年一遇、100 年一遇洪水位下的人口数量作为承险体的具体指标。

易损性：承险体在山洪事件中容易遭受损害的特性及其程度。山洪灾害调查评价结果中的防洪能力指标是对沿河村落防御洪水能力的最直接的描述，因此选取沿河村落防洪能力作为易损性的具体指标。

3.2 风险预警指标计算

山洪风险指数（Risk）由危险性要素、承险体要素和易损性要素各因子由其相应指标加权求和得到。

$$\text{Risk} = \frac{H + E + V}{3} = \frac{1}{3}\left(\sum_{i=1}^{m} W_i H_i\right) + \frac{1}{3}\left(\sum_{j=1}^{n} W_j E_j\right) + \frac{1}{3}\left(\sum_{k=1}^{l} W_k V_k\right) \tag{1}$$

式中：H、E、V 分别为一级风险要素危险性、承险体和易损性；H_i、E_j、V_k 分别为二级要素相应的归一化指标；m，n，l 分别为二级要素的指标数量；W_i、W_j、W_k 分别为要素权重。

根据山洪风险指数（Risk），得到每个网格的秩 i_{Risk}，根据式（2）确定网格不同时段不同等级风险指标基准值：

$$R(\text{Risk}, G, H) = \left[i_{\text{Risk}} \cdot H_{\min}(G, H) + (N - i_{\text{Risk}}) \cdot H_{\max}(G, H)\right]/N \tag{2}$$

式中：G 为风险等级（红、橙、黄、蓝）；H 为预警时段（1 h、3 h、6 h、24 h）；N 为网格点总数；$H_{\min}(G, H)$、$H_{\max}(G, H)$ 分别为等级 G、时段 H 的基准指标上下限，将前期影响雨量作输入条件，根据下渗曲线计算每个网格的下渗能力，根据基准指标和网格下渗能力计算风险预警指标：

$$R(G, H) = F(P_a) + R(\text{Risk}, G, H) \tag{3}$$

式中：$R(G, H)$ 为风险预警指标；$F(P_a)$ 为土壤下渗能力；$R(Risk, G, H)$ 为风险预警基准指标；G 为风险等级（红、橙、黄、蓝）；H 为预警时段（1 h、3 h、6 h、24 h）；Risk 为网格风险指数；P_a 为土壤含水量。

根据气象站点的数值预报降雨插值计算每个网格的数值预报结果，统计 1 h、3 h、6 h、24 h 网格最大降雨量 FR，将其与风险预警指标 R' 比较，以确定网格的预警等级。风险预警指标计算流程见图 1。

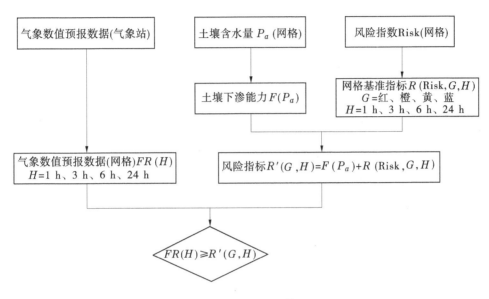

图 1 风险预警指标计算流程

3.3 风险预警分析流程

以每日为单位，定时（8 时、20 时）接收气象数值预报成果，根据逐 3 h、6 h、24 h 降雨预报数据开展风险预警分析，生成不同时段风险预警成果，其中逐 1 h 山洪灾害风险预警成果图 24 张，逐 3 h 山洪灾害风险预警成果图 8 张，逐 6 h 山洪灾害风险预警成果图 4 张，逐 24 h 山洪灾害风险预警成果图 1 张。收集典型山洪灾害事件相关数据，通过与实际灾害发生情况进行对比，评估风险预警效果。风险预警分析流程见图 2。

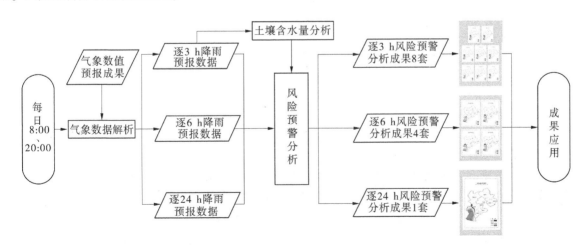

图 2 风险预警分析流程

4 河北省山洪灾害风险预警实例

4.1 风险预警指标计算结果

将河北省山丘区防灾对象按照分辨率为 0.05°×0.05°分成 5 814 个网格，根据河北省暴雨图集，分析计算全省各网格不同历时（1 h、3 h、6 h、24 h）、不同频率（多年均值、5 年一遇、10 年一遇、20 年一遇、50 年一遇、100 年一遇）的设计暴雨值，分别考虑危险性、承险体、易损性的影响，计算山丘区 5 814 个网格点的风险指数（见图 3），结果表明，河北省东部、西南部太行山区风险指数较高。

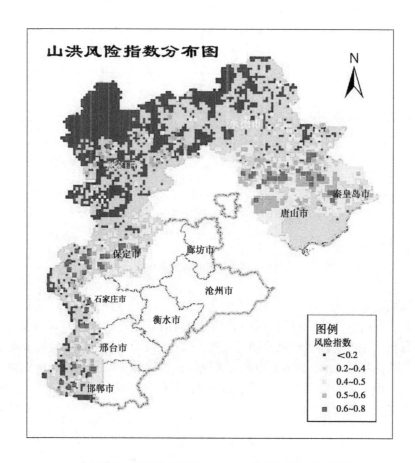

图 3 河北省山洪风险指数分布（空白区域为华北平原地区）

在确定河北省风险预警指标基值时，从多年时段降雨均值乘以 0.6、多年时段降雨均值乘以 0.8、5 年一遇设计暴雨、10 年一遇设计暴雨、20 年一遇设计暴雨等指标进行取值，生成各时段不同等级风险预警基准指标（见图 4）。

4.2 风险预警指标合理性检验

2016 年 7 月 18 日 8 时至 19 日 8 时，河北省南部普遍降雨，暴雨中心集中在西南部太行山区，最大 24 h 降雨量为邢台县白岸乡前坪村紫金山站（159 mm）。受前期降雨影响，2016 年 7 月 19 日 8 时，河北省大部分地区土壤含水量位于较低水平偏干旱，西南部太行山区处于半湿润半干旱状态，土壤饱和度相对高一些。由于前期较干旱，风险阈值相对较高，全省风险预警范围较小，主要集中在邯郸市中部、邢台市南部以及保定市西部，当天石家庄市平山县和邯郸市磁县发生山洪灾害事件。随着降雨的持续，河北省南部土壤含水量上升，大部分地区土壤含水量逐步达到湿润水平，北部地区仍然偏干旱。

2016年7月19日8时至20日8时，河北省全省普遍降雨，暴雨中心集中在西南部太行山区，雨带由西向东扩散，南部地区降雨强度大于北部地区，最大24 h降雨量为临城县郝庄镇上围寺站（648 mm）。全省风险预警范围显著扩大，基本覆盖河北省中部和南部地区，红色风险预警区域集中在西南部太行山区，见图5。

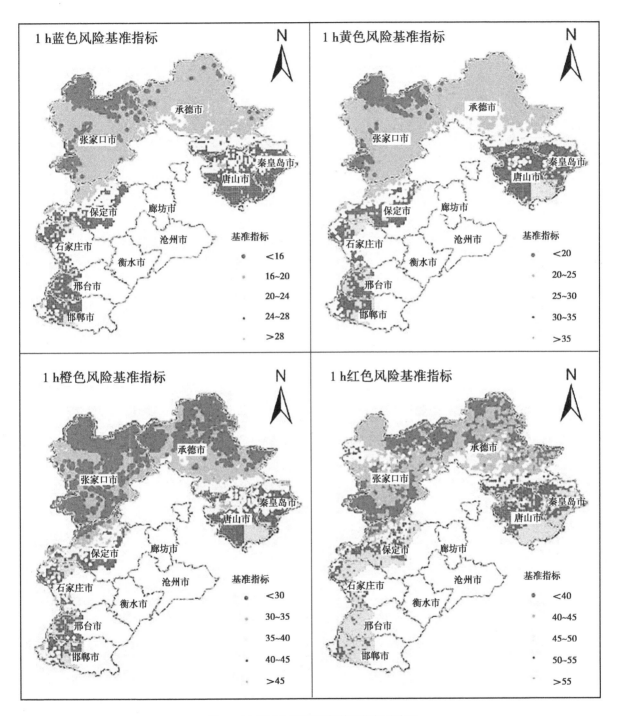

图4　1 h和3 h风险预警基准指标分布图

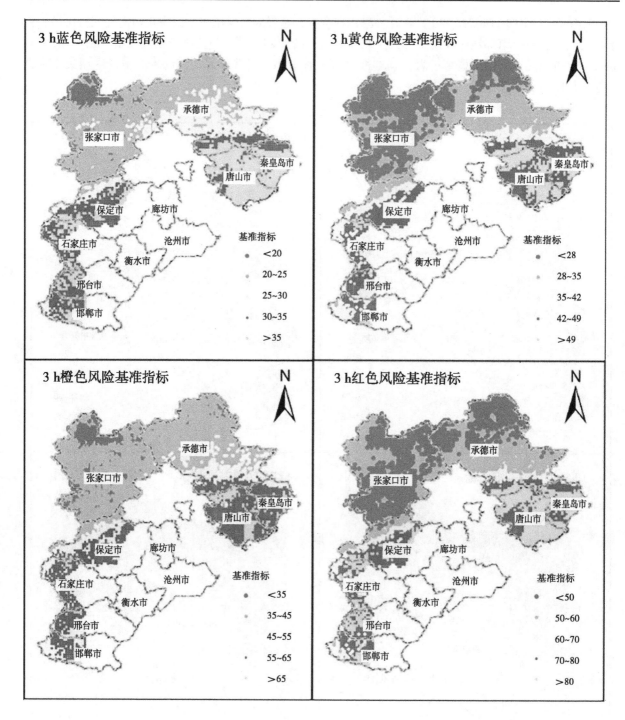

续图 4

本轮暴雨山洪过程（2016 年 7 月 19 日至 7 月 20 日）中发生的 10 场典型山洪灾害事件及其风险预警分析结果如表 2 所示，在本轮暴雨山洪过程中，所有风险点全部命中。综合指标合理性分析选用的 10 场典型山洪灾害事件来看，3 h、6 h、24 h 风险预警分析命中率为 100%，其中 3 h 风险预警分析蓝色 2 场次，橙色 1 场次，红色 7 场次；6 h 风险预警分析黄色 1 场次，橙色 1 场次，红色 8 场次；24 h 风险预警分析橙色 1 场次，红色 9 场次。从风险预警结果来看，风险预警指标合理性及科学性均较高。

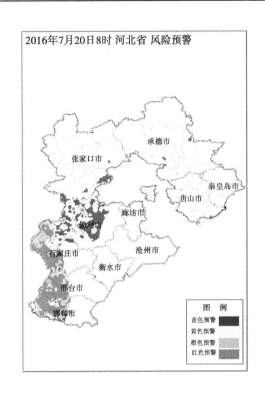

图5　2016 年 7 月 19 日和 20 日 8 时山洪灾害风险预警分布

表2　2016 年典型山洪灾害事件风险预警结果统计

序号	市县	受灾点	风险预警等级			是否命中
			3 h	6 h	24 h	
1	磁县	白土镇	红色	红色	红色	是
2	平山县	古月镇杨家湾村	蓝色	橙色	红色	是
3	曲阳县	灵山镇东庞家洼村	蓝色	黄色	橙色	是
4	复兴区	康庄村	红色	红色	红色	是
5	涉县	龙虎乡石泊村	红色	红色	红色	是
6	武安市	西土山	红色	红色	红色	是
7	邢台县	将军墓镇古道村	红色	红色	红色	是
8	峰峰矿区	大社镇牛儿庄村	红色	红色	红色	是
9	赞皇县	嶂石岩乡	橙色	红色	红色	是
10	井陉县	南峪镇、小作镇	红色	红色	红色	是

以 2021 年 7 月 21 日暴雨洪水为例，将山洪灾害风险预警与山洪气象预警分析结果进行比较（见图6），二者分布趋势基本一致，风险预警范围及成果时段更加精细，可提供逐 3 h、6 h、24 h 山洪灾害风险渐进式预警，能更好地支撑山洪防御决策。

5　结语

山洪灾害风险预警是一个长期的工作，需根据实际洪水资料，定期对成果进行订正。为提高土壤含水量分析及山洪灾害风险预警指标的可信度，降低山洪灾害漏报率，提高命中率、降低误报率、减少漏报率，一方面需持续性收集新近发生的典型山洪灾害事件或典型暴雨洪水过程资料；另一方面需利用新近发生的典型山洪灾害事件或典型暴雨洪水过程对土壤含水量分析成果、风险预警指标分析成果的合理性、科学性进行综合分析。同时，气象数值预报降雨作为风险预警的重要输入条件，其准确性、合理性对风险预警分析的结果有决定性影响，因此需要对气象数值预报降雨在量级、分布、时序等方面的合理性进行持续分析。

(a)山洪灾害气象预警结果

(b)3 h风险预警结果比较

(c)6 h风险预警结果比较

图6　山洪灾害气象预警结果与风险预警结果比较

参考文献

［1］ USAGE. HEC－HMS hydrologic modelling system user's manual［M］. US：Hydrologic Engineering Center, Davis, CA, 2001.

［2］ 张亚萍，刘德，廖峻，等. 一种基于水文模拟建立中小河流洪水风险等级指标的方法［J］. 暴雨灾害，2012，31（4）：351-357.

［3］ 刘志雨，杨大文，胡健伟. 基于动态临界雨量的中小河流山洪预警方法及其应用［J］. 北京师范大学学报（自然科学版），2010，46（3）：317-321.

［4］ 陈桂亚，袁雅鸣. 山洪灾害临界雨量分析计算方法研究［J］. 人民长江，2005，36（12）：40-43.

［5］ Georgakakos K P. Analytical results for operational flash flood guidance［J］. Journal of Hydrology, 2006, 317（1）：81-103.

［6］ 叶金印，李致家. 山洪气象风险预警方法研究与应用［C］//第30届中国气象学会年会论文集，2013：1-9.

［7］ 叶金印，李致家，等. 山洪灾害气象风险预警指标确定方法研究［J］. 暴雨灾害，2016，35（1）：25-30.

［8］ 徐辉，曹勇，曾子悦. 基于FFPI的山洪灾害风险预警方法［J］. 灾害学，2020，35（3）：90-95.

［9］ 雷声，刘业伟. 递进式山洪灾害风险预警研究与实践［J］. 水电能源科学，2020，38（7）：87-90.

［10］ 张启义，张顺福，李昌志. 山洪灾害动态预警方法研究现状［J］. 中国水利，2016（21）：27-31.

［11］ 中华人民共和国水利部水旱灾害防御司，全国山洪灾害防治项目组. 山洪灾害动态预警指标分析技术要求（试行）［R］. 2021.

［12］ 翟晓燕，孙东亚，刘荣华，等. 山洪灾害动态预警指标分析技术框架［J］. 中国防汛抗旱，2021，31（10）：26-30.

地质雷达河道堤防探测支架的研制

宋　帅　代永辉

（黄河水利委员会山东水文水资源局，山东济南　250000）

摘　要： 山东水文水资源局职工将 GPS 的数据采集、整平与地质雷达技术有机结合，简化了采集流程、减少了人员配置，地质雷达河道堤防探测支架就应运而生了。

关键词： 地质雷达；平衡仪；GPS 测量；大堤隐患排查

1　引言

黄河水利委员会山东水文水资源局是黄河水利委员会的派出机构，地处黄河最下游，担负山东河段基本水文测报、水质监测、河道及河口滨海区冲淤演变观测和试验研究等任务。例行每年的两次黄河统测任务，对黄河进行断面河道的测量，予以合理的处理和分析，用来研究黄河河道发展变化，作为水文分析的依据。

应创新黄河、科技黄河的时代新要求，黄河勘测人始终秉承着可持续发展的新理念，坚持走出去的方向和思路；不仅把黄河水文技术造福两岸的百姓，还将黄河水文技术沉淀与兄弟单位和地方单位进行结合，应用到各个领域。我们在发展创新领域始终走在行业前列，时刻保持着清新的头脑，迎难而进。先有根石探测仪的测量技术，后有地质雷达仪的培训与学习，紧紧抓住时代的脉搏，在技术仪器创新的领域迈上了一个又一个新的台阶。职工在新技术、新仪器的发展和完善上，开动头脑、狠下功夫，将更实用、节省工作成本且能提高测验效率的创新结合到新技术和新仪器上，更能发挥它的优势。

我国各地的堤坝建设中，土坝建造可以就地取材，构造简单，施工方便，特别是对地形、地质条件要求低，因此应用广泛。由于环境和人为因素，土坝会产生裂缝，如果日常缺乏必要的检查与养护，裂缝会越来越多，加上未能及时发现和处理，导致土坝发生重大事故的情况很多。因此，加强土坝的日常检查和养护，及时发现、处理土坝裂缝，是一项非常重要的工作。

地质雷达作为工程物探的技术方法之一，可以通过选择不同的发射频率来探查不同深度的管线、测定土壤含水率等。经过国内外众多学者的应用研究，它也可以成功用于堤坝隐患的探测。堤坝隐患包括洞穴、松软层、裂缝和渗漏等。常用的探测方法有人工探查、工程钻探和工程物探。人工探查费时费力，且仅能观测表面现象，而工程钻探具有局部破坏性，对堤坝本身就有损伤。堤坝的空洞、裂缝中存在的空气介质与坝体混凝土存在密度差异，有了探测异常的前提，地质雷达以其无损快速的特点成为堤坝裂缝探测的首选方式。

地质雷达是利用天线发射和接收高频电磁波来探测介质内部物质特性和分布规律的一种地球物理方法；它一般由主机（主控单元）、发射机、发射天线、接收机、接收天线五部分组成，其他还可能包括定位装置［如 GPS、里程计或打标器（MARK）］、电源以及手推车等。我们将 GPS 的数据采集、整平与地质雷达技术有机结合，从而简化采集流程、减少人员配置，地质雷达河道堤防探测支架就应运而生了。

作者简介： 宋帅（1993—），男，工程师，主要从事黄河下游河道冲淤变化研究工作。

2 新型测验器具

地质雷达测验的测验方法类似于地震数据的处理方法。GPR 又称为表层穿透雷达（Surface Penetrating Rader，SPR）和表层下雷达（Subsurface Rader，SSR），是指利用电磁波在媒质电磁特性不连续处产生的反射和散射实现非金属覆盖区域中目标的成像、定位进而定性或者定量地辨识探测区域中电磁特性变化，实现对探测区域中目标的探测。简单的说，GPR 的任务就是描述目标的几何性质和物理性质。GPR 具有优于其他遥感技术的特点，包括快速、空间分辨率、对目标的三维电磁特性敏感。

在计算机控制下，时序控制电路（包括比较器、可变电平、快斜坡信号、慢斜坡信号和控制电路等电路模块）输出同步脉冲和取样脉冲。同步脉冲触发脉冲源发射纳秒级宽频带窄脉冲信号，经由位于地面上的宽带发射天线耦合到地下。当发射的脉冲波在地下传播过程中遇到电磁特性不同的介质面目标或区域介质不均匀体时，一部分脉冲能量被反射回地面，由地面上的宽带接受天线所接收。取样电路在取样脉冲信号的控制下，按等效采样原理将接收到的高速重复的脉冲信号变换成低频信号。该信号送往数据采集卡，经过放大、滤波，再进行 A/D 变换，通过 CompactPCI 总线传输给计算机模组。计算机模组的应用软件对数据进行信号处理和成像，并在显示器上显示出来。

与其他电磁方法类似，地质雷达对于探测深度与探测精度及频率有一个对应关系，即频率越高，探测深度越浅，探测精度越高；频率越低，探测深度越深，探测精度越低，并且其探测效果与目标体的大小、埋深、土壤结构、土壤含水率等有关，因此需根据实际情况采取合适的测量参数。

比较普遍和传统的方法一般是去除零漂、增益处理、带通滤波、信道均衡等。再深入可以采用二维滤波、偏移归位、反褶积等方法进行处理。外业进行数据采集，采用剖面法、投射法、宽角法或共中心点法等。结合 GPS 进行位置的确认，以便对有问题的区域进行合理的分析和问题的解决。

传统测验方法应该是人拿着 GPS 流动站徒步跟随地质雷达，根据问题区域进行定点，确定位置经纬度，以便更好地进行问题区域的收集（见图 1）。在作业环境相对舒适、区域面积不是很大、人员配备充足的情况下，对问题区域进行收集相对来说还算可以。但是在人员紧缺、作业天气相对炎热的情况下，靠人力牵引地质雷达进行外业徒步作业过程本身占用人员，且辛苦、烦琐，尤其流动站也需要进行人员配备进行数据采集。

图 1　传统地质雷达测验方式

针对这种情况勘测局职工设计出了针对 GPS 使用的地质雷达河道堤防探测支架，更快整平、更便捷取点、更高效率地完成作业流程。地质雷达河道堤防探测支架的设计特点为：搭载 GPS，上面安置流动站 GNSS 接收器，下面安置注油空心球，通过方形支架进行固定，万能螺旋支撑两者进行来回调整。更快地进行仪器整平，简化作业流程，测取数据；这样综合考量过，就可以通过车辆进行地质雷达的牵引（见图 2）。

图 2　汽车牵引探地雷达和探测支架作业场景

常规测验中，流动站杆高 2 m，放在车内空间相当拥挤、不便，流动站上下车过程中变相地增加了作业时间，也增强了劳动强度，降低了作业效率。而地质雷达河道堤防探测支架的问世，减少人员上下车进行位置确认，提高了工作效率，同时简化了人员安排，减轻了作业劳动强度，改善了外业条件，效率更加立竿见影。探地雷达作业示意见图 3。地质雷达图像输出软件处理见图 4、图 5。

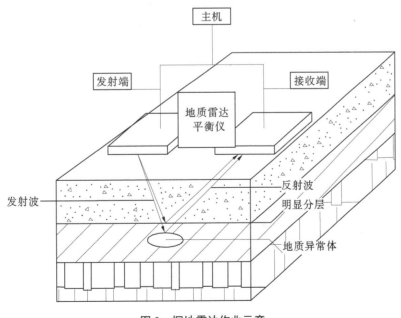

图 3　探地雷达作业示意

地质雷达河道堤防探测支架由四部分组成：固定地质雷达的方形框架、控制旋转角度的万能螺旋柱、控制重量的圆形注液空心锤、安装仪器适配器。

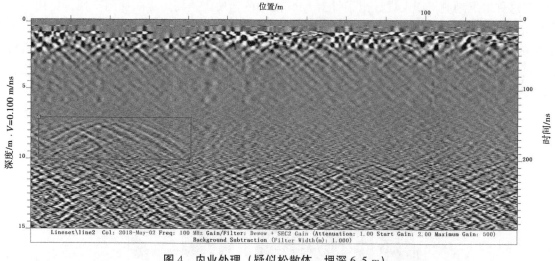

图 4　内业处理（疑似松散体，埋深 6.5 m）

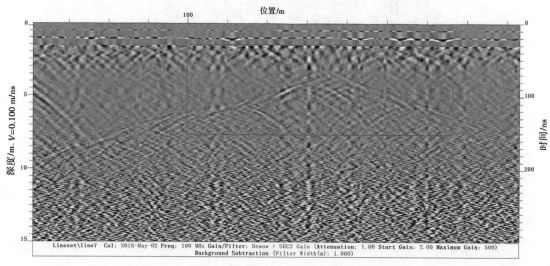

图 5　内业处理（疑似裂缝或水工废弃异物，埋深 3.5 m）

（1）固定地质雷达的方形框架，内置中空，耐锈、耐腐蚀，重量轻便。固定地质雷达和 GNSS 接收器，防止侧滑；方形框架下有固定槽，用来固定在地质雷达上，拆装简单，不会对仪器造成损伤。

（2）控制旋转角度的万能螺旋柱，是衔接 GNSS 接收器和空心锤的螺旋装置。在测量过程中防止仪器在测量过程因颠簸出现不必要的拉扯、倾斜，这就产生了物理上的加速度矢量，既有大小又有方向。在直线运动中，如果速度增加，加速度的方向与速度相同；如果速度减小，加速度的方向与速度相反。这样万能螺旋柱起到缓冲仪器的作用，减小了对仪器的损伤；在发现问题区域进行数据的采集时，也能够立刻平衡，自动整平，进行数据的收集，提高了工作的精度和测验的效率。

（3）控制重量的圆形注液空心锤。顾名思义，空心锤即圆形下垂球，利用的是物理学上的重力加速度。在发现问题区域，或者要确定位置经纬度，接收器作用力与地球反作用力是相辅相成的一对力，同时出现，同时消失，正好静止。防冻液的选择也为了在天气寒冷的环境下更好地进行液体注取，不结冰。

（4）安装仪器适配器。便于进行接收器的安装、拆卸。螺丝柱更好地进行仪器的固定，以便于在行驶过程中，仪器接头处出现松动而脱落，造成仪器的损伤。拆卸方便，易于操作。

3　地质雷达河道堤防探测支架的特点及其应用

（1）操作简单，实用。该器具安装简单，空间占有小，方便安装，易于拆卸，解决了在常规测验中时间紧、任务重的作业，平时可固定地质雷达河道堤防探测支架，不影响测量试验、考察。

（2）改善工作方式和环境，提高测验精度，缩短测验时间，提高工作效率。在自然条件优良的情况下，常规测验过程相当枯燥，徒步人员野外数据采集工作时间比较久，尤其工作范围都是在没有遮挡的野外进行作业，人员配备不充足的情况下作业时间就会延长，变相增加了工作强度，影响工作效率，由此人为产生的较大的测验误差进而影响测验成果；而地质雷达河道堤防探测支架把 GNSS 接收器和地质雷达有机结合在一起，既提高了测验精度又减少了作业中出现的人员短缺所带来的影响，可以将徒步人员解脱出来，随时坐在车上进行数据的采集，改善了外业工作的环境，解放了劳动力，一举多得。

（3）结构简单、重量轻便、造价低廉、保养简单，可反复使用。该器具结构简单，制造不需要特殊工艺和技术，只需一般工艺切割、弯制、套丝和普通电焊焊接，所以制作简单并且造价非常低廉，地质雷达河道堤防探测支架重量轻便，在测量行进过程中不会对地质雷达造成破坏，全部中空材料，耐腐蚀、耐锈迹，可反复使用。

（4）安装位置应保证和地质雷达在一条平行线上，GNSS 手簿输入地质雷达河道堤防探测支架仪器高度，进行问题区域的数据采集，精简作业流程，减少作业时间，大大提高测验精度。

4 结语

地质雷达河道堤防探测支架已在山东水文水资源局进行实时的试用，与传统的测验方式对比，效果立竿见影。缩短了测验的时间，提高了测验的精度，减轻了测验人员的工作量，增强了测验的效率。在天气恶劣情况下，改善了工作环境，解放了劳动力，优点更为明显。

传统的测验过程中，人员需要时刻徒步紧跟地质雷达行进过程，在每一处问题区域进行点位的确认，环境恶劣情况下，人要抵抗各种恶劣环境的侵袭。比如蚊虫叮咬、高温酷暑、严寒侵袭等不适，器具的研发和革新改善和解决了这些问题的出现，很好地补充了外业工作的短板，让工作更加便捷、简单。

在造价方面，地质雷达河道堤防探测支架造价低廉，实用性强，操作简单，方便耐用，维护保养简便，空间占用小，是一种新型实用的测验器具。

参考文献

［1］曹恒亮，杨潇，陆晓春. 地质雷达在堤坝隐患（裂缝）探测中的应用［J］. 水利建设与管理，2017（3）：5.

［2］李德群. 土石坝体（基）渗漏勘察与分析［J］. 水利建设与管理，2015（12）：39-43.

［3］易书斌. 地质雷达在弥勒县雨补水库工程建设中的运用［J］. 水利建设与管理，2010（1）：69-70，68.

［4］陈海涛. 浅谈地质雷达在公路隧道无损检测中的应用［J］. 路桥工程技术，2016（33）：110.

［5］窦宝松. 地质雷达在隧洞衬砌检测中的应用［J］. 水利建设与管理，2009（5）：12-14.

基于 2021 年黄河秋汛洪水防御的防洪工程体系建设思考

高　兴[1,2]　刘红珍[1,2]　刘俊秀[1,2]　李荣容[1,2]　鲁　俊[1,2]

（1. 黄河勘测规划设计研究院有限公司，河南郑州　450003；
2. 水利部黄河流域水治理与水安全重点实验室（筹），河南郑州　450003）

摘　要： 2021 年黄河流域发生新中国成立以来最严重秋汛，在水利部统筹部署下，黄河防汛抗旱总指挥部、黄河水利委员会、晋陕豫鲁四省各部门下足"绣花"功夫，做好"四预"文章，克服重重困难，取得黄河秋汛洪水防御的全面胜利。在总结黄河防汛及本次秋汛洪水特点的基础上，分析了此次洪水防御过程中暴露出的突出问题，结合经济社会发展新形势和流域高质量发展新要求，就提升黄河流域洪水防御水平提出了具体对策建议，重点剖析了黄河防洪工程体系建设方面亟待推进的工作。

关键词： 秋汛洪水；洪水防御；防洪工程体系；古贤水利枢纽工程

黄河是中华民族的母亲河，孕育了灿烂的中华文明，黄河治理历来是中华民族安民兴邦的大事。历史上黄河"三年两决口、百年一改道"，给沿岸人民带来了深重灾难，中华民族始终在同黄河水旱灾害做斗争，但受生产力水平和社会制度制约，黄河"屡治屡决"频繁决口改道的险恶局面始终没有彻底改变。新中国成立后，党和国家把黄河治理开发列入重要议事日程，特别是党的十八大以来，以习近平总书记为核心的党中央高瞻远瞩，推进黄河保护治理取得辉煌成就，为保障国家经济安全、生态安全和社会稳定做出了巨大贡献。黄河下游初步建成了"上拦下排、两岸分滞"的防洪工程体系[1]，实现了黄河岁岁安澜。

2021 年 8 月下旬以来，受秋季强降雨影响，黄河干流及支流渭河、伊洛河、沁河、汾河、北洛河、大汶河接连发生多场洪水过程，花园口站天然洪水总量 249 亿 m^3，洪水历时 47 d，洪水场次之多、量级之大、历时之长历史罕见，形成了新中国成立以来最严重的秋汛洪水，防汛形势异常严峻。党中央、国务院高度重视，水利部组织各级水利部门，会同有关部门和地方，科学调度黄河中游干支流水库，最大限度地挖掘水库的防洪潜力，全力做好洪水防御工作，实现了"不伤亡、不漫滩、不跑坝"的防御目标，取得了黄河秋汛洪水防御工作的全面胜利。通过对本次防御工作的全面复盘分析，认识到黄河防汛还存在问题，提出了防御对策建议，以期为今后黄河洪水防御工作提供启示。

1　黄河防汛及本次秋汛洪水特点

1.1　黄河防汛特点

黄河水患灾害表面在洪水，根子在泥沙，流域的特异性使得黄河防汛具备与其他江河防汛不同的特点。一是黄河防汛是水沙二相流防汛，既要防水又要防沙，而防沙难于防水。时间分布上，泥沙主要来源于洪水期，黄河干流洪水期泥沙含量往往大于 300 kg/m^3，中游支流含沙量最高可达 1 600

基金项目： 河南省青年托举工程项目黄河骨干水库群水沙调控技术研究（项目号：2022HYTP022）。
作者简介： 高兴（1990—），男，工程师，主要从事泥沙研究工作。
通信作者： 刘俊秀（1995—），女，工程师，主要从事水库调度和泥沙研究工作。

kg/m³，二相流洪水使得洪水调度既要考虑防御化解洪水威胁，还要考虑减少河道泥沙淤积。二是黄河防汛是动床防汛。一般清水河流河床变形较小，而黄河由于泥沙含量高，下游等冲积性河段河床冲淤变化剧烈，岸滩变迁素有"三十年河东、三十年河西"之说，还存在"揭河底""洪峰增值""假潮"等异常现象，使得黄河防汛更具有挑战性。三是黄河防汛周期长、跨度大、要求高。黄河由于独特的地理位置，需要防桃、伏、秋、凌四汛，洪水风险几乎贯穿全年。随着干流水利工程的拦蓄与调节，目前威胁最大的是伏秋大汛（7月至10月）和凌汛（11月至次年3月），要在防汛调度过程中统筹防洪防凌保安与水资源利用，同时实现水库综合效益难度极大。

1.2 本次秋汛洪水特点

（1）降水范围广、时段集中，累计雨量大。

2021年8月下旬以来，受西北太平洋副热带高压和西风带冷空气影响，黄河中游形成极为罕见的秋雨。8月20日以来，黄河中下游累计雨量达多年均值的2~5倍，相比于近期典型的2003年秋汛，降雨落区相近，但降水时段更为集中，累计雨量更大。

黄河干流潼关站10月7日洪峰流量8 360 m³/s，为1979年以来最大洪水，也是1934年有实测资料以来同期最大洪水；支流渭河华县站先后发生6次1 000 m³/s以上洪水，咸阳站9月27日洪峰流量6 050 m³/s，为1935年以来同期最大洪水；此次降雨范围涵盖多个区域，除渭河外，伊洛河、沁河、小花间无控区也同时发生洪水，流域性洪水特征明显。其中，伊洛河黑石关站、沁河武陟站均发生1950年以来同期最大洪水；北洛河洑头站发生1933年以来同期最大洪水；黄河下游发生1996年以来最大洪水，经演算，9月27日以来两场洪水花园口站洪峰流量分别为12 000 m³/s、11 000 m³/s左右。

（2）洪水发生频率密集。

2021年9月27日15时48分，黄河干流潼关站流量涨至5 020 m³/s，形成黄河2021年"1号洪水"，同日21时，黄河干流花园口站流量达到4 020 m³/s，形成"2号洪水"，10月5日23时，黄河干流潼关站流量涨至5 090 m³/s，形成"3号洪水"。9天内中下游接连形成3场编号洪水，形成时间集中，发生频率密集。

（3）调度空间有限。

在秋汛洪水的防御过程中，统筹调度小浪底、陆浑、故县、河口村等干支流水库，通过精细调度拦洪削峰，小浪底水库出现了建库以来最高水位273.5 m；陆浑水库最高运行水位319.39 m，超出汛限水位2.29 m；故县水库最高运行水位536.59 m，超出汛限水位1.79 m；河口村水库出现279.89 m的历史最高水位，超出汛限水位4.89 m。一方面干流水库长时间维持高水位运行，运行水位屡创新高；另一方面由于黄河下游河道行洪能力上大下小，河道整体过流能力弱，水库与河道的调度空间均十分有限，此次秋汛洪水黄河下游河道共经历了20余天高水位、大流量、长历时的洪水过程，下游防洪工程承受了巨大压力。

2 洪水防御中暴露的问题

尽管本次洪水防御取得了全面胜利，但也付出了很大代价，由于洪水持续时间长、水库运用水位高，黄委全河职工和沿黄群防力量共投入3.3万余人，在一线奋战30余天，投入机械设备2 722台、累计抛石达80万m³。人民治黄70年，初步形成的"上拦下排、两岸分滞"防洪工程体系，在此次洪水防御过程中仍暴露出以下一些问题。

2.1 "上拦工程"能力不足，防洪运用受限

本次秋汛洪水还原后，花园口洪峰流量约12 000 m³/s，最大12 d洪量79亿m³，最大45 d洪量207亿m³，约为后汛期20年一遇洪水。中游干支流水库全力拦洪削峰，小浪底水库最高运用水位273.5 m，仅比水库设计洪水位低0.5 m，支流水库均达到或超过正常蓄水位，洛河故县水库、沁河河口村水库均创历史最高水位，干流从上游刘家峡到中游三门峡2 400 km河道没有控制性工程，现

状"上拦工程"拦蓄能力明显不足,在洪水防御过程中较为被动。

三门峡水库 333.65 m 水位以下有 11.3 万居民,防洪水位超过 318 m 就需要转移人口;陆浑水库 327.5 m 水位以下有 10.2 万居民;故县水库 548.55 m 水位以下有 1.57 万人,库区内居民一定程度上制约了水库的防洪运用。此外,小浪底水库库区附近存在地质灾害等安全隐患,对小浪底水库的防洪运用也带来一定影响。若本次秋汛洪水再大一点,现状工程体系将无法承受,下游滩区 340 万亩耕地将遭遇洪水淹没,将有 140 万以上的群众被迫转移。

2.2 "下排工程"不完善,河道形态不利

黄河下游河道是举世闻名的千里悬河,存在槽高、滩低、堤根洼的"二级悬河"不利形态。河道横比降大于纵比降,"二级悬河"最严重的河段滩面横比降达到 1‰ 左右,是河道纵比降的 7 倍。当前,高村以上 299 km 的游荡性河道河势尚未有效控制,一旦发生漫滩洪水,或河道大流量、长历时行洪,风险较高,可能造成生产堤决口、控导工程损毁、河势突变,出现横河、斜河主流顶冲堤防,甚至发生"滚河"顺堤行洪,滩区百万居民生命财产将遭受严重损失,甚至危及堤防。

现状工程体系难以长期维持下游较大的主槽过流能力。小浪底水库建成后,通过拦沙和调水调沙,实现黄河下游河道主槽全线冲刷下降 2.6 m、主槽过流能力从 1 800 m³/s 逐渐恢复至 5 000 m³/s,极大地提高了黄河下游的防洪能力。但目前小浪底水库拦沙库容已淤积 32 亿 m³,调水调沙后续动力不足,水库淤满后下游河道和滩区防洪又将面临巨大风险。20 世纪 80 年代至 90 年代,仅 10 年时间,因泥沙淤积,下游最小平滩流量由 6 300 m³/s 速降至 3 000 m³/s,导致"96·8"洪水花园口 7 860 m³/s 洪水位高于 1958 年 22 300 m³/s 洪水位 0.91 m,形成新中国成立以来流域最大洪灾损失,107 万人受灾,直接经济损失近 40 亿元。

2.3 小浪底水库防洪保滩库容不足

小浪底水库原设计 5 年一遇洪水控制花园口流量不超过 8 000 m³/s,防洪库容 7.9 亿 m³。由于滩区居民众多,实际调度中,将水库拦沙库容用于中小洪水防洪,均按控制花园口不超过下游主槽最小过洪能力运用。目前小浪底水库处于拦沙期后期第一阶段,可用于防洪保滩的库容较大,可在一定条件下进行保滩运用,随着拦沙库容的逐渐淤损,若仍按下游平滩流量保滩运用,将可能影响防洪安全;若按超过下游平滩流量运用,中小洪水将可能造成滩区大范围淹没。

2.4 中游缺少径流调节水库,洪水资源未充分利用

黄河径流主要源于上游,丰枯变化大,由于中游无控制性年调节水库,丰水年无法对来水进行调节,水资源利用不充分。2018—2020 年黄河来水量持续偏丰,但由于缺乏骨干工程调蓄,弃水较多,利津入海年均水量为 335 亿 m³,为多年均值的 2.2 倍。本次秋汛洪水,利津入海水量 164 亿 m³,2021 年 1—10 月利津实测入海水量 360 亿 m³,远大于《黄河流域综合规划(2012—2030)》提出的河道内生态环境需水量 220 亿 m³,丰裕的水资源未充分利用。

2.5 东平湖滞洪区防洪运用存在诸多制约,分洪和退水通道不畅

当前,东平湖滞洪区内安全建设滞后,存在村台建设高度不足、撤离道路路面标准低等问题,群众安全没有保障;东平湖老湖区金山坝以西分洪运用难度大,移民人数多、安置难。由于黄河河道淤积及倒灌影响,加之出湖闸上游流路多年泥沙淤积,东平湖北排退水不畅,南面司垓闸后流路未开通。东平湖石洼、林辛、十里堡 3 座分洪闸设计分洪流量 8 500 m³/s,近年来随着下游河床冲刷大幅下切,原设计分洪流量有待进一步验证。

3 加强秋汛洪水防御的对策建议

近年来,黄河水沙情势发生剧烈变化,加之近期气候变化和极端天气引发的灾害频发,随着黄河流域生态保护和高质量发展上升为重大国家战略,新形势下对流域防洪提出了更高要求[2-3],结合此次秋汛洪水防御过程中暴露出的问题,有针对性地提出了以下几方面建议。

3.1 尽快完善"上拦工程"体系，迁安已建水库库区移民

（1）尽快完善黄河水沙调控体系，推进中游径流调节水库建设。加快推进古贤水利枢纽前期论证工作，尽快开工建设。古贤水库基本控制了河龙间的洪水泥沙，建成生效后可对河龙间洪水泥沙进行有效拦蓄；古贤水库可明显降低三门峡水库滞洪水位，保证三门峡水库50年一遇洪水不上滩；与小浪底水库联合运用，可有效增加小浪底水库调水调沙的后续动力，延长小浪底水库拦沙库容使用年限，同时减少黄河下游河道淤积，减少中常洪水冲决堤防风险；古贤水库可大幅提升中游水库群的径流调节能力，有效拦蓄秋汛洪水龙门以上的基流，减轻中游三门峡、小浪底等水库防洪压力，同时充分利用库容进行洪水资源化利用。

（2）组织编制库区移民安置规划，协调地方政府开展库区移民调查，完成三门峡、故县、陆浑3个水库库区移民安置方案，尽快实施移民搬迁，恢复水库全部防洪功能[4]。

3.2 加强游荡性河道治理，逐步推进"下排工程"通畅，实施下游生态治理

加强河道整治工程建设，完善河防工程体系，控制高村以上游荡性河势；要进一步研究恢复和维持下游河道中水河槽的方案和措施，科学调控水沙，提高河道行洪输沙能力，控制下游河道淤积，恢复并维持中水河槽的排洪输沙能力，逐步畅通"下排工程"。

根据滩区滞洪沉沙、生产生活、生态保护等功能需求，因滩施策，将下游河道防洪治理与生态治理相协同，逐步将滩低槽高的反向断面改变为滩高槽低的正向断面，实现"洪水分级设防、泥沙分区落淤"，逐步恢复下游滩区滞洪沉沙、行洪和水沙交换能力[5]。

3.3 加强分滞洪区建设，解决东平湖滞洪区北排不畅、南排不通的问题

复核东平湖分退水能力，注重隐患排查整改工作。开展陈山口、清河门退水闸流路疏浚，实施八里湾泄洪闸与柳长河连通工程、司垓闸向南四湖排水通道连通工程。解决金山坝以西的防洪运用难题，优化东平湖滞洪区防洪工程布局及运用方式。

减少南水北调对东平湖滞洪区的不利影响。建立由黄河流域、南水北调、航运等部门参加的东平湖进出水量调度协商机制，实现南水北调数据与黄河水量管理系统实时对接，加强对入出湖水量的有效管理。

参考文献

[1] 水利部黄河水利委员会. 黄河流域防洪规划［M］. 郑州：黄河水利出版社，2008.
[2] 程晓陶. 防御超标准洪水需有全局思考［J］. 中国水利，2020（13）：8-10.
[3] 万海斌. 基于风险管控理念的洪水灾害防御策略［J］. 中国水利，2019（9）：1-4.
[4] 张金良，魏军. 黄河实施洪水泥沙管理的实践与探索［J］. 中国防汛抗旱，2007（2）：16-20.
[5] 张金良. 黄河下游滩区再造与生态治理［J］. 人民黄河，2017，39（6）：24-27，33.

弯道滩地植被作用下漫滩洪水
对河道淤积调整的影响

张明武[1,2]　孙雪雪[3]　张翠萍[1,2]　陈　真[1,2]　王方圆[1,2]

（1. 黄河水利委员会黄河水利科学研究院，河南郑州　450003；
2. 水利部黄河下游河道与河口治理重点实验室，河南郑州　450003；
3. 河海大学水利水电学院，江苏南京　210098）

摘　要： 含沙漫滩洪水受滩地植被和弯曲复式河道形态的影响，滩槽水沙交换和淤积分布规律非常复杂。本研究采用试验模拟和理论研究相结合的手段，开展漫滩洪水演进的概化模型试验，分析滩地植被对滩槽淤积调整的利弊影响。模型试验结果表明，主流不仅集中在主槽内，还可能出现在左右岸大堤堤脚附近，形成顺堤行洪。由于滩地淤积主要集中在滩唇部分，滩地植被对水流流速的减缓作用非常明显；该项成果将为黄河下游滩区运用和河道治理提供理论依据，并对丰富水沙运动的基本理论，促进水力学及河流动力学与生态学的融合具有重要意义。

关键词： 弯道滩地植被；漫滩洪水；水沙规律；河岸滩槽淤积；模型实验

1　引言

自然界中的一些河流（如黄河中下游）开阔平坦，挟带固体物质的能力较低。因此，每年都有大量的推移质和悬移质沿着河流沉积，河床逐年抬高。河道蜿蜒曲折，河床从左向右摆动[1-4]，河床宽度不均匀，而且很浅，洪水和枯水流量变化很大，很容易形成宽、浅、分散以及蜿蜒曲折的典型平原和小型泛滥平原，给防洪带来新的困难。对于这种类型的河流，人们开始探索使用复式河槽来修复河流[5-8]。

含沙漫滩洪水受滩地植被和弯曲复式河槽形态的影响，滩槽水沙交换和淤积分布规律非常复杂，对"二级悬河"的形成与发育和滩面横比降的调整乃至防洪形势的演变作用显著[9]。弯曲复式河槽滩地植被作用下的漫滩洪水水沙结构方面的研究，目前多见于清水水流和推移质运动规律。然而对于多沙河流，含沙水流是其特点之一，其在物理特性、运动特性和输沙特性等方面不能用已有的清水水流和推移质运动规律来描述。

需改进现有理论模型，建立适用含沙漫滩水流的弯曲复式河槽和滩地植被耦合作用水沙输移横向分布模型[10-12]。黄河下游在含沙洪水发生漫滩时，其与滩地植被和弯曲河道的影响交织在一起，导致水沙分布和流动结构非常复杂，直接影响含沙洪水的滩槽水流交换、滩地淤积分布和淤滩刷槽作用，是造成"二级悬河"和滩面横比降的重要原因[13-14]。因此，开展弯曲复式河槽与滩地植被对含沙水流运动和滩槽淤积影响研究，对黄河下游"二级悬河"治理具有重要的实际意义。

基金项目： 国家自然科学基金青年科学基金项目（51809106，52009047）；中央级公益性科研院所基本科研业务费专项项目（HKY-JBYW-2020-05，HKY-JBYW-2020-03）；河南省自然科学基金项目（212300410200）。

作者简介： 张明武（1984—），男，正高级工程师，博士，主要从事水力学及河流动力学研究工作。

2 试验布置

2.1 弯曲复式河槽模型

试验采用电动水泵，从地下水库抽水入水槽，由电磁流量计及流量控制系统控制清水流量。浑水采用孔口箱控制流量，水槽长 60 m、宽 7 m、高 0.7 m，如图 1 所示。水槽两边的壁面采用砖砌水泥墙，床面采用粉煤灰，床面比降 0.2%。为了控制槽内水位，槽尾设有可调高低的电动尾门，从槽尾流出的水流入地下水库。弯曲复式河槽断面总宽度为 7 m，其中主槽宽度为 70 cm，弯曲段 120° 圆弧内半径为 150 cm，外半径为 220 cm，相邻圆弧段用直线连接。左右岸弯曲弧顶距离最近的边坡均为150 cm。弯曲复式河槽某弧顶段横断面，河槽左岸滩地宽 150 cm，右岸滩地宽 480 cm，滩地植被高度 7 cm；主槽宽 70 cm、深 7 cm，如图 2 所示。

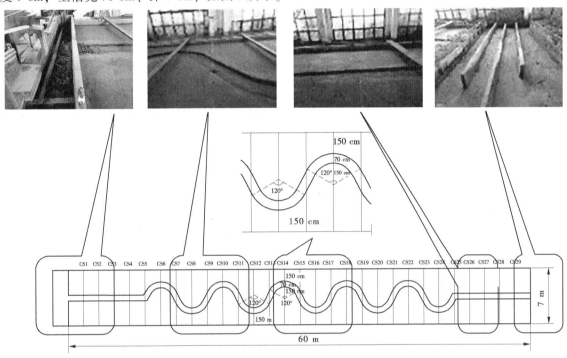

图 1 概化水槽模型布置

本试验流速仪采用的是南京卓玛机电有限公司生产的 LS300-A 型便携式流速仪，泥沙粒径采用泥沙激光粒度分析仪测量。中值粒径为 0.3 mm。粒径呈单峰分布，沉积物均匀性较高。D03、D06、D10、D16、D25、D50、D75、D84、D90 和 D97 分别为 0.153 mm、0.170 mm、0.186 mm、0.205 mm、0.229 mm、0.292 mm、0.378 mm、0.427 mm、0.473 mm 和 0.573 mm。

2.2 试验方案

模拟植被采用的是一次性竹筷（长度为 22.5 cm，直径为 5 mm）。漫滩植被种植高度为 7 cm、直径为 5 mm。试验分别考虑了五种情况下的植被布置：第一种是滩地无植被弯曲复式河槽；第二种是滩地凸岸有植被弯曲复式河槽；第三种是滩地凹岸有植被弯曲复式河槽；第四种是滩地两岸有植被弯曲复式河槽；第五种是滩地种满植被弯曲复式河槽。水槽从上段到下段共设置五种植被布置，每种布置长度为 8 m，都有两个弧弯，左右岸各一个，如图 1 所示。地形测量断面为 CS1~CS29。

2.3 试验工况

为了更加全面地研究滩地植被弯曲复式河槽的水沙情况，通过含沙量的不同和泥沙粒径的不同组合，本研究设计了 7 种工况。设计流量为 100 m³/h，实际情况有所出入。

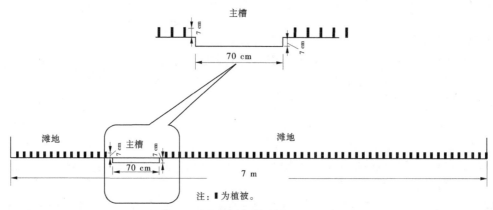

图 2　弯曲复式河槽弧顶段横断面

工况 0 是初始工况，目的是对初始设计的地形进行水流条件适应；工况 1 是在清水条件下进行；工况 2~4 是在相对细的泥沙条件下考虑不同含沙量情形；工况 5~7 是在相对粗的泥沙条件下考虑不同含沙量情形。不同含沙量分别是：小含沙量 5 kg/m³ 左右，中含沙量 14.5 kg/m³ 左右，大含沙量 35.3 kg/m³ 左右，见表 1。试验尾门可自动调节高低，控制尾门水位。下游尾门附近 CS24 的雷诺数约为 5 388，弗劳德数约为 0.051。其他断面中的对应参数大于该断面参数。

表 1　试验工况

工况	设计流量/（m³/h）	实际流量/（m³/h）	设计含沙量	实际含沙量/（kg/m³）	设计粒径
0	100	100.2	无	0	无
1	100	90.7	无	0	无
2	100	93.1	小	5.23	细
3	100	101.3	大	35.37	细
4	100	104.8	中	14.39	细
5	100	100.6	小	4.84	粗
6	100	101.5	中	14.85	粗
7	100	101.5	大	35.30	粗

试验从工况 0 至工况 7 依次进行，并在每个工况试验结束后测量断面。受试验条件的限制，每个工况的试验持续时间为 1.5 h。由于地形不断变化，即使在工况 7 下，也很难达到平衡。

3　结果分析与讨论

3.1　弯道滩地植被作用下漫滩洪水对滩槽淤积调整的影响

由于测试场景较多，仅选择典型断面进行详细分析：

（1）前滩地无植被顺直复式河槽区（CS1~CS5）断面形态调整。对于 CS1，滩地随着试验的进行都是逐渐淤积加高的；而主槽在进行工况 1（清水）、工况 2（小含沙量）后，主槽是冲深的，深泓点高程从 -13 cm 冲深到 -17.5 cm，之后主槽是逐渐淤积加高的，深泓点高程加高到 -4.2 cm。主槽在进行前 3 个工况后，位置相对不变，进行第 4 个工况后，主槽位置向左逐渐位移，如图 3 所示。

对于 CS5，滩地随着试验的进行都是逐渐淤积加高的，滩地加高达到 7 cm，滩唇加高大于边壁；

而主槽在进行工况1（清水）、工况2（小含沙量）后，主槽深泓点高程基本上不变（-8 cm 左右），之后逐渐淤积加高到-0.8 cm，进行工况7之后，主槽淤积抬高非常明显。主槽位置基本保持不变，但是深泓点位置有所右移，如图4所示。

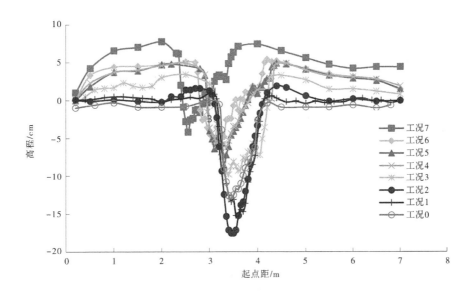

图3　CS1 地形变化

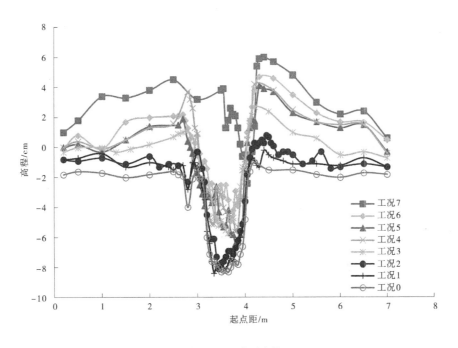

图4　CS5 地形变化

（2）滩地无植被弯曲复式河槽区（CS6~CS9）对于 CS 形态调整。断面8，滩地随着试验的进行都是逐渐淤积加高的，滩地加高达到7.8 cm，滩唇加高大于边壁；而主槽在进行工况1（清水）、工况2（小含沙量）后，主槽深泓点高程基本上不变（-14 cm 左右），之后逐渐淤积加高到-1.3 cm，进行工况7之后，主槽淤积抬高非常明显，主槽向左有所展宽，如图5所示。

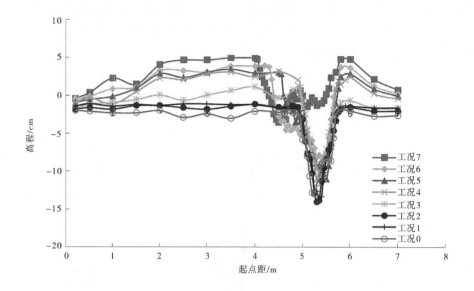

图 5　CS8 地形变化

（3）滩地凸岸有植被弯曲复式河槽区（CS10～CS13）断面形态调整。对于 CS12，滩地随着试验的进行都是逐渐淤积加高的，滩地加高达到 6.7 cm，滩唇加高大于边壁；而主槽在进行工况 1（清水）、工况 2（小含沙量）后，主槽深泓点高程基本上不变（-13 cm 左右），之后逐渐淤积，加高到 -6.3 cm。随着试验的进行，主槽逐渐缩窄，主槽位置不变，如图 6 所示。

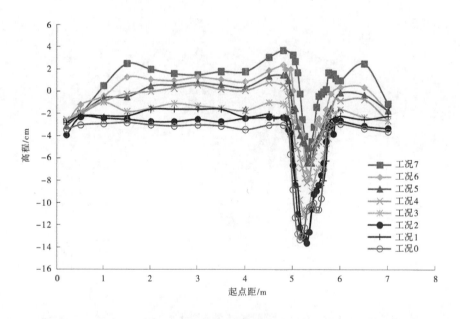

图 6　CS12 地形变化

（4）滩地凹岸有植被弯曲复式河槽区（CS14～CS17）断面形态调整。对于 CS16，滩地随着试验的进行都是逐渐淤积加高的，滩地加高达到 5.1 cm，滩唇加高大于边壁；而主槽在进行工况 1（清水）、工况 2（小含沙量）后，主槽是冲深的，深泓点高程从 -12.1 cm 冲深到 -14.4 cm，之后主槽是逐渐淤积加高的，深泓点高程加高到 -5.2 cm，主槽位置不变，如图 7 所示。

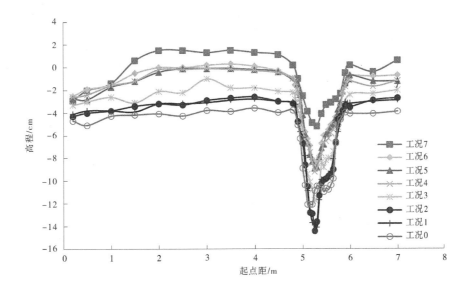

图 7　CS16 地形变化

（5）滩地两岸有植被弯曲复式河槽区（CS18～CS21）断面形态调整。对于 CS20，滩地随着试验的进行都是逐渐淤积加高的，滩地加高达到 4.1 cm；而主槽在进行工况 1（清水）、工况 2（小含沙量）后，主槽是冲深的，深泓点高程从 -13.2 cm 冲深到 -15.5 cm，之后主槽逐渐淤积，加高到 -7.5 cm。随着试验的进行，主槽淤积抬高非常明显，主槽位置不变，如图 8 所示。

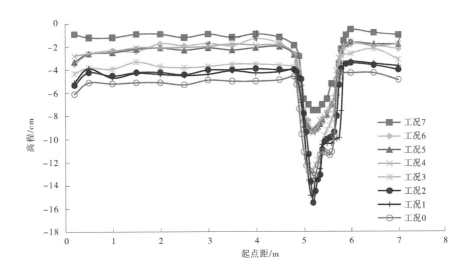

图 8　CS20 地形变化

（6）滩地种满植被弯曲复式河槽区（CS22～CS25）断面形态调整。对于 CS24，滩地随着试验的进行都是逐渐淤积加高的，滩地加高达到 3 cm；而主槽在进行工况 1（清水）后，主槽是冲深的，深泓点高程从 -16.7 cm 冲深到 -20.4 cm，之后逐渐淤积，加高到 -12.3 cm，主槽位置不变，如图 9 所示。

（7）后滩地无植被顺直复式河槽区（CS26～CS29）断面形态调整。对于 CS27，滩地随着试验的进行都是逐渐淤积加高的，滩地加高达到 3.5 cm；而主槽在进行工况 1～3 后，主槽深泓点高程基本上保持 -22 cm 左右不变，之后逐渐淤积，加高到 -15.2 cm，主槽位置和宽度不变，如图 10 所示。

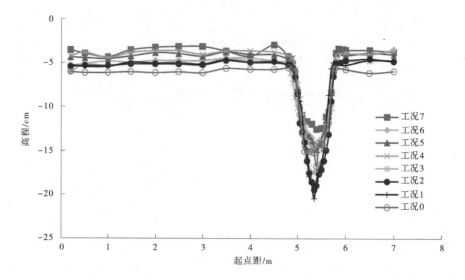

图 9 CS24 地形变化

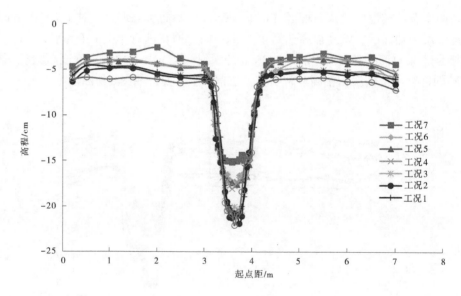

图 10 CS27 地形变化

3.2 总结

对各个断面地形演变规律总结如下：

（1）对于上下段断面变化，上段断面变化大于下段断面变化。

（2）整体上河槽都是淤积的，上段淤积厚度大于下段淤积厚度。

（3）上段主要集中在滩唇附近淤积，下段相对均匀。

（4）滩地随着试验的进行基本都是逐渐淤积加高的，而主槽在进行工况 1（清水）、工况 2（小含沙量）后，可能会冲深，之后基本上是逐渐淤积加高的。

（5）进行工况 7（粗泥沙，大含沙量）之后，主槽淤积相对于其他工况抬高非常明显。

（6）上段滩地无植被弯曲复式河槽中，主槽可能发生位移。

4 结论

试验取得了丰富的数据，对模型试验测得的结果（如流速分布、地形变化等）进行分析。随着试验工况依次进行，流速分布和断面地形不断发展变化，这为研究滩地植被对弯曲复式河槽的冲淤演变提供参考。

由于滩地淤积主要集中在滩唇部分，导致主流不仅仅集中在主槽内，还可能出现在左右岸大堤堤脚附近，形成顺堤行洪；滩地植被对水流流速的减缓作用非常明显；两岸植被不管是一排还是种满植被，都对主槽稳定有作用；滩地无植被情况下，主槽容易出现移动；滩地种满植被布置对滩地淤积以及滩地流速分布都有着均匀的作用，可以减少滩地堤脚流速过大的现象，以及增大主槽流速作用。

另外，本次试验是在大漫滩洪水条件下，弯道附近河道流速一般是凹岸流速小于凸岸流速，导致主槽向凸岸冲刷，有裁弯取直的趋势，这与之前研究者的滩地植被弯曲复式河槽大漫滩洪水试验（定床）的流速分布情况一致。然而，黄河上发生的很多洪水是凹岸冲刷，凸岸淤积，凹岸的流速大于凸岸的流速。所以，本试验的适宜条件是大漫滩洪水，滩地过水面积较大、河槽有裁弯取直的趋势的洪水。

参考文献

［1］ Tang X N, Knight D W. Lateral distributions of streamwise velocity in compound channels with partially vegetated flood-plains ［J］. Sci. China Ser. E 2009, 52：3357-3362.

［2］ Tang X N, Knight D W. Lateral depth-averaged velocity distributions and bed shear in rectangular compound channels ［J］. Hydraul. Eng., 2008, 134：1337-1342.

［3］ Fischer-Antze T, Stoesser T, Bates P, et al. 3D numerical modelling of open-channel flow with submerged vegetation ［J］. Hydraul. Res., 2001, 39：303-310.

［4］ Yang K, Cao S, Knight D W. Flow patterns in compound channels with vegetated flood plains ［J］. Hydraul. Eng., 2007, 133：148-159.

［5］ Mehrabani F V, Mohammadi M, Ayyoubzadeh S A, et al. Turbulent flow structure in a vegetated non-prismatic compound channel ［J］. River Res. Appl., 2020, 36：1868-1878.

［6］ Pan Y, Li Z, Yang K, et al. Velocity distribution characteristics in meandering compound channels with one-sided vege-tated floodplains ［J］. Hydrol., 2019, 578：124068.

［7］ Fernandes J N, Leal J B, Cardoso A H, et al. Influence of floodplain and riparian vegetation in the conveyance and struc-ture of turbulent flow in compound channels ［J］. E3S Web Conf, 2018, 40：06035.

［8］ Proust S, Peltier Y, Fernandes J, et al. Effect of different inlet flow conditions on turbulence in a straight compound open channel ［C］//In Proceedings of the 34th World Congress of the International Association for Hydro-Environment Research and Engineering: 33rd Hydrology and Water Resources Symposium and 10th Conference on Hydraulics in Water Engineer-ing, Brisbane, Australia, 26 June-1 July 2011.

［9］ Tanino Y, Nepf H M. Laboratory investigation of mean drag in a random array of rigid, emergent cylinders ［J］. Hydraul. Eng., 2008, 134：34-41.

［10］ Shiono K, Feng T. Turbulence measurements of dye concentration and effects of secondary flow on distribution in open channel flows ［J］. Hydraul. Eng, 2003, 129：373-384.

［11］ Sun X, Shiono K. Flow resistance of one-line emergent vegetation along the floodplain edge of a compound open channel ［J］. Adv. Water Res. 2009, 32：430-438.

［12］ Hu C, Ji Z, Guo Q. Flow movement and sediment transport in compound channels ［J］. Hydraul. Res, 2010, 48：23-32.

［13］ Knight D W. Flow mechanisms and sediment transport in compound channels ［J］. Int. J. Sediment Res, 1999, 14：217-236.

［14］ Wu F C, Shen H W, Chou Y J. Variation of roughness coefficients for unsubmerged and submerged vegetation ［J］. Hydraul. Eng, 1999, 125：934-942.

纵向增强体土石坝在工程安全运行与风险管理中的实践

陈立宝[1] 姚 颖[2]

(1. 四川大学工程设计研究院有限公司, 四川成都 610065;
2. 四川省水利水电勘测设计研究院有限公司, 四川成都 610060)

摘 要: 随着近些年极端天气及地震灾害频发, 传统土石坝在工程安全运行和风险管理中的工作难度逐渐增大。尤其是一些已建中小型水库的病险整治, 存在"头痛医头, 脚痛医脚""整治频繁, 毛病不断"的问题。在新时代水库安全运行总体要求下, 以及基于风险理念的水利枢纽工程全生命周期管理中, 探寻一种新方法、新技术、新材料引领水利工程的变革, 成为了一个重要的焦点。纵向增强体土石坝采用"刚柔相济"的筑坝理念, 向最优土石坝设计迈出了重要的一步。

关键词: 纵向增强体; 工程安全; 风险管理, 病险水库

土石坝的技术发展伴随着岩土力学理论的不断完善和施工技术的不断提高, 从坝型到坝高都取得了长足的进展。300 m 级的高土石坝筑坝获得了巨大的技术攻关, 在建的双江口水电站大坝为砾石土心墙堆石坝, 坝高 315 m; 已建的糯扎渡水电站大坝, 坝高 261.5 m; 水布垭水电站大坝为混凝土面板堆石坝, 坝高 233.2 m; 猴子岩水电站大坝, 坝高 223.5 m。坝型从传统的黏土心墙坝、混凝土面板堆石坝到胶凝材料坝和纵向增强体心墙土石坝等, 深化了已有理论和实践, 推动了最优土石坝坝型的稳步发展。水库除险加固工作也取得了显著效果, 全国水利系统共加固病险水库 (绝大部分为土石坝) 6 万余座[1], 除险加固后, 水库防洪标准和工程安全状况基本满足规范要求, 水库防洪、供水、灌溉等功能得到恢复, 水库坝体自身安全及下游地区防洪风险大大降低。但是近年来, 随着极端天气的频发, 中小型水库漫顶、溃坝事故也时有发生。2021 年呼和浩特市永安水库和新发水库相继发生溃坝, "7·20" 郑州特大暴雨导致郭家嘴水库发生漫顶。据统计, 因超标洪水导致的漫顶溃坝占全部漫顶溃坝比例的 95.74%[2], 随着经济社会的发展, 影响水库大坝安全的影响因素增多, 需对水库大坝防御安全风险和提质增效开展深入研究。

1 水库安全运行现状

1.1 病险水库情况

截至 2021 年, 我国已建各类水库大坝 9.8 万多座, 80% 修建于 20 世纪 50 年代至 70 年代, 其中大中型水库 4 872 座, 小型水库 9.4 万多座, 约占 95%[3]。由于当时的历史原因, 大部分大坝未执行基本建设程序, 都属于"三边"工程, 普遍存在防洪标准低、工程质量差和安全隐患多等问题。水库大坝的病险问题大大削弱了水库拦蓄与调配能力, 严重影响了水库综合效益的发挥, 同时也给下游城镇、交通干线等设施造成严重威胁, 一旦失事, 将给人民生命财产带来巨大的损失, 给社会稳定带来很多的负面影响[4]。

病险水库主要存在的问题是水库管理水平较低, 大坝风险管理意识弱。大坝风险管理是以风险控

作者简介: 陈立宝 (1983—), 男, 高级工程师, 主要从事水利水电工程设计研究工作。

制为核心的全过程动态管理，通过采用管理、控制风险的一整套政策和程序，对风险进行监控、分析、评估和处理。目前相关研究已经蓬勃发展[5]，但距离全面应用尚有一段距离；除险加固实用技术研究有待进一步提高[6]，由于水库数量众多，边界条件复杂，一些整治措施治标不治本。

1.2 溃坝灾害情况

我国主要进行了 3 次溃坝失事水库的统计[7]，时间跨度 1954—1990 年共有 3 774 座水库溃坝。根据溃坝资料统计分析结论如下：

（1）溃坝率按水库规模统计分析，小型水库溃坝数量最大，占溃坝总数的 96.21%，其次为中型水库。应加强中小型水库的安全管理和溃坝风险防范。

（2）溃坝按坝高统计分析，溃坝主要集中发生在坝高 20 m 左右的大坝。

（3）溃坝发生的时间段统计分析，运行期溃坝是施工期的 3 倍。

（4）溃坝原因的统计分析，泄洪能力不足或泄洪设施不良是引起溃坝的主要原因，其次是坝体结构原因，再次是超标准洪水。因此，首先必须保证工程自身建筑物和坝体结构的安全可靠。

目前，水库溃坝事件发生的概率虽然大为降低，但是失事后的社会和经济影响远大于从前，尤其是社会影响。因此，加强水库大坝工程安全运行管理成为重中之重。

1.3 大坝风险管理情况

大坝风险管理是一种以风险控制为核心的全过程动态管理。大坝风险理念始于美国 Teton 坝失事后，陆军工程师团提出了用相对风险指数来判别大坝风险概念[5]。目前在加拿大、澳大利亚等国大坝风险管理已进入使用阶段，风险管理模式替代了传统的工程安全管理模式。我国从 21 世纪初开始大坝风险评估和管理研究及应用，并取得了一系列成果，建立了基于风险的大坝安全评价方法的体系框架，提出了溃坝模式与溃坝概率分析计算等一系列的方法和模型[8]。大坝风险概算一般采用专家评分法，以及衍生或修正的一些模型及方法，如诺埃曼风险率的模型；ISODATA 法和模糊综合评判法对专家权重进行修正；WBS-RBS 法（工作分解结构-风险分解结构法）对整个水利工程的生命周期进行风险识别。大坝风险管理与风险评估关键技术目前仍在发展过程中，以基于专家经验的定性和半定量方法为主，通过理论方法定量计算大坝溃决概率、风险诱发机制等尚不健全，仍需进一步深入研究。

综观水库大坝安全运行和安全管理中的主要问题，预防工程缺陷是最好的治理手段，如果能在工程技术本身上有一些新的突破，既能优化坝型设计，增大适应性，又能在根本上解决病害及溃坝风险概率，探寻最优土石坝设计，无疑是一个重要而具有挑战的事情。

2 纵向增强体坝型及实施情况

为了健全完善土石坝建设理论技术体系，有效解决土石坝渗漏、滑坡、漫顶等问题，四川省水利厅梁军总工程师提出了纵向增强体心墙土石坝[9]新坝型（简称增强体土石坝）。该坝型采用"刚柔相济"的建坝思路，充分吸收土石坝与重力坝的优点，使坝体体形达到最优。所谓增强体，是指采用钢筋混凝土或钢管混凝土所形成的刚性材料；所谓纵向，是延坝轴线方向布设心墙。增强体在土石坝体中首先满足防渗要求，降低土石坝浸润线，渗流稳定满足规范要求；其次满足结构性的要求，具有承重受力、抵抗变形的特点；最后在遭遇较大或超标洪水出现漫顶时，满足"漫顶不溃"或"延时缓溃"的效果。该坝型的地方标准《四川省纵向增强体心墙土石坝技术规程》（DBJ 51/T 195—2022）已经四川省住房和城乡建设厅审批通过，于 2022 年 7 月实施。该规程也填补了传统防渗墙只有施工规范，没有理论依据的空白。坝体断面简图见图 1。

增强体土石坝坝体设计分区较常规碾压式土石坝分区简单，一般分为四个区：防渗体、过渡层、坝壳、护坡等区，软岩坝壳料增加排水体。增强体土石坝施工工序按照"先筑坝、后做墙、再灌浆"进行。坝体施工遵循常规的全断面分区分层碾压填筑施工，坝壳填筑完成后，在坝顶（增强体施工平台）进行增强体心墙开槽施工。槽孔分序间隔实施，孔内下设钢桁架或钢筋笼，并将预埋灌浆管固定其上。槽孔内混凝土浇筑完成达到龄期后，可进行基础帷幕灌浆。增强体土石坝施工工序和工期要大大优于传统黏土心墙坝和沥青混凝土心墙坝，几乎不受雨季、低温等自然气候的影响，与面板堆石坝施工工期持平。但是又没有面板养护、预防开裂的困扰，养护成本低。

增强体土石坝最大的特点是心墙是受力体，可以有效降低洪水漫顶导致土石坝溃坝的风险[10]，并且延长溃决发生的时间，为下游安全转移提供宝贵的时间余量。除了新建大坝，增强体土石坝也广泛适用于病险水库整治和堰塞体治理项目。刚性心墙可以有效防渗，杜绝下游白蚁危害；提供侧向约束，减少坝体滑坡的发生。该坝型在大竹河水库渗漏处理、方田坝、马头山水库改扩建、仓库湾、白松、汇田河、李家梁水库新建，竹子坎、化成水库除险加固，红石岩水电站牛栏山堰塞体加固等多个项目中已经得到实际应用[11-15]。

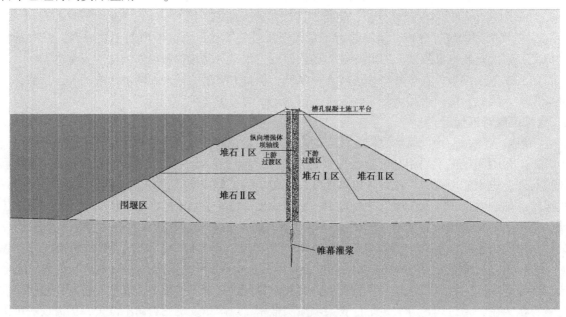

图 1   坝体断面简图

3   运行安全性分析

大竹河水库[16]位于四川省攀枝花市，是一座以灌溉为主，兼顾人畜饮水、应急备用水源和河道防洪的中型水库。大坝原设计为碾压沥青混凝土心墙石渣坝，最大坝高 61.0 m，坝顶高程 1 217.00 m，坝顶长 206 m，坝顶宽 8.0 m，正常蓄水位 1 215.00 m。坝体物料分区主要分为 5 个区，主要填筑料为风化程度不同的石英闪长岩。大坝防渗体系由坝体碾压沥青混凝土心墙及其底部灌浆帷幕组成。碾压心墙为直墙式，底部厚度 0.7 m，上部厚度 0.4 m，基础防渗采用单排帷幕灌浆，并嵌入相对不透水层 5 m。

大竹河水库于 2010 年 1 月开工，2011 年 2 月大坝封顶，同年 10 月水库试蓄水。2012 年 11 月，水库蓄水至 1 201.48 m，观测发现大坝下游坝体浸润线较高，大坝渗流量 16.93 L/s。2013 年 9 月 19 日蓄水至 1 212.19 m，渗漏量增大至 23.81 L/s，水库随即降低库水位，降低险情发生，经过一系列勘察工作，确定为沥青混凝土心墙存在渗漏问题，由于上下游坝壳料为风化石英闪长岩开挖料，颗粒细小，透水性差，如不采取工程措施进行处理整治，势必造成重大安全问题。

针对混凝土心墙渗漏问题，提出了几种可供选择的处理方式：①对原有防渗体进行局部修补处理，尽量恢复其防渗体功能；②在墙体主要渗流通道已被查明的基础上，针对性地进行"上堵下排"处理，保证渗流稳定和坝坡稳定；③在靠近原防渗体上游侧的坝体内进行补充灌浆；④在坝体内新建混凝土防渗墙进行防渗，原沥青混凝土防渗墙报废；⑤采用表面防渗和垂直防渗结合的方式。综合考虑各种方案，除考虑防渗体系的封闭外，还要确保坝体的防冲刷、防失稳、防溃坝要求，从根本上降低工程运行风险，最终确定采用混凝土心墙（纵向增强体）进行防渗加固。

整治措施实施后，根据监测资料，水位蓄至 1 215.11 m 时，渗流量为 1.82 L/s，较整治前有大幅度降低。对心墙进行变形观测，水平位移最大值小于 25 mm（见图 2），总体位移量较小（见图 3），垂直位移变形仅为 2~6 mm。对心墙应力监测资料进行分析，墙体顶部统一高程处，上游侧应力大于下游侧应力，而在底部下游侧应力大于上游侧的应力；并且通过 5 年的持续观测，墙体位出现拉应力，压应力最大值为 9.12 MPa（见图 4），没有超过墙体混凝土的抗压强度，表明墙体受力是安全的[17]。

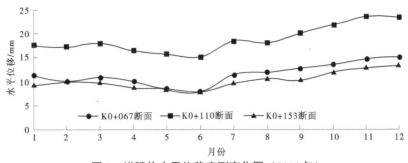

图 2　增强体水平位移实测变化图（2016 年）

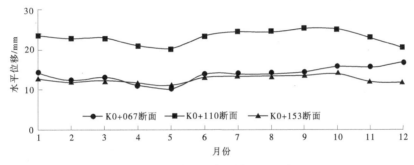

图 3　增强体实测变形值（2018 年）

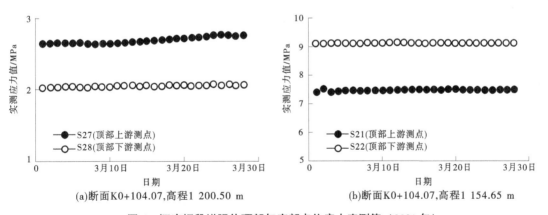

(a)断面K0+104.07,高程1 200.50 m　　　(b)断面K0+104.07,高程1 154.65 m

图 4　河床坝段增强体顶部与底部点位应力实测值（2021 年）

4　结论与建议

新时期水利工作的一个重点就是做好水旱灾害防御准备，确保人民群众生命财产安全。尤其近几年极端天气和地质灾害频发，2021 年郑州大暴雨，2022 年川渝两地高温干旱，2022 年 9 月 5 日四川泸定 6.8 级地震形成湾东河堰塞湖等，都要求水利工程要充分保证自身的安全运行，并做好风险管控措施，大坝风险管理要突出体现 4 个方面，即以人为本、预防为主、工程措施与非工程措施相结合和管理规范化、制度化。

  面对诡谲多变的外部环境，从大坝的自身结构出发，打造安全、经济的坝体结构，是有效遏制多变环境的最有利措施之一。纵向增强体土石坝，结合了刚性坝与传统土石坝的优点和特长，"刚柔相济"受力合理，在遭遇超标洪水时可以"漫而不溃"或"漫而缓溃"，对于病险水库可以从根本上解决渗流问题，在堰塞湖整治中，也可以发挥积极的作用。因此，可以在行业内进行积极推广，也不断丰富其实践经验。

参考文献

[1] 矫勇. 中国大坝 70 年 [M]. 北京：中国三峡出版社，2021.

[2] 李宏恩，马桂珍，王芳，等. 2000—2018 年中国水库溃坝规律分析与对策 [J]. 水利水运工程学报，2021 (5)：101-111.

[3] 中华人民共和国水利部. 中国水利统计年鉴 2021 [M]. 北京：中国水利水电出版社，2022.

[4] 钮新强. 大坝安全与安全管理若干重大问题及其对策 [J]. 人民长江，2011，42 (12)：1-5.

[5] 盛金保，厉丹丹，蔡荨，等. 大坝风险评估与管理关键技术研究进展 [J]. 中国科学：技术科学，2018，48：1057-1067.

[6] 严祖文，魏迎奇，张国栋. 病险水库除险加固现状分析及对策 [J]. 水利水电技术，2010，41 (10)：76-79.

[7] 方崇惠，段亚辉. 溃坝事件统计分析及其警示 [J]. 人民长江，2010，41 (11)：96-101.

[8] HuangD，Yu Z，Li Y，et al. Calculation method and application of loss of life caused by dam break in China [J]. Nat Hazards，2017，85：39-57.

[9] 梁军. 纵向增强体土石坝的设计原理与方法 [J]. 河海大学学报（自然科学版），2018，46 (2)：128-133.

[10] 梁军，陈晓静. 纵向增强体土石坝漫顶溢流安全性能分析 [J]. 河海大学学报（自然科学版），2019，47 (3)：238-242.

[11] 位敏，周和清，章赢. 大竹河水库沥青混凝土心墙坝渗漏处理 [J]. 人民长江，2016，47 (4)：356-361.

[12] 梁军，张建海，赵元弘，等. 纵向增强体土石坝设计理论在方田坝水库中的应用 [J]. 河海大学学报（自然科学版），2019，47 (4)：345-351.

[13] 陈立宝. 纵向增强体土石坝设计理论在仓库湾水库中的应用 [J]. 四川水利，2020，41 (1)：31-34，38.

[14] 陈昊，王彤彤，龙艺. 纵向增强体土石坝在马头山水库中的应用 [J]. 四川水力发电，2020，39 (1)：114-119.

[15] 梁军，张建海. 纵向增强体加固病险土石坝技术及其在四川的应用 [J]. 中国水利，2020 (16)：26-28.

[16] 长江勘测规划设计研究院有限责任公司. 四川省攀枝花市仁和区大竹河水库大坝渗漏处理专题设计报告（送审稿）[R]. 武汉：长江勘测规划设计研究院有限责任公司，2014.

[17] 梁军. 纵向增强体土石坝理论与实践 [M]. 北京：中国水利水电出版社，2022.

荥阳市应急避险场所调查

伊晓燕[1,2]　孙　一[1,2]　马　静[1,2]　和鹏飞[1,2]

（1. 黄河水利科学研究院，河南郑州　450003；
2. 水利部黄河泥沙重点实验室，河南郑州　450003）

摘　要： 荥阳"7·20"特大暴雨引发的城市洪涝灾害使人们意识到科学、合理地设置紧急避险场所可以有效地避让洪涝灾害，最大限度地减少洪涝灾害造成的人员伤亡。结合荥阳突发暴雨洪水特征，本文分析了荥阳市应急避险场所的空间分布特点、类型和建筑形式等特征，对荥阳"7·20"特大暴雨中应急避险场所功能进行调研分析，探讨了荥阳市应急避险场所的现状问题及完善方向。

关键词： 荥阳；应急避险场所；调查评价；"7·20"特大暴雨

荥阳市历史上曾出现过数次大暴雨、特大暴雨事件，在当时造成了一定程度的灾害损失。暴雨洪涝灾害具有范围广、突发性强的特点，如果将灾害危险区域的人员全部实施搬迁，存在经费有限、任务重等突出问题。在荥阳市 2022 年"7·20"特大暴雨洪涝灾害中，作为重灾区之一的贾峪镇对处于低洼处的群众或存在安全隐患的群众共计 6 000 余人全部无条件集中撤离到村委或者是临近的安全地带，有效地将灾害损失控制在了最低限度[1-2]。这让人们认识到面对突发暴雨洪涝灾害应急避险场所是受灾群众紧急避险快速而有效的手段，更是防汛应急预案体系中重要的组成部分[3-7]。因此，在荥阳市，开展紧急避险场所调查和评价工作是一项具有重要现实意义的工作。

1　荥阳市概况

荥阳市位于河南省中部，黄河南岸，属伏牛山脉，地跨黄河、淮河两大流域。南、北、西三面为低山丘陵环绕，东南部岵山、南部万山、西南三山、北部邙岭，中间为开阔冲积平原。地理坐标为：东经 113°07′~113°30′和北纬 34°36′~34°59′。地势呈现西南高，东北低，南北长 45.5 km，东西宽 37.6 km，总面积 908 km²。荥阳市属于郑州市下辖县级市，辖 14 个乡镇、街道和 1 个风景区管委会，289 个行政村，总人口 73 万。

荥阳市处于中纬度内陆地区，属温带大陆性季风气候，四季分明，期间常有暴雨，多年平均降水量为 608.8 mm，降水年内分布不均，6—9 月降水量占全年降水量的 66%，年际变化大，多年平均径流深 98 mm，年径流量变差系数为 0.29~0.55，变化范围 75~150 mm。荥阳市地跨黄河、淮河两大流域。境内有黄河、汜水河、枯河、索河、须水河、贾峪河六条河流（见图 1）。其中，枯河、汜水河、索河是荥阳市三条主要的防洪排涝河道。

2　应急避险场所空间分布特征

2.1　分布特征

城市应急避险场所是为城市或城镇受到各种灾害侵袭而暂时离开居所的人群临时提供的、利用各种空旷场地和大型馆所预先设立的躲避灾难、居留和生活的公共场所[8]。

基金项目： 国家自然科学基金青年科学基金项目（51809107）；中央级公益性科研院所基本科研业务费专项（HKY-JBYW-2020-10）；国家重点研发计划资助项目（2018YFC0407801）。

作者简介： 伊晓燕（1980—），女，高级工程师，主要从事黄河水沙变化研究工作。

图 1 荥阳市流域分布图

根据调查统计，荥阳市紧急避险点共计 214 个，各区紧急避险点分布差距较大（见表 1），具有空间分布不均的特点。王村镇分布的紧急避险点最多，共计 36 个，占全市避险场所的 16.8%，高村乡、金寨乡和索河街道分布的紧急避险点最少，均为 2 个，均占全市避险场所的 0.9%。紧急避险点分布最多的王村镇是分布最少的高村乡、金寨乡和索河街道的 18 倍。

表 1 荥阳市紧急避险点数量分布

行政区	紧急避险点/个	占市紧急避险点/%	行政区	紧急避险点/个	占市紧急避险点/%
京城路街道	11	5.1	广武镇	4	1.9
索河街道	2	0.9	豫龙镇	33	15.4
崔庙镇	22	10.3	乔楼镇	18	8.4
高山镇	14	6.5	高村乡	2	0.9
汜水镇	13	6.1	城关乡	29	13.6
王村镇	36	16.8	贾峪镇	7	3.3
金寨乡	2	0.9	环翠峪	6	2.8
刘河镇	15	7.0			

2.2 类型特征

按照紧急避险方式，将荥阳市紧急避险点分为临时和固定两类，临时避险点为紧急情况下躲避危险、临时安置人员的场所，如公园、广场、体育场等户外场所；固定避险点为能够满足疏散人员基本生活保障要求的场所，如学校、文化站、图书馆等室内场所。

根据调查统计，荥阳市避险场所中固定避险点有 203 个，临时避险点有 11 个（见图 2）。固定避险点数量较多，占全市避险场所的 94.9%，其中王村镇固定避险点分布最多，该镇固定避险点共计 36 个，占固定避险点总数的 17.7%。固定避险点多为村委、社区和学校等室内固定建筑，分布数量较多，但普遍面积较小，可容纳避险人员有限，但具有覆盖率高，转移路线近，食物、照明和饮用水等物资较为齐全的优点。临时避险点数量较少，仅占全市避险点的 5.1%，其中高山镇临时避险点分布最多，该镇临时避险点共计 5 个，占临时避险点总数的 45.5%。临时避险点大多为广场、体育场等露天场所，虽然分布数量较少，但具有场所面积大容纳人数多的特点。

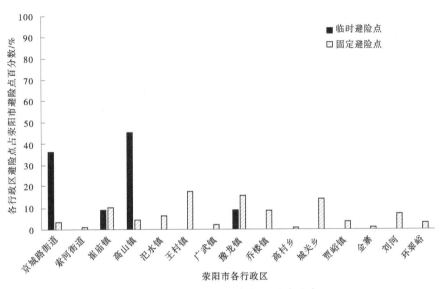

图 2　荥阳市不同类型紧急避险点分布

3　现有紧急避险场所存在的问题

通过对荥阳市紧急避险场所调查发现，荥阳市现有紧急避难场所存在设置缺乏科学规划、分布不均的问题，灾难发生时，起不到有效避让洪涝灾害的作用。

河南省在 2021 年 7 月 17—23 日遭遇历史罕见特大暴雨，发生严重的洪涝灾害，其中位于山区的荥阳市发生重大人员伤亡，遭受严重的财产损失。"7·20"特大暴雨降雨强度大、范围广、持续时间长且雨量大。历史上荥阳也曾发生数次暴雨灾害，位列前三的暴雨灾害过程分别为：2005 年 7 月 22—24 日 306.8 mm，1958 年 6 月 29 日至 7 月 6 日 208.4 m，1975 年 8 月 4—9 日 176.6 mm，以 2005 年 7 月 22—24 日的特大暴雨灾害最为严重。"7·20"特大暴雨过程与荥阳历史排名前三的暴雨过程对比，是历史排名第一的（2005 年）近 2 倍，是排名第二的（1958 年）2.6 倍，是历史排名第三的（1975 年）的 3 倍，雨量之大，雨势之强，范围之广，危害之重，均刷新历史记录[4]。此次灾情受损主要在荥阳市南部、西部乡镇（见图 3），受灾人口多，紧急避险场所预备设置不足、布局不合理的问题最为突出。

本次调查利用数学模型对荥阳市"7·20"特大暴雨中受灾严重的乡镇以及紧急避险场所分布较少的区域发生洪水灾害时的情况进行模拟计算。根据计算结果可以看出（见图 4~图 6），"7·20"特大暴雨中受灾较为严重的汜水镇、高山镇、刘河镇、环翠峪[9] 这 4 个镇（区）分布的紧急避难场所分别占全市避险场所的 6.1%、6.5%、7.0% 和 2.8%（见表 1），设置的紧急避险场所数量偏少。

发生洪水灾害时部分紧急避险场所处于洪水淹没区内，将无法发挥避险作用，导致可用的紧急避险场所不足的问题更加突出。在枯河和索河流域内的金寨乡、高村乡、广武镇和索河街道办事处，分布的紧急避险场所分别占全市避险场所的 0.9%、0.9%、1.9% 和 0.9%（见表1），当发生洪水灾害时，周围不在淹没范围内的紧急避险场所距离较远，不利于紧急疏散受灾群众安全转移进行有效避险。

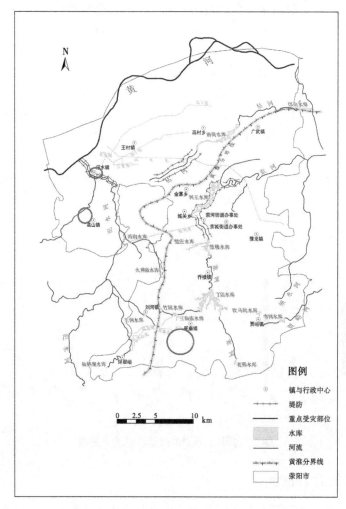

图3　"7·20"特大暴雨荥阳市受灾重点部位

4　结论及建议

灾害紧急避险场所应是预先设置的经过科学规划、建设与规范化管理的安全场所。由于灾害紧急避险场所建设在我国起步晚，到目前为止建设好的避险场所大多为地质灾害紧急避险场所，多为露天的广场和体育场，并不适用于暴雨洪涝灾害的紧急避险使用。目前，针对暴雨洪涝灾害的特点，已建成的紧急避险场所不多，对于洪涝灾害高发的城市或区域，构建紧急避险场所是保障人民生命安全的重要措施。荥阳市经历"7·20"特大暴雨后，暴露出现有紧急避险场所存在设置缺乏科学规划，分布不均的问题，值得我们进一步深入分析和研究。

由于本次研究仅是对荥阳市紧急避险场所的地理位置（区县、乡镇、行政村、自然村）、建筑形式、建筑面积、场所类型等基本信息进行初步调查，针对此次调查结果，建议对荥阳市现有紧急避险场所进行全面科学的调查评估，将安全状况良好的村委会、文化站、学校以及企业等设置为安置点，其次应以"人为中心"综合考虑避险场所位置、避险点距离成本、覆盖率等因素对避险点分布不足的区域进行科学合理的规划，根据实地条件和实际需要分层级构建，建立市级、镇级、村级全方位的安全避险体系。

图4 三仙庙水库溃坝淹没范围

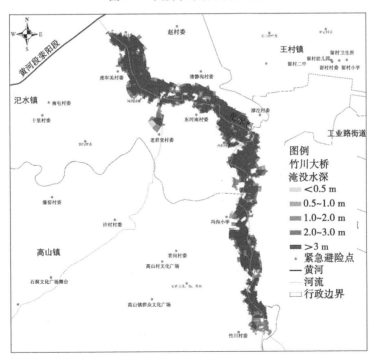

图5 汜水河竹川大桥处溃口淹没范围

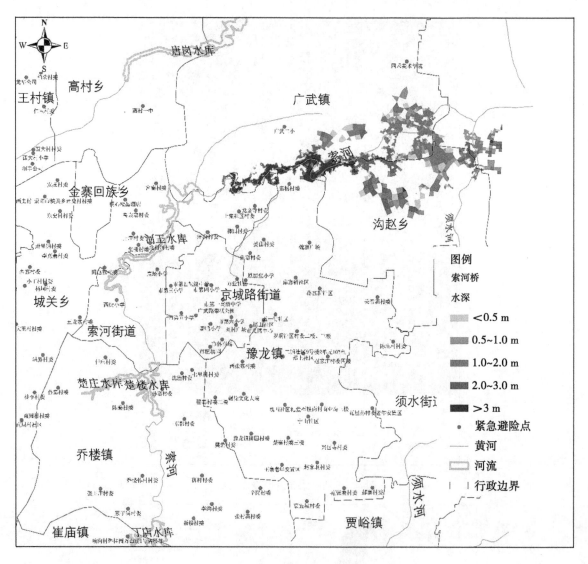

图 6　索河荥广公路桥处溃口淹没范围

参考文献

［1］吴泽斌，万海斌. 2021 年河南郑州山区 4 市 "7·20" 特大暴雨灾害简析［J］. 中国防汛抗旱，2022，32（3）：27-31.

［2］何秉顺. 河南郑州山区 4 市 2021 年 "7·20" 特大暴雨灾害调查的思考与建议［J］. 中国防汛抗旱，2022，32（3）：37-40.

［3］陈志芬，顾林生，陈晋. 城市应急避难场所层次性布局研究［I］——层次性分析［J］. 自然灾害学报，2010，19（3）：151-155.

［4］陈志芬，李强，陈晋. 城市应急避难场所层次性布局研究［II］——三级层次布局模型［J］. 自然灾害学报，2010，19（3）：13-19.

［5］陈志芬，李强，陈晋. 城市应急避难场所选址规划模型与应用［M］. 北京：气象出版社，2011：19-24，50-56.

［6］陈志宗. 城市防灾减灾设施选址模型与战略决策方法［D］. 上海：同济大学，2006.

［7］宋波. 点面结合、科学规划、适应现代城市灾害特点的防灾减灾新视点［J］. 土木工程学报，2010，43（5）：142-148.

［8］王强，周正. 论城市应急避险场所建设［J］. 西北地震学报，2005，27（4）：374-376.

［9］山洪地质灾害专项组. 河南郑州市 "7·20" 特大暴雨灾害山洪地质灾害调查报告［R］. 2021.

基于数字孪生技术的浙江临海市古城 2019 年 "利奇马" 特大暴雨洪水重演分析

陈顺利[1]　　谢魏平[1]　　刘永志[2,3]

(1. 临海市水利局，浙江临海　317000；

2. 南京水利科学研究院水文水资源研究所，江苏南京　210009；

3. 南京水利科学研究院水文水资源与水利工程科学国家重点实验室，江苏南京　210009)

摘　要： 运用数字孪生关键技术，以临海市古城区域为研究范围，研究耦合 BIM 和倾斜摄影测量数据构成的数据底板空间模型，构建 CPU 和 GPU 耦合并行加速实时洪涝分析模型，开发了数字孪生可视化引擎，并将上述内容整合，构建临海市水利数字孪生平台，以洪灾防御为主要应用场景，精准模拟临海市古城区域洪涝灾害发生过程，可视化展示洪水淹没场景，实现数字孪生场景下动态洪水演进过程，以 2019 年 "利奇马" 洪水灾害为例，重演临海市古城区域 "利奇马" 洪水灾害场景。通过洪水灾害复盘和重演，可以精准展示洪水淹没状况，识别防汛薄弱环节，为防汛 "四预" 提供决策支持。

关键词： 数字孪生；台风 "利奇马"；洪水重演；水文水动力模型

1　研究背景

智慧水利建设是新阶段水利高质量发展的最显著标志和六条实施路径之一，全国各地正大力推进智慧水利建设，而数字孪生流域、数字孪生水利工程建设，则是推进智慧水利建设的核心和关键。洪水灾害是我国最主要的自然灾害[1-2]，充分利用先进的数字孪生技术，提供防洪应用的场景建设、数字化映射、智能化模拟和实时仿真等能力，用数字孪生技术赋能智慧防汛，是当前主要的研究方向。在智慧水利领域，数字孪生技术在多个流域范围得到了初步的试验和应用[3-4]。刘昌军等（2022）[5]在淮河流域探索了数字孪生底板、数字化场景以及实时模拟预报等技术的应用，黄艳（2022）[6]通过构建数据底板、完善模型库和知识平台，在长江流域进行数字孪生试点建设，实现了流域模拟能力的提升。通过数字孪生可以构建防洪知识图谱、数字化预演洪水场景[7]，从而提升流域防洪管理水平。

2　2019 年 "利奇马" 特大暴雨洪水概况

台风 "利奇马" 是由菲律宾以东洋面的热带扰动发展而形成的，于 8 月 4 日获得命名，之后持续发展升级为台风、强台风和超强台风，在浙江省温岭市城南镇沿海登陆，于 8 月 13 日消失。2019 年 9 号台风 "利奇马" 主要有 2 个特点：①登陆强度强。这是有气象记录以来影响台州最强的台风之一，过境临海时持续保持 12 级台风强度。②风雨强度大、持续时间久。截至 11 日 9 时，全市过程面雨量 396.1 mm，最大括苍山 829.5 mm，为全省最大雨量点，风雨影响持续 72 h。临海市 47 座大中小型水库均超汛限水位。其中，牛头山水库超汛线水位 6 m，接近最大设计库容。据统计，临海西

基金项目： 国家自然科学基金（42175177）；南京水利科学研究院中央科研院所基金（Y521002）。

作者简介： 陈顺利（1975—），女，高级工程师，主要从事水旱灾害防御工作。

通信作者： 刘永志（1982—），男，正高级工程师，主要从事水旱灾害模拟分析以及水利信息化研究工作。

门断面过水流量 12 500 m³/s，西门洪峰最高水位 10.85 m，是临海市新中国成立以来最大的洪水，达到 80 年一遇。临海西门水位站"利奇马"洪水过程见图 1。

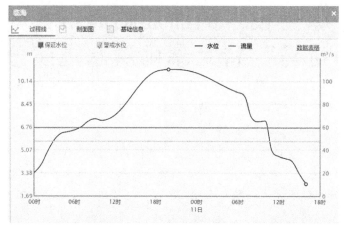

图 1　临海西门水位站"利奇马"洪水过程

台风"利奇马"强降雨影响，灵江流域发生流域性洪水，灵江支流始丰溪沙段站、灵江西门站均超历史最高洪水位。至 8 月 10 日下午 3 时，因灵江水流湍急，洪水冲进台州府城墙内，导致临海市古城区域积水 1.5 m 左右。8 月 9 日 08：00 至 11 日 08：00 临海市降雨情况见图 2。

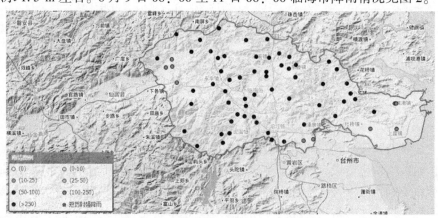

图 2　8 月 9 日 08：00 至 11 日 08：00 临海市降雨情况

3　洪水灾害数字孪生平台关键技术构建

3.1　数字孪生模拟仿真引擎子系统

数字孪生模拟仿真引擎采用开源引擎开发设计，可控性强，支持流域级大尺度高精度模型展示。采用 DirectX12 核心，支持 DOM、DEM、DLG 等各类三维数据可视化表达，可仿真孪生风雨雪雾气象变化、四季变化，支持水流体动力学模型、流体刚体破损破坏模型等。引擎将所有水利实物对象、数据环境要素整合，按照规则编码归类查询。支持整合水利气象等各部门现有信息系统的数据资源，覆盖各业务领域，凭借流畅的实时渲染交互方式，实现雨情、水情、工情运行态势监测，"四预"全流程仿真，水利设施环境日常管理，水利规划设计成果展示、数据分析、应急监测指挥支持等多种功能，可广泛应用于洪水分析研判、场景模拟展示等业务。

3.2　数据底板空间模型

3.2.1　建筑物信息模型建设（BIM）

在水利工程建设和运行管理中构建了全生命期的 BIM 模型，并且整合到数字孪生引擎数据底板中，提高数字孪生流域工程管理、安全系数、应急手段和预警能力，将 BIM 应用到工程管理全生命期，助力水利水电工程技术及管理的转型升级。将 BIM 技术应用到水利工程管理工程中，形成一套直观、高效的全流程设计体系，为整体方案优化、决策提供技术支持，并满足各阶段、各参与方的沉浸式的体验需求，使整个设计过程更加切合实际和高效。在本次研究中临海古城关键城门以及主要水闸等，都采用 BIM 技术进行建模模拟，实现了城门挡水、城门破防进水等高度仿真的模拟和展示。

3.2.2 倾斜摄影数据建设

倾斜摄影技术能实现无接触、高自动化、高精度的测量方式，既可以生成三维模型全景浏览，又可以对地物进行实时量测，还可以和 BIM 模型相结合进行水利工程的三维展示。特别在地形复杂的水利工程，三维模型展示效果更胜一筹。

本次研究采用倾斜摄影测量数据坐标系为平面 CGCS2000，高程采用 1985 国家高程基准，用于提高模型的精度和数据成果的坐标转换。数据处理采用专业软件，工作站进行集群处理。

（1）构建了 0.2 m 精度大场景倾斜摄影数据集。

建立 0.2 m 精度大场景倾斜摄影数据模型，可一次性加载流域地形数据，并和天空地一体化水利感知网数据结合，可视化表现。

（2）实现了灵江流域大场景真实还原。

数字孪生水利平台实现灵江流域场景 0.2 m 精度三维可视化模型。构建水利"一张图"支撑水利预报、预警、预演、预案的模拟仿真体系。准确而高效地对水利流域洪水、积涝等不同灾害进行判断、模拟、推演、预测，为后续应对与完善措施做足准备。

（3）细部场景模型孪生。

在临海古城城门等重点区域位置按照 1∶1 比例构建细节场景模型。孪生构建对象编号、名称属性、链接参数，做到对象可见、信息可视、参数可读、设备可控。

3.3 实时洪涝分析模型平台

数学模型是数字孪生流域的核心，重点是通过预演发现问题和薄弱环节，主要任务是构建水利专业模型和可视化模型等组成的模拟仿真平台，利用数字世界的可重复性、可逆性、试验后果可控等特点，为智慧水利提供细化、量化、变化、直观的分析等计算分析功能支撑。

数字孪生流域仿真引擎的虚拟现渲染计算量庞大，需要高效的洪涝计算分析模型实时完成相应的计算，实现物理流域和孪生流域的虚实迭代。为了实现这一关键技术，采用了 CPU 多线程、GPU（Graphics Processing Unit，GPU）加速等技术，建立了一维、二维耦合的水动力学模型，采用 CPU 和 GPU 耦合并行加速技术，提升洪水演进模型计算效率，可以实现几十万个二维网格和大范围一维河网 24 h 洪水淹没模拟的秒级计算。

在利用本文介绍的洪水灾害数字孪生平台关键技术基础上，构建了临海市水利数字孪生平台，平台可以实现大屏展示，将基础信息、水雨情、工情信息、洪水灾害损失等信息聚合展示，平台界面如图 3 所示。

图 3 临海市水利数字孪生平台

4 临海市古城 2019 年"利奇马"特大暴雨洪水重演

4.1 古城城墙破防受灾过程

"利奇马"极端洪水事件中，灵江干流水位快速上涨过程中，临海市古城墙受险。古城墙至今已经有 1 600 多年的历史，不仅是历史文化遗迹，而且具有军事防御与防洪双重功能，因此古城墙与江北防洪堤共同作为江北城区防洪建筑。利奇马洪水事件后的实地调查结果显示，随着灵江水位不断上涨，导致城门外洪水过深，大大超出其承受能力，城门门栓断裂，朝天门、望江门、镇宁门、兴善门、靖越门 5 座城门先后被冲开，洪水入侵古城城内，造成严重淹涝，平均积水深度达到 1.5 m。

台州府城在长约 5 000 m 的城墙中，有朝天门、望江门、镇宁门、兴善门、靖越门 5 座城门。其中，朝天门离灵江上游最近。除城门可以御水，城墙上还有 4 座平面采用半圆弧形的外翁城和 8 座呈半方半弧的三角形的马面。马面弧形的一边对着灵江，可以有效化解水流冲击带来的压力。台州府城墙和城门遭受洪水侵袭见图 4。

图 4 台州府城墙和城门遭受洪水侵袭

4.2 "利奇马"洪水重演

利用本文介绍的洪水灾害数字孪生平台关键技术，构建了临海市水利数字孪生平台，系统地收集了 2019 年"利奇马"特大暴雨洪水相关水雨情数据、灾情数据、灾后调查数据。在此基础上结合当地防洪抢险进程时间轴，在临海市水利数字孪生平台上重演了"利奇马"特大暴雨洪水袭击临海古城的过程（见图 5）。

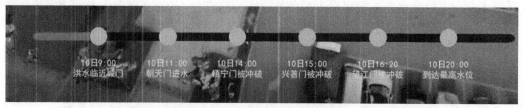

图 5 "利奇马"洪水重演时间轴

洪水重演背景是灵江流域遭遇"利奇马"大暴雨，灵江水位暴涨，发生 80 年一遇洪水，冲破临海市古城（5A 景区）城墙的 5 座城门，导致古城被洪水侵袭。以洪水上涨和冲破古城门的时间过程为时间轴，设定了重演的模拟节点，分别如图 6~图 9 所示。

在临海市水利数字孪生平台中，结合历史洪灾重演设计并实现了如下功能，包括：①通过改变水体颜色，清晰展示洪水演进效果和到达位置及范围。②展示淹没点水位变化情况，可以在场景中查询水深数值。③展示城墙发生溃口时，溃口的演变过程，以及溃口进水导致的洪水淹没过程。④开发古城城门进行交互控制功能，实现类似水闸闸门控制效果，五个城门可以自由组合设置溃口时间和溃口数量。

图6　朝天门进水过程模拟效果

图7　望江门城门破防时洪水演进情况

图8　望江门进水过程模拟效果

　　临海市水利数字孪生平台可以根据洪水变化情况，以及洪水淹没情况，实现古城洪水灾害场景中基础信息、水雨情、工情信息、洪水灾害损失等信息动态展示。通过突出水体颜色展示洪水在城区街道中演进的效果见图10。

图 9 兴善门进水过程水深展示效果

图 10 通过突出水体颜色展示洪水在城区街道中演进的效果

在发生洪水后，当地水利部门开展了"利奇马"洪水灾后测量，在古城里选取了台州医院、老年大学等若干个关键点位，平台中洪水演进结果展示的是水动力力学模型的计算结果，模型计算结果与灾后测量数据进行了精度评估，满足精度要求。

"利奇马"灾害发生后，组织了洪水调查，主要调查点位分布如图 11、图 12 所示。

图 11 灾后调查点位最大淹没水位

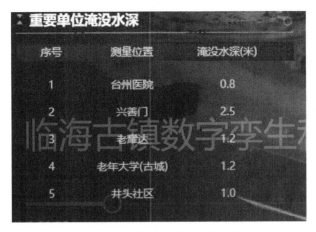

图 12　结合洪水演进过程动态展示重点单位淹没情况

5　结论与展望

基于数字孪生关键技术，以临海市古城区域为研究范围，研究包括倾斜摄影测量模型的数据底板、实时洪涝分析模型平台、数字孪生可视化引擎等内容，构建临海市水利数字孪生平台，模拟临海市古城区域洪涝灾害发生过程，展示洪水淹没场景，以 2019 年"利奇马"洪水灾害为例，重演古城区域"利奇马"洪水灾害场景。为水利管理部门提供辅助决策，全面提升洪涝灾害风险防控能力。

数字孪生属于前沿技术，整合了 BIM 模型、无人机倾斜摄影、河流和水利工程数字孪生模型、水利机制数学模型和 BIM+GIS 融合等关键技术。开展数字孪生技术在水利行业的更广泛应用，还需要在数据建模方法、模型平台耦合、人工智能交互、数据共享等方面开展更多的研究。

参考文献

［1］蔡阳，成建国，曾焱，等．加快构建具有"四预"功能的智慧水利体系［J］．中国水利，2021（20）：2-5.

［2］甘郝新，吴皓楠．数字孪生珠江流域建设初探［J］．中国防汛抗旱，2022，32（2）：36-39.

［3］廖晓玉，高远，金思凡，等．松辽流域智慧水利建设方案初探［J］．中国防汛抗旱，2022，32（2）：40-43，53.

［4］张亚玲，王计平．海河流域典型蓄滞洪区经济状况及其数字孪生建设思考［J］．海河水利，2022（3）：1-3，9.

［5］刘昌军，吕娟，任明磊，等．数字孪生淮河流域智慧防洪体系研究与实践［J］．中国防汛抗旱，2022，32（1）：47-53.

［6］黄艳．以数字孪生长江支撑流域治理管理［J］．中国水利，2022（8）：30-35.

［7］范光伟，王高丹，侯贵兵，等．数字孪生珠江防洪"四预"先行先试建设思路［J］．中国防汛抗旱，2022，32（7）：24-29.

徐六泾深槽稳定性对中俄东线天然气管道
长江盾构穿越工程的影响分析

杨　阳[1]　李文斌[2]　汪　洋[2]　魏　猛[1]　孙思瑞[1]

(1. 长江水利委员会水文局长江中游水文水资源勘测局，湖北武汉　430010；
2. 国家石油天然气管网集团西气东输分公司，上海　200122)

摘　要： 在徐六泾节点河段修建中俄东线天然气管道长江盾构穿越工程，其河床演变规律，尤其是徐六泾深槽的稳定性是工程设计关注的要点之一。采用实测资料分析的方法研究了徐六泾深槽近期的稳定性及其对中俄长江盾构隧道工程的影响。研究表明：徐六泾节点河段基本具备建设过江隧道的宏观河势条件，近期河段总体呈冲刷且以冲槽为主；徐六泾深槽存在进一步冲刷下切并向下游发展的趋势，且河床具备形成相当规模局部冲刷坑的条件，需从工程设计及运行维护等方面予以考虑；隧道设计最深点隧顶高程按-60.2 m控制基本合理。

关键词： 徐六泾节点河段；盾构隧道；河床演变；深槽稳定性

1　引言

中俄东线天然气管道工程是构筑我国东北油气战略通道的重要工程，有利于促进我国天然气进口气源多元化，保障我国天然气供应安全，其中长江盾构穿越工程是中俄东线的控制性工程。中俄东线天然气管道工程在苏通大桥下游约6 km处以盾构隧道的形式穿越长江口徐六泾节点河段。

徐六泾节点河段河床演变复杂，影响因素众多，且穿越断面位于徐六泾深槽槽尾处，其河床演变规律，尤其是徐六泾深槽的稳定性是工程设计关注的重点之一。为此，本文在参考以往相关研究的基础上重点分析徐六泾深槽近期演变特性和深槽稳定性的影响因素，并预测徐六泾深槽的演变趋势，在此基础上进一步分析徐六泾深槽稳定性对隧道工程的影响，为工程的设计提供参考依据。

2　基本概况

2.1　工程概况

中俄东线天然气管道长江盾构穿越工程（简称中俄长江盾构隧道）为大型水域穿越工程，穿越处长江主河道水面宽约7.6 km，两堤间距约9.3 km，始发竖井位于左岸新江海河闸北侧场地，接收竖井位于右岸姚家滩。设计隧道外径为7.6 m，两岸工作井之间隧道水平投影长度约为10.23 km，穿江隧道顶部最低点设计高程为-60.20 m（1985国家高程基准，下同）[1]。

2.2　河道概况

中俄长江盾构隧道位于长江口徐六泾节点河段。徐六泾节点河段起于徐六泾、止于白茆河口，上接通州沙汊道段，下接白茆沙汊道段，全长约15 km。河段进口河宽约5.7 km，往下逐渐放宽，白茆河口附近约7.5 km，河道南、北两岸分别有白茆小沙和新通海沙，均为水下暗沙，中间为徐六泾深槽。徐六泾节点段进口处主流偏南岸，过白茆小沙后北偏进入白茆沙汊道段，在白茆沙头分流进入白

作者简介： 杨阳（1991—），女，工程师，主要从事水文泥沙、河道演变研究工作。

茜沙南、北汉道，且自 1958 年来南汉一直为主汉[2]。

徐六泾节点河段河势变化多年来主要受围垦、护岸工程等人类活动影响，近几十年从水流分散、洲滩密布的河势格局演变至今河宽束窄、水流集中归顺的节点河段，目前总体河势得到初步控制，滩槽格局基本稳定[3-4]。徐六泾节点河段河势图见图 1。

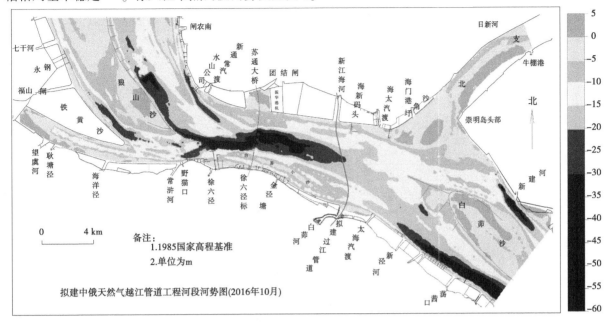

图 1　徐六泾节点河段河势图

3　徐六泾深槽近期演变特性分析

3.1　平面变化

套汇 2001—2018 年间 5 个测次徐六泾节点河段徐六泾深槽-20 m、-40 m、-50 m、-60 m 特征等高线如图 2 所示，特征值统计见表 1。

中俄长江盾构隧道断面位于徐六泾深槽-20 m 槽尾处，2001—2018 年间，-20 m 槽槽尾呈逐年下挫的趋势，由表 1 特征值统计可知，-20 m 槽槽尾 2001—2018 年累计下挫约 2.3 km，与隧道断面的距离从上游 0.36 km 下挫至下游 1.46 km。

-40 m 槽主要位于苏通大桥桥位断面上游，且主要受狼山沙东水道主流线摆动的影响，深槽头部年际间变幅较大，有逐年上提的趋势，槽尾位置相对稳定，下距苏通大桥桥位断面 420~780 m。苏通大桥建成（2005 年 8 月主桥桥墩建成）后，-40 m 槽发展至苏通大桥桥位下游，桥位下游-40 m 槽上边缘距离苏通大桥约 850 m，分为上下两部分，且 2006—2018 年间位置相对稳定。由表 1 特征值统计可知，桥位下游-40 m 槽大小有逐年增大的趋势，槽尾与中俄长江盾构隧道间的距离在 3.05~3.31 km。

2006 年后苏通大桥下游开始出现-50 m 槽（槽 1），距离苏通大桥桥址断面约 1.2 km，面积约 0.012 km²；至 2016 年，槽 1 下移约 200 m，面积增加至 0.046 km²；2018 年，槽 1 面积增加至 0.16 km²，且在槽 1 下游约 1.8 km 处形成一个新的-50 m 槽（槽 2），面积约 0.045 km²，槽尾距拟建工程断面约 3.1 km。由表 1 特征值统计可知，-50 m 槽与中俄长江盾构隧道断面距离逐渐减小，2001—2018 年共下移 4.96 km，平均下移速率 275 m/a。

2016 年后苏通大桥下游开始出现-60 m 槽，面积约 0.008 km²，槽尾距中俄长江盾构隧道断面约 4.85 km；2018 年面积增大至 0.040 km²，槽尾距中俄长江盾构隧道断面约 4.78 km。

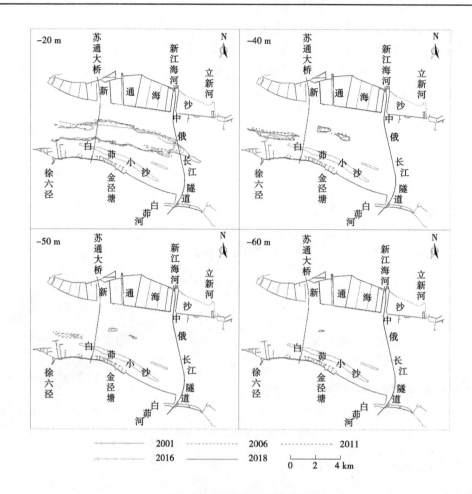

图 2 徐六泾深槽特征等高线平面变化图

表 1 徐六泾深槽特征值统计

测次年份	-20 m 槽槽尾距隧道断面距离/km	-30 m 槽槽尾距隧道断面距离/km	-40 m 槽		-50 m 槽		-60 m 槽	
			苏通大桥下游面积/km²	槽尾距隧道断面距离/km	苏通大桥下游面积/km²	槽尾距隧道断面距离/km	苏通大桥下游面积/km²	槽尾距隧道断面距离/km
2001	0.36	3.01	0	7.63	0.078	8.06	—	—
2006	0.29	2.39	0.440	3.31	0.497	5.27	—	—
2011	-0.20	2.10	0.462	3.03	0.420	7.65	—	—
2016	-0.36	2.28	0.585	3.15	0.046	4.84	0.008	4.85
2018	-1.46	2.10	0.612	3.05	0.204	3.10	0.040	4.78

注："-"表示位于中俄长江盾构隧道断面下游。

3.2 纵剖面变化

图 3 给出了徐六泾节点河段 1998—2018 年深泓纵剖面变化情况，表 2 给出了徐六泾深槽纵剖面特征值统计情况。

由图 3 和表 2 可知，徐六泾深槽深泓纵剖面年际间变幅较大，且近 20 年来有较显著的冲刷下切趋势，最深点高程由 1998 年的 -33.5 m 下切至 2018 年的 -67.8 m，下降约 34.3 m，平均下降速率为 1.72 m/a，2016—2018 年间，深槽有显著下移。中俄长江盾构隧道穿越断面所在的白茆河口附近深泓纵剖面年际间较为稳定，且有冲有淤，上下变幅在 7 m 左右。

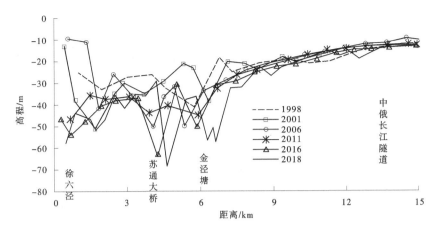

图3　徐六泾节点河段深泓纵剖面变化

表2　徐六泾深槽纵剖面特征值统计

年份		1998	2001	2006	2011	2016	2018
徐六泾深槽最深点	高程/m	−33.5	−51.8	−59.4	−56	−63.4	−67.8
	距隧道断面/m	8 542	8 834	5 887	8 450	5 636	5 245
隧道断面最深点高程/m		−24.17	−19.03	−19.43	−21.34	−21.22	−23.8

3.3　工程断面冲淤变化

套绘中俄长江盾构隧道断面1978—2018年间10个测次的实测断面线见图4。

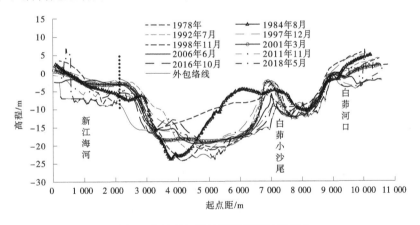

图4　中俄长江盾构隧道断面冲淤变化

隧道由左至右依次穿越了新江海河河口、徐六泾深槽槽尾、白茆小沙沙尾、白茆河口,总体呈"W"形。断面冲淤变化可分两个阶段:1992年前为"剧烈冲淤"阶段,断面深槽显著冲深且向右岸发展,深槽由偏"V"形演变为"U"形,断面深泓显著右移;1992年后为"缓慢冲淤"阶段,断面总体形态基本保持不变,深泓点在河道中心线附近摆动且略有下切,断面局部有冲有淤。

断面最深点高程变化范围为−15.67~−24.17 m,断面最深点横向变幅2 196 m左右;河演包络线最深点高程为−24.17 m,出现在1998年11月测次。

4　深槽稳定性影响因素分析

4.1　来水来沙条件

2003年三峡水库蓄水后,长江中下游河段径流量变化不大,但输沙量明显减少。2003—2018年,长江下游大通水文站年均径流量为 8 597 亿 m³，年均悬移质年输沙量为 1.34 亿 t，与 1950—2002 年多年平均值相比分别减少了 5.0% 和 68.6%。

河床的冲淤变化主要是水流的不平衡输沙造成的，将输沙量与径流量的比值（S/W）定义为水沙搭配系数，其大小是反映来水来沙条件对河床冲淤作用的一个重要指标；较大的水沙搭配系数有利于河床淤积，较小的水沙搭配系数有利于河床冲刷。图 5 是大通站三峡蓄水前后多年平均逐月水沙搭配系数的对比，从图 5 中可以反映出三峡蓄水后长江口河段汛期水沙搭配系数大幅地减小，来水来沙条件的这种变化使河段具有冲刷的倾向，这是徐六泾节点河段近期总体呈冲刷的趋势性原因。

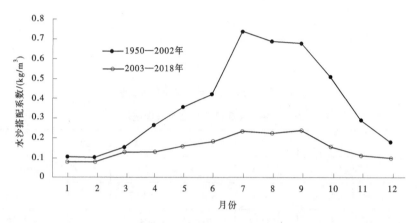

图 5　大通站多年平均水沙搭配系数变化过程

4.2　整治工程建设

近年来，长江南京以下 12.5 m 深水航道整治工程、新通海沙围垦工程等使得徐六泾节点河段及上、下游河道岸线及主要洲滩大部分得以稳定。随着今后河道及航道整治工程的继续实施以及沿江岸线的开发利用，将进一步限制河道横向演变的空间，现有的滩槽格局将维持较长时间基本不变，徐六泾节点河段整体河势将进一步向稳定的方向发展。

4.3　河床组成

中俄长江盾构隧道穿越断面附近河床表层主要为淤泥质土和粉土，根据 2019 年 11 月隧道断面附近 3 个断面共 9 个取样点的床沙颗分成果，样本粒径范围为 0.009~0.150 mm，$d_{50} = 0.102$ mm，采用张瑞瑾起动流速公式[5] 计算床沙样本 d_{50} 在水深为 10~50 m 下的起动流速，得到床沙起动流速范围为 0.48~1.04 m/s。

根据 2019 年 11 月（枯季）隧道断面实测流速，断面垂线平均流速范围为 0.53~0.9 m/s，根据水动力模型试验研究成果[6]，隧道断面徐六泾深槽区域落潮平均流速一般在 0.8~2.5 m/s，基本均大于床沙起动流速。由此可知，隧道断面附近河床泥沙在现有水流条件下易起动。

4.4　苏通大桥建设

根据前文 3.1 节分析可知，苏通大桥桥位下游-40 m 槽始出现于苏通大桥建成后，上边缘距离苏通大桥约 850 m，且 2006—2018 年间位置相对稳定，反映了苏通大桥建设引起了桥位下游出现局部冲刷。

2006 年后苏通大桥下游开始出现-50 m 槽（槽 1），距离苏通大桥桥址断面约 1.2 km；2018 年槽 1 面积进一步增大且下游约 1.8 km 处形成一个新的-50 m 槽（槽 2）。根据相关研究成果[7]，苏通大桥建设对河道地形影响范围约为桥址上、下游 1.5 km 以内。槽 1 距桥址断面约 1.2 km 且正对苏通大桥主墩，2006 年后该局部冲刷坑位置较为固定，面积略有增大，初步判断其形成与苏通大桥建设有关。槽 2 距桥址断面约 3.2 km，从形成时间和位置来看，槽 2 的形成与苏通大桥关系不大。

4.5　大洪水作用

大洪水对河道河床造床能力强，河床局部冲刷强度和幅度均较大，甚至可能引起河势发生较大的变化。2016 年和 2017 年长江下游连续发生较大洪水，其中 2016 年大通站实测最大流量 70 700 m³/s，日均流量大于 45 000 m³/s（河段平滩流量）的时间达到 120 d，为 1998 年以来的首位，2017 年来水也相对偏丰，大通站实测最大流量也达到 70 600 m³/s。2018 年拟建工程线位上游出现–50 m 槽可能与此相关。

5 深槽稳定对隧道工程影响

5.1 演变趋势分析

徐六泾节点河段在经历了较长时期的自然演变和一系列的人类活动后，河段边界基本稳定，现有滩槽格局将维持较长时间不变，具备建设过江隧道的宏观河势条件，但实测资料分析表明徐六泾深槽近期有冲刷下切及下移的变化趋势。

三峡水库蓄水运行以来长江河口段的不饱和输沙是徐六泾节点河段近期冲刷的趋势性原因。徐六泾节点上下游河段多年来整治工程的逐步实施稳定了河段的滩槽格局，限制了河道演变的横向发展，河道冲刷将以冲槽为主，徐六泾深槽未来一定时期内都将持续冲刷下切。中俄长江盾构隧道断面附近床沙在现有水流条件下易起动，主要受大洪水作用及人类活动的影响，河床易形成相当规模的局部冲刷坑。

在现状边界条件下，徐六泾深槽未来以冲刷下切和向下游发展为主，且河床可能会出现新的局部冲刷坑。

5.2 隧道埋深符合性分析

根据《油气输送管道穿越工程设计规范》（GB 50423—2013）规定，水域盾构、顶管法隧道上部所需覆土层的最小厚度应根据工程地质、水文地质条件、设备类型因素确定，应大于 2.0 倍隧道直径，且低于设计冲刷线以下 1.5 倍隧道直径。中俄长江盾构隧道设计外径为 7.6 m，计算得 2.0 倍隧道直径为 15.2 m，1.5 倍隧道直径为 11.4 m。

根据设计文件，在新江海河港池水域隧顶最小埋深为 21.37m（>15.2 m），在白茆河口附近水域隧顶最小埋深为 16.9 m（>15.2 m），在长江主槽水域范围内隧顶距河演包络线大于 11.4 m，满足设计规范的要求。

隧道穿越断面附近河床有形成局部冲刷坑的条件，根据 2018 年实测地形，穿越断面上游约 3.1 km 处形成了一个新的局部冲刷坑，最深高程为–57 m，且有向下游冲刷发展的可能，隧道设计最深点隧顶高程按–60.2 m 控制是必要的，考虑徐六泾深槽冲刷发展的可能性，目前的设计方案隧道埋深基本合理。

6 结论

（1）中俄长江盾构隧道所在的徐六泾节点河段在经历了较长时期的自然演变和一系列的人类活动后，滩槽格局基本不会改变，河道边界条件及总体河势趋于稳定，具备建设过江隧道的宏观河势条件。

（2）徐六泾节点河段总体呈冲刷趋势，并以冲槽为主，且徐六泾深槽存在进一步冲刷下切及下移的趋势。中俄长江盾构隧道断面位于徐六泾深槽槽尾，1992 年后断面总体形态基本不变，整体略有下切，河演包络线最深点高程为–24.17 m。

（3）三峡水库蓄水运行后的不饱和输沙是徐六泾节点河段冲刷的趋势性原因；多年来整治工程的实施限制了河道演变的横向发展，稳定了河段的滩槽格局，使得冲刷以冲槽为主；河段水动力泥沙条件复杂且床沙易起动，且主要受大洪水作用及人类活动的影响，河床易形成相当规模的局部冲刷坑。

（4）中俄长江盾构隧道设计隧顶埋深满足设计规范要求，且考虑徐六泾深槽冲刷发展的可能性，隧道设计最深点隧顶高程按–60.2 m 控制基本合理。

参考文献

[1] 中国石油天然气管道工程有限公司. 中俄东线天然气管道工程（永清—上海）长江盾构穿越工程初步设计说明书（E 版）[R]. 2019.

[2] 余文畴. 长江河道探索与思考 [M]. 北京：中国水利水电出版社，2017.

[3] 李键庸. 长江河口段徐六泾节点演变规律 [J]. 人民长江，2000（3），32-34.

[4] 余文畴，张志林. 关于长江口近期河床演变的若干问题 [J]. 人民长江，2008（8）：86-89.

[5] 张瑞瑾. 河流泥沙动力学 [M]. 北京：中国水利水电出版社，1998.

[6] 南京水利科学研究院. 中俄东线天然气管道工程（南段）长江盾构穿越工程潮流泥沙物理模型试验研究 [R]. 2019.

[7] 南京水利科学研究院. 苏通长江公路大桥动床河工模型试验成果报告 [R]. 2002.

城区水库溃坝洪水数值模拟研究

龙晓飞　　武亚菊　　范群芳

(珠江水利科学研究院，广东广州　510611)

摘　要：城区水库一旦发生失事，瞬间下泄的大量水体将给生命和财产高度集中的下游地区带来无法估量的灾难性破坏。城区水库下游建筑物密集，水库溃坝后的下泄演进与山区水库存在显著不同，针对城区地物特征，对密集建筑群采用"等效糙率"整体概化。以深圳某城区水库为例，构建溃坝洪水演进数学模型，拟订均质土坝漫顶渐溃对溃坝洪水在城市地区演进过程进行模拟。计算结果表明，模型能较好地反映城区建筑群的阻水壅水和蓄水滞水效应，能体现城市道路在洪水演进过程中的通道作用，模拟成果可为水库应急预案编制及人员疏散转移提供科学的参考依据。

关键词：城区水库；溃坝洪水；数值模拟；等效糙率

1　引言

溃坝是一种低频率、高风险的灾害。大坝一旦发生溃决，将对下游地区带来灾难性影响，因此需时刻警惕大坝溃决事故发生。1954—2006 年，我国共有 3 498 座水库垮坝，平均年垮坝数约为 64 座[1]，可见我国溃坝事件发生频率相当惊人，必须高度重视，除工程措施外，还需要采取水库应急预案等非工程措施。

随着我国城市的快速扩张发展，原先在郊外的水库有的已经进入了市区，形成了"城市头顶一盆水"现象，特别是在广州、深圳等南方发达城市地区，此类现象尤为突出。因此，当城市地区水库一旦溃决，瞬间下泄的大量水体将给生命和财产高度集中的下游地区带来无法估量的灾难性破坏。由此可见，对城市地区水库进行溃坝洪水演进模拟就显得极其重要。但由于城市建筑导致的河道特性与山区河流有显著差别，溃坝后的洪水演进规律与山区河流也必然有显著差别。因此，对城市地区的溃坝洪水进行研究，对洪水演进理论发展和工程应用均具有重大价值[2-3]。

国内外不少学者对溃坝洪水进行过研究，数值模拟是这些研究中的主流研究方法[4]。叶爱民等[5] 以浙江嘉兴地区为研究对象，运用 MIKE11 和 MIKE21 建立区域 MIKEFLOOD 耦合模型，模拟河道溃堤洪水在区域内的演进情况，分析洪水风险，为嘉兴地区洪水风险图编制工作提供技术支撑。刘俊萍等[6] 运用 MIKE11 一维河网模型、MIKE21 二维水动力模型和 MIKEFLOOD 耦合模型，对海岛地区小流域洪水进行数值模拟，研究成果可为洪涝灾害治理和土地利用规划等提供技术依据。曲霞[7] 利用 MIKE11 模型对大凌河干流河道的溃堤洪水过程进行模拟分析，其模拟结果能够较好地反映溃口洪水实际状况，对准确还原和分析洪水发生过程具有重要意义。蒋林杰等[8] 采用 HEC-RAS 建立百花滩电站河道数值分析模型，计算分析了 9 种溃坝方案下溃坝洪水在下游的演进过程和影响范围，明确了沿线淹没范围和转移路线，分析结果为电站安全运行和防洪应急管理提供科学依据，也可为类似闸坝工程溃坝分析提供参考。闫琪琪等[9] 利用 HydroInfo 建立溃坝三维数值模型，根据实际调洪过程验证模型适用性，模拟瞬间全溃、半溃工况洪水演进过程，获得下游淹没时间、范围、历时、淹没水深等重要的水情信息，通过下游特征点列出洪水特征信息，为下游防洪决策提供依据。

作者简介：龙晓飞（1980—），男，高级工程师，主要从事水力学及河流动力学和水环境治理等工作。

通信作者：武亚菊（1980—），女，高级工程师，主要从事水力学及河流动力学和水环境治理等工作。

本文以某城区水库为例，建立二维溃坝洪水演进数学模型，对溃坝洪水在复杂城市地区演进过程进行模拟，分析洪水在下游城市地区演进流态变化特征，计算区域洪水淹没面积、淹没水深及退水时间等水情信息，为水库应急预案编制及人员疏散转移提供科学的参考依据。

2 区域概况

水库设计防洪标准为 100 年一遇，校核防洪标准为 1 000 年一遇，正常蓄水位 75.0 m，正常库容 1 857 万 m^3。水库工程主要由主坝、4 座副坝、溢洪道、输水涵等组成。主坝为均质土坝，坝顶高程为 76.8 m，坝顶长 389 m，宽度 5 m，最大坝高 28.6 m，防浪墙顶高程 77.8 m，上游坝坡 1：3，下游坝坡为 1：2.5 和 1：2.75。水库下游有许多重要的建筑物、党政事业单位、水电、通信等设施，确保水库大坝安全是关系城市社会稳定、广大人民生命财产安全和经济建设发展的大事。

3 城区溃坝洪水演进模型

溃坝水流的构成复杂，通常包含激波、亚临界流、超临界流等区域。通过数值解与试验数据比较，认为浅水方程能够较好地描述溃坝水流。对于二维溃坝问题，在静压假定和忽略风应力和柯氏力的条件下，描述溃坝洪水演进的二维控制方程为浅水方程。

3.1 控制方程及求解方法

$$\left.\begin{array}{l} \dfrac{\partial \zeta}{\partial t} + \dfrac{\partial uH}{\partial x} + \dfrac{\partial vH}{\partial y} = 0 \\[3mm] \dfrac{\partial uH}{\partial t} + \dfrac{\partial uuH}{\partial x} + \dfrac{\partial uvH}{\partial y} + gH\dfrac{\partial \zeta}{\partial x} + \dfrac{gu\sqrt{u^2+v^2}}{C^2} = 0 \\[3mm] \dfrac{\partial vH}{\partial t} + \dfrac{\partial uvH}{\partial x} + \dfrac{\partial vvH}{\partial y} + gH\dfrac{\partial \zeta}{\partial y} + \dfrac{gv\sqrt{u^2+v^2}}{C^2} = 0 \end{array}\right\}$$

式中：ζ 为水位；H 为水深；u、v 分别为垂向平均流速在 x、y 方向的分量；C 为 Chezy 系数；g 为重力加速度。

控制方程的求解采用非结构网格有限体积法，其中跨越网格边界的通量采用基于黎曼间断的 Osher 格式进行估算[10]。

3.2 研究范围及地势特征

结合水库下游河道走势及城区地形高程，研究范围东西向约 13 km，南北向约 44 km，研究区域面积约 550 km^2。库区下游局部范围地形，总体呈现南高北低，溃坝洪水沿地形较低的主干河道由北向南排出城区，滞留城区低洼处洪水只能通过城市排水系统排出。

根据下游城区内河流走势、道路的分布、建筑物的大小合理布置计算网格，对于地势较高的非淹没范围的山体网格布置较大，网格尺寸约 300 m，对于下游重点分析的淹没城区及河道网格布置较密，网格尺寸约为 15 m。库区及下游地形三维视图见图 1，库区下游城区建筑群分布见图 2。

3.3 溃决方案及计算工况

我国在过去 60 年内发生过很多次溃坝事件，根据坝高统计，30 m 以下的低坝已占溃坝的 96.5%；按坝型统计，土石坝占已溃坝的 97.8%。已溃坝的主要原因可概括为洪水漫顶、大坝质量欠佳、管理不当及其他，漫坝是主要的一种溃坝模式，所占比例已经达到 50.2%[11-12]。综合坝高、坝型水库特征及发生概率，本文以漫顶渐溃作为坝体的溃决方案。

考虑出现超标准洪水造成主坝均质土坝漫顶溃决，溃坝水位取坝顶高程 76.8 m，上游来水量大于 100 年一遇设计洪水标准 119.18 m^3/s，入库洪水大于泄水量，库水位不断上涨，可能出现漫坝，溃决形式按渐溃。溃口由主坝坝顶 76.8 m 处开始按线性变化，最终形成梯形溃口，溃口发展过程如图 3 所示。溃口发展过程参考《洪水风险图编制技术细则附录》中经验公式分析确定，水库主坝有

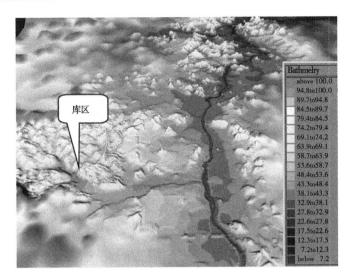

图 1　库区及下游地形三维视图

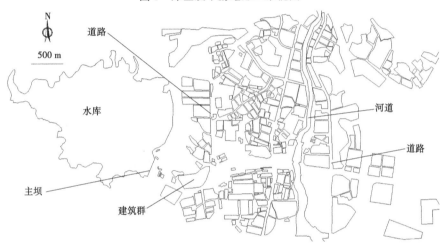

图 2　库区下游城区建筑群分布示意图

效溃决高度 26 m，有效下泄库容 1 766 万 m³，确定最终溃口上底宽 108.8 m，下底宽 30.8 m，溃口边坡比 Z 为 1.5，溃口形成时间确定为 1.49 h。

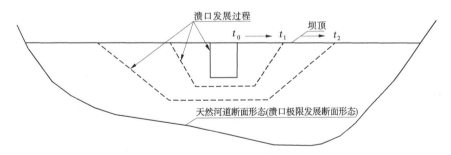

图 3　大坝溃口发展示意图

3.4　城区建筑物概化

城市水库与山区水库在洪水演进研究方面的主要区别在于下游地区的地形、地表类型的不同，城市水库下游分布着密集建筑群，这些建筑物会对演进的洪水产生阻滞、分流、延缓等作用，如何对其合理概化，是决定城区溃坝洪水演进模拟的关键。

若将一个建筑群概化为实体，即将其外围轮廓作为封闭的固定边界，则忽略了其蓄水的作用，导致计算结果出现明显的误差，使得洪水在淹没过程前进速度偏快。用加密网格的方法模拟建筑群并使其阻水、蓄水作用并存，显然会使问题变得复杂，数值模拟难度增大。姚志坚等[13] 提出用"等效糙率"模拟建筑群的方法及"等效糙率"取值的水槽试验手段，忽略建筑物的具体形态，对建筑群采用加大糙率的等效率方法来确定建筑区的糙率，并成功应用在某城市水库溃坝洪水演进研究中。本文直接采用其研究成果，结合建筑群密集程度糙率范围取值 0.3~0.5。对于下游淹没区域的河道、空地、树丛及水田等下垫面，参照洪水风险图编制导则，河道糙率取值范围为 0.025~0.035，空地糙率取值为 0.035，树丛糙率取值为 0.065，水田糙率取值为 0.05。

4 结果分析

4.1 溃口流量过程分析

本文采用整体模型，将坝址上游水库和下游淹没区作为一整体考虑，坝址流量过程结合溃口发展过程及库区水位变化由模型自动求出，坝址流量过程线见图 4。坝体发生漫顶溃决，坝址流量缓慢增加，溃坝发生 90 min 时形成最终溃口，坝址流量亦达到峰值 3 635 m³/s，在峰值前为一缓变过程，然后缓变下降。溃口流量过程呈抛物线形，坝址峰值流量与最大溃口呈现一致性，坝址流量过程基本合理。

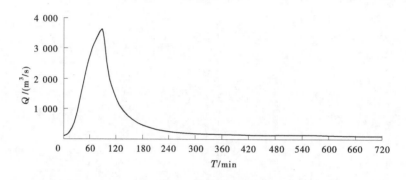

图 4 坝址流量过程线

4.2 淹没区洪水演进分析

水库漫顶溃决后，下游城区洪水演进过程如下：①坝体溃决至 20 min，漫顶开始时坝址流量较小，受坝体下方水厂等建筑物阻挡，洪水主流沿坝体西侧溢洪通道向下游演进，洪水主流向前行进至老围福民路口，沿程水流向老围村庄扩散，最大流速约 4 m/s；②20~40 min，洪水淹没田地行进至观澜大道，沿程水流向村庄持续扩散，最大流速约 5 m/s；③60~90 min，坝址流量持续增加至峰值，观澜河西岸淹没范围进一步扩大，洪水在环观南路附近分成三支，南支洪水行进至清湖村附近，东支洪水沿环观南路行进至与大河路交叉路口，进而转向大河路向北演进。下游城区和溃坝洪水流场图见图 5。

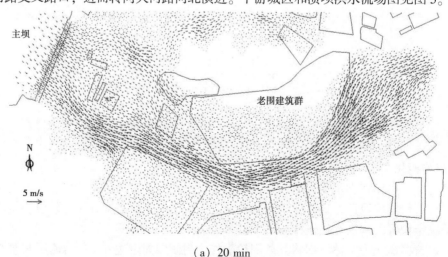

（a）20 min

图 5 下游城区和溃坝洪水流场

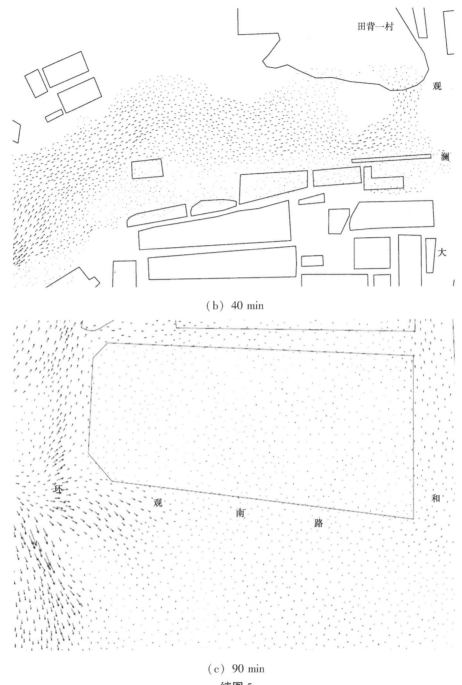

（b）40 min

（c）90 min

续图5

库区下游洪水演进流速、流向有明显规律，总体流势合理，下泄洪水遇到建筑群时两侧绕流通过，同时又有较小流速穿过其间，模拟结果体现了建筑群的阻水和蓄水的作用，表明等效糙率模拟建筑群的可行性和有效性。

4.3 淹没面积分析

各时刻洪水淹没面积统计见表1。坝体溃决后坝址流量逐渐增大，下游淹没范围不断增加，1.5 h后形成最终溃口，溃坝流量亦达到峰值，淹没范围达到2.91 km²，3 h后淹没面积达到最大5.94 km²，随后库区下游淹没范围逐渐减小，缓慢退水，部分被淹没的陆地暴露出来，溃坝洪水沿着主要河流通道向下游城区演进，下游城区淹没面积持续增大，6 h后淹没面积减小至4.58 km²。

表1　各时刻洪水淹没面积统计

时间/h	0.5	1.0	1.5	2.0	3.0	4.0	5.0	6.0
淹没面积/km²	0.3	0.97	2.91	4.95	5.94	5.81	5.22	4.58

4.4　淹没区退水时间分析

本文以淹没区的蓄水量来描述洪水退出下游城区的速度，退水时淹没区的剩余水量统计见表2。溃坝后8 h，城区街道的退水量达到80%~89%，淹没范围低洼地带滞留水量为11%~20%，随着淹没水深、流速明显减小，退水速度也明显减缓。

表2　淹没区退水时间

时间/h	3	4	5	6	7	8
退水量/万 m³	77.21	344.63	703.51	1 058.33	1 348.18	1 534.77
所占比例/%	4.37	19.51	39.84	59.93	76.34	86.91

4.5　避险单位设置分析

在水库防汛预案中库区下游设置了10个避险单位，各避险单位在溃坝洪水中淹没水深统计见表3。由表3可知，观澜第二中学、观澜中心小学、观澜第二小学和桂华小学四个避险单位均出现不同程度淹没水深，最大淹没水深分别为0.7 m、1.0 m、2.7 m和1.7 m，建议对避险中心的设置进行合理调整。

表3　避险单位淹没水深统计

避险单位	观澜中学	观澜第二中学	观澜中心小学	观澜第二小学	库坑小学	桂花小学	大水坑小学	振能小学	广培小学	新田小学
淹没水深/m	0	0.7	1.0	2.7	0	1.7	0	0	0	0

5　结论

本文以深圳某水库为例，建立了城区水库二维溃坝洪水演进数学模型，通过对坝址流量过程、演进洪水流态合理性分析证明模拟成果合理，主要结论如下：

（1）城区水库发生漫顶溃决，坝址最大流量3 635 m³/s、最大淹没面积5.94 km²、退水时间约8 h，模拟成果为水库应急预案编制及人员疏散转移提供科学的参考依据。

（2）采用"等效糙率"对城区密集建筑群进行概化，可实现其对洪水阻碍和蓄水的作用，是城区水库溃坝洪水模拟的有效可行方法，可为城区水库溃坝洪水模拟提供参考。

参考文献

[1] 解家毕，孙东亚. 全国水库溃坝统计及溃坝原因分析［J］. 水利水电技术，2009，40（12）：124-128.
[2] 赖成光. 城市地区水库溃坝洪水演进数值模拟研究［D］. 广州：华南理工大学，2013.
[3] 廖威林，周小文，何勇彬. 城市地区水库溃坝洪水演进模拟［J］. 长江科学院院报，2014，31（10）：98-103.
[4] 刘玉玲，王玲玲，周孝德，等. 二维溃坝洪水波传播的高精度数值模拟［J］. 自然灾害学报，2010，19（5）：164-169.
[5] 叶爱民，刘曙光，韩超，等. MIKEFLOOD耦合模型在杭嘉湖流域嘉兴地区洪水风险图编制工作中的应用［J］. 研究探讨，2016，26（2）：56-60.

[6] 刘俊萍，贺露露，韩伟，等.MIKEFLOOD 在海岛地区小流域洪水演进中的应用［C］//第二十届中国海洋（岸）工程学术讨论会论文集，2022：861-867.

[7] 曲霞.MIKE11 在大凌河河道溃堤洪水模拟中的应用［J］.中国水能及电气化，2018（5）：13-17.

[8] 蒋林杰，付成华，程馨玉，等.基于 HEC-RAS 的百花滩水电站溃坝洪水演进过程及影响分析［J］.人民珠江，2021，42（1）：65-72.

[9] 闫琪琪，金生.基于 HydroInfo 的溃坝数值模拟研究与应用［J］.水利技术监督，2020（2）：58-61.

[10] PL. Roe. Approximate Riemann Solvers Parameter vector and Difference Schemes［J］. J. Comput. Phys，1981（43）：357-372.

[11] 李雷，王昭升，彭学辉.水库大坝溃决模式和溃坝概率分析研究［M］.北京：中国水利水电出版社，2004.

[12] 汝乃华，牛云光.大坝事故与安全·土石坝［M］.北京：中国水利水电出版社，2001.

[13] 姚志坚，高时友.溃坝洪水演进计算中建筑群糙率的模拟［J］.人民珠江，2008，5：8-9.

基于 FRM 的水库群防洪安全评估方法

李洁玉[1]　李　航[1,2]　王远见[1]

（1. 黄河水利委员会黄河水利科学研究院，河南郑州　450003；
2. 郑州大学，河南郑州　450001）

摘　要： 受降水、下垫面条件等因素影响，流域洪水的发展是复杂的动态过程，暴雨洪水变化使防洪工程安全等级具有动态特点。为提高水库群系统防洪安全评估的科学性及合理性，本文提出了基于模糊识别模型（FRM）的水库群防洪安全评估方法。该方法考虑实时水雨工情信息，建立了水库和防洪点的防洪安全评价指标体系，并基于 FRM 计算逐时段各水库及防洪点的防洪安全等级隶属度，在实时防洪调度中动态判断水库及河道的防洪安全等级。该方法用于分析 2021 年黄河秋汛中下游水库群系统的防洪安全性，得到各水库和花园口逐日的防洪安全等级，应用效果良好。

关键词： 防洪系统；防洪安全性；指标体系；模糊识别模型；动态评估

1　引言

受降水、下垫面条件等因素影响，流域洪水的发展是复杂的动态过程。当洪水量级越大，越接近水库防洪能力或河道过流能力时，水库或河道防洪形势越严峻，安全性越低。水库群实时防洪调度中，防洪安全等级具有动态性，体现在暴雨洪水和水库、河道工情的动态变化上。随着时间的发展与调度的逐步实施，暴雨洪水的覆盖范围、强度不断变化，水库水位、河道槽蓄量也随之不断调整，因此同一水库或防洪断面在不同时间面临的防洪形势严峻程度不同，防洪安全性等级也不同[1-4]。任一水库群系统不同时刻防洪安全性等级示意图如图 1 所示。

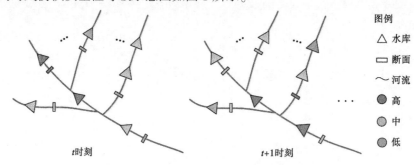

图 1　不同时刻水库群系统防洪安全性示意

水库群实时防洪调度中，根据实时水情、水库河道水位情况等实时工情、水库之间的水力联系，建立水库群系统防洪安全性评价指标体系，并根据水雨情的发展，动态判断水库群系统防洪安全程度，用于指导防洪形势不严峻的水库分担防洪形势严峻水库的防洪压力，合理利用空闲防洪库容，使

基金项目： "十四五"国家重点研发计划项目（2021YFC3200404）；水利部重大科技项目（SKR-2022021）；黄河水利科学研究院科技发展基金项目（黄科发202201）；黄河水利科学研究院基本科研业务费专项项目（HKY-JBYW-2022-12）。

作者简介： 李洁玉（1993—），女，工程师，主林从事水沙调控与防洪安全工作。

通信作者： 王远见（1984—），男，正高级工程师，主任，主要从事河流泥沙与水库调度工作。

洪水在时间上和空间上重新分配，具有重要的实用价值。

目前，国内外对防洪安全评价的研究多是建立防洪安全评价指标体系，从整体上评估水利工程、流域、城市的防洪安全等级。赵洪杰等[5] 提出利用熵值法确定指标权重，采用多层次模糊优选评价模型对流域防洪安全进行评价；赵吴静等[6] 建立了集对分析-可变模糊集模型，对某流域水库、堤防、分蓄滞洪区等工程进行了防洪安全评价；赵淑杰等[7] 分析了防洪安全评价的影响因素，创建了防洪安全评价指标体系，并建立基于模糊层次分析法的综合评价模型，对辽河流域的防洪安全进行了综合评价；Kim 等[8] 应用了弹性概念评估大坝安全提升程度。

上述研究虽然全面考虑了影响流域防洪安全的影响因素，建立了评价指标体系，但没有考虑实时防洪调度中暴雨洪水动态变化对防洪工程安全等级的影响。因此，本文引入模糊识别模型（FRM）[9-11]，提出基于 FRM 的水库群系统防洪安全评价方法，在实时防洪调度中，逐时段评价各水库和防洪点的防洪安全性等级变化，为指导水库群实时防洪调度决策提供技术支撑。

2 基于 FRM 的防洪安全判别方法

2.1 水库群系统防洪安全评价指标体系构建

水库群系统由水库群和河道组成，本文分别从目标层、准则层、指标层建立水库和河道（以防洪点为代表）的防洪安全评价指标体系，实时防洪调度中，基于不断变化的水雨工情信息，动态评价防洪系统中各水库和防洪点的防洪安全。

实时水情是影响防洪系统防洪安全的主要因素。防洪调度涉及库区和水库下游河道两个方面，实时暴雨洪水空间分布不均，暴雨中心游移不定。对于水库而言，重要的作用是在实时防洪调度中进行削峰错峰调节，水库预报入库洪峰流量是影响水库防洪形势的重要因素，当水库调节能力一定，即水库能削峰的力度一定时，预报洪峰流量越大时，水库安全性越低。对水库自身工情而言，水库当前水位越高，剩余库容越小，应对洪水能力越低，削峰错峰的作用越小，面对同样量级的洪水，防洪形势越严峻，越不安全。随着水雨情的发展，水库的工情也会实时变化，体现在预报来水造成的压力上，将水库实时防洪压力定义为预报入库水量和空闲库容的比例，则防洪压力越小，说明水库防洪安全性越高；反之，防洪压力越大，则水库未来一定预见期内面临的防洪安全性越低。

对于河道而言，防洪点安全性主要由洪量和洪峰两个因素表征。当预报河道某防洪点洪量越大时，防洪形势越严峻，安全性越低。当河道防洪点洪峰流量越大，越接近河道平滩流量时，河道防洪压力越大，防洪安全性越低。

水库群防洪安全性评价指标体系如表 1 所示。

表 1 水库群防洪安全性评价指标体系

目标层	准则层	指标层	指标表征含义	指标类型
水库群防洪安全性评价总目标	B_1水库防洪安全性	C_1预报洪峰流量（QR_{mi}）	流域来水不均匀性	负向定量
		C_2水库实时水位（HR_i）	水库自身防洪能力	负向定量
		C_3水库实时防洪压力（PR_i）	后续洪水对水库造成的防洪压力	负向定量
	B_2河道防洪安全性	C_4河道预报来水量（WL_j）	防洪点来水量大小	负向定量
		C_5防洪点实时防洪压力（PL_j）	后续洪水对防洪点造成的防洪压力	负向定量

水库实时防洪压力和防洪点实时防洪压力指标计算公式如下：

C_3水库实时防洪压力：

$$PR_i = \frac{WR_i}{V_i} \tag{1}$$

式中：WR_i 为第 i 库的预报入库水量；V_i 为第 i 库当前水位至设计洪水位之间的库容。

C_5 防洪点实时防洪压力：

$$PL_j = \frac{Q_{mj}}{Q_{Pj}} \tag{2}$$

式中：Q_{mj} 为第 j 防洪点的预报洪峰流量；Q_{Pj} 为第 j 防洪点的平滩流量。

2.2 洪水动态情景集构造

假设防洪系统中共有 M 座水库、N 个防洪点，本方法从研究流域的历史洪水资料中选取 A 场不同类型的洪水样本，每个样本有 M 座水库入库洪水过程、N 个防洪点洪水过程。

若洪水的持续时间为 T^*，将洪水截取为几个阶段动态调度。将洪水按时间间隔 τ 截取为子洪水过程，每段子洪水过程的时间长均为调度期 T，如图 2 所示。假设每场洪水均截取 B 段子洪水过程，则样本集中共有 $A \times B$ 段子洪水过程，洪水样本集表示为 $SQ = \{QR_i^{a,\ b} + QL_j^{a,\ b}\}$，其中，$QR_i^{a,\ b}$ 为水库 i 第 a 场入库洪水的第 b 段子洪水过程，$QL_j^{a,\ b}$ 为断面 j 第 a 场上游区间来水的第 b 段子洪水过程，$i = 1,\ 2,\ \cdots,\ M$；$j = 1,\ 2,\ \cdots,\ N$；$a = 1,\ 2,\ \cdots,\ A$；$b = 1,\ 2,\ \cdots,\ B$。

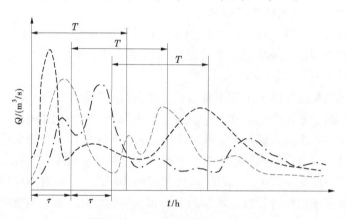

图 2　洪水动态情景集示意

2.3 基于 FRM 的防洪安全性等级划分

首先，基于动态洪水情景集 $SQ = \{QR_i^{a,\ b} + QL_j^{a,\ b}\}$（$i = 1,\ 2,\ \cdots,\ M$；$j = 1,\ 2,\ \cdots,\ N$；$a = 1,\ 2,\ \cdots,\ A$，$b = 1,\ 2,\ \cdots,\ B$）中洪水信息，按历史调度方式调度，得到各水库的调度方案和各控制断面的洪水过程，以此为样本进行水库群防洪安全性等级划分。

假设样本集中共有 P 个样本（水库 $P = A \times B \times M$，防洪点 $P = A \times B \times N$），有 R 个指标表征整体特性，将样本划分 S 个等级（如高、中高、中、中低、低），则样本集的指标特征值矩阵 X 和指标标准特征值矩阵 Y 分别为

$$X = \begin{bmatrix} x_{11} & x_{12} & \cdots & x_{1P} \\ x_{21} & x_{22} & \cdots & x_{2P} \\ \vdots & \vdots & x_{rp} & \vdots \\ x_{R1} & x_{R2} & \cdots & x_{RP} \end{bmatrix}, \quad Y = \begin{bmatrix} y_{11} & y_{12} & \cdots & y_{1S} \\ y_{21} & y_{22} & \cdots & y_{2S} \\ \vdots & \vdots & y_{rs} & \vdots \\ y_{R1} & y_{R2} & \cdots & y_{RS} \end{bmatrix} \tag{3}$$

式中：x_{rp} 为第 r 个指标第 p 个样本的特征值；y_{rs} 为第 r 个指标级别 s 的标准特征值。

本文中指标体系均为负向指标，隶属度函数表示为

$$\eta_{rp} = \begin{cases} 0 & x_{rp} \leqslant y_{rS} \\ \dfrac{y_{rS} - x_{rp}}{y_{rS} - y_{r1}} & y_{r1} < x_{rp} < y_{rS} \\ 1 & x_{rp} \geqslant y_{rS} \end{cases} \tag{4}$$

级别 S 的标准特征值隶属度函数表示为

$$\mu_{rs} = \begin{cases} 0 & y_{rs} = y_{rS} \\ \dfrac{y_{rS} - y_{rs}}{y_{rS} - y_{r1}} & y_{r1} < y_{rs} < y_{rS} \\ 1 & y_{rs} = y_{r1} \end{cases} \qquad (5)$$

各评价指标的权重向量表示为

$$\boldsymbol{\omega} = \{\omega_1, \omega_2, \cdots, \omega_R\}$$
$$\sum_{r=1}^{R} \boldsymbol{\omega}_r = 1 \qquad (6)$$

则 FRM 表示为

$$u_{sp} = \left\{ \sum_{k=1}^{S} \left[\frac{\sum\limits_{r=1}^{R} [\omega_r(\eta_{rp} - \mu_{rs})]^2}{\sum\limits_{r=1}^{R} [\omega_r(\eta_{rp} - \mu_{rk})]^2} \right] \right\}^{-1} \qquad (7)$$

式中：u_{sp} 为样本 p 对级别 s 的相对隶属度。

3 防洪形势评价方法在黄河中下游防洪系统的应用

3.1 黄河中下游防洪系统及洪水情景

本文将所提水库群系统防洪安全评价方法应用于黄河中下游小浪底、故县、陆浑、河口村水库，花园口是公共防洪点。水库群系统地理位置及概化图分别如图 3 和图 4 所示。

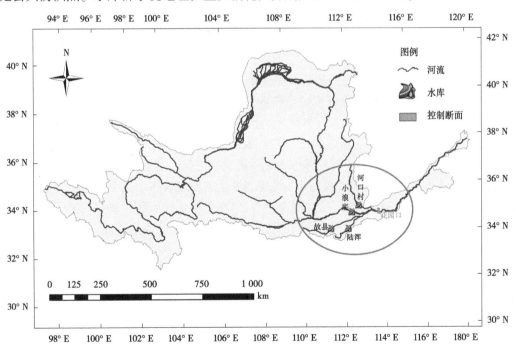

图 3 流域概况和水库群位置

本文以黄河流域中下游 2021 年秋汛洪水为例进行水库群防洪安全动态后评估。选取 2021 年 9 月 1 日至 10 月 30 日小浪底、故县、陆浑、河口村水库逐日入库洪水过程及花园口逐日流量过程（见图 5），计算指标体系各指标值，基于 FRM 进行逐日滚动防洪安全评价。

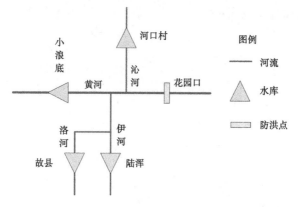

图 4 水库群系统概化图

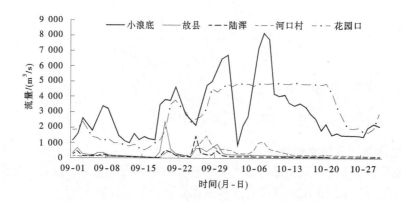

图 5 2021 年 9—10 月水库群系统入库及防洪点流量过程

3.2 防洪安全动态评价计算结果

对于水库安全性，指标体系中包括预报洪峰流量、水库实时水位、水库实时防洪压力三个指标，采用层次分析法（AHP）对三个指标分别赋予权重 $\omega = \{0.25, 0.25, 0.5\}$；对于河道安全性，指标体系中包含河道预报来水量和防洪点实时防洪压力两个指标，采用 AHP 方法，对两个指标赋予权重 $\omega = \{0.25, 0.75\}$。假定水库调度期为 3 d，根据 2021 年 9 月 1 日至 10 月 30 日小浪底、故县、陆浑、河口村水库逐日入库洪水过程，计算未来 3 d 预报洪峰流量、当前时刻水库实时水位及水库实时防洪压力。结合权重系数，基于 FRM 模型得到未来 3 d 4 座水库对各个安全性等级（高、较高、中、较低、低，分别记为 5、4、3、2、1）的隶属度。根据 2021 年 9 月 1 日至 10 月 30 日花园口逐日流量过程，计算未来 3 d 花园口的预报来水量和实时防洪压力。结合权重系数，基于 FRM 模型得到未来 3 d 花园口防洪点对各个安全性等级（高、较高、中、较低、低，分别记为 5、4、3、2、1）的隶属度。以此类推，逐时段计算 4 座水库和花园口防洪点对各防洪安全等级的隶属度，隶属度越高说明该等级的概率越大。

以小浪底水库为例，逐日防洪安全性等级隶属度如图 6 所示。

如图 6 所示，小浪底水库逐日安全性对各等级的隶属度一般情况下以某种等级占绝对优势，属于某等级的概率较高，此时可认为将安全性判断为该等级，准确率较高。但某些时刻（如圈内所示），某两个等级的隶属度数值相近，例如，10 月 16 日，较低等级的隶属度值为 0.365，低等级的隶属度值为 0.371，此时，将安全等级判断为低误差较大，可综合考虑两个等级，指导调度决策。

计算各水库及花园口实时防洪压力，如图 7 所示。基于各水库及花园口安全性等级隶属度计算结果，得到防洪安全等级如图 8 所示。

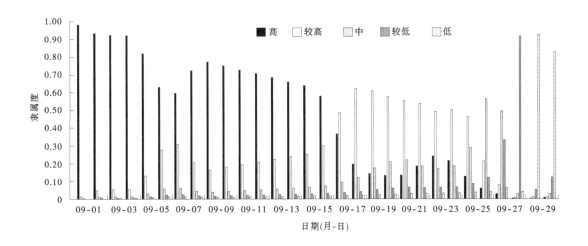

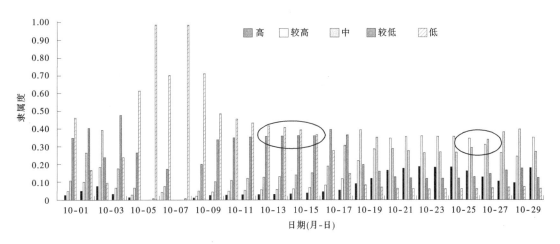

图 6 小浪底水库逐日安全性等级隶属度

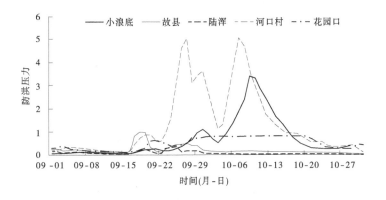

图 7 各水库及花园口防洪压力

由图 5 及图 7、图 8 可知，9 月 16 日前，各水库来水量较少，水库和下游花园口防洪安全等级均较高。9 月 16—25 日，小浪底水库、故县水库遭遇洪水，由于小浪底水库库容较大，防洪安全性稍微降低（高至较高），而故县水库防洪安全性急剧下降至低，随着入库洪水过程结束，安全性提升至较高。9 月 25 日至 10 月 25 日期间，小浪底水库有两场入库洪水过程，同时，故县、陆浑、河口村水库也遭遇洪水，期间，小浪底和河口村两座水库防洪压力较大，防洪安全性整体上处于较低水平，

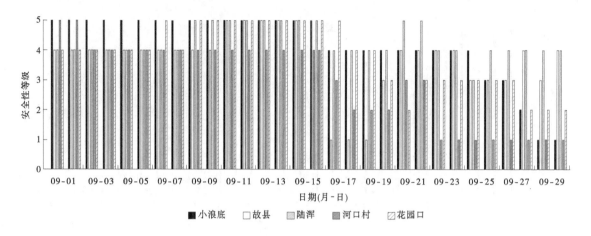

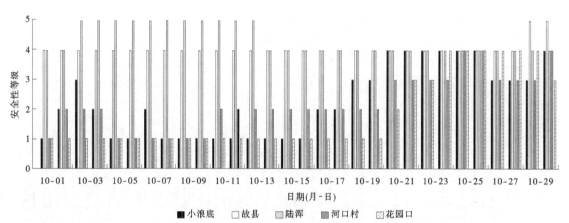

图 8 水库群系统防洪安全性

而故县、陆浑两座水库防洪安全性整体上处于较高水平，是由于这两座水库空闲库容较大，水库防洪压力小，因此安全性较高。由于干支流来水量大，花园口防洪性等级于 10 月 1 日降至低并一直维持至 21 日，随着洪水过程的结束，21 日后逐渐提升至中等和较高水平。

由上述分析可见，水库防洪安全性受蓄水情况和来水影响大，在 9 月 25 日至 10 月 25 日期间，陆浑和故县两座水库可进一步降低出库流量，以缓解下游花园口防洪压力。

4 结语

为提高水库群系统防洪安全评估的科学性及合理性，本文提出了基于 FRM 的水库群防洪安全评估方法，结果表明：

（1）考虑实时水雨工情信息，分别建立了水库和防洪点的防洪安全评价指标体系，并基于 FRM 逐时段滚动计算各水库及防洪点的防洪安全等级隶属度，在水库群实时防洪调度中可动态判断水库及河道的防洪安全等级，从而指导安全性高的水库多蓄水以进行错峰调节。

（2）2021 年秋汛洪水中黄河中下游水库群系统的防洪安全性评价结果表明，水库防洪安全性受蓄水情况和来水影响大，呈现动态变化的特点。在 9 月 25 日至 10 月 25 日期间，小浪底、河口村两座水库及花园口的防洪安全性整体上处于较低水平，陆浑和故县两座水库防洪安全性等级高，可进一步降低出库流量，以缓解下游花园口防洪压力。

参考文献

［1］Li J，Zhong P，Yang M，et al. Dynamic and Intelligent Modeling Methods for Joint Operation of a Flood Control System ［J］. Journal of Water Resources Planning and Management，2019，145（0401904410）.

［2］Li J，Zhong P，Zhu F，et al. Reduction of the Criteria System for Identifying Effective Reservoirs in the Joint Operation of a Flood Control System ［J］. Water Resources Management，2020，34（1）：71-85.

［3］周建中，顿晓晗，张勇传. 基于库容风险频率曲线的水库群联合防洪调度研究 ［J］. 水利学报，2019，50（11）：1318-1325.

［4］周建中，贾本军，王权森，等. 广域预报信息驱动的水库群实时防洪全景调度研究 ［J］. 水利学报，2021，52（12）：1389-1403.

［5］赵洪杰，唐德善. 流域防洪体系防洪安全评价研究 ［J］. 灾害学，2006，21（4）：5.

［6］赵昊静，吴开亚，金菊良. 防洪工程安全评价集对分析——可变模糊集模型 ［J］. 水电能源科学，2007，25（2）：4.

［7］赵淑杰，张利，刘丹，等. 基于模糊层次分析法的防洪安全评价研究 ［J］. 东北水利水电，2013（2）：3.

［8］Kim B，Shin S C，Kim D Y. A resilience loss assessment framework for evaluating flood-control dam safety upgrades ［J］. Natural Hazards，2016，86（2）：1-15.

［9］胡素端，许士国，汪天祥，等. 基于可变模糊识别模型及 GIS 相耦合的水库水质综合评价 ［J］. 水电能源科学，2015，33（11）：21-24.

［10］吴恒卿，黄强，习树峰. 基于熵权的可变模糊聚类与识别的水库洪水分类实时预报 ［J］. 水力发电学报，2015，34（2）：57-63.

［11］夏治坤. 模糊聚类模型在桃山水库水质评价中的应用 ［D］. 哈尔滨：黑龙江大学，2021.

山东省西部 2000—2019 年降水时空特征分析

赵 妍 孙 磊

（黄委山东水文局艾山水文站，山东聊城 252000）

摘 要：降雨量是进行区域内水文过程分析、地质灾害预测和水资源利用效率评价的重要基础，且山东省西部地区地势复杂，因此对鲁西地区进行历史时期的降水数据分析具有重要意义。本研究以山东省西部为研究区，基于 2000—2019 年各区县降水面板数据，运用滑动平均法、线性回归法进行月、年尺度上的趋势分析；运用反距离权重法、普通克里金法进行空间分析。结果表明：①研究区各城市降雨量年际变化小，年内分布不均，6—9 月降水总量占全年降水的 50% 及以上。各城市均在 2003 年出现 20 年中的降水最大值，济宁市 1 097 mm 位列第一。②德州市和滨州市呈现显著上升趋势，聊城市呈现不显著上升趋势，济宁市、济南市和菏泽市均呈现不显著下降趋势。区域面平均降雨量上升速率为 0.373 9 mm/a，区域并无明显变干或变暖趋势，表现较为平缓。③普通克里金插值法精度比反距离权重法提高了 1.7%。二者插值结果均表现为降水量从北到南依次减小，降雨量最高值均出现在临沂市，最小值均出现在淄博市。

关键词：山东省；降雨量；空间插值；趋势分析

1 引言

降雨是陆地水循环的重要一环，它的时空分布和变化规律对区域内的产汇流过程、生态系统稳定性、地质灾害预测、农业高效灌溉发展以及水资源利用效率评价均有着重大意义。降水数据分析是气象学、水文学、农学等众多学科研究的基础，对各学科的研究有着不可或缺的作用。然而，降水数据的主要来源依靠地面观测站的观测，但是因为受到地形、人力、财力等的限制，容易产生数据缺测、不准确、空间分布不均等问题。随着空间技术的发展，降水数据的获取开始走向利用遥感、空间站监测等手段，制作全球尺度的降水空间数据产品，但是空间分辨率较粗，且容易受到插值函数的影响，对区域上的气象水文地质学科的研究有着极大的不确定性。

为得到本研究区历史时期的降水时空分布和变化规律，滑动平均法和线性回归法是数学统计中常用的方法，受到领域内各学者的一致认可；反距离权重法（IDW）和克里金插值是降水资料空间插值经常用到的两种方法，克里金插值法采用半变异函数来定量分析研究区的变异特性，能够分析和处理数据中心存在的趋势和各向异性，并且能选取最优的拟合函数[1-2]；反距离权重法是使用一组采样点的线性权重组合来确定像元值，广泛应用于降水、气温和空气湿度的空间分析等方面[3]。

鲁西地区北面与河北接壤，西面与河南河北接壤，南面与安徽、江苏相接，地处内陆，是连接我国北部与南部的重要地区，在交通运输、经济发展和稳定渤海生态环境等方面有着重要意义。同时，鲁西地区西部是平原，东部是泰山、沂蒙山区，地势复杂，东部山区阻挡了海洋水汽向内陆地区输送的过程，同时研究区内有黄河经过，因此本研究基于 2000—2019 年的逐月降水面板数据，运用滑动平均法和线性回归法，研究鲁西地区降水量在时间上的变化趋势；运用反距离权重法和普通克里金插值法获取更适宜本地区的空间插值方法，从而得到降水量的空间分布规律，旨在为气象水文地质等学

作者简介：赵妍（1988—），女，工程师，主要从事水文技术分析工作。

通信作者：孙磊（1982—），女，工程师，主要从事水文技术分析工作。

科的研究提供参考。

2 研究区域概况

研究区为山东省西部地区，主要包括菏泽市、聊城市、德州市、滨州市、泰安市、济宁市、枣庄市、临沂市、济南市、莱芜市（于 2019 年并入济南，为莱芜区）和淄博市共 11 个市（见图 1）。研究区南北横跨四个纬度，东西横跨五个纬度，总面积为 97 020 km²。地势从西到东逐渐变高，高差为 1 529 m，地势较高的地方主要集中在泰安市北部、济南市南部、淄博市南部、枣庄市北部、临沂市北部和济宁市东部，山区分布较为集中，其余城市为平原地区，地势起伏不大，且滨州、德州比菏泽、临沂地势更低。

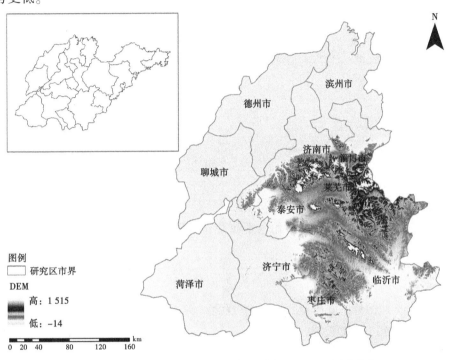

注：图中行政区数据来自 2018 年行政区划数据，所以显示为莱芜市。

图 1 研究区地理位置

3 数据来源

鲁西地区数字高程模型（DEM）来源于地理空间数据云（http：//www.gscloud.cn/）的 SRTM-DEMUTM 90 m 高程数据产品，经过拼接裁剪得到。鲁西地区降水数据来源于中国统计年鉴[4]（http：//www.stats.gov.cn/tjsj/ndsj/），获取各城市的逐月降水数据，经过数据拼接整理得到，时间为 2000 年 1 月至 2019 年 12 月。

4 研究方法

4.1 滑动平均法

滑动平均法是一种简单的平滑预测技术，主要用来分离不确定性成分和确定性成分，其平滑的功能能够有效消除动态测试数据中的随机起伏，减小随机性误差的影响[5]。公式如下：

$$x_j = \frac{1}{k} \sum_{i=1}^{k} X_{i+j-1} \tag{1}$$

式中：$j = 1, 2, \cdots, n-k+1$；k 为滑动长度，一般为奇数且 k 值决定了滑动平均效果是否能合理地反映数据的变化趋势。本研究中 $k = 3$。

4.2 线性回归法

线性回归法在数理统计中运用广泛，在此不必赘述，其原理就是运用数理统计中的回归分析来确定两个或以上变量之间相互依赖的一种定量关系。在本研究中，主要用到的是一元线性回归，用 x_i 表示样本量为 n 的某一变量，用 t_i 表示 x_i 所对应的时间，建立 x_i 与 t_i 之间的一元线性回归[6-8]：

$$\hat{x}_i = a + bt_i \tag{2}$$

式中：a 为回归常数；b 为回归系数。a 与 b 的计算使用最小二乘法[9]。

4.3 反距离权重法

反距离权重法是一种确定性空间插值方法，以对象点之间的空间距离为权重，距离越近，权重越大。插值点雨量估计值 P 的计算公式如下[10]：

$$P = \sum_{i=1}^{n} \omega_i P(s_i) \tag{3}$$

式中：n 为已知样本点的数量；$P(s_i)$ 为样本点 s_i 处的降雨量值；ω_i 是样本点 s_i 的权重。

权重 ω_i 的计算公式如下[10]：

$$\omega_i = \frac{d_i^{-p}}{\sum_{i=1}^{n} d_i^{-p}} \tag{4}$$

式中：p 为指数值，用于控制插值点与已知样本点之间的距离对插值结果的影响[10-11]；d_i 为预测点 s 与已知样本点 s_i 之间的距离。本研究中 $p=2$。

4.4 普通克里金插值法

普通克里金插值利用区域化变量的原始数据和变异函数的结构特点，对未知样点进行线性无偏、最优化估计[10,12]。计算公式如下：

$$P(x_0) = \sum_{i=1}^{n} \omega_i P(x_i) \tag{5}$$

式中：$P(x_0)$ 为 x_0 点处估计的降雨量；$P(x_i)$ 为第 i 站的实测降雨量；ω_i 为第 i 个观测点对插值点的权重；n 为实测雨量站的数量[10]。

建立空间变量的协方差函数，提出变异函数模型是普通克里金插值计算重要的一环。最常用的变异函数模型有球面、指数、高斯、幂和线性模型[10]，本研究根据方差变异分析结果，选用球面模型作为普通克里金的变异函数理论模型。

4.5 精度评定

流域面雨量采用交叉验证法来验证插值效果。本研究将采用平均误差和均方根误差来作为评估插值效果的标准。平均误差反映估计误差的大小，均方根误差反映估值的灵敏度和极值效应[10]。公式如下：

$$\alpha = \frac{\sum_{i=1}^{n}(P_{a,i} - P_{e,i})}{n} \tag{6}$$

$$\beta = \sqrt{\frac{\sum_{i=1}^{n}(P_{a,i} - P_{e,i})^2}{n}} \tag{7}$$

式中：$P_{a,i}$ 和 $P_{e,i}$ 分别为第 i 个站点的实际观测值和估计值；n 为用于检测的站点数量[10,13]。

5 结果分析

5.1 逐月降雨量分析

将中国统计年鉴（2000—2019 年）中所需城市各月的降雨数据按城市、时间顺序整理好，画出各城市的降雨量过程线［见图 2（a）～（f）］，因为临沂市、枣庄市、泰安市、淄博市和莱芜市的数据有个别年份缺测,所以没有画出降雨过程线。统计各城市面积,然后按照加权平均法得流域面降雨量过程线〔缺测城市不参与计算,如图2（g）所示〕。由图2可知：①6座城市逐月降水过程起伏相似,因为城市空间距离较近,同属于温带大陆性气候。②6座城市在2000—2019年中年际降水分布较为均匀,但是济南市和滨州市分布较其他城市来说稍不均匀,表现为在2014年、2016年峰值较其他年份更高。③6座城市每年的年内降水均呈现先增加后减少的趋势,年内大部分降水均集中在6—9月,占全年降水的50%及以上。④流域面平均降雨过程线每年的峰值较为均匀,均集中在150mm左右,但是2002年、2014年的峰值明显小于其他年份。

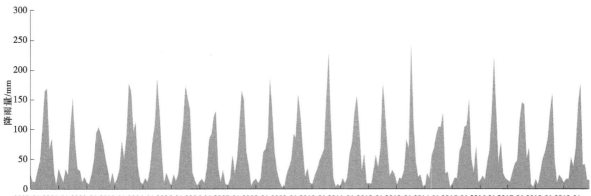

（a）聊城市

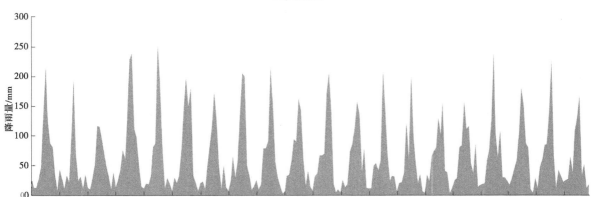

（b）菏泽市

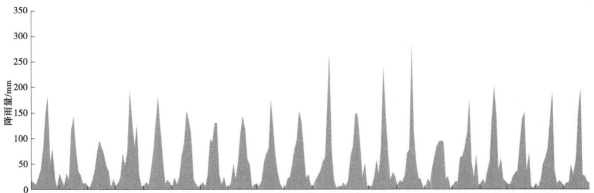

（c）德州市

图2 研究区各市降雨过程线

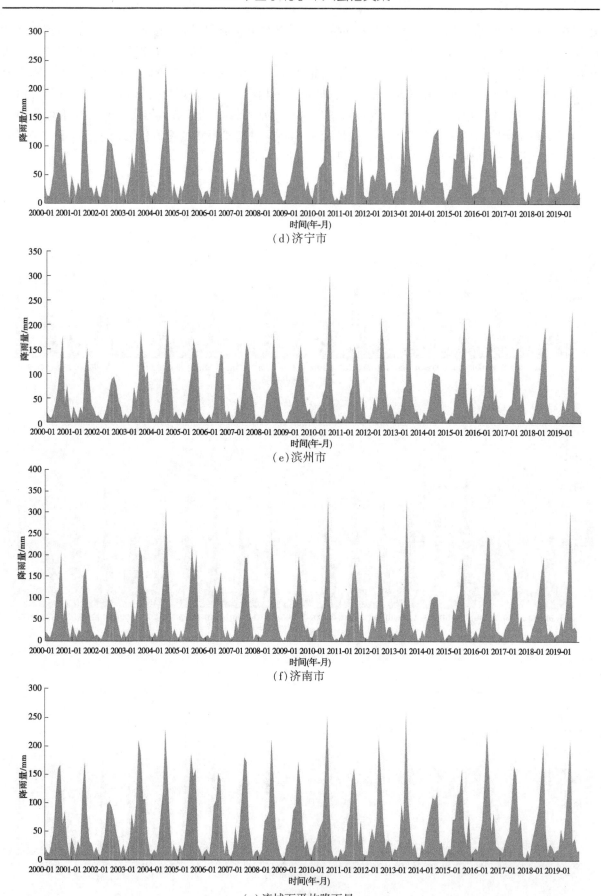

（d）济宁市

（e）滨州市

（f）济南市

（g）流域面平均降雨量

续图 2

5.2 逐年降雨量分析

由整理好的月尺度各市的降水数据，将每月的降雨量同一年份进行求和，得到 2000—2019 年各市的年降雨量，绘制各市年降雨量过程线（见图 3）。可以看出：①各市均在 2003 年出现最高值，各城市排序为：济宁市>菏泽市>济南市>聊城市>德州市>滨州市，其中济宁市 2003 年降雨量为 1 097 mm，滨州市为 800 mm。②将各城市的相关性系数与 $R_{0.05}^2 = 0.082\ 7$（置信度水平为 0.05）相比，可以发现除德州市（上升速率为 2.495 6 mm/a）和滨州市（速率为 3.454 4 mm/a）呈现显著上升趋势外，聊城则呈现不显著上升趋势；菏泽市、济宁市、济南市均呈现不显著下降趋势，下降速率排序为：济宁市>济南市>菏泽。③统计各城市的多年平均降雨量，表现为：聊城市 694.81 mm，菏泽市 786.18 mm，德州市 661.81 mm，济宁市 807.51 mm，滨州市 671.94 mm，济南市 759.28 mm。③区域面多年平均降雨量为 734.90 mm，呈现不显著上升趋势，上升速率为 0.373 9 mm/a，说明区域 20 年中并无变暖、变湿的特征，呈现出稳定特征。

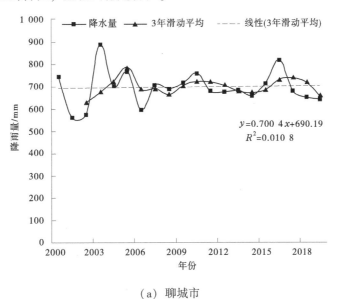

（a）聊城市

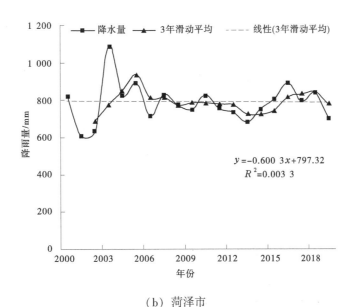

（b）菏泽市

图 3 研究区各市逐年降雨过程线

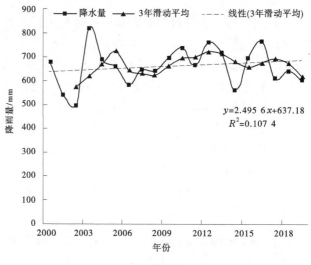

（c）德州市

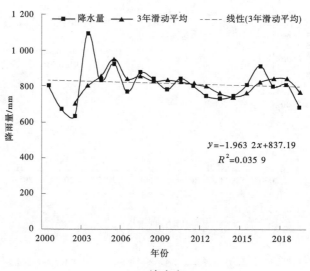

（d）济宁市

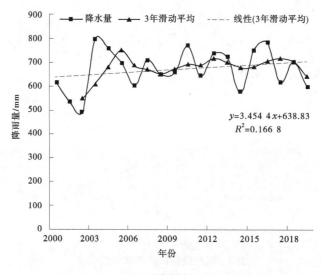

（e）滨州市

续图3

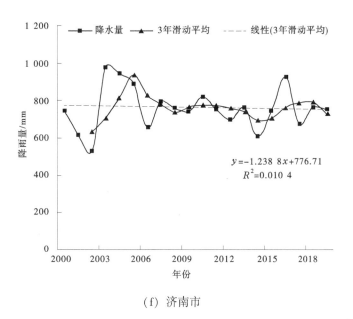

（f）济南市

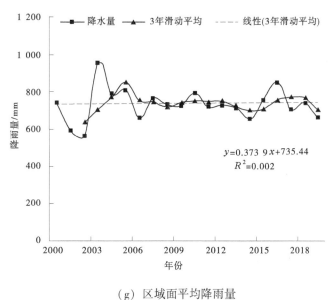

（g）区域面平均降雨量

续图 3

5.3　降雨量空间插值分析

因为统计年鉴中临沂市、枣庄市、泰安市、淄博市和莱芜市的部分数据缺失，所以并未进行多年平均降雨量计算。为了补全各市的多年平均降雨量，本研究参考前人文章中的数据进行补全[14-17]。本节运用 ArcGIS 软件，将各城市的多年平均降雨量做成 csv 文件，添加到 GIS 平台中，做成 shp 文件，坐标统一设置为 WGS-1984-UTM-50N。利用地学统计分析模块中的探索数据功能，利用正态 QQ 图来查看各城市降雨量是否符合正态分布（见图 4）。可以发现：各城市多年平均降雨量均匀分布在直线两侧，说明数据检验合格，不需要进行变换，也不需要剔除离群值。

然后在 ArcGIS 的地学统计模块进行普通克里金插值，选取半变异函数为球面模型，采用自然间断点分级法将降雨量分成 25 个等级来进行插值[1]，结果如图 5 所示。最后在 ArcGIS 软件中进行反距离权重插值，结果如图 6 所示。两种插值方式所选像元大小均为 30 m。图 5 与图 6 对比可以发现：①两种插值方法得到的面雨量的空间分布特征总体上来说极其接近，仅在局部有些许差异，如区域北端。②降雨量最多的地方均为临沂市，降雨量最少的地方均为淄博市和德州市，这与各城市降雨量面

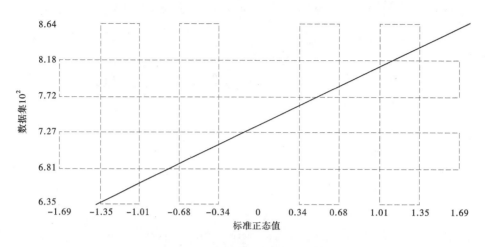

图 4 气象观测数据的正态 QQ 图

板数据的大小和分布吻合;降雨量空间上均呈现为从北到南逐渐较小的特点,沂蒙山区植被茂密,属于自然保护区,区域水循环速度快,所以临沂市和枣庄市降雨较多;济南市和泰安市虽然多山,但是植被不如沂蒙山区茂密,且人口更加密集,造成小区域内水循环受人类影响更大,使得降水较少。

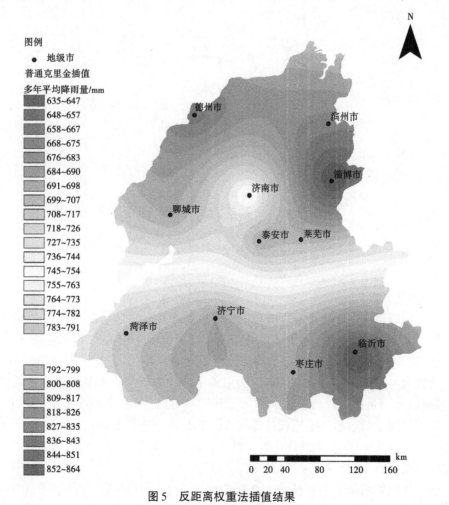

图 5 反距离权重法插值结果

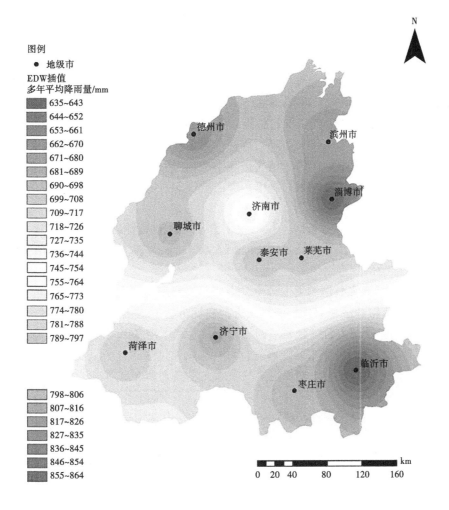

图例
● 地级市
EDW插值
多年平均降雨量/mm

635~643
644~652
653~661
662~670
671~680
681~689
690~698
699~708
709~717
718~726
727~735
736~744
745~754
755~764
765~773
774~780
781~788
789~797

798~806
807~816
817~826
827~835
836~845
846~854
855~864

图 6　普通克里金法插值结果

两种空间插值方法的面雨量结果存在一定的差异性，需要采用交叉验证法进行精度评定，根据式（6）和式（7）进行计算，结果如表 1 所示，可以看出：反距离权重插值法的平均误差大于普通克里金法，因为反距离权重法注重于距离的影响，距离和地理对象相似性成正比。普通克里金插值法可以弥补反距离权重法的缺点（相邻站点之间的空间关系），因此相对误差和均方根误差更小，均方根误差降低了 1.78%，具有更高的插值精度。

表 1　两种插值方法的精度分析

插值方法	平均误差	均方根误差
反距离权重插值法	−2.52	56.17
普通克里金插值法	−5.35	55.17

6　结论与不足

本研究基于 2000—2019 年逐月各城市降雨面板数据，选取山东省西部共 11 个城市为研究区，综合运用滑动平均法、线性回归法进行时间上的趋势性分析；综合运用反距离权重插值法、普通克里金插值法进行空间雨量变化特征分析，并采用平均误差和均方根误差进行精度评定，得出结论：

（1）研究区内各城市 2000—2019 年逐月过程线趋势一致，年际变化较小，并未产生局部强降水事件。年内各月分布极不均匀，各城市每年的 6—9 月降水总量占全年总降水的 50% 及以上。

（2）20 年中，各城市均在 2003 年出现最大降水年份，济宁市降水最多，为 1 097 mm，滨州市最小，为 800 mm；德州市和滨州市呈现显著上升趋势，聊城市呈现不显著上升趋势，其余 3 座城市均呈现不显著下降趋势，排序为：济宁市＞济南市＞菏泽市；多年平均降雨量排序为：济宁市＞菏泽市＞济南市＞聊城市＞滨州市＞德州市；区域面多年平均降雨量为 734.90 mm，上升速率仅为 0.373 9 mm/a，说明区域 20 年中并无变暖或变干的趋势。

（3）正态 QQ 图说明各城市多年平均降雨量符合正态分布，可以进行普通克里金插值分析。反距离权重法的精度小于普通克里金插值法，精度提高 1.7%。两种方法的插值结果表现均为降水量从北到南逐渐减小，降雨量最多的地方均为临沂市，降雨量较少的地方均为淄博市和德州市。

本研究有以下不足：

（1）进行逐年降水数据趋势分析时，仅采用了滑动平均和线性回归法，在方法上较为单一，在未来的研究中可加入累积距平法、Manne-Kendall 趋势分析法，将多种趋势分析法的结果进行比较，得出更科学、全面、准确的趋势结果。

（2）本研究并未进行降水数据的突变分析。在未来的研究中，可将降水数据运用 Manne-Kendall 突变检验法、Pettitt 突变检验法和双累积曲线法进行对比分析，得出更科学准确的突变点，并运用小波分析进行周期性检验，以便为后续研究区的气象特征总结做准备。

（3）本研究仅对研究区内各城市的降水进行月、年尺度过程线分析，没有采用 C_v 和 C_r 等统计变量进行精确分析。在未来的研究中可加入更多气象水文学概念和计算方法进行更加全面的降水数据规律分析。

（4）本研究仅针对降水数据进行分析。在未来的研究中，为得到更准确全面的区域气候特点，可将实际蒸散发、潜在蒸散发、气温、相对湿度、日照时数等更多因子纳入研究范围。

参考文献

[1] 阳宽达，谢红霞，隋兵，等. 基于 GIS 的降雨空间插值研究——以湖南省为例 [J]. 水土保持研究，2020，27（3）：134-138，145.

[2] 邹艳红，阳宽达. 基于杨赤中推估法的降雨空间插值应用研究 [J]. 测绘与空间地理信息，2020，43（2）：17-20.

[3] 张昊，杨艳玲，赵子岳，等. 不同插值算法在数学模型地形概化中的应用研究——以滹沱河高标准行洪区行洪通道规模研究项目为例 [J]. 河北水利，2021（2）：29-31.

[4] 中华人民共和国统计局. 中国统计年鉴 [M]. 北京：中国统计出版社，2000-2019.

[5] 李征，房宏才，柯熙政，等. 滑动平均法在 MEMS 陀螺信号趋势项提取中的应用 [J]. 电子测量与仪器学报，2019，33（7）：43-49.

[6] 程洁，欧阳杨，张佳琦，等. 我国东北地区冬季气温时空变化特征分布的研究 [J]. 林业科技情报，2017，49（3）：106-112.

[7] 李其江. 长江源径流演变及原因分析 [J]. 长江科学院院报，2018，35（8）：1-5，16.

[8] 万露文，张正栋，李英杰，等. 韩江流域近 50 年极端气候事件的时空变化特征 [J]. 中国农业大学学报，2017，22（9）：133-144.

[9] 张小峰，闫昊晨，岳遥，等. 近 50 年金沙江各区段年径流量变化及分析 [J]. 长江流域资源与环境，2018，27（10）：2283-2292.

[10] 王汉东，黄璨瑶，朱思蓉，等. 三峡区间面雨量空间插值方法对比分析 [J]. 水利信息化，2021（1）：26-29.

[11] 刘璐，刘普幸，张旺雄，等. 1961—2017 年新疆极端暖事件变化特征及其未来情景预估 [J]. 干旱区研究，2021，38（6）：1590-1600.

[12] 牛作鹏，李国杰，刘莉．一种基于 Civil 3D 平台的三维地质建模改进方法［J］．水运工程，2019（10）：171-175.

[13] 徐超，吴大千，张治国．山东省多年气象要素空间插值方法比较研究［J］．山东大学学报（理学版），2008（3）：1-5.

[14] 丁文超，赵欣，王凯，等．1951—2016 年临沂市降水变化特征分析［J］．现代农业科技，2018（10）：205-206，211.

[15] 郑琪，任红，李振．枣庄市降水变化规律分析［J］．山东水利，2014（6）：27-28.

[16] 卢兆民，姜冬梅，赵敏芬，等．淄博市近 40 年降水及气温时空特征分析（英文）［J］．Meteorological and Environmental Research，2010，1（6）：18-22.

[17] 韩锋．莱芜市近十年降水量特征分析［J］．山东水利，2017（2）：55-56.

塔里木河干流洪水预警流量复核

董其华[1,2]　张向萍[1,2]　王远见[1,2]　袁　峡[3]

(1. 黄河水利委员会黄河水利科学研究院, 河南郑州　450003;
2. 水利部黄河下游河道与河口治理重点实验室, 河南郑州　450003;
3. 塔里木河流域管理局, 新疆库尔勒　841000)

摘　要: 通过对近期阿拉尔、新其满等水文站最大洪峰流量实测资料的收集整理, 加入历史洪水资料, 采用 P-Ⅲ 型频率曲线适线法, 对不同重现期下的洪水进行比对分析, 结合塔里木河干流实际情况, 复核阿拉尔、新其满等水文站洪峰流量重现期及阿拉尔、新其满、英巴扎、乌斯满等断面洪水预警流量。研究成果对塔里木河干流防洪管理提供重要参考。

关键词: 预警流量; 洪峰流量复核; 断面控制

1　引言

塔里木河是我国最长的内陆河流, 位于天山南麓, 从西往东流经塔克拉玛干大沙漠北缘。塔里木河干流从阿克苏河、叶尔羌河及和田河等三河汇合的肖夹克至台特玛湖, 河道全长 1 321 km, 流域面积 1.76×10^4 km[2], 属平原型河流[1]。王远见等[2]对过去 50 多年塔里木河干流各站点年径流的趋势变化分析表明, 塔里木河干流发生量级洪水的频次和洪峰流量显著增长。塔里木河流域洪水资源管理和调度工程体系尚未形成, 洪水资源调控能力低, 流域洪水资源统一管理的基础比较薄弱。控制断面预警流量指标是控制断面上下游防洪安全的重要保障。为保证洪水预警预报工作的质量, 夯实防汛预警数据基础, 本文拟采用实测资料分析方法, 在复核塔里木河干流阿拉尔、新其满等水文站洪峰流量重现期的基础上, 综合分析现阶段塔里木河干流阿拉尔、新其满、英巴扎、乌斯满等断面洪水预警流量。

2　研究区域概况

塔里木河干流肖夹克至英巴扎为上游, 河长 495 km, 河道纵坡 1/4 600~1/6 300; 英巴扎至恰拉为中游, 河长 398 km, 河道纵坡 1/5 700~1/7 700; 恰拉至台特玛湖为下游, 全长 428 km, 河道纵坡 1/4 500~1/7 900[1]。本次研究区域为塔里木河干流阿拉尔至乌斯满河段, 涉及的控制断面包括阿拉尔、新其满、英巴扎、乌斯满等 4 个水文断面。其中, 阿拉尔水文站是塔里木河上游的控制站, 该站为三源流入塔里木河水量控制站, 也是洪水信息情报站; 新其满是塔里木河干流上游下段的控制断面; 英巴扎是塔里木河干流上、中游的分界点; 乌斯满是塔里木河干流中游下段的控制断面。

基金项目: 国家自然科学基金 (U2243219, U2243222, 42041006, 42041004); 河南省自然科学基金 (212300410372, 202300410540); 中央级公益性科研院所基本科研业务费专项 (HKY-JBYW-2020-15); 郑州市基础研究与应用基础研究专项项目 (黄科发 202216)。

作者简介: 董其华 (1980—), 女, 高级工程师, 主要从事河流动力学研究工作。

3 预警流量复核

3.1 预警流量

预警流量的确定主要考虑控制断面下游防洪对象的防洪实际情况、洪水演进、河道淤积、输水堤安全和频率洪水等因素。根据实际工作需求，塔里木河干流洪水预警流量分为警戒流量、防洪流量和灾害流量。①警戒流量为流量上涨到河段内可能发生险情的流量。塔里木河干流警戒流量取决于洪水普遍漫滩的流量。警戒流量是我国防汛部门规定的各江河堤防需要处于防守戒备状态的流量。达到警戒流量时，塔里木河干流防汛部门要加强戒备，密切注意水情、工情、险情发展变化，做好防洪抢险人力、物力的准备，并要做好可能出现更高流量的准备工作。②防洪流量为流量上涨到河段内需要采取防洪措施的流量。参考洪水预警信号划分，设计频率20%的洪峰流量为塔里木河干流防洪流量重要参考之一。达到警戒流量时，塔里木河干流防汛部门要根据洪水规律与洪灾特点，研究并采取各种对策和措施，以防止或减轻洪水灾害，保障社会经济发展的水利工作。防洪措施包括工程措施和非工程措施。③灾害流量为流量上涨到河段内可能发生灾害。达到灾害流量时，现有防洪系统失去保护作用，致使防洪保护对象发生灾害损失。沙雅二牧场至大西海子沿岸649.45 km输水堤是塔里木河干流最后一道防洪工程，输水堤安全是塔里木河干流灾害流量的重要考虑因素之一。该输水堤防采用10年一遇设防标准，工程级别为5级。堤顶超高1.0 m，堤顶宽4.0 m，临、背水面的边坡比均为1:3。

3.2 塔里木河干流设计洪峰流量复核

按照水利部审查通过的《塔里木河干流输水堤及河道治理工程可行性研究水文泥沙分析专题报告》（简称《水文泥沙分析专题报告》），黄河勘测规划设计研究院有限公司曾对现状情况下（1956—2000年系列）塔里木河干流阿拉尔、新其满、英巴扎、乌斯满、恰拉及阿西木耶断面进行了设计洪水推求，其中，阿拉尔和新其满两断面主要采用频率适线方法进行分析，其余各断面采用河段洪峰削减率分析方法推求。《水文泥沙分析专题报告》同时考虑了干流河道治理后河道的变化情况，并对河道治理后各断面的设计洪峰流量进行了推求。干流河道治理后各断面的设计洪峰流量见表1。

表1 塔里木河干流河道治理后各断面设计洪峰流量成果

水文站	$P=2\%$		$P=5\%$		$P=10\%$		$P=20\%$	
	水位/m	流量/（m³/s）	水位/m	流量/（m³/s）	水位/m	流量/（m³/s）	水位/m	流量/（m³/s）
阿拉尔		2 530		2 200		1 940		1 670
新其满		2 120	967.29	1 860	967.21	1 640	967.13	1 420
英巴扎			931.08	1 120	931.00	984	930.93	852
乌斯满			904.56	430	904.51	378	904.45	327
阿其河口			891.37	267	891.28	235	891.22	203
恰拉			876.65	196	876.56	172	876.46	149
阿西木耶			861.31	156	861.23	137	861.12	119

本次将洪水系列延长到2016年，采用频率适线方法对阿拉尔和新其满两断面设计洪水进行分析，并与上述成果对比列于表2。本次设计洪水成果与2000年成果相比，设计洪峰流量有所减少，C_v值变化不大，C_s值有所减小，符合一般规律。鉴于本次复核的阿拉尔站设计洪水与原设计成果相差不大，洪峰主要频率设计值偏差均在水文计算允许范围，阿拉尔站设计洪水仍采用《水文泥沙分析专题报告》中设计洪水成果；本次复核的新其满水文站设计洪水与原设计成果相对误差在-8.5%~-11.8%，新其满水文站设计洪水建议采用本次设计洪水成果。

表 2　塔里木河干流阿拉尔和新其满断面设计洪峰流量成果对比

水文站	实测资料	均值	C_v	C_s/C_v	流量/（m³/s）			
					$P=2\%$	$P=5\%$	$P=10\%$	$P=20\%$
阿拉尔	（1）1956—2000 年	1 338	0.34	3.5	2 530	2 200	1 940	1 670
	（2）1956—2016 年	1 341	0.33	2.5	2 430	2 160	1 930	1 690
	［（2）-（1）］/（1）				-4.0%	-1.8%	-0.5%	1.2%
新其满	（1）1956—2000 年	1 037	0.33	3.5	2 120	1 860	1 640	1 420
	（2）1956—2016 年	1 032	0.33	2.5	1 870	1 660	1 490	1 300
	［（2）-（1）］/（1）				-11.8%	-10.8%	-9.1%	-8.5%

根据本次复核新其满设计洪水成果减小比例，其下游各断面频率洪水也相应减小，现阶段塔里木河干流各断面设计洪峰流量成果见表 3。

表 3　本次复核塔里木河干流河道各断面设计洪峰流量成果

水文站	流量/（m³/s）			
	$P=2\%$	$P=5\%$	$P=10\%$	$P=20\%$
阿拉尔	2 530	2 200	1 940	1 670
新其满	1 870	1 660	1 490	1 300
英巴扎		999	894	780
乌斯满		384	344	299
阿其河口		238	214	186
恰拉		175	156	136
阿西木耶		139	125	109

3.3　塔里木河干流洪水预警流量复核

塔里木河干流行洪能力以主槽为主[3]，沿程断面过流能力上大下小[4]。乌斯满河口以下河段的过流不畅，反过来又会加剧上游河段的漫溢[3]。2004 年塔里木河干流两岸输水堤防和生态闸堰建成运行以来，塔里木河干流河道因工程治理和水流特性发生改变，有的河段因河床下切，水位降低，造成闸口引水困难；有些引水闸，闸后渠道淤积，降低了闸口分洪能力；有些生态闸，由于闸后有农田，影响了分洪效果。因此，本次塔里木河干流洪水预警流量复核从乌斯满断面开始，除考虑洪水演进、河道淤积、输水堤安全和频率洪水等重要因素外，还要考虑断面实际过洪能力、闸口实际分洪能力等实际情况。

3.3.1　乌斯满预警流量

乌斯满断面以下 2 km 处的喀尔曲尕跨河大桥，2013 年在大桥一侧增加了箱式涵洞，设计过洪能力为 318 m³/s，实际过洪能力为 200 m³/s[5]。考虑到输水堤的安全，确定乌斯满断面灾害流量为 400 m³/s。为进一步提高为中下游生态补水、生态输水能力，综合考虑多年泥沙淤积，乌斯满断面河床抬升幅度不大，设计频率为 20% 的洪峰流量作为防洪流量参考，确定乌斯满断面防洪流量为 300 m³/s。即根据防洪实际情况、河道淤积、输水堤安全和频率洪水等因素，确定塔里木河干流乌斯满断面警戒流量、防洪流量与灾害流量分别为 200 m³/s、300 m³/s、400 m³/s。

3.3.2 英巴扎预警流量

（1）英巴扎—乌斯满河段目前的统计数据显示，削峰率为 42%~76%，平均 61%[6]，按照较保守 50% 削峰率计算，控制乌斯满断面警戒流量、防洪流量与灾害流量分别为 200 m^3/s、300 m^3/s、400 m^3/s，则英巴扎相应流量值分别为 400 m^3/s、600 m^3/s、800 m^3/s。

（2）结合相应断面套绘，英巴扎断面 2000 年平滩流量为 650 m^3/s 左右，2010 年平滩流量降为 450 m^3/s 左右，2017 年现场查勘时的平滩流量为 300 m^3/s 左右[6]，流量大于 700 m^3/s 造成大范围漫滩。

（3）考虑到输水堤的安全，确定英巴扎断面灾害流量为 1 000 m^3/s。综上，为进一步提高为中下游生态补水、生态输水能力，综合考虑多年泥沙淤积，河床抬升幅度较大，设计频率为 20% 的洪峰流量作为防洪流量参考，根据防洪实际情况、河道淤积等实际因素，确定英巴扎断面警戒流量、防洪流量和灾害流量分别为 450 m^3/s、700 m^3/s、1 000 m^3/s。

3.3.3 新其满预警流量

（1）新其满—英巴扎目前的统计数据显示，削峰率为 20%~65%，平均 42%[6]，削峰率变化幅度不大，分布比较集中，按照较保守 50% 削峰率计算，控制英巴扎断面警戒流量、防洪流量和灾害流量分别为 450 m^3/s、700 m^3/s、1 000 m^3/s，则新其满相应流量为 900 m^3/s、1 400 m^3/s、2 000 m^3/s。

（2）结合相应断面套绘，新其满断面 2005 年平滩流量为 1 000 m^3/s 左右，至 2010 年降至 900 m^3/s 左右，两岸高滩内可通过流量超过 1 600 m^3/s[6]，由于新其满长时期内发生轻度淤积，判断其过流能力仍会发生少量减小，目前新其满断面警戒流量推荐为 900 m^3/s。

（3）结合本次复核，新其满断面 5 年一遇洪水流量为 1 300 m^3/s，新其满断面防洪流量设定为 1 300 m^3/s 较合适。

（4）考虑到输水堤的安全，确定新其满断面灾害流量为 1 700 m^3/s。综合以上信息，推荐新其满断面警戒、防洪和灾害流量分别为 900 m^3/s、1 300 m^3/s、1 700 m^3/s。

3.3.4 阿拉尔预警流量

（1）阿拉尔—新其满目前的统计数据显示，削峰率大多分布在 15%~48%，平均 25%[6]，削峰率变化幅度较大，分布较散；在大流量时，削峰率均在 20% 以上，故按照较保守的 20% 计算，按照前述新其满断面警戒流量、防洪流量和灾害流量推荐的 900 m^3/s、1 300 m^3/s、1 700 m^3/s 和 20% 的削峰率反推，则阿拉尔相应流量为 1 100 m^3/s、1 600 m^3/s、2 100 m^3/s。

（2）结合相应断面套绘，阿拉尔断面 2000 年平滩流量为 1 000 m^3/s，2005 年增至 1 600 m^3/s 左右，至 2010 年增至 1 750 m^3/s 左右，由于阿拉尔站处于持续冲刷状态，判断过流能力仍会发生少量增长[6]。

（3）阿拉尔过洪能力较强，目前约束其警戒流量的主要限制因素是其下游英巴扎、乌斯满等过流能力，且阿拉尔到新其满主要是堤防内输水，分水能力有限，也没有较大的分洪区，本身也不必承担太多分水任务，另外考虑到下游生态输水需求，将分水任务更多分配到新其满—英巴扎，英巴扎—乌斯满之间的河段可以考虑适当提高其警戒流量，目前阿拉尔断面警戒流量推荐为 1 300 m^3/s。

（4）结合阿拉尔断面 5 年一遇洪水流量为 1 670 m^3/s，阿拉尔断面防洪流量设定为 1 700 m^3/s 较合适。

（5）考虑到输水堤的安全，确定阿拉尔断面灾害流量为 2 000 m^3/s。综合考虑以上因素，推荐现阶段阿拉尔断面警戒流量、防洪流量和灾害流量分别为 1 300 m^3/s、1 700 m^3/s、2 000 m^3/s。

现阶段塔里木河干流几个主要断面推荐的灾害流量、防洪流量和警戒流量见表 4。

表 4　塔里木河干流各主要节点洪水预警流量成果　　　　　　　单位：m^3/s

断面名称	灾害流量	防洪流量	警戒流量
阿拉尔	2 000	1 700	1 300
新其满	1 700	1 300	900
英巴扎	1 000	700	450
乌斯满	400	300	200

4　结语

本文将洪水系列延长到 2016 年，采用频率适线方法对阿拉尔和新其满两断面设计洪水进行分析，对塔里木河干流各控制断面设计洪峰流量进行了复核，并在综合考虑防洪实际情况、洪水演进、河道淤积、输水堤安全和频率洪水等因素的基础上，确定了现阶段塔里木河干流各控制断面预警流量，得到如下结论：

（1）本次复核的阿拉尔水文站设计洪水与原设计成果相差不大，洪峰主要频率设计值偏差均在水文计算允许范围，阿拉尔水文站设计洪水仍采用《水文泥沙分析专题报告》中设计洪水成果；本次复核的新其满站设计洪水与原设计成果相对误差在 $-8.5\% \sim -11.8\%$，新其满站设计洪水建议采用本次设计洪水成果。

（2）推荐现阶段塔里木河干流阿拉尔断面警戒流量、防洪流量和灾害流量分别为 1 300 m^3/s、1 700 m^3/s 和 2 000 m^3/s；新其满断面警戒流量、防洪流量和灾害流量分别为 900 m^3/s、1 300 m^3/s、1 700 m^3/s；英巴扎断面警戒流量、防洪流量和灾害流量分别为 450 m^3/s、700 m^3/s、1 000 m^3/s；乌斯满断面警戒流量、防洪流量与灾害流量分别为 200 m^3/s、300 m^3/s、400 m^3/s。

参考文献

[1] 新疆维吾尔自治区人民政府. 塔里木河流域近期综合治理规划报告 [R]. 2001.

[2] 王远见，江恩慧，郜国明，等. 塔里木河三源一干近 50 a 汛期径流时空分布规律研究 [C] //中国水力发电工程学会. 中国水力发电工程学会水文泥沙专业委员会 2017 年学术研讨会. 长沙，2017.

[3] 胡春宏，王延贵. 塔里木河干流河道综合治理措施的研究 （I）——干流河道演变规律 [J]. 泥沙研究，2006（4）：21-29.

[4] 中国水利水电科学研究院. 塔里木河干流河道演变规律及整治对生态环境的影响 [R]. 2004.

[5] 塔里木河干流管理局. 塔里木河干流 2016 年水利工程度汛方案 [R]. 2016.

[6] 王远见，董其华，周海鹰. 塔里木河干流上游洪水演进规律分析与数值模拟 [J]. 干旱区地理，2018，41（6）：1143-1150.

深圳河边滩植物对河道阻力的影响

卢　陈[1]　刘国珍[1,2]　胡浩南[3]

(1. 珠江水利委员会珠江水利科学研究院，广东广州　510610；

2. 粤港澳大湾区水安全保障重点实验室，广东广州　510799；

3. 长沙理工大学水利与环境工程学院，湖南长沙　410114)

摘　要：作为深圳和香港的界河——深圳河，其河道的行洪能力关系到两地的防洪安全。近年来，由于河道中下游的边滩植物生长，河道行洪受阻，防洪能力受到影响。本文通过经验公式理论计算分析结合 MIKE 一维数学模型研究边滩植物对河道阻力的影响。结果表明：在三期治理工程完成后，鹿丹村至深圳河河口的中下游河道的边滩植物平均生长高度每提高 1.5 m，便会使河道综合糙率增加 0.005 左右。

关键词：河道阻力；边滩植物；综合糙率；深圳河

1　引言

深圳河是深圳市最大的水系，同时也是珠江三角洲水系的重要组成部分，其防洪能力对于两地的经济发展具有重要意义[1]。未整治前，深圳河的防洪能力仅为 2~5 年一遇，两岸洪涝灾害频发[2]。20 世纪 90 年代末，为了消除洪水灾害，深港双方于 1995 年开始对深圳河进行长达 10 年的治理工程。2006 年 12 月，在三期治理工程完成后，深圳河基本可达到 50 年一遇防洪标准，水生态环境逐渐向好，两岸的边滩植物向河道生长迅速。2018 年 8 月 29 日深圳河流域普降暴雨，深圳河上游鹿丹村、罗湖等站出现了治理后的最高水位，分析表明，深圳河中下游的边滩植物过度生长增大了局部河道的综合糙率从而阻碍河道行洪，导致水位抬高。对于植物对综合糙率的影响，唐洪武等[3]基于水流阻力等效原则，首次提出等效水力参数的概念，建立了等效综合曼宁糙率系数和等效植物附加曼宁系数的计算公式。郑爽等[4]通过含淹没柔性水生植物水流的水槽试验和量纲分析，得出了等效床面糙率经验公式。姬昌辉等[5]采用水槽试验研究了在不同水流和植被条件下的曼宁糙率系数的变化特征，给出了简单计算糙率系数的经验公式。基于以上背景，需对深圳河植物分布及河道综合糙率的变化开展研究。

2　植物分布概况

2018 年汛后，整体对深圳河两岸植物的调研结果分析发现，在中下游区域，如河口 0+000、鹿丹村至福田 4+300 口岸及罗湖河道的两岸等，分布着面积较大的滩涂湿地，其中生长着大面积的以芦苇为主的植物群落（见图 1），其生长的周期较快，密度较大，范围较广，植物生长蔓延至河道的中心，严重阻碍了河道行洪。

基金项目：中国水利水电科学研究院水利部泥沙科学与北方河流治理重点实验室开放基金（IWHR-SEDI-202105）；广州市科技计划项目（202002030468）；流域水治理重大关键技术研究项目（〔2022〕YF001）。

作者简介：卢陈（1984—），男，高级工程师，主要从事河口治理、规划工作。

通信作者：胡浩南（1999—），男，硕士研究生，研究方向为近海工程。

(a)河口 0+000 处

(b)福田 4+300 部分河段

(c)鹿丹村至福田口岸

(d)罗湖河段附近

图 1 深圳河主要植物分布区域

整体分析深圳河边滩植物分布特征（见表1），深圳河河道（深圳市一侧）植被呈现以下生态分布规律：

表1 深圳河植物生态分布概况

调查点位（桩号）	位置	植被概况
0-720	深圳河新洲河口上游附近	岸带以灌木丛为主；滨岸带以丛生莎草科植物和海桑，其他苔草为主；滩涂带零星散布莎草科植物和海桑
0+000	深圳河河口断面	断面水面宽约200 m，总体断面比较顺直，无局部突出的滩涂区间，未有裸露滩涂。深圳侧滩涂较宽，滩涂湿地约30 m宽；滨水带宽5 m为芦苇带，岸边以百花鬼针草为主。香港侧主要为无瓣海桑和水草
1+240.2	深圳侧有水位观测站点	此处河宽偏窄，滩涂芦苇生长良好，高2 m。深圳侧近岸滩涂约60 m。滨水带以芦苇为主，芦苇层结束有禾本科为主；岸边以田菁和龙珠草为主，植物密度较高。水泥护坡以红毛草为主。香港侧无裸露滩涂，以芦苇为主
3+000	长江水利委员会水文观测船停靠码头	断面河宽约150 m。深圳侧属于凹岸，滩涂宽约4 m，水边以莎草和海桑为主，岸边以三裂蟛蜞菊为主，疏生老鼠簕。香港测属于凸岸，宽20~30 m，植物密生，以芦苇和莎草为主
4+300	福田口岸上游约500 m	断面水面宽80~100 m。深圳侧属凸岸，植物较高，水边以低矮芦苇为主，岸边以较高的芒为主，滩涂宽15~20 m。香港侧以芦苇为主，滩涂宽10~15 m
4+350	军营施工处	深圳侧军营施工，阻断生态廊道，建筑长约150 m
5+350	深圳河福田河口上游20 m断面	深圳侧滩涂大约6 m宽，近水以芦苇和田菁为主，逐步过度为百花鬼针草和芒，护岸以圆叶牵牛为主。香港侧以芦苇为主
5+560	沙码头	深圳侧沙码头长约400 m，滨岸为水泥直立护墙，无植被，岸带生态被阻隔
6+652	未启用码头处	深圳侧有一个码头，目前未启用，码头上下游300 m为直立护墙，无裸露滩涂
8+100	深圳治河办公地附近	深圳一侧为河道保护临时码头，无滩涂，直立墙护岸，无植被
12+800	深圳河沙湾河口	河道断面较窄，80~100 m宽，香港侧有约10 m宽滩涂。滨岸植被主要有血桐、白花鬼针草、节节草、海芋、蟛蜞菊、薇甘菊、龙珠果、金星蕨、对叶榕和芒等
13+000	深圳河沙湾河口上游200 m	河道断面较窄，约50 m宽，无滩涂。河道两侧滨岸带3~5 m，植被长势良好，主要有芒、海芋、光荚含羞草等
13+300	平原河口下游100 m断面	河道断面较窄，约50 m宽，无滩涂。深圳侧岸带为陡立坡面，香港侧滨岸带坡面较缓，植被有马樱丹、臭草等

河道纵向上，由于裁弯取直、扩宽挖深等综合治理工程完成后，中下游的河道较上游明显变宽，滩涂湿地较多，植物种类较丰富，植物数量较多。在靠近上游的河岸带，由于布置的水泥式直立护墙对边滩的淤积形成阻隔，几乎无植物生长。

河道横向上，从河道岸带到河道中心水域，植物呈现由陆生向水生过渡。河道边缘地带地势较高区域基本不被水浸，主要为陆生植物。河道内高潮位与低潮位区间，随感潮水位有规律地交替变化，属于典型滩涂地带，该区域由于河道稳定，冲刷较少，多为茂密的水生植物。河道低潮位区域，属于永久性河道水域空间，由于涨落潮和上游来水的不断流动和冲刷涤荡，该区域基本不适于植物生长。

3　边滩植物对河道阻力影响分析

对于某一河道断面而言，河床及岸滩的表层阻水特性差异（受床沙组成及河道植被分布的影响）是其综合糙率产生空间异变的根本原因[6]。当植被较为繁茂时，水流阻力主要来自植物，糙率受植被的影响显著[7]。因此，分别采用经验公式理论计算和一维数学模型计算两种方法，着重分析深圳河中下游边滩植物对河道的综合糙率的影响。

3.1　经验公式理论分析

对于天然复杂河道断面，其沿程综合糙率可采用 Einstein Banks 方法[8]，假定断面各糙率单元流速和断面平均流速相等，提出河道断面综合糙率计算公式［见式（1）］。

$$n_c = \left[\frac{\sum_{i=1}^{N} (P_i + n_i^{1.5})}{P} \right]^{2/3} \tag{1}$$

式中：n_c 为综合糙率；P_i、n_i 分别为各糙率单元的湿周（m）和糙率；P 为断面总湿周，m；N 为糙率单元总数。

3.1.1　范围及参数选取

选取鹿丹村至深圳河河口典型河段，根据各断面形态分布，综合考虑断面常水位高程和断面，局部糙率的取值根据以下原则，综合考虑水位、流量、地形等因素，通过实测资料推算获得。

（1）河道常水位以下主槽段主要为淤泥质河槽，基本由淤泥质细沙组成，还有少量生活垃圾等杂质，主槽表面较为平坦，基本无杂草和块石。根据渠道及天然河流糙率表，选取河道常水位以下主槽段糙率为 0.022。

（2）中下游的主槽段两侧为河滩地，根据现场实景照片和实测资料，区分各断面河滩地植被高矮、浓密和种类，分别确定深港两侧河滩地局部糙率为 0.028~0.04。

（3）断面综合糙率与水位（或流量）变化具有相关性。考虑拟合 2018 年 8 月 29 日洪峰流量及水位，选取洪水期河道综合糙率，特征水位一般按照该断面 5% 频率洪水位来确定河道湿周等参数。

（4）深圳河高水位时河道边壁大部分为混凝土抹面，该段分区糙率取为 0.020，三期工程段部分为浆砌块石边壁，该段分区糙率取为 0.030。

3.1.2　计算结果及分析

将整体计算的结果从河口至鹿丹村为 8 段，综合分析综合糙率的变化（见表 2）。

整体上洪水期间湿周呈下游大、上游略小、罗湖河口段最小的沿程分布趋势。左右岸湿周占比交替变化，与河道主槽在左右岸摆动规律相符。由表 2 可见，越靠近河口段，植物所增加的糙率越明显，综合糙率越大，在皇岗以下植物生长所增加的糙率为 0.5~0.7，综合糙率处于 0.026~0.027；皇岗以上植物影响在 0.3~0.5，综合糙率处于 0.026~0.025；整体上，综合糙率平均值为 0.0258，植物所带来的综合影响约为 0.005 8。

表 2　河口至鹿丹村沿程综合糙率计算成果

河段距离	右滩平均湿周/m	主槽平均湿周/m	左滩平均湿周/m	右滩地平均糙率	主槽平均糙率	左滩地平均糙率	植物影响糙率	平均综合糙率
河口 0+000~1+000 河段	70.47	116.05	28.62	0.035	0.022	0.04	0.007 1	0.027 31
1+000~2+000 河段	58.7	117.7	44.34	0.035	0.022	0.035	0.007 2	0.027 16
2+000~3+000 河段	10.16	117.99	36.06	0.035	0.022	0.035	0.006 2	0.026 45
皇岗 3+000~4+000 河段	36.19	104.47	46.88	0.034	0.022	0.035	0.005 8	0.026 07
断面 4+000~5+000 河段	53.38	108.91	28.41	0.032	0.022	0.035	0.005 4	0.025 81
福田 5+000~6+000 河段	79.89	113.76	17.72	0.032	0.022	0.035	0.005 1	0.025 45
6+000~7+000 河段	19.02	90.35	20.51	0.032	0.022	0.035	0.004 5	0.024 68
鹿丹村 7+000~8+500 河段	24.05	101.44	27.29	0.032	0.022	0.035	0.003 8	0.024 15

3.2　数学模型计算分析

3.2.1　模型范围选取

　　为研究深圳河植物对糙率的影响程度，根据植物的阻水特征，采用过水断面扣除法利用数学模型估算植物的阻水影响。采用 MIKE11HD 模块进行数学模型计算。根据深圳河的扇形特点，以及深圳河 "8·29" 洪水水面线的特征分析，深圳河口至鹿丹村之间是流域中植物分布最为明显的区域，为了简化模型边界的影响，与经验公式计算对应，主要分析深圳河口至鹿丹村之间植物对糙率的影响。模型范围见图 2。

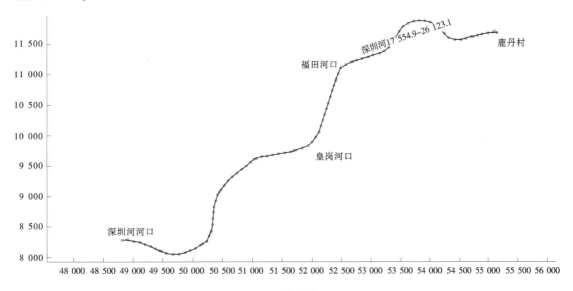

图 2　模型范围

3.2.2 地形边界

根据生态调查结果，植物中芦苇高度达 2 m，考虑到植物生长高度不均，统一考虑植物高度为 1.5 m。为了提高模拟精度，减小地形变化对结果的影响，对于有植物的工况，选取植被生长茂密、范围较广、地形变化较小的 2018 年汛前水下实测资料，植物区域地形在实测地形基础上全部加高 1.5 m。对于无植物的工况，同样采用 2018 年汛前水下实测资料，植物区域不加高，模拟无植物地形。

3.2.3 计算工况

根据《深圳市防洪潮规划修编及河道整治规划》（2013），拟定不同重现期下深圳河的洪峰流量、设计潮位及综合糙率的取值，无植物工况河道综合糙率 n 取 0.02，上游边界为鹿丹村站 2018 年 8 月 29 日 00：00 至 31 日 00：00 实测流量过程，下游边界为深圳河口站 2018 年 8 月 29 日 00：00 至 31 日 00：00 实测潮位过程。计算工况见表 3。

表 3 各工况计算情况说明

边界	工况 1	工况 2	工况 3/4/5
上游边界	鹿丹村 2018 年 8 月 29 日 00：00 至 31 日 00：00 实测流量过程		
下游边界	深圳河口 2018 年 8 月 29 日 00：00 至 31 日 00：00 实测潮位过程		
地形边界	2018 年汛前地形	2018 年汛前地形加植物	2018 年汛前地形
综合糙率 n	0.02	0.02	0.023/0.024/0.025

3.2.4 模型计算结果及分析

模型范围内设有 3 个水文测站：深圳河河口、皇岗、鹿丹村，分别提取各站实测及各工况水位最高值，计算结果见表 4。

表 4 各工况最高水位计算结果　　　　　　　　　　　　　　单位：m

H_{max}	深圳河河口	皇岗	鹿丹村
实测值	1.8	2.68	3.9
工况 1（$n=0.02$、无植物）	1.82	2.27	3.03
工况 2（$n=0.02$、植物高度 1.5 m）	1.83	2.43	3.29
工况 3（$n=0.023$、无植物）-工况 2 变化值	0	-0.06	-0.11
工况 4（$n=0.024$、无植物）-工况 2 变化值	0	-0.03	-0.04
工况 5（$n=0.025$、无植物）-工况 2 变化值	0	0.01	0.02

分析试验结果发现，在多种工况下，深圳河河口的水位幅度变化较小，几乎没有差别。但其他测站的水位各有差异，工况 5 在综合糙率增加了 0.05 的情况下与有植物的工况 2 水位差别最小，皇岗站和鹿丹村站水位分别只高出 1 cm 与 2 cm，因此可以认为当河道中下游的边滩植物平均生长高度每提高 1.5 m 时，会使河道综合糙率 n 增加 0.005 左右，与经验计算结果相差 0.000 8，基本吻合。

4 结语

近年来，鹿丹村至深圳河河口的中下游河道边滩植物不断发育生长，浅滩范围不断扩大，河道行洪阻力增大。通过对深圳河河边滩植物分布和综合糙率的变化进行分析可知：中下游河道边滩植物的高度会对河道综合糙率产生影响，植物生长平均高度每增高 1.5 m，综合糙率约增大 0.005。

参考文献

［1］王富永，吴良冰，何勇，等．深圳湾河床演变及其对湿地生态系统的影响［J］．人民珠江，2009，30（5）：16-19.

［2］徐照明，何勇，吴良冰．深圳河防洪能力的研究［J］．人民长江，2011，42（1）：9-12.

［3］唐洪武，闫静，肖洋，等．含植物河道曼宁阻力系数的研究［J］．水利学报，2007，38（11）：1347-1353.

［4］郑爽，吴一红，白音包力皋，等．含水生植物河道曼宁糙率系数的试验研究［J］．水利学报，2017，48（7）：874-881.

［5］姬昌辉，洪大林，丁瑞，等．含淹没植被明渠水位及糙率变化试验研究［J］．水利水运工程学报，2013（1）：60-65.

［6］吴乔枫，蔡奕，刘曙光，等．基于植被分布的河道糙率分区及率定方法［J］．水科学进展，2018，29（6）：820-827.

［7］SHUCKSMITH J D，BOXALL J B，GUYMER I．Bulk flow resistance in vegetated channels：analysis of momentum balance approaches based on data obtained in aging live vegetation［J］．Journal of Hydraulic Engineering，2011，137（12）：16.

［8］Einstein H A，Bank R B．Fluid resistance of composite roughness［J］．Transactions of American geophysical union，1950，31（4）：603-610.

榆林李家梁水库渗漏问题分析

张 顺 王启鸿

（中国电建集团西北勘测设计研究院有限公司，陕西西安 710065）

摘 要： 榆林李家梁水库坝型为水力冲填、土工膜防渗均质砂坝，自建成蓄水以来，存在严重的渗漏安全隐患，不能发挥设计规模效益，甚至存在溃坝的危险。为保障工程安全，更好地发挥水库功能，基于既有资料，通过钻探、物探、现场注水试验和室内试验等工作，深入分析水库渗漏特征、类型和成因。该水库渗漏主要为坝体、坝基和绕坝渗漏，以孔隙型渗漏为主，是由坝体本身的填筑材料、施工工艺和坝基岩性以及坝址区水文地质条件等多种因素影响所致。建立三维渗流模型，采用三维渗流计算确定平面防渗范围和防渗深度，为工程除险加固处理提供依据。

关键词： 水力冲填砂坝；均质砂坝；水库渗漏；渗透破坏；除险加固

1 引言

20 世纪 70 年代，黄河中游各省采用水力冲填技术修筑了不少砂坝，尤其是在陕北沙漠和风沙丘陵区[1]。水力冲填砂坝一般建在第四系细砂上，两岸基本不削坡清基，无结合槽；筑坝材料为粉细砂，黏粒成分含量无或极少，水力冲填，未经夯实；坝高一般为 20~30 m，坝坡较缓。水库从开始蓄水就发生渗漏，经过几年自然固结沉降，坝体沉降变形趋于稳定，但下游坝坡和坝脚渗漏、流土、管涌现象依然存在。水库渗漏轻者不能发挥应有设计效益，重者会招致大坝失事，造成灾难[2-5]。

本文以榆林李家梁水库工程为例，通过地质测绘、钻探、物探和试验等多种工作，探明水力冲填砂坝水库渗漏特征、方式和类型，分析确定水库渗漏根源所在，建立三维模型，采用三维渗流计算确定平面防渗范围和防渗深度，为工程除险加固处理提供依据，为水力冲填砂坝渗漏问题提供借鉴。

2 工程概况

李家梁水库地处西北风沙区，是一座以供水为主的中型水库。水库大坝坝型为土工膜防渗均质砂坝，水力冲填技术修筑，防渗复合土工膜铺设在上游坝坡、坝前及两岸上游 100 m 范围内。水库蓄水运行以来，坝后出现多处不同程度的集中渗流问题，坝后有漏水夹砂现象。2014—2016 年在坝后重修反滤、排水设施，培厚压实坝后坡脚等，处理后的坝后坡脚部位，大部分沸状冒砂、冒水夹砂现象减小，但渗漏问题仍然存在，存在渗流破坏的风险。库水位常年在低水位运行（1 163.80 m 左右），距正常蓄水位仍有 3.8 m，水库大坝安全鉴定为三类坝，存在严重安全隐患。

3 水库工程地质、水文地质条件

3.1 水库区

水库区地貌形态属沙漠滩地区。库区河谷宽阔平坦，呈宽缓"U"形谷，宽度一般为 400~600 m，最宽处约 800 m；两岸岸坡顶部高程 1 170~1 180 m，与河谷高差 30~40 m，岸坡坡角 15°~20°，库岸顶部为现代风积沙丘地貌，普遍为高低连绵起伏的沙丘，高差一般为 20~30 m，沙丘坡度 15°~30°。库区岩性主要为全新统冲积、风积及湖积细砂，厚度 80~100 m，其间夹有中砂、粉细砂层，透

作者简介： 张顺（1986—）男，高级工程师，主要从事工程地质勘察设计等工作。

镜状砂壤土（厚度 1~18 m 不等）。库区地下水主要为第四系孔隙潜水，受大气降水补给，以渗流形式向河谷排泄。

库区内未发现低于库水位的邻谷，库周两岸地下水位高于正常蓄水位，不存在库区渗漏问题。

3.2 坝址区

3.2.1 地形地貌

坝址区河谷流向 SE 向，谷底高程约 1 146 m，坝轴线处河谷宽 650 m，河流阶地不发育。两岸岸坡为风成沙丘地貌，两岸岸坡坡度一般为 10°~25°，坡高 5~30 m 不等。两岸坝肩处小冲沟发育，多 NE 向，延伸多 30~80 m 不等，沟谷宽一般为 50~150 m，切割深度 20~30 m（见图 1 和图 2）。

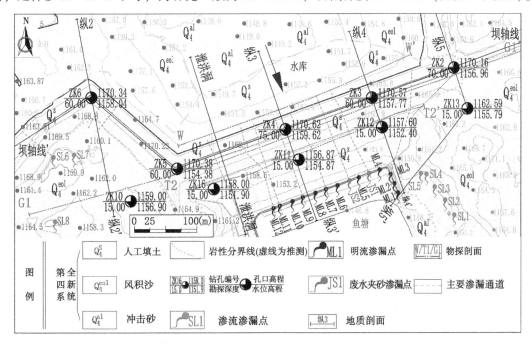

图 1 坝址区地质平面图（部分）

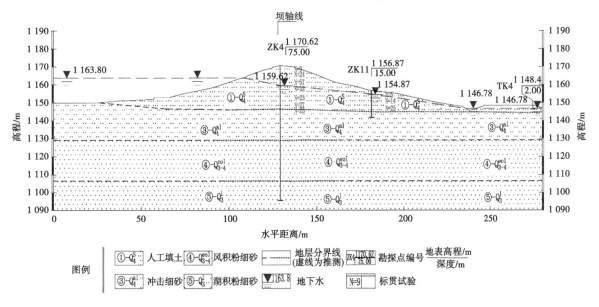

图 2 坝址区典型剖面纵 3

3.2.2 地层岩性

坝址区地层主要为覆盖层，岩性由新至老依次为：

①-Q_4^a 坝体土，坝体填筑料均来自两岸风积砂，其砂粒含量占 98%～100%，粉粒含量≤2%，以细砂为主，局部为中砂，厚度一般为 4～25 m。

②-Q_4^{eol} 风积细砂，局部为中砂，粉粒含量占 2.5%～8.7%，无黏粒含量，风积斜交层理，两岸坝肩表部大范围分布，坝肩高程部位相对较厚，靠近河床相对较薄，厚度一般为 2～14 m。

③-Q_4^{al} 冲积细砂层，主要分布在河床坝基表层部位，厚度 2.0～20 m 不等。

④-Q_{3-4}^{eol} 风积粉细砂层，层底附近局部夹有厚度不一的薄层砂壤土，具水平层理，在两岸坝肩及河床部位广泛发育，厚度一般为 20～50 m。

⑤-Q_3^l 湖积粉细砂层，夹薄层砂壤土，具水平层理，略向右岸倾斜，呈透镜状。本次勘探未揭穿该层，层厚>30 m。

3.2.3 水文地质条件

两岸坝肩及坝后侧坡的地下水为孔隙潜水，水位均低于库水位，坝址区蓄水后是库水补给地下水，其中坝体内钻孔实测水力坡度均值为 0.24。

3.2.4 不良地质作用和地质灾害

坝址区为风成沙丘地貌，坡度较缓，地层渗透系数较大，地表径流发育较少，无滑坡、泥石流等不良地质现象，存在坝址区渗漏和渗透稳定问题。

4 水库渗漏特征

4.1 渗漏点平面分布

经现场调查，较明显的渗水点多达 22 处（见图 1），其中右坝肩下游侧坡 3 处，左坝肩下游侧坡 5 处，左坝肩纵向排水沟 3 处，坝后坡脚排水渠 11 处。

坝后横向排水渠靠左侧有两处明显挟砂渗漏点（JS1、JS2），说明该部位不仅发生库水渗漏，同时还存在渗透稳定问题；两岸坝后侧坡渗水逸出点主要以渗流为主，未发现明显明流（SL1～SL7）；坝后排水渠排水棱体中大多为明流流出，或以渠底冒水等形式流出（ML1～ML15）。

4.2 渗漏点特征

按渗漏点的分布位置划分，可以将坝区渗漏点分为两类。一类位于近坝岸坡坡脚，主要为绕坝渗漏点，为渗出状态，无明流出现。一类位于坝后下游排水渠中，主要为坝体和坝基部位的渗漏，主要表现为渠坡排水棱体块石缝隙中渗流，渠底有多处表现为冒水，左岸坡脚局部有挟砂现象，横向排水渠靠左岸和纵向排水渠部分漏水点呈窝状密集式分布（见图 3）。

图 3　窝状密集渗漏点（ML5 附近）

排水渠中汇集的渗漏水，一部分经过渠坡排水棱体过滤后流出，呈无压状态，未见挟砂。另一部分从渠底出水点向上冒出，部分出水口有砂土似沸腾状，表现有一定的压力，且局部有挟砂现象。

4.3 渗漏方式和类型

根据勘探和现场测绘调查，结合电磁法剖面、高密度电法和伪随机流场等三种物探测试成果来看，坝体、坝基和两岸坝肩均有渗漏，且渗漏点分布较广泛（见图4）。由坝前伪随机流场法探测剖面来看，左岸坝体渗漏点均较右岸密集，渗漏富水区规模也相对较大，但勘探和物探探测中均未揭露较大的集中渗漏通道，库水的渗漏主要是通过砂层中的孔隙联络通道，以孔隙型渗漏为主，渗漏方式以坝体、坝基和两岸坝肩的绕渗多种形式并存。

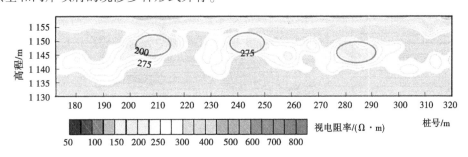

注：视电阻率小于 200 Ω·m 为富水区。

图4 瞬变电磁剖面 T2 在纵3、纵4 间成果图

5 试验资料分析

5.1 标准贯入试验

①层大坝填筑土：该层土标贯击数在 5~57 击，平均值 20.9 击，其中左岸锤击数平均值 20 击，右岸均值为 21.2 击，表明左岸土层密实度小于右岸。土层总体松散-密实，承载力特征值为 180~200 kPa，变形模量 8.56 MPa。

②层风积中细砂层：该层土标贯击数在 5~26 击，平均值 13.9 击，多稍密，承载力特征值为 140~150 kPa，变形模量 6.2 MPa。

③层冲积细砂：该层锤击数为 24~32 击，平均值 27 击，多中等密实，承载力特征值为 190~210 kPa，变形模量 13 MPa。

④层风积细砂：该层锤击数一般为 19~61 击，平均值 31 击，中等密实-密实，承载力特征值为 210~230 kPa，变形模量 14 MPa。

⑤层湖积粉细砂：该层中等密实-密实，承载力特征值为 220~240 kPa，变形模量 15 MPa。

5.2 渗透试验

现场对坝体土和坝基土进行钻孔注水试验共计 26 组，其中坝体土 8 组，坝基土 18 组，同时取样进行室内渗透试验。野外和室内试验测定结果基本一致。

①-Q_4^s 坝体土渗透系数在 $2.89×10^{-3}$~$7.9×10^{-3}$ cm/s，平均 $4.89×10^{-3}$ cm/s，允许水力坡降分别为 0.22。

②-Q_4^{eol} 风积细砂渗透系数在 $7.11×10^{-3}$~$1.54×10^{-2}$ cm/s，平均 $1.23×10^{-2}$ cm/s，允许水力坡降分别为 0.21。

④-Q_{3-4}^{eol} 风积细砂层渗透系数在 $1.7×10^{-3}$~$6.5×10^{-3}$ cm/s，平均 $4.1×10^{-3}$ cm/s，允许水力坡降分别为 0.24。

③-Q_4^{al} 冲积细砂层渗透系数与①层相似，允许水力坡降为 0.21；⑤层粉细砂层渗透系数较其他土层相对较小，约 $4.85×10^{-4}$ cm/s，允许水力坡降为 0.25。

5.3 其他试验资料

对①层坝体土进行试验 10 组，现场测定其密度和含水量，再取扰动试样进行室内颗粒分析、抗

剪等。①层坝体土不均匀系数平均 3.1，比重 2.65，干密度 ρ_d 在 1.14~1.49 g/cm³，均值 1.42 g/cm³，孔隙比 0.59~0.95，均值 0.84。

6 渗漏成因分析

大坝修建时两岸未削坡清基，无结合槽，土质虽均匀，但因用水力冲填砂土，未经人工夯实，坝体形态及坝体质量控制差。坝体填筑料均来自两岸风积砂，无黏粒含量，填筑后渗透系数平均 4.51× 10⁻³ cm/s，不符合规程对土料质量的技术指标[2]。坝体砂土实测标贯击数 5~57 击，平均为 22 击，相对密度 0.33~0.67，小于规范控制指标 0.7[3-4]。坝体土平均干密度为 1.46 g/cm³，设计要求干密度应大于 1.5 g/cm³，坝体填筑干密度未达到设计要求。不同部位不同高程坝体土标准贯入实测锤击数差别较大，说明坝体土填筑密实性很不均匀。因此，坝体填筑质量未达到设计和规范要求，坝体填筑质量较差，可能存在不均匀沉降。

虽然施工期在坝前做了土工膜防渗，但坝体和坝基均为中等压缩性土，且坝体均一性差，筑坝后会产生一定的不均匀沉降变形，土工膜上部为混凝土盖板，在沉降变形中极易导致土工膜破坏，而使防渗部分失效。

坝体土和坝基土均为粉细砂-细砂，主要粒组为细砂颗粒，级配不良且不连续，无黏粒含量或含极少黏粒，均属中等透水层，且透水层贯穿于整个坝区上、下游，为水库渗漏提供了基本条件，坝体和两岸的实测水力坡度均大于允许水力坡度，坝址区两岸地下水均低于正常蓄水位，且坝址区两岸不存在地下分水岭，这将为坝基和坝肩渗漏提供必要的水动力条件。

水库蓄水后，坝前部分土工膜防渗失效，在上游水压作用下，一部分水从坝体经过，坝体内浸润线以下处于饱和状态，出逸点以下坝体因水分饱和，渗水集中呈细流渗出并挟带部分坝体土，长期渗漏进一步发展，从而形成坝体的渗透破坏，如在 2016 年 9 月左岸老坝肩岸坡出现直径约 1.5 m、深 1.0 m 的两个塌陷坑。若水库水位蓄至正常高水位，坝体中的浸润线将更高，渗漏部位渠底沸状冒水现象将更为严重，坝基与坝体都有可能会发生渗漏破坏，进而影响坝体的安全。

7 水库防渗处理

防渗措施以降低坝体、坝基自身渗透性为主，同时延长渗径。由于坝址区两岸坝肩均无分水岭，坝基下部相对覆盖层较深，采用封闭的一体防渗是不可能或不经济的。根据上述资料建立三维地质模型，并用四面体进行网格剖分，采用三维渗流计算来确定防渗深度和两岸坝肩防渗的范围（见图 5 和图 6）。

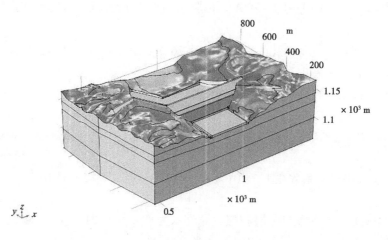

图 5　三维地质模型

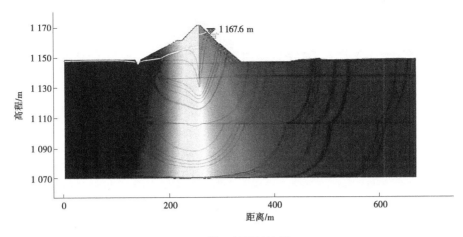

图 6 纵 3 剖面处流线

坝体和坝基统一采用垂直防渗帷幕墙处理，计算不同帷幕深度下工程区三维地下水渗流场，分析不同工况条件下的坝基渗漏量和最大渗透坡降。通过不同防渗深度和防渗方案计算比较，最大墙深 40 m，向两岸逐渐减小至 20 m，采用旋喷桩防渗帷幕或劈裂灌浆防渗帷幕，左坝肩向外延伸 269 m，右坝肩延伸长 93 m，下游坝坡和下游反滤排水体向下游延长至 119 m，该方案较为经济合理[5]。采用该方案处理后，渗透坡降最大降至 0.192，满足了渗透安全，水库渗漏量目前约有 387 L/s，处理后约有 251 L/s，显著降低了坝体及坝肩渗漏量。

8 结语

（1）水力冲填砂坝一般都建在第四系细砂基上，坝型由于受坝区筑坝材料的限制，绝大多数都采用均质坝，施工工艺简单，坝体填筑质量较差，填筑材料基本无黏粒含量，密实度、均一性均较差。砂坝建在砂基上，上游地下水补给库水，库水又补给下游地下水，坝后渗漏应属正常现象。

（2）坝体、河床及两岸坝肩分布的地层均为无黏粒含量或含极少量黏粒的细砂层，均属于中等透水层，且透水层贯通上、下游，透水层分布高程低于正常蓄水位，为蓄水后的渗漏创造了基本条件。

（3）水库渗漏主要为坝址区渗漏，以孔隙型渗漏为主，坝体、坝基和两岸坝肩的绕渗多种形式并存。

（4）坝址区的渗漏是由坝体本身的施工质量和坝基岩性以及两岸坝肩地下无分水岭等多种因素影响所致。蓄水后坝体、坝基土发生不均匀沉降，引起坝前防渗土工膜破坏，部分防渗体失效，坝体内水力坡度大于土层允许水力坡度，致使坝体发生渗透破坏。

（5）水力冲填砂坝防渗应在坝体防渗加固的同时，尽可能在坝基一定范围内加深防渗，把渗漏量减少到最小。水力冲填砂坝防渗深度一般很难做在相对隔水层上，可通过三维渗流计算来确定坝基的防渗范围和深度。

参考文献

[1] 谢永生，张钧锋. 水坠砂坝防渗措施的建议 [J]. 水利建设与管理，2007 (2)：41-42.

[2] 中华人民共和国水利部. 水利水电工程天然建筑材料勘察规程：SL 251—2015 [S]. 北京：中国水利水电出版社，2015.

[3]《工程地质手册》编委会. 工程地质手册 [M]. 5 版. 北京：中国建筑工业出版社，2018.

[4] 中华人民共和国水利部. 碾压式土石坝设计规范：SL 274—2020 [S]. 北京：中国水利水电出版社，2020.

[5] 谈叶飞，郑磊. 榆林李家梁水库大坝三维渗流场计算专题报告 [R]. 南京：南京水利科学研究院，2021.

多沙河流供水水库径流–泥沙联合配置模型

陈翠霞[1,2]　　万占伟[1,2]

（1. 黄河勘测规划设计研究院有限公司，河南郑州　450003；
2. 水利部黄河流域水治理与水安全重点实验室（筹），河南郑州　450003）

摘　要：数值模拟是合理确定水库排沙和供水调度方式的重要工具。现有水库冲淤计算、径流调节计算模型相互独立，径流调节计算无法考虑库区泥沙冲淤变化的影响。本文研发了一套并联水库径流–泥沙联合配置模型，实现水库径流调节和泥沙冲淤耦合计算，水库由定库容调节径流调为动库容调节径流。应用于甘肃马莲河水库，论证了水库排沙运用时段，确定了可同时实现水库有效库容长期保持和满足供水要求的水库调度运用方式。研究成果将为多沙河流供水水库调度提供技术支撑。

关键词：供水水库；库容保持；数值模拟；多沙河流

1　引言

一般河流的水资源利用开发通过在河流上修建单个水利枢纽工程来实现。在多泥沙河流上开发具有供水功能的水库，面临着水库供水与有效库容保持之间难以协调的矛盾。多沙河流主汛期水库入库含沙量高，水库若蓄水满足兴利要求，则极易造成库区严重淤积，难以保持水库有效库容；水库要保持有效库容，主汛期必须有敞泄排沙运用的机会，敞泄排沙期间水库必须泄放蓄水，难以保证供水任务。如甘肃省庆阳市巴家嘴水库，水库年均入库含沙量为 220 kg/m³，作为庆阳市唯一的大型水源工程，水库汛期经常蓄水运用，导致水库库容不断淤损[1]，大坝加高加固改造 3 次仍无法解决泥沙淤积问题，而泥沙淤积又严重影响了工程安全和供水安全。因此，多沙河流尤其是入库含沙量在 100 kg/m³ 以上的超高、特高含沙量河流，水资源开发利用需要对水、沙进行分置开发，即修建"干流水库+调蓄水库"的并联水库开发模式[2]，通过干流水库调控泥沙和调蓄水库调节供水来实现；其中洪水期干流水库敞泄排沙运用，由支流调蓄水库供水；平水期或者非汛期干流水库调蓄径流，并由干流水库向调蓄水库充水（引干流水库表层清水进入调蓄水库），经调蓄水库调蓄后向用水对象供水。

多沙河流供水水库要实现库容保持和供水调节的双重目标，需要合理确定水库排沙调度。水库调度运用方式的合理性论证多是通过数值模拟手段，当前水库冲淤计算采用库区泥沙冲淤水动力学模型模拟，水库供水调节采用径流调节模型计算，现有的两个模型是相互独立的模型，不能实现耦合计算，径流调节计算只能采用水库的定库容，无法考虑库区泥沙冲淤变化的影响，导致供水调节模拟准确度较低，无法保证水库调度运用方式制定的合理性。本文针对多沙河流并联水库群研发了一套并联水库径流–泥沙联合配置模型，实现水库径流调节和泥沙冲淤耦合计算，突破了以往模型仅限于单库计算的局限性，使得水库由定库容调节径流向动库容调节径流转变，为多沙河流供水水库调度提供技术支撑。

基金项目：河南省青年人才托举工程项目（2022HYTP022）；国家重点研发计划（2016YFC0402503）。
作者简介：陈翠霞（1987—），女，高级工程师，主要从事水库调度研究工作。

2 研究方法

采用 FORTRAN 语言，自主研发多沙河流供水水库径流–泥沙联合配置模型，模型功能模块包括基础资料输入、水库调度、水力要素计算、泥沙冲淤计算、河床变形、库容计算、糙率和床沙级配调整、结果输出等模块，可实现计算库区水流泥沙演进计算、水库供水量计算、库区冲淤量和淤积形态计算、水库库容计算、计算结果输出等。经模型计算，若水库按原制定的调度运用方式无法实现工程开发任务，则继续调整水库调度运用方式。

2.1 基础资料输入

基础资料输入的目的是为模型计算做好准备。输入干流水库和调蓄水库实测大断面，输入干流水库来水流量、输沙率及泥沙分组沙颗粒级配等，输入干流水库糙率、挟沙力计算参数、恢复饱和系数等参数，输入供水区需水过程线。若调蓄水库设置在某条支流上，还应输入支流调蓄水库来水来沙量和糙率、挟沙力等参数。

2.2 水库调度计算

水库调度计算的目的是根据入库水沙条件，依据多沙河流水库水沙分置并联水库初步拟定的调度运用方式，分别计算干流水库和支流水库的出库流量，具体如下。

2.2.1 干流水库

干流水库来沙量大，汛期水库遇到合适的水沙条件（如入库流量大于排沙流量，或入库含沙量大于排沙含沙量）时要泄流排沙，以防止泥沙大量淤积在库区导致水库有效库容淤损；汛期其他时段和非汛期，水库还要进行兴利调节，向调蓄水库充蓄水量，并经调蓄水库对供水区供水，满足供水任务。据此，干流水库应先拟定一套水库调度运用方式。根据水库调度运用方式，对进入干流水库的水流进行调节，得到出库流量 $Q_{出,t干流}$，即当汛期水库排沙运用时，$Q_{出,t干流}$ 为排沙出库流量，一般等于 $Q_{出,t干流}+\dfrac{V_{可调}}{\Delta T}$（其中，$V_{可调}$ 为排沙水位以上水库蓄水量）；当干流水库蓄水进行兴利调节时，$Q_{出,t干流}$ 为充蓄调蓄水库的流量和干流水库需要下泄的生态流量。

2.2.2 调蓄水库

调蓄水库的入库流量即从干流水库引入的流量，若调蓄水库设置在支流上，还应加上支流来水量。调蓄水库的出库流量即根据供水要求输送给供水对象的流量和调蓄水库所在支流需要下泄的生态流量。

2.3 水力要素计算

水力要素计算的目的是得到干流水库沿程流量、水位、水深、面积、流速等，以及调蓄水库蓄水位和蓄水量变化。干流水库，根据 2.2 节中计算得到的出库流量，首先依据水量平衡原理，计算得到坝前断面水位；其次依据水流连续方程，计算得到沿程各断面过流流量；再依据水流运动方程计算得到各断面过流面积、水位等。调蓄水库根据 2.2 节中计算得到的出库流量，依据水量平衡原理，计算得到蓄水位和蓄水量。计算过程如下。

2.3.1 干流水库

（1）坝前断面水位计算。

根据 2.2 节中水库调度计算得到的出库流量，依据水量平衡原理计算得到水库蓄水量：

$$V_{t干流}-V_{t-1干流}=(Q_{入,t干流}-Q_{出,t干流})\Delta t \tag{1}$$

式中：$V_{t干流}$、$V_{t-1干流}$ 分别为第 t、$t-1$ 时段末干流水库蓄水量，m^3，其中 $V_{t-1干流}$ 已知；$Q_{入,t干流}$ 为第 t 时段内平均入库流量，m^3/s；$Q_{出,t干流}$ 为第 t 时段内平均出库流量，m^3/s；Δt 为计算时间步长。

然后，根据计算时段初水库水位-库容曲线，插值得到计算时段末坝前断面水位。当入库水量超过出库水量时，水库蓄水量增加，库水位上升；反之，当入库水量小于出库水量时，水库蓄水量减少，库水位下降。

（2）库区各断面过流流量计算。

库区各断面流量根据水流连续方程计算得到（不考虑库区内支流入汇）：

$$\frac{\mathrm{d}Q}{\mathrm{d}x} = 0 \tag{2}$$

式中：考虑流量沿程变化，采用有限差分法可以离散为

$$Q_i = Q_{\text{出},t\text{干流}} + \frac{Q_{\text{入},t\text{干流}} - Q_{\text{出},t\text{干流}}}{\text{Dis}}\text{Dis}_i \tag{3}$$

式中：Q_i 为库区第 i 断面流量，m^3/s，Dis_i 为第 i 断面距坝里程，km；Dis 为库区总长度，km。

由式（3）计算得到第 i 断面流量 Q_i。断面编号自上而下依次减小。

（3）库区各断面过流面积、水位计算。

库区各断面面积、水位根据水流运动方程计算得到：

$$\frac{\mathrm{d}}{\mathrm{d}x}\left(\frac{Q^2}{A}\right) + gA\left(\frac{\mathrm{d}Z}{\mathrm{d}x} + J\right) = 0 \tag{4}$$

式（4）采用有限差分法可以离散为

$$Z_i = Z_{i-1} + \Delta X_i \overline{J_i} + \frac{\left(\frac{Q^2}{A}\right)_{i-1} - \left(\frac{Q^2}{A}\right)_i}{g\overline{A_i}} \tag{5}$$

式中：Q_{i-1}、Q_i 为第 $i-1$、i 断面流量，m^3/s；A_{i-1}、A_i 分别为第 $i-1$、i 断面过水面积，m^2；Z_{i-1}、Z_i 分别为第 $i-1$、i 断面水位，m；ΔX_i 为第 $i-1$ 断面与第 i 断面之间的间距，m；g 为重力加速度，m/s^2；$\overline{J_i}$ 为平均能坡，$\overline{J_i} = \frac{J_i + J_{i-1}}{2}$，$J_{i-1}$、$J_i$ 分别为第 $i-1$、i 断面的能坡；$\overline{A_i} = \frac{A_i + A_{i-1}}{2}$，$\text{m}^2$。

由于式（5）等号右边 A 与水位 Z 有直接关系，因此要试算得到各断面的面积和水位。计算时，由坝前向上游依次推算。坝前断面水位由本步骤中第（1）步计算得到。

（4）库区各断面其他水力要素计算。

库区各断面平均水深根据本步骤（3）中计算得到的断面过水面积除以过水河宽得到，平均流速等于断面过流流量除以过水面积得到。

2.3.2 调蓄水库

调蓄水库主要关注水库蓄水位和蓄水量的变化。

汛期干流水库敞泄排沙运用时，由支流调蓄水库供水；干流水库蓄水兴利运用时，由干流水库向调蓄水库充水，经调蓄水库调蓄后向用水对象供水。调蓄水库的水量主要来自于干流水库引水，若调蓄水库设置在支流上，还应考虑支流来水量。依据水量平衡原理计算得到支流水库蓄水量：

$$V_{t\text{调蓄}} - V_{t-1\text{调蓄}} = (Q_{\text{入},t\text{调蓄}} - Q_{\text{出},t\text{调蓄}})\Delta t \tag{6}$$

式中：$V_{t\text{调蓄}}$、$V_{t-1\text{调蓄}}$ 分别为第 t、$t-1$ 时段末调蓄水库蓄水量，m^3；$Q_{\text{入},t\text{调蓄}}$ 为第 t 时段内调蓄水库平均入库流量，包括从干流水库中的引水量和调蓄水库自身来水量，m^3/s；$Q_{\text{出},t\text{调蓄}}$ 为第 t 时段内调蓄水库对外供水量，m^3/s，由供水区需水过程和调蓄水库所在支流需要下泄的生态流量之和确定；Δt 为计算时间步长，s。然后，根据计算时段初调蓄水库水位-库容曲线，插值得到计算时段末调蓄水库库水位。当进入调蓄水库的流量超过调蓄水库供水量时，水库蓄水量增加，库水位上升；反之，调蓄水库库水位下降。

2.4 泥沙冲淤计算

干流水库泥沙冲淤计算的目的是计算各时段内库区各断面分组沙挟沙力、断面分组沙含沙量，调蓄水库泥沙冲淤计算的目的是得到水库引沙量和淤积量。计算时干流水库各断面的流量、水位等水力要素，均通过 2.3 节计算得到。

2.4.1 干流水库

由泥沙连续方程（分粒径组）、河床变形方程联合求解得到。两方程表达式如下：

泥沙连续方程（分粒径组）：

$$\frac{\partial}{\partial x}(QS_k) + \gamma \frac{\partial A_{dk}}{\partial t} = 0 \tag{7}$$

河床变形方程：

$$\gamma \frac{\partial Z_b}{\partial t} = \alpha \omega (S - S^*) \tag{8}$$

式（7）采用有限差分法离散为

$$S_{k,i} = \frac{Q_{i+1}S_{k,i+1} - \dfrac{\gamma(\Delta A_{dk,i+1} + \Delta A_{dk,i})}{2\Delta t}\Delta X_i}{Q_i} \tag{9}$$

式（8）采用有限差分法离散为

$$\Delta Z_{bk,i} = \frac{\alpha \omega_k (S_{k,i} - S_{k,i}^*)\Delta t}{\gamma} \tag{10}$$

此外，方程中涉及的水流挟沙力和分组沙水流挟沙力采用适合于多沙河流高含沙水流计算的张红武公式[3]：

$$S^* = 2.5\left[\frac{0.002\,2 + S_v}{\kappa}\ln\left(\frac{h}{6D_{50}}\right)\right]^{0.62}\left(\frac{\gamma_m}{\gamma_s - \gamma_m}\frac{V^3}{gh\omega}\right)^{0.62} \tag{11}$$

$$S_k^* = \left(\frac{P_k\dfrac{S}{S + S^*} + P_{uk}(1 - \dfrac{S}{S + S^*})}{\displaystyle\sum_{k=1}^{nfs}\left[P_k\dfrac{S}{S + S^*} + P_{uk}(1 - \dfrac{S}{S + S^*})\right]}\right)S^* \tag{12}$$

式（9）~式（12）中：Q_{i+1}、Q_i 分别为第 $i+1$、i 断面的流量，根据 2.3 节水力要素计算得到，m^3/s；$S_{k,i+1}$、$S_{k,i}$ 分别为第 $i+1$、i 断面第 k 分组沙的含沙量，kg/m^3；$S_{k,i}^*$ 为第 i 断面第 k 分组沙的挟沙力，采用式（11）和式（12）计算得到，kg/m^3；γ 为淤积物干容重；$\Delta A_{dk,i+1}$、$\Delta A_{dk,i}$ 分别为第 $i+1$、i 断面第 k 分组沙的冲淤面积，m^2；Δt 为计算时间步长，s；ΔX_i 为第 $i+1$ 断面与第 i 断面之间的间距，m；$\Delta Z_{bk,i}$ 为第 i 断面第 k 分组沙的冲淤厚度，m；α 为恢复饱和系数；ω_k 为泥沙沉速，m/s；D_{50} 为床沙中值粒径，mm；γ_s 为沙粒容重，取 2 650 kg/m^3；γ_m 为浑水容重，kg/m^3；h 为水深，m；V 为断面流速，m/s；κ 为卡门常数，$\kappa = 0.4 - 1.68\sqrt{S_v}(0.365 - S_v)$，$S_v$ 为体积比计算的进口断面平均含沙量，kg/m^3。

首先根据式（11）和式（12），计算各断面分组水流挟沙力，然后根据式（9）和式（10）联合计算，自库区上游进口断面开始往下计算，求得各断面分组水流含沙量。

2.4.2 调蓄水库

调蓄水库淤积的泥沙主要来自干流水库引沙量和自身来沙量。自身来沙量根据进入水库的沙量统计得到，调蓄水库从干流水库引沙量，根据引水流量过程、相应的干流水库引水口含沙量过程及引水历时相乘求得。

调蓄水库从干流水库引水口处的含沙量过程，根据干流水库坝前断面平均含沙量过程，考虑泥沙垂线分布求得。特高含沙河流汛期水流含沙量高，根据已建水库实测资料，认为坝前水流含沙量超过 300 kg/m^3 时，坝前含沙量比较均匀，基本等于断面平均含沙量；当坝前水流含沙量低于 300 kg/m^3 时，考虑含沙量的垂线分布，计算公式为

$$S_i = S_a \mathrm{e}^{-\beta(\bar{y} - a_z)} \tag{13}$$

式中：β 为含沙量分布指数，根据典型多沙河流三门峡等水库实测资料，一般为 0.6~0.7；S_a 为河床底层含沙量，一般为断面平均含沙量的 1.19~1.47 倍，kg/m^3；$\bar{y}$ 为相对水深；a_z 为 $0.5/h$，h 为坝前水深，m。

2.5 河床变形计算

对于干流水库，根据 2.3~2.5 节中计算得到的水力要素、泥沙冲淤要素，由公式（10）计算各断面的冲淤面积，然后修正各断面高程，得到计算时段末库区河道的地形。

对于调蓄水库，一般无排沙设施，干流水库引入的沙量和支流来沙量在调蓄水库中按平铺淤积考虑。

2.6 水库库容计算

根据 2.5 节中计算时段末修正后的库区地形，采用断面法计算时段末水库的库容曲线，作为下一计算时段水库泥沙冲淤计算和供水调节计算的边界条件。

2.7 糙率和床沙级配调整

糙率和床沙级配与库区地形有关，计算时段末，库区地形发生变化后，应调整糙率和床沙级配，作为下一计算时段水库泥沙冲淤计算和供水调节计算的边界条件。

2.7.1 糙率调整

水库冲淤变化过程中，糙率的变化是非常复杂的，做以下处理：

$$n_{t, i, j} = n_{t-1, i, j} - \alpha \frac{\Delta A_i}{A_0} \tag{14}$$

式中：ΔA_i 为某时刻断面冲淤面积，由 2.5 部分计算得到；t 表示时间；常数 α、A_0 和起始糙率 $n_{t-1,i,j}$ 根据实测库区水面线、断面形态、河床组成等综合确定，计算过程中，要限定糙率计算值不超出一定的范围。

2.7.2 床沙级配调整

采用武汉大学韦直林的计算方法[4]。对于每一个断面，淤积物概化为表、中、底三层。表层为泥沙的交换层，中间层为过渡层，底层为泥沙冲刷极限层。假定在每一计算时段内，各层间的界面都固定不变，泥沙交换限制在表层进行，中层和底层暂时不受影响。在时段末，根据床面的冲刷或淤积，往下或往上移动表层和中层，保持这两层的厚度不变，而令底层厚度随冲淤厚度的大小而变化。

2.8 结果输出

输出水库库区进出库流量、含沙量、泥沙冲淤变化、河底高程、河道断面、水库供水量过程等结果，并转至下一时段开展计算。当计算总时段等于设定的总时长，计算结束。

径流-泥沙联合配置模型计算流程见图 1。

3 实例应用

甘肃马莲河年均含沙量为 280 kg/m^3，汛期平均含沙量高达 406 kg/m^3，属典型的特高含沙河流。为开发利用马莲河水力资源，缓解当地工程性缺水问题，拟在马莲河上修建水利枢纽工程。马莲河汛期平均含沙量特高，汛期水库必须排沙运用来长期保持水库有效库容，但排沙期间水库无法供水，因此马莲河开发采用水沙分置开发模式，建立并联水库，即在马莲河干流上修建贾嘴水库、在支流砚瓦川上修建调蓄水库，通过干流贾嘴水库调控泥沙，支流调蓄水库调节供水来实现水库开发任务，干流贾嘴水库、支流砚瓦川调蓄水库之间通过管道连接。马莲河水库调度运用方式的制定直接关系到工程开发任务能否实现和工程建设的成败。为充分发挥水库供水效益，并长期保持水库有效库容，小水期（或枯水期）干流贾嘴水库蓄水运用，满足下游生态流量，并向砚瓦川调蓄水库充水，由砚瓦川水库

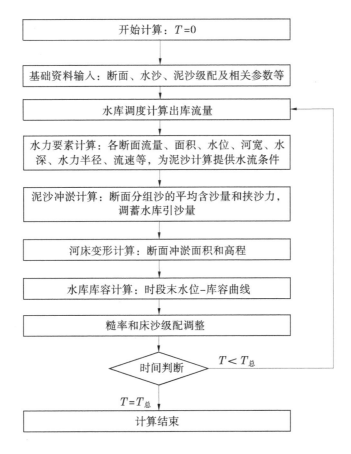

图 1　水库径流-泥沙联合配置模型计算流程

对外供水；排沙期当发生大流量高含沙量洪水时，贾嘴水库降至死水位排沙运用，减少水库淤积，长期维持水库有效库容；当发生大洪水时，水库调洪运用。

利用并联水库径流-泥沙联合配置模型，论证了水库排沙运用时段。汛期 6—8 月是马莲河干流高含沙洪水的主要发生时段，该时段内水库排沙运用，更有利于水库库容的恢复。初步拟定 6 月 1 日至 8 月 31 日、7 月 1 日至 8 月 31 日、6 月 21 日至 8 月 20 日、7 月 1 日至 8 月 20 日 4 个排沙运用时段方案进行比较。

3.1　水库有效库容保持情况

经模型计算，不同排沙时段方案贾嘴水库高程 1 030 m 以下库容变化见图 2。由图 2 可知，排沙时段 6 月 1 日至 8 月 31 日和 7 月 1 日至 8 月 31 日方案，水库库容随库区的冲淤变化而增减，水库进入正常运用期以后，泥沙在设计的槽库容中有冲有淤，水库可长期保持有效库容；排沙时段 6 月 21 日至 8 月 20 日和 7 月 1 日至 8 月 20 日方案，水库排沙天数少，设计槽库容逐渐淤损，水库有效库容不断减少，有效库容不能长期保持。

3.2　水库供水量

经模型计算，不同排沙时段水库供水保证率见表 1。由表 1 可知，排沙时段 6 月 1 日至 8 月 31 日方案，排沙天数最多，水库工业供水保证率 96.1%，灌溉供水保证率 77.2%，小于灌溉设计保证率 85%，不能满足灌溉供水任务。排沙时段 6 月 21 日至 8 月 20 日方案，工业供水保证率 97.0%，灌溉供水保证率 84.2%，小于灌溉设计保证率 85%，不能满足灌溉供水任务。其他两个排沙时段方案，工业和灌溉供水保证率均满足供水要求。

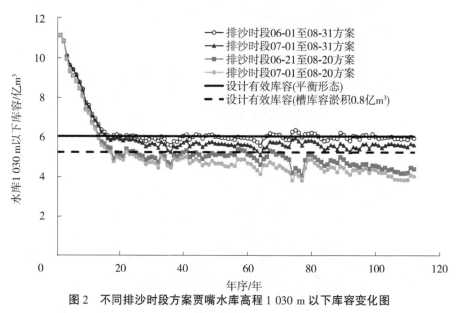

图 2　不同排沙时段方案贾嘴水库高程 1 030 m 以下库容变化图

表 1　不同排沙时段水库供水保证率

排沙时段方案	供水保证率/%		备注
	工业	灌溉	
6 月 1 日至 8 月 31 日	96.1	77.2	灌溉供水保证率小于设计保证率 85%
7 月 1 日至 8 月 31 日	97.5	86.0	
6 月 21 日至 8 月 20 日	97.0	84.2	灌溉供水保证率小于设计保证率 85%
7 月 1 日至 8 月 20 日	97.9	86.0	

综上，排沙时段 6 月 1 日至 8 月 31 日和 7 月 1 日至 8 月 31 日方案，水库可长期保持有效库容，但排沙时段 6 月 1 日至 8 月 31 日方案，灌溉供水保证率小于设计保证率，无法满足灌溉供水任务。据此确定了贾嘴水库排沙时段为 7 月 1 日至 8 月 31 日，水库可同时实现长期保持有效库容和满足供水任务。

4　结论

本文研发了多沙河流供水水库径流-泥沙联合配置模型，可以实现水库径流调节和泥沙冲淤耦合计算，使得水库由定库容调节径流向动库容调节径流转变，准确模拟水库泥沙冲淤和供水调节计算，突破了以往径流调节计算只能采用水库的定库容、无法考虑库区泥沙冲淤变化的局限性，提高了多沙河流水沙调节计算的精度，可应用于多沙河流供水水库工程规划设计中，为水库调度提供技术支撑。

参考文献

[1] 曹强. 巴家嘴水库泥沙淤积现状分析及清淤措施 [J]. 西北水电，2022（2）：31-35，46.

[2] 张金良，胡春宏，刘继祥. 多沙河流水库"蓄清调浑"运用方式及其设计技术 [J]. 水利学报，2022，53（1）：1-10.

[3] 张红武，张清. 黄河水流挟沙力的计算公式 [J]. 人民黄河，1992（11）：7-9.

[4] 韦直林，谢鉴衡，傅国岩，等. 黄河下游河床变形长期预测数学模型的研究 [J]. 武汉水利电力大学学报，1997，30（6）：1-5.

三峡防洪补偿调度对城陵矶地区效果分析

曾　明[1]　许银山[1]　陈　力[2]

(1. 长江水利委员会水文局，湖北武汉　430010；
2. 长江水利委员会，湖北武汉　430010)

摘　要： 三峡自建成以来为长江中下游防洪发挥了巨大的作用。水库下泄明显突变时对城陵矶地区的影响是实时预报的难点之一。本文基于 MIKE11 构建了宜昌至螺山的水文水力学模型，在 2016 年、2017 年来水背景下设置不同的三峡调度方案计算城陵矶莲花塘站的水位变化过程，结果表明：三峡水库增减出库流量且维持时间较长时，15~20 h 后开始影响莲花塘站水位，2~3 d 后莲花塘水位涨/退率逐渐减小；三峡水库对城陵矶地区的防洪补偿调度方式仍按水量控制。研究成果可为三峡水库实时防洪调度提供一定参考。

关键词： 三峡；防洪补偿调度；水力学模型；城陵矶

长江流域的洪水主要由暴雨形成，汛期一般中下游早于上游，江南早于江北，一般年份各河洪峰互相错开，中下游干流可顺序承泄干支流洪水[1]。流域大洪水或特大洪水基本和上游与中下游洪水遭遇有关，中下游尤其荆江地区的河道泄洪能力远小于上游的洪峰流量，洪水来量与河道安全泄量的矛盾十分突出，若上、下游洪水遭遇，对沿江两岸人民威胁巨大。以三峡工程、堤防、分蓄洪区等形成的长江防洪体系，尤其三峡工程及上游水库群对荆江河段的防洪补偿调度，是降低荆江河段分洪概率最有效的措施。2016 年长江中下游发生区域型大洪水，中下游干流监利以下河段全线超警，三峡水库 7 月 6 日、7 日出库分别减小至 25 000 m³/s、20 000 m³/s，避免了莲花塘超保证水位，缩短了长江中下游超警时间[2]；2017 年调度三峡水库出库流量 7 月 1 日 12 时起 34 h 由 27 300 m³/s 逐步压减至 8 000 m³/s，拦蓄率达 60% 以上，控制干流莲花塘水位不超保证水位[3]，是三峡开展防洪调度以来首次将出库流量降至 8 000 m³/s。

由于水库改变了天然来水条件，调度时存在闸门陡开陡关的情形，造成下游流量变化剧烈，在实际预报调度过程中，依据天然来水构建的传统预报方案在流量陡涨陡落情景下的预报有一定的局限性。程海云等[4-5] 对三峡这种泄洪波进行了深入研究，将断波理论应用至荆江河段，总结出河道洪水波在断波形态时波速大大加快，使上荆江河段（宜昌—石首）传播时间明显缩短。针对 2017 年的中游型大洪水的典型补偿调度过程中反映出的预报需求，分析三峡补偿调度时机和泄量减小程度对城陵矶地区影响效果的研究目前较少。通过本文的研究，以期为三峡及上游水库群对城陵矶地区防洪补偿调度决策提供参考。

1　研究对象概况

长江出三峡后进入长江中下游冲积平原区，在宜昌至枝城区间有清江入汇，枝城至城陵矶地区称为荆江，该河段以藕池口为界又分为上、下荆江，入汇的主要支流南岸有清江和洞庭湖水系湘、资、沅、澧"四水"，有松滋、太平、藕池分流入洞庭湖，与洞庭湖水系汇合后又自城陵矶地区汇入长江。荆江河段水系见图 1。

基金项目： 国家重点研发计划（2021YFC3200301）。

作者简介： 曾明（1991—），女，工程师，主要从事水文预报、水文水力学模型研究工作。

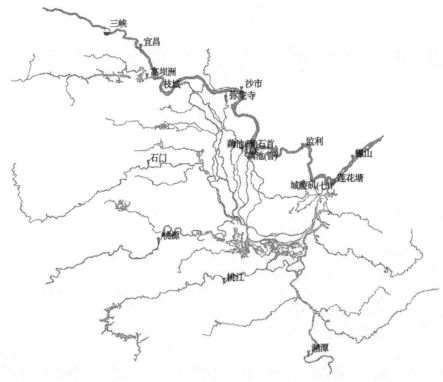

图 1　长江荆江河段水系图

长江中下游地区防洪是全流域的重点和难点，主要为在保证工程枢纽安全的前提下，通过三峡水库的防洪补偿调度和上游水库群的联合调度降低中下游干流高水位或减小超额洪量，来保障长江中下游地区的安全。

2　研究技术及方法

断波是一种急变洪水波[5]，即河道流量在短时间内发生较大变化，水面形成阶梯式前缘（涌涨或消落）。急变洪水波在向下游的传播过程中，水面比降沿程变缓，总体上仍可视作渐变流[6]。相对于同类型的溃坝洪水波，水库泄水波过程更为"连续"，而国内外多有采用全动力波模型近似模拟溃坝洪水[7-8]，因此也可采用全动力波模型来近似模拟水库泄水波。

宜昌站位于三峡大坝下游 40 km 处，与三峡水库出库流量具有较稳定的线性相关关系，本研究采用 MIKE11 全动力波模式构建宜昌至螺山的水文水动力学模型，收集整理近几年典型的中下游洪水过程期间的水雨情资料和水库调度资料对模型进行率定和检验，通过设定不同的三峡补偿调度出流条件，探讨对城陵矶莲花塘站的防洪补偿效果。

3　模型构建与检验

3.1　模型构建

本次模型构建范围为干流宜昌—螺山江段。河网概化考虑支流清江、洞庭"四水"来水，兼顾荆江三口分流至洞庭湖的连通关系，对洞庭湖区进行一维河道概化处理，分为南洞庭湖和东洞庭湖，分别按湖区容蓄比例进行虚拟河道断面设置，使虚拟的河道槽蓄量与湖泊容积一致。模型概化图见图 2。

3.2　模型率定与检验

采用 2016 年及 2017 年汛期实测水文资料对模型参数进行率定，模拟精度见表 1，评价枝城、沙市、石首、监利、莲花塘 5 站的模拟效果。由表 1 中可见，荆江河段各站 2016 年、2017 年洪水模拟确定性基本在 0.9 以上，洪峰误差在 0.3 m 以内，模拟精度较高，其中 2016 年、2017 年沙市站、莲花塘站模拟过程见图 3、图 4。

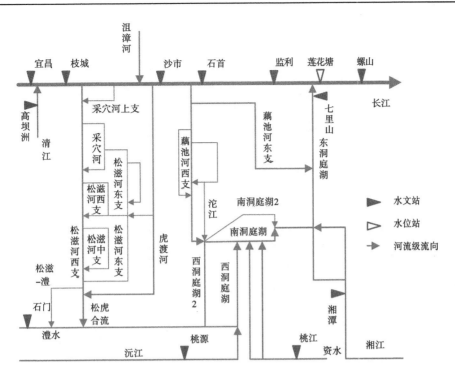

图 2   荆江河段水力学模型结构示意图

表 1   荆江河段主要站模拟精度

站名	2016 年		2017 年	
	洪峰误差/m	确定性系数	洪峰误差/m	确定性系数
枝城	0.04	0.98	0.16	0.98
沙市	0.25	0.92	0.12	0.98
石首	0.21	0.87	0.16	0.92
监利	0.26	0.93	0.02	0.95
莲花塘	0.09	0.996	0.11	0.994

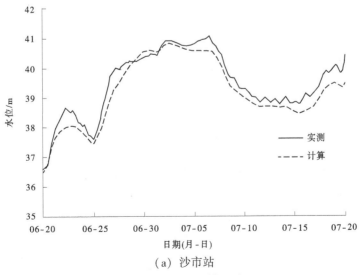

（a）沙市站

图 3   2016 年洪水模拟过程

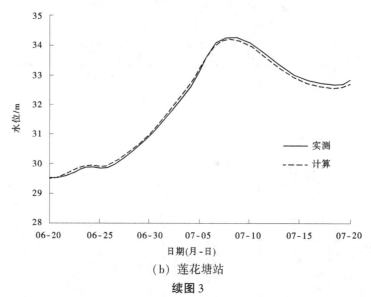

（b）莲花塘站

续图 3

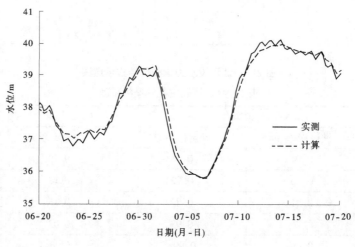

（a）沙市站

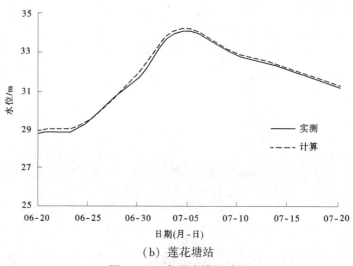

（b）莲花塘站

图 4　2017 年洪水模拟过程

4 不同拦洪方式对城陵矶地区的影响

4.1 螺山站不同水位流量关系比较

考虑不同拦洪方案的上边界来水时，下边界的水位过程也将随之发生明显变化，因此下边界设置为水位流量关系。螺山站受洪水涨落、变动回水及断面冲淤等因素的共同影响，水位流量关系基本呈复式绳套状[9]，根据年内和年际间不同洪水摆动较大，螺山站多年水位流量关系见图5。

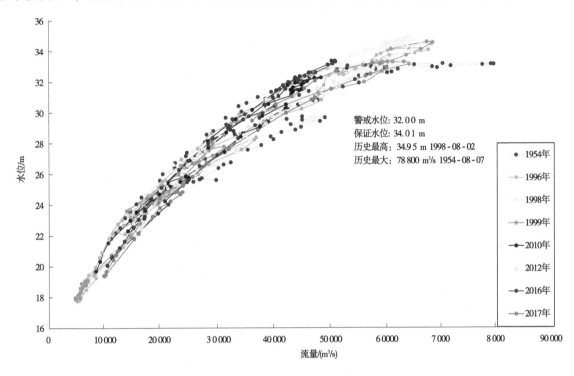

图 5 螺山站多年水位流量关系图

由于2016年螺山站高水部分受下游顶托影响严重，水位流量关系明显偏左，分别采用螺山多年水位流量关系综合的上线、下线和中轴线仅对2017年洪水中莲花塘站水位过程进行模拟，模拟结果见图6。结果表明，莲花塘洪峰水位受螺山站水位流量关系影响较显著，同水位下螺山站流量越小，莲花塘站洪峰水位越高、峰现时间越晚，2017年、2016年洪峰最大差值分别为0.89 m、0.90 m，最大峰现时间差分别为4 h、3 h。

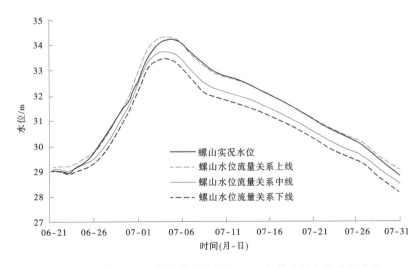

图 6 不同螺山水位流量关系情景下2017年莲花塘水位模拟过程

4.2 不同下泄方案设置与调度效果分析

4.2.1 三峡水库减小出库方案影响分析

为分析不同拦洪方案（减小出库流量）城陵矶地区的影响效果，设置模型下边界为螺山站水位流量关系多年综合中轴线，针对 2016 年、2017 年洪水调度过程，设置了多组拦洪方案，减泄时间考虑 6 h 内均匀完成，不同方案来水过程分别见图 7、图 8。

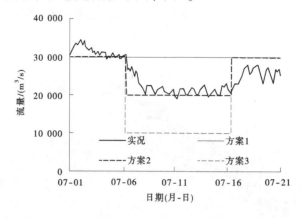

（a）不同最小流量方案

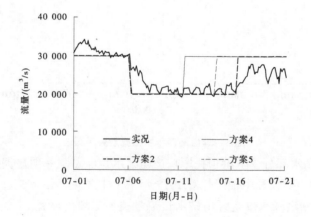

（b）不同持续时间方案

图 7   2016 年不同减泄方案宜昌流量过程设定

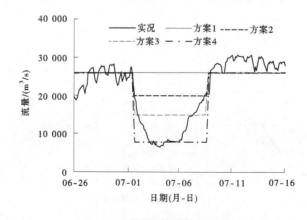

（a）不同最小流量方案

图 8   2017 年不同减泄方案宜昌流量过程设定

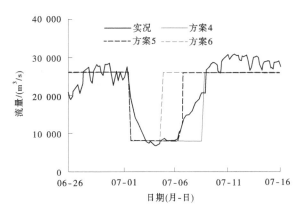

（b）不同持续时间方案

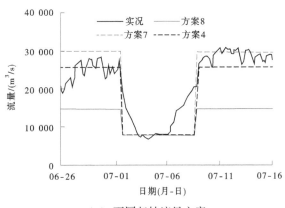

（c）不同起始流量方案

续图8

　　不同方案下莲花塘站水位模拟结果见图9、图10，相同起始流量和持续时间、不同最小流量情景下，三峡水库减小出库后15~18 h开始影响莲花塘站水位，2 d后莲花塘站水位退率趋于稳定，3 d后莲花塘站水位退率开始逐步减小；起始流量不同，最小出库流量及其持续相同时，起始流量越小，洪峰水位越低，且影响显著；由于2017年不同持续时间情景下，增加出库的时间均在莲花塘站水库峰现时间之后，对洪峰水位的影响不显著，但由于洞庭湖来水较大、退水较慢，持续时间较短时莲花塘站水位出现了返涨现象；由于2016年减小三峡水库出库时莲花塘站水库基本已现峰，各方案对莲花塘站洪峰影响不大，因此选择合适的调度时机对荆江河段防洪非常重要。

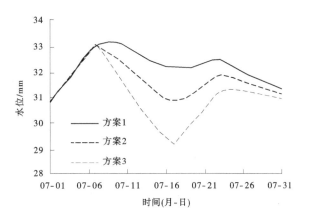

（a）不同最小流量方案

图9　2016年莲花塘站不同方案模拟过程

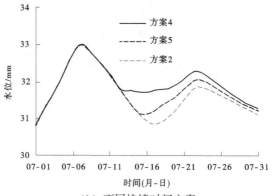

（b）不同持续时间方案

续图 9

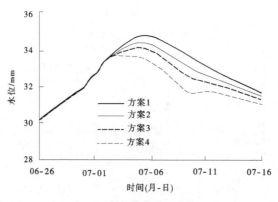

（a）不同最小流量方案

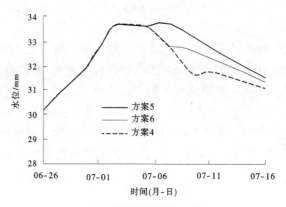

（b）不同持续时间方案

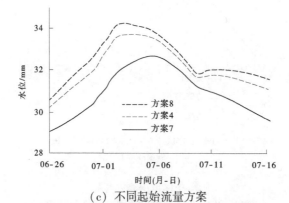

（c）不同起始流量方案

图 10　2017 年莲花塘站不同方案模拟过程

4.2.2 三峡增加出库方案影响分析

在实时防洪调度中，一次洪水过后水库需增加出库流量，逐步消落前期拦蓄水量，或遇设计标准及超标准洪水，水库应按相关调度规程及时增加出库流量，宣泄洪水。针对 2016 年（2017 年洪水期间长江上游未发生较大洪水）洪水调度过程设置多组调度方案，模拟过程见图 11。

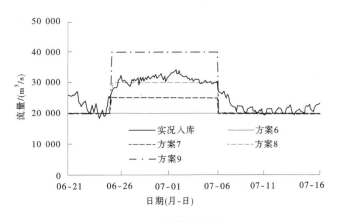

（a）不同增量方案

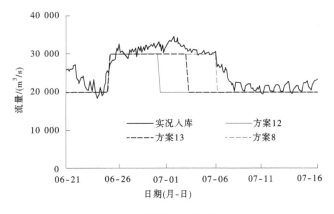

（b）不同持续时间方案

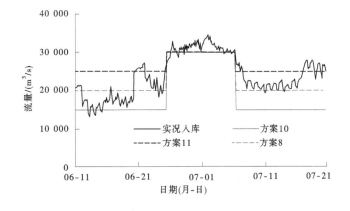

（c）不同起涨流量方案

图 11　2016 年不同增泄方案宜昌流量过程设定

不同方案下莲花塘站水位模拟结果见图 12，相同起始流量和持续时间，不同最大流量情景下，三峡水库增加出库后 15~20 h 开始影响莲花塘站水位，3 d 后莲花塘站水位涨率开始逐步减小，最大流量越大，莲花塘站峰现时间越早；起始流量不同，最大出库流量及其持续相同时，起始流量越小，峰现时间越早，当洪水位相差不大，方案 10 和方案 11 洪峰水位仅相差 0.34 m；相同起涨及最大流量，不同持续时间情景下，持续时间越长洪峰水位越高，但峰现时间相差不大，说明长江中游干流区间来水是造峰的主要成因。

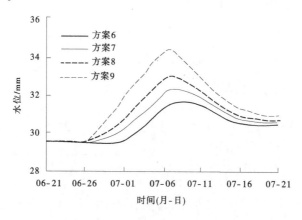

（a）不同增量方案

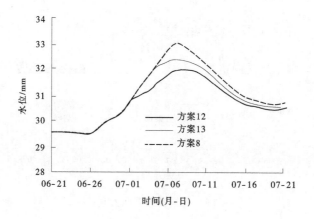

（b）不同持续时间方案

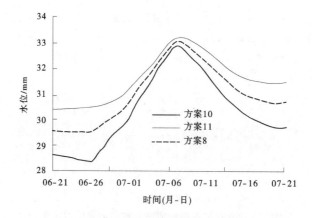

（c）不同起涨流量方案

图 12　2016 年莲花塘站不同方案模拟过程

5 结论与展望

5.1 结论

受人类活动及自然变迁的双重影响，近年来荆江河段洪水传播特性发生明显变化，由于三峡工程的防洪功能和社会影响，对水库的调度精细化程度要求越来越高，预报调度更为关键。本文基于实测资料构建的水文水力学模型及典型年洪水调度过程模拟分析，初步结论如下：

基于 MIKE11 构建的水文水力学模型能够较好地模拟在水库下泄突变情况下的下游河道水位变化过程；螺山水位流量关系近年来摆动较大，对莲花塘站影响较为显著，螺山同水位下流量越小，莲花塘站洪峰水位越高、峰现时间延后；三峡水库增减出库流量且维持时间较长时，15~20 h 后开始影响莲花塘站水位，2~3 d 后莲花塘水位涨/退率逐渐减小，6 d 后涨/退幅基本稳定；三峡水库对城陵矶地区的防洪补偿调度方式仍按水量控制，上游来水比例占总水量越大时，出库增减对莲花塘水位反应越明显。

5.2 展望

本文基于 2016 年、2017 年典型洪水过程分析了不同调度方式下的城陵矶地区水位影响效果，但未就影响程度做定量的规律总结，可收集不同洪水组成的典型年洪水来做进一步研究，探讨普适性规律。

三峡对城陵矶地区的补偿调度，洞庭湖的连通调蓄作用对莲花塘的水位变化影响也比较明显。由于洞庭湖巨大的调蓄量和四水等支流入汇后至湖区出口调蓄时间的快慢不同，为更好地贴近实际，考虑洞庭湖的湖泊地形，今后拟采用二维对湖区进行模拟，并与一维模型进行对比分析，最终比选出对三峡不同下泄情景下的荆江河道计算容适性高、计算效率快的模型，以期更好地为实时预报调度服务。

由于荆江河段防洪的特殊性和重要性，本次研究仅探讨城陵矶地区的补偿调度效果，模型下边界仅达干流螺山站，螺山以下干流的水位变化与三峡下泄流量的关系仍需要开展相关研究。

本文主要研究的是三峡防洪调度对下游城陵矶地区的影响，三峡工程同时还承担着下游补水抗旱、压咸补淡、突发事件应急调度等功能，对下游甚至长江口的调度影响也需进一步研究。

参考文献

[1] 郑守仁. 三峡工程与长江开发及保护 [J]. 科技导报, 2005, 23 (10): 4-7.

[2] 金兴平. 长江上游水库群 2016 年洪水联合防洪调度研究 [J]. 人民长江, 2017, 48 (4): 22-27.

[3] 陈敏. 长江流域水库群联合调度管理及思考 [J]. 中国防汛抗旱, 2018, 28 (4): 15-18.

[4] 李素霞, 魏恩甲, 何文学, 等. 明渠非恒定急变流断波要素的计算 [J]. 西北农林科技大学学报 (自然科学版), 2001, 29 (5).

[5] 程海云, 陈力, 许银山. 断波及其在上荆江河段传播特性研究 [J]. 人民长江, 2016, 47 (21): 30.

[6] 杨永全, 汝树勋, 张道成, 等. 工程水力学 [M]. 北京: 中国环境科学出版社, 2003.

[7] 谢任之. 溃坝水力学 [M]. 济南: 山东科学技术出版社, 1993.

[8] Chow V T, Maidment D R, Mays L W. Applied Hydrology [M]. McGraw-Hill Book Company, 1988.

[9] 李世强, 邹红梅. 长江中游螺山站水位流量关系分析 [J]. 人民长江, 2011, 42 (6): 87-89.

郑州"7·20"特大暴雨在大汶河流域的洪水复盘分析

侯世文　程家兴　姚　萌　周爱民

(泰安市水文中心，山东泰安　271000)

摘　要： 2021年，河南郑州发生罕见的"7·20"特大暴雨，短历时雨量、日雨量突破历史极值，特大暴雨引发河南省中北部地区严重汛情，并遭受了重大人员伤亡和财产损失。为汲取教训审视极端暴雨情况下大汶河洪水预报调度、灾害影响，本次将郑州"7·20"特大暴雨移植到大汶河流域，按照该雨型可能引发的洪水进行模拟分析。在现有工程状况、防御洪水方案及洪水调度方案的基础上，复盘推演对水库、河道、蓄滞洪区可能造成的影响，阐述应对措施与建议，为灾害防御提供技术依据。现就郑州"7·20"特大暴雨在大汶河流域可能产生的洪水复盘简要介绍。

关键词： 特大暴雨；大汶河；流域；洪水复盘；措施

1　流域概况

大汶河发源于沂蒙七十二崮之首旋崮山北麓，流域位于东经116°20′~118°00′，北纬35°40′~37°00′，是黄河在山东省境内的唯一支流，古称汶水，主要流经济南（莱芜）、泰安两市，向西经东平湖注入黄河，干流河道长231 km，流域面积8 944 km²。地形自东北向西南倾斜，北有泰山，东部有鲁山，东南有蒙山，中部被徂徕山、莲花山相隔，上游形成北支牟汶河、南支柴汶河，两大支流在大汶口相汇后径向西流，西部为低山丘陵和平原。

东平湖位于黄河下游南岸，鲁西南东平、梁山、汶上、平阴4县交界处，处在黄河下游河道由宽变窄、鲁中山区西部向平原过渡的边缘地带。它的东北部为低山丘陵，一般高程为250~350 m，北部和西部分布着一系列孤山残丘，高度多在200 m以下，湖区西南为黄河冲积平原，东部是汶河冲积平原，形成了本区域由山地、丘陵、平原、湖洼交错的地貌，构成微弱切割沉积盖层丘陵型地貌形态。

大汶河流域属季节性、山溪性河流，主要以大气降水为补给来源，多年平均降水量为696.1 mm，降水年际变化大、年内分配不均，主要集中在汛期（6—9月），约占全年降水量的75%，而汛期降水又多集中在几场暴雨内，尤其是遇有历时短、强度大、时空分布不均的暴雨容易形成水灾。

2　雨情

郑州市位于河南省中部地区，属暖温带亚湿润季风气候，多年平均降雨量640.9 mm。年降水量的区域分布很不均匀，年际、年内降水量差别很大，主要集中在汛期，约占全年的66%。

2.1　降雨过程与总量

2021年7月18—22日，河南省郑州市普降特大暴雨，仅连续4 d的平均累计降水量达461.8 mm。其中，第1天流域平均降雨量28.3 mm，第2天流域平均降雨量172.1 mm，第3天流域平均降雨量232.2 mm，第4天流域平均降雨量29.2 mm。除少数雨量站在120~190 mm之外，近50%的雨

作者简介： 侯世文（1966—），男，高级工程师，主要从事水文情报预报和水旱灾害规律分析研究工作。

量站降雨量超过 300 mm。

2.2 降雨移植处理与分析

通过分析大汶河流域 1956—2021 年 75 场次的暴雨洪水，可知暴雨引发洪水的次数多发生在大汶河北支，其中暴雨中心位于中游附近的达 50% 以上，而历史上发生的实测最大洪水的暴雨中心位置也多以中游代表雨量站范家镇站出现频次最多。因此，根据大汶河流域基本特征和降雨产流特点，以范家镇雨量站为暴雨中心，按照 1∶1 的比例平移。暴雨移植选取降雨最强的郑州尖岗水库水文站作为基准点，经度+3.810 977°、纬度+1.513 774°，河南境内其他所有的雨量站经纬度均做相应的平移，整体移植方向为北偏东 62.97°，移植距离 384.9 km。

移植后将河南境内的雨量站点就近选取替代为大汶河流域当地的雨量站。经统计分析，移植后两处的站点直径在 2~3 km 的范围内，最远的也在 5 km 以内，符合降雨量观测规范相关规定要求。全流域共有 89 处雨量站，河南郑州"7·20"特大暴雨移植雨量站站点对应统计见表 1。

表 1 河南郑州"7·20"特大暴雨移植雨量站站点对应统计

大汶河流域雨量站	范家镇	雪野	上游庄	峪门	茶业口	大冶	杨家横	杓山	乔店	莱芜	沟里	郑王庄	寨子	金斗	东周
河南雨量站	尖岗	六堡	韩董庄	板张庄	杨大寨	大吴	宋家	万滩	姚家	司赵	九龙镇	八岗	大马	刘店	韩佐
大汶河流域雨量站	旋崄河	前孤山	保安庄	龙廷	古石官庄	汶南	光明	岔河	田村	天宝	楼德	山阳	北望	邱家店	彩山
河南雨量站	坡东李	樊庙	歇马营	郭佛	邹家	洧川	和庄	佛尔岗	林庄	北靳楼	玉皇庙	马武寨	新密	岳村	白寨
大汶河流域雨量站	水峪	角峪	大青沙沟	鹁鸽楼	小安门	公庄	王大下	黄巢观	西麻塔	黄前	翟家岭	勤村	彭家峪	独路	泰安
河南雨量站	曲梁	牛王庙嘴	后胡	毕河	常庄	高新区	华北水院	沟赵	荥阳	楚楼	插阎	唐岗	王顶	古荥	刘河
大汶河流域雨量站	大河	夏张	肥城	白楼	大羊集	戴村坝	安驾庄	尚庄炉	安临	大汶口	直界	月牙河	贤村	西贤村	朝东庄
河南雨量站	新中	核桃园	堤东	岳滩	马寨	刘瑶	嵩山	少林	关帝庙	大冶	浅井	券门	白沙	牛头水库	徐庄
大汶河流域雨量站	泰前	羊流店	道朗	宁阳	大津口	泰汶路桥	省庄	石莱	关山头	东王庄	石横	潮泉	华丰	蒋集	乡饮
河南雨量站	槐树洼	老观寨	和沟	大峪店	上街区	环翠峪	老邢	后河	西樊楼	登封	东罗洼	铁匠炉	佛垌	竹园	黄窑
大汶河流域雨量站	葛石	西戴村	鹤山	二十里铺	杨郭	银山	前河涯	苇池	胜利	葫芦山	翟镇	安乐村	马尾山	石坞	…
河南雨量站	葛石	南窑	石道	刘沟	颍阳	石门	下岗底	郭店	杨岗	蒲北孙	龙王	回郭镇	夹津口	山川	…

2.3　降雨时空分布

按照河南郑州"7·20"特大暴雨雨型，大汶河流域面雨量计算日期选择 2021 年 18 日 8 时至 22 日 8 时，历时 96 h。从空间上看，降雨分布主要在大汶河流域北支牟汶河的北岸中游一带，出现了两个暴雨中心，最大点雨量为范家镇雨量站 917 mm，其次为泰安雨量站 857.5 mm。上游、下游两端降雨量相对偏小，尤其是下游少数雨量站在 120~190 mm。南支柴汶河至北支牟汶河南岸的降雨量普遍小于干流北部。上游山区出现最大降雨强度的次数相较于大汶河两岸较少，这与 1964 年汛期的两次特大暴雨洪水十分相似。大汶河流域单站降水总量除下游的个别雨量站不足 200 mm 以外，其余均在 250 mm 以上。"7·20"特大暴雨大汶河流域等值线示意见图 1。

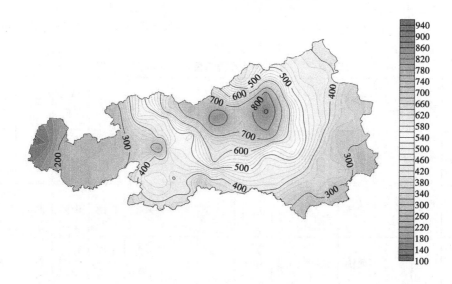

图 1　"7·20"特大暴雨大汶河流域等值线示意图

从时程上看，第 1 天降雨量较小，其中心在中游两大支流交汇，降雨量约占总降雨量的 6.1%；第 2 天降雨中心在中游汶河两岸，降雨量约占总降雨量的 37.3%；第 3 天降雨中心向上游略偏移，降雨量约占总降雨量的 50.3%，尤其是范家镇雨量站最大，4 h 最大点雨量达 390 mm；第 4 天降雨中心向下游移动，降雨量约占总降雨量的 6.3%。从降雨强度分析，7 月 18 日 8 时至 19 日 13 时，连续 29 h 小雨，时段平均面雨量 38.9 mm；之后 42 h 为集中降雨时段，累计平均面雨量达 393.4 mm；21 日 7 时至 22 日 8 时历时 25 h，时段平均面雨量 30.2 mm。其中，最大 1 h 面雨量 16.4 mm、最大 3 h 面雨量 47.7 mm、最大 6 h 面雨量 90.2 mm、最大 24 h 面雨量 292.9 mm、最大 48 h 面雨量 405.6 mm，强降雨过程发生在第 2 天和第 3 天。

2.4　降雨成因与特点

河南郑州"7·20"特大暴雨，是在西太平洋副热带高压异常偏北、夏季风偏强等气候背景下，同期形成的 2 个台风汇聚输送海上水汽，与河南上空对流系统叠加，遇伏牛山、太行山地形抬升形成的一次极为罕见特大暴雨过程。

（1）降雨量大，降雨笼罩面积广。暴雨移植后大汶河全流域均为连续降雨，在参加面雨量计算的 89 站中有 73 站降雨量超过 300 mm，占当地年降雨量的 45% 以上。

（2）降雨强度大，降雨历时集中。1 h 降雨量，超过 100 mm 的站占 5.6%、50 mm 以上的站占 42.7%，24 h 降雨量超过 200 mm 的有 70 站，占 78.7%。

（3）降雨连续，且持续时间长，48 h 平均降雨量达 405.6 mm，暴雨中心基本在汶河北支中游一带移动，方向与洪水走向基本一致。

3 水情分析

按照河南郑州"7·20"特大暴雨雨型、降雨量级和降雨时程分布进行模拟推演。

3.1 流域单元划分

本次以《山东省黄河流域防洪规划》对大汶河干、支流控制段的划分为依据，将各推演洪水断面以上具体划分为：全流域、断面—上游水库区间、水库单元流域，共 29 个单元进行产汇流计算，各单元 P_a 取 0.51 m。大汶河流域各分区计算单元平均降雨量见表 2。

表 2　大汶河流域各分区计算单元平均降雨量

序号	计算单元	平均雨量/mm	序号	计算单元	平均雨量/mm
1	北望区间	564.8	16	沟里水库	482.3
2	楼德区间	404.0	17	乔店水库	386.8
3	大汶口区间	545.7	18	葫芦山水库	349.6
4	白楼区间	460.6	19	苇池水库	623.3
5	戴村坝区间	344.1	20	山阳水库	640.1
6	漕浊河区间	533.0	21	大河水库	804.0
7	雪野水库	424.7	22	小安门水库	893.7
8	光明水库	345.2	23	角峪水库	770.6
9	黄前水库	518.4	24	彩山水库	832.6
10	东周水库	289.0	25	胜利水库	721.3
11	金斗水库	293.6	26	尚庄炉水库	406.3
12	杨家横水库	354.7	27	贤村水库	465.4
13	公庄水库	797.0	28	直界水库	483.8
14	大冶水库	483.4	29	田村水库	467.0
15	鹁鸪楼水库	593.9			

3.2 计算思路

采用经验单位线法分别推求各断面—水库区间及水库的相应洪水过程，根据各大中型水库汛期控制运行方案进行调洪演算，并与区间洪水过程叠加。河道采用马斯京根法分段连续演算，错时段将水库与区间洪水过程线叠加，即求得各断面模拟洪水过程线。

马斯京根法流量演算方程参数是从实测系列资料中分析的，并结合大汶河水系洪水预报与调度微机系统中采用的河槽汇流参数和经验分析，确定 X 值取 0.40，K 值取 3 h。

3.3 洪水模拟

（1）大中型水库洪水演算。根据河南郑州"7·20"特大暴雨雨型，选择洪水预报方案中相近的典型洪水单位线，以汛中限制水位作为起调水位，调洪原则按照水库汛期控制运行方案，分别计算出各水库的洪水过程线和洪水总量。

（2）河道流量演算。采用马斯京根法进行河道流量演算至各河道断面，将水库泄洪流量与河道流域区间洪水进行叠加而得。为保证成果质量又通过水文站洪水预报方案进行验证。模拟计算不考虑堤防决口、漫堤、水库溃坝等情况，假定河道有足够的过洪能力，得出各河道水文站断面洪峰流量，通过水位流量关系曲线上沿查出洪峰水位。

3.4 计算结果

经模拟分析计算，大汶河流域各大中型水库最高水位均低于设计水位；大汶河干、支流各主要水文站控制断面均超过保证流量，下游干流河段流量超 300 年一遇。大汶河干、支流各主要水文站控制断面洪水模拟计算成果见表 3。

表 3　大汶河干、支流各主要水文站控制断面洪水模拟计算成果

站名	右岸	左岸	洪水位/m	洪峰流量/(m³/s)	出现时间(年-月-日 T 时：分)	保证流量/(m³/s)	洪水总量/亿 m³	说明
楼德	121.13	120.76	120.60	4 960	2021-07-20T22：00	3 000	5.3	50 年一遇洪水
北望	112.50	113.10	112.00	12 900	2021-07-20T20：00	5 000	14.2	超 200 年一遇洪水
大汶口	99.97	100.59	(漫堤)	16 100	2021-07-21T00：00	7 000	21.0	超 300 年一遇洪水
戴村坝	53.37	53.22	51.50	16 600	2021-07-21T08：00	7 000	24.9	超 300 年一遇洪水

根据本次模拟推演，在不考虑"黄汶相遇"东平湖只蓄滞大汶河洪水，入东平湖水量约 25 亿 m³，届时东平湖新、老湖将全面滞洪。

4　措施与建议

东平湖水库是确保黄河下游堤防安全的滞洪区，由于入湖洪水总量大，而出湖闸下游排水河道淤塞，致使出湖排泄能力降低，严重威胁老湖堤防安全。目前，大汶河干流及支流柴汶河，近期按 20 年一遇标准治理，远期按 50 年一遇治理。当超标准洪水发生时，堤防高程、险工险段、历史溃口堤段、河心岛围村堰等，因防洪标准低，存在安全隐患和威胁，应引起高度重视。

4.1　加大非工程措施建设

要加大对大汶河流域，尤其是中下游地区非工程措施的建设力度，加强监测预报预警、水工程调度建设，提升大汶河"预报、预警、预演、预案"防御能力，加强实时雨水情信息的监测报送、分析研判和数字化、智能化建设，努力提高预报精准度，增长洪水预见期，最大程度地降低灾害风险，把问题解决在未萌之时。

4.2　加强大汶河流域综合治理

由于大汶河接纳山洪，水流湍急，在转弯迎流处形成多处溃口堤段，存在因渗流破坏造成溃口险情等。当发生超标洪水时，洪水漫溢造成溃口，险情亦难预料，十分危急，需要加高、固堤、护坡；蓄滞洪区常年未使用，存在启用难度大的问题，有待进一步加强建设。

4.3　强化超标洪水统一调度管理

大汶河流域大中型水库、拦河闸坝众多，涉及 3 地市多部门管理，而东平湖则隶属黄河水利委员会山东局管辖，因此应加强上下游、左右岸的统筹安排和相互协调，尤其是避免因泄洪造成人为洪峰流量叠加，加重洪水灾害。一是上游水库在保证防洪安全的前提下，尽可能减小下泄流量，削减洪峰；二是全流域应做好调洪和抢筑子堰各项准备，并根据洪水风险图立即转移相应淹没区群众；三是协调黄河等有关单位，加大东平湖入黄、入南四湖流量，尽可能降低东平湖水位增加纳蓄能力。紧急情况时启用小汶河经梁济运河入南四湖削减洪峰。

綦江洪水特性及防洪对策

王渺林

（长江水利委员会水文局长江上游水文水资源勘测局，重庆 400021）

摘　要： 2020 年 6 月綦江发生 1940 年五岔水文站建站以来的最大洪水，导致了綦江流域严重的洪涝灾害。本文首先介绍 2020 年綦江大洪水天气背景和洪水特性情况，然后与 1998 年、2016 年大洪水进行比较。3 次大洪水藻渡河洪峰和洪量所占比例都大于流域面积占比。针对綦江防洪存在的问题，根据流域防洪要求和人类活动影响，提出防洪工程措施和智慧水利建设对策建议。

关键词： 洪水；防洪对策；灾害；綦江；藻渡河

1　引言

我国是暴雨洪涝灾害最严重的国家之一。2020 年夏季长江上游和中下游先后发生特大洪水，造成灾害损失，引起国内外普遍关注[1-3]。

綦江系长江右岸一级支流，发源于贵州省习水县仙源镇黄瓜垭，流经贵州省桐梓县夜郎镇、新站镇、松坎镇和天平乡后，在綦江区羊角镇进入重庆市境内，在江津区顺江乡汇入长江。綦江全长 216.8 km，流域面积 7 140 km²，总落差 1 535 m，河道平均比降 7.1‰。主要支流有笋溪河、藻渡河、蒲河。

2020 年 6 月 19—22 日重庆南部和贵州北部出现持续性强降水天气，导致了綦江流域严重的洪涝灾害。6 月 22 日，綦江干流五岔站最高水位 205.85 m，超过 1998 年"8·7"洪水最高水位 0.30 m，超过保证水位 5.34 m，为 1940 年建站以来的最大洪水。

本文首先介绍 2020 年及近年綦江大洪水情况，然后通过分析特大洪水及灾害情况，根据流域防洪要求和人类活动影响，提出防洪对策建议。

2　大洪水及灾害情况

2.1　近年大洪水

2.1.1　2020 年洪水

2020 年 6—7 月，綦江区连续遭受"6·12""6·22""6·27""7·1""7·7"等 5 次超警戒洪水袭击，特别是"6·22""7·1"等 2 次超保证洪水给綦江区群众基本生活带来严重影响。洪水造成綦江区古南、文龙、石角、赶水、永城等 21 个街镇受灾，对綦江沿岸各乡镇人民群众生命财产安全造成重大影响。此次洪水致綦江区 1 538 hm² 农作物受灾，成灾面积 785 hm²，毁坏耕地约 23 hm²；全区直接损失达 11.6 亿元，基础设施损失约 7.6 亿元（其中全区国、省、县道、乡村道路及航道、铁路等交通设施损失约 5 亿元）。洪水还引发安稳、东溪、通惠、郭扶等镇先后发生 6 起滑坡、泥石流险情。

考虑到"6·22"洪水綦江城区彩虹桥最高水位（227.6 m）较"7·1"洪水（224.3 m）高出 3.3 m，造成损失更大，故下面主要分析"6·22"洪水。

作者简介： 王渺林（1975—），男，副高级工程师，主要从事水文水资源研究工作。

（1）天气背景。綦江每年均有不同频次的短时强降水发生，短时强降水多年累计频次呈西北向东南逐渐增多的趋势，与綦江西南高、东北低的地貌特点较为一致[4]。2020 年 6 月 19 日 20 时至 22 日 20 时，重庆大部和贵州北部出现暴雨天气过程。强降雨主要位于重庆南部至贵州北部，呈近西南—东北向分布，中心位于重庆境内的綦江区、万盛区和贵州境内的桐梓县、遵义市等地，基本上完全覆盖了綦江流域。重庆和贵州的加密自动雨量站记录显示，过程累积雨量 2 站超过 250 mm，495 站超过 100 mm，1 817 站超过 50 mm，最大累积降水量达 306.8 mm，出现在贵州省遵义市的瑞溪站，重庆市綦江区永城站次之，为 302.7 mm[5]。青藏高原东部低槽不断发展东移影响四川东部、重庆和贵州一带，副高稳定少动，乌拉尔山地区冷低压东移引导冷空气扩散南下，与副高西北部暖湿气流在重庆和贵州地区交汇，是綦江流域此次破记录洪水发生的天气背景[5]。

（2）洪水特性。綦江洪水主要来自上游藻渡河、松坎河、羊渡河等支流。綦江干流有东溪、五岔等水文站。綦江干流 2020 年"6·22"洪水历时约 3 d，且主要集中在 1 d 内，东溪、五岔两站最大 24 h 洪量占最大 72 h 洪量的 73%和 71%。东溪站以上洪水以藻渡河为主，藻渡河新炉站洪峰流量（3 440 m³/s）和最大 24 h 洪量（0.905 亿 m³）占东溪站（4 360 m³/s 和 1.538 亿 m³）的 76%和 59%，远大于面积比 38%。藻渡河最大 24 h 洪量占綦江城区断面的 37%，大于面积比 25%；东溪站洪峰流量占綦江城区断面（5 063 m³/s）的 86%，远大于面积比 66%，东溪站最大 24 h 洪量约占綦江城区断面（2.43 亿 m³）的 63%，与面积比持平。

2.1.2 1998 年洪水

1998 年 8 月 7 日，綦江境内和黔北地区普降暴雨，綦江河水暴涨，洪水来势猛、流量大、水位高，且发生在夜间，因而损失大。总计 76.1 万人受灾，死亡 52 人、100 多人受伤，受灾农田 47 万亩、成灾农田 25.1 万亩，城乡房屋损毁 6 000 余间，冲毁铁索桥 3 座和乡镇公路桥 11 座，渝黔铁路线中断，造成直接经济损失约 8.6 亿元。

綦江 1998 年 8 月 7 日洪水历时约 3 d。东溪站洪水为藻渡河和松坎河洪水共同遭遇，推算藻渡河洪峰流量（2 300 m³/s）和最大 24 h 洪量（0.93 亿 m³）约占东溪站（2 740 m³/s 和 1.514 亿 m³）的 50%和 55%，大于面积比 38%；东溪站洪峰流量约占五岔站（5 220 m³/s）的 89%，大于面积比，东溪站最大 24 h 洪量约占五岔站（2.74 亿 m³）的 61%，小于面积比。

2.1.3 2016 年洪水

2016 年 5 月 7 日、6 月 2 日、6 月 15 日和 6 月 28 日相继发生洪灾，尤其是 6 月 26—28 日綦江区普降暴雨，雨量普遍在 60~160 mm。暴雨造成渝黔铁路石门坎段（赶水镇境内）垮塌中断；国道 210 包南线等 8 条公路中断 19 处；全区受灾人口 5 万人，受灾面积达 713 hm²，绝收面积 66 hm²，冲毁房屋 173 间，南州、蒲河、篆塘等 3 所小学被淹，全区直接损失 16 750 余万元。

綦江 2016 年 6 月 28 日洪水历时约 3 d。东溪站以上洪水以藻渡河为主，推算藻渡河洪峰流量（2 520 m³/s）和最大 24 h 洪量（1.17 亿 m³）约占东溪站（2 740 m³/s 和 1.514 亿 m³）的 92%和 77%，远大于面积比 38%；东溪站洪峰流量约占五岔站（4 150 m³/s）的 66%，与面积比持平，东溪站最大 24 h 洪量约占五岔站（2.844 亿 m³）的 53%，小于面积比。

统计 2020 年 6 月 22 日洪水特征值，并与 1998 年、2016 年綦江最大洪峰过程进行比较（见表 1）。可以看出，藻渡河 2020 年 6 月 22 日洪水洪峰流量最大，但 24 h、72 h 洪量小于 2016 年和 1998 年洪水相应洪量。东溪站 1998 年洪水洪峰和 24 h 洪量最大，2016 年 72 h 洪量最大。五岔站 2020 年 6 月 22 日洪水洪峰和 24 h 洪量最大，2016 年 72 h 洪量最大。三次大洪水藻渡河洪峰和洪量所占比例都大于流域面积占比。

表1 典型大洪水特征值比较

年份	藻渡河			东溪站			五岔站		
	洪峰/ (m³/s)	24 h洪量/ 亿 m³	72 h洪量/ 亿 m³	洪峰/ (m³/s)	24 h洪量/ 亿 m³	72 h洪量/ 亿 m³	洪峰/ (m³/s)	24 h洪量/ 亿 m³	72 h洪量/ 亿 m³
2020年	3 440	0.905	1.167	4 360	1.538	2.021	5 360	2.973	4.187
2016年	2 520	1.17	1.691	2 740	1.514	2.427	4 150	2.844	4.700
1998年	2 300	0.93	1.190	4 620	1.679	2.221	5 220	2.740	3.753

注：1998年、2016年藻渡河数据为推算值。

2.2 洪水组成

綦江城区以上洪水主要由松坎河，藻渡河，东溪站到松坎河、藻渡河汇合口区间及东溪站到綦江城区区间四个部分组成。通过分析五岔站实测最大的10场洪水，藻渡河所占綦江城区控制面积比例较小，但由于藻渡河上游处于暴雨中心，洪水占城区的比例较大，超过其面积比。松坎河洪水占城区比重略小于面积比。对于城区1 d洪量，松坎河所占的百分比为27.59%，小于其面积百分比29.77%；而藻渡河所占的百分比为28.08%，大于相应的面积百分比24.96%。綦江城区以上洪水组成见表2。

表2 綦江城区以上洪水组成

项目	区间/流域				
	松坎河	藻渡河	东溪站	东溪到城区	綦江城区
面积/km²	1 406	1 179	3 097	1 626	4 723
面积百分比/%	29.77	24.96	65.57	34.43	100
1 d洪量/亿 m³	0.56	0.57	1.30	0.73	2.03
百分比/%	27.59	28.08	64.04	35.96	100

3 防洪存在的主要问题

3.1 防洪能力偏低

綦江区主城区防洪标准为50年一遇。根据《重庆市綦江河洪水风险图编制成果报告》，綦江区主城区洪水影响统计见表3。遇50年一遇洪水，在不考虑溃堤的条件下将造成綦江区主城区受淹人口约2.76万人、受淹房屋面积约102万 m²、受淹交通干线里程约6.3 km、行政部门7个、学校2所、房屋869栋。即使遇5年一遇洪水，綦江区主城区受淹人口约1.19万人、受淹面积约14万 m²、受淹房屋面积约28万 m²。说明綦江城区防洪能力偏低。綦江主城区菜坝片区和北街片区以及三江街道蒲河河口地区所在河段防洪标准仅为2~5年一遇，受洪水影响最为显著。

表3 綦江区主城区洪水影响统计

城区断面洪水位		受淹 人口/ 万人	受淹平 面面积/ 万 m²	受淹房 屋面积/ 万 m²	受淹交通 干线里程/ km	受淹重点单位数量		
频率	水位/m					行政部门	学校	房屋栋数
P=2%	228.39	2.76	42	102	6.3	7	2	869
P=5%	227.00	1.89	33	70	5.0	7	2	626
P=10%	225.52	1.46	25	54	4.2	7	2	478
P=20%	224.01	1.19	14	28	2.0	6	1	389

3.2 城市建设挤压行洪空间

綦江城区结构演变趋势图见图 1。从图 1 可以看出，20 世纪 90 年代以前，綦江城区主要为现在的文龙街道部分范围（綦江右岸与支流通惠河右岸交汇区域），綦江干流左右岸大多地区为农田，地势较低，常年受洪水侵袭，小水垦殖，大水行洪。重庆直辖后綦江大规模城市扩建，在綦江沿岸洪泛区新建了下北街片区（彩虹桥—大常枢纽段左岸）和菜坝片区（交警队—通惠河口右岸）等城区，致使洪水风险加剧，洪灾损失加大[6]。

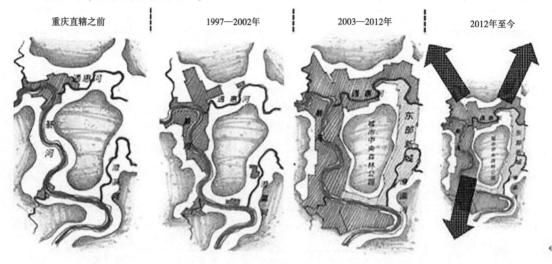

图 1　綦江城区结构演变趋势图[6]

4　防洪对策

4.1　防洪工程措施

根据《重庆市綦江区城区防洪规划报告（2021—2035 年）》，防洪工程总体布局为：结合兴利在上游支流逐步兴建调洪水库，整治排洪河道，适当修建堤防，筑堤护岸。采用堤库结合防洪工程体系：通过河道疏浚+大常枢纽改造+石溪口枢纽改造消除阻水影响、增加河道行洪能力；在上游藻渡河等支流修建防洪水库，通过拦洪削峰，将綦江城区防洪标准由 20 年一遇提高到 50 年一遇。

目前藻渡水库论证已完成可行性研究报告。对于 2020 年实际洪水，经藻渡水库拦蓄，可将綦江城区洪峰流量控制在安全泄量 4 920 m³/s 以下。

梯级优化改建：对大常枢纽、石溪口枢纽采取全闸方案改造。现状两座枢纽主要由浆砌条石溢流坝、电站、船闸等组成，规划将溢流闸改造为泄洪闸，洪水期闸门开启泄洪，以增加枢纽泄洪能力，减轻阻水影响。大常枢纽改造后，20 年一遇设计洪水条件下綦江干流河道水位降幅超过 0.10 m 的河段达 7.17 km，其中彩虹桥水位降低 0.29 m；石溪口枢纽改造后，20 年一遇设计洪水条件下綦江干流河道水位降幅超过 0.10 m 的河段达 3.86 km，其中三江街道蒲河口的水位降低 0.11 m。

河道疏浚：对綦江干流城区河段（桥河闸坝至桥溪口闸坝）16.2 km 进行疏浚整治，疏浚长度 11.55 km，疏挖深度 0.20~4.33 m。在 20 年一遇洪水条件下，河道疏浚后綦江干流河道水位降幅超过 0.10 m 的河段达 20.2 km，其中彩虹桥的水位降低 0.49 m。

4.2　智慧水利建设

结合綦江城区防洪现状，深度融合智慧水利建设成果，运用云计算、物联网、大数据、移动互联网、人工智能等新一代信息技术，建设洪水预报调度一体化系统，贯彻"水利工程补短板、水利行业强监管"总基调，利用信息化手段全区有序推进"水安全战略"。城市防洪智慧化管理建设内容主要包括以下几个方面：

（1）构建綦江区天空地一体化智慧感知网。

构建水利感知网，动态监测和实时采集江河湖泊水系、水利工程设施、水利管理三大类水利感知对象的业务特征和事件信息，形成物联网传感数据、北斗导航定位、卫星和无人机遥感等观测数据、实时图像、视频现场数据，全面监管綦江区涉水区域。重点加强遥感、无人机等信息技术在灾情评估、监测预警等的应用。

（2）建设洪水预报调度一体化系统。

以"数字流域映射、水文气象耦合、预报调度一体、预警自适应优化、模型算法微服务"为总体目标，开展基于綦江洪水自适应预警模型和洪水预报调度一体化算法集构建，提升数字流域的计算效能。开展实时洪水、历史洪水和频率洪水演进三维模拟，初步实现洪水过程的数字化流场映射和模拟推演。根据流域水雨情监测、洪水调度方案、工程控制运用计划等，进行预报调度一体化分析计算，实现重要防洪控制断面的洪水预报和调度方案优选。提高降雨预报精度，引入数值天气预报产品，构建预见期降雨处理模型，延长洪水预警预报的预见期。建立城区河段和淹没范围水文、水动力学模型，实现重要河段的洪水演进和淹没分析，为防洪减灾决策提供支撑。实现基于数字流域的"四预"展示。

（3）基于水利大脑的水利大数据中心。

建立綦江城区海量数据存储和管理体系，组成"綦江区水利大脑"。通过分布式资源调度、分布式存储管理和分布式数据服务技术，完成结构化、半结构化和非结构化数据的统一管理与服务。汇聚水利数据、其他行业数据和社会数据，打通业务间数据壁垒，为水利大脑提供思考与决策依据的数据基础。

参考文献

［1］夏军，陈进，王纲胜，等．从2020年长江上游洪水看流域防洪对策［J］．地球科学进展，2021，36（1）：1-8.

［2］夏军，陈进．从防御2020年长江洪水看新时代防洪战略［J］．中国科学（地球科学），2021，51（1）：27-34.

［3］宋刚勇，田伟．重庆市"20·8"洪水防御调度实践与思考［J］．人民长江，2020，51（12）：56-59.

［4］旷兰，田茂举，谭建国，等．重庆市綦江地区短时强降水天气分析［J］．中低纬山地气象，2020，44（2）：24-30.

［5］翟丹华，张亚萍，朱岩，等．綦江流域一次破记录洪水过程的水文与雷达回波特征分析［J］．暴雨·灾害，2020，39（6）：603-610.

［6］宋妮，要威，李昌文．重庆市綦江城区城市规划与防洪策略研究［J］．人民长江，2021，52（11）：16-21，27.

海绵城市建设效果分析与探讨
——以广州市增城区为例

刘　晋[1]　胡永辉[2]　边凯旋[1]

(1. 珠江水利委员会珠江水利科学研究院，广东广州　510611；
2. 广州市增城区水库移民服务中心，广东广州　511300)

摘　要： 近年来，随着城市化的快速发展，城市建成区面积急剧增加，极端暴雨时间频发，加剧了城市内涝灾害、水资源时空分布不均衡等问题。海绵城市作为新型城市开发建设方式，是有效缓解城市内涝灾害、雨水资源时空分布不均衡等问题的有效途径。文章基于海绵城市理论，通过分析不同类型工程海绵城市建设效果，分析海绵城市建设缓解区域内涝，实现雨水资源的集蓄利用措施，并结合绿地和农田浇灌、道路喷洒、生态补水等实际需要，探究适宜于增城区不同类型工程的雨水资源集蓄利用措施，缓解城市内涝并实现雨水资源的综合利用。

关键词： 海绵城市；城市内涝；雨水资源；集蓄利用；增城区

1　引言

我国水资源含量丰富，但人均占有量仅为世界平均水平的1/4[1]，同时水资源年内分配不均、年际变化大，天然来水与用水需求过程不匹配[2]。改革开放以来，我国城市化发展与城市建设取得巨大成就，城市化水平不断提高，截至2020年底，我国城镇化率已经高达63.89%[3]。但传统粗放式的城市建设方式存在诸多问题，如过度改造自然，大规模改变原有生态，城市自然生态本地逐渐转化为硬底化本地，不断增加城市不透水地面比例，阻绝了自然条件下的水循环路径，引发城市内涝、热岛效应[4-9]和水资源短缺[10]、水环境污染[11]等一系列水安全问题。

"海绵城市"在"2012低碳城市与区域发展科技论坛"中首次被提出，是新一代城市雨洪管理概念，指城市在适应环境变化和应对雨水带来的自然灾害等方面具有良好的"弹性"，也可称为"水弹性城市"[12]。至此，海绵城市进入了政府部门的视野，成为应对城市大规模开发造成的城市内涝、热岛效应和有效缓解水资源的有效途径。有效缓解水资源方面主要的手段是通过时空调节水资源，减少雨水损失、污染，主要将其应用于绿地和农田浇灌、道路喷洒、生态补水等实际需要[13]。

本文梳理了增城区近年来海绵城市建设过程中不同类型工程对雨水资源的集蓄利用措施，分析目前增城区海绵城市建设过程中不同类型工程对雨水资源方面存在的问题，并提出相应的解决对策，对提升增城区海绵城市建设、缓解城市内涝和雨水资源综合利用有着极其重要的意义。

2　基本情况

增城区位于广州市东部，面积1 616.47 m²，地处穗莞深港黄金走廊和广深科技创新走廊的重要

基金项目： 广东省省级科技计划项目（2018B030320002）。

作者简介： 刘晋（1984—），男，高级工程师，主要从事水资源与水利工程生态调度。

通信作者： 边凯旋（1995—），男，工程师，主要从事海绵城市、防洪规划、水资源规划与管理研究工作。

节点，是粤港澳大湾区核心城市之一，广州市国际科技创新空间、先进制造业空间布局的重要组成部分。根据广州市降雨特征和增城区 1988—2018 年 4 个雨量站的降雨量统计数据，增城区多年平均降雨量为 1 914 mm；降雨量从时间分布来看，汛期（4—9 月）降雨量占全年降雨量的 82% 以上，而非汛期（10 月至翌年 3 月）只占全年降雨量的 20% 左右；降雨量从空间分布来看，北部正果地区最多，降雨量达 3 049.1 mm；南部石滩地区最少，降雨量只有 877 mm，地区分布不均匀，南多北少。增城区海绵城市建设以低影响开发理念为指导，坚持新型城镇化和绿色发展战略，围绕增城区"山、水、田、湖、城"的空间格局，结合增城区气候降雨特征和雨水资源化利用要求，通过海绵化设施建设，控制雨水径流，缓解区域内涝，提升雨水资源综合利用水平，进一步推动增城区的可持续发展，突出海绵城市特色，构建绿色生态的城市海绵体，将增城区打造为水资源持续利用的海绵城市、山水辉映的现代生态宜居绿城。

3 增城区雨水资源利用分析

3.1 工业园区类海绵城市建设效果分析

工业园区类项目在海绵城市建设过程中除了有效缓解区域内涝问题，还可以通过蓄水池、雨水罐和人工湖等形式实现雨水资源化利用的作用。

以增城区某工业园区内单个建设项目为例，项目总占地面积 12 488.2 m²，现状下垫面以绿地为主，辅以块石路面和土路面，现状综合雨量径流系数约为 0.53，项目建成后，为有效缓解区域内涝问题，因此融入海绵理念，下垫面主要包括硬化铺装、透水铺装绿地等，其中海绵设施为下沉式绿地、透水铺装路面和地下蓄水池。项目建成后下垫面构成见表 1。

表 1　项目建成后下垫面构成

下垫面类型	编号	面积/m²	雨量径流系数
硬质屋顶	1	5 814.58	0.85
下沉绿地	2	1 790.95	0.15
透水铺装	3	903.41	0.08
硬质铺装	4	3 979.26	0.85
合计		12 488.2	
综合雨量径流系数 ψ		0.694	

其中，综合雨量径流系数按式（1）计算：

$$\psi = \sum \frac{F_i \psi_i}{F} \tag{1}$$

式中：ψ 为综合雨量径流系数；F 为汇水面积，m²；F_i 为汇水面上各类下垫面面积，m²；ψ_i 为各类下垫面的径流系数。

将表 1 中各下垫面类型代入式（1）中计算可得，本项目综合雨量径流系数为 0.694，依据《广州市建设项目海绵城市建设管控指标分类指引》和《增城区海绵城市专项规划（2019—2035）》，项目主要指标为年径流总量控制率不少于 76%。项目雨水有效调蓄容积见表 2。

表 2　项目雨水有效调蓄容积计算表

LID 设施布置	A	E	有效调蓄容积/m³
下沉式绿地	面积/m²	蓄水深度/m	72.97
	912.07	0.1	
地下蓄水池	长×宽/（m×m）		372.95
	13×10		
总调蓄容积			445.92

首先根据设计调蓄容积计算出对应降雨量，再由年径流总量控制率与设计降雨量对应曲线（见图 1），查表 3 得出年径流总量控制率。

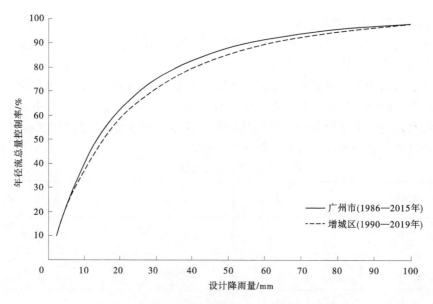

图 1　年径流总量控制率与设计降雨量对应曲线

表 3　年径流总量控制率与设计降雨量之间的关系

年径流总量控制/%	55	60	65	70	75	80	85
广州市设计降雨量/mm	14.3	18.9	22.1	25.8	30.3	36.0	43.7
增城区设计降雨量/mm	17.9	21.0	24.5	28.7	34.1	40.6	49.2
设计降雨量/mm	3.6	2.1	2.4	2.9	3.8	4.6	5.5

由表 3 可以看出增城区设计降雨高于广州市设计降雨计算结果。根据《广州市海绵城市专项规划（2016—2030）》的指标分解情况，增城区的年径流总量控制率目标为 74%~82%，考虑到海绵系统的安全性，极端天气逐年增加的趋势，故本项目选用增城区 1990—2019 年径流总量控制率与设计降雨对应曲线。

其中，降雨量按式（2）计算：

$$H = \frac{V}{10 \times \varphi \times F} \tag{2}$$

式中：H 为降雨量，mm；V 为有效调蓄容积，m³；φ 为雨量综合径流系数；F 为汇水区面积，hm²。

计算得本项目实际调蓄容积对应降雨量为 51.45 mm，查年径流总量控制率与设计降雨量对应曲线可得，项目年径流总量控制率为87.94%，满足不少于76%的指标要求，有效缓解项目建成后因下垫面改变引起的区域内涝问题。

本项目设置了372.95 m³的地下蓄水池用于收集雨水，对应降雨量为43.03 mm，可控制82.32%的年径流，在减小市政管网排水压力、缓解项目建成后因下垫面改变引起的区域内涝问题的基础上，将收集的雨水用于绿化浇灌和道路喷洒，减少雨水损失、污染。提升雨水资源综合利用水平，进一步推动增城区的可持续发展，突出海绵城市特色。

3.2 公园绿地类海绵城市建设效果分析

随着社会的发展和人民生活水平的提高，公园绿地在建设生态宜居城市中发挥着极其重要的作用，同时，也是海绵城市建设中必要的一环。将公园绿地与海绵城市建设结合，可以最大程度地缓解区域内涝问题，其次，可以通过人工湿地和人工湖等形式实现雨水资源化利用的作用。

以增城区某城市公园项目为例，项目总占地面积12 488.2 m²，现状下垫面以绿地为主，辅以块石路面和土路面，现状综合雨量径流系数约为0.53，项目建成后，为有效缓解区域内涝问题，因此融入海绵理念，下垫面主要包括硬化铺装、透水铺装绿地等，其中海绵设施为下沉式绿地、透水铺装路面和地下蓄水池。项目建成后下垫面组成情况见表4。

表4 项目建成后下垫面组成

下垫面类型	编号	面积/m²	雨量径流系数
屋面、路面、广场等硬化铺装	1	1 440.52	0.8
绿地（林地、草地等）	2	118 615.01	0.15
水面	3	4 143.51	1
透水铺装	4	879.53	0.08
合计		125 078.57	
综合雨量径流系数 ψ		0.209	

将表4中各下垫面类型代入式（1）计算可得，本项目综合雨量径流系数为0.209，依据《广州市建设项目海绵城市建设管控指标分类指引》和《增城区海绵城市专项规划（2019—2035）》，项目主要指标为年径流总量控制率不少于70%。项目雨水调蓄设施为人工湖，面积4 143.51 m²，有效容积3 107.42 m³。

由式（2）计算可得本项目实际调蓄容积对应降雨量为198.66 mm，查增城区年径流总量控制率与设计降雨量对应曲线可得，项目年径流总量控制率为99.9%，满足不少于70%的指标要求，有效缓解项目建成后因下垫面改变引起的区域内涝问题。

本项目设置了3 107.42 m³的人工湖用于收集雨水，且人工湖与项目周边现状内河涌通过管道已实现联通，在减小市政管网排水压力、缓解区域内涝问题的基础上，通过人工湖底泥净化，将收集的雨水用于河涌生态补水。提升雨水资源综合利用水平，进一步推动增城区的可持续发展，突出海绵城市特色。

4 结论与展望

针对广州市增城区雨水资源时空分布不均衡、城市蓄水能力下降、水资源利用率不高等问题，加之近年来，城市大规模开发，建成区面积急剧增加，导致极端暴雨时间频发等。本文基于海绵城市理论，通过分析工业园区和公园绿地两大类典型工程海绵城市建设效果，分析项目在满足年径流总量控制率指标的基础上，可通过雨水集蓄设施（蓄水池、人工湖等）实现错峰减排，减少地表径流。从源头缓解区域内涝问题，实现雨水资源的集蓄利用，并结合绿地和农田浇灌、道路喷洒、生态补水等实际需要，实现雨水资源的综合利用。对于推动增城区的可持续发展，构建绿色生态的城市海绵体，将增城区打造为水资源持续利用的海绵城市、山水辉映的现代生态宜居绿城具有重要意义。

增城海绵城市建设在缓解城市内涝灾害和雨水资源利用方面还稍显不足，存在质监部门监管不严、技术指标与实际情况不相符、人才队伍后备不足和经济效益不高等一系列问题。今后，增城区将结合物联网、云计算和大数据等现代化信息技术，探索适宜于增城区海绵城市建设的发展模式，并利用增城区绿色本底实现源头净化减量、完善灰色设施，确保安全有序排放、优化水系调度，发掘调蓄空间，实现错峰排放，发挥蓝色海绵作用。构建蓝色设施调蓄控量、绿色设施净化保质、灰色设施有效衔接的海绵体系。从而使海绵城市的建设与管理更加高效和智慧。更高效地发挥海绵城市建设在排水防涝、雨水资源利用等方面的作用。

参考文献

[1] 毛磊，许杰玉. 海绵城市建设中雨水资源利用规划研究——以云南省沧源佤族自治县为例 [J]. 水利发展研究，2018，18（4）：18-22.

[2] 李原园，李云玲，何君. 新发展阶段中国水资源安全保障战略对策 [J]. 水利学报，2021，52（11）：1340-1346，1354.

[3] 杨默远，刘昌明，潘兴瑶，等. 基于水循环视角的海绵城市系统及研究要点解析 [J]. 地理学报，2020，75（9）：1831-1844.

[4] 罗群英. 广州海绵型小区雨洪设施设计研究 [D]. 广州：华南理工大学，2020.

[5] 任南琪，张建云，王秀蘅. 全域推进海绵城市建设，消除城市内涝，打造宜居环境 [J]. 环境科学学报，2020，40（10）：3481-3483.

[6] 徐宗学，李鹏. 城市化水文效应研究进展：机理、方法与应对措施 [J]. 水资源保护，2022，38（1）：7-17.

[7] 汤鞞翔. "海绵城市"理论在城市规划建设中的应用 [J]. 中华建设，2021（6）：88-89.

[8] 陈文龙，夏军. 广州"5·22"城市洪涝成因及对策 [J]. 中国水利，2020（13）：4-7.

[9] 黄国如. 城市暴雨内涝防控与海绵城市建设辨析 [J]. 中国防汛抗旱，2018，28（2）：8-14.

[10] 陈新. 广州市水务工程项目海绵城市建设思路分析 [J]. 低碳世界，2020，10（4）：73-74.

[11]《中国环境年鉴》编辑委员会. 中国环境年鉴2019卷 [M]. 北京：中国环境年鉴社，2019.

[12] 曲亚楠，张澧月，杨应. 白城海绵城市建设的问题及对策 [J]. 白城师范学院学报，2017，31（4）：1-3.

[13] 黄锋华，黄本胜，洪昌红，等. 粤港澳大湾区水资源空间均衡性分析 [J]. 水资源保护，2022，38（3）：65-71.

小浪底水库运用以来黄河下游游荡性河段演变规律分析

段文龙[1,2]　王艳华[3,4,5]　吕　望[3,4,5]　王爱滨[3,4,5]

（1. 黄河勘测规划设计研究院有限公司，河南郑州　450003；
2. 水利部黄河流域水治理与水安全重点实验室（筹），河南郑州　450003；
3. 黄河水利委员会黄河水利科学研究院，河南郑州　450003；
4. 黄河水利委员会节约用水中心，河南郑州　450003；
5. 黄河流域农村水利研究中心，河南郑州　450003）

摘　要： 黄河下游是防洪的重中之重。经过多年治理，黄河下游防洪工程体系基本形成。下游累积实施险工 135 处和河道整治工程 219 处，陶城铺以下弯曲性河道的河势已得到控制；高村至陶城铺由游荡性向弯曲性转变的过渡性河段，河势得到基本控制；高村以上 299 km 游荡河段河势尚未控制，河道整治工程布局急需完善，成为黄河防洪工程体系的突出短板。本次通过全面总结小浪底水库运用后黄河下游游荡性河段总体河势变化情况，分析变化原因和预估发展趋势，为优化完善下游河道整治工程布局，补齐黄河防洪工程体系短板提供支撑。

关键词： 小浪底水库运用后；河势变化；发展趋势；优化完善

1　下游河道冲淤演变特点研究

1.1　水沙变化情况

小浪底水库蓄水运用以来至 2021 年 6 月，由于小浪底水库的拦沙作用，沙量减少较多，进入下游（小黑武）的年平均水沙量分别为 288.88 亿 m³、1.12 亿 t，仅为 1950 年 7 月至 2000 年 6 月的 70.96% 和 9.30%，汛期来水比例进一步减小，仅为全年水量的 38.5%。

1.2　河道冲淤变化情况

小浪底水库下闸蓄水运用后，黄河下游发生了持续冲刷，1999 年 11 月至 2021 年 10 月累计冲刷量达到 32.16 亿 t。黄河下游各河段汛期、非汛期冲刷量统计结果见表 1。

表 1　黄河下游 1999 年 11 月至 2021 年 10 月各河段冲淤量统计　　　　　　单位：亿 t

时间	河段				
	花园口以上	花园口—高村	高村—艾山	艾山—利津	利津以上
汛期合计	-2.70	-5.67	-5.22	-6.30	-19.89
非汛期合计	-5.42	-7.48	0.31	1.54	-11.05
全年合计	-8.12	-13.15	-4.91	-4.76	-30.94

从冲刷量的沿程分布来看，高村以上河段冲刷较多，高村以下河段冲刷相对较少。其中高村以上河段冲刷 21.27 亿 t，占利津以上河段总冲刷量的 68.75%；高村至艾山河段冲刷 4.90 亿 t，占下游河道总冲刷量的 15.23%；艾山至利津河段冲刷 4.76 亿 t，占总冲刷量的 14.80%。

作者简介： 段文龙（1989—），男，工程师，主要从事黄河泥沙研究工作。

从冲刷量的时间分布来看,冲刷主要发生在汛期。汛期下游河道共冲刷-21.74 亿 t,各河段均为冲刷;非汛期下游河道共冲刷-10.42 亿 t,高村以上河段均呈现出冲刷,其中冲刷主要发生在高村以上河段,冲刷量 12.90 亿 t,冲刷向下游逐渐减弱,高村至艾山段、艾山至利津段分别淤积 0.31 亿 t、1.54 亿 t。

2 小浪底水库运用后河势总体变化

2.1 河道工程靠溜情况

与 2002 年汛后相比[1],河南游荡性河段靠溜坝垛数由 934 个增加至 1 552 个,增加 63.0%,靠溜工程长度由 85.5 km 增加至 151.7 km,增加 77.4%,工程河势调控能力显著增强,河道工程靠溜条件明显改善,详见图 1、图 2。

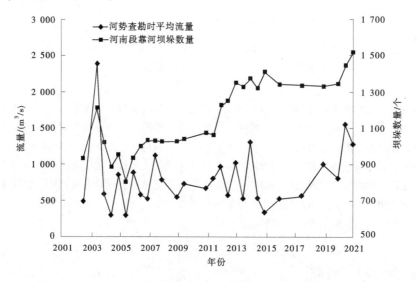

图 1　调水调沙以来河南段靠河坝垛数量

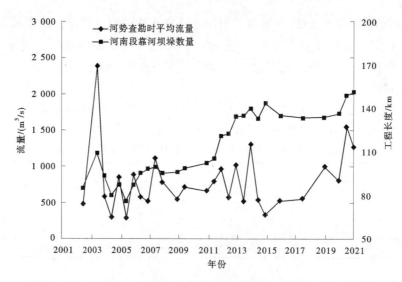

图 2　调水调沙以来河南段靠河工程长度

2.2 畸形河势变化情况

消除了大宫至府君寺河段、欧坦至东坝头河段畸形河势,主流基本沿规划治导线行进,河势归顺。

2.3 河道形态变化情况

河道断面形态改善,河相系数减小,河床稳定性增大[2]。

（1）高村以上河段典型断面河相系数由 17.9~29.6 下降至 7.1~14.3（详见图 3、图 4）。

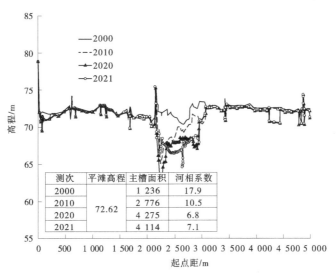

测次	平滩高程	主槽面积	河相系数
2000		1 236	17.9
2010	72.62	2 776	10.5
2020		4 275	6.8
2021		4 114	7.1

图 3　禅房（小浪底坝下 248.13 km）断面地形套汇图

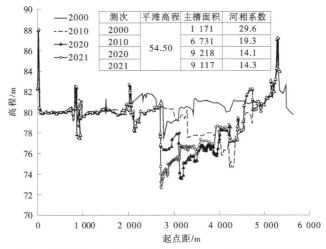

测次	平滩高程	主槽面积	河相系数
2000		1 171	29.6
2010	54.50	6 731	19.3
2020		9 218	14.1
2021		9 117	14.3

图 4　柳园口 1（小浪底坝下 204.48 km）断面地形套汇图

（2）高村至陶城铺河段典型断面河相系数由 14.8~18.4 下降至 5.0~8.0（见图 5、图 6）。

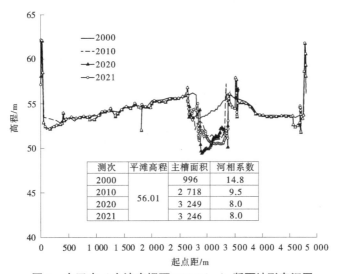

测次	平滩高程	主槽面积	河相系数
2000		996	14.8
2010	56.01	2 718	9.5
2020		3 249	8.0
2021		3 246	8.0

图 5　大王庄（小浪底坝下 366.2 km）断面地形套汇图

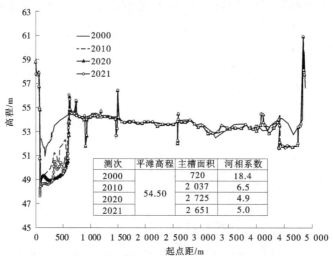

图 6 史楼（小浪底坝下 377.83 km）断面地形套汇图

（3）陶城铺以下典型断面河相系数由 9.7～11.0 下降至 3.5～5.7，断面形态趋于稳定（见图 7、图 8）。

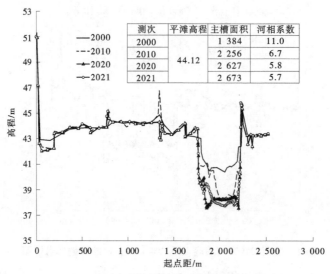

图 7 荫柳棵断面地形套汇图

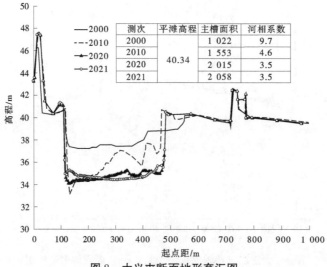

图 8 大义屯断面地形套汇图

3 下游河势对水沙条件的适应性分析

本次统计了2000年以来黄河下游游荡性河段河势平均摆动幅度及进入下游不同流量级的天数、水量、沙量和来沙系数，见表2和图9。

表2 黄河下游河势摆动幅度及不同流量级水沙过程

年份	摆动幅度/m	2 600~4 000 m³/s				≥4 000 m³/s			
		天数/d	水量/亿 m³	沙量/万 t	来沙系数	天数/d	水量/亿 m³	沙量/万 t	来沙系数
2001	248	0				0			
2002	261	11	26.82	3 624.48	0.004 8	0			
2003	156	13	30.28	2 991.17	0.003 7	0			
2004	186	17	40.68	7 494.42	0.006 7	0			
2005	284	15	38.50	2 965.25	0.002 6	0			
2006	123	16	48.89	1 660.61	0.001 0	0			
2007	94	16	46.81	5 295.63	0.003 3	3	10.73	336.96	0.000 8
2008	171	9	26.92	2 683.41	0.002 9	3	10.62	301.54	0.000 7
2009	192	10	31.18	883.96	0.000 8	2	6.98	189.22	0.000 7
2010	198	17	48.16	3 428.27	0.002 2	4	13.95	1 465.74	0.002 6
2011	163	14	40.74	1 513.12	0.001 1	2	6.94	223.78	0.000 8
2012	185	22	57.94	7 653.05	0.004 3	7	24.69	368.84	0.000 4
2013	230	26	76.92	6 602.43	0.002 5	1	3.59	88.99	0.000 6
2014	149	6	17.92	816.91	0.001 3	0			
2015	77	8	20.13	241.75	0.000 4	0			
2016	107	0				0			
2017	72	0				0			
2018	166	43	117.11	19 654.27	0.005 3	5	17.89	6 315.84	0.008 5
2019	102	34	97.87	17 914.69	0.005 5	18	65.49	4 900.18	0.001 8
2020	121	30	76.52	11 566.20	0.005 1	28	107.15	6 911.14	0.001 5
2021	157	17	48.92	1 415.12	0.000 9	22	81.78	1 162.24	0.000 3

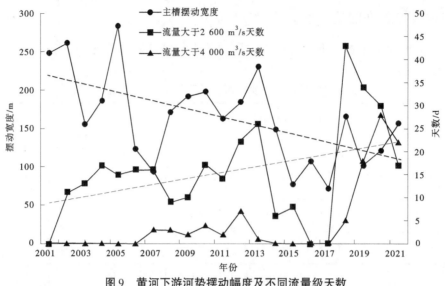

图 9 黄河下游河势摆动幅度及不同流量级天数

2005—2007 年进入下游大于 2 600 m³/s 的天数分别为 15 d、16 d、16 d，下游游荡段河势摆动幅度分别为 284 m、123 m、94 m，摆动幅度逐渐减弱，说明大流量天数对于河势控制是有利的；2016—2017 年，由于来水较枯，进入下游大于 2 600 m³/s 的天数均为 0，游荡性河段河势有所恶化，河势变化幅度从 2017 年的 72 m 增加至 2018 年的 166 m。

2018—2020 年，由于来水较丰，因此进入下游的大流量天数较多，游荡河段河势摆动幅度整体呈减弱趋势，河势摆动幅度从 166 m 减少至 121 m，但由于 2019 年和 2020 年小浪底水库排沙较多，河势有一定恶化，河势摆动幅度从 102 m 增加至 121 m 再到 157 m，但受大流量过程的影响，变化趋势并不明显。总体来说，在水沙关系协调的前提下，进入下游的大流量过程对于河势调整是有利的。

4 河道演变规律及未来演变趋势

4.1 黄河中水流路河床质组成及抗冲性能

4.1.1 黄河中水流路河床质组成

黄河下游河床的主要成分为粉质黏土、粉质壤土、砂质壤土、砂土等。从冲刷泥沙组成看，下游河道床沙中不同粒径的泥沙均被不同程度地冲刷、输移（根据《小浪底水库拦沙期防洪减淤运用方式研究报告》，<0.025 mm 细沙、0.025~0.05 mm 中沙、>0.05 m 粗沙的冲刷量比例约为 3：3：4），河床泥沙总体趋于粗化，中值粒径由 0.05 mm 左右增加到 0.15 m 左右（花园口以上甚至达到 0.3 mm 以上），见图 10。

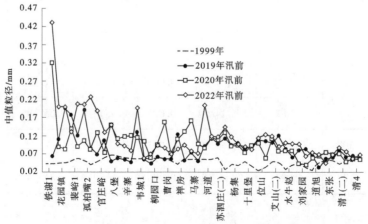

图 10 小浪底水库运用后下游河道床沙中值粒径变化

4.1.2　抗冲性能

河岸抗冲性能的强弱可以用起动切应力的大小来表示。当用起动切应力来表示滩岸抗冲性能的强弱时，唐存本认为，对于新淤黏性土，一般认为泥沙颗粒间尚未全部密实，泥沙在起动时仍然可以按照单个泥沙颗粒来处理，不过应加上黏结力项。将重力、拖曳力、上举力及黏结力统一考虑，根据力的平衡方程式，可以用下列公式来计算起动拖曳力：

$$\tau_c = 6.68 \times 10^2 \times d + \frac{3.67 \times 10^{-6}}{d}$$

式中：τ_c 为起动拖曳力，N/m^2；d 为粒径，m。

图 11 给出了黏性河岸土体的起动拖曳力随土体粒径的变化关系。从图 11 中可以看出，当 d 位于 0.08~0.1 mm 时，土体最容易起动。黄河下游游荡性河段河床质中一般床沙的中值粒径为 0.1 mm 左右，说明一般情况下黄河下游的床沙非常容易起动。

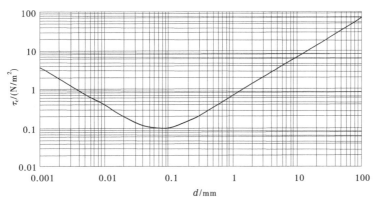

图 11　黏性土的起动拖曳力

4.2　河道演变规律

从高含沙洪水、大洪水、枯水少沙系列、丰水少沙系列条件下黄河下游游荡性河道河势演变情况看[3]，洪水期河势变化剧烈，高含沙洪水因其强烈的造床作用，对局部河段河势的影响尤为显著，主流上提下挫和坐弯现象时有发生，易形成"横河、斜河"，威胁堤防与防洪安全；枯水少沙条件下，因其水流动力作用的减弱，主槽淤积严重，河道宽浅，河势散乱，心滩众多，畸形河湾增加，继而导致局部河段"横河、斜河"现象的出现；丰水少沙条件下，汊河及心滩减少，河势规顺，断面宽深，排洪能力强[3-4]。

4.3　未来演变趋势

由于河势变化受河床边界条件影响巨大，随着河道整治工程的不断建设，主流的摆动范围明显减少，但局部河段因工程不配套、不完善或布局不合理，致使河势剧烈变化，工程时常脱河或控溜能力较差。

5　结语

小浪底水库运用后，改变了进入黄河下游游荡性河道的水沙条件，主要表现在大洪水洪峰流量减小，洪水过程调平，中水历时加长；来沙量减少，泥沙粒径变细。这种有利的水沙条件将促使下游游荡性河段由堆积改变为单向冲刷或微冲微淤，滩槽高差加大，主槽断面趋于窄深，平滩流量增加，纵比降有所调平，床沙组成变粗，河道游荡程度减弱，有利于河势向稳定方向发展。但现状工程对小水的适应性相对较差，尤其是工程不完善河段。长期的中小水作用下，主溜在上下工程控制的弯道之间容易坐弯，从而影响其下河势的稳定；小水动力不足，造成部分工程脱河或半脱河，不能有效控导河势；局部河段河势上提下挫，存在抄工程后路的风险；横河、"Ω"形等畸形河势仍然存在，小水不利河势的弱持续发展，将对河道防洪产生不利影响，因此进一步完善河道整治工程十分必要。

参考文献

［1］《2021 年黄河秋汛洪水防御》编写组 . 2021 年黄河秋汛洪水防御［M］. 郑州：黄河水利出版社，2021.

［2］《2021 年黄河秋汛洪水原型观测与分析》编写组 . 2021 年黄河秋汛洪水原型观测与分析［M］. 郑州：黄河水利出版社，2021.

［3］陈孝田，陈书奎，李书霞，等 . 黄河下游游荡型河段河势演变规律［J］. 人民黄河，2009，31（5）：26-27.

［4］夏军强，吴保生，王艳平 . 近期黄河下游河床调整过程及特点［J］. 人民黄河，2008，19（3）：301-307.

鄱阳湖修河流域水库群联合防洪调度方案研究

洪兴骏[1,2]　何小聪[1,2]　傅巧萍[1,2]　蔡淑兵[1,2]　张利升[1,2]

(1. 长江勘测规划设计研究有限责任公司，湖北武汉　430010；
2. 流域水安全保障湖北省重点实验室，湖北武汉　430010)

摘　要： 本文在调研分析修河流域已建水库、堤防等水利工程的基本情况和流域防洪需求的基础上，分析论证了修河上游东津、大垅水库对柘林水库入库洪水的削减作用；根据修河干流与潦河洪水遭遇特点，分析了罗湾、洪屏、小湾等水库对潦河洪水的控制作用；复核了柘林水库对永修县城和下游尾闾地区的防洪作用。研究表明，永修县城河段的防洪任务宜主要由柘林水库承担；建议其他干支流水库群在保障枢纽自身安全和本河段防洪安全的前提下，通过同步拦蓄本流域洪水的方式适当削峰错峰，尽可能减轻下游防洪负担。

关键词： 修河流域；联合调度；柘林水库；防洪补偿调度

1 引言

鄱阳湖位于江西省北部、长江中游南岸，是长江水系及生态系统的重要组成部分，也是长江洪水重要的调蓄场所，在长江流域治理、开发与保护中占有十分重要的地位[1]。鄱阳湖承纳赣、抚、信、饶、修五河及博阳河等支流来水，经湖区调蓄后，由湖口注入长江。

修河位于江西省西北部，为鄱阳湖水系五大河流之一，发源于铜鼓县高桥乡叶家山，自源头由南向北流，至修水县马坳乡上垅，俗称东津水；在上垅折向东流，左岸纳渣津水，右岸纳山口水，而后由东北流经修水县城，至武宁县城西北洋浦里进入柘林水库库区。柘林水库以下为冲积平原，至永修县城于山下渡接纳修河最大的支流潦河，由永修吴城镇注入鄱阳湖，河口为永修县吴城镇望江亭。

修河流域历来洪水灾害频发，下游尾闾地区洪涝灾害尤为严重[2]。为满足防洪等综合利用需求，修河流域内建成了柘林、东津、大垅等大型水库，现状调度运行方式以单库运行为主，尚未形成梯级水库联合调度机制，缺乏指导梯级水库运行的联合调度方案，面向不同类型洪水时上下游、干支流水库调度运行方式可能存在不协调之处，一定程度上影响防洪效果或加重下游防洪负担，与当前水利高质量发展和"四预"能力提升要求不相适应[3]，水库群联合防洪作用难以发挥。

本文拟在调研分析修河流域已建水库、堤防等水利工程基本情况和流域防洪需求的基础上，结合干支流洪水地区组成和遭遇规律，研究论证修河流域干支流控制性水库对本流域洪水的控制作用，明确各水库在流域防洪工程体系中的定位，采用不同类型洪水验证水库群防洪调度效果，为制订协调可行的修河流域水库群联合调度方案提供支撑。

2 流域概况

2.1 修河流域暴雨洪水特性

修河流域降水量充沛，流域内多年平均降水量在 1 600~1 900 mm。降水量年际年内分配很不均

基金项目： 国家重点研发计划项目（2021YFC3200302）；水资源与水电工程科学国家重点实验室（武汉大学）开放研究基金项目（2018SWG03）。

作者简介： 洪兴骏（1989—），男，高级工程师，主要从事水文水资源和水库调度方面的研究工作。

匀，4—6月多年平均降水量约占全年降水量的50%；年降水量极值比达2倍左右。受印度洋孟加拉湾和太平洋东海、南海季风的影响，锋面雨是本流域的主要暴雨类型，一般从4月开始，到5月、6月西南暖湿气流与西北南下的冷空气持续交缓于长江中下游一带，强烈的辐合上升运动形成大范围的暴雨区，降水时间长、强度大；7—9月流域受副热带高压控制，锋面雨、台风雨均有发生。锋面雨历时较长，一次暴雨历时一般为4~5 d，最长达7 d以上；台风雨历时较短，一般为1~3 d，最长达5 d以上。

修河为雨洪式河流，洪水季节与暴雨季节相一致，多发生在4—9月。4—6月洪水由锋面雨形成，往往峰高量大；7—9月洪水可能由台风雨形成，洪水过程一般较尖瘦。大洪水以6月发生的次数最多，往往由大强度暴雨产生峰高量大级洪水[4]。修河干流一次洪水过程一般为4~7 d，上游历时略短，中下游历时较长。上游河段洪水峰形一般较尖瘦，涨落快，洪峰持续时间短，单峰居多，中下游河段峰形较肥胖，多呈现为复峰。

潦河为修河最大的一级支流，其中游是赣西北地区主要暴雨区之一，洪水来势迅猛且频繁[5]。修河中下游大洪水多为同步遭遇性洪水，采用修河干流下游水位站永修站和潦河下游控制站万家埠站年最大洪水峰量及出现时间进行洪水遭遇分析表明，潦河与修河干流洪水遭遇概率较高，达40%左右；在4—9月均有遭遇，6月遭遇概率较大。同时，受6—7月长江高水位顶托影响，鄱阳湖同期高水位持续时间较长，少数年份受台风影响，修、潦河洪水和鄱阳湖还可能发生湖洪遭遇（如1954年、1983年洪水），将严重威胁下游尾闾地区安全。

2.2 修河流域防洪现状

依据修河流域综合规划，修河流域重点防洪保护对象为流域内永修、奉新、安义、靖安、武宁、修水、铜鼓7座县城及保护京九铁路的永北、郭东两座圩堤[6]。其中，永修县城及下游尾闾地区，地处修河、潦河汇合口附近，常受修河、潦河洪水及鄱阳湖高水位顶托的双重威胁，汛期历时长，历年防汛形势严峻，是本流域的重点防洪保护对象。永修县城断面因受鄱阳湖顶托和上游来水双重影响，无固定的安全泄量值，根据以往分析成果，修河尾闾地区的防洪控制站为永修水位站（山下渡），遭遇50年一遇以下洪水时，安全泄量采用6 500 m³/s。

防洪是修河流域治理开发与保护的首要任务，经过历年的防洪工程建设，流域已基本形成了以堤防、水库及非工程措施等组成的综合防洪体系。修河流域已建的柘林水库是流域防洪控制性骨干工程是江西省鄱阳湖水系库容最大的水库。通过加高加固堤防、整治河道，考虑柘林水库等防洪水库的补偿或错峰调节，使流域内7座县城的防洪标准达20年一遇；保护京九铁路的永北、郭东两圩堤，防洪标准也已达20年一遇。

随着流域社会经济的快速发展、人口增长和城市化水平提高，经济社会和人民群众对流域防洪减灾的要求越发提高，迫切需要对流域内以柘林水库为核心的梯级水库群开展联合防洪调度研究，提升流域综合防汛和减灾能力。

2.3 纳入联合调度的水库群范围

修河流域防洪工程设施主要为水库和堤防。根据流域防洪需求、防洪现状及洪水特点，综合考虑流域内水库的建设规模、防洪能力、调节库容、控制作用等因素，选取对流域内重点防洪保护对象永修等县城有一定防洪影响的6座干支流水库纳入联合调度，水库特性及调度任务如表1所示，水库拓扑关系概化图如图1所示。

表1 修河流域纳入联合调度梯级水库设计运行特性

项目	柘林	东津	大垅	罗湾	洪屏	小湾
坝址以上流域面积/km²	9 340	1 080	610	162	420	496
多年平均年径流量/亿 m³	80.6	9.52	6.56	1.68	2.63	3.58
正常蓄水位/m	65	190	212	369.00	181	120

续表1

项目	柘林	东津	大坳	罗湾	洪屏	小湾
防洪高水位/m	68.82	—	212	369.24	181	120
汛限水位/m	64/63.5	190	208.5~209.0	368~369	177.5	118
死水位/m	50	165	197	350.00	163	102
总库容/亿 m³	79.2	7.95	1.18	0.77	0.616 3	0.477
防洪库容/亿 m³	15.72/17.12	—	0.248	0.009 8	0.090 2	0.058 7
调节库容/亿 m³	34.44	3.86	0.773	0.572 2	0.347 9	0.356 8
调节性能	多年调节	多年调节	不完全年调节	多年调节	周调节	年调节
装机容量/MW	420	60	12.8	21	1 200	6.8
多年平均发电量/（亿 kW·h）	6.9	1.164	0.43	0.592	17.43	0.222 6
防洪任务及安全泄量	承担下游尾闾地区、永修县城等防洪任务，尾闾地区的安全总泄量6 500 m³/s	—	下游河道安全泄量1 380 m³/s	下游河道安全泄量450 m³/s	下游河道安全泄量600 m³/s	下游河道安全泄量700 m³/s

注：1. 表中水库特征参数根据工程设计和实际运行资料整理。

2. 对于设有分期防洪限制水位的水库，表中列出的为主汛期防洪限制水位。

3. 柘林水库的汛期限制水位和防洪库容，"/"左边为设计值，右边为现状度汛方案批复值。

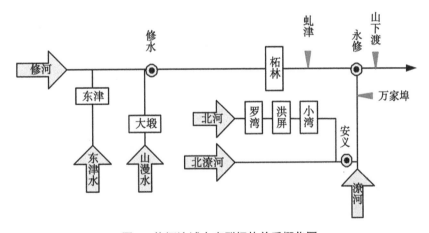

图1　修河流域水库群拓扑关系概化图

如表1、图1所示，柘林水库位于修河中游末端，是修河流域尾闾地区主要防洪工程措施，主汛期防洪库容的预留时段为4—6月，设计阶段[7-8]确定的防洪限制水位为64.0 m，近年度汛方案[9]批复的防洪限制水位为63.5 m。流域内同时建有东津、大坳2座大型水库，分别位于修河上游支流东津水、武宁乡水（山漫水）上，在实际调度过程中可起到错峰、削减洪量的作用。罗湾、洪屏、小湾水库3座江西省调中型水库位于北潦河支流上，对北潦河洪水具有一定的调节作用。流域内其他水库由于集水面积和库容都较小，开发任务大多以发电、灌溉为主，且水库距离主要防护对象较远，仅对水库下游局部河段有滞洪作用，本次暂不纳入。

3　水库群防洪作用分析

3.1　东津、大坳水库对柘林入库洪水的影响分析

结合流域历史洪水发生情况和前述洪水组成分析，选取1954年、1973年、1977年、1998年、

2016 年和 2017 年等典型以柘林坝址为控制的 2%、5%、10%、20%等频率整体设计洪水，按照各水库现行防洪调度运行方式，进行场次洪水的调洪演算；并以经水库调蓄后的出流代替断面天然流量，采用马斯京根法[10]进行逐河段洪水演进模拟，与柘林坝址天然洪水过程进行对比，分析东津、大埠水库对柘林洪水特性的影响。以不同典型 $P=2\%$ 为例，绘制柘林坝址天然与经上游水库群调蓄后的洪水过程线，如图 2 所示。

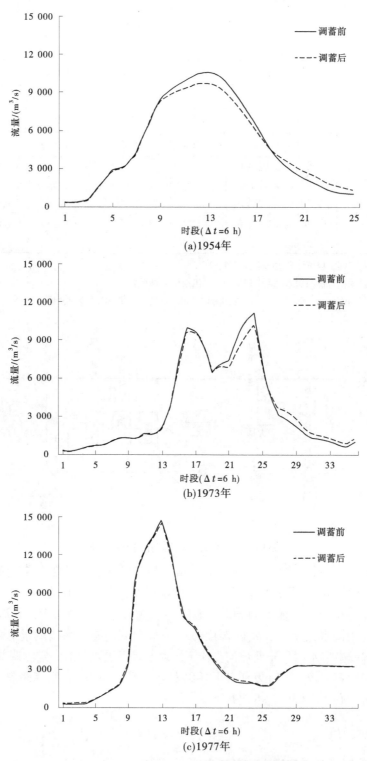

图 2　不同典型柘林 $P=2\%$ 洪水过程示意图

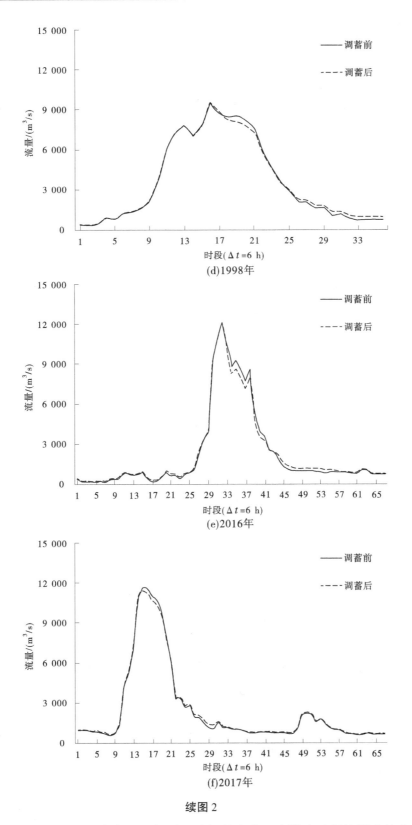

续图2

分析表明，上游东津、大埠水库的运行对下游柘林水库入库洪水过程的影响较为有限，最大削减洪峰流量8%左右，最大5d洪量则不超过3.5%。仅在东津、大埠坝址以上流域来水较大的典型下，对下游柘林天然洪峰的改变程度较为明显，具有一定的削峰、减量效果。因此，在流域防洪中，建议仍然以保障本河段下游防洪对象和枢纽本身的安全为主，在此前提下，在应对部分以上游来水为主的典型时，必要时通过拦蓄基流的方式削减柘林水库入库洪量，兼顾配合柘林水库对修水下游永修县城与尾闾地区进行防洪；另外，从不增加下游防洪负担角度，在保障自身及本河段防洪安全的情况下，当柘林水库对下游永修县城防洪调度时，东津、大塅水库尽可能不消落水位，以减轻下游防洪压力。

3.2 罗湾、洪屏、小湾水库对潦河万家埠洪水的影响分析

柘林水库坝址至永修的区间面积较大，占永修以上集水面积的 35%，区间洪水占有较大的比例。潦河是修河最大的支流，其来水情况在很大程度上影响永修县城的防洪形势。结合流域历史洪水发生情况和前述洪水组成分析，选取 1973 年、1975 年和 1977 年等典型以万家埠站为控制的 2%、5%、10%、20%等频率整体设计洪水，按照各水库现行防洪调度运行方式，进行场次洪水的调洪演算；并以经水库调蓄后的出流代替断面天然流量，采用马斯京根法进行逐河段洪水演进模拟，与万家埠天然洪水过程进行对比，分析潦河控制性水库对万家埠洪水特性的影响。以不同典型 $P=2\%$ 为例，绘制万家埠站天然与经上游水库群调蓄后的洪水过程线，如图 3 所示。

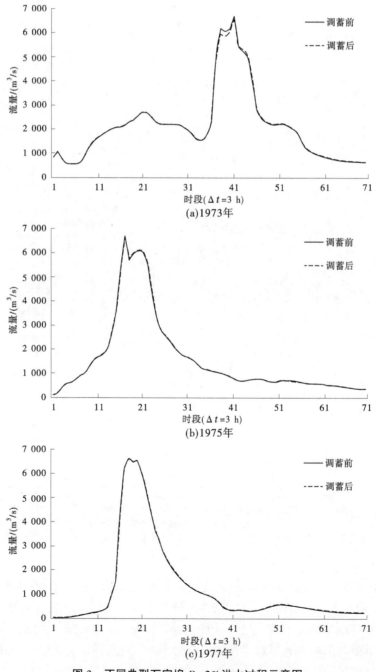

图 3 不同典型万家埠 $P=2\%$ 洪水过程示意图

分析表明，上游梯级水库库容较小，且控制流域面积有限，对潦河区间来水的控制能力总体较弱，对洪峰和 1 d 洪量的改变程度基本上不超过±2%。在小湾坝址以上流域来水较大的典型下，对下游万家埠站天然洪峰的改变程度仅为 -0.76% ~ 1.78%，对最大 1 d 洪量的改变程度为 -1.80% ~ 0.43%，错峰、减量效果均不明显。因此，在流域防洪中，建议仍然以保障本河段下游防洪对象和枢纽本身的安全为主。

3.3 柘林水库防洪作用分析

通过上述分析表明，修水上游东津、大坳水库，潦河上游梯级水库对于减少柘林入库及万家埠站洪水的能力均较为有限。为此，从防洪安全角度考虑，下游尾闾地区、永修县城等的防洪任务仍主要由柘林水库承担。

柘林水库设计阶段采用水库对柘林—永修区间洪水按洪水传播时间取 14 h 进行理想补偿的防洪调度方式[7-8]。根据流域历史洪水资料，选取资料可靠、峰高量大，具有代表性的 1954 年（干流型）、1977 年（干流型）、1998 年（干流型）、1975 年（潦河支流型）、1973 年（全流域型）作为洪水典型，推求以永修为控制的柘林水库入库、柘林—永修区间 $P=2\%$ 设计洪水过程。对不同典型 $P=2\%$ 设计洪水，分别按照设计阶段和近年批复的度汛方案[9] 中明确的方式进行防洪调度，调洪结果列于表 2，各典型调度过程示意图如图 4 所示。

表 2　柘林水库调洪成果统计表（$P=2\%$）

项目	设计方式					度汛方案				
	1954 年	1973 年	1975 年	1977 年	1998 年	1954 年	1973 年	1975 年	1977 年	1998 年
起调水位/m	64.0					63.5				
最大预留防洪库容/亿 m³	15.72					17.12				
最高调洪水位/m	69.03	68.63	68.52	69.04	68.67	68.65	68.26	68.13	68.65	68.30
使用防洪库容/亿 m³	16.37	14.94	14.54	16.41	15.05	16.40	15.00	14.54	16.41	15.05
最大泄量/（m³/s）	4 867	4 867	4 872	5 023	4 890	4 781	4 783	4 784	4 936	4 817
坝址洪峰流量/（m³/s）	12 900					12 900				
区间洪峰流量/（m³/s）	5 570	5 910	8 740	8 740	5 020	5 570	5 910	8 740	8 740	5 020
山下渡最大流量/（m³/s）	6 500	6 500	9 160	9 160	6 500	6 500	6 500	9 160	9 160	6 500
安全泄量/（m³/s）	6 500					6 500				

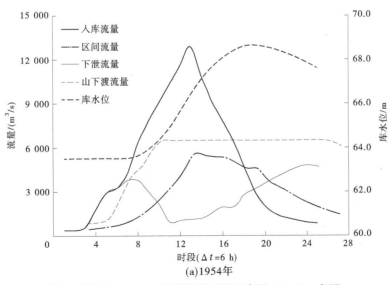

图 4　柘林水库 $P=2\%$ 防洪调度过程示意图（63.5 m 起调）

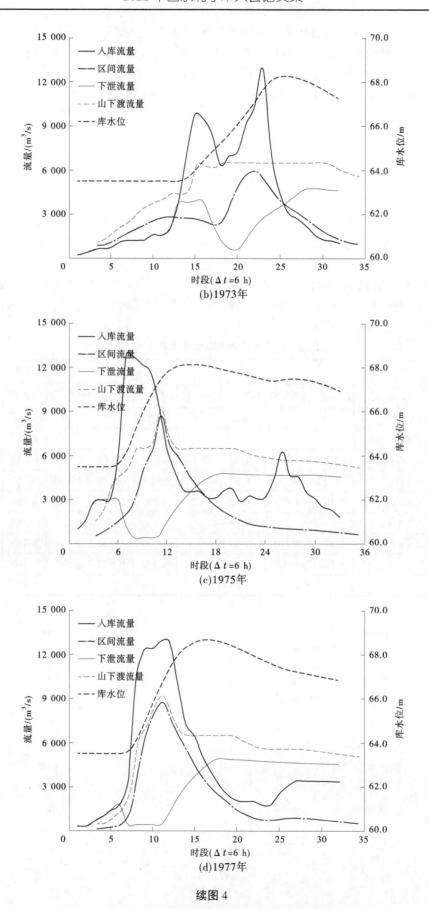

续图 4

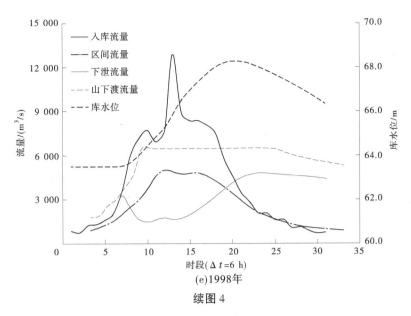

(e)1998年

续图4

由表2、图4可知，柘林水库按照设计阶段采用的64 m开始起调，遭遇不同典型 $P = 2\%$ 设计洪水，以入库流量不超12 900 m³/s作为判别指标，按照始终对下游永修进行补偿的方式运行，遭遇1973年、1975年、1998年等洪水典型使用防洪库容基本在15.0亿m³以下，可以满足下游防洪需求；但1954年和1977年两个典型，使用防洪库容达到了16.4亿m³左右，超过1972年《江西省柘林水利枢纽工程复工扩大初步设计报告》[7]提出的15.72亿m³，下游不能达到防洪标准，按照设计调度方式和边界进行防洪调度存在一定的风险。为此，近年批复的将柘林水库汛期防洪限制水位降至63.5 m是有必要的。按照近年批复的汛期运用计划提出的调度运行方式，柘林水库遭遇 $P = 2\%$ 不同典型设计洪水时，调洪最高水位均没有超过相应的防洪高水位68.82 m，使用防洪库容均未超相应最大预留防洪库容17.12亿m³；1975年和1977年典型，由于区间50年一遇洪峰流量达到8 740 m³/s，即使柘林水库只下泄发电流量，山下渡相应最大流量也达到了9 160 m³/s，因而超过了山下渡安全泄量。总体而言，柘林水库现行防洪调度运行方式基本合理。

4 水库群联合防洪调度方案

考虑到修水流域其他干支流水库群对修水下游永修县城及尾闾地区的防洪控制作用较弱，拟订修河流域水库群联合调度的原则为：永修县城和尾闾地区的防洪任务主要由柘林水库承担；修水流域其他干支流水库群在保障枢纽自身安全和本河段防洪安全的前提下，尽可能不加重下游防洪负担。

结合修河流域干支流水库群防洪定位和作用，拟订修河流域水库群联合调度方式如下：

（1）修河流域水库群的防洪任务是将永修县城防洪标准提高至50年一遇，提高下游尾闾地区防洪能力，主要由柘林水库承担。

（2）对永修县城及下游尾闾地区的防洪调度方式：当预报柘林入库流量和柘林至永修区间流量之和将超过尾闾安全泄量6 500 m³/s，且柘林入库洪水小于50年一遇洪水时，按水库泄流加区间来水不超过尾闾安全泄量6 500 m³/s进行补偿调度。

（3）在应对部分以修河上游来水为主或潦河上游来水为主的洪水典型时，必要时修河上游东津、大垅水库，潦河上游罗湾、洪屏、小湾等水库在保证枢纽自身及本河段防洪安全的前提下，通过同步拦蓄本流域洪水的方式削减柘林水库入库和潦河下游万家埠站洪量，兼顾配合柘林水库对修水下游永修县城与尾闾地区进行防洪；当柘林水库对下游永修县城进行防洪调度时，修水干流及潦河支流水库尽可能不消落水位，以减轻下游防洪压力。

5 展望

为持续深化修河流域水工程联合调度，进一步提高尾闾地区和鄱阳湖区防洪保障能力，提出如下研究建议：

（1）当前尾闾地区行洪条件相较设计与加固阶段有所变化，建议开展尾闾地区河道水位流量关系与河道安全泄量复核，以反映实际环境变化情况。

（2）柘林水库现行防洪调度方式采取对区间进行理想补偿的方式，这一调度方式理论上受到预报精度的影响。建议进一步加强水文预报，特别是加强柘林—山下渡区间以潦河为主要来水的区间洪水预报水平。

（3）进一步加强修河流域控制性水库群联合调度信息化建设，提高对实时调度决策的支撑作用。

参考文献

[1] 洪兴骏，郭生练，马鸿旭，等．基于 SPI 的鄱阳湖流域干旱时空演变特征及其与湖水位相关分析［J］．水文，2014，34（2）：25-31.

[2] 李友辉，熊焕淮，许瑛，等．修河干流大中型水利工程对环境的影响［J］．江西水利科技，2005，31（4）：225-230.

[3] 李国英．深入学习贯彻习近平经济思想 推动新阶段水利高质量发展［J］．水利发展研究，2022，22（7）：1-3.

[4] 樊建华．2016 年修水流域暴雨洪水分析及防洪实践［J］．人民长江，2017，48（4）：73-77.

[5] 刘卫林，刘丽娜．修河流域洪水变化特征及其对气候变化的响应［J］．水土保持研究，2018，25（5）：306-312.

[6] 江西省水利规划设计院．江西省修河流域综合规划修编报告［R］．南昌：江西省水利规划设计院，2019.

[7] 江西省柘林水电站指挥部．江西省柘林水利枢纽工程复工扩大初步设计报告［R］．九江：江西省柘林水电站指挥部，1972.

[8] 江西省水利规划设计院．江西柘林水利枢纽工程补强加固设计说明书［R］．南昌：江西省水利规划设计院，1985.

[9] 赣汛〔2021〕8 号．2021 年江西省重点水工程度汛方案［R］．南昌：江西省防汛抗旱指挥部，2021.

[10] 詹寿根．水库对下游防洪效果分析计算方法的探讨［J］．水利水电工程设计，2002，21（4）：27-28.

非一致性条件下珠江河口设计潮位计算研究

黄华平　靳高阳　尹开霞　刘惠敏　林焕新　刘昭辰　程　聪

（中水珠江规划勘测设计有限公司，广东广州　510610）

摘　要：收集了珠江河口横门站与黄金站 1975—2018 年逐年最高潮位数据，采用 Mann-Kendall 法对资料趋势性进行分析，在其基础上采用广义可加模型对实测点据的理论分布函数进行拟合，并计算了非一致性条件下设计潮位成果，结果表明：①横门站与黄金站逐年最高潮位系列均呈现显著的上升趋势；②对数正态分布对两站实测点据的拟合程度要优于其他分布函数，考虑分布参数与时间 t 间的相关性可提升理论分布与实测点据的拟合程度；③非一致性条件下，两站不同频率对应设计潮位均随时间 t 呈现上升趋势，且累计频率越大（重现期越大），上升趋势越显著。

关键词：珠江河口；非一致性；设计潮位；广义可加模型；Mann-Kendall 法

1 引言

在全球气候变化背景下，珠江河口附近海域近年来极端风暴潮事件频繁发生，2008 年"黑格比"、2017 年"天鸽"和 2018 年"山竹"接连刷新河口测站最高潮位历史记录。受到极端风暴潮事件的影响，珠江三角洲沿海潮汐动力发生了剧烈变化，最高潮位不断攀升，给沿海城市群水安全带来严重威胁[1]。

目前，关于珠江河口潮汐动力及特征值变化趋势方面已有大量研究。如林焕新等在珠江三角洲历年实测最高洪（潮）水位资料基础上，考虑特大值处理重新复核了珠三角主要测站设计潮位成果[2]；黄华平等采用 Mann-Kendall（简称 M-K）法、Pettitt 法及小波分析法分析了珠江河口八大口门逐年最高潮位系列的趋势性，突变性及周期性[3]；李博等采用流量驱动的 R_TIDE 数据驱动模型分析了磨刀门河口潮波振幅梯度和上下游动力边界关系的变化规律[4]；许玉联采用皮尔逊Ⅲ型分布和极值Ⅰ型分布分析了南沙水文站不同序列长度的年最高潮位资料[5]；李彬等在设计频率潮位、风暴潮增水及上游洪水来流分析的基础上，提出了海堤风暴潮安全设计潮位概念，并将其应用于伶仃洋河口湾[6]。

本文收集了珠江河口横门站与黄金站 1975—2018 年逐年最高潮位资料，采用 M-K 方法对两站数据系列趋势性进行了分析。在其基础上，选取了五种理论分布函数并假定了三种分布参数与解释变量 t 间的相关关系，采用广义可加模型对不同情景下的五种分布函数进行了拟合，并基于 AIC 准则与残差分析确定了最优拟合分布。最终，结合最优拟合分布对非一致性条件下横门站与黄金站设计潮位进行了计算分析，其成果可为珠江河口水安全保障提供一定依据。

2 资料与方法

2.1 资料情况

本次研究收集了横门站与黄金站逐年最高潮位系列，两者对应口门及资料年限见表 1。

基金项目：国家重点研发计划（2018YFC1508200）。

作者简介：黄华平（1993—），男，博士，工程师，主要从事水利规划、水文水资源研究工作。

表 1 潮位站具体信息

潮位站	口门名称	年限	潮位站	口门名称	年限
横门	横门	1975—2018 年	黄金	鸡啼门	1975—2018 年

2.2 广义可加模型 (GAMLSS)

广义可加模型是一种 (半) 参数回归模型, 其通过描述随机变量序列对应理论分布参数与解释变量之间的线性或非线性关系, 来提高理论分布函数与实测点据的拟合程度[7], 具体原理如下:

假定某一随机变量观测序列 y_i ($i=1, 2, \cdots, n$) 会服从某一理论分布函数 $F(y_i \mid \theta)$, 其中 $\boldsymbol{\theta} = (\theta_1, \theta_2, \cdots, \theta_m)$ 为统计参数向量, 假定存在某一解释变量 X 与变量观测系列 y_i 存在相关关系, 则可建立任意时刻 k 下统计参数向量 $\boldsymbol{\theta} = (\theta_1^k, \theta_2^k, \cdots, \theta_m^k)$ 与解释变量 X 间的单调函数关系, 具体可表示为:

$$g_k(\theta_i^k) = X_k\boldsymbol{\beta}_k + \sum_{j=1}^{J_k} \boldsymbol{Z}_{jk}\boldsymbol{\gamma}_{jk} \tag{1}$$

式中: $\boldsymbol{\beta}_k$ 为回归参数向量; X_k 为解释变量矩阵; $\boldsymbol{Z}_{jk}\boldsymbol{\gamma}_{jk}$ 为模型随机效应, $\boldsymbol{Z}_{jk}$ 为固定设计矩阵, $\boldsymbol{\gamma}_{jk}$ 为正态分布随机变量向量。

基于式 (1), 可构建关于回归参数向量 $\boldsymbol{\beta}$ 的似然函数, 具体表示为:

$$L(\beta_1, \beta_1, \cdots, \beta_s) = \prod_{t=1}^{n} f(y_i \mid \beta_1, \beta_1, \cdots, \beta_s) \tag{2}$$

以似然函数最大准则为目标, 采用 RS 算法来估计对应回归参数的最优值, 最终通过模型确定的最优分布函数, 可对变量 y_i 进行非一致性条件下的水文频率分析。

3 结果与分析

本次研究首先对横门站及黄金站观测资料进行趋势性分析, 两者对应 1975—2018 年逐年最高潮位过程如图 1 所示。由图 1 可知, 横门站与黄金站逐年最高潮位值均呈现不同程度的上升趋势, 上升速率分别为 0.013 5 m/a 及 0.013 7 m/a。为进一步分析其上升趋势的显著性, 研究采用了 M-K 方法[8] 对两者逐年最高潮位系列进行显著性检验, 检测结果如表 2 及图 2 所示。依据表 2 及图 2 结果, 横门站和黄金站对应 M-K 统计量分别为 2.76 和 2.09, 均超过 90% 置信度对应的 (-1.64, 1.64) 区间范围。这一现象说明两者对应的逐年最高潮位系列上升趋势显著, 原有数据的一致性已遭受破坏, 使用一致性条件下设计频率计算方法进行分析将造成较大误差, 有必要开展相应的非一致性研究。

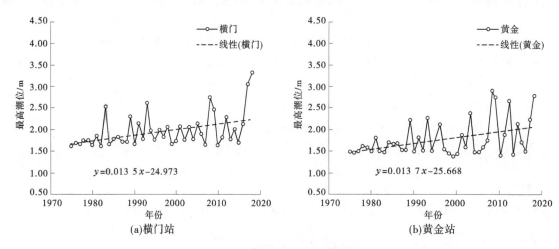

图 1 逐年最高潮位 M-K 检验结果

表2　逐年最高潮位系列趋势性检验结果

潮位站	M-K 统计量	显著性	潮位站	M-K 统计量	显著性
横门	2.76	显著	黄金	2.09	显著

注：本次置信度取 90%，对应 M-K 统计量阈值为 1.64。

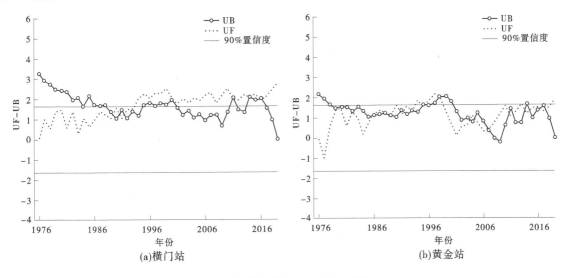

图2　逐年最高潮位 M-K 检验结果

本次采用广义可加模型对横门站和黄金站逐年最高潮位系列进行非一致性水文频率分析，研究过程中选取了五种理论分布函数对数据系列进行拟合，包括耿贝尔分布（GU）、皮尔逊三型分布（P-Ⅲ）、对数正态分布（LN）、威布尔分布（WEI）及伽马分布（GA），同时假定了三类参数相关性情景，即①位置参数与形状参数均与时间 t 无关（数据系列为平稳系列）；②仅位置参数与时间 t 存在线性关系；③位置参数与形状参数均与时间 t 存在线性关系。依据广义可加模型，研究在上述三种情景条件下拟合了五种分布函数的参数，并基于 AIC 准则确定了不同情景下横门站与黄金站逐年最高潮位系列对应的最优分布函数，成果如表3所示。

表3　逐年最高潮位系列理论分布拟合成果

站点	1 类情景			2 类情景			3 类情景		
	分布函数	θ_1	θ_2	AIC 值	分布函数	θ_1	θ_2	AIC 值	分布函数	θ_1	θ_2	AIC 值
横门	LN	—	—	33.3	LN	t	—	25.5	LN	t	t	20.4
黄金	LN	—	—	38.5	LN	t	—	32.3	LN	t	t	17.8

注：θ_1 为位置参数；θ_2 为形状参数。

依据表3结果不难发现，两站逐年最高潮位系列在三类模型情景下最优分布均为对数正态分布，其 AIC 值最小。而三种情景对比结果表明，两站第3类模型情景对应的 AIC 值最小，第1类模型情景对应的 AIC 值最大。这一现象说明了考虑分布参数与时间 t 间相关关系将显著提升理论分布函数与实测点间的拟合程度。

为进一步比较不同情景的优劣，研究统计了横门站与黄金站逐年最高潮位系列的残差分布参数及对应 Filliben 系数，结果如表4所示。其结果表明，三类情景下模型残差均为无偏分布，方差值也无明显差异，说明各模型残差均能较好地服从正态分布。但通过分析偏态系数、峰度系数及 Filliben 系数，可以发现各情景对应残差参数呈现不同程度的差异。对于偏态系数与峰度系数而言，横门站与黄金站均在第2类情景条件下最小，第1类情景条件下最大。而对于 Filliben 系数而言，所有情景对应系数均大于 0.9，但两者在第 2 类情景条件下的系数要大于其他两类情景，说明其模型拟合程度更优。图 3 提供了不同情景下残差 worm 图，不难发现与其他两种情景相比，第 2 类情景条件下残差点均处于 95% 置信区间内，且分布更加密集，该现象与上述统计参数结论相互印证，说明第 2 类情景条件下理论分布函数与实测点据的拟合程度更好。

表 4 各情景残差对应统计特征参数

模型类别	站点	均值	方差	偏态系数	峰度系数	Filliben 系数
1 类情景	横门	0	1.02	1.29	3.98	0.92
	黄金	0	1.02	1.09	2.99	0.92
2 类情景	横门	0	1.02	0.89	3.26	0.96
	黄金	0	1.02	0.51	2.51	0.98
3 类情景	横门	0	1.02	1.25	4.23	0.94
	黄金	0	1.02	0.79	2.66	0.95

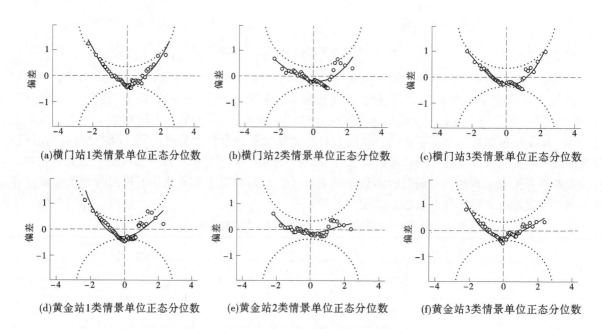

(a)横门站1类情景单位正态分位数　　(b)横门站2类情景单位正态分位数　　(c)横门站3类情景单位正态分位数

(d)黄金站1类情景单位正态分位数　　(e)黄金站2类情景单位正态分位数　　(f)黄金站3类情景单位正态分位数

图 3 各站点逐年最高潮位序列拟合残差 worm 图

在上述分析基础上，本次最终选取第 2 类情景作为推荐方案，计算了横门站与黄金站在该情景条件下不同频率对应的设计潮位，具体成果见图 4。图 4 提供了各站在第 2 类情景条件下 5%、50% 及 95% 频率对应的设计潮位变化曲线。以横门站为例，5% 频率对应设计潮位从 1.31 m 上升至 1.71 m，50% 频率对应设计潮位从 1.70 m 上升至 2.21 m，95% 频率对应设计潮位从 2.29 m 上升至 2.96 m。该现象说明不同频率下设计潮位均随时间 t 呈现上升趋势，且对应累计频率越大（重现期越大），上升趋势更加显著。为进一步验证第 2 类情景下分位数曲线的合理性，统计不同情景下各分位数曲线以下实测点据占总数的比例，具体成果如表 5 所示。其结果表明，与其他两类情景相比，第 2 类情景条件下两站各频率分位数曲线以下点据占总数比例更为接近对应累计频率，即两者差异更小。这一现象说明基于第 2 类情景条件的分位数曲线是合理的，且设计成果也要优于其他两种情景。

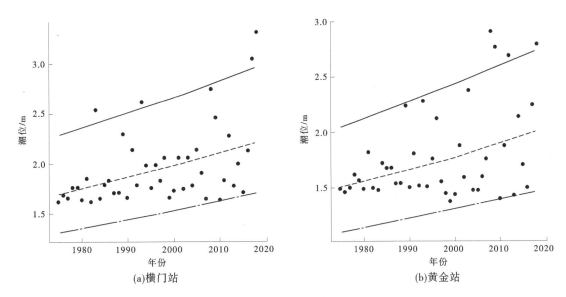

图 4 各潮位站逐年最高潮位分位数曲线 (粗线为95%分位数对应的设计潮位,
虚线为50%对应设计潮位, 点画线为5%分位数对应设计潮位)

表 5 各分位数曲线以下实测点据占总数比例

模型类别	站点	5%	25%	50%	75%	95%
1 类情景	横门	0	29.5%	61.4%	81.8%	88.6%
	黄金	0	36.4%	63.6%	79.5%	90.9%
2 类情景	横门	0	22.7%	56.8%	81.8%	90.9%
	黄金	0	22.7%	56.8%	77.3%	90.9%
3 类情景	横门	0	29.5%	56.8%	81.8%	90.9%
	黄金	0	31.8%	56.8%	79.5%	90.9%

4 结论

(1) 采用 Mann-Kendall 法对横门站及黄金站逐年最高潮位系列进行趋势性检验, 两者对应 M-K 检测变量均超过90%置信区间, 说明横门站及黄金站逐年最高潮位系列均呈现显著上升趋势。

(2) 基于广义可加模型对比不同情景下各理论分布函数拟合结果的 AIC 值、对应残差及 worm 图, 发现横门站与黄金站在第 2 类情景条件下对数正态分布与其实测点据间的拟合程度要显著优于其他方案。

(3) 非一致性水文频率分析结果表明, 横门站及黄金站各累计频率对应设计潮位均随时间 t 呈现上升趋势, 且累计频率越大 (重现期越大), 对应设计潮位值的上升趋势更加显著。

参考文献

[1] 高真, 黄本胜, 邱静, 等. 粤港澳大湾区水安全保障存在的问题及对策研究 [J]. 中国水利, 2020 (11): 6-9.
[2] 林焕新, 黎开志, 易灵, 等. 珠江三角洲主要测站设计潮位变化趋势及复核成果 [J]. 人民珠江, 2013, 34 (S1): 41-44.

［3］黄华平，尹开霞，靳高阳，等．粤港澳大湾区年最高潮位时空变化特征分析研究［C］//中国水利学会．中国水利学会 2021 学术年会论文集：第五分册．郑州：黄河水利出版社，2021：148-153.

［4］李博，杨昊，欧素英，等．珠江磨刀门河口潮波振幅梯度与上下游动力边界的关系异变研究［J］．海洋与湖沼，2022，53（3）：513-527.

［5］许玉联．南沙水文站设计高潮位计算［J］．广东水利水电，2019（7）：41-44.

［6］李彬，何用，方神光．风暴潮作用下的大湾区海堤安全设计潮位探究——以伶仃洋河口湾为例［J］．人民珠江，2021，42（12）：70-75.

［7］江聪，熊立华．基于 GAMLSS 模型的宜昌站年径流序列趋势分析［J］．地理学报，2012，67（11）：1505-1514.

［8］常远勇，侯西勇，毋亭，等．1998~2010 年全球中低纬度降水时空特征分析［J］．水科学进展，2012，23（4）：475-484.

基于多种方法的减水河段生态需水量计算

张仲伟[1]　陈雪峰[2]　冀前锋[2]　吴　松[1]

（1. 长江勘测规划设计研究有限责任公司，湖北武汉　430010；
2. 四川大学水力学与山区河流开发保护国家重点实验室，四川成都　610065）

摘　要：本研究选取了国内外通用的 Tennant 法、Q90 法、水力学湿周法、生态水力学法和生境模拟法等 5 种计算生态需水量的方法，推求了易贡湖综合治理与保护工程减水河段的生态需水量目标值。综合考虑各种方法计算出的生态需水量，可以得出：在枯水期（11 月至翌年 3 月）下泄生态流量为 88 m^3/s，产卵期（4—6 月）下泄生态流量为 110 m^3/s，进入汛期（7—10 月）下泄生态流量为 176 m^3/s 时，可维持河段水生生态系统的稳定。研究结果及思路可为类似工程和水电站减水河段生态需水量的确定提供参考依据。

关键词：生态需水量；水文学法；水力学湿周法；生态水力学法；生境模拟法

1　引言

近年来，为满足人口的增长和经济社会的发展，世界各地的水利工程也越来越多。水利工程的建设给经济社会带来了诸多好处，如防洪、发电、航运、灌溉等。但是与此同时，水利工程的建设也对生态环境造成了不小的影响[1]，如：水电工程引流出部分水量进行发电时，下游一段区域内的流量就会减少，甚至出现断流的情况，势必会给生态环境造成不利影响，流量减少的这部分河段即为河流的减脱水段[2-3]，生态流量下泄不足是造成减脱水段生态恶化的主要原因[3]。河流生态流量是指为保证河流生态服务功能，用以维持或恢复河流生态系统基本结构与功能所需的流量[4-5]。保障生态流量是建设幸福河湖的重要内容，是推进生态文明建设的重要举措[6]。研究和确定河流生态流量，遏止由河道断流和流量减少造成的生态环境恶化，对于实现流域生态系统的可持续发展具有重要意义。

生态流量核算是当前生态水文研究的热点之一[2]，目前国内外计算生态流量的方法主要有水文学法、水力学法、生态水力学法和生境模拟法四类[2-11]。不同的生态需水量计算方法在各自的适用条件及适用范围内各有其优缺点[12]。但是，目前绝大多数研究仅考虑单一生态流量的计算方法，缺乏多种方法的综合研究。

基于此，本文以易贡湖综合治理与保护工程为研究对象，采用多种常用的生态需水量分析方法对比，综合分析得出研究河段的生态需水量。研究结果可为类似工程设计、建设和运行提供技术支撑，保证生态环境保护措施设计符合规范要求，及时建设落实并发挥作用。

2　材料与方法

2.1　研究区概况

易贡湖位于易贡藏布下游河段易贡乡附近，是 1902 年藏历 7 月间，易贡藏布左岸扎木弄沟发生

作者简介：张仲伟（1979—），男，高级工程师，主要从事环境工程研究工作。

大型泥石流堵塞易贡藏布形成的堰塞湖，2000 年 4 月，易贡湖左岸的扎木弄沟再次发生特大型泥石流堵塞易贡湖口[13]。为应对可能发生的泥石流，给抢险救灾提供手段和争取时间，同时修复和改善湖区生态环境，巩固脱贫攻坚成果，需建设易贡湖综合治理与保护工程，旨在防灾减灾、保护，结合发电，并为旅游发展创造条件。工程在易贡湖湖口布置闸坝工程，采用一线式布置，自左至右依次布置左岸混凝土坝、泄水闸、生态闸、连接坝段、右岸土石坝和鱼道段，闸顶高程 2 216.00 m。在易贡湖下游右岸山体内布置 2 条泄洪洞，泄洪洞进口位于闸坝上游右岸 1.6 km 处，出口位于闸坝下游右岸 10.5 km 处；泄洪洞长约 14 km，采用圆形有压洞形式，洞径 10 m。

研究河段为易贡湖综合治理与保护工程闸坝—厂址之间的减水河段，全长约 21 km。研究区域见图 1。

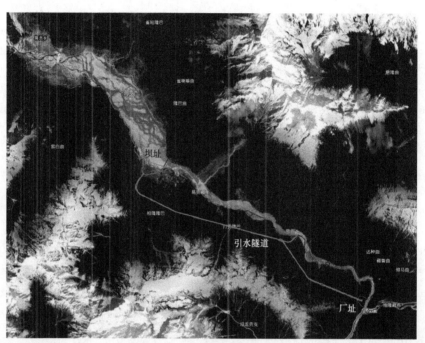

图 1　研究区域图

2.2　生态需水量计算方法

2.2.1　水文学法

（1）Tennant 法。

Tennant 法也叫蒙大拿（Montana）法，是在对美国东部、西部和中西部 11 条河流的生境和用途参数进行广泛现场调查的基础上于 1976 年提出的[14]。Tennant 法将全年分为两个计算时段，根据多年平均流量百分比和河道内生态与环境状况的对应关系，直接计算维持河道一定功能的生态与环境需水量。因为 Tennant 法采用多年平均流量的一定百分比，和河流的保护目标对应起来，不需要野外调查测量，应用方便。Tennant 法易将计算结果和水资源规划相结合，具有宏观的指导意义。

（2）Q90 法。

Q90 法[15] 将 90% 频率的最枯月平均流量作为生态流量。

2.2.2　水力学湿周法

湿周法采用湿周作为栖息地的质量指标，该法认为湿周长与可以获得的栖息地之间存在对应关系。认为保护好临界区域的水生生物栖息地的湿周，也将对非临界区域的栖息地提供足够的保护。临界栖息地区域指的是水流变化对栖息地影响相对比较显著的区域，通常是以浅滩为主的断面。

湿周法通过绘制临界栖息地湿周与流量的关系曲线，将湿周-流量关系曲线中的增长变化发生转折处所对应的流量作为推荐流量[16]。湿周法要求河床形状稳定，即有稳定的湿周-流量关系曲线的河流，根据曼宁公式和谢才公式，湿周-流量关系方程如下：

$$Q = \frac{1}{n} A^{\frac{5}{3}} \chi^{-\frac{2}{3}} J^{-\frac{1}{2}} \tag{1}$$

式中：Q 为流量，$\mathrm{m^3/s}$；n 为糙率；χ 为湿周，m；J 为水力坡度；A 为过水断面面积，$\mathrm{m^2}$。

2.2.3 生态水力学法

生态水力学法[17] 是对水生生物生存和运动的空间进行流场模拟，研究变化后的水力学条件是否满足鱼类对极限水力生境条件的需求，从而确定满足河道内水生生物生存等活动需要的生态需水流量。计算中考虑了水力生境参数的全河段变化情况，模拟的主要指标有水深、流速、湿周、水面宽、过水断面面积等，并将这些水力学要素按保护对象的需求进行分级和统计，来估计河道减脱水对主要保护对象生境的影响范围和程度。

计算模型主要是一维明渠恒定非均匀渐变流方程，其方程如下：

$$-\frac{\mathrm{d}z}{\mathrm{d}s} = (\alpha + \zeta)\frac{\mathrm{d}}{\mathrm{d}s}\left(\frac{Q^2}{2gA^2}\right) + \frac{Q^2}{K^2} \tag{2}$$

式中：z 为水位，m；Q 为流量，$\mathrm{m^3/s}$；A 为过水断面面积，$\mathrm{m^2}$；K 为断面平均流量模数，$\mathrm{m^3/(s \cdot km^2)}$，$K = \frac{1}{n} A R^{\frac{2}{3}}$；$n$ 为糙率；R 为水力半径，m；α 为动能修正系数，一般取 1；ζ 为局部水头损失系数。

河道水面曲线的计算采用逐段试算法。考虑河段的局部水头损失，每一河段能量方程符合：

$$z_{\text{上}} + \alpha_{\text{上}}\frac{v_{\text{上}}^2}{2g} = z_{\text{下}} + \alpha_{\text{下}}\frac{v_{\text{下}}^2}{2g} + \frac{1}{2}(j_{\text{上}} - j_{\text{下}})l + h_{\text{局}} \tag{3}$$

上、下断面水位差计算公式为

$$\Delta z = z_{\text{上}} - z_{\text{下}} = Q^2 \left[\frac{\alpha}{2g}(1 + \overline{\zeta_{\text{局}}}) \times \left(\frac{1}{A_{\text{下}}^2} - \frac{1}{A_{\text{上}}^2} \right) + \frac{l}{\overline{K}^2} \right] \tag{4}$$

式中：下标"上"和"下"分别代表河段的上断面和下断面；l 为计算河段上、下游断面间的距离；z、A、v 分别为水位、过水断面面积、断面平均流速；α、j、$\overline{\zeta_{\text{局}}}$、$\overline{K}$ 分别为动能修正系数、摩阻坡度、局部水头损失系数及河段上、下游断面的平均流量模数。

$\overline{K}$ 计算公式如下：

$$\frac{1}{\overline{K}^2} = \frac{1}{2}\left(\frac{1}{K_{\text{上}}^2} + \frac{1}{K_{\text{下}}^2} \right) \tag{5}$$

2.2.4 生境模拟法

生境模拟法是对水力学方法的进一步发展，它是利用水力模型预测水深、流速等水力参数，然后与生境适宜性标准相比较，计算适于指定水生物种的生境面积，然后据此确定河流流量，为保护的水生生物物种提供一个适宜的物理生境[18]。

3 结果与讨论

3.1 水文学法

3.1.1 Tennant 法

工程所在易贡藏布属于流量较大的河流，研究河段多年平均流量为 440 $\mathrm{m^3/s}$，根据易贡藏布的降雨和径流特点，12 月至翌年 4 月为枯水期，5—11 月为汛期，因此根据 Tennant 法的原则，本河段适用标准如表 1 所示。

表 1　保护鱼类、野生动物、娱乐和有关环境资源的河流流量状况

流量状况描述	推荐的基流（12 月至翌年 4 月）（%平均流量）	推荐的基流（5—11 月）（%平均流量）
很好	40	60
好	30	50
良好	20	40
一般	10	20

由此计算得出：在多年平均流量条件下，为了满足坝址附近断面生态基流量达到良好要求，12 月至翌年 4 月需下泄流量 88 m^3/s，5—11 月需下泄流量 176 m^3/s。

3.1.2　Q90 法

易贡坝址多年月均流量如表 2 所示，取 90%保证率下对应的月均流量，即 Q90 为 77.9 m^3/s。

表 2　易贡坝址多年最枯月均流量

时段	流量/（m^3/s）	频率	时段	流量/（m^3/s）	频率	时段	流量/（m^3/s）	频率
2016—2017	120	2.3%	1984—1985	105	34.9%	1983—1984	100	67.4%
1985—1986	112	4.7%	1995—1996	105	37.2%	2010—2011	98.8	69.8%
1987—1988	112	7.0%	1997—1998	104	39.5%	2009—2010	98.2	72.1%
1991—1992	112	9.3%	2001—2002	104	41.9%	1992—1993	97.6	74.4%
1979—1980	111	11.6%	2013—2014	104	44.2%	1982—1983	92.7	76.7%
1990—1991	110	14.0%	1967—1968	103	46.5%	2011—2012	84.5	79.1%
1996—1997	110	16.3%	1988—1989	103	48.8%	2015—2016	83.9	81.4%
1998—1999	110	18.6%	1999—2000	103	51.2%	2008—2009	82.6	83.7%
1993—1994	109	20.9%	2002—2003	103	53.5%	2004—2005	80.5	86.0%
2000—2001	108	23.3%	1981—1982	102	55.8%	2003—2004	80.1	88.4%
1968—1969	107	25.6%	1989—1990	102	58.1%	2017—2018	77.9	90.7%
1980—1981	107	27.9%	1978—1979	101	60.5%	2007—2008	75.9	93.0%
1986—1987	106	30.2%	2012—2013	101	62.8%	2005—2006	71.7	95.3%
1994—1995	106	32.6%	2014—2015	101	65.1%	2006—2007	66	97.7%

3.2　水力学湿周法

在易贡湖综合治理与保护工程坝址至厂房断面约 21 km 的河段，根据坝下鱼类栖息地地形测量成果，选取其中 12 个浅滩断面进行计算，各断面距坝址距离如表 3 所示。

表 3　各计算断面距坝址距离

断面编号	距坝址距离/km
12	1.91
11	2.71
10	6.21
9	7.97
8	12.09
7	13.13

续表3

断面编号	距坝址距离/km
6	13.65
5	14.19
4	14.57
3	15.22
2	16.49
1	19.89

采用湿周法分析时，湿周、流量一般采用相对于多年平均流量下的相对值表示，即

$$相对流量\ x = 100 \times 流量 / 多年平均流量（\%）\tag{6}$$

$$相对湿周长\ y = 100 \times 湿周长 / 多年平均流量下湿周长（\%）\tag{7}$$

湿周法以浅滩断面湿周-流量曲线上的拐点对应的流量作为生态需水量建议值，选择斜率为1的点作为拐点[16]。采用斜率法判定时，需先对湿周-流量曲线采用幂函数曲线方程拟合。

各浅滩断面的湿周-流量曲线如图2所示，图2中湿周率、相对流量以多年平均流量下的湿周长、流量为100%计算所得。

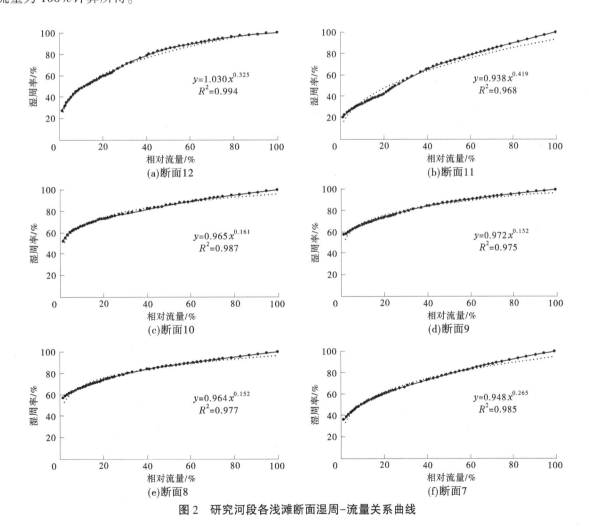

图2　研究河段各浅滩断面湿周-流量关系曲线

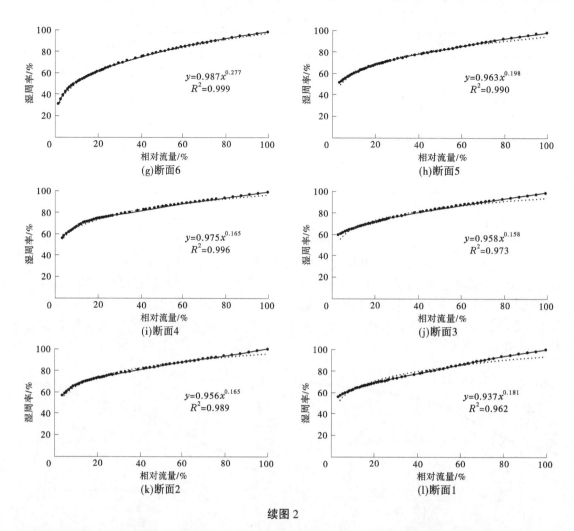

续图 2

根据各断面的湿周-流量曲线特征，拟定出各断面的拐点，湿周法计算结果见表 4。

表 4　各断面湿周法估算结果

断面	拐点对应流量		相应流量下断面水力参数				
	占多年平均流量的比例/%	流量/（m³/s）	水面宽/m	平均水深/m	最大水深/m	流速/（m/s）	湿周率/%
12	19.8	87.1	145.2	1.3	2.0	0.5	59.1
11	20.0	88.0	18.0	1.5	2.4	3.4	42.7
10	10.9	48.0	36.0	0.9	1.0	1.7	67.4
9	10.5	46.2	35.0	0.9	1.4	1.6	68.3
8	10.4	45.8	39.9	0.7	0.8	1.7	67.9
7	15.3	67.3	26.8	1.5	2.0	1.8	57.1
6	16.6	73.0	44.9	1.4	2.0	1.3	60.2
5	12.7	55.9	36.3	1.2	1.9	1.3	63.8
4	11.2	49.3	47.7	0.9	1.1	1.6	70.9
3	10.6	46.6	30.5	1.0	1.1	1.9	68.5
2	11.0	48.4	30.5	1.0	1.2	1.9	68.7
1	11.5	50.6	33.4	1.1	2.1	1.8	64.7

注：本表中的湿周率指的是相应流量下的湿周长与多年平均流量（$Q=440$ m³/s）下湿周长的比值。

从表 4 中可以看出，各断面拐点对应的流量在 46.2~88.0 m³/s，湿周法的结果受断面形状影响大。湿周法主要是在河道外用水和河流栖息地之间进行权衡，以期尽可能多地保护栖息地。综合以上对比，把 88.0 m³/s 作为湿周法推荐的生态需水流量值。

3.3 生态水力学法

采用一维明渠恒定非均匀渐变流方程计算研究河段不同流量时过水断面的面积、水深、水面宽、湿周、平均水深等水力学参数值。

下泄流量分别取多年平均流量（440 m³/s）的 10%、15%、19%、20%、21%、22%、26%、28%、30%、35%，即 44 m³/s、66 m³/s、83.6 m³/s、88 m³/s、92.4 m³/s、96.8 m³/s、114.4 m³/s、123.2 m³/s、132 m³/s、154 m³/s。

计算得出不同流量时，研究河段中水力学参数满足最低标准的河段累计长度占研究河段长度的百分比，计算结果见表 5。

表 5 坝址下泄不同流量时研究河段水力指标达标百分比统计

指标	最低标准	不同流量达标百分比/%									
		44 m³/s	66 m³/s	83.6 m³/s	88 m³/s	92.4 m³/s	96.8 m³/s	114.4 m³/s	123.2 m³/s	132 m³/s	154 m³/s
平均水深	≥1.0 m	62.9	90.7	95.2	96.0	96.9	97.8	98.7	99.1	99.1	99.1
平均速度	≥0.3 m/s	100.0	100.0	100.0	100.0	100.0	100.0	100.0	100.0	100.0	100.0
水面宽度	≥30 m	70.1	89.5	95.2	97.4	98.2	98.2	99.1	99.1	99.1	99.6
湿周率	≥50%	95.61	97.84	97.84	97.84	98.27	98.27	98.27	98.27	98.27	98.70
过水面积	≥30 m²	79.9	95.9	99.1	99.1	99.5	99.5	100.0	100.0	100.0	100.0

注：要求水力参数达到最低标准的河段累计长度占总研究河段长度的百分比大于 95%。

坝址下泄不同流量时研究河段水力参数达标百分比统计见表 6。

表 6 坝址下泄不同流量时研究河段水力参数达标百分比统计

序号	参数	最低标准	达标要求	达标流量/（m³/s）
1	平均水深/m	≥1		83.6
2	平均速度/（m/s）	≥0.3		44.0
3	水面宽度/m	≥30	达到最低标准的河段累计长度占总研究河段长度的百分比大于 95%	83.6
4	湿周率/%	≥50		44.0
5	过水断面面积/m²	≥30		66.0
6	水域水面面积/%	>70		44.0

综上所述，用生态水力学法计算时，考虑各指标均达标时能够维持河流生态功能的稳定，同时也能为保护鱼类提供基本的生存需要，因此坝址处需要下泄的生态基流量拟定为 83.6 m³/s。

3.4 生境模拟法

本研究基于 MIKE21 水动力学模型计算河道水力学参数，根据易贡藏布研究河段水生生态调查结果，选择雅鲁藏布江特有鱼类弧唇裂腹鱼及拉萨裸裂尻鱼为指示物种，弧唇裂腹鱼及拉萨裸裂尻鱼的产卵期一般从 4 月开始，并于 5—6 月达到繁殖盛期。两种鱼类适宜生境条件较相似。

通过类似研究分析确定弧唇裂腹鱼及拉萨裸裂尻鱼类的适宜水深为 0~3.0 m，其中最适水深为 0.75~1.5 m，适宜流速为 0~3.5 m/s，其中最适流速为 1.75~2.5 m/s。对坝址处多年平均流量的 5%~100% 流量条件下减水河段水深、流速适宜性及加权可利用面积（WUA）进行模拟。模拟结果见表 7。

表 7　减水河段不同流量下 WUA 统计

工况	坝址流量/（m³/s）	WUA/m²	工况	坝址流量/（m³/s）	WUA/m²
5%	22	303 595.9	55%	242	874 788.2
10%	44	477 675.1	60%	264	869 390.5
15%	66	608 156.1	65%	286	860 873.6
20%	88	701 651.1	70%	308	851 264.8
25%	110	769 158.6	75%	330	840 622.4
30%	132	815 819.7	80%	352	829 327.6
35%	154	845 005.8	85%	374	819 505.8
40%	176	864 204.4	90%	396	809 677.5
45%	198	875 810.0	95%	418	799 719.2
50%	220	878 122.6	100%	440	790 031.9

根据表 7 建立流量与 WUA 关系曲线见图 3。

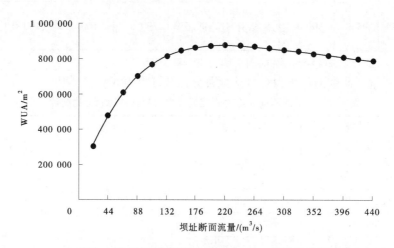

图 3　减水河段流量与目标鱼类 WUA 的关系曲线

从图 3 中可以看出，受模拟河段地形影响，WUA 与流量关系曲线上存在一个最大值点，一般而言，4 月易贡藏布开始"开江"，随着气温回升，来水量增加，鱼类开始从下游、干流深水水域向上游、支流上溯索饵肥育，即所谓的"上滩"。根据 WUA 计算结果，当流量在 110 m³/s 时，WUA 值与多年平均流量（440 m³/s）下的 WUA 值接近，已可满足鱼类栖息需求。从保守工况考虑，加以考虑未来不可控因素对河道水量的影响及食物网的健康要求，易贡藏布减水河段维持鱼类产卵繁殖所需的生态流量初步推荐为 110 m³/s，占坝址处多年平均流量的 25%。

3.5 生态需水量综合分析

综合 Tennant 法、Q90 法、湿周法、生态水力学法和生境模拟法，并单独考虑鱼类的生态水文特征，坝址下游减水河段生态需水量计算结果见表8。

表8 最小生态需水量分析结果

生态基流量计算值/（m³/s）					生态基流量推荐值	
Tennant 法	Q90 法	湿周法	生态水力学法	生境模拟法 4—6 月	生态基流量值/（m³/s）	占多年平均流量百分比/%
88/176	77.9	88	83.6	110	88	20

综合考虑各种方法计算得出的生态需水量，在枯水期（11月至翌年3月）下泄生态流量 88 m³/s，产卵期（4—6月）下泄流量 110 m³/s，进入汛期（7—10月）后下泄流量 176 m³/s。

4 结论

本研究分别采用了 Tennant 法、Q90 法、水力学湿周法、生态水力学法和生境模拟法来计算易贡湖综合治理与保护工程闸坝—厂址之间的减水河段的生态需水量。结果表明：

（1）由 Tennant 法计算出 12 月至翌年 4 月需下泄生态流量 88 m³/s，5—11 月需下泄生态流量 176 m³/s；Q90 法计算出需下泄生态流量 77.9 m³/s；水力学湿周法计算出需下泄生态流量 88.0 m³/s；生态水力学法计算出需下泄生态流量 83.6 m³/s；生境模拟法计算出产卵期（4—6月）需下泄生态流量 110 m³/s。

（2）综合 Tennant 法、Q90 法、湿周法、生态水力学法和生境模拟法计算得出的生态需水量：枯水期（11月至翌年3月）下泄生态流量 88 m³/s，产卵期（4—6月）下泄生态流量 110 m³/s，汛期（7—10月）下泄生态流量 176 m³/s。

参考文献

[1] 陈楠. 浅谈水电工程对生态环境的影响及对策措施 [J]. 资源节约与环保，2022（6）：38-40.

[2] 吴昌贤，薄岩，黄微尘，等. 黄河干流生态流量赤字及其成因 [J]. 南水北调与水利科技（中英文），2020，18（4）：8-16.

[3] 李阳，林锦. 小水电站减脱水段最小生态流量计算——以盘溪梯级水电站为例 [J]. 南水北调与水利科技（中英文），2022，20（3）：536-543.

[4] 梁士奎. 淮河水系生态流量计算方法分析 [C] //水与区域可持续发展——第九届中国水论坛论文集. 2011：151-154.

[5] 张巍，陆宝宏. 蒙江流域生态流量的定量计算研究 [C] //中国水文科技新发展——2012 中国水文学术讨论会论文集. 2012：970-975.

[6] 崔秀平，石维. 滦河生态流量计算及保障措施分析 [C] //2021 第九届中国水生态大会论文集. 2021：82-88.

[7] 马俊超，王琨，张仲伟. 水电站减水河段河道生态流量计算 [J]. 水利水电快报，2022，43（7）：15-19.

[8] 于菲，吕军，刘洪超，等. 穆棱河干流生态流量研究 [C] //2021 第九届中国水生态大会论文集. 2021：749-756.

[9] 李佳惠，张丹蓉，管仪庆，等. 基于多种水文学法的闽江下游生态流量计算 [J]. 水电能源科学，2022，40（6）：10-13.

[10] 肖卫，周刚炎. 三种生态流量计算方法适应性分析及选择 [J]. 水利水电快报，2020，41（12）：59-62.

[11] 陈楷，王立权，刘岩，等. 基于多种水文学法的密江河生态流量研究 [J]. 水利科学与寒区工程，2022，5（6）：79-84.

［12］刘昌明，门宝辉，宋进喜．河道内生态需水量估算的生态水力半径法［J］．自然科学进展，2007（1）：42-48.

［13］朱成明，万艳雷．易贡湖生态环境状况分析及治理措施初步研究［J］．人民长江，2016，47（13）：32-34，37.

［14］徐志侠，董增川，周健康，等．生态需水计算的蒙大拿法及其应用［J］．水利水电技术，2003（11）：15-17.

［15］中华人民共和国水利部．河湖生态环境需水计算规范：SL/T 712—2012［S］．北京：中国水利水电出版社，2021.

［16］贾子烨．渭水河流域梯级水电站生态流量研究［D］．杨凌：西北农林科技大学，2021.

［17］李嘉，王玉蓉，李克锋，等．计算河段最小生态需水的生态水力学法［J］．水利学报，2006（10）：1169-1174.

［18］刘国民，姜翠玲，王维琳，等．基于栖息地模型的新安江坝下生态流量研究［J］．水资源与水工程学报，2016，27（4）：61-65.

水利工程地震安全性评价危险性分析方法

孙凯旋　　王玮屏　　王家善　　王路静　　冷元宝

（黄河水利委员会黄河水利科学研究院，河南郑州　450003）

摘　要：水利工程是保证农业生产、国民引水、国家经济发展的重要条件，面对未来可能出现的地震活动，水利工程是否可以在地震中保证安全，是水利工程安全的重要环节。本文主要研究地震安全性评价中探索地震危险性计算的要点，提高地震安全性评价能力，为保证水利工程的安全运行奠定基础。

关键词：水利工程；地震安全性评价；危险性计算；ese 软件

1　引言

据中国地震台网正式测定，2022 年 9 月 5 日 12 时 52 分在四川甘孜州泸定县（北纬 29.59°，东经 102.8°）发生 6.8 级地震，震源深度 16 km。这场地震也引起了我们的反思，新中国成立以来，全国各族人民开展了大规模的水利建设，促进了农业生产的迅速恢复，也保障了国民经济初步发展。由于时代原因和技术缺陷，很多水利工程在长时间的运行中存在大大小小的缺陷，一旦遇到强烈的地壳运动，可能会出现漏水、位移、甚至溃坝等，加之原本设计时的抗震等级不够高，人民对水利工程的地震安全性的重要性认知不够，很多水利工程面临着严峻的考验。

2　地震安全性评价

2.1　地震安全性评价管理条例

2019 年中华人民共和国国务院令修正的《地震安全性评价管理条例》第八条规定："下列建设工程必须进行地震安全性评价：（一）国家重大建设工程；（二）受地震破坏后可能引发水灾、火灾、爆炸、剧毒或者强腐蚀性物质大量泄漏或者其他严重次生灾害的建设工程，包括水库大坝、堤防和储油……"。

地震局 2017 年印发的《地震安全性评价管理办法（暂行）》也明确规定：建设单位应当在建设工程设计之前完成地震安全性评价，并按照地震安全性评价结果进行抗震设防。

2.2　地震动基本概念

地震动是地震震源辐射出的地震波引起的地表附近土层的振动，是引起工程结构破坏并进而造成人员伤亡和财产损失的直接原因，如图 1 所示。

地震动是地球介质中某一点的振动，具有 6 个自由度，分别是平动分量、竖向分量和转动分量，现阶段主要研究地震动的平动分量，如图 2 所示。

地震时，某一空间点运动的位移 u、速度 v 和加速度 a 均是时间的函数，且有

$$v(t) = \dot{u}(t) = \frac{\mathrm{d}u(t)}{\mathrm{d}t} \tag{1}$$

作者简介：孙凯旋（1994—），男，助理工程师，主要从事水利和建筑工程质量检测与安全评价的研究工作。

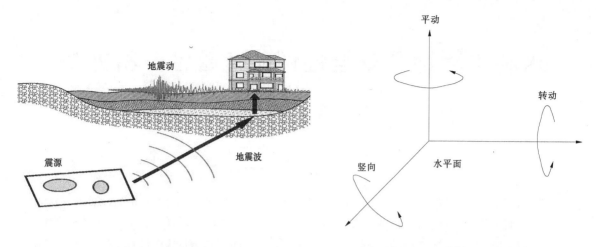

图 1　地震动示意图　　　　　　图 2　地震动的 6 个自由度

$$a(t) = \dot{v}(t) = \ddot{u}(t) = \frac{\mathrm{d}v(t)}{\mathrm{d}t} = \frac{\mathrm{d}^2 v(t)}{\mathrm{d}t^2} \tag{2}$$

地震动强度、持续时间、波形曲线的形态是千差万别的，通过 Fourier 变换，可以得到地震动的 Fourier 谱，包括幅值谱和相位谱将复杂的地震动时间过程分解为一些简单的简谐波（正弦或余弦）。

3　地震危险性分析方法

3.1　地震危险性分析方法概述

根据《工程场地地震安全性评价》（GB 17741—2005）规定的地震危险性概率分析方法，其主要特点在于考虑了地震活动的时空不均匀性。其基本思路和计算方法概述如下：

（1）首先确定地震统计单元（地震带），以此作为考虑地震活动时间非均匀性、确定未来百年地震活动水平和地震危险性空间相对分布概率的基本单元。地震带内部地震活动在空间上和时间上都是不均匀的。

地震带内地震时间过程符合分段的泊松过程。令地震带的震级上限为 m_{uz}，震级下限为 m_0，t 年内 $m_0 - m_{uz}$ 之间地震年平均发生率 ν_0，ν_0 由未来的地震活动趋势来确定，则统计区 t 年内发生 n 次地震的概率为

$$P(n) = \frac{(\nu_0 t)^n}{n!}\mathrm{e}^{-\nu_0 t} \tag{3}$$

同时地震带内地震活动性遵从修正的震级频度关系，相应的震级概率密度函数为

$$f(m) = \frac{\beta \exp[-\beta(m - m_0)]}{1 - \exp[-\beta(m_{uz} - m_0)]} \tag{4}$$

式中：$\beta = b\ln 10$，b 为震级频度关系的斜率。

实际工作中，震级 m 分成 N_m 挡，m_j 表示震级范围为 $\left(m_j \pm \frac{1}{2}\Delta m\right)$ 的震级挡，则地震带内发生 m_j 挡地震的概率为

$$P(m_j) = \frac{2}{\beta} \times f(m_j) \times \mathrm{Sh}\left(\frac{1}{2}\beta\Delta m\right) \tag{5}$$

（2）在地震带内部划分潜在震源区，并以潜在震源区的空间分布函数 f_{i,m_j} 来反映各震级挡地震在各潜在震源区上分布的空间不均匀性，而潜在震源区内部地震活动性是一致的。假定地震带内共划分出 N_s 个潜在震源区 $\{S_1, S_2, \cdots, S_{N_s}\}$。

（3）根据分段泊松分布模型和全概率公式，地震带内部发生的地震影响到场点地震动参数值 A 超越给定值 a 的年超越概率为

$$P_k(A \geq a) = 1 - \exp\left\{-\frac{2\nu_0}{\beta} \cdot \sum_{j=1}^{N_m} \sum_{i=1}^{N_s} \iiint P(A \geq a \mid E) \times f(\theta) \times \frac{f_{i,mj}}{A(S_i)} \times f(m_j) \times \mathrm{Sh}\left(\frac{1}{2}\beta\Delta m\right) \mathrm{d}x\mathrm{d}y\mathrm{d}\theta\right\}$$

$$(6)$$

式中：$A(S_i)$ 为地震带内第 i 个潜在震源区的面积，$P(A \geq a \mid E)$ 为地震带内第 i 个潜在震源区内发生某一特定地震事件 [震中 (x, y)，震级 $m_j \pm \frac{1}{2}\Delta m$，破裂方向确定] 时场点地震动超越 a 的概率；$f(\theta)$ 为破裂方向的概率密度函数。

（4）假定共有 N_z 个地震带对场点有影响，则综合所有地震带的影响得：

$$P(A \geq a) = 1 - \prod_{k=1}^{N_z} (1 - P_k(A \geq a))$$

$$(7)$$

3.2 地震动衰减关系

地震动衰减关系的确定是地震危险性分析中的重要环节。针对工程的实际情况，所使用的长周期反应谱衰减关系为俞言祥（2002）[1] 得到的我国东部地区加速度反应谱衰减关系。使用具有可靠长周期信息的数字宽频带记录作为数据而统计得出参考地区的地震动衰减关系的长周期部分（俞言祥，2002），而周期小于 1.7 s 的短周期部分，则采用了传统的模拟式强震记录统计得到的衰减关系。烈度衰减关系为中国东部地区的地震烈度衰减关系（汪素云等，2000）[2]。采用胡聿贤等（1986）[3] 提出的转换方法得到了中国东部地区的反应谱衰减关系。

基岩地震动水平向峰值加速度和反应谱衰减关系的形式为

$$\lg A = C_1 + C_2 M + C_3 M^2 + C_4 \lg(R + C_5 \mathrm{e}^{C_6 M})$$

$$(8)$$

式中：A 为峰值加速度或反应谱值；M 为震级；R 为震中距。

3.3 概率地震危险性分析

地震带为基本统计单位：①地震带内地震震级服从指数分布，仅用震级-频度关系系数 b 值一个参数就可以确定地震带（地震统计区）的震级分布；②地震带在所考虑的未来时间段内，地震活动满足泊松分布，所以仅用能够反映该时段地震活动水平的地震年平均发生率 ν 一个参数就可以确定地震活动的时间和频度特征。

考虑地震带未来地震活动水平趋势预测的地震活动性参数反映地震活动的时间不均匀性；以地震带及潜在震源区划分及其地震活动性的差异来反映地震活动的空间不均匀性。

地震动预测模型采用椭圆模型，长短轴衰减。

$$P(Y \geq y_q)$$
$$= 1 - \exp\left[\sum_{k=1}^{N_b} \sum_{i=1}^{N_{z,k}} -v_k T \iint_{m_{ki}\theta_{ki}(x,y)ki} \iint P(Y > y_q \mid m, \theta, x, y) \frac{1}{S_{ki}} f_{\theta,ki}(\theta) f_{s,ki}(m) f_{m,k}(m) \mathrm{d}m\mathrm{d}\theta\mathrm{d}x\mathrm{d}y\right]$$

$$(9)$$

式中：$P(Y > y_p \mid m, \theta, x, y)$ 为地震动概率模型，表示 (x, y) 点发生一次震级为 m 的地震，且地震主破裂方向为 θ，工程场点地震动参数大于 y_q 的概率，由衰减关系确定；$\frac{1}{S_{ki}} f_{\theta,ki}(\theta) f_{s,ki}(m) f_{m,k}(m)$ 为地震震源的概率模型，表示第 k 个地震带，发生一次震级为 m 的地震，该地震发生在第 i 个潜在震源区中 (x, y) 点，且地震主破裂方向为 θ 的概率。

如图 3 所示，给定震级、地震动幅值，利用长短轴的地震动预测方程，计算椭圆长短轴半径，以工程场点为圆心，绘制椭圆，确定椭圆与潜源相交面积除以潜源面积即可得到 P_m。

利用地震安全性评价专用软件 ese，绘制地震危险性分析超越概率图，如图 4 所示，并根据工程

需要计算 50 年超越概率 63%、10% 和 2% 和 100 年超越概率 63%、10% 和 2% 这 6 种危险水平的基岩水平加速度峰值。

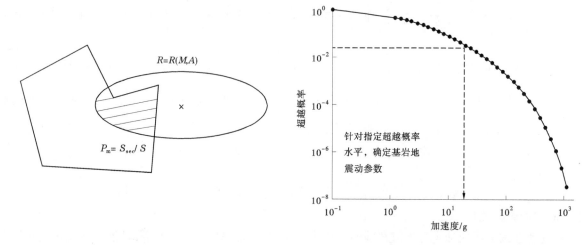

图 3　核心算法　　　　　　　图 4　地震危险性分析超越概率图

4　结语

基岩地震加速度峰值衰减关系通过地震危险性分析计算，可以得到工程场地基岩水平加速度危险性分析结果和 6 种危险水平的基岩水平加速度峰值，有针对性地对场地所在附近的潜在震源进行分析，对提高水利工程的抗震安全起到促进作用。

参考文献

［1］俞言祥 . 长周期地震动衰减关系研究［D］. 北京：中国地震局地球物理研究所，2002.

［2］汪素云，俞言祥，高阿甲，等 . 中国分区地震动衰减关系的确定［J］. 中国地震，2000，16（2）：99-106.

［3］胡聿贤，汪素云，刘汉兴，等 . 参考唐山地震确定的华北地区地震动衰减关系［J］. 土木工程学报，1986（3）：1-10.

近 60 年无定河流域降雨及人类活动对水沙变化的影响

陈 吟[1,2] 赵 莹[1,2] 杜鹏飞[1,2] 屈丽琴[1,2] 王延贵[1,2]

(1. 中国水利水电科学研究院，北京 100038；2. 国际泥沙研究培训中心，北京 100044)

摘 要： 为探究在气候变化和人类活动共同影响下的水沙变化问题，基于无定河流域 1956—2020 年的水文气象数据及水土保持措施数据，分析了流域径流和泥沙的变化，并定量分析了气候变化及人类活动对流域径流泥沙影响的贡献率。结果表明：1960—2020 年无定河流域白家川水文站的径流量和输沙量的 M-K 检验值分别为 -6.79 和 -6.39，说明径流量和输沙量都有明显的下降趋势。1970—2000 年人类活动对于径流量和输沙量减少的贡献分别是 77.4% 和 69.7%。然而，2001 年以后由于退耕还林等政策的实施，人类活动的影响加剧，对于水沙量减少的贡献达到了 114.6% 和 117.7%。无定河流域内的淤地坝建设、水库修建、退耕还林、引水灌溉等人类活动均是造成水沙量减少的重要因素。

关键词： 无定河流域；径流量；输沙量；水土保持；淤地坝

1 引言

流域内的产流和侵蚀产沙是气候条件与下垫面综合作用的产物。气候变量中的降水是径流产生的主要驱动力，而蒸发是降水的主要损耗项；人类活动如水保措施建设等改变了流域下垫面，影响流域的产汇流和侵蚀产沙机制。随着气候变化和人类活动的不断加剧，世界上很多河流的径流量和输沙量发生了变化，并引起一系列问题。因此，如何区分气候变化和人类活动对流域径流或侵蚀产沙变化"贡献率"的大小一直是人们关心的热点问题[1-2]。为了明确气候变化和水沙变化趋势的关系，国内外学者采用序列检验、回归模型等方法在黄河、延河、马纳瓦图河、湄公河等河流开展了大量的研究[3-6]。

无定河流经中国的黄土高原地区，是黄河中游多沙粗沙区的代表性支流，也是气候变化响应的敏感区域。无定河流域存在严重的水土流失问题，为了保持水土和改善生态环境，自 20 世纪 50 年代开始，实施了大规模的水土保持等生态建设工程。特别是 20 世纪 70 年代实施的淤地坝建设与 1999 年实行的退耕还林政策，对流域水沙变化产生了重要影响。随着治理规模的逐步扩大，使地表形态发生了改变，产流和产沙过程也受到极大的影响，引起了社会的广泛关注。1955—2012 年水文气象序列的分析结果表明无定河流域降水量和蒸发量总体均呈现减少趋势但不显著[7]。20 世纪 60 年代相比，该流域 2010—2020 年年均径流量和侵蚀产沙量分别减少了 41.5% 和 90%。

目前，关于无定河流域径流量和输沙量变化的程度以及各因素的影响程度，依然存在着不同的看法。本文采用 Mann-Kendall（M-K）检验、水文法等方法，分析了无定河流域气象和水沙的变化趋势，阐明了气候变化和人类活动对流域水沙变化的影响。然后，结合流域内的淤地坝建设、退耕还

基金项目： 国家自然科学基金项目——黄土高原极端暴雨土壤侵蚀致灾及蓄排协调防控机制（项目编号：U2243213）；国家重点研发计划"政府间国际科技创新合作"项目——变化气候条件下极端次降雨及其土壤侵蚀评估（项目编号：2021YFE0113800）。

作者简介： 陈吟（1991—），女，工程师，主要从事水力学及河流动力的研究工作。

林、水库建设、引水灌溉等人类活动分析了流域水沙变化的主要影响因素，量化了主要影响因素对无定河流域水沙变化的贡献。以期为无定河流域水资源管理及其流域综合治理提供支撑，为其他流域的水沙变化分析提供科学参考和借鉴。

2 研究区域

无定河，黄河一级支流，位于中国陕西省北部，全长 491 km，流域面积 30 260 km²。属于温带大陆性干旱半干旱气候，年均温度在 7.9~11.2 ℃，多年降水量为 350~500 mm；根据 1956—2020 年观测资料，平均年径流量为 10.87 m³，年输沙量为 9 466.15 万 t。白家川水文站是无定河最下游的水文站，控制流域面积 29 662 km²，占流域总面积的 98%。

本文选用白家川水文站的数据分析无定河流域的径流量和输沙量水沙变化。1957—2020 年无定河流域各水文站径流和输沙数据资料来自于《黄河流域水文年鉴》。无定河流域内的水土保持工程和水利工程资料主要来源于第一次水利普查的数据和有关文献中的数据资料。

3 研究方法

目前，气候变化对水文响应评估的研究方法有很多，以水文法为代表的水文气象趋势分析法应用最为广泛。

3.1 趋势性分析

假如要定量评价气候变化和人类活动对水沙变化的贡献率，通常需要结合趋势分析和突变检验。本文的趋势分析采用的方法主要是 M-K 趋势检验。M-K 趋势分析为非参数检验方法，不需要样本遵循一定的分布，适用于非正态分布数据的趋势检验，在水文趋势分析的研究中应用非常多[8]。对于具有 n 个样本量的时间序列，构造一秩序列：

$$S_k = \sum_{i-1}^{k} r_i \qquad k = 2, 3, \cdots, n \tag{1}$$

定义统计变量：

$$M = \frac{S_k - E(S_k)}{\sqrt{\mathrm{Var}(S_k)}} \quad (k = 1, 2, \cdots, n) \tag{2}$$

式中：$r_i = \begin{cases} 1 & x_i > x_j \\ 0 & x_i \leq x_j \end{cases}$ $(j = 1, 2, \cdots, n)$；S_k 的均值与方差分别为 $E(S_k) = k(k+1)/4$ 和 $\mathrm{Var}(S_k) = k(k+1)(2k+5)/72$。

M-K 统计检验法是通过计算河道水沙系列的标准化变量，与 0.05 的置信水平下的临界变量对比。当 $|M| \leq 1.96$ 时，水文量没有明显变化；当 $|M| > 1.96$ 时，水文量发生变化趋势。

3.2 水文法

水文法是从水文统计方面分析计算河流水沙变化的一种方法，主要是通过对降雨产流产沙机制分析来区别降雨和水利水保措施对流域水沙变化及减水减沙的影响程度。首先建立基准期的降雨产流和降雨产沙回归方程。将突变点后的各年降水资料代入到基准期径流量和输沙量的回归方程中，得到计算年径流量和年输沙量。研究期和基准期计算的径流量值之间的差异，即为降水变化的影响量；同期计算值与实测值之差，即为人类活动的减水减沙量。假设基准期和研究期的多年平均降雨分别为 P_1 和 P_2，多年平均径流量分别为 Q_1 和 Q_2，$\Delta = Q_2 - Q_1$。建立基准期年降雨 P_a 和年径流 Q_a 的回归方程为

$$Q_a = bP_a + c \tag{3}$$

式中：b 和 c 为回归系数。

将 P_1 和 P_2 代入式（3），计算结果分别为 Q_1' 和 Q_2'，则降水量的贡献 Δ_P 和人类活动的贡献 Δ_H 分别为

$$\Delta_P = Q'_2 - Q'_1 \tag{4}$$
$$\Delta_H = \Delta - \Delta_P \tag{5}$$

年降水量以及人类活动对年径流量、年输沙量变化的贡献率均采用如下公式计算：

$$C_P = 100 \times \frac{\Delta_{\text{Climate}}}{\Delta} = \frac{Q'_2 - Q'_1}{Q_2 - Q_1} \tag{6}$$
$$C_H = 100 - C_P \tag{7}$$

气候变化和人类活动对泥沙变化的归因分析也可以采用上述步骤进行计算。

4 结果与分析

4.1 水沙变化趋势

无定河流域白家川水文站的径流量和输沙量的 M-K 检验值分别为-6.79 和-6.36，说明径流量和输沙量在 1956—2020 年都呈减小的趋势（见图 1、图 2）；其中径流量的多年均值为 10.87 亿 m³，从 1960 年的 15.21 亿 m³ 逐步减小到 2000 年的 7.54 m³，减少了 50.4%，2010—2020 年又回升到 8.89 亿 m³。输沙量的多年平均值为 9 466 万 t，从 1960 年的 18 665 万 t 逐步减小到 2000 年的 3 617 万 t，至 2010—2020 年继续减少到 1 895 万 t。

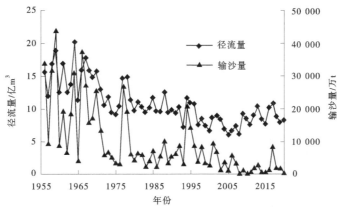

图 1　无定河流域白家川水文站的径流量和输沙量的变化过程

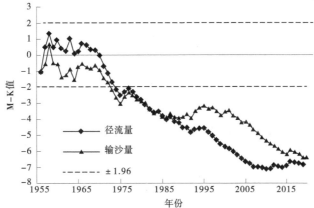

图 2　无定河流域白家川水文站的径流量和输沙量的 M-K 过程线

当流域内的水沙特性发生改变，径流量和输沙量双累积关系曲线上会表现出明显的转折，即累积曲线的斜率会发生明显变化。从图 3 中可以看出：无定河流域的各水文站水沙双累积关系线上凸形态十分明显，这表明水沙变化是不同步的，输沙量衰减幅度远大于径流量，其含沙量减小幅度明显。另

外，各水文站的双累积曲线在 1970 年和 2007 年左右均出现了转折。1970 年无定河流域开始大规模地实施淤地坝修建等水土保持措施，2007 年以后随着降雨的增加，产流量大于产沙量，造成双累积曲线再次向下偏折。

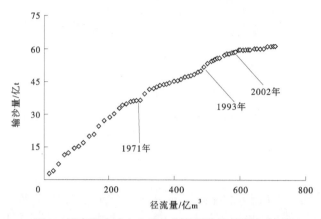

图 3　无定河流域水文站的径流量输沙量的变化过程

4.2　气候变化和人类活动的贡献率

　　气候变化能够从多方面影响流域径流和侵蚀产沙过程，其中，降水变化是影响流域径流和侵蚀产沙过程最为直接的因素之一。研究表明，无定河流域近 60 年蒸发量总体呈现不显著减少趋势[9]，因此本文研究气候变化对水沙的变化影响仅考虑流域降水量，忽略蒸散发的影响。根据无定河流域的降雨、年径流量、输沙量资料，分别构建基准期内降雨量-径流量、降雨量-输沙量的线性回归方程，如图 4 所示。基准期内年径流量和输沙量与降水的相关系数分别为 0.862 9 和 0.500 2；降雨量-径流量相关性更好，这主要是因为降雨直接形成径流。根据构建的回归方程定量区分降水变化和人类活动对无定河流域水沙变化的影响，结果如表 1 所示。

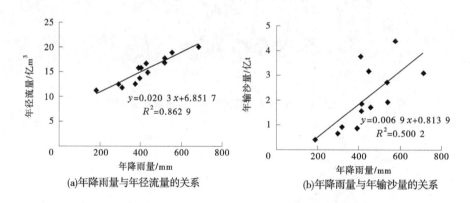

(a)年降雨量与年径流量的关系　　　　(b)年降雨量与年输沙量的关系

图 4　无定河流域基准期（1956—1969 年）降水与水沙关系曲线

　　人类活动对无定河流域径流量和输沙量的影响不断加强。与 20 世纪 60 年代相比，在 1970—2000 年间无定河流域径流量和输沙量的总减少量分别为 4.89 亿 m³ 和 1.256 亿 t，降雨量变化的贡献是 22.6% 和 30.3%，人类活动的贡献分别是 77.4% 和 69.7%。在该时期流域的降雨量没有明显减少的情况下水沙依旧大量锐减，人类活动对于水沙减少的贡献达到了 114.6% 和 117.7%，这可能与 2000 年以后人类活动的作用极其明显有关，虽然该地区降雨量没有明显的减少，但水沙大量锐减，人类活动对于水沙减少的贡献达到了 114.6% 和 117.7%。这与之前的研究成果基本一致。其他专家学者采用各种方法计算得到人类活动对于无定河流域 1961—2010 年径流量的变化基本上为 60% ~ 85%，输沙量的变化贡献率为 70% ~ 90%。2001—2020 年人类活动对于水沙量减少的贡献达到了 118.4% 和 114.5%，这可能与 2000 年无定河流域内退耕还林政策、淤地坝修建等水土保持政策有关。

表 1　基于水文法的无定河流域各时段气候变化和人类活动的贡献率

类型	时期		测量值	减少量	气候变化的影响		人类活动的影响	
					影响值	贡献 /%	影响值	贡献 /%
径流量/亿 m³	基准期	1957—1969 年	15.36	—	—	—	—	—
	研究期	1970—2000 年	10.47	4.89	1.11	22.6	3.78	77.4
		2001—2020 年	8.323	7.037	-1.026	-14.6	8.063	114.6
输沙量/亿 t	基准期	1957—1969 年	2.08	—	—	—	—	—
	研究期	1970—2000 年	0.824	1.256	0.38	30.3	0.876	69.7
		2001—2020 年	0.271	1.809	-0.32	-17.7	2.129	117.7

5　讨论

无定河流域内的大规模的水土流失治理和水利工程建设也是影响水沙变化的主要因素。随着黄河水土保持生态工程建设以及黄土高原淤地坝工程建设项目的相继展开，无定河流域的水土流失治理工作也取得了显著的成效。为了有效地利用水资源，无定河流域先后修建了大量的水库、引水工程等，全流域大小蓄水工程 1 万余个。水库建设改变了河道径流和输沙的时空分布，引水工程则直接造成了河道的径流量和输沙量的变化。

5.1　水土保持滞沙

无定河流域的水土流失面积 16 159 km²，占流域总面积的 76.5%，多年平均侵蚀模数 8 000 t/（km²·a）。自 20 世纪 50 年代以来，无定河流域就开始了水土流失防治工作（见表 2），风沙区所采用的主要水土保持措施是植树造林以达到防风固沙的效果；河源梁涧区、黄土丘陵沟壑区用的是拦截水沙的措施，如梯田、台地或淤地坝等。无定河流域 1950—2020 年的水土保持工作可以分为三个时段，1950—1969 年为起步阶段，1970—1999 年为快速发展阶段，2000—2020 年为稳定增加阶段。第一时段的治理范围不大，截至 1969 年流域内共完成水土流失治理面积 2 153 km²。1970 年后流域内水土保持工作走上规范化轨道，特别是 1982 年无定河流域被列入国家级重点治理区后。截至 1996 年内共退耕还林还草 67.34 万 hm²，修建梯田 9.66 万 hm²，修成淤地坝 11 710 座，建成库容 100 万 m³ 以上水库 74 座，总治理面积 8 364 km²，占全流域水土流失面积的 36.4%。自从 1999 年退耕还林政策的实施，无定河流域生态环境得到了明显的改善。截至 2018 年，无定河流域累积治理水土流失面积 12 996 km²，水土流失治理程度达到了 50.93%。

表 2　无定河流域累积水土流失治理面积

年份	1969	1980	1996	2018
累积治理面积/km²	2 153	4 084	8 364	12 996
占水土流失面积/%	9.4	18	36.4	50.93

多年的水土流失治理工作对于无定河的下垫面条件和产流产沙具有重要的影响，无定河流域水土保持综合治理措施的平均减水和减沙效益分别为 20.78% 和 47.26%[10]。特别是在极端暴雨期间水土保持的减沙效果更为明显。例如，2017 年"7·26"暴雨中，无定河岔巴沟流域的水土保持措施的减沙效益达到了 79%，其中沟道坝库的拦沙量占总拦沙量的 57.7%，坡面林草、梯田及其他措施的减沙量为 42.3%[11]。

5.2　水库拦沙

根据第一次水利普查，截至 2011 年，无定河流域内共修建各类型水库共 94 座，总库容为 14.79

亿 m^3。其中大型水库一座（巴图湾水库），库容约 1.03 亿 m^3；中型水库 26 座，总库容 12.21 亿 m^3，主要分布在干流（8 座）、芦河（12 座）和榆溪河（6 座）；小型水库 67 座，总库容 1.55 亿 m^3，在各支流均有分布。水库上游流域水土流失严重，经多年运行之后，出现了淤积现象，多数已经淤成坝地了，严重削减了水库的有效库容。1995 年核定的无定河流域的 138 座水库中，新桥、旧城、杨伏井等 20 座水库的库容已基本淤满；支流红柳河流域在 1958—1981 年间建的 27 座中小水库，60%的水库变成淤泥坝，库坝拦泥沙有 4 亿 t 多。无定河上游的大型水库巴图湾水库于 1972 年建成，总库容为 1.034 3 亿 m^3，至 2011 年累计淤积量 0.517 2 亿 m^3，水库库容累计淤损率为 50.0%[12-13]。无定河流域部分水库的淤积量情况见表 3。

表 3 无定河流域部分水库的淤积量情况

水库名称	河流	运用年份	流域面积/ km^2	库容/万 m^3
巴图湾	干流	1972	3 421	10 343
金鸡沙水库	干流	1973	205	7 544
水路畔水库	干流	1979	105	6 250
新桥水库	干流	1958	1 332	1 690
石峁水库	榆溪河	1961	142	2 509
红石峡水库	榆溪河	1958	2 060	1 900
河口水库	榆溪河	1959	1 400	2 325
中营盘水库	榆溪河	1972	606.7	1 900
猪头山水库	西芦河	1975	216	5 440
大岔水库	东芦河	1985	186	9 000
惠桥水库	芦河	1972	144	4 460

5.3 引水引沙

流域水沙量的减少与干支流的灌区引水引沙有关。无定河流域水利事业历史悠久，1949 年以来无定河沿岸建设和完善了许多水利工程，灌溉面积不断增加，成为陕西省的骨干水利工程。无定河流域建有定惠渠、芦惠渠、雷惠渠、榆西渠、响惠渠、织女渠等 20 处，1997 年流域总灌溉面积 10.464 万 hm^2，包括自流引水灌溉 3.705 万 hm^2，抽水灌溉 1.842 万 hm^2，井灌 4.063 万 hm^2，水库灌溉 0.836 万 hm^2。随着经济的不断发展，流域内引水用水量不断增加，这也是造成无定河流域输沙量减少的原因。截至 2017 年，仅榆林市无定河流域内（占无定河流域面积的 65%）共建成引水工程 401 处，抽水站 1 470 座，机电井 17 687 眼，供水能力约 5.15 亿 m^3。

6 结语

（1）1960—2020 年，无定河流域白家川水文站的径流量和输沙量的 M-K 检验值分别为 -6.79 和 -6.39，说明径流量和输沙量都有明显的下降趋势。其中，径流量在 2010 年之前呈不断下降的趋势，在 2010 年后略有上升；而输沙量则呈现持续下降的趋势。

（2）1970—2000 年，气候变化对于无定河流域径流量和输沙量减少的贡献分别是 22.6% 和 30.3%，人类活动的贡献是 77.4% 和 69.7%；2001 年以后，由于退耕还林等政策的实施，人类活动的影响加剧，虽然 2007 年以后流域降雨量有所增加，但径流量和输沙量依旧呈减小趋势。2001—2020 年，人类活动对于水沙量减少的贡献达到了 114.6% 和 117.7%。

（3）无定河流域内的水土保持（淤地坝、退耕还林、封山育林）措施、水库修建和引水灌溉等人类活动均是造成水沙量减少的因素，其中淤地坝拦沙和水库拦沙是输沙量减少的主要影响因素。

参考文献

［1］Zhao G，Mu X，Jiao J，et al. Assessing response of sediment load variation to climate change and human activities with six different approaches［J］. Science of the Total Environment，2018，639（15）：773-784.

［2］Parajuli P B，Risal A. Evaluation of Climate Change on Streamflow，Sediment，and Nutrient Load at Watershed Scale［J］. Climate，2021，9：165.

［3］Wang H，Yang Z，Saito Y，et al. Stepwise decreases of the Huanghe（Yellow River）sediment load（1950—2005）：Impacts of climate change and human activities［J］. Global and Planetary Change，2007，57（3-4）：331-354.

［4］Wu J W，Miao C Y，Yang T T，et al. Modeling streamflow and sediment responses to climate change and human activities in the Yanhe River，China［J］. Hydrology Research，2018，49（1）：150-162.

［5］Basher L，Spiekermann R，Dymond J，et al. Modelling the effect of land management interventions and climate change on sediment loads in the Manawatū-Whanganui region［J］. New Zealand Journal of Marine and Freshwater Research，2020（3）：1-22.

［6］Wang J J，Lu X X，Kummu M. Sediment load estimates and variations in the Lower Mekong River［J］. River Research and Applications，2011，27（1）：33-46.

［7］Han J，Gao J，Luo H. Changes and implications of the relationship between rainfall，runoff and sediment load in the Wuding River basin on the Chinese Loess Plateau［J］. Catena，2019（175）：228-235.

［8］Han L，Zhu H，Zhao Y，et al. Analysis of variation in river sediment characteristics and influential factors in Yan'an City，China［J］. Environ Earth Sci.，2018（77）：479.

［9］王文亚. 变化环境下无定河流域水文干旱演变规律及驱动机制分析［D］. 杨凌：西北农林科技大学，2017.

［10］綦俊谕，蔡强国，蔡乐，等. 岔巴沟、大理河与无定河水土保持减水减沙作用的尺度效应［J］. 地理科学进展，2011，30（1）：95-102.

［11］肖培青，王玲玲，杨吉山，等. 大暴雨作用下黄土高原典型流域水土保持措施减沙效益研究［J］. 水利学报，2020，51（9）：8.

［12］欧阳潮波. 河龙区间水库淤积特征及其对入黄泥沙的影响［D］. 杨凌：西北农林科技大学，2015.

［13］《中国河源大典》编纂委员会. 中国河湖大典：黄河卷［M］. 北京：中国水利水电出版社，2014.

新疆小流域山洪灾害动态预警指标分析研究

董林垚　范仲杰　杜　俊

（长江水利委员会长江科学院，湖北武汉　430010）

摘　要：以新疆73个山洪灾害防治县的50.02万 km² 防治区为对象，基于气象预报数据、实测水文数据和分布式水文模型算法进行山洪灾害动态预警指标分析。计算结果表明小流域预警雨量较低的地区主要集中于天山山脉北坡的东部地区、天山山脉南坡、阿尔泰山脉西部地区和昆仑山脉北部地区，这些地区是山洪灾害预警和防治的重点。相关成果构建了较为成熟的新疆小流域山洪灾害的各时段雨量预警分析模式，计算并输出了小流域尺度和防灾对象尺度（村级）各时段雨量预警指标。在此基础上，进行了专业分析软件模块开发工作，建立土壤含水量状态分析、山洪灾害风险预警分析、实时动态预警分析三大模块，为山洪灾害动态预警指标分析提供支撑。

关键词：山洪灾害；动态预警；指标分析；新疆

1　研究背景和意义

山洪灾害是山丘区因暴雨洪水引起的一种自然灾害，受局地气候、下垫面条件、降雨和人类活动等多种复杂要素影响。新疆独特的自然地理、水文气象和社会经济特征造成新疆山洪灾害具有频率高、突发性强、危害大、防治难度大等特点，对新疆山洪灾害防治体系建设造成了很大的挑战[1]。山洪灾害预警指标分析是开展山洪灾害预报预警工作的重要依据，对山洪灾害应急抢险应对处置和风险精准防控具有重要的支撑作用[2]。

临界雨量指标是山洪灾害预报预警的核心指标，常用的临界雨量推求方法包括统计归纳法和水文水力学方法[3]。但相关方法考虑静态预警指标，未考虑临界雨量随土壤饱和度或前期降雨的变化而变化的现实情况。国内外相关学者[4-6]针对动态临界雨量指标计算开展了一系列研究，总体的架构是一种数据驱动方法，对水文、降雨和对应的土壤饱和度系列资料要求较高，在实际工作中不便于实施。因此，山洪灾害动态预警指标分析结合了山洪灾害风险预警和实时动态预警需求，基于预报降雨、实时监测降雨和水位等多种信息源，考虑土壤含水量对产汇流的影响，分析确定不同前期降雨或土壤含水量状态下的动态预警指标[2]。

本文以新疆73个山洪灾害防治县的50.02万 km² 防治区为对象，以小流域为单元，在综合考虑小流域前期降雨和土壤含水量的前提下，探索基于气象预报数据、实测水文数据和分布式水文模型算法的新疆小流域山洪灾害的各时段临界雨量预警分析模式，以期为实现科学化、精细化山洪灾害防御提供基础数据和科技支撑。

2　研究区域和方法

2.1　研究区域

本文重点分析计算了新疆73个山洪灾害防治县的50.02万 km² 防治区内包含1 200多个防灾对

作者简介：董林垚（1987—），男，高级工程师，主要从事水文水资源方面的研究工作。

象的小流域，总共进行了 270 个小流域的划分和计算，防治县分布情况如图 1 所示。受独特地形地貌特征和局地气候影响，新疆山洪灾害防治对象多分布在北部的阿尔泰山脉、中部的天山山脉、南部的昆仑山脉周边。

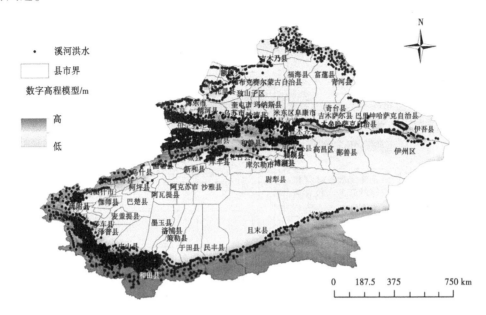

图 1　新疆山洪灾害防治对象分布

新疆幅员辽阔、南北疆气候差异大，境内河流众多、冰川资源丰富，复杂的气候、地形、地貌、水文特征造成新疆洪水类型多样。暴雨洪水、季节积雪融水洪水、高山冰雪融水洪水、雨雪混合型洪水等发生时间、特点和强度均不同，造成新疆山洪灾害具有频率高、突发性强、危害大、防治难度大等特点，对新疆山洪灾害科学预警和精准防控带来了极大的挑战[1]。

2.2　研究方法和数据

新疆山洪灾害实时动态预警分析评价基于 SWAT 模型流域暴雨洪水径流分析计算的基本原理与方法，充分利用新疆水旱灾害监测预警平台数据、网络公开数据产品（气象、土地利用、土壤、DEM 高程）等方面的资料进行。由于这些资料来自不同的部门和网站，数据种类多、量大，所以在开展山洪灾害实时动态预警分析评价工作之前，需首先对这些资料进行数据处理和整理，使其符合模型运行标准及分析评价标准，根据观测资料的时间尺度范围，结合 SWAT 模型洪水预报的方法，选择适合新疆地区的模型参数，建立起基于整个新疆的 SWAT 模型的山洪灾害实时动态预警平台。

图 2 为新疆山洪灾害动态预警分析流程图，共分为"模型土壤含水量和参数率定"及"预警指标计算"两大块内容。其中"预警指标计算"包括"临界雨量预警"和"水位（流量）预警"。首先利用 SWAT 模型日尺度对流域进行水文模拟，其模型计算主要有三个目标：一是计算流域不同时期内的土壤含水量变化；二是形成经验参数，为新疆其他流域模拟提供有效的模型参数，节约模型参数化时间；三是利用水文模型量化特定土壤含水量下要达到准备转移和立即转移所需的降水量（临界雨量），形成动态土壤含水量下的临界雨量预警。由于模型是日尺度模拟，因此模型计算出的临界雨量为 24 h 临界雨量。之后可利用历史资料计算不同暴雨事件中 1 h、2 h、3 h 和 6 h 的最大降水相对于 24 h 降水的比例（降水的时程分配），最终得出 1~24 h 的不同土壤含水量条件下准备转移和立即转移临界雨量。

首先，在 ArcGIS 软件平台根据 DEM（Digital Elevation Model，DEM）数据、土壤数据、土地利用数据和气象数据建立 SWAT 水文模型数据库，其中研究区的 DEM 数据来源于地理空间数据云网站（http://www.gscloud.cn/），分辨率为 90 m。土壤数据为世界土壤数据集。土地利用数据为 2015 年

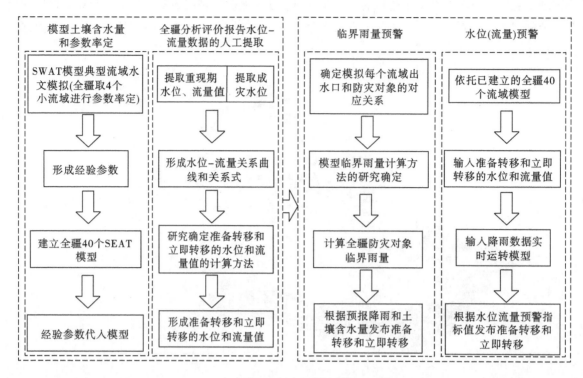

图 2 新疆山洪灾害动态预警分析流程

中国土地利用现状遥感数据（https：//www. resdc. cn/），分辨率为 1 km。日尺度温度、太阳辐射、风速、相对湿度数据来源于 CMADS（The China Meteorological Assimilation Driving Datasets for the SWAT model）气象数据集（http：//www. cmads. org/）。降水数据来源于预警平台雨量站。

山洪的大小除与降雨总量、降雨强度有关外，还和流域土壤含水量程度密切相关。当土壤较干时，降水下渗多，产生地表径流小；反之如果土壤较湿，降水入渗少，形成更多的地表径流。因此，在建立山洪临界雨量指标时，应该考虑山洪防治区中小流域土壤含水量情况给出不同初始土壤含水量条件下的准备转移临界雨量和立即转移临界雨量。利用 SWAT 模型强大的计算功能可通过输入实时降水等气象数据得到流域内实时动态的土壤含水量过程，为计算临界雨量提供科学的土壤含水量信息。

3 动态预警指标分析结果

3.1 小流域分析过程与结果

在昌吉回族自治州选择开垦河小流域（见图 3）进行示范计算，小流域内分布有阳洼滩和大南沟两个村落，二道沟村落分布在小流域出口附近。通过收集雨量站（奇台开垦河站）、气温（最高、最低）、辐射、风速、相对湿度五个气象数据指标［其中气温（最高、最低）、辐射、风速、相对湿度数据来源于 CMADS 气象数据集 2018 年数据产品］，同时结合新疆土地利用数据集和世界土壤数据库集，建立了昌吉回族自治州开垦河小流域的 SWAT 分布式水文模型。

对昌吉回族自治州境内的典型山区小流域进行了水文模拟，流域面积 391 km²，子流域 27 个。由于目前公开的气象数据（气温、相对湿度、风速、太阳辐射）大多截至 2018 年，而可获取的新疆大部分水文站径流数据大多从 2017 年 9 月开始，因此选取的流域径流模拟时期为 2018 年 7—9 月，结果显示 SWAT 水文模型取得很好的径流模拟效果（见图 4），模型和所使用的参数使模拟的流量接近实测流量。评价指标显示 $R^2 = 0.92$，NS = 0.90，PBIAS = 19.7。三种评价指标均已达到模型评价指标的评估标准。

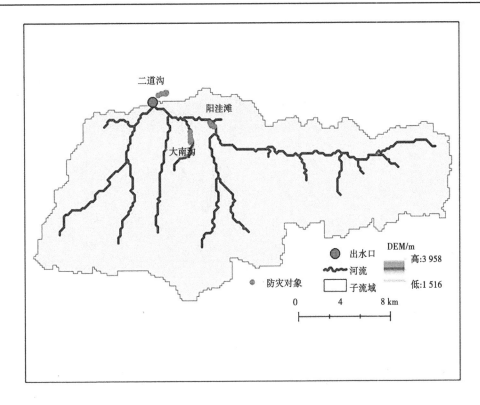

图 3 示范小流域位置图

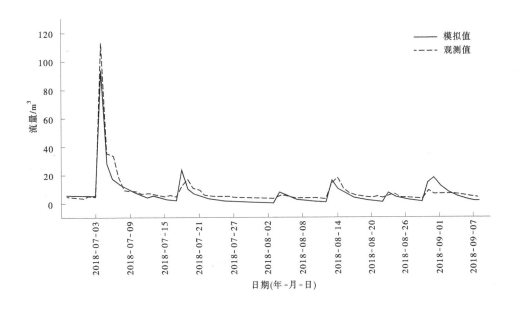

图 4 2018 年汛期开垦河小流域径流模拟

图 5 为 2018 年该小流域土壤水量与降水的关系，从图 5 中可以看出 1 月、2 月和 12 月土壤含水量较平稳，其中春季土壤含水量主要受前一年冬季降雪量影响，当前一年降雪量多时，第二年春季土壤含水量高；反之则少。模型结果表明，夏季土壤水量与降水峰值日期对应，并且夏季降水驱动的土壤含水量增高会由于蒸发强烈而快速衰减。春季和秋季土壤水量的峰值与降水量的峰值出现的日期有一定的延迟，主要是由于植被和地形（洼地）对降水有一定的缓冲作用，并且春秋蒸发较低，降水后土壤水达到最大值需要一定的下渗和传输时间。

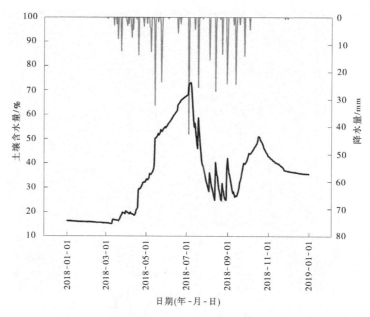

图5 2018年开垦河小流域土壤水与降雨变化趋势

从新疆水旱灾害监测预警平台获取的2017—2021年的开垦河流域历史水文数据中，由于在这期间该小流域未发生达到立即转移的险情（未达到保证流量250 m³/s），并且只有一次达到（2017年6月25日）准备转移的险情（警戒流量130 m³/s），无法为充分分析和计算不同土壤含水量条件下的准备转移和立即转移临界雨量提供充足样本。因此，我们采用在模型中通过模拟不同土壤含水量下达到准备转移（保证流量250 m³/s）和立即转移（警戒流量130 m³/s）情况下的24 h降水量，构建线性关系式，从而确定不同土壤含水量条件下的24 h临界雨量。之后通过雨量站2017—2021年日降水量超过30 mm条件确定开垦河1 h、2 h、3 h、6 h的降水时程分配，根据时程降水相对于24 h降水的最小比例，求得开垦河流域1 h、2 h、3 h、6 h的不同土壤含水量条件下的临界雨量。

在模型中选取的三个不同土壤含水量条件下小流域出口（二道沟）、阳洼滩和大南沟达到准备转移和立即转移所需的24 h降水，并以此建立关系式（见图6）。从图6中可以看出准备转移和立即转移临界雨量随着土壤含水量的增加而减少，相关性均在0.98以上，依据该相关式可推求其他土壤含水量条件下的24 h临界雨量。

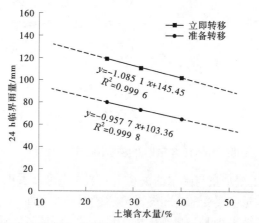

图6 开垦河小流域出口（二道沟）24 h临界雨量随土壤含水量变化关系

图7为该小流域出口处（二道沟）不同土壤含水量下的1 h、2 h、3 h、6 h立即转移临界雨量三维示意图，从图7中可以看出1 h、2 h、3 h、6 h临界雨量随着土壤湿度增加而减少。其中1 h的准备转移和立即转移临界雨量在土壤含水量为5%~60%时分别在18~9 mm和26~15 mm；2 h的准备转

移和立即转移临界雨量在土壤含水量为 5%~60% 时分别在 33~15 mm 和 47~27 mm；3 h 的准备转移和立即转移临界雨量在土壤含水量为 5%~60% 时分别在 45~21 mm 和 63~36 mm；6 h 的准备转移和立即转移临界雨量在土壤含水量为 5%~60% 时分别为 73~34 mm 和 103~59 mm。

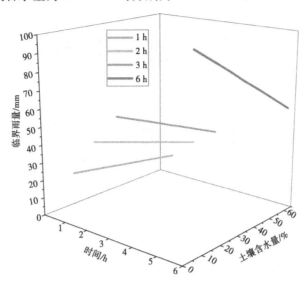

图 7　开垦河流域出口（二道沟）不同土壤含水量下的"立即转移"临界雨量三维示意图

3.2　研究方法和数据

　　按照上述方法分析计算了新疆有山洪灾害防治任务小流域内临界雨量，全疆小流域动态预警指标计算结果见图 8。在小流域不同土壤含水量条件下的预警指标分析中，各时段（1 h、3 h、6 h）准备转移和立即转移临界雨量较低的县（市、区）有水磨沟区、昌吉市、青河县、叶城县、乌鲁木齐县、额敏县、温泉县、博乐市、托里县、乌苏市、沙湾县、尼勒克县、伊吾县、布尔津县、阿图什市、富蕴县等地区的小流域。小流域预警雨量较低的地区主要集中于天山山脉北坡的东部地区、天山山脉南坡、阿尔泰山脉西部地区和昆仑山脉北部地区。各时段准备转移和立即转移临界雨量相对较高的县（市、区）有哈密市、伊宁市、库尔勒市、阿克苏市、且末县、柯坪县、库车县、博湖县、拜城县地区的小流域，这些地区所模拟的小流域地势相对较为平坦。

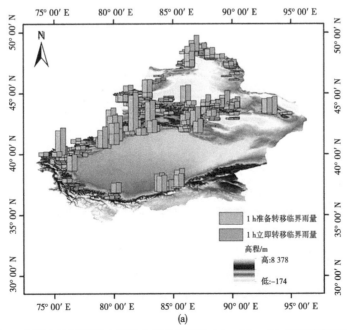

(a)

图 8　全疆小流域不同土壤含水量条件下的 1 h、3 h、6 h 平均临界雨量

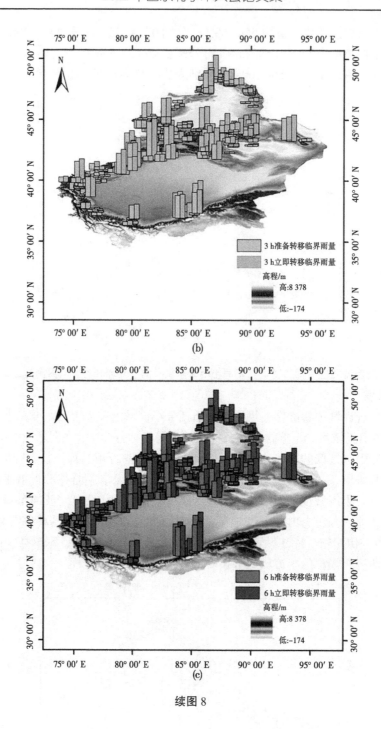

续图 8

4　结语

本文在进行山洪灾害动态预警指标分析时，基于气象预报数据和实测降雨水位数据，利用 SWAT 分布式水文模型对临界雨量进行提取。一方面可以解决以往的研究中只是单纯地将土壤含水量分为三大类（干、较湿、湿）情况的问题，从而形成一个三维的临界雨量随土壤含水量的动态变化，更加精准地对临界雨量进行定量。另一方面，通过水文模型可以更好地与计算机平台相结合，实现全天时、全方位对不同防灾对象进行动态预警，有效地缩短计算时间和减少计算复杂性。项目建立了全疆范围内的小流域分析模型，成功结合了 SWAT 模型、历史实测数据、设计洪水过程相关资料三方面的内容，构建了较为成熟的新疆小流域山洪灾害的各时段雨量预警和水位（流量）预警分析模式，计算并输出了小流域尺度和防灾对象尺度（村级）各时段雨量预警和水位（流量）预警指标。在此基础上，进行了专业分析软件模块开发工作，建立土壤含水量状态分析、山洪灾害风险预警分析、实时动态预警分析三大模块，支撑山洪灾害动态预警指标分析工作。

参考文献

［1］王新涛，陈超. 新疆山洪灾害防治进展与展望［J］. 中国水利，2022（11）：48-51.

［2］翟晓燕，孙东亚，刘荣华，等. 山洪灾害动态预警指标分析技术框架［J］. 中国防汛抗旱，2021，31（10）：26-30.

［3］程卫帅. 山洪灾害临界雨量研究综述［J］. 水科学进展，2013，24（6）：901-908.

［4］刘志雨，杨大文，胡健伟. 基于动态临界雨量的中小河流山洪预警方法及其应用［J］. 北京师范大学学报（自然科学版），2010，46（3）：317-321.

［5］江锦红，邵利萍. 基于降雨观测资料的山洪预警标准［J］. 水利学报，2010，41（4）：458-463.

［6］陈桂亚，袁雅鸣. 山洪灾害临界雨量分析计算方法研究［J］. 人民长江，2006，36（12）：40-43.

1960—2020年汾河水沙变化趋势及演变规律

焦　鹏[1,2]　孔祥兵[1]　肖培青[1]

(1. 黄河水利委员会黄河水利科学研究院，河南郑州　450003；
2. 西安理工大学，陕西西安　710048)

摘　要：汾河水沙变化对于黄河干流水沙情势和中游水沙调控具有重要影响。为阐明汾河中长期降水、径流、输沙的变化趋势及其耦合关系演变规律，基于Mann-Kendall、双累积曲线等方法，判识了水沙变化趋势与突变点，采用集对分析方法解析了降水-径流-输沙耦合关系的阶段特征及其演变规律。研究表明：①汾河年径流、年输沙和年来沙系数均呈显著减小趋势；②降水-径流、径流-输沙的耦合关系联系数逐时段下降，且随流域水利水保工程和水保措施规模增大而减小；③流域下垫面变化对降水-径流的影响大于径流-输沙，其对径流-输沙耦合关系的影响存在规模临界。

关键词：汾河；水沙变化；趋势；演变；集对分析

1　引言

黄河是世界上含沙量最高的河流之一，其产流产沙具有"水沙异源"的分异特征[1]。黄河年径流量和年输沙量自20世纪70年代急剧减少，2000年以来，潼关水文站的多年平均输沙量较基准期(1919—1959年)减少了80%以上，而黄河中游又是水沙变化最为集中和剧烈的区域。因此，研究黄河中游典型支流汾河流域的中长期水沙变化特征与成因，对于揭示黄河水沙变化趋势及成因具有重要的支撑作用。

汾河是黄河中游仅次于渭河的第二大支流，占黄河中游面积的11.6%。近年来，由于剧烈的人类活动和气候变化，汾河流域的降水、径流和输沙发生了明显变化[2-4]。目前，汾河流域水沙变化及成因研究主要集中在汾河上、中游区域，主要围绕降水、径流方面[5-12]，对水沙变化不同要素耦合关系的演变规律研究较少。本文通过汾河1960—2019年的降水量、径流量、输沙量等资料，采用Mann-Kendall趋势及突变检验、双累积曲线等方法，判识了汾河水沙变化趋势与突变点，并划分了水沙分析时段，采用集对分析方法解析了降水-径流-输沙耦合关系的阶段特征及其演变规律，初步揭示了流域下垫面对水沙要素耦合关系的影响作用。汾河流域地理位置与流域水系见图1。

2　研究方法

2.1　研究区概况

汾河发源于山西省宁武县管涔山，自北向南流经忻州市、太原市、吕梁市、晋中市、临汾市、运城市等6市29县，于山西万荣县汇入黄河。汾河全长713 km，流域面积约39 471 km²，河津水文站是汾河入黄的控制站，控制面积为38 728 km²；流域多年平均降水量约500 mm，降水季节性差异显著，7—9月为主汛期，降水量约占全年的60%；流域南北长、东西狭，地貌类型复杂，地面坡度陡

基金项目：国家自然科学基金重点项目(U2243210)；国家自然科学基金专项资助项目(42041006)；内蒙古自治区水利科技专项(NSK202102)。

作者简介：焦鹏(1986—)，男，高级工程师，主要从事黄河水沙变化与流域水土保持措施配置方面的研究工作。

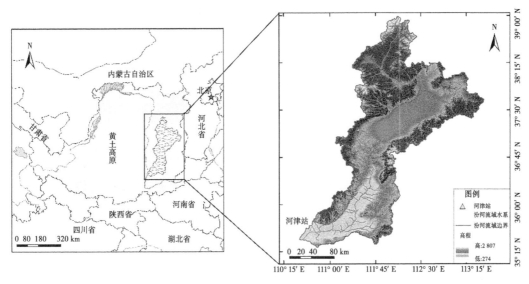

图 1　汾河流域地理位置与流域水系

峻，主要沟道的比降一般为 10‰~30‰，沟壑密度达 2~5 km/km²，地形破碎且高差悬殊；流域侵蚀形态以水力侵蚀和重力侵蚀为主，侵蚀强度以微度侵蚀、轻度侵蚀和中度侵蚀为主，其中汾河上游黄土区水土流失较为严重，也是汾河流域向黄河输入河道泥沙的主要来源。

2.2　资料来源与处理

汾河径流量、输沙量使用河津水文站的实测日资料计算，数据摘录自《黄河流域水文年鉴》。

2.3　研究方法

2.3.1　Mann-Kendall 趋势及突变检验

Mann-Kendall 检验法是对时间序列的变化趋势进行显著性检验的一种非参数统计检验方法，被广泛应用于评估气候要素和水文序列趋势分析及突变检测。在趋势检验中，对于具有 n 个样本量的时间序列 X，原假设 H_0 表示数据集 X 的数据样本独立同分布且无趋势存在，可选假设 H_1 表示数据集 X 存在一个单调趋势。对于统计量 Z_c，如果 $-Z_{1-\alpha/2} \leq Z_c \leq Z_{1-\alpha/2}$，原假设 H_0 即被接受；反之则 H_1 被接受。倾斜度 β 能够量化单调趋势，当 $\beta > 0$ 时，反映上升的趋势，反之则反映下降的趋势。在突变检测中，统计量 UF_k、UB_k 分别为时间序列 X 按照顺序和逆序计算的秩序列标准化参数，若 UF_k 大于 0 则表明序列呈上升趋势，小于 0 则表明呈下降趋势；对于给定的显著性水平 α，若 $|\mathrm{UF}_k| > U_\alpha$，表明序列存在显著的趋势变化。若 UF_k 和 UB_k 两条曲线存在交点，且交点位于临界线之间，即为突变点。

2.3.2　集对分析

集对分析是根据事物"对立统一规律"和"普遍联系原理"提出的一种分析方法，该方法能从整体和局部分析研究系统内在的关系，在水文水资源领域有着广泛的应用；该方法的核心思想是先对不确定系统中有关联的两个集合构造集对，再对集对的某个特定属性做同一性、差异性、对立性分析，然后用联系度描述集对的同、异、反关系；与传统的相关分析相比，该方法可以从微观层次上反映出两者的关系，可以得到两者正相关度、负相关度和不定相关度。

3　水沙变化趋势及突变

3.1　水沙变化趋势

1960—2019 年，汾河年径流、年输沙和年来沙系数的 Mann-Kendall 趋势检验统计值 Z 和倾斜度 β 见表 1。年径流、年输沙和年来沙系数均呈显著减小趋势（显著性水平 $\alpha = 0.05$，$|Z_{0.05}| = 1.64$），

其中年输沙量减小的趋势度最大。

表 1 汾河水沙变化趋势检验统计值

统计值	年径流	年输泥沙	年来沙系数
Z	-3.55	-6.69	-6.13
β	-0.15	-22.25	-0.01

3.2 水沙突变与分析时段

汾河年径流量 UF 与 UB 在临界值内相交，且 UF 超过临界值，表明年径流量存在显著变化趋势和突变点，即 1972—2019 年呈显著减少趋势，突变点为 1971 年，如图 2（a）所示；年输沙量、年来沙系数的 UF 与 UB 相交于临界值以外，则年输沙量、年来沙系数无突变点，而 UF 超过临界值，表明年径流量、年来沙系数分别在 1980—2019 年、2000—2019 年呈显著减少趋势，如图 2（b）、（c）所示。

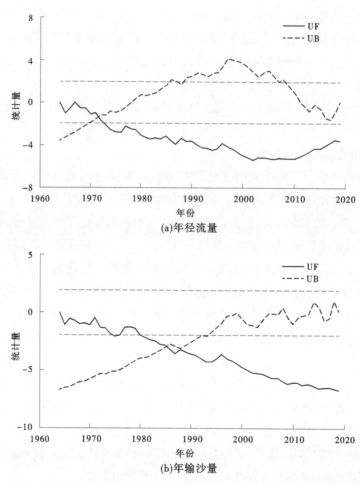

(a)年径流量

(b)年输沙量

图 2 汾河年径流量、年输沙量、来沙系数 Mann-Kendall 突变检测

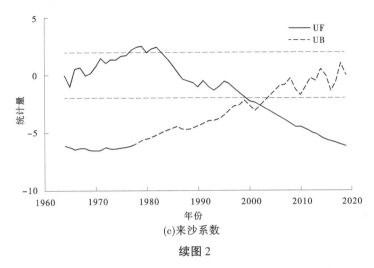

(c)来沙系数

续图 2

根据年径流量-年输沙量双累积曲线的斜率变化（见图 3），可将汾河水沙序列划分为 1960—1979 年、1980—1996 年和 1997—2019 年等 3 个分析时段，使用最小二乘法对各时段的水沙累积关系进行线性拟合，斜率分别为 187.4、61.2 和 5.4，年径流量与年输沙量的一一对应关系发生显著变化，单位径流量的输沙量显著降低。

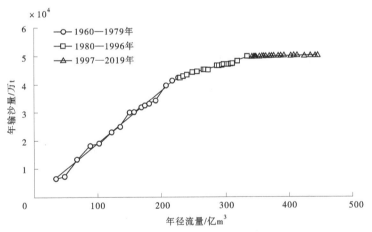

图 3　年径流量-年输沙量双累积曲线

4　水沙要素耦合关系演变规律

运用集对分析方法分析汾河不同时段的降水-径流、径流-输沙耦合关系。采用均值标准差法对年降水量、年径流量和年输沙量进行分类，分为 3 个等级，分别对应区间 $[0, \bar{x}+k_1 s]$、$[\bar{x}+k_1 s, \bar{x}+k_2 s]$、$[\bar{x}+k_2 s, +\infty]$，其中：$\bar{x}$、$s$ 分别为各要素的均值和标准差；k_1 和 k_2 为经验值（系数），分别取 -0.5 和 0.5。汾河年降水量、年径流量、年输沙量的分类标准见表 2。

表 2　汾河年降水量、年径流量、年输沙量分类标准

等级	年降水量/mm	年径流量/亿 m³	年输沙量/万 t
一级	0~444.88	0~4.97	0~84.49
二级	444.88~538.88	4.97~10.97	84.49~1 714.76
三级	≥538.88	≥10.97	≥1 714.76

根据分类标准对降水、径流、输沙进行符号量化处理，分别将降水和径流、径流和输沙构成集

对，符号相同的为同一，符号相差一级的为差异（如1与2、2与3），符号相差两级的为对立（如1与3），即可得降水和径流、径流和输沙的联系度。联系度能够反映研究系统的微观关系信息，当差异不确定系数 i 和对立系数 j 确定后，联系度就变为一个综合定量指标，称为联系数。

汾河 1960—1979 年、1980—1996 年、1997—2019 年的降水-径流联系度见式（1）~式（3），径流-输沙联系度见式（4）~式（6）：

$$\mu_{P_1 \sim R_1} = \frac{12}{17} + \frac{4}{17}i + \frac{1}{17}j = 0.69 + 0.25i + 0.06j \tag{1}$$

$$\mu_{P_2 \sim R_2} = \frac{9}{17} + \frac{8}{17}i = 0.53 + 0.47i \tag{2}$$

$$\mu_{P_3 \sim R_3} = \frac{12}{25} + \frac{13}{25}i = 0.48 + 0.52i \tag{3}$$

$$\mu_{R_1 \sim S_1} = \frac{13}{16} + \frac{3}{16}i = 0.81 + 0.19i \tag{4}$$

$$\mu_{R_2 \sim S_2} = \frac{11}{17} + \frac{6}{17}i = 0.65 + 0.35i \tag{5}$$

$$\mu_{R_3 \sim S_3} = \frac{15}{23} + \frac{8}{23}i = 0.65 + 0.35i \tag{6}$$

式中：P_n 为第 n 时段降水量，mm；R_n 为第 n 时段径流量，亿 m^3；S_n 为第 n 时段输沙量，亿 t；n 为时段数，$n=1$、2、3；i 为不确定系数，常取值-0.5；j 为对立系数，取值-1。

汾河 1960—2019 年的年降水-年径流关系发生了变化［（式（1）~式（3）］，同一度减小、差异度增大。降水与径流的负相关度增大，表明在两个突变年份之后径流变化受水利工程、水土保持等下垫面因素影响显著。汾河 1960—1979 年、1980—1996 年、1997—2019 年的年降水量与年径流量的联系数分别为 0.50、0.29、0.22，二者的相关性减小，影响径流的因素增多，主要变化发生于 1979年前后。

汾河年径流-年输沙的同一度、差异度在 1980—1996 年、1997—2019 年相同，其中同一度小于 1960—1979 年，差异度大于 1960—1979 年；汾河 1960—1979 年、1980—1996 年、1997—2019 年的年径流量与年输沙量的联系数分别为 0.72、0.47、0.48，表明 1980—1996 年、1997—2019 年的年径流量与年输沙量相关性相近，但均小于 1960—1979 年，表明在 1979 年前后，影响水沙关系的因素发生了显著改变。

5 结论

1960—1979 年，汾河水利水保工程、水土保持措施规模相对较小；1980—1996 年，流域内开展了水土流失治理与水利建设；1997—2019 年，流域水土流失治理力度进一步加大。尤其是 20 世纪 90 年代以来，大规模实施的退耕还林还草、小流域综合治理、坝滩联治、坡耕地水土流失治理等工程，使得下垫面的产汇流和产输沙环境发生剧烈变化。

1960—2019 年，汾河的实测年径流、年输沙系数和年来沙系数均呈显著减小趋势，汾河水沙变化阶段特征与演变规律同流域下垫面变化密切相关，具体如下：

（1）降水-径流、径流-输沙的耦合关系联系度均呈逐时段下降趋势，而流域水利水保工程和水保措施规模则不断增加，坡面和沟道措施通过改变下垫面产流条件，从而降低了二者的联系度。

（2）不同耦合关系的联系度变化幅度存在明显差异，表明下垫面变化对降水-径流、径流-输沙耦合关系的作用大小不同，其对降水-径流的影响大于径流-输沙。

（3）同时期的降水-输沙联系度远高于降水-径流，约为其 1.75 倍，表明虽然降水和径流分别为产流、输沙的重要驱动力，但是产流的影响因素要多于输沙。

（4）1997—2019 年，降水-径流的联系数较 1980—1996 年降低了 24%，而径流-输沙关系已趋于稳定，与前一时段基本一致。由此可知，流域下垫面对径流-输沙耦合关系的影响存在规模临界，当流域水利水保工程和水保措施规模建设至一定规模后，其对径流-输沙关系的影响趋于稳定。

参考文献

［1］刘晓燕．黄河环境流量研究［M］．郑州：黄河水利出版社，2009：8-19．

［2］张凯．汾河中上游流域水沙变化时空分布及未来趋势模拟研究［D］．西安：西安理工大学，2021．

［3］张凯，鲁克新，李鹏，等．近 60 年汾河中上游水沙变化趋势及其驱动因素［J］．水土保持研究，2020，27（4）：54-59．

［4］胡彩虹，管新建，吴泽宁，等．水土保持措施和气候变化对汾河水库入库径流贡献定量分析［J］．水土保持学报，2011，25（5）：12-16．

［5］张鸾，郭伟，苏常红，等．近 60 年来汾河上游汛期悬移质输沙量变化及驱动力分析［J］．水土保持学报，2016，30（5）：64-68．

［6］张照玺．气候变化和人类活动对汾河流域入黄径流影响分析［D］．郑州：郑州大学，2016．

［7］周莹．汾河上游水文气象要素演变特征及径流影响因素研究［D］．太原：太原理工大学，2016．

［8］陈旭．汾河上游径流演变特性分析及其预测方法研究［D］．太原：太原理工大学，2015．

［9］费燕明．汾河流域土壤侵蚀动态变化分析［D］．太原：太原理工大学，2012．

［10］刘宇峰，孙虎，原志华．基于小波分析的汾河河津站径流与输沙的多时间尺度特征［J］．地理科学，2012，32（6）：764-770．

［11］刘宇峰，孙虎，原志华．近 60 年来汾河入黄河水沙演变特征及驱动因素［J］．山地学报，2010，28（6）：668-673．

［12］赵学敏，胡彩虹，吴泽宁，等．汾河流域降水及旱涝时空结构特征［J］．干旱区研究，2007，24（3）：349-354．

广州市极端降雨时空演变规律研究

胡晓张[1,2]　张艳艳[1,2]　邹华志[1,2]　黄鹏飞[1,2]　许　伟[1,2]　林中源[1,2]

(1. 水利部珠江河口治理与保护重点实验室，广东广州　510611；

2. 珠江水利委员会珠江水利科学研究院，广东广州　510611)

摘　要： 本文以广州市18个雨量站2004—2020年每15 min降雨资料为基础，采用统计分析和理论分析相结合的方法，分析了广州市年际及汛期降雨量的时空分布规律，降雨强度和频率的变化规律及2020年"5·22"暴雨的变化特征，结果表明，广州市年降雨量和汛期降雨量在中心城区表现出增加趋势，在北部山区和南部沿海区表现出下降趋势；中心城区降雨强度和频率普遍增加，北部山区和南部沿海区则相反；中心城区峰值大于20 mm的大暴雨发生次数不断增加，但暴雨历时却在缩短，其他地区则相反；"5·22"暴雨峰值仅39.5 mm，低于中心城区历史最大暴雨峰值，暴雨历时长是产生内涝的主要原因。增加城市雨水调蓄空间是缓解城市内涝问题的关键。

关键词： 极端降雨；时空演变；降雨强度和历时；城市内涝；治理措施

在全球气候变化和人类活动的强干扰下，世界大范围和局部小范围降水结构发生了显著变化[1-3]，降水在时间上和空间上的巨大变化，导致部分地区极端降雨事件频繁发生，另外一部分地区则干旱少雨，给人民的生命和财产造成巨大损失[4]。所谓极端降雨，是指某个异常降雨值的发生，该值高于（或低于）该变量观测值区间的上限（或下限）端附近的某一阈值，且该降雨事件会对人类社会造成重大影响[2,5]。近年来，由于中国城市化进程的快速推进，使得城市地区发生极端降雨时间的概率大幅度增加[6-7]。

广州地处我国东南沿海，是广东省省会，也是国务院定位的国际化大都市。近些年，随着我国经济社会的快速发展，广州也迎来了飞速发展，成为中国经济最发达、城镇化程度最高的城市之一。快速城镇化进程使得广州的城镇规模不断扩张，成为吸纳流动人口和聚集新增人口的主要区域，人口密度不断增加，同时也是带动经济社会发展的巨大引擎。然而随着快速城镇化进程的推进，城市洪涝灾害与日俱增，给人民生命财产带来巨大损失。据报道，2020年5月22日，广州市遭遇特大暴雨袭击，导致广州出现443处积水，形成水浸街，造成内涝。"5·22暴雨"是一场降雨强度大、范围广、面雨量大、小时雨强的暴雨，广州除南沙区外，其他区累计雨量均超100 mm，其中黄埔和增城分别为378.6 mm和325.1 mm。为此，广州将加快推进《广州市防洪排涝建设工作方案（2020—2025年）》出台实施，广州拟投入300亿元，大力开展防洪排涝建设。

从以上举措可以看出，极端降雨事件给广州城市发展造成了巨大影响，政府在内涝防治方面投入大量的人力和物力。然而，受气候变化和快速城镇化的影响，降雨规律在不同时间和空间尺度上已经发生了显著变化[8]。因此，内涝治理不能再盲目从加强防洪体系出发，遵循以往整治思路和理念，应该在掌握极端降雨变化规律的基础上，有目的和针对性地进行治理。因此，分析广州市极端降雨时空演变规律对系统治理广州洪涝灾害具有重要意义。

关于极端降雨分布规律的研究是目前的研究热点，国内外在这方面开展了很多研究。例如贾建辉

基金项目： 国家自然科学基金青年基金项目（51809297）。

作者简介： 胡晓张（1982—），男，正高级工程师，主要从事防洪减灾和河道治理工作。

通信作者： 张艳艳（1982—），女，博士研究生，主要从事水力学及河流动力学研究工作。

等[8] 基于 2013—2017 年的逐时降雨资料分析广东省极端降水的时空分布特征，结果表明，极端降水主要集中在 4—10 月，且由沿海到内陆呈递减趋势。黄国如等[7] 基于珠江三角洲 1973—2012 年 22个雨量站的小时降雨资料，分析珠三角地区极端降雨时空变化规律，结果表明，极端降雨呈显著增加趋势，高度城镇化地区 I 型暴雨发生频率明显增加，易导致暴雨内涝事件增加。宋晓猛等[9] 基于1960—2012 年 45 个雨量站逐日降雨资料分析北京地区降雨极值和降水结构的时空变化特征，结果表明，受地形和城市发展影响，北京地区降雨呈现从东向西逐渐递减的趋势，且极端降水发生频次和降雨量均呈下降趋势。YAN 等[10] 基于广东省 1981—2015 年 76 个雨量站逐时降雨资料，分析了年降雨变化规律、极端降雨出现频率，结果表明，年降雨量在城镇地区呈增长趋势，而降雨频率和小雨呈现减少趋势，极端降雨频率呈现增加趋势。

虽然关于极端降雨变化规律的分析研究很多[11-12]，但是往往是以逐日或逐时资料为基础，而目前发生的极端降雨一般历时只有几十分钟，最多不超过 2 h。因此，以往的研究时间精度不够，难以反映短历时强降雨的变化规律。另外，目前的研究多是考虑大范围[7-8]，而极端降雨往往表现出局地性，不同片区表现出不同的变化规律，因此有必要针对关心的研究区域进行更加精细的研究。为此，本文选择广州市 2004—2020 年 18 个雨量站的 15 min 降雨数据分析极端降雨时间和空间分布规律，极端降雨的发生强度和频率变化规律，以期揭示广州市极端降雨变化规律，为加强和完善广州市防洪排涝体系提供理论参考。

1 研究资料与方法

1.1 研究区域

本文以整个广州市 11 个行政区为研究对象，从整个广州市 245 个雨量站中，按照行政区和城区、山区的原则，选择了 18 个代表雨量站，进行极端降雨时空分布规律研究。广州市主要雨量站分布如图 1 所示。

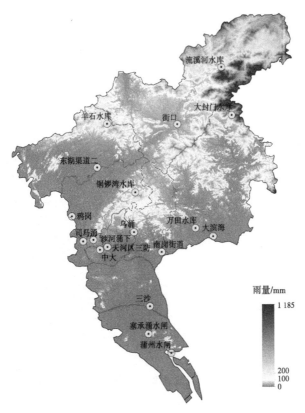

图 1 广州市主要雨量站分布

本文根据广州不同区人口密度、GDP 和城镇化率等因素，将广州市划分为高度城镇化地区和非高度城镇化地区，其中高度城镇化地区主要集中在广州的中部和其他几个区的城区，代表站为天河区三防、荔湾区的司马涌、越秀的沙河涌下、海珠区的中大、黄埔区的乌涌和南岗街道、花都区的东湖渠道二、白云区的鸦岗、从化区的街口、番禺区的三沙、南沙区的塞承涌水闸、增城区的大滨海闸。非高度城镇化地区的代表站为从化区的流溪河水库、花都区的羊石水库、增城区大封门水库、南沙区的蒲洲水闸、白云区的铜锣湾水库。各雨量站分布如图 1 所示。

1.2 研究资料来源

为更加准确地分析广州市极端降雨时空演变规律，并考虑到资料的序列长度和精度，选取广州市 18 个较为完整的雨量站 15 min 降雨数据（数据来源：广州市气象局），站点分布如图 1 所示。采用的研究时段为 2004—2020 年，所有数据均经过严格筛选，每个测站数据缺失时数控制在 1% 以内。当发生极少数数据缺失时，采用前后 2 个数据进行线性插值的方法来补充。

1.3 研究方法

本文采用统计分析和理论分析相结合的方法，分析广州市极端降雨时空演变规律及高度城镇化地区极端降雨发生频率和强度的变化规律。研究成果可为完善和加强广州市防洪排涝体系建设提供技术支撑。

2 结果分析

2.1 广州市降雨时空分布规律

广州地处珠江三角洲腹地，属于亚热带季风气候，全年多雨，其中 4—9 月雨量占全年雨量的 80% 以上。本节分别对广州市 18 个雨量站年降雨量及汛期（4—9 月）降雨量变化规律进行研究。由于雨量站较多，这里选取 8 个代表站进行分析，结果如图 2、图 3 所示，不同站变化趋势统计见表 1。

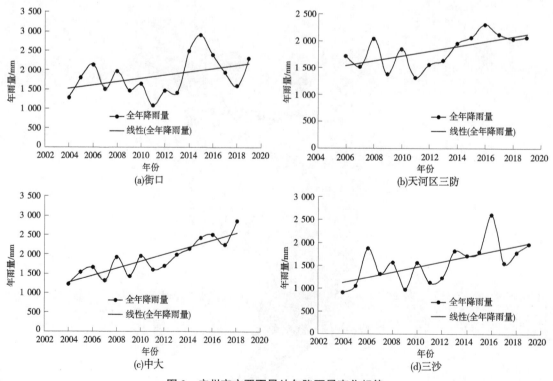

图 2 广州市主要雨量站年降雨量变化规律

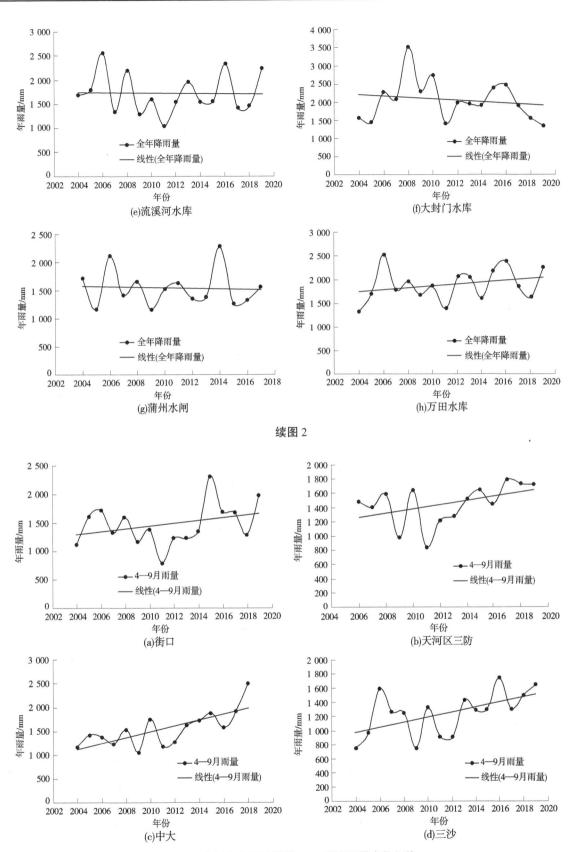

(e)流溪河水库

(f)大封门水库

(g)蒲州水闸

(h)万田水库

续图 2

(a)街口

(b)天河区三防

(c)中大

(d)三沙

图 3　广州市主要雨量站 4—9 月降雨量变化规律

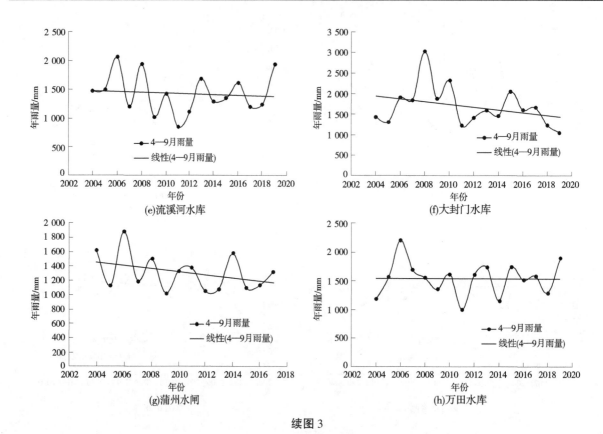

续图 3

表1　广州市主要代表雨量站极端降雨特征变化趋势统计

行政区	站点名称	峰值	大于 20 mm 出现的场次	历时
白云区	鸦岗	增加	增加	缩短
	铜锣湾水库	增加	增加	缩短
从化区	街口	增加	增加	缩短
	流溪河水库	略增加	减少	增加
番禺区	三沙	增加	增加	缩短
海珠区	中大	增加	增加	缩短
花都区	羊石水库	略增加	减少	增加
	东湖渠道二	基本不变	基本不变	缩短
黄埔区	乌涌	增加	增加	缩短
	南岗街道	增加	增加	缩短
南沙区	塞承涌水闸	增加	增加	缩短
	蒲洲水闸	减少	减少	增加
越秀区	沙河涌下	增加	增加	缩短
增城区	大封门水库	略增加	减少	增加
	万田水库	减少	减少	增加
天河区	天河区三防	略增加	增加	缩短
荔湾区	司马涌	减少	减少	增加

本节所选的 8 个雨量站分别是位于中心城区的 4 个和位于北部山区的 3 个及南沙港入海口位置的 1 个。从图 2 统计结果可以看出，8 个站年降雨量的变化规律与 4—9 月的变化规律基本相同，其中位于中心城区的 4 个测站降雨量年变化趋势和汛期变化趋势都表现为增加，其中汛期的增加速率大于全年。位于北部山区的 2 个测站和南沙港的 1 个测站年降雨量及汛期变化趋势都表现为减少趋势，汛期减少速率大于全年。其中，万田水库位于增城区的南部，汛期降雨量表现为微减少趋势，全年表现为微增加趋势。

2.2 中心城区极端降雨发生频率及强度

当单位时间降雨强度超过某个量级时会超过地面排水系统的排水能力，在地面产生积水，造成内涝。因此，只有峰值超过某一量级的降雨才是内涝的主要贡献者。本文通过分析广州市主要雨量站 15 min 降雨资料，采用峰值大于 20 mm 的降雨过程，认为是大暴雨，会造成内涝积水，进行统计分析。暴雨场次的定义为，当降雨间隔≥2 h 时，认为是两次降雨过程[13]。选取中心城区的 8 个主要雨量站 2004—2020 年暴雨峰值大于 20 mm 的暴雨场次和年降雨峰值变化趋势分析。结果如图 4 和图 5 所示。

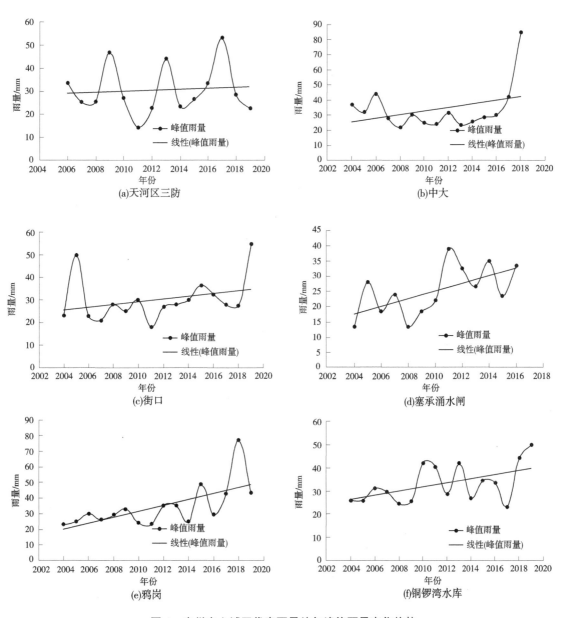

图 4　广州中心城区代表雨量站年峰值雨量变化趋势

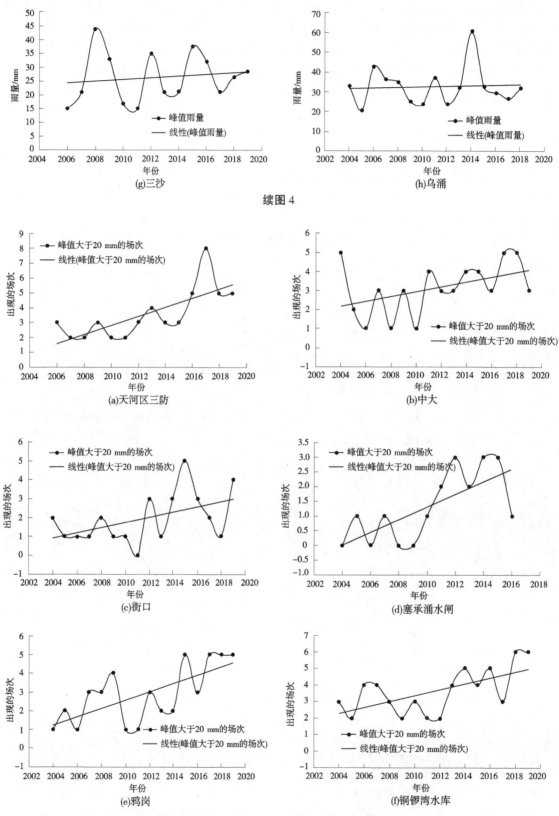

(g)三沙

(h)乌涌

续图4

(a)天河区三防

(b)中大

(c)街口

(d)塞承涌水闸

(e)鸦岗

(f)铜锣湾水库

图5　广州中心城区代表雨量站年峰值大于20 mm的暴雨场次变化趋势

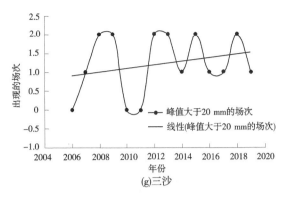

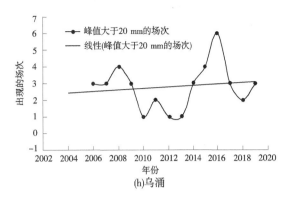

续图5

本节所选的8个雨量站全部位于中心城区。从图4统计结果可以看出，中心城区8个雨量站的极端降雨峰值呈现增长趋势，只有天河区三防、三沙和乌涌的峰值增长不是很明显。这表明，广州中心城区近年极端降雨的强度在加大。从图5的统计结果可以看出，中心城区8个雨量站峰值大于20 mm的年发生次数在增加，除乌涌增加不是很明显外，其他站的增加速率都非常大。这说明近些年广州中心城区发生大暴雨的频率在不断增加。

为了更加全面了解广州市主要雨量站极端降雨特征的变化规律，对各个测站的变化趋势进行了统计，统计结果见表1。

从表1可以看出，极端暴雨的峰值和频次与年降雨量、汛期降雨量变化趋势基本一致，暴雨的历时却与之相反，随着暴雨峰值的增加，历时呈减少趋势。可以看出，中心城区的暴雨呈现短历时、强度大的特征，而且频次不断增加。

2.3 2020年"5·22"典型暴雨分析

本节以当前倍受关注的广州"5·22"暴雨作为典型暴雨案例，分析特大暴雨降雨过程特征，以及造成洪涝灾害的原因。"5·22"暴雨期间，广州市主要受灾区为黄浦区和增城区，本次基于广州市"5·22"暴雨期间主要雨量站15 min雨量资料，分析了各个测站在这场暴雨期间的降雨过程，各站降雨特征统计结果见表2。

表2 "5·22"暴雨期间各站降雨特征统计

行政区	站点名称	峰值/mm	大于20 mm暴雨	历时/min
白云区	鸦岗	22.5	是	120
	铜锣湾水库	26.5	是	120
海珠区	中大	28	是	135
黄埔区	乌涌	29	是	255
	南岗街道	37	是	255
天河区	天河区三防	24	是	150
荔湾区	司马涌	25	是	150
越秀区	沙河涌下	22.8	是	45
增城区	大滨海	39.5	是	390
	大封门水库	无	否	0
从化区	街口	10.5	否	75
	流溪河水库	7	否	135

续表 2

行政区	站点名称	峰值/mm	大于 20 mm 暴雨	历时/min
番禺区	三沙	12.5	否	45
花都区	羊石水库	14	否	30
	东湖渠道二	12	否	120
南沙区	塞承涌水闸	8.5	否	135
	蒲洲水闸	2	否	480

本次仍然以 20 mm 雨量为界，认为峰值雨量大于 20 mm 为大暴雨。从表 2 和图 3 可以看出，"5·22"暴雨期间，广州市只有中心城区发生了大暴雨，增城北部山区没有发生降雨，从化、番禺、南沙、花都区均发生小雨，且黄埔和增城发生大暴雨的历时均超过 250 min。最大峰值发生在增城区的大滨海站，峰值为 39.5 mm。

为进一步分析"5·22"暴雨变化特征，选取中心城区的几个雨量站及黄埔和增城受灾较严重的 4 个雨量站，分析该场暴雨变化特征。"5·22"暴雨期间受灾区主要雨量站暴雨过程如图 6 所示。

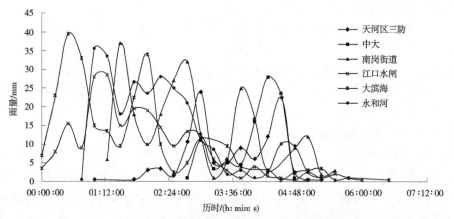

图 6 "5·22"暴雨期间受灾区主要雨量站暴雨过程

从图 6 可以看出，"5·22"暴雨期间降雨最大峰值发生在增城区大滨海站，最大值达 39.5 mm。对比 2.2 节分析的广州中心城区 8 个雨量站近 20 年 15 min 的历史降雨资料，最大峰值达 80 mm，且 8 个站历史最大峰值均在 40 mm 以上。单从峰值大小来讲，"5·22"暴雨不算历史罕见暴雨。但是从暴雨过程分析可以看出，其中受灾比较严重的增城 2 个站（江口水闸和大滨海）和黄埔 2 个站（南岗街道和永和河）都呈现双峰型，且整场暴雨历时都比较长，最短历时发生在永和河，达 105 min。因此，大暴雨、长历时才是"5·22"暴雨酿成大规模洪涝灾害的根本原因。

3 讨论

3.1 "5·22"暴雨给人们的警醒

"5·22"暴雨虽然已经过去一段时间了，但广州仍然在不断发生高频率大暴雨，只是受灾影响程度没有"5·22"暴雨那么大，所以很少关注和报道。通过 2.3 节的分析可以发现，"5·22"暴雨其实是两场或者多场强降雨叠加在一起的，虽然每场的强度都不是历史罕见的，但是由于强降雨历时太长，降雨总量超过了城市排水系统的承受能力。加上外江遭遇强降雨，水位升高，造成顶托，致使中心城区遭受罕见内涝。但是为何"5·22"暴雨会出现两场或者多场强降雨叠加在一起呢，这个问题才是值得我们关注的重点。

根据前文历史极端降雨峰值和频率分析结果，中心城区降雨峰值呈增加趋势，频率亦呈增加趋势，但降雨历时呈减小趋势。其实从这个结论不难推断，当几场强降雨发生频率增加到一定程度时，就会形成"5·22"暴雨那种结果。这点非常值得我们水利工作者注意，应重视短历时强降雨频次增加以及短历时强降雨场次叠加引起洪涝灾害加剧的这种变化，对暴雨产生的洪峰过程进行管控。

3.2 极端降雨向城市聚集的原因分析

目前有很多研究成果分析了城镇化与极端降雨发生的关系[13-18]。主要总结为三方面：①热岛效应：指的是城市化建设带来的高密度人口、工业生产、汽车尾气，使得城市的温度高于郊区。造成城市上空大气的持水能力和不稳定性增强，增加了降雨的概率和强度。②凝结核增强作用：随着城镇化的快速发展，大气污染越来越严重，空气中污染物浓度增加。其中主要污染物组成是气溶胶，气溶胶物质的普遍增加是促成降雨趋势变化的主要原因之一。③微地形阻障效应：城镇化带来的一个普遍现象就是高楼林立，高楼为暖空气爬升提供了更好的载体，使暖湿空气更容易上升冷却，增加了降雨的概率。

广州极端降雨时空变异的原因与以上分析的三点原因都密不可分，其中热岛效应是最主要原因，因为广州地处我国南方，夏季气温本身就比其他城市高，再加上城市化进程的推进，城市热岛效应就更加明显。同时广州高楼的数量和密度也比北方城市多，污染也与日俱增，这些都是中心城区极端降雨强度和频率增加的主要原因。

3.3 城市内涝治理措施分析

根据前文分析，城市化导致暴雨向城区聚集，而且强度和频率不断增大，城市内涝问题将愈演愈烈。而产生暴雨聚集的主要原因是城市化，但是城市化进程我们又无法从根本上改变，只能从宏观上提一些建议，比如城市规划向郊区倾斜、污染重工业搬离城区等。但是这是一个长期而漫长的过程，短期内无法解决内涝问题。

传统的排涝模式是通过"上蓄、下排"的措施，通过加大上游水库的调蓄能力，同时增加下游排水系统的排水能力和扩宽河道来解决内涝。但是通过前文分析，暴雨已有向中心城区聚集的趋势，增加"上蓄"能力未必会像以前那样有效。另外，大暴雨期间，外江水位上涨，会产生顶托，即便增加了城市排水系统的排水能力，也未必能排得出去。扩宽河道往往又受到两岸房屋用地的限制，很难实现。因此，在解决城市内涝这个问题上，需要在传统措施的基础上寻找新的解决办法，在城市内部增加雨水调蓄空间是解决城市内涝问题的关键，雨水调蓄空间可采用调蓄湖、湿地公园、地下蓄水设施等方式。

4 结语

本文采用广州市主要雨量站2004—2020年每15 min降雨资料，统计和分析了广州市年际及汛期降雨量的时空分布规律，降雨强度和频率的变化规律及"5·22"暴雨的变化特征，主要得出以下几点结论：

（1）广州市年降雨量和汛期降雨量在中心城区表现出增加趋势，在北部山区和南部沿海区表现出下降趋势，而非汛期雨量变化规律在中心区表现出下降趋势，其他区表现出增加趋势，这表明极端降雨在空间上向中心城区集中，时间上向汛期集中。

（2）中心城区降雨强度和频率普遍增加，北部山区和南部沿海区则相反；中心城区峰值大于20 mm的大暴雨发生次数不断增加，但暴雨历时却在缩短，其他地区则相反。

（3）"5·22"暴雨峰值仅39.5 mm，低于中心城区历史最大暴雨峰值，但暴雨过程存在"双峰"或"多峰"现象，连续发生短历时强降雨叠加是"5·22"暴雨洪涝致灾的主要原因。

（4）治理城市内涝的关键在于城市内部增加调蓄空间，在城市用地限制的情况下，增加地下蓄水设施是应对城市内涝的一种出路。

参考文献

［1］JIANG X L，REN F M，LI Y J，et al. Characteristics and preliminary causes of tropical cyclone extreme rainfall events over Hainan Island ［J］. Advances in Atmospheric Sciences，2018，35（5）：580-591.

［2］宋晓猛，张建云，刘九夫，等. 北京地区降水结构时空演变特征 ［J］. 水利学报，2015，46（5）：525-535.

［3］张建云，王银堂，贺瑞敏，等. 中国城市洪涝问题及成因分析 ［J］. 水科学进展，2016，27（4）：485-491.

［4］史培军，孔锋，方佳毅. 中国年代际暴雨时刻变化格局 ［J］. 地理科学，2014，34（11）：1281-1290.

［5］程江，杨凯，刘兰岚，等. 上海中心城区土地利用变化对区域降雨径流的影响研究 ［J］. 自然资源学报，2010，25（6）：914-925.

［6］HALLEGATTE S，GREEN C，NICHOLLS R J，et al. Future flood losses in major coastal cities ［J］. Nature Climate Change，2013，3（9）：802-806.

［7］黄国如，陈易偲，姚芝军. 高度城镇化背景下珠三角地区极端降雨时空演变特征 ［J］. 水科学进展，2021（2）：161-170.

［8］贾建辉，龙晓君. 广东省极端降水时空分布特征研究 ［J］. 水利水电技术，2018，49（12）：43-51.

［9］宋晓猛，张建云，孔凡哲，等. 北京地区降水极值时空演变特征 ［J］. 水科学进展，2017，28（2）：161-172.

［10］YAN M，JOHNNY C L，ZHAO K. Impacts of urbanization on the precipitation characteristics in Guangdong province，China ［J］. Advances in atmospheric sciences，2020，37（7）：696-706.

［11］陈燕乔，黄雪清，杨龙，等. 广州快速城市化进程中近自然林的景观和活力演变 ［J］. 生态科学，2020，39（4）：233-243.

［12］陈秀洪，刘丙军，李源，等. 城市化建设对广州夏季降水过程的影响 ［J］. 水文，2017，37（1）：25-32.

［13］杨龙，田富强，孙挺，等. 城市化对北京地区降水的影响研究进展 ［J］. 水力发电学报，2015，34（1）：37-44.

［14］孙继松，舒文军. 北京城市热岛效应对冬夏季降水的影响研究 ［J］. 大气科学，2007（2）：311-320.

［15］侯爱中. 城市化进程对当地水文气象要素影响研究——以北京市为例 ［D］. 北京：清华大学，2012.

［16］廖镜彪，王雪梅，李玉欣，等. 城市化对广州降水的影响分析 ［J］. 气象科学，2011（4）：384-390.

［17］江志红，李杨. 中国东部不同区域城市化对降水变化影响的对比研究 ［J］. 热带气象学报，2014（4）：601-611.

［18］李深林，陈晓宏，赖成光，等. 珠江三角洲地区近 30 年降雨变化趋势及其与气溶胶的关系 ［J］. 水文，2016，36（4）：31-36.

滨海城市多致灾因子洪涝淹没情景分析

钟　华[1]　张　冰[2]　商华岭[3]　王旭滢[4]　施　征[5]

(1. 水利部交通运输部国家能源局南京水利科学研究院, 江苏南京　210029;
2. 黄河水利水电开发集团有限公司, 河南郑州　450003;
3. 河海大学, 江苏南京　210024;
4. 上海勘测设计研究院有限公司, 上海　200335;
5. 浙江同济科技职业学院, 浙江杭州　311231)

摘　要: 我国50%以上的人口及70%以上的工农业产值分布在滨海城市及附近。滨海城市洪水安全是水科学研究的焦点之一。针对我国典型滨海城市洪水安全,分析复合洪涝灾害特征,构建基于情景分析的洪涝灾害风险分析方法。利用不同频率下构建的洪涝致灾因子情景,基于洪水分析模拟技术,分析洪涝风险。该方法交叉融合水文学、水动力学、统计学等多学科方法,着力解决滨海城市洪涝淹没分析中的关键难点,为滨海城市洪水风险管理提供技术支撑。

关键词: 洪水风险分析;洪潮遭遇;洪涝模拟;滨海城市

1　引言

一个世纪以来,以全球平均气温升高和降水变化为主要特征的气候变化和以城市化发展为主要标志的高强度人类活动对地球系统产生了深远影响,其中水安全受气候变化和人类活动的影响严重[1-2]。世界气象组织(WMO)的 Disaster Risk Reduction(DRR)Program、联合国教科文组织(UNESCO)国际水文计划(IHP)第八阶段 Water Security-Responses to Local、Regional,以及 Global Challenges(2014—2021)、国际水文协会(IAHS)科学计划 Everything Flow-Change in hydrology and Society(2013—2022)、美国 NAP2012 年《Challenges and Opportunities in the Hydrologic Sciences》、国际 HEPEX 计划等都提出需要进一步加强对洪涝灾害风险的理解。

我国50%以上的人口及70%以上的工农业产值分布在滨海城市及相关区域,如长三角、珠三角城市群。滨海城市具有洪涝致灾因子多样性、孕灾环境复杂性及承灾体脆弱性的特点。地处海陆相过渡带,河道受陆地径流和海洋潮汐、风暴潮的影响,易遭受台风风暴潮、洪水、暴雨袭击;又是政治、经济、文化中心,人口、资产密度高,面对洪涝灾害的脆弱性明显。近年来受气候变化及快速城镇化影响,我国滨海城市洪涝灾害频发,洪水安全成为社会经济可持续发展的重要制约因素[3-4]。受自然条件和经济社会等众多因素综合影响,洪水风险概括为三个因素:致灾因子、发生途径和受灾体。在洪水风险研究中,不同学科侧重的研究目标及时空尺度存在较大差异。水文学强调洪水发生的可能性及大小,主要侧重于致灾因子;水力学研究注重洪涝演进过程及洪涝风险空间分布的不均匀性,较侧重于洪涝发生途径;灾害学领域探寻洪水灾害成因及其时空分布,侧重于孕灾环境及受灾体。随着技术进步和学科间交叉融合,基于致灾因子-发生途径-受灾体的洪水风险综合研究受到广泛关注,分析方法日渐完善[5-7]。近年水利部全国重点地区洪水风险图《导则》和《技术细则》也都明确了致灾因子分析、洪水过程分析、洪灾损失分析作为洪水风险分析的主要环节[8-9]。

基金项目: 本文得到浙江省重点研发计划(2021C03017)资助。

作者简介: 钟华(1984—),男,高级工程师,主要从事水旱灾害防御、水利信息化研究工作。

我国典型滨海城市面临洪、潮、暴雨致灾因子威胁，更遭受多致灾因子复合作用导致的洪涝灾害。多致灾因子复合作用是指洪水、暴雨、高潮位等致灾因子同时或关联发生[10-11]。2011 年、2015 年政府间气候变化专门委员会（IPCC）两次特别报告关注滨海城市复合洪涝灾害[12]。滨海城市区域暴雨排水过程受潮位作用，易由于海（河）水顶托发生较大的洪涝灾害[13-14]。

滨海洪涝淹没研究一直是洪水风险、水文分析中的热点问题。城市坡面汇流流程缩短，水文响应单元复杂，下垫面不透水面积增加等导致产汇流模拟大、河道汇流受下游潮位及城市内闸泵影响[15]。耿艳芬[16]、喻海军[17] 等构建了基于水动力模型的洪涝分析模型，集成了一维河网汇流模型、地下管网汇流模型和二维地表产汇流模型，实现精细、准确的洪水演进过程模拟。

本文利用地形数据、河网数据等构建滨海城市洪涝分析模型，研究暴雨、高潮位等复合情景下的滨海城市洪水淹没。考虑到滨海城市建设河口挡潮闸，城市内闸、堰、泵站等水利工程，洪涝过程调控能力不断加强，对洪涝过程影响日益重要。研究滨海城市洪涝灾害风险，既不能人为地割裂洪、潮、暴雨致灾因子间的关联性，也不能割裂行洪河道、排水渠道、排水管网、河口海岸等洪涝发生过程及途径的相关性。因此，需要考虑构建滨海城市洪涝过程模拟模型，探索和深化滨海城市洪涝淹没情景分析方法。

2 技术方法

本文针对滨海城市复合洪涝灾害，分析洪涝过程特征，完善洪涝情景分析方法。以致灾因子-发生途径-受灾体的洪水风险研究体系为指导，应用长期水文气象观测数据、地形图、数字地面高程（DEM）、土地利用状况、河道水下地形、城市排水管网、水利工程及防洪调度、社会经济资料，结合现场调研，采用洪水分析模拟技术，分析滨海城市复合洪涝情景。

构建滨海城市洪水分析模型，耦合一二维水动力模型、城市水文产汇流模型、雨水管网模型、工程防洪调度模型等，并通过历史洪涝资料率定、验证模型。

通过构建不同频率（重现期）的复合洪涝情景，采用洪水分析模型模拟出洪水淹没范围、水深和历时，结合社会经济状况、人口分布利用洪灾损失评估模型计算洪水损失。综上，形成滨海城市洪涝情景分析方法。

3 案例分析

浙江省杭州市钱塘区（大江东片）地处钱塘江下游，东、北、西三面被钱塘江环绕。地势地平，地面高程为 5.0~6.8 m。区域自流排水条件好。域内河道多为围垦时人工开挖而成，排水河道呈网格状，主要有义南横河、三工段横河、四工段直河、六工段直河、八工段直河、十工段直河、沿塘河、抢险河等。钱塘江沿江排水水闸 8 座，主要有赭山湾闸、一工段闸、四工段闸站、外六工段闸、外八工段闸、外十工段闸、二十工段闸、东江闸。

洪涝灾害主要由梅雨和台风雨造成。入梅时间和梅雨季长短与副热带高压的位置和强弱密切相关。一般入梅时间在 6 月上旬，出梅时间在 7 月上旬；台风多出现在 7—9 月，平均每年 2~3 次。由于地貌差异，排水条件不同，洪涝灾害空间分布不均，地势相对较高、靠近外海区排水条件好，排涝能力相对较高；地势相对低洼、排水线路较远的区域相对排水困难，易形成洪涝灾害。

建立了杭州钱塘新区（大江东片）（见图 1）的水文模型、一维河网模型、地表二维模型（见图 2）、闸门防洪调度模型等。模型能反映暴雨产汇流及水流在河道内的水位变化，以及钱塘江高潮位对区域防洪排涝的影响。在前期对研究区域调研、资料收集、洪水分析模型建模的基础上，通过近期资料较为丰富的洪水事件，完成模型的率定和验证工作。

水文模型范围由一、二维模型范围叠加得到，结合地形地势、水系，采用新安江模型进行产汇流计算，最后得出平原河网各河道相应的汇入洪水流量过程。

一维河网模型共选取了 1 053 个计算断面，基本上涵盖了大江东区域主要河道和全部的排水挡潮

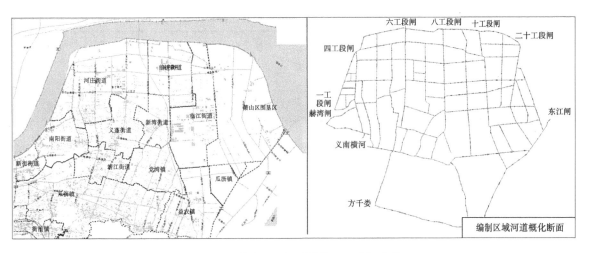

图 1   浙江钱塘江口杭州钱塘区（大江东片）

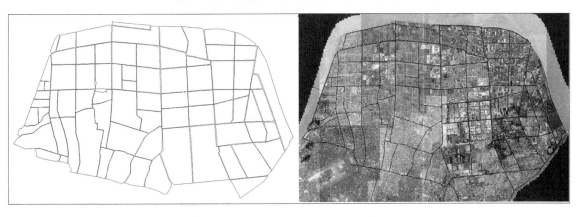

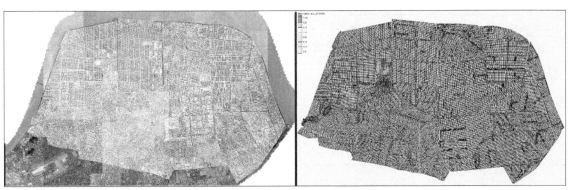

图 2   水文模型子流域划分（按照主要河道划分）、一维河网模型、二维地表模型、二维地表模型（高程）

闸，综合了现有河网、水闸和排水挡潮闸的调蓄与排涝的作用。经率定，主要防洪排涝河道（五纵四横）糙率参数为 0.02~0.03，其他概化沟渠糙率取 0.03~0.04。

二维建模范围以地形（DEM 数字高程模型）、地貌为依据，充分考虑线性工程（公路、铁路、堤防等线状物）的阻水及导水影响。

选取 20131006（"菲特"台风）（见表1）、20190809（"利奇马"台风）历史洪水，采用率定过的参数进行河道洪水和区域淹没洪水的验证，需要满足验证结果与实际洪水的最大水位误差（实测水位与计算水位之差绝对值的最大值）不超过 20 cm，相对误差不超过 10%。模型对区域的概化合理，对河道水位过程和淹没范围分布的模拟结果与实测或调查数据较为吻合，能从整体上反映编制区域由洪水引起的淹没空间分布。

表 1 "菲特"台风河道洪水验证计算成果

水位点	实测最高洪水位/m	计算值/m	差值
义蓬	5.25	5.23	−0.02
方千娄	5.46	5.48	0.02

大江东地势平坦低洼,一旦遭遇暴雨,形成的洪涝灾害范围广、历时长。主要的洪水来源包括区域暴雨洪水和钱塘江高潮位。分析暴雨、潮位频率曲线,给出典型频率下的致灾因子,形成洪水计算方案。模拟分析当前大江东区域防洪防涝体系,遭遇不同频率暴雨、高潮位,可能出现洪水淹没和事故地点,为摸清区域现状防洪防涝能力和评估相应频率的风险提供技术支撑。

采用盐官、钱清、方千娄、益农站作为雨量代表站,雨量系列为 1958—2013 年共 56 年资料。采用站点权重求得同场雨面雨量,将历年实测最大 24 h 面雨量进行频率适线(见表 2),适线方法采用 P-Ⅲ型,得到 50 年一遇至 100 年一遇频率下的设计暴雨(见表 3)。

表 2 设计暴雨成果

项目	均值	C_v	C_s/C_v	各频率（%）设计暴雨成果/mm					
				0.5	1	2	5	10	20
H_{1d}	81	0.55	4	310	246	213	170	138	107
H_{24h}	$H_{24h} = H_{1d} \times 1.13$			350	278	241	192	156	121

表 3 洪涝模拟情景设置

方案	标准/（重现期,年）	备注
设计暴雨	5	5 年一遇设计暴雨,钱塘江遭遇偏不利潮型
	10	10 年一遇设计暴雨,钱塘江遭遇偏不利潮型
	20	20 年一遇设计暴雨,钱塘江遭遇偏不利潮型
	50	50 年一遇设计暴雨,钱塘江遭遇偏不利潮型
	100	100 年一遇设计暴雨,钱塘江遭遇偏不利潮型
	200	200 年一遇设计暴雨,钱塘江遭遇偏不利潮型

采用验证后的计算模型,对上述计算方案开展洪水分析,得出淹没区的淹没范围、水位、流量、交换水量、淹没时间、水深、淹没历时等洪水特征信息。

针对杭州市钱塘区大江东片区 5 年一遇、10 年一遇、20 年一遇、50 年一遇、100 年一遇、200 年一遇设计暴雨方案,分析统计各方案淹没范围和淹没水深,横向比较,如图 3 所示。

从模拟结果看,本区域遭遇 5 年一遇、10 年一遇设计暴雨,起始水位在 3.9 m,防汛形势基本平稳,可以安全抵御 5 年一遇暴雨洪水。除区域内个别低洼处和沿河道低洼处,基本没有发生淹没情况。当遭遇 20 年一遇以上洪水时,平原河网水位进一步抬高,新湾、党湾、河庄、义蓬、临江街道等地出现受淹情况。遭遇 100 年一遇洪水时,编制区域大部分河道出现受淹情况,编制区域出现部分淹没,淹没水深在 0.5 m,局部低洼地区淹没水深达到 1 m。遭遇 200 年一遇洪水时,编制区域出现大范围淹没,新湾街道淹没水深超过 1 m,局部达到 1.5 m。

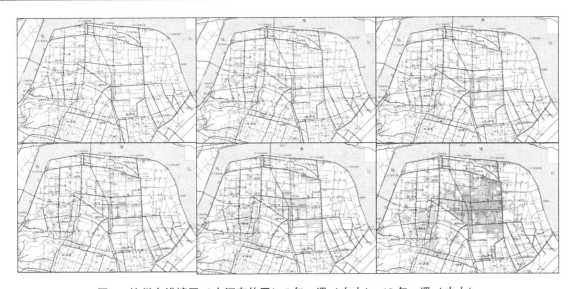

图 3 杭州市钱塘区（大江东片区）5 年一遇（左上）、10 年一遇（中上）、
20 年一遇（右上）、50 年一遇（左下）、100 年一遇（中下）、200 年一遇（右下）设计暴雨淹没情况

4 结语与建议

滨海城市洪涝灾害是近年来水旱灾害防御新的重点、难点。滨海城市的洪涝过程模拟复杂，涉及降雨产汇流过程、河道洪水过程、洪水满溢及积涝过程等。为更好地模拟上述过程，需要大量的基础资料，这些资料是进行洪水致灾因子分析、洪水影响分析的基础和前提。基础资料涉及河流和水系、断面、水文、历史灾害、防洪工程、道路等多方面内容，面广量大，很多资料又保存在不同的行政部门，还涉及不同的格式、高程基准、不同坐标系等。

滨海城市中修建了大量的闸泵设施，对洪涝过程进行调度调控，导致模型模拟难度增加。需要在建模的同时，考虑好水利工程调度的影响。鉴于现实条件下闸泵调度更多是靠人工经验，模拟计算与实际调度还是有差别的。

通过建立关于滨海城市的水文模型、一维河网模型、地表二维模型等耦合洪涝模型，构建不同频率致灾因子情景，能够在一定程度上反映该情景下河道内水位变化，城市聚集区等的洪涝分布的情况，为防汛减灾、城市防洪调度等提供必要的信息，也为滨海城市防御超标准洪水提供了数据支撑。

参考文献

［1］张建云，王国庆．气候变化对水文水资源影响研究［M］．北京：科学出版社，2007．

［2］Mcdonald R I, Green P, Balk D, et al. Urban growth, climate change, and freshwater availability［J］. Proceedings of the National Academy of Sciences of the United States of America, 2011, 108（15）：6312-6317.

［3］程晓陶．城市型水灾害及其综合治水方略［J］．灾害学，2010（S1）：10-15．

［4］张建云，宋晓猛，王国庆，等．变化环境下城市水文学的发展与挑战——I．城市水文效应［J］．水科学进展，2014（4）：594-605．

［5］Oumeraci H. Sustainable coastal flood defences: scientific and modelling challenges towards an integrated risk-based design concept［C］// First IMA International Conference on Flood Risk Assessment, IMA-Institute of Mathematics and its Applications, Session 1, Bath, UK, 2009：9-24.

［6］程晓陶，谭徐明，周魁一，等．我国防洪安全保障体系与洪水风险管理的基础研究［J］．中国水利，2004（22）：61-63．

［7］Fleming G. Learning to live with rivers—the ICE's report to government［J］. Proceedings of the Institution of Civil Engineers-civil Engineering, 2015.

［8］国家防汛抗旱总指挥部办公室．洪水风险图编制导则：SL 483—2010［S］．北京：中国水利水电出版社，2010.

［9］国家防汛抗旱总指挥部办公室．洪水风险图编制技术细则（试行）［S］．北京：中国水利水电出版社，2009.

［10］Seneviratne S, Nicholls N, Easterling D. Managing the Risks of Extreme Events and Disasters to Advance Climate Change Adaptation: Changes in Climate Extremes and their Impacts on the Natural Physical Environment［R］. 2012.

［11］Leonard M, Westra S, Phatak A. A compound event framework for understanding extreme impacts［J］. Wiley Interdisciplinary Reviews: Climate Change, 2014, 5（1）: 113-128.

［12］IPCC. Managing the Risks of Extreme Events and Disasters to Advance Climate Change Adaptation［R］. A Special Report of Working Group I and Working Group II of Intergovernmental Panel on Climate Change, 2011.

［13］Wahl T, Jain S, Bender J, et al. Increasing risk of compound flooding from storm surge and rainfall for major US cities［J］. Nature Climate Change, 2015, 5（12）: 1093-1097.

［14］Lian J J, Xu K, Ma C. Joint impact of rainfall and tidal level on flood risk in a coastal city with a complex river network: A case study of Fuzhou city, china［J］. Hydrology and Earth System Sciences, 2013, 17: 679-689.

［15］刘勇，张韶月，柳林，等．智慧城市视角下城市洪涝模拟研究综述［J］.地理科学进展，2015，34（4）: 494-504.

［16］耿艳芬．城市雨洪的水动力耦合模型研究［D］.大连：大连理工大学，2006.

［17］喻海军．城市洪涝数值模拟技术研究［D］.广州：华南理工大学，2015.

亭子口水利枢纽建成后大洪水分析与设计洪水复核

汪青静[1]　陈　玺[1]　袁玉娇[2]　李妍清[1]

（1. 长江水利委员会水文局，湖北武汉　430010；
2. 嘉陵江亭子口水利水电开发有限公司，四川苍溪　628408）

摘　要：本文着重分析了亭子口水利枢纽建成以后 2018 年 7 月和 2020 年 8 月发生的两场大洪水，其中 2018 年 7 月发生的洪水是亭子口来水较大的"尖瘦型"典型洪水，该场洪水的洪峰、24 h 洪量、72 h 洪量、168 h 洪量在亭子口实测洪水系列中分别排第 2 位、第 2 位、第 2 位、第 3 位；2020 年 8 月发生的洪水是亭子口来水较大的"连续多峰型"典型洪水，该场洪水的 72 h 洪量、168 h 洪量在亭子口实测洪水系列中均排第 1 位。根据这两场大洪水的洪峰洪量排位，复核了亭子口坝址的设计洪水，复核后仍推荐采用亭子口原设计洪水成果，本文的分析成果可为水库调洪计算和大坝工程现状抗洪能力评价提供基础依据。

关键词：亭子口水库；大洪水；设计洪水

1　引言

设计洪水是确定水利工程建设及指定运行管理策略的重要依据[1]。设计洪水的一个主要经验就是充分利用实测水文资料和历史洪水调查资料[2]，因为不同时期所依据的水文资料系列不同、所采用的研究方法不同，都可能导致各时期设计洪水成果的差异。一般来说，水文资料系列越长，则代表性越好，求得的设计洪水成果越可靠[3]。若原先计算的设计洪水偏大，从流域防洪角度而言防洪标准就高，所需防洪库容就大，防洪堤防就高，不利于洪水资源利用[4]；若原先计算的设计洪水偏小，则一旦发生特大或大洪水所在区域的安全就难以保证，有可能导致溃堤、溃坝等极端事件的发生，给国家和人民群众的生命财产带来巨大损失[5-6]。

嘉陵江流域有大巴山、龙门山两大暴雨区，每年 5—10 月易发生大范围、高强度的降雨，干支流洪水往往集中遭遇，导致洪水灾害频发，给嘉陵江流域经济社会发展及人民群众生命财产造成了极大损害[7]。亭子口水利枢纽是嘉陵江干流开发中唯一的控制性工程，自 2013 年 6 月开始下闸蓄水以来，分别于 2018 年 7 月和 2020 年 8 月发生了两场大洪水，通过亭子口水库的调度，分别拦洪 8.1 亿 m³ 和 5.8 亿 m³，大大减轻了其下游河段，尤其是重庆河段的防洪压力，也为长江中下游的洪水削峰错峰做出了积极贡献[8]。

本文通过补充收集并延长嘉陵江干流的水文资料和气象资料，考虑建库后坝址上游地区人类活动和上游碧口、宝珠寺水库的影响，分析并还原亭子口坝址处 2018 年 7 月和 2020 年 8 月的大洪水，将亭子口坝址的洪水系列延长至 2021 年，开展亭子口坝址设计洪水的复核分析计算，为水库调洪计算和大坝工程现状抗洪能力评价提供基础依据[9-10]。

基金项目：中国大唐集团有限公司科研项目（CDT-TZK/SYC〔2020〕-019）。
作者简介：汪青静（1993—），女，工程师，主要从事水文水资源分析研究工作。

2 工程概况及数据

2.1 工程概况

亭子口水库位于四川省广元市苍溪县境内,下距苍溪县城约 15 km,坝址以上集水面积为 61 089 km²,占嘉陵江流域面积的 39%。工程以防洪、灌溉及城乡供水、发电为主,兼顾航运,并具有拦沙减淤等综合利用效益[11]。亭子口水库正常蓄水位 458 m,死水位 438 m,调节库容 17.32 亿 m³,具有年调节性能;防洪限制水位 447 m,设计洪水位 461.3 m,预留防洪库容 10.6 亿 m³(非常运用时为 14.4 亿 m³),可将下游南充市防洪能力提升至 50 年一遇。工程等别为 I 等,工程规模为大(1)型。大坝按 1 级建筑物设计,设计洪水标准为 500 年一遇,校核洪水标准为 5 000 年一遇。

亭子口水库以上没有兴建大型水利工程,在支流白龙江上,于 1975 年 12 月建成了以发电为主的碧口航电枢纽工程,总库容 4.5 亿 m³,有效库容 2.21 亿 m³,为季调节水库;于 1996 年 12 月建成了以发电为主的宝珠寺水电站,位于碧口水电站下游,总库容 25.5 亿 m³,有效库容 13.4 亿 m³,为年调节水库。碧口水电站和宝珠寺水库位于亭子口水库上游,对亭子口水库的洪水会有一定的影响。

2.2 基本资料

亭子口水库的设计依据站为亭子口水文站,集水面积 61 089 km²,受亭子口水库建设影响,亭子口水文站于 2013 年撤销,并下迁 31 km 新设苍溪水文站,集水面积 61 515 km²,因亭子口水文站与苍溪水文站的集水面积相差不到 1%,因此本文将亭子口水文站、苍溪水文站的水文系列直接合并使用。嘉陵江广元水文站(原新店子水文站)、白龙江三磊坝站、清水江上寺站为亭子口以上主要支流的控制水文站,碧口、宝珠寺、亭子口为亭子口以上的主要水库节点,本次收集了各水文站点插补延长后 1954—2021 年的流量资料。嘉陵江干流水系节点控制站分布示意如图 1 所示。

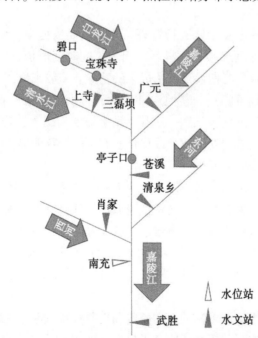

图 1 嘉陵江干流水系节点控制站分布示意图

本文使用的亭子口的流量系列还原了碧口、宝珠寺和亭子口水库的调蓄作用,三磊坝的流量系列还原了碧口水电站和宝珠寺水库的调蓄作用,其他水文站均采用实测流量系列。

2.3 使用的数据

本文使用到的水文数据有年最大洪峰流量 Q_{max}、年最大 24 h 洪量 W_{24h}、年最大 72 h 洪量 W_{72h}、年最大 168 h 洪量 $W_{168\,h}$，其计算公式如下：

$$W_{24\,h} = 0.36 \times 10^{-4} \times \sum_{i=1}^{n=24} Q_i$$

$$W_{72\,h} = 0.36 \times 10^{-4} \times \sum_{i=1}^{n=72} Q_i$$

$$W_{168\,h} = 0.36 \times 10^{-4} \times \sum_{i=1}^{n=168} Q_i$$

式中：Q_i 为第 i 小时的平均流量，m^3/s；$W_{24\,h}$ 为一年当中的最大 24 h 洪量，亿 m^3；$W_{72\,h}$ 为一年当中的最大 72 h 洪量，亿 m^3；$W_{168\,h}$ 为一年当中的最大 168 h 洪量，亿 m^3。

3 亭子口洪水特性

3.1 洪水发生时间分布特征

根据 1954—2021 年亭子口水文站和苍溪水文站的天然流量分析亭子口的洪水发生时间分布特征。从最大洪峰流量散点图（见图 2）可见：亭子口坝址处年最大洪峰流量出现在 5 月中旬至 10 月上旬，7—9 月为年最大洪峰出现的集中时段（82.1%），最早为 5 月 17 日（1967 年），最晚为 10 月 11 日（2000 年）。7 月出现的次数最多，占总数的 38.8%，受秋汛影响，年最大洪水 9 月比 8 月出现的次数多。8 月上中旬出现洪峰相对较少的空档期，之后洪峰又增大。当西太平洋副热带高压提前西移时，嘉陵江流域汛期将会提前，这种情况下亭子口 6 月底至 7 月中旬即可出现较大洪水[12]，实测系列的两场大洪水均发生在该期间；至 8 月长江锋面移入华北时，嘉陵江流域降雨减少，往往出现洪峰的低潮，至 9 月上中旬，极锋南旋，常发生秋季洪水，但洪水量级有所减小。亭子口坝址处最大洪峰量级一般为 5 000~20 000 m^3/s，小于 5 000 m^3/s 的有 11 次，大于 20 000 m^3/s 仅有 4 次；年最大洪峰流量在 5 000 m^3/s 以上的占 83.6%，在 10 000 m^3/s 以上的占 50.7%。

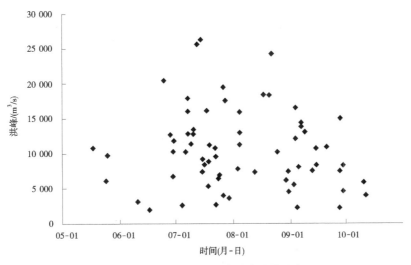

图 2 亭子口坝址年最大洪峰流量散点图

亭子口坝址处年最大 24 h、72 h、168 h 洪量分别为 19.58 亿 m^3（1981 年）、38.47 亿 m^3（2020 年）、67.97 亿 m^3（2020 年），最小值分别为 1.52 亿 m^3（1986 年）、3.70 亿 m^3（2004 年）、5.83 亿 m^3（2004 年）。亭子口坝址处的年最大 24 h、72 h、168 h 洪量时间分布特征与年最大洪峰散点图类似。

3.2 洪水地区组成

根据嘉陵江广元水文站、白龙江三磊坝水文站、清水江上寺水文站 1954—2021 年同期天然洪水资料分析了亭子口洪水地区分布特征，包括 72 h 洪量与 168 h 洪量的地区组成。由表 1 可知，对于亭子口坝址以上的 72 h 洪量，广元、三磊坝所占的百分比分别为 40.3% 和 27.6%，小于其面积百分比 42.0% 和 47.9%；而上寺站及未控区间洪量所占的百分比分别为 12.5% 和 19.6%，远大于它们相应的面积百分比 4.0% 和 6.1%，这是由于上寺以及未控区间处于嘉陵江上游的暴雨中心，因此上寺站和未控区间洪水占亭子口坝址洪水的比重相对较大。此外，亭子口坝址以上 168 h 洪量的地区组成与 72 h 洪量地区组成基本一致。

表 1 亭子口坝址以上洪水地区组成

河名	站名	集水面积		W_{72h}		W_{168h}	
		面积/km^2	占比%	洪量/亿 m^3	占比%	洪量/亿 m^3	占比%
嘉陵江	广元	25 647	42.0	6.11	40.3	9.71	39.4
白龙江	三磊坝	29 273	47.9	4.20	27.6	7.59	30.8
清水河	上寺	2 457	4.0	1.90	12.5	2.99	12.1
未控区间		3 712	6.1	2.97	19.6	4.34	17.7
嘉陵江	亭子口	61 089	100	15.18	100	24.63	100

4 亭子口水库建成后大洪水分析

4.1 2018 年 7 月暴雨洪水概述

4.1.1 雨情

自 2018 年 7 月初以来，受副热带高压外围西南暖湿气流和冷空气持续影响，长江上游水系几乎每天都有降雨，其中 1—6 日为一次大面积的暴雨过程，涪江面雨量为 78 mm，渠江面雨量为 77 mm，嘉陵江干流面雨量为 69 mm，由于降水连绵不断，使得嘉陵江等水系的底水比较高。7 月 7—12 日，长江上游又发生了新一轮强降雨，涪江、嘉陵江干流上游降雨强度较大，涪江面雨量为 178 mm、嘉陵江干流面雨量为 84 mm，其中嘉陵江中游上段洪水主要由 7 月 7—12 日的大暴雨所形成。亭子口以上的上寺、剑阁、三磊坝、广元均在 7 月 10 日发生最大 24 h 雨量，分别为 148 mm、98.5 mm、139.5 mm 和 77 mm，最大 3 d 雨量分别为 204.5 mm、177 mm、188 mm 和 125 mm。

4.1.2 洪水情况

嘉陵江干流上游广元水文站于 11 日 15 时 30 分出现洪峰流量，为 10 600 m^3/s，支流清水河上寺和白龙江宝珠寺处于暴雨中心，先于干流起涨，上寺水文站 11 日 7 时 30 分出现洪峰流量，为 5 030 m^3/s，宝珠寺 11 日 3 时出现入库洪峰流量，为 8 870 m^3/s。受碧口和宝珠寺水库调度、广元站来水和区间降雨的影响，亭子口水库 11 日 17 时出现入库洪峰流量，为 25 100 m^3/s，如果将碧口、宝珠寺水库的调蓄作用还原，则亭子口洪峰流量为 25 700 m^3/s，在亭子口的洪水系列中排第 2 位，比 1981 年洪峰略小；11 日 21 时亭子口最大出库流量为 16 800 m^3/s，12 日 4 时库水位最高涨至 455.58 m。亭子口下游支流东河清泉乡 7 月 11 日 21 时洪峰流量为 3 660 m^3/s，两股洪流遭遇汇合后，12 日金银台洪峰流量为 20 700 m^3/s，再向下与支流西河肖家 7 月 12 日 15 时洪峰流量 642 m^3/s 遭遇，至南充洪峰流量为 19 200 m^3/s（由南充站的水位流量关系插补，下同）。由于雨势减弱及河槽调蓄，洪峰流量仍沿干流递减，13 日 19 时武胜出现洪峰，实测洪峰流量为 17 700 m^3/s，洪峰水位 225.85 m，水位总涨幅为 12.53 m,经亭子口、宝珠寺水库调蓄还原后,洪峰流量为 23 800 m³/s,在武胜洪水系列中排第 3 位,比 1981 年洪峰小。亭子口坝址至武胜各主要控制水文站的流量过程如图 3 所示。

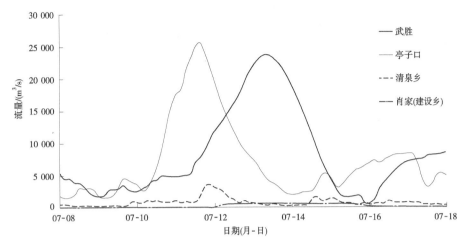

图 3　亭子口坝址至武胜站 2018 年 7 月洪水过程图

该场洪水的 24 h 洪量、72 h 洪量、168 h 洪量在亭子口洪水系列中分别排第 2 位、第 2 位、第 3 位,亭子口坝址处 72 h 洪量、168 h 洪量占武胜 72 h 洪量、168 h 洪量的比例分别为 84.4%、89.1%,均大于平均占比,说明本场洪水是亭子口来水较大的"尖瘦型"典型洪水。

4.2　2020 年 8 月暴雨洪水概述

4.2.1　雨情

2020 年 8 月中旬,欧亚中高纬度维持两槽一脊的环流形势,强势而稳定的副热带高压西进,四川盆地附近正处于副热带高压边缘,副热带高压异常偏北、偏强,南撤偏晚。在副热带高压西进、冷高压中心向四川盆地和西南山地边缘移动和西南涡的共同作用下,长江上游嘉陵江流域发生极端降水[13]。8 月 11—17 日,涪江累积雨量最大为 389.6 mm,嘉陵江累积雨量为 147.5 mm,渠江累积雨量为 63.5 mm[14],亭子口以上普降暴雨,上寺、剑阁、三磊坝、广元在该场洪水内的最大 3 d 雨量分别为 251.5 mm、223 mm、188 mm、162 mm。

4.2.2　洪水情况

嘉陵江宝珠寺水库 16 日 10 时出现最大入库流量 6 770 m³/s,期间出库流量维持在 4 200 m³/s 左右,拦蓄洪量 1.8 亿 m³,嘉陵江干流上游广元水文站于 17 日 6 时出现流量 8 860 m³/s。受白龙江碧口和宝珠寺水库调度、广元水文站来水和区间降雨影响,亭子口水库 16 日 13 时出现入库洪峰流量 18 000 m³/s,如果将碧口、宝珠寺水库的调蓄作用还原,则亭子口洪峰流量为 18 500 m³/s,在实测系列中排第 6 位;17 日 18 时亭子口最大出库流量 14 700 m³/s,19 日 1 时库水位最高涨至 454.96 m。支流东河清泉乡 18 日 14 时洪峰流量为 3 110 m³/s,两股洪流遭遇汇合后,18 日金银台洪峰流量为 16 300 m³/s,再向下与支流西河肖家 8 月 13 日 20 时洪峰 1 440 m³/s 遭遇,至南充洪峰流量为 16 600 m³/s。由于雨势减弱及河槽调蓄,洪峰流量仍沿干流递减,19 日 14 时武胜出现洪峰,实测洪峰流量为 16 100 m³/s,洪峰水位 224.51 m,经亭子口、宝珠寺水库调蓄还原后,洪峰流量为 17 700 m³/s,在实测系列中排第 10 位。亭子口坝址至武胜各主要控制水文站的流量过程如图 4 所示。

该场洪水的 24 h 洪量、72 h 洪量、168 h 洪量在亭子口实测系列中分别排第 4 位、第 1 位、第 1 位,亭子口坝址处 72 h 洪量、168 h 洪量占武胜 72 h 洪量、168 h 洪量的比例分别为 90.5%、82.6%,均大于平均占比,说明本场洪水是亭子口来水较大的"连续多峰型"典型洪水。

5　亭子口设计洪水复核

《嘉陵江亭子口水利枢纽初步设计报告》(简称《初设报告》) 中亭子口的历史洪水为 1857 年、

1871 年、1903 年、1913 年，其中 1903 年、1913 年历史洪峰洪量采用实测系列峰量关系插补各时段洪量，1857 年、1871 年历史洪水只计其位，不计其量；1981 年还原后的洪峰洪量为实测系列排位第 1，1998 年还原后的洪峰为实测系列中排位第 2，均做特大值处理[6]。

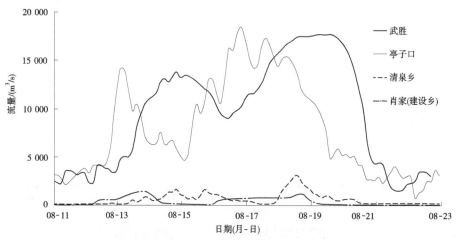

图 4   亭子口至武胜站 2020 年 8 月洪水过程图

本文在《初设报告》的基础上将亭子口洪水系列从 2006 年延长至 2021 年，其中 2018 年还原后洪峰超过初设报告中实测系列排位第 2 的 1998 年洪峰，成为亭子口水文站有实测资料以来的第 2 大洪水，其 24 h 洪量、72 h 洪量、168 h 洪量均要做特大值处理；2020 年亭子口洪水为连续多峰型洪水，其还原后的 72 h 洪量、168 h 洪量超过初设报告中实测系列排位第 1 的 1981 年 72 h 洪量、168 h 洪量，也需要做特大值处理。按年最大值独立取样原则，分别统计年最大洪峰、24 h 洪量、72 h 洪量、168 h 洪量，并考虑 1857 年、1871 年、1903 年、1913 年历史洪水加入。由实测洪水系列与历史洪水组成不连续洪水系列，进行频率分析计算，采用 P–Ⅲ型曲线进行适线，亭子口坝址的设计洪峰、洪量成果见表 2。

表 2   亭子口坝址设计洪水成果

阶段	类别	统计参数			设计值				
		均值	C_v	C_s/C_v	0.02%	0.20%	1%	2%	5%
初步设计	Q_{max} / (m³/s)	10 800	0.50	2.5	43 400	34 500	28 000	25 100	21 200
	$W_{24 h}$ /亿 m³	7.79	0.51	2.5	32.0	25.3	20.5	18.3	15.4
	$W_{72 h}$ /亿 m³	15.8	0.52	2.5	66.2	52.3	42.2	37.7	31.6
	$W_{168 h}$ /亿 m³	24.6	0.54	2.5	107.0	84.3	67.7	60.3	50.3
本文复核	Q_{max} / (m³/s)	10 300	0.54	2.5	45 000	35 300	28 300	25 200	21 000
	$W_{24 h}$ /亿 m³	7.37	0.56	2.5	33.5	26.2	20.9	18.5	15.4
	$W_{72 h}$ /亿 m³	14.8	0.57	2.5	68.7	53.5	42.5	37.7	31.2
	$W_{168 h}$ /亿 m³	23.1	0.59	2.5	112.0	86.3	68.3	60.4	49.6
成果比较	Q_{max} 相差/%				3.7	2.5	1.3	0.6	−0.5
	$W_{24 h}$ 相差/%				4.9	3.4	1.9	1.0	−0.4
	$W_{72 h}$ 相差/%				3.7	2.3	0.8	−0.0	−1.4
	$W_{168 h}$ 相差/%				3.8	2.4	0.9	0.1	−1.2

将本文计算的亭子口坝址设计洪水成果与《初设报告》中成果进行比较，本文使用的洪水系列相较于《初设报告》增加了 14 年系列，并且将 2018 年洪峰、24 h 洪量、72 h 洪量、168 h 洪量和 2020 年 72 h 洪量、168 h 洪量做特大值处理，使得不连续系列的洪峰、24 h 洪量、72 h 洪量、168 h 洪量均值均有所减小，同时频率适线时 C_v 值也有一定调整，因此本次计算的设计值较《初设报告》中成果有所变化，但本文的计算成果与《初设报告》中的成果变幅在 5% 以内，因此本文复核后仍推荐采用《初设报告》中亭子口的设计洪水成果。

对亭子口坝址设计洪水的复核结果表明，由于《初设报告》的设计洪水中已经考虑了历史洪水，也将实测系列中洪水量级较大的 1981 年、1998 年洪水做了特大值处理，而本文新增的两场大洪水（2018 年 7 月和 2020 年 8 月）量级相对于 1981 年洪水量级差异不大，所以复核结果与原设计洪水成果差异不大。由此也可以说明，历史洪水和实测大洪水是计算设计洪水的重要依据，能够增加洪水系列的代表性，提高设计洪水成果的精度。

6　结语

本文对嘉陵江亭子口坝址处洪水发生时间和洪水地区组成进行了分析，着重分析了亭子口水库建成以后 2018 年 7 月和 2020 年 8 月的两场大洪水，根据这两场大洪水的洪峰洪量排位，复核了亭子口的设计洪水，得到如下结论：

（1）亭子口坝址的洪水主要集中在 7—9 月，洪峰量级主要集中在 5 000 ~ 20 000 m³/s；亭子口以上广元水文站及三磊坝水文站的洪水占亭子口坝址洪水的比重略小于面积比；上寺水文站及未控区间位于嘉陵江上游的暴雨中心，其洪水占亭子口坝址洪水的比重远超过其面积比。

（2）2018 年 7 月发生的洪水是亭子口来水较大的"尖瘦型"典型洪水，该场洪水的洪峰、24 h 洪量、72 h 洪量、168 h 洪量在亭子口实测洪水系列中分别排第 2 位、第 2 位、第 2 位、第 3 位；2020 年 8 月发生的洪水是亭子口来水较大的"连续多峰型"典型洪水，该场洪水的 72 h 洪量、168 h 洪量在亭子口实测系列中均排第 1 位。

（3）亭子口坝址设计洪水的复核结果表明，历史洪水和实测大洪水是计算设计洪水的重要依据，能够增加洪水系列的代表性，提高设计洪水成果的精度，由于《初设报告》的设计洪水中已经考虑了历史洪水和实测大洪水，即使后续出现 2018 年 7 月和 2020 年 8 月这样的大洪水，只要新增的大洪水量级与原洪水系列中的大洪水量级差异不大，也基本能维持原设计洪水成果不变。

参考文献

[1] 郭生练，刘章君，熊立华．设计洪水计算方法研究进展与评价［J］．水利学报，2016，47（3）：302-314.

[2] 中华人民共和国水利部．水利水电工程设计洪水计算规范：SL 44—2006［S］．北京：中国水利水电出版社，2006.

[3] 徐长江．设计洪水计算方法及水库防洪标准比较研究［D］．武汉：武汉大学，2016.

[4] 郭生练，尹家波，李丹，等．丹江口水库设计洪水复核及偏大原因分析［J］．水力发电学报，2017，36（2）：1-8.

[5] 盛金保，李宏恩，盛韬桢．我国水库溃坝及其生命损失统计分析［J/OL］．水利水运工程学报：1-17［2022-10-17］．http://kns.cnki.net/kcms/detail/32.1613.TV.20221006.1325.002.html

[6] 李宏恩，马桂珍，王芳，等．2000—2018 年中国水库溃坝规律分析与对策［J］．水利水运工程学报，2021（5）：101-111.

[7] 陈永生，李书飞，管益平．亭子口水利枢纽防洪作用分析［J］．水力发电，2009，35（10）：24-25，66.

［8］李肖男，饶光辉，何小聪，等 . 嘉陵江 2020 年洪水调度实践与启示 ［J］. 人民长江，2020，51（12）：166-171.

［9］屠水云，殷诗茜，曾营 . 云南东风水库设计洪水复核分析 ［J］. 海河水利，2021（5）：39-41.

［10］黄根玉 . 设计洪水复核几个重点问题的探讨 ［J］. 中国水运（理论版），2008（1）：92-93.

［11］长江勘测规划设计研究有限责任公司 . 嘉陵江亭子口水利枢纽初步设计报告 ［R］. 武汉：长江勘测规划设计研究有限责任公司，2009.

［12］李立平，高玉磊，李妍清 . 嘉陵江流域整体设计洪水研究 ［J］. 人民长江，2021，52（2）：72-77.

［13］徐高洪，邵骏，郭卫 . 2020 年长江上游控制性水文站洪水重现期分析 ［J］. 人民长江，2020，51（12）：94-97，103.

［14］杨文发，訾丽，张俊，等 . "20·8" 与 "81·7" 长江上游暴雨洪水特征对比分析 ［J］. 人民长江，2020，51（12）：98-103.

流域发展战略

珠江河口澳门附近水域水沙输移及滩槽演变特征

杨留柱[1,2]　林中源[1,2]　喻丰华[1,2]　刘　培[1,2]　陈海花[1]

（1. 珠江水利委员会珠江水利科学研究院，广东广州　510611；
2. 水利部珠江河口治理与保护重点实验室，广东广州　510611）

摘　要： 基于多时期遥感影像、水下地形以及实测水文资料，分析了澳门附近水域水沙输移及滩槽演变特征。澳门附近水域径潮流相互作用，流态复杂。洪季泥沙主要来源于洪湾水道径流挟沙，枯季悬沙以风浪掀沙为主，西滩与西槽间形成明显的悬沙浓度界线。澳门水道以北水域半开敞式海湾，外港防波堤修建后阻挡了湾内南向水沙输移，上游西滩输移泥沙容易在湾内淤积。澳门东侧及南侧离岸水域是伶仃洋西南向沿岸流主要的过境通道，该区域流势较强，海面宽阔，泥沙较难落淤。南段十字门出口水域为内凹式海湾，水动力环境较弱，该区域泥沙淤积明显。

关键词： 珠江河口；澳门水域；水沙输移；滩槽演变

1　研究背景

澳门水域位于珠江河口伶仃洋连接磨刀门水道的通道上，是珠江河口的重要组成部分。澳门水域既是磨刀门出口经洪湾水道进入伶仃洋的泄洪通道，也是上游陆域涝水的主要排水通道，同时还是伶仃洋西岸行洪纳潮输沙的重要通道，在珠江河口泄洪纳潮、水资源与水生态保护方面具有重要地位。

澳门附近水域水下地貌特征如图 1 所示。澳门半岛和氹仔岛东侧水域，即伶仃洋西滩南部水域，水面宽阔，近岸水深在 3~5 m，离岸水深在 5~7 m，是伶仃洋及澳门水道下泄水沙的过境通道；路环岛南侧水域水深在 3~5 m，是伶仃洋西滩下泄水沙的缓流区，目前淤积较为旺盛。澳门水道水面较宽阔，上游河宽为 1 500 m，河宽自上游向下游逐渐放宽，出口宽度约 2 500 m；澳门水道主槽偏向左岸，水深 3~7 m，主槽宽度约 500 m，右岸边滩发育，水深不足 3 m，边滩宽度 1 100~1 600 m。湾仔水道和十字门水道河宽较窄，平均河宽为 300~400 m；湾仔水道主槽水深在 5~7 m，偏向左岸，右岸边滩发育；十字门水道主槽偏右，水深普遍小于 5 m，左岸边滩发育。

澳门附近水域水下滩槽格局复杂，同时径潮流相互作用、相互顶托，流态复杂，开展澳门附近水域的水沙输移及滩槽演变研究对于保障澳门水安全和加强涉水工程管理等方面具有一定的理论价值和实际意义。

2　资料收集和处理方法

2.1　资料收集

主要收集了澳门附近水域 20 世纪 70 年代至 2017 年间多源卫星影像资料，包括美国陆地卫星 MSS、TM、OLI 数据以及国产 GF1 等卫星影像数据，同时还收集到卫星过境时刻澳门附近水域主要潮位站潮位资料；地形资料主要收集到了 20 世纪 70 年代以来多时期水下地形资料，比例尺在 1 : 100 000~1 : 5 000。水文资料收集了 2012 年 6 月澳门附近水域水文观测资料。

基金项目： 流域水治理重大关键技术研究（SKR-2022036）；华东师范大学国家河口海岸学重点实验室开放基金（SKLEC-KF202110）。

作者简介： 杨留柱（1983—），男，博士生，高级工程师，主要从事水利规划、水利遥感应用方面的研究工作。

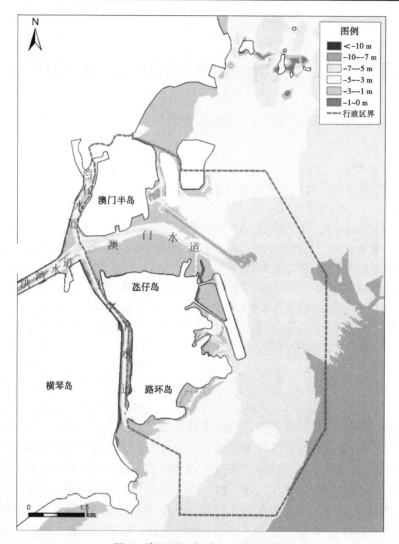

图 1　澳门附近水域水下地貌特征

2.2　资料处理

对于卫星影像，在进行辐射校正和几何校正等预处理的基础上，对水域流场微信息进行增强处理。我们选取透射能力较差而反映水体上层流态和悬沙信息较好的近红外、绿光波段作为主信息源，对其数据进行线性拉伸处理。对增强后的影像进行彩色合成处理，如 TM4，3，2（红，绿，蓝）及MSS7，5，4（红，绿，蓝）。经影像增强及彩色合成处理后，主流轴线、径潮交汇界线、水流前沿线等水动力标志均能清晰显示出来。对预处理后的遥感图像提取不同时期岸线，用于岸线变化的动态监测。建立河口区表层悬沙遥感反演模型计算多时相表层悬沙浓度，在此基础上分别计算澳门水域洪季平均和枯季平均的表层悬沙浓度。

对于地形资料，将不同年代数据转为统一的北京 1954 坐标系，珠江基面高程，利用相关 GIS 软件建立 DEM（digital elevation model）并提取不同等深线，通过不同时期等高线对比分析澳门水域滩槽格局变化特征。

3　水沙输移特征

澳门海域处于以径流作用为主的磨刀门水道与潮流较强的伶仃洋之间，水域内水道纵横交错，各水道的涨、落潮存在相位差，具有多股水流进出，径潮流相互作用、相互顶托，潮流相互交汇，流态复杂等特征。

3.1 潮流特征

3.1.1 流势

澳门海域涨潮遥感流势如图2所示,外海涨潮流主要分为三股:一股以北偏西然后沿正北方向进入十字门水道;一股以北偏西向进入澳门水道;另外一股以北向继续上溯,在大九洲以北至淇澳岛间水域与上游西滩下泄水沙相遇,相互顶托,在此区域形成径潮相互作用的滞流区、回流区。进入十字门水道涨潮流流势较弱,在涨潮初期与澳门水道下泄径流相互顶托,在十字门水道南口形成缓流区。澳门水道涨潮流流向与机场跑道走向一致,洪季涨潮流绕澳门水道下泄径流经防波堤进入澳门水道,枯季涨潮流贴防波堤由北偏西转西向进入澳门水道,该股涨潮流受洪湾水道下泄径流作用,形成径潮相互作用、动力削减的滞流区,在洪季滞流区主要分布在十字门北口至友谊大桥一带;枯水期,水域内主要受潮流动力作用,涨潮流自东向西进入汇流区后,受十字门水道涨潮流干扰,流态较为紊乱,在十字门北口附近水域形成缓流区。

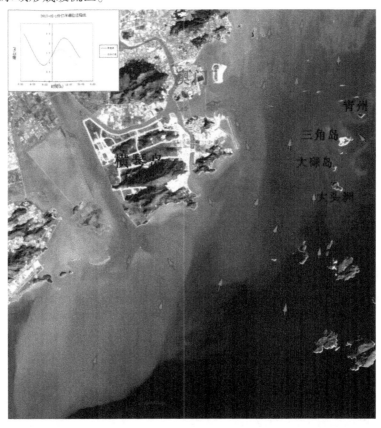

图2 澳门海域涨潮遥感流势

澳门海域落潮遥感流势如图3所示,落潮流仍然分为三股:一股是沿澳门水道下泄落潮流,一股是经十字门水道下泄,另外一股是伶仃洋西滩下泄落潮流。其中,澳门水道及伶仃洋西滩落潮流主要影响澳门东侧水域,影响范围较广。

伶仃洋西滩下泄落潮流受科氏力和珠江河口常年偏东风作用,水流流路自东南转南向,再偏转西南向外海输移,沿途汇入蕉门延伸段、洪奇门、横门等之落潮水流,该股水流流势大,流路顺畅,为伶仃洋落潮主流。洪季,西侧口门下泄径流动力强劲,部分口门下泄水沙进入沿西槽向南输移,接纳澳门水道水沙后经湾口西侧以西南向进入南海,该股落潮流对澳门海域影响较大。枯季,虎门落潮主流控制伶仃洋中、东部水域,并制约西侧各口门下泄水沙的输移范围;同时伶仃洋西部因不同流向水流相互顶托形成水动力相对平衡线,该水动力平衡线在淇澳岛以北基本与5 m等深线重合,在淇澳岛以南至澳门东侧及东南侧水域基本与6 m等深线重合,在不同潮型和径流的组合条件下,这一分界线的位置及形态会发生一定摆动。

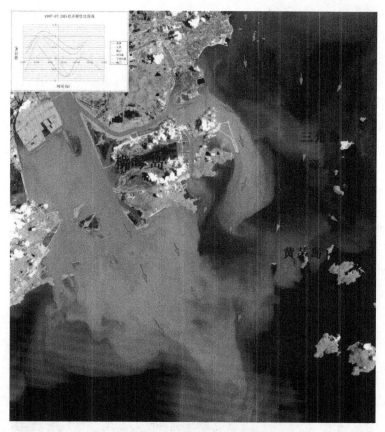

图 3 澳门海域洪季落急流态

经洪湾水道下泄水流过马骝洲后进入澳门海域，其主流基本保持入汇流前的流向，至友谊大桥附近，因受外港防波堤的阻挡，水流渐转为东偏南向；至机场跑道北端，流向进一步南偏；至机场南端，流向转为近正南方向。澳门水道落潮流流向发生改变，既受外港防波堤的导向作用，也受伶仃洋西滩下泄水流的制约影响。在洪季，澳门水道落潮流受西滩下泄径流的压制作用强，使得澳门水道出口水沙紧贴机场向下游输移，流势较集中，在机场附近主流宽度为 1~2 km，至路环岛东南面水域落潮流宽度已扩展到 4 km 左右。在枯季，西滩和澳门水道落潮流流势均有所减弱，澳门水道落潮流直接汇入西滩落潮流，在影像上看不出明显的流路。

十字门水道下泄的落潮流基本沿河道走势以正南向流出夹马口，由于水面突然放宽，含沙水流以辐射流向富祥湾浅海区输移，至大小三洲附近因西南向伶仃洋落潮主流及澳门水道下泄经路环岛沿岸流共同影响，水流渐由东南向转为近西南向。

3.1.2 流速

根据 2012 年 6 月水文测量结果，澳门水道实测涨潮流最大测点流速为 0.57 m/s，落潮流最大测点流速为 1.10 m/s；澳门东侧机场外水域涨潮流最大测点流速为 1.12 m/s，落潮流最大测点流速为 0.95 m/s。

十字门水道主要受潮流控制，十字门南口断面较窄深，流速较大，遇大潮时一般达 1.1 m/s 左右，涨潮流速大于落潮流速；遇小潮时，一般达 0.8~0.9 m/s，涨潮流速小于落潮流速，但差值不大，其流速一般都超过 0.5 m/s。十字门北口流速较小，落潮流速大于涨潮流速，最大流速在 0.8 m/s 左右，平均流速为 0.1~0.3 m/s。

3.2 悬沙分布特征

利用历年遥感影像进行表层悬沙反演分别得到的澳门附近水域洪季、枯季平均悬沙分布，如图 4、图 5 所示，洪季和枯季平均悬沙空间分布特征如下。

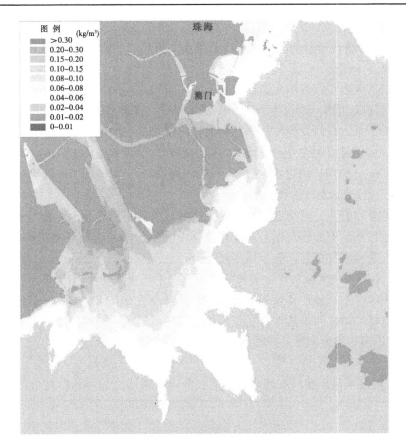

图 4　澳门海域洪季平均悬沙分布

图 5　澳门海域枯季平均悬沙分布

3.2.1　洪季

（1）澳门水道悬沙含量在横向上自西向东逐渐减小，机场沿岸水域在纵向上由北向南递减，十字门水道自出口向外海逐渐减低。

洪季，悬沙的高值区出现在洪湾水道出口及十字门北口东侧，其值为 0.20~0.30 kg/m³；次高值区出现在汇流区及凼仔岛北侧，其值为 0.15~0.20 kg/m³；由凼仔岛北侧至机场跑道附近，自西向东，含沙量沿程降低，至出口位置的伶仃洋西侧湾口已降至 0.04~0.06 kg/m³。自外港防波堤向外的东南水域，较高含沙量相对集中在外港防波堤内侧，悬沙含量为 0.10~0.15 kg/m³；十字门水道出口悬沙含量在 0.15 kg/m³，至湾口附近水域已降至 0.06 kg/m³。

（2）悬沙分布受上游径流水沙扩散影响大。

上述洪季含沙量分布表明，洪季悬沙分布受上游径流水沙扩散影响大。澳门水域泥沙主要来源于洪湾水道径流挟沙，含沙量中心出现在汇流区和凼仔岛北侧。由汇流区经澳门内海区至澳门出口外，在落潮动力作用下，悬沙沿程扩散，悬沙量不断降低。

（3）澳门东侧及南侧离岸水域悬沙含量较低，南侧黄茅岛水域受磨刀门输沙影响明显。

澳门东侧及南侧离岸水域悬沙含量相对较低，悬沙含量为 0.02~0.04 kg/m³，主要因为该区域为伶仃洋西槽的水沙过境通道，西槽悬沙含量较西滩及澳门水道低。同时经磨刀门输出的较高含沙水团（0.06 kg/m³）在洪季可扩散至黄茅岛南侧附近水域。

3.2.2　枯季

（1）悬沙分布从洪湾水道至澳门水道出口，呈自西向东递增之势；悬沙高值区主要集中在近岸附近水域。

枯季，悬沙分布可以分为以下几个区：一是洪湾水道出口至澳门水道偏北侧为悬沙低值区，悬沙含量为 0.04~0.05 kg/m³；二是机场跑道北侧、外港防波堤南侧的悬沙次低值区，悬沙含量为 0.05~0.06 kg/m³；三是凼仔岛北侧及东部近岸水域悬沙高值区，悬沙含量为 0.06~0.12 kg/m³。

（2）近岸悬沙平面分布主要受风浪掀沙作用，西滩与西槽间形成明显的悬沙浓度界线。

枯季，澳门周边水域内较高含沙区主要分布在凼仔岛北侧浅滩区、东部近岸水域、十字门出口浅滩以及拱北湾内浅滩区。浅滩水体含沙量较高的形成原因，主要是冬季盛行东北风浪对浅滩底质泥沙的掀扬，加上潮流进退的扰动，在得不到充分泥沙补给的情况下，浅滩处形成的高含沙水流也不断随潮流进退而发生泥沙再迁移。此外，东部近岸水域出现较高含沙区还与珠海大九洲南向落潮流及伶仃洋西南向落潮主流的作用有关。

从枯季悬沙空间分布特征来看，澳门周边水域的西滩和西槽间形成明显的悬沙浓度界线，该界线是西滩和西槽水沙输移的动力平衡线。若以悬沙浓度 0.04 kg/m³ 为参考来区分西侧滩区与东侧槽区的表层悬沙阈值，则该界线在澳门东侧及南侧水域基本沿 7 m 等深线分布。洪季时，该界线仍然存在，在下游磨刀门附近向外海扩展，主要由于磨刀门洪季来水来沙量显著增加所致。

（3）东侧及南侧离岸水域悬沙含量较洪季低，空间分布呈现由近海向外海逐渐降低的趋势。

枯季，东侧及南侧离岸水域悬沙含量在 0.02 kg/m³ 左右，较洪季偏低。从空间分布看，离岸水域由黄茅岛附近的 0.02 kg/m³ 降至小万山岛的 0.01 kg/m³ 左右。

4　滩槽演变特征

4.1　岸线变化特征

20 世纪 60 年代以来，澳门附近水域的滩涂围垦等开发活动导致滩槽格局发生了较大改变，1962—2014 年间岸线变化反映了该时期的岸线变化特征，如图 6 所示。

在 20 世纪 60 年代前，大横琴岛、小横琴岛、凼仔岛和路环岛等四岛之间仍为水域，并无陆地相连；至 20 世纪 70 年代末，小横琴岛与大横琴岛间滩涂因围垦开发而成陆；20 世纪 80 年代，凼仔岛与路环岛间筑堤后，结束了四岛间水流相通的格局。至 20 世纪 90 年代中期，十字门水道两侧浅滩实

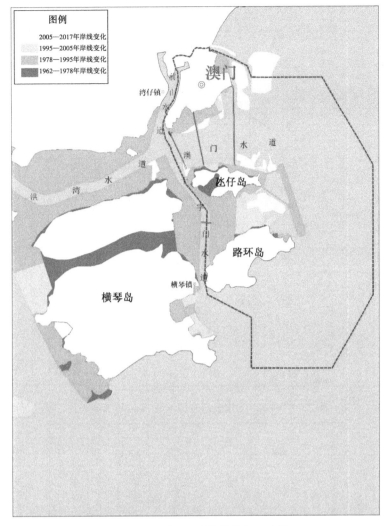

图6 澳门附近水域岸线演变示意图

施围海造地工程，从而使十字门浅海区转变为仅有 300 m 宽的河道，洪湾水道经整治后由之前的宽浅海区变为宽 500 m 的河道。1993 年，澳门在氹仔—路环东侧实施机场建设，1994 年基本完成，澳门机场跑道西侧水域就成为仅有南、北端水流进出窄口的半封闭水区。2005 年后，氹仔客运码头的修建使得澳门水道出口段缩窄近 900 m；近期珠澳口岸人工岛和 A 区围填成陆后，在岛陆和两岛间形成两条狭长水道，区域水动力进一步减弱，至此澳门附近水域现状滩槽格局基本形成。1962—2017 年间澳门共计围填水域约 17.27 km²。

4.2 滩槽演变分析

通过 1970—2011 年间等高线对比，澳门东侧滩涂即伶仃洋西滩南段以整体向外推移的发育势态为主，局部保持稳定，有着明显的空间分布特征：北段澳门水道出口以北水域浅滩继续发育，淤积强度较大；中段澳门机场沿线近岸水域保持基本稳定，以轻微淤积为主，离岸水域冲淤平衡，基本保持稳定；南段十字门出口浅海区以淤涨为主，等高线向外推移，淤积强度较大，如图7、图8所示。

1970—2011 年间，北段即澳门水道出口以北水域-4 m 等高线最大向外推移约 1.9 km，-5 m 等高线向外海最大推移约 2.1 km。防波堤北侧为半开敞式海湾，外港防波堤修建后阻挡了湾内南向水沙输移，使得本水域动力减弱，上游西滩输移泥沙容易在湾内淤积，因此本水域淤积强度较大。已经完成围填的珠澳口岸人工岛及 A 区填海工程进一步减小本水域的纳潮容积，水动力会继续减弱，淤积强度将有所增强。

在澳门机场修建前的 1970—1985 年间，中段即机场东侧水域-4 m、-5 m 等高线以向外海推移为

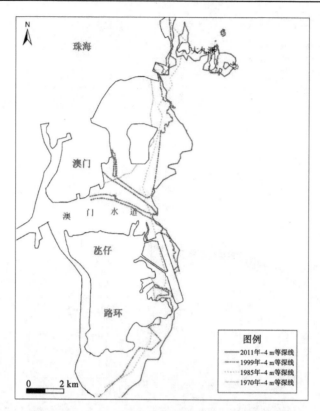

图 7　1970—2011 年澳门东侧水域-4 m 等深线对比

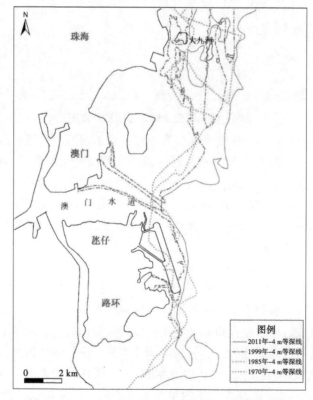

图 8　1970—2011 年澳门东侧水域-5 m 等深线对比

主，呈淤积状态；机场修建后的 1999—2011 年间，-4 m、-5 m 等高线基本保持稳定，主要是由于澳门机场对澳门水道落潮流形成挑流，使得落潮主流离岸偏移，更接近伶仃洋落潮主流，在伶仃洋落潮主流的带动下，悬沙减少落淤。澳门东侧及南侧离岸水域是伶仃洋西南向沿岸流主要的过境通道，该区域流势较强，海面宽阔，泥沙较难落淤，近年来基本保持稳定。

南段十字门出口水域为内凹式海湾，在伶仃洋湾口西南向沿岸流的影响下该区为弱缓流区，水动力环境较弱，因此该区域泥沙淤积明显，1985年以来-4 m、-5 m等高线不断向海推进，推进距离均在700 m以上。

5 结论

澳门海域处于以径流作用为主的磨刀门水道与潮流较强的伶仃洋之间，水域内水道纵横交错具有多股水流进出，径潮流相互作用、相互顶托，潮流相互交汇，流态复杂等特征。洪季，澳门水域泥沙主要来源于洪湾水道径流挟沙，含沙量中心出现在汇流区和凼仔岛北侧。由汇流区经澳门内海区至澳门出口外，在落潮动力作用下，悬沙沿程扩散，悬沙量不断降低。枯季，悬沙以风浪掀沙为主，悬沙高值区主要集中在近岸附近水域，西滩与西槽间形成明显的悬沙浓度界线。

澳门水道以北水域半开敞式海湾，外港防波堤修建后阻挡了湾内南向水沙输移，使得本水域动力减弱，上游西滩输移泥沙容易在湾内淤积，因此本水域淤积强度较大。澳门东侧及南侧离岸水域是伶仃洋西南向沿岸流主要的过境通道，该区域流势较强，海面宽阔，泥沙较难落淤，近年来基本保持稳定。南段十字门出口水域为内凹式海湾，在伶仃洋湾口西南向沿岸流的影响下该区为弱缓流区，水动力环境较弱，因此该区域泥沙淤积明显。

参考文献

[1] 沈汉堃，谌晓东，喻丰华. 珠江流域防洪规划中有关新技术的应用 [J]. 人民珠江，2007 (4)：17-19，28.

[2] 陈军. 珠江河口岸线、滩涂保护与开发利用研究 [J]. 人民珠江，2011，32 (1)：13，32.

[3] 喻丰华，余顺超，丁晓英. 珠江河口近30年演变趋势分析 [J]. 人民珠江，2011，32 (1)：14-17.

[4] 许祥向，陈文彪，赖发叶，等. 遥感技术在伶仃洋治理规划研究中的应用 [J]. 人民珠江，1996 (6)：11-15.

[5] 贾良文，任杰，徐治中，等. 磨刀门拦门沙区域近期地貌演变和航道整治研究 [J]. 海洋工程：2009，27 (3)：76-84.

[6] 胡达，李春初，王世俊. 磨刀门河口拦门沙演变规律的研究 [J]. 泥沙研究，2005 (4)：71-75.

[7] 杨留柱，喻丰华，刘超群，等. 基于遥感与GIS的磨刀门拦门沙演变及成因分析 [C] //中国水利学会. 中国水利学会2016学术年会论文集. 南京：河海大学出版社，2016：211-216.

汾河流域近 60 年降水特征及趋势分析

焦　鹏[1,2]　赵臻真[3]　赵春敬[1]

（1. 黄河水利委员会黄河水利科学研究院，河南郑州　450003；
2. 西安理工大学，陕西西安　710048；
3. 黄河勘测规划设计研究院有限公司，河南郑州　450003）

摘　要：研究汾河长时序降水特征及趋势对于揭示其水沙剧变的成因及驱动机制具有重要意义。为阐明汾河中长期降水特征的变化过程及时空分异趋势，基于 1960—2019 年的 102 个雨量站日降水数据，采用 Mann-Kendall、累计距平等方法，揭示了流域降水特征的时段变化、过程变化、丰枯变化，并判识了其空间变化趋势。研究表明：①1960—2019 年，汾河长时序降水特征未发生显著变化；②流域降水特征总体呈 3 个丰枯过程，在 20 世纪六七十年代、21 世纪初总体偏丰，在 20 世纪 80 年代至 20 世纪末总体偏枯；③年、主汛期、大于 25 mm、大于 50 mm 降水量等流域降水特征的总体空间分布未发生趋势性改变。

关键词：汾河；降水；特征；趋势；时空分异

1　引言

黄河流域的水沙情势近年来发生了剧烈变化，潼关水文站年输沙量由 1919—1959 年的 16 亿 t 减少至 2010 年以来的 1.5 亿 t，减少约 90.6%[1]。汾河是黄河中游仅次于渭河的第二大支流，占黄河中游流域面积的 11.6%。近年来，汾河的径流和输沙亦发生了明显变化[2-4]，导致流域水沙变化的主要因素有降水和人类活动。20 世纪 90 年代以来，实施的大规模退耕还林还草、小流域综合治理、坝滩联治、坡改梯等工程，使得下垫面的产汇流和产输沙环境发生剧烈变化，是水沙变化的重要因素。但是，汾河流域的降水特征在中长期是否发生了变化及趋势性改变，是阐明降水对水沙变化的影响作用和贡献大小的基础。因此，研究汾河降雨特征的变化规律及趋势，对揭示其水沙变化成因具有重要的意义。

目前汾河流域降水的有关研究主要围绕年降水和汛期降水的量值、趋势、周期、时空结构等特征开展研究[5-8]，认为降水总体呈减少趋势。但是，针对与洪沙驱动关系密切的降水特征研究较少。本文研究的降水特征，除年降水量、主汛期降水量外，还包括了最大 1 日、最大 3 日、最大 7 日降水量和大于 25 mm、大于 50 mm 降水量，涵盖了驱动洪沙的主要降水特征因子。通过 Mann-Kendall 趋势检验、累积距平、变差系数等方法，阐明了汾河流域 1960—2019 年的降水特征变化及趋势，为进一步揭示降水对汾河水沙变化的影响作用，提供了数据支撑。

2　研究方法

2.1　研究区概况

汾河发源于山西省宁武县管涔山，自北向南流经忻州市、太原市、吕梁市、晋中市、临汾市、运城市等 6 市 29 县，于山西省万荣县汇入黄河。汾河全长 713 km，流域面积约 39 471 km²，河津水文

基金项目：国家自然科学基金重点项目（U2243210）；国家自然科学基金专项资助项目（42041006）；内蒙古自治区水利科技专项（NSK202102）。

作者简介：焦鹏（1986—），男，高级工程师，主要从事黄河水沙变化与流域水土保持措施配置方面的研究工作。

站是汾河入黄的控制站，控制面积为 38 728 km²；流域多年平均降水量约 500 mm，降水季节性差异显著，7—9 月为主汛期，降水量约占全年降水量的 60%；流域南北长、东西狭，地貌类型复杂，地面坡度陡峻，主要沟道的比降一般为 10‰～30‰，沟壑密度达 2～5 km/km²，地形破碎且高差悬殊；流域侵蚀形态以水力侵蚀和重力侵蚀为主，侵蚀强度以微度侵蚀、轻度侵蚀和中度侵蚀为主，其中汾河上游黄土区水土流失较为严重，也是汾河流域向黄河输入河道泥沙的主要来源。

2.2 资料来源与处理

本文依据汾河流域雨量站的空间分布，均匀选取了 102 个雨量站，其中 28 站数据源于《黄河流域水文年鉴》、74 站数据源于国家气象科学数据中心（http：//data. cma. cn/）。基于各站点 1960—2019 年的逐日降水数据，使用泰森多边形法逐年计算了年降水量。

2.3 研究方法

2.3.1 Mann-Kendall 趋势检验

Mann-Kendall 检验法是对时间序列的变化趋势进行显著性检验的一种非参数统计检验方法，被广泛应用于评估气候要素和水文序列趋势分析及突变检测。在趋势检验中，对于具有 n 个样本量的时间序列 X，原假设 H_0 表示数据集 X 的数据样本独立同分布且无趋势存在，可选假设 H_1 表示数据集 X 存在一个单调趋势。对于统计量 Z_c，如果 $-Z_{1-\alpha/2} \leq Z_c \leq Z_{1-\alpha/2}$，原假设 H_0 即被接受，反之则 H_1 被接受。倾斜度 β 能够量化单调趋势，当 $\beta>0$ 时，反映上升的趋势，反之则反映下降的趋势。

2.3.2 累积距平法

累积距平法是一种常用的判断水文趋势变化的方法：累积距平曲线呈上升趋势，表示距平值增加，反之减小。通过绘制 S—t 曲线，即可根据曲线变化得出趋势变化。对水文序列 x_1，x_2，…，x_n，累计距平 S_t 与时刻 t 的表达式表示为

$$S_t = \sum_{i=1}^{t} (x_i - \bar{x}) \tag{1}$$

$$\bar{x} = \frac{1}{n} \sum_{i=1}^{n} x_i \tag{2}$$

3 流域降水时段变化

1960—2019 年，汾河年、主汛期降水量的多年平均值分别为 494 mm、293 mm（见表 1），主汛期降水量占年降水量的 59%；大于 25 mm、大于 50 mm 降水量的多年平均值分别为 162 mm、49 mm，大于 50 mm 降水量占大于 25 mm 降水量的 30%。

表 1 汾河流域降水特征时段均值

时段/年	降水特征值/mm						
	年	主汛期	最大 1 日	最大 3 日	最大 7 日	大于 25 mm	大于 50 mm
1960—1969	538	325	55	80	111	178	63
1970—1979	498	309	52	72	99	153	41
1980—1989	477	274	54	76	97	160	46
1990—1999	438	249	52	70	86	134	40
2000—2009	459	268	52	72	91	145	40
2010—2019	553	335	58	85	111	201	61
1960—2019	494	293	54	76	99	162	49

各降水特征不同时段值较多年平均值的变化情况见表 2。汾河流域的年、主汛期降水量在各个时段内保持同增同减，即降水量较多年均值的增大或减小变化趋势一致，二者在 1980—2009 年间连续偏小。最大 1 日、最大 3 日、最大 7 日降水量，在 1970—2009 年间总体呈减小趋势，三者在不同时段的增减基本协同一致，表明全年最大降水量和最大连续降水量持续偏小。大于 25 mm、大于 50 mm 降水量的时段增减情况一致，在 1970—2009 年间连续偏小，表明流域大雨、暴雨以上的高强度降水

偏少，且同时段大于 50 mm 降水的增减幅度高于大于 25 mm 降水的增减幅度，即降水强度越高则变幅越大。各降水特征随时段变化的总体趋势一致，但是最大 1 日、最大 3 日、最大 7 日降水量和大于 25 mm、大于 50 mm 降水量先于年、主汛期降水量进入枯水期，即当流域降水进入枯水期时，能够反映高强度降水的特征先于总体降水发生变化。

表 2 汾河流域降水特征时段变化

时段	与多年平均值比/%						
	年	主汛期	最大 1 日	最大 3 日	最大 7 日	大于 25 mm	大于 50 mm
1960—1969 年	9	11	2	5	12	10	29
1970—1979 年	1	5	−4	−5	0	−6	−16
1980—1989 年	−3	−6	0	0	−2	−1	−6
1990—1999 年	−11	−15	−4	−8	−13	−17	−18
2000—2009 年	−7	−9	−4	−5	−8	−10	−18
2010—2019 年	12	14	7	12	12	24	24

4 流域降水过程变化

由汾河流域 1960—2019 年的各降水特征逐年变化和 5 年滑动平均过程（见图 1）可知，年、主汛期降水量总体呈先减小后增大再减小趋势，最大 1 日、最大 3 日、最大 7 日降水量和大于 25 mm、大于 50 mm 降水量呈波动变化，无明显趋势。

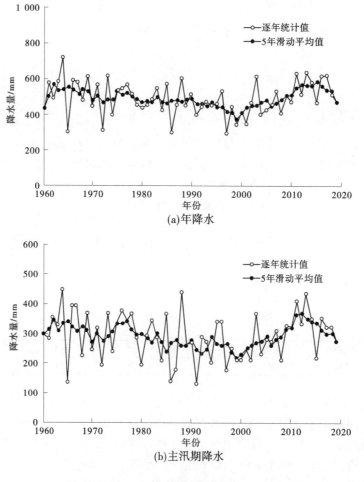

(a)年降水

(b)主汛期降水

图 1 1960—2019 年各降水特征变化过程

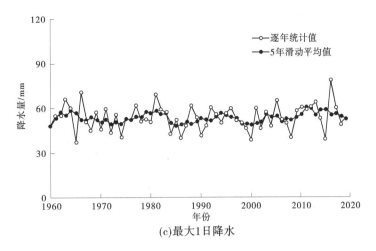

(c)最大1日降水

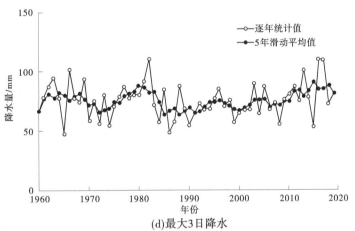

(d)最大3日降水

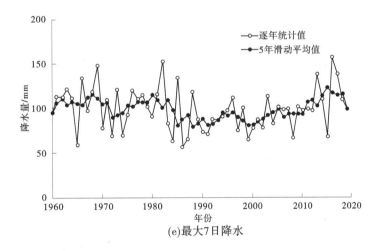

(e)最大7日降水

续图1

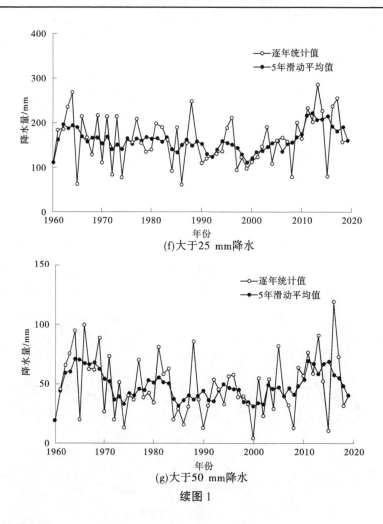

(f)大于25 mm降水

(g)大于50 mm降水

续图1

5 流域降水丰枯变化

由汾河流域1960—2019年的各降水特征累计距平过程（见图2）可知，年、主汛期降水的累计距平值逐年变化过程总体趋于一致，呈先增大后减小再增大趋势，即在1960—1978年增大、1979—2010年减小、2011年后再次增大。由此可知，汾河流域年降水和汛期降水在1960—1978年和2011—2019年偏丰，在1979—2009年偏枯。

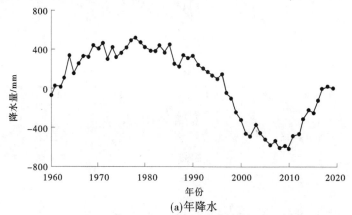

(a)年降水

图2 1960—2019年各降水特征累计距平过程

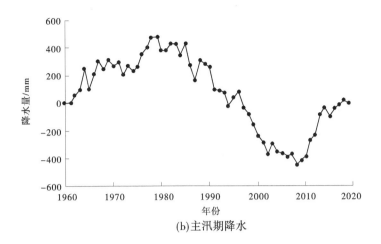

(b)主汛期降水

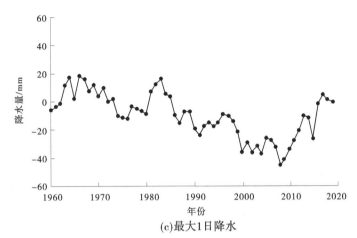

(c)最大1日降水

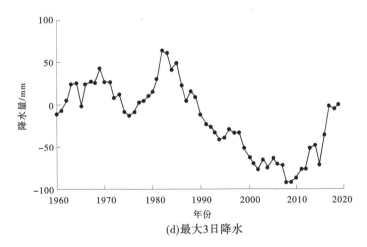

(d)最大3日降水

续图2

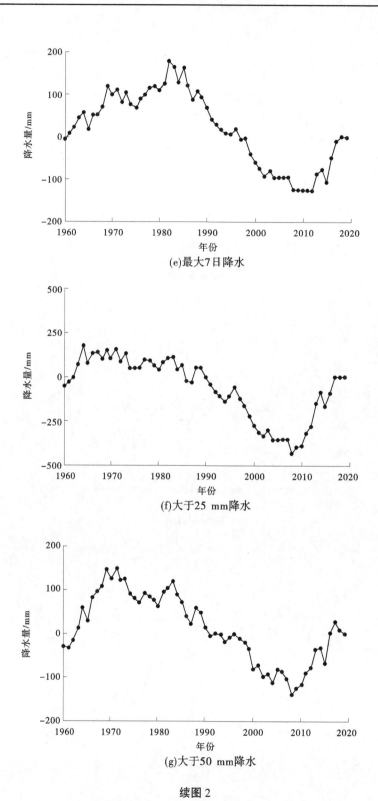

(e)最大7日降水

(f)大于25 mm降水

(g)大于50 mm降水

续图2

最大1日降水的累计距平过程波动较大，在1960—2007年呈总体减小趋势，2008年以来呈增大趋势；最大3日、最大7日降水的累计距平过程与年降水基本一致。由此可知，汾河流域最大1日降水在1960—2007年偏枯，在2008—2019年偏丰；最大3日、最大7日降水的丰枯时段同年降水基本一致。

大于25 mm、大于50 mm降水的累计距平过程分别与最大1日降水、年降水相近，因此二者的丰枯特征亦同最大 1 日降水和年降水的丰枯时段保持一致。

6 流域降水空间变化趋势

使用梅森旋转伪随机数生成算法，在雨量站样本中随机抽取均匀分布的伪随机整数序列，共计 42 个雨量站，其中流域内 17 个，流域周边 25 个。使用 Mann-Kendall 趋势检验方法对汾河流域 42 个雨量站 1960—2019 年的年、主汛期、大于 25 mm、大于 50 mm 降水等特征进行分析，各降水特征的 Mann-Kendall 趋势检验结果见图 3。

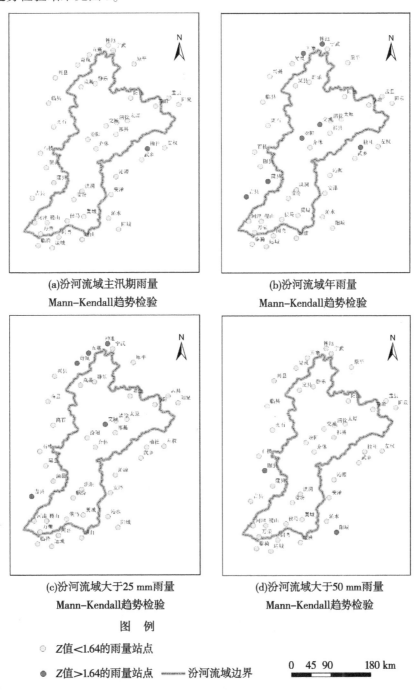

(a)汾河流域主汛期雨量
Mann-Kendall趋势检验

(b)汾河流域年雨量
Mann-Kendall趋势检验

(c)汾河流域大于25 mm雨量
Mann-Kendall趋势检验

(d)汾河流域大于50 mm雨量
Mann-Kendall趋势检验

图 例

○ Z值<1.64的雨量站点

● Z值>1.64的雨量站点　——— 汾河流域边界

0　45 90　　180 km

图 3　汾河流域降水特征 Mann-Kendall 趋势检验空间分布

在抽取的汾河流域内雨量站中，仅有汾阳、交城 2 个站的年降水呈显著减小趋势（显著性水平 $\alpha = 0.05$，$|Z_{0.05}| = 1.64$），仅交城 1 站的大于 25 mm 降水呈显著减小趋势，而全部站点的主汛期降水

和大 50 mm 降水均无显著变化趋势。因此,1960—2019 年的各降水特征在空间分异上并无显著变化趋势,就整个汾河流域而言,降水特征的空间分布未发生改变。

7 结论

1960—2019 年,汾河长时序降水时空分异特征未发生显著变化,同目前已有成果一致[9],具体结论如下:

(1)年、主汛期降水量的多年平均值分别为 494 mm 和 293 mm,主汛期降水量占年降水量的 59.3%;最大 1 日、最大 3 日、最大 7 日降水量分别为 54 mm、76 mm 和 99 mm;大于 25 mm、大于 50 mm 降水量分别为 162 mm 和 49 mm,大于 50 mm 降水量占大于 25 mm 降水量的 30%。

(2)汾河流域降水特征总体呈 3 个丰枯过程:年、主汛期降水量在 1960—1978 年、2010—2019 年总体偏丰,在 1979—2009 年总体偏枯;大于 25 mm、大于 50 mm 降水量在 1973—2008 年总体偏枯,在 2009—2019 总体偏丰;流域大雨(大于 25 mm)、暴雨(大于 50 mm)等级以上降水量与年降水量丰枯变化基本一致。

(3)在汾河流域内随机抽取的 17 个雨量站中,年、主汛期、大于 25 mm 和大于 50 mm 降水量存在显著变化趋势的雨量站数量分别为 2 个、0 个、1 个和 0 个,分别占雨量站总数的 11.8%、0、5.9% 和 0,且站点分布较为离散,流域降水特征的总体空间分布未发生显著改变。

参考文献

[1] 胡春宏,张晓明.论黄河水沙变化趋势预测研究的若干问题 [J].水利学报,2018,49(9):1028-1039.
[2] 张凯.汾河中上游流域水沙变化时空分布及未来趋势模拟研究 [D].西安:西安理工大学,2021.
[3] 张凯,鲁克新,李鹏,等.近 60 年汾河中上游水沙变化趋势及其驱动因素 [J].水土保持研究,2020,27(4):54-59.
[4] 胡彩虹,管新建,吴泽宁,等.水土保持措施和气候变化对汾河水库入库径流贡献定量分析 [J].水土保持学报,2011,25(5):12-16.
[5] 赵学敏,胡彩虹,吴泽宁,等.汾河流域降水及旱涝时空结构特征 [J].干旱区研究,2007(3):349-354.
[6] 赵学敏,胡彩虹,张丽娟,等.汾河流域降水变化趋势的气候分析 [J].干旱区地理,2007,30(1):53-59.
[7] 侯剑英.1961—2012 年汾河流域降水量变化特征 [J].水资源保护,2015,31(3):63-66.
[8] 刘宇峰,孙虎,原志华,等.汾河流域汛期降水序列的多时间尺度分析 [J].水土保持通报,2011,31(6):121-125.
[9] 钱锦霞,王淑凤,李娜,等.气候变暖背景下汾河上游流域气温和降水的变化及其影响分析 [J].科学技术与工程,2013,13(34):10259-10263.

贯彻落实"四个统一"思考珠江流域
治理管理新举措

冯德锃　杨辉辉　肖文博　陈　艳

（中水珠江规划勘测设计有限公司，广东广州　510610）

摘　要： 为进一步强化流域治理管理，大力提升流域治理管理能力和水平，推动新阶段水利高质量发展，水利部 2022 年 1 号文件提出关于强化流域治理管理的指导意见。强化流域治理管理是推动新阶段水利高质量发展的重要保障，流域管理机构作为江河湖泊的"代言人"，应发挥好流域管理机构在流域治理管理中的主力军作用，强化流域统一规划、统一治理、统一调度、统一管理，着力提升流域管理机构的能力和水平。本文紧扣水利部关于强化流域治理管理的重点任务，探讨珠江流域治理管理的短板弱项，围绕强化"四个统一"，思考强化珠江流域治理管理新思路、新举措。

关键词： 珠江流域；四个统一；治理管理；新举措

1　引言

党和国家历来高度重视珠江流域治理管理工作，经过多年来积极探索实践，实施了一系列流域综合治理重大举措，也相继形成了一批行之有效的流域治理管理模式，有力地提升了珠江流域治理管理能力和水平。但我们也要清醒地看到，流域治理管理在不少方面还存在弱化虚化边缘化问题，特别是进入新发展阶段，对照习近平总书记系列重要讲话指示批示精神，珠江流域治理管理还有很多短板弱项亟待补齐，管理能力水平还需进一步提高。

2　问题分析与对策

2.1　关于流域统一规划

在珠江流域统一规划方面，坚持以规划为引领，科学谋划流域保护与治理的总体布局，不断完善流域规划体系，以流域综合规划、防洪规划、水资源综合规划等三大规划为基础，以贺江、南盘江、北盘江、郁江等重要干支流综合规划为支撑的流域水利规划体系初步形成，为流域依法治水管水提供了基本依据。但随着粤港澳大湾区、北部湾城市群、珠江—西江经济带、西部陆海新通道、海南自由贸易试验区等国家重要发展战略的陆续提出，以及"五位一体"总体布局的提出，生态文明建设提升到历史新高度，以往相关规划未充分反映当前经济社会发展形势，以及生态环境保护等新要求；另外，流域专业规划体系不完善，流域专业规划与地方规划成果还存在局部不衔接等问题，流域治理、保护的整体格局尚未闭环。

我们应以习近平新时代中国特色社会主义思想为指导，认真贯彻党的十九大和十九届二中、三中、四中、五中、六中、七中全会以及中央经济工作会议、中央农村工作会议精神，深入落实"节水优先、空间均衡、系统治理、两手发力"的治水思路，以促进新阶段水利高质量发展为主要目标，修编珠江流域综合规划，完善流域专业规划，加强与流域内各省区规划衔接，形成规划"一张图"，建实、建细新时代流域规划体系，强化规划的顶层设计及规划的指导性、权威性和建设性。

作者简介： 冯德锃（1986—），男，高级工程师，主要从事水文水资源、水利水电工程规划方面的研究工作。

2.2 关于流域统一治理

经过多年治理,珠江流域整体防洪能力有了显著提高,累计建成江海堤防 1.53 万 km,各类防洪水库 1.7 万多座,各类水闸 1.1 万余座,逐步形成了以堤防为基础、干支流控制性枢纽为骨干的"上蓄、中防、下泄"的流域防洪工程体系;流域城乡供水安全得到有效保障,建成各类蓄水工程 14 万多座,重要城市群和经济区多水源供水格局逐步形成,环北部湾水资源配置工程等流域重大工程前期工作正在压茬推进,区域水利基础设施网络不断完善;大藤峡水利枢纽作为流域的防洪控制性工程和水资源配置骨干工程,已初步实现蓄水、通航、发电三大节点目标,流域已基本形成了完整的水资源供水保障体系和防洪体系,水资源保护和生态修复持续向好,珠江干支流建成一系列发电梯级,电站开发接近尾声,航运体系正在进一步完善。然而,珠江流域水利工程体系仍存在不平衡、不充分的问题,亟需补齐几方面短板:防洪潮工程体系尚未健全,堤防标准达标率不高,应对超标洪水措施不足等情况。例如,在规划的 10 个防洪(潮)工程体系中,除珠江流域的东江中下游、郁江中下游、北江中上游等防洪工程体系基本建成外,其余 7 个工程体系均未建成。珠江流域已经建成的 1.53 万 km 堤防中,达到防洪标准的仅占 68.6%。再如,滇东南地区、桂西南及黔东南地区、桂中盆地、海南岛西部、雷州半岛等地区仍存在水资源保障能力不足、水资源供给与经济发展不匹配的情况,这些水资源匮乏区涉及滇中城市群、黔中城市群、海南自由贸易试验区等珠江区经济发展快速的区域,水资源供给保障已经成为这些区域经济发展的制约因素之一。另外,南、北盘江干流上游以及珠江三角洲等水域水污染问题突出,源头生态环境脆弱;西江上游的南北盘江流域石漠化严重,水土涵养能力差,土地生产力低下。航运方面,西江干流航运增长速度快,部分梯级过船设施能力不足,西南地区陆海新通道尚未形成。

面对上述珠江流域发展中的短板弱项,建议从以下三个方面入手,加强流域统一治理。一要坚持区域服从流域的基本原则,统筹协调上下游、左右岸、干支流关系,坚持节水优先、量水而行、多源互济、空间均衡的原则,加快构建珠江区水资源配置网;二要加快未达标防洪工程体系建设,建设与优化调整临时蓄滞洪区、建设分洪水道、优化调度流域干支流水库群等,提升超标洪水防御能力;三要通过大力节水,减少污染物排放,减缓地下水超采压力,通过水网的水流调配,推进内河涌和外江水系连通,采取清淤清障、水生态修复、联合调度等综合措施,合理科学调节河涌生态节律,改善水动力条件,增强水体自净能力,恢复水生态健康。

2.3 关于流域统一调度

目前,珠江流域东江、北江、西江上的骨干枢纽工程基本建成,也基本建立了覆盖珠江流域重要水量水质控制断面的监测系统,流域内防洪调度、水资源调度体系基本形成。珠江流域现已有效防御东江、北江、西江干流多次编号洪水和多个超强台风,最大程度地减轻洪涝灾害损失;同时连续 17 年成功组织实施珠江枯水期水量调度,累计向澳门、珠海供水约 17.6 亿 m³,确保珠江三角洲群众饮水安全;自 2019 年开始,对流域内主要跨省河流下达水量调度计划指令,连续三年保障了珠江流域主要控制断面生态流量达标。在流域统一调度实践过程中,也逐渐认识到一些问题,例如大中型水库在发电、供水、生态及航运之间的矛盾;部分水量水质控制断面的测站布设不甚合理,下游水工程回水带来的小流量测不准等问题;在缺乏来水形势准确预报及主要用水户取用水量情况下,无法展开枯水期精确水量调度等。珠江流域水系组成复杂,且下游受咸潮影响,要通过科学调度,实现流域涉水效益最大化实属难题。

要解决上述问题,一要进一步梳理建设水资源调度所必需的监控体系、开发珠江流域水情预报系统及主要用水户取用水监测平台;二要不断积累在珠江流域上的水资源和防洪调度实践经验,吸取诸如长江流域水库群联合调度研究成果,提出适合珠江流域的水资源优化配置调度模型,从简单到复杂,从北江、东江、西江单独调度到"三江"骨干水库群联合调度,不断完善水资源调度模型,逐步扩大联合调度范围,将珠江流域主要干支流上的重要水工程纳入珠江流域水资源优化配置模型调度范围,更好地发挥水工程在供水、发电、生态、防洪等方面的综合效益。

2.4　关于流域统一管理

近年来，珠江水利委员会以流域为单元，坚持节水优先，全面抓好水量分配和调度、生态流量管控、水资源监测等各项工作，落实水资源刚性约束要求。流域片内西江等12条跨省江河流域水量分配方案已获批，跨省河流水量分配方案已编制完成，组织实施了已批复的跨省河流年度水量调度计划。西江、东江等18条重要河湖生态流量保障目标获水利部批复。但在流域全面推进节水型社会建设方面仍有许多工作尚未完成，如针对珠江流域的用水定额标准、珠江流域节水评价工作指南等尚未颁布，流域水资源节约集约利用实施方案编制等工作也尚未开展。

随着粤港澳大湾区建设、珠江—西江经济带、北部湾城市群等国家区域战略实施，珠江流域内对水资源的需求量势必逐步增加，在枯水期珠江下游地区取用水不足，生态问题也会日益显现。因此，除通过长距离引调水工程，增加流域供水能力外，更重要的是加强流域水资源总量控制、用水定额管理，将强化珠江流域水资源的节约集约利用尽早提到日程上来。而流域管理机构作为"中央事权协助落实者、地方事权监督者、跨省利益协调者"，应用好中央赋予的权力，协调好流域内各省区在上下游、左右岸、干支流的关系，统一管理，统筹抓好流域水资源管理与节约保护的各项工作。依托河湖长制、最严格水资源管理考核制度、取水许可制度等平台手段，加强与有关部门协同配合，在重大涉水问题建管上加强对地方涉水事务的管理。

3　结语

我们应及时认真总结珠江流域治理管理经验教训，深入查找流域治理管理短板弱项，进一步强化流域治理管理，建立完善适应新的治水形势的水治理体制，坚定不移践行"节水优先、空间均衡、系统治理、两手发力"的治水思路，完整、准确、全面贯彻新发展理念，以六条实施路径为着力点，不断提升流域治理管理能力和水平，奋力推动新阶段珠江水利高质量发展。

参考文献

[1] 侯京民. 为流域管理机构充分履职提供坚强的体制机制保障 [J]. 中国水利，2021（23）：5-6.

[2] 王亦宁. 对强化流域管理机构职能的几点思考 [J]. 水利发展研究，2022，22（8）：11-14.

[3] 李国英. 坚持系统观念 强化流域治理管理 [J]. 水资源开发与管理，2022，8（8）：1-2.

[4] 汪安南. 强化流域管理 提升治理能力 为贯彻落实国家战略提供更加有力支撑 [J]. 中国水利，2021（23）：1-2.

[5] 王宝恩. 强化流域治理管理 推动新阶段珠江水利高质量发展 [J]. 人民珠江，2022，43（3）：1-9.

强化政治引领　科学谋划　科技创新
助力新阶段水利高质量发展

张曦明[1]　王建婷[1]　徐　伟[2]

(1. 黄河水利委员会河南水文水资源局，河南郑州　450003；
2. 水利部河湖保护中心，北京　100038)

摘　要：本文阐述了新阶段水利高质量发展的重要意义；通过深入学习习近平总书记关于治水思路和有关科技创新重要论述精神，在有关研究成果的基础上，提出了要强化政治引领，增强政治自觉；强化科技创新，提升水利服务能力；科学谋划，狠抓落实，加快推动幸福河建设。为科技助力新阶段水利高质量发展提供参考。

关键词：治水思路；科技创新；幸福河；高质量发展

水利事关战略全局、事关长远发展、事关人民福祉。党的十八大以来，习近平总书记深刻洞察我国国情水情，从实现中华民族永续发展的战略高度，提出"节水优先、空间均衡、系统治理、两手发力"的治水思路，为新时代治水提供了强大思想武器和科学行动指南[1]。

水利部部长李国英指出新阶段水利工作的主题为推动高质量发展，并且明确了新阶段水利高质量发展的总体目标，科学谋划了新阶段水利发展蓝图，指明了推动新阶段水利高质量发展的体系构造，提出了六条实施路径[1-3]。

推动新阶段水利高质量发展，根本目的是满足人民日益增长的美好生活需要，根本要求是完整、准确、全面贯彻新发展理念，要坚持以创新为第一动力。

1　强化政治引领，增强政治自觉

黄河是中华民族的母亲河，保护黄河事关中华民族的伟大复兴和永续发展千秋大计。习近平总书记多次就保障水安全、防灾减灾救灾、自然灾害防治等发表重要讲话，对黄河安澜始终挂念于心。习近平总书记在黄河流域生态保护和高质量发展座谈会上的讲话强调，黄河流域生态保护和高质量发展，同京津冀协同发展、长江经济带发展、粤港澳大湾区建设、长三角一体化发展一样，是重大国家战略，并发出了"让黄河成为造福人民的幸福河"的伟大号召[4]。具有鲜明的时代特征、丰富的思想内涵、深远的战略考量。

水利部部长李国英在今年水旱灾害防御工作视频会议上强调，要强化预报、预警、预演、预案"四预"措施，贯通雨情、水情、险情、灾情"四情"防御，全力做好迎战更严重水旱灾害各项准备。

我们要坚决扛起推动建设幸福河的重大政治责任，进一步提高政治站位，心怀"国之大者"，为新时代黄河流域治理和保护提供坚实力量，推动黄河流域生态保护和高质量发展。以实际行动贯彻落实党中央的决策部署，捍卫"两个确立"，做到"两个维护"。

作者简介：张曦明（1977—），男，高级工程师，主要从事水文水资源研究工作。
通信作者：王建婷（1993—），女，工程师，主要从事水文水资源研究工作。

2 强化科技创新，提升水利服务能力

新阶段水利科技创新工作要深入贯彻习近平总书记"十六字"治水思路和关于治水重要讲话指示批示精神、关于科技创新重要论述精神，贯彻新发展理念，统筹发展和安全，推动新阶段水利高质量发展，着力提升水旱灾害防御能力、水资源集约节约利用能力、水资源优化配置能力、大江大河大湖生态保护治理能力，为全面建设社会主义现代化国家提供有力的水安全保障[5]。

2.1 科学研判和部署防汛工作，做好水旱灾害防御

认真学习贯彻习近平总书记关于防汛抢险救灾和安全生产的重要指示精神，坚持人民至上，始终把人民安危放在首位，增强风险意识，树牢底线思维，构筑抵御水旱灾害坚固防线。

黄河流域洪水风险仍是最大威胁，2021 年黄河流域气候复杂多变，降雨总体偏多，中下游偏多56%，先后出现 17 次强降雨过程，发生了中华人民共和国成立以来最严重秋汛，黄河中下游 9 d 内出现 3 场编号洪水，下游花园口站流量 4 000 m³/s 以上历时达 24 d。2021 年汛期，在党中央坚强领导下，水利部、黄河水利委员会科学有力指导，超前安排、科学调度，落实预报、预警、预演、预案措施，精心研究，周密部署，强化责任担当，确保黄河安全度汛。

黄河流域防洪工程体系存在薄弱环节，要加强黄河防洪治理工程建设，完善黄河水沙调控体系，实施河道和滩区综合提升治理，补齐黄河上中下游、干支流防洪工程短板。牢牢守住水旱灾害防御底线，不断提升黄河水旱灾害防御能力，扎实做好防凌和供水、安全生产，切实提高防汛抗旱应急保障能力。把完善水沙调控和水资源配置体系作为重中之重，通过水库群水沙联合调度，充分发挥水工程的综合效益。

2.2 深研治水思路，锚定任务目标

治水思路为推动新阶段水利高质量发展、解决我国水安全保障问题提供了科学指南和根本遵循。

坚持节水优先，打好黄河流域深度节水控水攻坚战，坚持把水资源作为最大的刚性约束，全面监管水资源的节约、开发、利用、保护、配置、调度等各环节。

坚持人口经济与资源环境"空间均衡"，进一步推动形成节约水资源、保护水环境的空间格局、产业结构、生产方式、生活方式。做好水资源水生态水环境承载力评价，立足流域整体和水资源空间均衡配置，加快构建国家水网，增强水资源与经济社会发展、生态系统良性循环的适配性[6]。

"系统治理"必须统筹兼顾、协调各方，坚定不移推进科学治水、系统治水、综合治水。从空间上统筹上下游、左右岸、干支流、水域陆域，完善保护治理措施布局。从保护治理的系统性、整体性、协同性出发，从水灾害、水资源、水生态、水环境等方面突出谋划和布局的全局性。

新阶段黄河流域水利高质量发展，必须坚持以改革创新为根本动力，运用好政府"看得见的手"，加强行业监管和公共服务供给。运用好市场"看不见的手"，充分发挥好市场在资源配置中的决定性作用。

2.3 推进智慧水利建设，加快构建数字孪生黄河

大力推进水利科技创新，加快突破水利关键核心技术，紧紧围绕支撑国家水网、重大引调水、防洪减灾、智慧水利和水生态水环境治理保护等开展重大关键技术问题研究。强化顶层设计、科技攻关和系统研发，实现水利工作方式从信息化、网络化向智能化、融合化的转变[7]。

推进智慧水利建设，以数字化、网络化、智能化为主线，构建数字孪生流域，开展智慧化模拟，支撑精准化决策，全面推进算据、算法、算力建设，实现预报、预警、预演、预案功能[8-9]。

加快构建具有预报、预警、预演、预案功能的数字孪生黄河，是贯彻落实黄河流域生态保护和高质量发展重大国家战略的迫切需要，是推动新阶段黄河流域水利高质量发展、全面提升水安全保障能力的有力驱动和支撑，也是衡量黄河流域水利高质量发展的重要标志。

2022 年 4 月，黄委印发《数字孪生黄河建设规划（2022—2025）》，在水利部数字孪生流域整体框架下，研究提出了数字孪生黄河建设框架、规划目标、建设任务、重点工程及组织实施、保障体系

等，为"十四五"时期数字孪生黄河建设提供了重要依据。

2022年6月18日，《"十四五"数字孪生黄河建设方案》通过水利部审查，黄委将围绕"提升水旱灾害防御能力，科学调控水沙关系，优化水资源调配，全力保障黄河长治久安"业务需求，充分利用"数字黄河工程""黄河一张图"等已建成果，构建以多维多时空尺度数据底板为基础，水利模型、水利知识为支撑，自主产权数字仿真引擎为特点的数字孪生平台。同时，黄委将扩展升级本级流域防洪、水资源管理与调配等业务智能应用，基本实现黄河干流及其主要支流、流域部分重要河流以及重点水利工程的数字孪生，基本建成与物理黄河同步仿真运行、虚实交互、迭代优化的数字孪生黄河。

2.4 注重人才培养，提升科研创新能力

努力建设高素质专业化水利队伍，不断激发人才队伍干事创业活力，强化责任担当，增强政治责任感和历史使命感，埋头苦干、勇毅前行，不断补齐短板，提升自身能力。强化历史典型暴雨洪水和历史经验分析总结，提高应急处置能力[10]。

开展联合科研攻关，加强对外交流与合作，广泛学习国内外先进水利技术，提升科研创新能力，做好技术推广应用与成果转化[11]。加强自主创新能力，加快水利实用技术创新，以科技创新助推黄河流域水利高质量发展。为保障新阶段水利高质量发展提供强有力支撑。

2.5 完善法律法规制度体系，提升执法监管效能

强化体制机制法治管理是推动新阶段水利高质量发展的六条实施路径之一，对加强水行政执法工作提出明确要求、目标任务、工作措施、各方责任。

近年来，水利部不断强化水行政执法，严厉打击侵占河湖、非法采砂、阻碍行洪、非法取水等水事违法行为，取得积极成效[12-13]。强监管要坚持以问题为导向，以整改为目标，既要有完备的法律法规制度体系，又要有良好的监管执行能力。从法制、体制、机制入手，建立一整套务实高效管用的监管体系。强监管也要创新手段方式。加强信息共享和资源整合，合理运用执法、飞检、暗访、群众举报、督查等多种手段和方式，全面加强行业监管。压实河长制工作责任，推动建立联合监管机制；完善对取水、河道管理、入河排污、水土保持等相关涉水事项的联合执法检查机制，确保监管协同有效；完善河湖日常巡查制度，利用高科技手段实现对重点河湖、水域岸线、水土流失的动态监控。健全行政执法与刑事司法衔接机制，确保对各类违法行为严格追责。建立水利督查制度，加强重点事项的督办工作。强化群众举报和反馈机制以及第三方评估机制，完善水利信息公开制度，充分发挥社会监督作用，提升执法监管效能[14]。

3 科学谋划，狠抓落实，加快推动幸福河建设

江河保护治理关乎生态安全、经济发展与社会稳定，更关乎民生幸福。幸福河湖主要涉及防洪保安全、优质水资源、健康水生态、宜居水环境和先进水文化五方面的江河治理保护目标。重点补好防洪、供水、生态修复、信息化等工程短板，全面提升水旱灾害综合防治、水资源供给和配置以及水利信息感知、分析、处理和智慧应用的能力，修复河流生态。

幸福河建设要提高水灾害防治能力，加强水文基础支撑能力建设，加强水资源保护，改善水生态环境，弘扬河流文化，坚定文化自信，为实现中华民族伟大复兴的中国梦凝聚精神力量，努力让黄河成为造福人民的幸福河[15]。

4 结语

通过近年来的不懈努力，水利工作不断取得新成效。适应新时代水利改革发展要求，推进幸福河建设需要我们共同参与，努力奋斗，心怀"国之大者"，以"十六字"治水思路为指引，弘扬"忠诚、干净、担当，科学、求实、创新"的新时代水利精神，以更加饱满的精神状态和一往无前的奋斗姿态，脚踏实地、全力以赴、团结奋斗，加快推进新阶段水利高质量发展。

参考文献

［1］ 李国英．推动新阶段水利高质量发展 全面提升国家水安全保障能力——写在 2022 年"世界水日"和"中国水周"之际［J］．中国水利，2022（6）：1-2.

［2］ 刘志广．强化政治引领 深研治水思路 为新阶段水利高质量发展提供有力的国际合作与科技保障［J］．水利发展研究，2021，21（7）：52-54.

［3］ 梅传书，康洁，刘佩瑶．科技创新助力新阶段海河流域水利高质量发展［J］．海河水利，2021（5）：1-4.

［4］ 习近平．在黄河流域生态保护和高质量发展座谈会上的讲话［J］．水资源开发与管理，2019（11）：1-4.

［5］ 李国英．全面提升水利科技创新能力 引领推动新阶段水利高质量发展［J］．中国水利，2022（10）：1-3.

［6］ 汪安南．以"十六字"治水思路为指引 加快推进新阶段黄河流域水利高质量发展［J］．人民黄河，2022，44（3）：1-4.

［7］ 贺骥，郭利娜．提升水安全保障能力 以新阶段水利高质量发展 助力"十四五"时期经济社会高质量发展［J］．水利发展研究，2021，21（6）：24-27.

［8］ 李国英．深入学习贯彻习近平经济思想 推动新阶段水利高质量发展［J］．水利发展研究，2022，22（7）：1-3.

［9］ 李国英．建设数字孪生流域 推动新阶段水利高质量发展［J］．水资源开发与管理，2022，8（8）：3-5.

［10］ 本报采访组．谱写新阶段黄河水文高质量发展新篇章［N］．黄河报，2022-02-12（001）.

［11］ 周妍，魏晓雯，陈思．科技创新为水利高质量发展提供引领力和驱动力［N］．中国水利报，2022-07-07（005）.

［12］ 陈东明．全面提升水行政执法效能 为推动新阶段水利高质量发展提供法治保障［J］．中国水利，2022（12）：3-4，2.

［13］ 张瑜洪，陈鹏．助力新阶段水利高质量发展 扎实推进水利工程运行管理工作——访水利部运行管理司司长阮利民［J］．中国水利，2021（24）：17-18.

［14］ 张旺．强监管是新时代水利改革发展主调［N］．中国水利报，2019-03-26（006）.

［15］ 苏铁．幸福河建设必须重视和加强水文基础支撑能力建设［EB/OL］．http：//www.hwswj.com.cn/news/show-178676.html，2020-06-09.

基于多层析因分析的不确定性水资源配置研究

朱艳翔[1,2,3,4]　陈俊鸿[6]　蔡　昊[1,2,3,4,5]

(1. 海南大学生态与环境学院，海南海口　570228；

2. 海南大学生态文明协同创新中心，海南海口　570228；

3. 海南省农林环境过程与生态调控重点实验室（海南大学），海南海口　570228；

4. 海南省热带生态环境修复工程研究中心（海南大学），海南海口　577228；

5. 海南省海洋地质资源与环境重点实验室，海南海口　570228；

6. 桂林理工大学环境科学与工程学院，广西桂林　541006)

摘　要：不确定性参数对水资源配置结果有着重要影响。本文提出了一种结合多层析因分析和区间两阶段随机规划模型的不确定性参数影响效应挖掘方法，将不确定性参数划分为类型、用水区、用水户三个层次，基于全因子试验、正交试验获得不同参数水平下的配置结果响应值区间、各因子主效应及交互效应。以海南省南渡江流域为例验证了本方法的实用性。结果表明：在规划年 2030 年，南渡江流域最大用水效益区间为［297.40，439.49］亿元，多层析因分析表明澄迈县农业用水效益系数对配置结果影响最大，贡献率为 89.81%。研究结果可为保障南渡江流域供水目标提供重要数据支撑。

关键词：多层析因分析；不确定性；水资源配置

1　引言

水资源是社会经济发展和人类生活的重要保障。随着人口增长和经济发展，居民生活、工业、农业和生态之间的用水竞争将会更加激烈[1]。水资源管理系统中存在的多种不确定性参数及其潜在的交互作用可能会进一步加剧决策过程的复杂性。因此，不确定优化模型在水资源管理中发挥着越来越重要的作用。Huang 等[2] 提出了用于水资源管理的区间线性规划（Interval Linear Programming，ILP）模型。Huang 和 Loucks[3] 提出了一种不精确的两阶段随机规划（Interval Two-Stage Stochastic Programming，ITSP）模型，结合了区间线性规划（ILP）以及两阶段随机规划（Two-Stage Stochastic Programming，TSP）[4]。刘寒青等[5] 将此模型应用于北京 2025 年水资源优化配置的研究中。张静等运用区间两阶段随机规划的方法，建立了多水源联合供水调度的优化模型，并用于城市供水调度系统中。Maqsood 等[6] 将该方法用于农业系统水资源规划。然而，ITSP 模型无法确定水资源管理系统中每个因子对于系统总收益的影响以及潜在的交互影响。Zhou 等[7] 构建了耦合析因分析技术的两阶段区间规划模型，分析了模型中的区间不确定参数的主效应以及之间的潜在相互关系及其对系统性能的影响。王源意[8] 引入风险规避理论解决参数不确定带来的风险以及模型固有的风险问题，并在此基础上提出了多水平、多因子分析风险规避优化模型，确定了模型中的重要因子和交互因子。Wang 等[9] 将田口的正交阵列与混合水平因子设计相结合，进行因子筛选。以上研究虽然能找出最优值，但难以直观地判别优化区域；仅对假设案例挑选部分因子进行分析研究，无法处理大规模问题中不确

基金项目：海南省自然科学基金项目资助（421QN201）；国家自然科学基金项目资助（42101270）。

作者简介：朱艳翔（1999—），男，硕士研究生，主要研究方向为水资源规划与管理。

通信作者：蔡昊（1990—），男，讲师，主要从事水资源规划与管理方面的研究工作。

定参数较多的情况；未考虑到分类参数、用水区域和用水户水平变化分别对系统响应的影响。基于此，本文综合考虑分类参数、用水区域和用水户中的重要因子及交互因子，提出了一种多层析因分析的不确定性水资源配置方法，对海南省南渡江流域 2030 年的水资源配置情况进行了研究，并引入响应曲面法弥补了正交试验无法给出各因子水平的最佳组合以及直观图形的缺陷，能够解决大规模问题中不确定参数较多的问题。

2　方法

首先通过两水平全因子试验筛选出效应最大的分类参数，利用正交试验结合响应曲面的方法，获得影响最大的区域并对其用水户进行全因子分析，配水方案主要由不同水平的因子输入 ITSP 模型求得。本文的技术路线如图 1 所示。

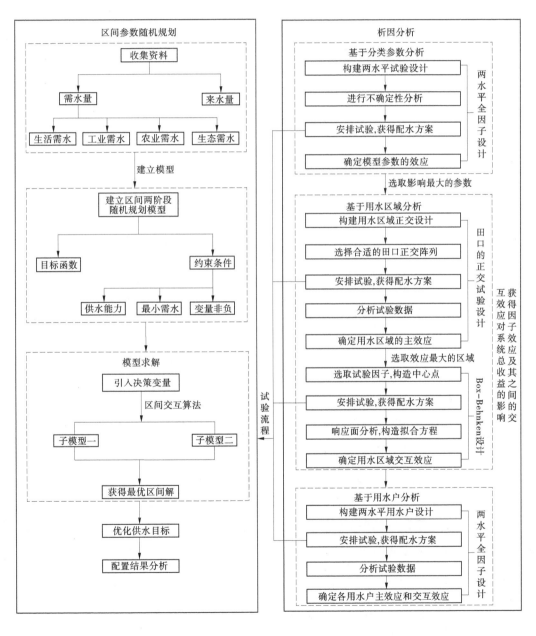

图 1　技术路线

2.1 区间参数两阶段随机规划模型

以流域内供水效益最大为目标：

$$\max f^{\pm} = \sum_{i=1}^{9} \sum_{j=1}^{4} (a_{ij}^{\pm} - b_{ij}^{\pm}) X_{ij}^{\pm} - \sum_{i=1}^{9} \sum_{j=1}^{4} \sum_{m=1}^{4} p_m C_{ij}^{\pm} Q_{ijm}^{\pm} \tag{1}$$

约束条件：

水源供水能力约束

$$\sum_{i=1}^{9} \sum_{j=1}^{4} (X_{ij}^{\pm} - Q_{ijm}^{\pm}) \leqslant S_m^{\pm} \quad \forall m \tag{2}$$

最小需水量约束

$$Q_{ijm}^{\pm} \leqslant (1 - \alpha_{ijm}) X_{ij}^{\pm} \quad \forall i, j, m \tag{3}$$

变量非负约束

$$Q_{ijm}^{\pm} \geqslant 0 \quad \forall i, j, m \tag{4}$$

式中：f 为用水综合效益（目标函数），亿元；i 为不同用水区；j 为不同用水户，$j = 1$ 代表生活用水，$j = 2$ 代表工业用水，$j = 3$ 代表农业用水，$j = 4$ 代表生态用水；a_{ij} 为 i 区域 j 用户的用水效益系数，元/m³；b_{ij} 为 i 区域 j 用户的用水费用系数，元/m³；C_{ij} 为 i 区域 j 用户的缺水惩罚系数，元/m³；Q_{ij} 为 i 区域 j 用户的缺水量；S 为可供水量，亿 m³；α_{ijm} 为 i 区域 j 用户 m 水平年的供水保证率，无量纲。得到的 ITSP 模型[3] 的优化解如下：

$$f_{opt}^{\pm} = [f_{opt}^-, f_{opt}^+] \tag{5}$$

$$Q_{ijm, opt}^{\pm} = [Q_{ijm, opt}^-, Q_{ijm, opt}^+] \tag{6}$$

$$X_{ij, opt}^{\pm} = X_{ij}^- + \Delta X_{ij} z_{ij, opt} \tag{7}$$

2.2 多层析因分析

两水平因子设计由 k 个因子组成，每个因子分为低水平和高水平，分别用−1 和+1 表示。2^k 设计的统计模型包含 k 个主效应，$\binom{k}{2}$ 个二因子交互作用，$\binom{k}{3}$ 个三因子交互作用，……，以及一个 k 因子交互作用[10]。本文共涉及 144 个因子，如果进行全因子分析，则需要进行 2^{144} 次试验，显然这是难以完成的。因此，可以通过多层析因分析筛选和识别重要因子。

3 研究区域概况

南渡江发源于海南省白沙黎族自治县南开乡南部的南峰山，干流斜贯海南岛中北部，流经白沙、琼中、儋州、澄迈、屯昌、定安、琼山等市（县），最后在海口市美兰区的三联社区流入琼州海峡。南渡江是海南省第一大河流，全长 333.8 km，总落差 703 m，流域面积为 7 033 km²，占全岛面积的 20.7%。南渡江上游高程在 500 m 以上，两岸地形陡峻，坡降大，中游为低山丘陵，南高北低，下游为丘陵台地及滨海平原三角洲，地势较为平坦，河岸宽阔[11-12]。由于海南自贸港建设的提速和各项政策的落地，未来将吸引越来越多的人口和产业入驻，居民生活、农业、工业、生态之间的水资源竞争将进一步加剧。本文所用到的数据来源于政府部门的水资源调查评价以及相关文献数据[13-17]。南渡江流域示意图如图 2 所示。

4 结果分析

预先决策中，南渡江流域 2030 年优化供水目标为 13.84 亿 m³，根据优化供水目标和子模型的计算结果可以得到最大缺水量为 [3.76, 5.71] 亿 m³，进而求得南渡江流域 2030 年不同来水水平下的水资源配置总量为 [10.35, 13.84] 亿 m³，且求得最大用水效益区间为 [297.40, 439.49] 亿元。为了得到不确定参数对水资源配置结果的影响，需要对分类参数、用水区域、用水户进一步分析。

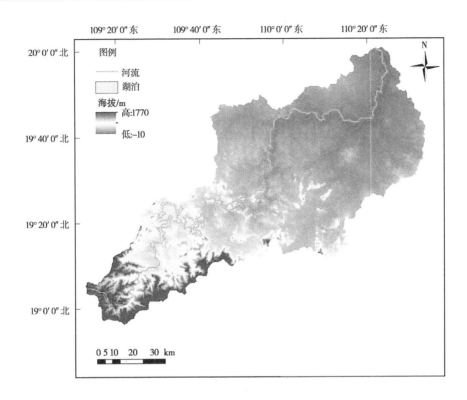

图2 南渡江流域示意图

4.1 基于分类参数分析

图3展示了当响应值分别取下界、中值和上界时的半正态情景效应。其中,A代表效益系数,B代表费用系数,C代表惩罚系数,D代表来水量,E代表供水目标。半正态效应图揭示各因子以及其交互作用对应累积正态概率的效应估计值的绝对值,它们可以将主要的单因子以及交互作用对输出的效应可视化。在半正态效应图中,越靠近直线的因子或者交互因子越不显著;相反,离直线越远的因子或交互因子就越显著。

从图3中可以看出,响应值位于下界、中值和上界时,模型的主要效应因子有A、B、C、D、E和两因子交互效应AC、AD、AE、CD、CE等,以及三因子交互效应ACE、ADE等。其中,因子A的主效应最大,贡献率分别为39.99%、45.89%、49.34%。当因子A从低水平变化到高水平时,收益的下界从321.44亿元变化到356.39亿元,增长了10.87%;收益中值从355.89亿元变化到392.82亿元,增长了10.38%;收益上界由低水平从390.35亿元变化到429.25亿元,增长了9.97%。

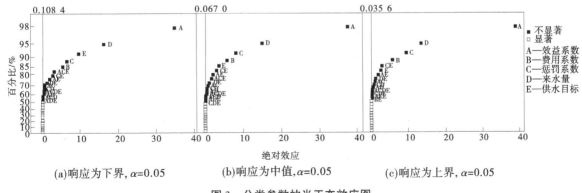

图3 分类参数的半正态效应图

4.2 基于用水区域分析

通过田口正交试验设计对因子进行筛选,减少计算量[18]。如表1所示,因素的影响是根据总净收益的平均值估算的，Delta 值的大小影响经济目标的所有因素的显著性。结果表明，响应值位于下界时，因子 G 在总净收益方面具有最大的 Delta 值，为 12.9 亿元，对响应的影响最大；相反，因子 D 在总净收益方面的 Delta 值最小，为 0.1 亿元。响应值位于中值时，因子 A 的总净收益为 12.9 亿元，对响应的影响最大；因子 D 的总净收益最小，为 0.1 亿元。响应值位于上界时，因子 G 在总净收益最大为 12.9 亿元，对响应的影响最大；因子 D 的总净收益最小，为 0.2 亿元。

表 1　响应值

响应值	水平	A	B	C	D	E	F	G	H	J
下界	1	322.4	323.7	322.5	324.1	323.7	322.5	317.7	323.7	323.4
	2	325.9	324.6	325.8	324.2	324.6	325.8	330.6	324.6	324.9
	Delta	3.5	1	3.4	0.1	1	3.2	12.9	0.8	1.4
	排秩	2	6	3	9	7	4	1	8	5
中值	1	370.5	371.7	370.6	372.2	370.6	370.6	365.9	371.9	370.3
	2	374.1	372.9	374	372.4	374	374	378.7	372.7	374.3
	Delta	3.5	1.2	3.4	0.1	3.4	3.4	12.9	0.8	4.1
	排秩	3	7	6	9	4	5	1	8	2
上界	1	418.7	419.8	418.7	420.3	417.5	418.6	414	420	417.1
	2	422.2	421.1	422.1	420.6	423.4	422.3	426.9	420.8	423.8
	Delta	3.5	1.4	3.4	0.2	5.9	3.6	12.9	0.8	6.7
	排秩	5	7	6	9	3	4	1	8	2

　　由上文正交试验可以得出，澄迈县生活用水、农业用水、工业用水的效益系数影响较大，因此对这三个因子进行 Box-Behnken 试验设计。因子数为 3，中心点个数为 3，试验次数为 2×3×（3-1）+3=15 次[18-19]。使用 3D 曲面图可以研究三个变量之间的潜在关系[20]。图 4 展示了白沙县、澄迈县、海口市与系统总收益之间关系的三维立体响应曲面图，考察在某个因素固定在某个中心值不变的情况下，其他两个因素的交互作用对总收益的影响[21]。R1、R2、R3 分别代表收益区间下界、中值和上界。从 R1 的三维立体图中可以看出，白沙县、澄迈县、海口市效益系数处于较低水平（-0.5~0.5）时可能具有极大值，两两之间的交互作用偏圆形，因此它们之间的交互作用不显著。在收益区间中值（R2）和上界（R3）的情况下，白沙县、澄迈县、海口市效益系数之间的交互作用均不显著。

4.3　基于用水户分析

　　由正交试验可知，响应值位于效益区间下界、中值和上界时，澄迈县效益系数对系统总收益的影响始终是最大的。因此，对澄迈县各个用水户的效益系数进行分析。本节分别用 A、B、C、D 代表澄迈县市政用水、工业用水、农业用水和生态用水的效益系数，均设置两水平进行全因子析因分析。从图 5 可以看出，响应值位于区间下界、中值和上界时，因子 A、B、C、D 始终具有显著性，且因子 C 的显著性最大，贡献率均为 89.81%。当响应值处于不同的区间（上界、中值、下界）时，各因子之间的交互效应存在差异。

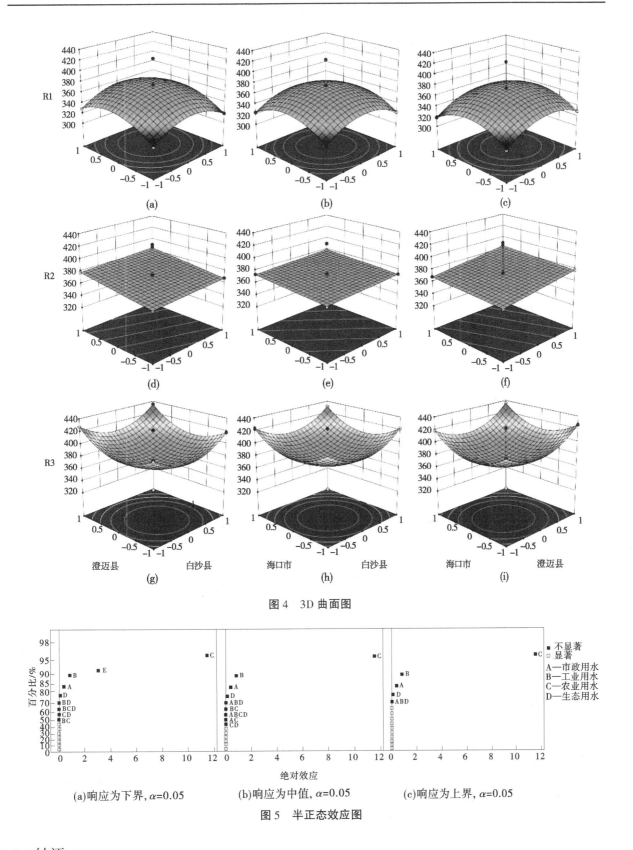

图4 3D 曲面图

图5 半正态效应图

5 结语

通过对南渡江流域不确定参数以及水资源配置结果进行分析，可以得出以下结论：

（1）通过求解 ITSP 模型得出南渡江流域 2030 年优化供水目标为 13.84 亿 m³，不同来水水平下

水资源配置总量为 $[10.35, 13.84]$ 亿 m^3，用水综合效益为 $[297.40, 439.49]$ 亿元。

（2）通过多层析因分析以及因子筛选得出，当响应值分别位于区间下界、中值和上界时，澄迈县农业用水效益系数对系统综合收益的影响最大，贡献率均为 89.81%。因此，水资源管理者应加强对澄迈县农业用水效益的关注，并根据区域发展规划和国家政策及时调整配水计划。

参考文献

[1] Zeyneb Kılıç. The importance of water and conscious use of water [J]. International Journal of Hydrology, 2020, 4 (5): 239-241.

[2] G H Huang, Baetz B W, Patry G G. A grey linear programming approach for municipal solid waste management planning under uncertainty [J]. Civil Engineering Systems, 1992, 9 (4): 319-335.

[3] G H Huang, Loucks D P. An inexac two-stage stochastic programming model for water resources management under uncertainty [J]. Civil Engineering Systems, 2000, 17 (2): 95-118.

[4] J R Birge, Louveaux F V. A multicut algorithm for two-stage stochastic linear programs [J]. European Journal of Operational Research, 1988, 34 (3): 384-392.

[5] 刘寒青, 赵勇, 李海红, 等. 基于区间两阶段随机规划方法的北京市水资源优化配置 [J]. 南水北调与水利科技, 2020, 18 (1): 34-41.

[6] Imran Maqsood, Huang Guohe, Huang Yuefei, et al. ITOM: an interval-parameter two-stage optimization model for stochastic planning of water resources systems [J]. Stochastic Environmental Research and Risk Assessment, 2005, 19 (2): 125-133.

[7] Y Zhou, Huang G H. Factorial two-stage stochastic programming for water resources management [J]. Stochastic Environmental Research and Risk Assessment, 2011, 25 (1): 67-78.

[8] 王源意. 不确定条件下水资源配置模型研究 [D]. 北京: 华北电力大学, 2017.

[9] S Wang, Huang G H. A multi-level Taguchi-factorial two-stage stochastic programming approach for characterization of parameter uncertainties and their interactions: An application to water resources management [J]. European Journal of Operational Research, 2015, 240 (2): 572-581.

[10] 彭莉, 宁建辉. 浅谈"因素的主效应和因素间的交互效应" [C]//2007 均匀试验设计学术交流会论文集. 北京: 2007: 11.

[11] 符传君, 姚烨, 马超. 海口市水资源供需平衡分析及对策研究 [J]. 水资源与水工程学报, 2011, 22 (2): 94-99.

[12] 林淑婧, 卢裕景, 张仁东, 等. 南渡江降水量、径流量变化特征分析 [J]. 水利技术监督, 2022 (8): 212-245.

[13] 邓坤, 张璇, 谭炳卿, 等. 多目标规划法在南四湖流域水资源优化配置中的应用 [J]. 水科学与工程技术, 2010 (5): 11-15.

[14] 曾俐. 海南松涛灌区农业水价综合改革的思考 [J]. 中国水利, 2016 (6): 54-55.

[15] 张静, 黄国和, 刘烨, 等. 不确定条件下的多水源联合供水调度模型 [J]. 水利学报, 2009, 40 (2): 160-165.

[16] 陈晓璐, 林建海. 变化环境下南渡江干流径流特征分析及变化趋势研究 [J]. 人民珠江, 2019, 40 (10): 14-20.

[17] 张鸿. 基于区间多阶段随机规划的水资源优化配置模型及其应用 [D]. 邯郸: 河北工程大学, 2019.

[18] 方陈承, 张建同. 实验法在管理学研究中的演进与创新 [J]. 上海管理科学, 2018, 40 (3): 98-103.

[19] 李莉, 张赛, 何强. 响应面法在试验设计与优化中的应用 [J]. Research & Exploration in Laboratory, 2015, 34 (8).

[20] 王永菲, 王成国. 响应面法的理论与应用 [J]. 中央民族大学学报（自然科学版）, 2005 (3): 236-240.

[21] 何桢. 六西格玛管理 [M]. 3 版. 北京: 中国人民大学出版社, 2014.

水文现代业务管理体系研究

刘　帅　胡士辉　罗思武　崔　桐

（黄河水利委员会水文局，河南郑州　450004）

摘　要：针对制约现代水文监测管理推进中的技术、管理、建设等问题，在全面总结近年规划、立项、建设及运行各环节经验教训的基础上，本文提出"一站一策、一区一策"现代化推进技术方案，通过"一站一策、一区一策"配套协同推进实施，能够构建水文现代业务管理体系，引领各测区现代化建设，助推测区测验管理模式改革，切实解放基层人力资源，对系统推进各测区测验改革具有重要的现实意义。

关键词：现代化；一区一策；一站一策；业务管理体系

新时期，黄河流域生态保护和高质量发展国家战略的推进，要求水文提供更快、更全、更优的信息服务。水文工作必须转向同时为水灾害、水资源、水环境、水生态提供监测预报预警服务，水文基础性支撑地位和职责任务发生了根本性变化[1]。为此，必须深化水文改革，重构水文业务管理体系，提升情报信息的时效性、可靠性、预见性，全方位拓展水文服务。

1　研究背景

新时期，中央治水新方针、水利改革发展总基调、治黄总要求的提出，特别是黄河流域生态保护和高质量发展国家战略部署，都对水利工作提出了新要求。水文作为水利和经济社会的基础支撑，迫切要求黄河水文服务领域必须由传统的水旱灾害防御向水资源管理、水环境保护、水生态修复"四水同治"拓展[2]；迫切要求加快补齐监测体系不完善、自动化智能化水平不高、管理模式不够高效、预测预报精度有限、服务产品不够丰富等发展中的短板，全面推进黄河水文现代化。

构建技术先进的水文监测体系和精简高效的水文管理体系是现代化规划的核心内容，也是推进黄河水文现代化的关键抓手，必须转变发展与建设理念，重审测站定位，重整业务流程，重塑管理模式，全测区统筹推进，破解制约水文现代化的技术与管理难题，研究现代水文监测管理新模式规划设计方案，规划水文测验改革推进路线图，应用指导各测区水文测站、水文巡测基地规划设计方案的制订与实施。

2　现状及存在问题

近年来水文测报能力提升工作加快了水文现代化步伐，但受黄河水沙特性影响，目前基层测站仍习惯使用吊箱、缆道、测船等传统手段测验，思想仍不够解放，管理措施跟进不够，大量已装备的新技术新设备生产力转化周期较长，设备效能未能充分发挥，固态降水、流量等水文要素的自动观测仍处于起步阶段，泥沙自动监测、冬季水沙观测技术亟待突破或验证等，单纯依靠现有监测技术难以真正实现全覆盖、全要素、全时程自动监测，制约"驻巡结合，巡测为主"管理模式的全面推进，大部分测站仍然驻守监测，基层一线人力资源仍未真正解放。

由于缺少水文监测管理新模式顶层规划设计方案，各测区规划建设系统考量不足，测区现代化建设整体推进路线不够明晰，以往项目立项建设多立足于单一测站或基地，多谋求单站单要素在线监测

作者简介：刘帅（1989—），男，工程师，硕士，主要从事水文规划和前期管理工作。

能力突破，测站多要素监测集成不够，不成体系，测区测验管理及运行机制不够高效科学。建设运行过程中，个别内容和水沙特性脱节，存在重建轻管、重测轻算等现象，导致设备装备应用与技术管理不相匹配，尚不能有效促推测验深层次改革，与无人值守为主体的自动测报模式和精兵高效的现代管理体模式目标尚存差距。

3　水文现代业务管理体系实现途径

3.1　总体路线研究

按照黄河水文总体改革发展思路，以解放基层一线人力资源为目标，以水文现代化建设规划为主要抓手，从当前先进测报技术手段入手，从测验管理方式制度着眼，从测站和勘测局两个层面着力，管理与技术并举，构建现代监测管理体系，规划设计水文监测管理新模式推进路线图。

在水文站层面，管理与技术并举，施行"一站一策"，解放基层一线人力资源。在技术方面，坚持互联网+水文深度融合，针对性分析单站水沙特性，加强先进设备的适用性研究；在管理方面，重新审视测站定位，优化调整测验任务及要求；分类逐站改革制订测验方案。无特殊要求的小河站、区域代表站实现特定水文要素的自动采集、远程测控并与巡测相结合，实现无人值守；有特殊要求的大河干流控制站、省界站等难以巡测时，实行轮流值守，但工作内容仅限于现场获取原始测验数据，后处理工作全部到水文测控中心。

在勘测局层面，推行"一区一策"，优化管理运维体制机制，构建"扁平化"架构。重点将巡测站、驻巡站基层人员大幅上收，减少驻测站驻守人员，以勘测局为支点，构建集本测区远程测控、数据接收、分析处理、自动报汛、在线整编以及巡测运维、社会服务等功能于一体的区域水文监测中心[3]，兼顾应急监测能力，全面提升勘测局一级的功能和作用，支撑"一站一策"的落地。

3.2　"一站一策"技术路线研究

在测站层面施行"一站一策"，逐站研究监测新模式方案设计，主要技术路线（见图1）为：从测站功能定位入手，梳理测报任务，分析水沙特性及新技术新设备的适用性，明确测验方案，对接设施设备现状，提出规划任务及主要建设方案。

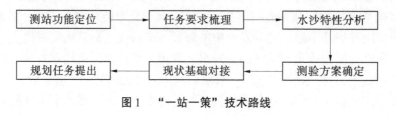

图 1　"一站一策"技术路线

其中，最为重要的一个环节是测验方案确定。按照测站新定位和任务新要求，结合水沙特性，充分利用先进测报技术手段，分要素分时段确定测验方案和通信传输方案。

水位：结合实际合理选择布设相应自记水位计，力争实现全天候全时段在线监测。

流量：对于水位流量关系单一线部分，优先通过水位推流，辅以巡测设备校测。对于非单一线部分，应结合各自水沙特性，充分考虑设备的适用性，分类分级确定[4]。

泥沙：结合各级含沙量年内分布，优先考虑低含沙期巡测的可能性。

降水：结合实际选择相应自记降水观测设备，保证全天候在线监测；有常年观测任务的测站，应优先考虑兼容观测固态降水的观测设备。

蒸发：可结合实际选择相应蒸发自动观测设备，保证全天候在线监测。

气象、水温：结合实际选择相应要素的观测设备，实现在线监测。

视频监控：应围绕站院安全、河势监视、设施设备安全运行等合理布设视频监控设备。

通信传输方案：测站各类要素前端采集信息直接传至所属水文测控中心，驻测站应同时传至本站存储。

3.3 "一区一策"技术路线研究

在勘测局层面推行"一区一策",研究各测区管理新模式方案设计,通过组建测控中心,高效衔接内外业测报和运维等相关工作,支撑"一站一策"方案推进,真正解放一线基层职工,提高人员效率。主要技术路线(见图2)为:对测站层面"一站一策"进行梳理,分析新测验模式下勘测局层面测控任务,结合测区实际制订测控方案,研究测站人员上手后组织架构方案,对接巡测现状,提出规划目标任务。

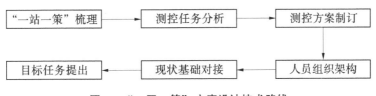

图2 "一区一策"方案设计技术路线

其中最为重要的一个环节是测控方案制订。依据梳理分析的测控任务,充分利用先进测报和信息化技术手段,分别确定信息采集、通信传输、数据处理与服务方案,运行维护方案。

3.3.1 信息采集

测控中心需实时接收各类雨水情、设备运行工况、视频等各类信息,并根据采集信息情况适时安排巡测及维护等。

3.3.2 通信传输

根据信息传输种类,提出测站至测控中心、测控中心至上一级中心的通信传输交换方案。

3.3.3 数据处理与服务

数据处理与服务主要包括对水文信息的计算分析处理,进行作业报汛和整编,拓展信息服务产品。

3.3.4 运行维护

运行维护包括对测区的设施设备、通信网络、会商环境、站院及附属设施等维护;应结合巡测和应急装备情况,提出运行维护设备配置方案。

4 结语

水文现代化是一个动态的系统工程,构建科学高效的业务管理体系是水文现代化的核心内容。在分析现有管理体系存在短板的基础上,提出"一站一策、一区一策"现代化推进技术方案,能够助推测区测验管理模式改革,切实解放基层人力资源,对加快推进黄河水文改革发展和现代化建设具有较好的指导意义。

参考文献

[1] 苏铁.幸福河建设必须重视和加强水文基础支撑能力建设 [J].中国水利,2020(11).
[2] 李国英.黄河治理开发与管理基础支撑研究 [J].人民黄河,2011(2).
[3] 谷源泽.黄河水文现代化发展思考与展望 [J].人民黄河,2019(10).
[4] 张家军,刘晓华,刘彦娥,等.黄河水文现代化建设探索与实践 [J].水利发展研究,2013(3).

近 40 年来黄河流域饱和水汽压差时空演变

樊玉苗　靳晓辉

（黄河水利科学研究院，河南郑州　450003）

摘　要：本文基于黄河流域内部及周边 102 个气象观测站点的基本数据，计算了各站点的 VPD 值，采用线性回归、空间分析、Hurst 指数等分析了黄河流域 VPD 在 1980—2019 年的时空变化特征，以及其未来趋势性特征。结果表明：黄河流域 VPD 在近 40 年内整体呈现稳步增加的变化趋势，VPD 的主要数值范围由 0.4～0.6 向 0.6～0.8 发展，0.6～0.8 数值范围的空间面积占比由 1980 年的 32.9%增加至 2019 年的 47.4%；黄河流域 VPD 月均值序列的 Hurst 指数为 0.577，表明黄河流域 VPD 未来依然呈增加态势变化。VPD 是植被进行光合作用和正常生理活动的关键约束条件，其值的持续增加将对黄河流域陆地植被系统的结构和功能产生重要影响。

关键词：黄河流域；饱和水汽压差；时空变化；未来趋势

黄河流域在我国"两屏三带"为主体的生态安全战略格局中占据重要地位，是我国重要的生态屏障。同时，流域内 46.9%的地区属于干旱半干旱区地带，水分条件是维持黄河流域脆弱生态环境的重要支撑。饱和水汽压差（vapor pressure deficit，VPD）是干旱半干旱地区水分条件变化的重要指标，同时也是决定植物光合作用的关键因素[1]，对黄河流域陆地植被系统的结构和功能具有重要影响。

VPD 表征着给定温度下空气饱和水汽压与该温度下实际水汽压之间的差值，增大时能够促进植物叶片气孔张开以进行光合作用，但当 VPD 过高时，植被通常会降低气孔导度和光合作用以减少水分损失[2]，从而抑制植物的生长[3]，严重时还会导致植物组织干枯而死亡[4]。除对植物生理影响外，过高的 VPD 还会造成土壤水分快速蒸发，引起植物水分胁迫和干旱[5]。通常，饱和水汽压差由空气温度和湿度决定。在过去的 30 年中，全球地表温度每十年上升约 0.2 ℃（IPCC，2019），不断升高的温度引起了饱和水汽压的增加，但受湿度影响的实际蒸气压并没有以相同的速度增加，导致饱和水汽压与实际水汽压的差值（VPD）逐渐增大[6-7]。Wenping Yuan 等采用了 6 个地球系统模型对全球 VPD 进行了预测，结果均表明 21 世纪 VPD 将会持续增加[8]。因此，在研究生态系统未来变化的过程中应充分考虑 VPD 对植被生长的影响。

本文基于黄河流域 1980—2019 年的连续气象数据，采用回归分析、空间分析、Hurst 指数分析等方法，探究黄河流域饱和水汽压差近 40 年来的时空变化特征，以及未来趋势性特征，为黄河流域水分条件动态分析与陆地植被生态保护提供技术支撑。

1　材料与方法

1.1　研究区概况

黄河发源于青藏高原巴颜喀拉山北麓的约古宗列盆地，流经青海、四川、甘肃、宁夏、内蒙古、

基金项目：中央级公益性科研院所基本科研业务费专项资金项目（HKY-JBYW-2020-13）；河南省水利科技攻关计划项目（GG202063）。

作者简介：樊玉苗（1990—），女，工程师，主要从事灌区高效用水方面的研究工作。

通信作者：靳晓辉（1987—），男，高级工程师，主要从事生态水文方面的研究工作。

陕西、山西、河南、山东 9 个省（区），在山东东营注入渤海，全长 5 464 km，流域面积为 79.5 万
km²（见图 1）。黄河流域横跨青藏高原、内蒙古高原、黄土高原、黄淮海平原四个地貌单元，地形地
貌与陆地植被差异巨大。受大气和季风环流的影响，流域内各区域气候条件风格各异，西北部属干旱
气候、中部属半干旱气候、东南部属半湿润气候。

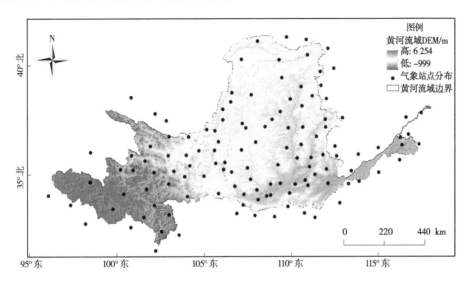

图 1 研究区位置及站点分布示意图

1.2 数据来源

黄河流域 VPD 的计算主要涉及温度和相对湿度两种类型，数据来源于 1980—2019 年黄河流域内
部及周边 102 个地面气象观测站点的基本气象数据［中国气象科学数据共享服务网（http：//
cdc. cma. gov. cn/）］。黄河流域的 DEM 数据来自中国科学院资源环境科学数据中心（http：//
www. resdc. cn/），分辨率 1 km。

1.3 研究方法

1.3.1 饱和水汽压差计算

VPD 是给定温度下空气饱和水汽压与该温度下实际水汽压的差值。饱和水汽压（e_s）和实际水
汽压（e_a）分别依据温度和相对湿度进行计算，具体形式为

$$VPD = e_s - e_a \tag{1}$$

$$e_s = 0.611\exp\left(\frac{17.27T}{T + 237.3}\right) \tag{2}$$

$$e_a = e_s \frac{\varphi_{mean}}{100} \tag{3}$$

式中：T 为站点的温度，℃；φ_{mean} 为站点的相对湿度（%）。

1.3.2 VPD 空间变化分析

黄河流域 VPD 的空间变化主要依据各气象站点 VPD 的计算结果，通过 ArcGIS 软件平台采用克
里金插值进行展布，综合气候变化特征，以 10 年为时间单元，以 1 km 为空间分辨率，分别得到
1980 年、1990 年、2000 年、2010 年、2019 年 5 个时间节点 VPD 的空间分布情况。

1.3.3 VPD 未来变化趋势计算

黄河流域 VPD 的未来趋势性特征采用 Hurst 指数分析，该指数通过 R/S 分析法计算，是一种分
析非线性时间序列的统计方法，最初由英国水文学家 Hurst 提出，随后逐渐发展成为研究时间序列的
分形理论，在气候、环境等要素的趋势分析中得到大量应用。R/S 分析通过计算 Hurst 指数揭示长时
间序列的趋势性特征，并以此推断其未来变化趋势[9]。具体计算形式见式（4）~式（11）。

对于时间序列 $x(t)$（$t=1, 2, \cdots, n$），将数据分为长度为 r 的 g 组互不重叠的子序列，则

$$x(t) = \begin{bmatrix} x_{11} & \cdots & x_{1r} \\ \vdots & \ddots & \vdots \\ x_{g1} & \cdots & x_{gr} \end{bmatrix} \tag{4}$$

计算得到均值序列 $\overline{x_i}$、离差 y_{ij}、累积离差 z_{ij}、极差 R_i 及标准差 S_i：

$$\overline{x_i} = \frac{1}{r} \sum_{j=1}^{r} x_{ij} = \begin{bmatrix} \overline{x_1} \\ \vdots \\ \overline{x_g} \end{bmatrix} \quad (i = 1, 2, \cdots, g) \tag{5}$$

$$y_{ij} = x_{ij} - \overline{x_i} = \begin{bmatrix} y_{11} & \cdots & y_{1r} \\ \vdots & \ddots & \vdots \\ y_{g1} & \cdots & y_{gr} \end{bmatrix} \quad (i = 1, 2, \cdots, g; j = 1, 2, \cdots, r) \tag{6}$$

$$z_{ij} = \sum_{k=1}^{j} y_{ik} = \begin{bmatrix} z_{11} & \cdots & z_{1r} \\ \vdots & \ddots & \vdots \\ z_{g1} & \cdots & z_{gr} \end{bmatrix} \quad (i = 1, 2, \cdots, g; j = 1, 2, \cdots, r) \tag{7}$$

$$R_i = \max(z_{ij}) - \min(z_{ij}) = \begin{bmatrix} R_1 \\ \vdots \\ R_g \end{bmatrix} \quad (i = 1, 2, \cdots, g; j = 1, 2, \cdots, r) \tag{8}$$

$$S_i = \sqrt{\frac{1}{r-1} \sum_{j=1}^{r} (x_{ij} - \overline{x_i})^2} = \begin{bmatrix} S_1 \\ \vdots \\ S_g \end{bmatrix} \quad (i = 1, 2, \cdots, g) \tag{9}$$

进而计算得到 RS 值及统计量 t（均值 $\overline{RS}$）：

$$RS_i = \frac{R_i}{S_i} \quad (i = 1, 2, \cdots, g) \tag{10}$$

$$t = \overline{RS} = \frac{1}{g} \sum_{j=1}^{g} RS_j \tag{11}$$

通过不断调整序列长度 r，得到不同的统计量 t，由此得到数据对（$\lg r_m$，$\lg t_m$），（$m = 1, 2, \cdots,$ k），以 $\lg r_m$ 为自变量，$\lg t_m$ 为因变量，用此 m 对数据做线性回归，得到的直线斜率即为 Hurst 指数。

通过 Hurst 指数的大小揭示时间序列趋势方向。若 $0.5 < H < 1$，则表明时间序列具有持续性，未来变化趋势与过去相同，且 H 越接近 1，持续性越强；若 $H = 0.5$，则表明时间序列具有随机性，服从布朗运动；若 $0 < H < 0.5$，则表明时间序列具有反持续性，未来变化趋势与过去相反，且 H 越接近 0，反持续性越强。

2 结果与分析

2.1 VPD 时间变化特征

综合研究区内 102 个气象站点 1980—2019 年数据，计算得到黄河流域 VPD 的年平均值，点绘其年际动态过程如图 2 所示。根据图 2 可知，黄河流域 VPD 年平均值除个别年份存在数据跳动外，整体上呈现出明显的增加趋势，与我国西北地区以及全球大气水汽压差的长期变化趋势一致[10]，最大值为 2016 年的 0.632，最小值为 1984 年的 0.468，起始值 1980 年为 0.525，截至值 2019 年为 0.600，VDP 倾向率 0.03×（10a）$^{-1}$。

2.2 VPD 空间变化特征

基于黄河流域 1980 年、1990 年、2000 年、2010 年、2019 年 5 个时间节点 VPD 的空间展布情

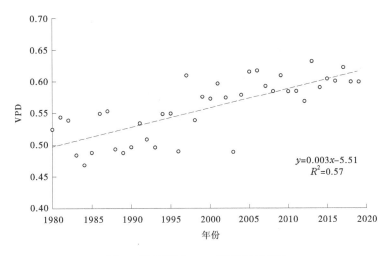

图 2　黄河流域 VPD 年际动态过程

况，分析近 40 年黄河流域 VPD 变化趋势的空间分布。为方便对比各节点 VPD 的空间变化，以 0.2 为数值间隔，对各年度 VPD 进行统一划分，并统计各间隔内 VPD 的所占比例，空间可视化结果如图 3~图 7 所示。

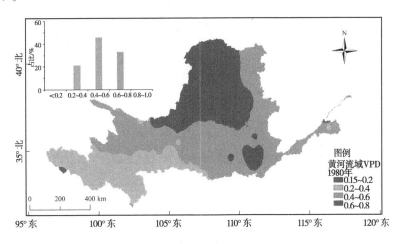

图 3　黄河流域 VPD 空间分布（1980 年）

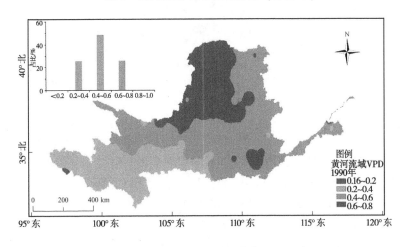

图 4　黄河流域 VPD 空间分布（1990 年）

通过图 3~图 7 可以看出，空间上黄河流域 VPD 由西至东整体呈现逐渐增加的变化趋势。在黄河

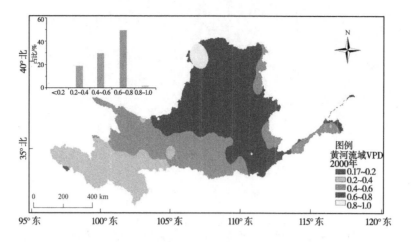

图5 黄河流域 VPD 空间分布（2000 年）

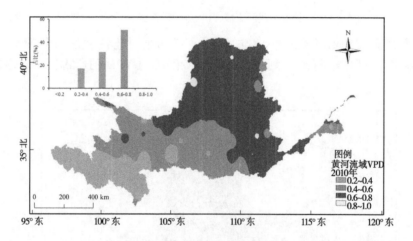

图6 黄河流域 VPD 空间分布（2010 年）

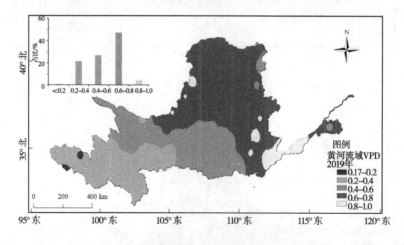

图7 黄河流域 VPD 空间分布（2019 年）

流域上游青海、甘肃、陕西南部等地区，近40年来 VPD 保持相对稳定，且上游源区部分 VPD 相对较小，基本保持在 0.4 以下。中下游地区 VPD 变化相对较大，宁夏基本处于 0.6~0.8 范围内，2000年以来出现了零星突破 0.8 的区域；内蒙古地区多数处于 0.6~0.8 范围内，少数处于 0.4~0.6 范围内，2000 年以后，VPD 基本全部处于 0.6~0.8 范围内，其中河套地区在 2000 年突破了 0.8；山西基本处于 0.4~0.6 范围内，2000 年以后，VPD 基本都超过了 0.6；下游河南、山东等地在 2000 年前后也发生了相似的变化，尤其近几年出现了大面积突破 0.8 的区域。

根据黄河流域 VPD 的空间插值划分结果，统计 5 个时间节点 VPD 各间隔的占比情况，如图 8 所示。可以看出，VPD 小于 0.2 的空间在近 40 年中基本没有体现，VPD 介于 0.2~0.8 的空间范围占据了绝对主体，其中 0.2~0.4 的空间范围在近 40 年里有所波动，但占比基本保持在 20% 左右；0.4~0.6 的空间范围在近 40 年里出现了明显的下降，下降幅度达到 19%；0.6~0.8 的空间范围在近 40 年里则出现了明显的上升，上升幅度达到 14.5%；0.8~1.0 的空间范围在近 40 年里虽然占比较小，但突破了 0，且呈现明显的上升趋势。

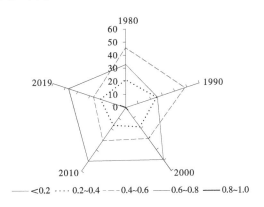

图 8　黄河流域不同年份 VPD 空间分布各间隔占比

2.3　VPD 未来变化趋势

为进一步量化判别黄河流域 VPD 的变化趋势，以 1980—2019 年黄河流域 VPD 月平均值构建时间序列，采用 R/S 分析法计算 Hurst 指数。计算得到 Hurst 指数为 0.577，介于 0.5~1，表明黄河流域 VPD 数据序列未来趋势与过去相同，呈逐年增加的趋势。Hurst 指数计算的散点曲线如图 9 所示。

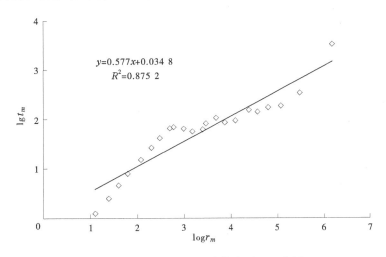

图 9　黄河流域 VPD 月均值序列 R/S 分析

3　结论与展望

（1）黄河流域 VPD 在近 40 年内整体呈现稳步增加的变化趋势，具体由 1980 年的 0.525 增加至 2019 年的 0.600，VPD 的主要数值范围由 0.4~0.6 向 0.6~0.8 发展，0.6~0.8 数值范围的空间面积占比由 1980 年的 32.9% 增加至 2019 年的 47.4%；黄河流域 VPD 月均值序列的 Hurst 指数为 0.577，表明黄河流域 VPD 未来变化趋势与现状趋势相同，依然呈增加态势发展。

（2）VPD 是植被进行光合作用和正常生理活动的关键约束条件，VPD 的持续增加会导致水从土壤和植物中蒸散的速度快且强，将对黄河流域陆地植被系统的结构和功能产生重要影响，尤其 VPD 较高且增加明显的中下游地区，势必会对黄土高原植被，以及中下游粮食生产产生抑制作用。本文是对黄河流域 VPD 时空变化的定量解析，下一步研究将聚焦 VPD 对黄河流域植被的影响，探索揭示 VPD 长序列动态对流域植被的影响机制。

参考文献

[1] 赵卉忱，贾根锁，王鹤松，等．中国半干旱区草甸草原和典型草原碳通量日变化特征 [J]．气候与环境研究，2020，25（2）：172-184.

[2] Carnicer J, Barbeta A, Sperlich D, et al. Contrasting trait syndromes in angiosperms and conifers are associated with different responses of tree growth to temperature on a large scale [J]. Front Plant Sci, 2013, 4 (409): 1-19.

[3] 闫敏，李增元，田昕，等．黑河上游植被总初级生产力遥感估算及其对气候变化的响应 [J]．植物生态学报，2016，40（1）：1-12.

[4] McDowell N, Pockman W T, Allen C D, et al. Mechanisms of plant survival and mortality during drought: why do some plants survive while others succumb to drought [J]. New Phytol, 2008, 178: 719-739.

[5] Di K, Hu Z, Wang M, et al. Recent greening of grasslands in northern China driven by increasing precipitation [J]. Journal of Plant Ecology, 2021, 14 (5): 843-853.

[6] 袁瑞瑞，黄萧霖，郝璐．近 40 年中国饱和水汽压差时空变化及影响因素分析 [J]．气候与环境研究，2021，26（4）：413-424.

[7] Mao K B, Chen J M, Li Z L, et al. Global water vapor content decreases from 2003 to 2012: An analysis based on MODIS data [J]. Chinese Geographical Science, 2017, 27 (1): 1-7.

[8] Yuan W, Zheng Y, Piao S, et al. Increased atmospheric vapor pressure deficit reduces global vegetation growth [J]. Science Advances, 2019, 5 (8): 1396-1418.

[9] 杜灵通，宋乃平，王磊，等．近 30a 气候变暖对宁夏植被的影响 [J]．自然资源学报，2015，30（12）：2095-2106.

[10] 韩永贵，韩磊，黄晓宇，等．基于指数平滑和 ARIMA 模型的西北地区饱和水汽压差预测 [J]．干旱区研究，2021，38（2）：303-313.

山地丘陵地区梯田对象化信息提取方法研究

龚秉生[1] 梁 栋[2] 张凌源[1] 刘修国[3]

(1. 长江水利委员会水文局长江中游水文水资源勘测局，湖北武汉 430010；
2. 水利部长江勘测技术研究所，湖北武汉 430011；
3. 中国地质大学（武汉）地理与信息工程学院，湖北武汉 430074)

摘 要：梯田面积与其分布的及时掌握是开展地区水土保持动态监测的重要前提，为了提高梯田信息提取精度和效率并减少冗余特征的干扰，本文基于面向对象技术，以 GF-1 PMS 遥感影像为数据源提出一种综合多特征优选的支持向量机分类方法。另外，将最近邻法和随机森林作为分类模型进行对比试验。试验结果表明：经过特征空间优化后，各模型分类效果均得到了提高。其中，支持向量机模型分类效果最好，总体精度达到了 96.05%，Kappa 系数为 0.724 8，Recall 为 84.26%，同时提取效率最高。本文为流域综合管理中基础数据的获取提供了一种可行的思路。

关键词：梯田；面向对象；随机森林；特征优选；支持向量机

1 引言

水土流失是一种常见的自然灾害，表现为在自然因素或人为因素的影响下，水土资源遭到破坏的现象[1]。作为世界上水土流失最为严重的国家之一，我国的水土流失现象不仅分布广泛，面积也十分巨大，土壤侵蚀情况十分严重[2]。地方政府积极开展相关水土保持防治措施，其中针对坡耕地而建设的梯田是最为有效的水土保持治理工程措施之一[3]。

梯田一般存在于山地丘陵地区，它是顺着山脊或山谷方向修筑而成的台阶状耕地，具有蓄水保肥保土的作用[4]。由于其巨大的经济效益和社会效益[5-6]，梯田的分布情况一直是水土保持监测的重点工作。随着遥感技术的不断发展，许多研究者开始探索利用这一先进的技术手段来进行水土保持工程监测[7-9]。面向对象的地物分类综合运用多种语义信息，在保持精度可靠的同时也有着较高的效率，在地物信息提取中得到了广泛的应用。Diaz-Varela 等将多光谱影像与 DEM 数据进行结合，基于面向对象的思想，对西班牙南部科尔瓦多省的梯田进行了提取，取得了较好的效果[10]。薛牡丹等在 eCognition 软件平台支持下，探究基于面向对象分类技术进行梯田信息的可靠性。通过将高精度的无人机正射影像与地形数据进行结合，有效提高了提取精度[11]。

目前，应用面向对象的分类方法对梯田信息进行提取仍处于试验探索阶段，自动化程度较低。不仅普遍存在特征信息挖掘不足的问题，而且往往忽视了对特征空间的优化。这些不足严重制约了梯田信息提取的精度和效率。据此，本文尝试利用高分辨率的 GF-1 PMS 影像，基于面向对象的方法充分挖掘现有影像数据中的信息，从而实现梯田信息的高精度、高效率提取，以期为典型山地丘陵的梯田信息自动化提取提供一种行之有效的途径。

2 试验数据及研究区

本文研究区为四川省万源市南部的山地丘陵梯田分布区，如图 1 所示，（a）为研究区遥感影像，

作者简介：龚秉生（1993—），男，助理工程师，主要从事遥感图像信息提取研究方面的工作。

通信作者：刘修国（1969—），男，教授，主要从事遥感图像信息提取与 3S 集成研究方面的工作。

该地区地理坐标范围东经 107°53′~108°01′，北纬 31°48′~31°54′。（b）样区一、样区二、样区三为考察不同地表覆盖区的信息提取效果所选取的目视观测区，右侧照片为研究者在各个样区实地考察时所拍摄。

本文采用 2018 年 9 月 29 日的 GF-1 PMS L1A 级影像数据。利用 ENVI5.3 完成辐射校正、大气校正、几何校正、影像融合和影像裁剪等预处理步骤，得到试验区遥感影像。实地调查数据是研究者在当地进行调查时所拍摄的照片和视频等影像资料，参考矢量数据是万源市的土地利用矢量数据。本文的真值图通过目视解译的方法得到，而参考矢量数据作为区分地物类别的辅助。同时为了保证坐标系一致，本文的所有数据统一采用 WGS-84 的地理坐标系。

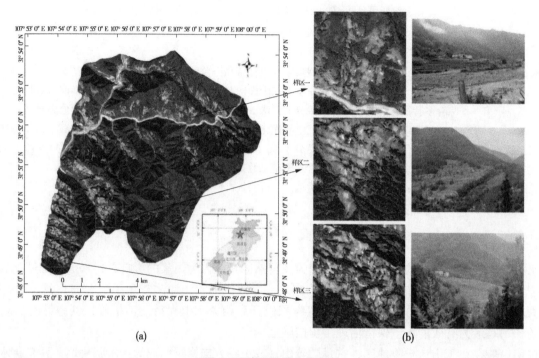

图 1　研究区位置示意图

3　研究方法

本文尝试探索基于随机森林的特征优选和基于支持向量机的对象分类。本研究首先对影像分割后的对象进行指数特征、光谱特征、纹理特征和空间特征等分类信息的计算，选取一定数量的影像对象按照对应地表覆盖划分为梯田与非梯田，构建先验样本集。然后，针对 K 最近邻、随机森林和支持向量机三种机器学习模型采用基于随机森林特征重要性评估的方法进行特征优选。最后，利用 K 最近邻、随机森林和支持向量机三种机器学习模型开展梯田与非梯田对象的分类，从而提取出影像中的梯田信息。本方法的技术路线如图 2 所示。

3.1　影像分割及梯田特征分析与选取

影像分割是根据光谱、形状等特征将影像划分为若干个对象区域。每个对象区域包含若干个像元。分割对象内部像元具有较强的同质性，分割对象之间具有较强的异质性。分割对象是信息提取的基础数据，分解结果与梯田信息提取的精度密切相关。本文采用多尺度分割结合光谱差异分割的方法，在保证对象边界清晰的基础上尽可能减少分割对象的数量，从而提高信息提取效率。

面向对象方法的最突出优势是可以综合分析影响对象的多种特征，针对梯田的特点，选取并计算影像对象的常用特征共计 50 个构成初始特征空间，包括光谱特征、空间特征、纹理特征和自定义特征，如表 1 所示。

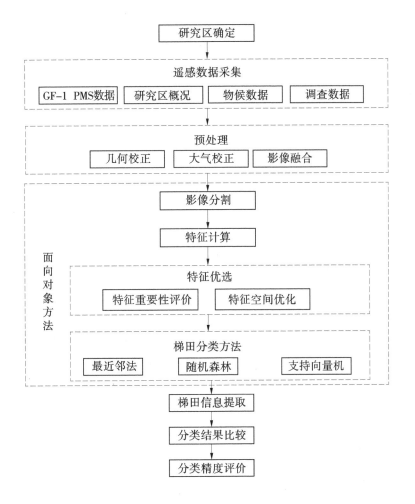

图 2 技术路线

表 1 特征信息

特征类型	特征名称	特征数量
光谱特征	蓝波段均值（Mean B）、绿波段均值（Mean G）、红波段均值（Mean R）、近红外波段均值（Mean NIR）、混合差异值（Max diff）、亮度值（Brightness）、蓝波段方差（Standard B）、绿波段方差（Standard G）、红波段方差（Standard R）、近红外方差（Standard NIR）、蓝波段最小值（Min B）、绿波段最小值（Min G）、红波段最小值（Min R）、近红外波段最小值（Min NIR）、蓝波段最大值（Max B）、绿波段最大值（Max G）、红波段最大值（Max R）、近红外波段最大值（Max NIR）	18
空间特征	区域像元（Area Pxl）、边界长度（Border length）、长度（Length pxl）、长宽比（Length/ Width）、宽度（width pxl）、非对称性（Asymmetry）、边界指数（Border index）、紧致度（Compactness）、密度（Density）、椭圆拟合度（Eliptic Fit）、主方向（Main direction）、最大封闭椭圆半径（Radius of largest enclosed elipse）、最小封闭半径（Radius of smallest enclosed elipse）、矩形拟合度（Rectangular Fit）、圆度（Roundness）、形状指数（Shape index）	16

续表1

特征类型	特征名称	特征数量
纹理特征 ［全方位（all dir）］	灰度共生矩阵：协同性（GLCM Homogeneity）、对比度（GLCM Contrast）、相异性（GLCM Dissimilarity）、信息熵（GLCM Entropy）、均值（GLCM mean）、方差（GLCM stdDev）、角二阶矩（GLCM Ang. 2nd moment）、相关性（GLCM Correlation）；灰度级差矢量：对比度（GLDV Contrast）、信息熵（GLDV Entropy）、均值（GLDV mean）、角二阶矩（GLDV Ang. 2nd moment）	12
自定义特征	归一化植被指数（NDVI）、比值植被指数（RVI）、土壤调节植被指数（SAVI）、归一化水体指数（NDWI）	4

3.2 随机森林特征空间优化原理

作为一种较为常用且功能强大的机器学习算法，随机森林常用于解决分类问题和回归问题，最早是由 Leo Breiman[12] 和 Adele Cutler 提出。如图 3 所示，随机森林算法用随机的方式构建一片森林，森林由许多棵决策树构成，这些决策树之间彼此没有关联。每棵决策树独立地进行学习并给出预测投票，得到票数最多的类别即为最终模型输出。与其他机器学习算法相比，随机森林算法的预测精度较高，它不仅对高维特征有较强的鲁棒性，还能够在分类问题中评估各个特征的重要程度，这些特点使其在各个领域得到了广泛的关注。

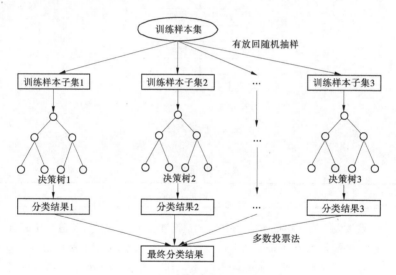

图 3 随机森林模型示意图

随着遥感影像数据源的增加和分类方法的改进，我们能从影像数据中能挖掘出大量的信息，例如光谱特征、几何特征、纹理特征以及自定义特征。但特征的数量并不是越多越好，众多的特征不仅会增加信息提取的计算成本，还会由于冗余特征所包含的噪声信息而使得信息提取的精度降低[13]。为了避免发生"休斯效应"，特征优选是一个十分必要的环节[14]。

随机森林算法可以评估特征重要性，从而达到优化特征空间的目的。其算法原理如下：①创建一棵决策树，将袋外数据导入并计算袋外数据误差，记为 xxx。②对袋外数据中的所有样本的特征 X 随机加入噪声进行干扰，再次计算决策树中的袋外数据误差，记为 XX。若随机森林中的决策树的数量为 N，则可得到特征 X 的重要性，如下：

$$X \text{ 的重要性} = \frac{\sum_{i=1}^{N}[\text{error}_{\text{oob2}}(i) - \text{error}_{\text{oob1}}(i)]}{N}$$

按照以上思路依次求得各个特征的重要性，再将各个特征按照重要性进行降序排列，然后以 n 为步长，依次选取前 n 个特征、前 $2n$ 个特征、前 $3n$ 个特征，直至所有的特征子集都能被选择到，利用各个特征子集对应地进行随机森林模型构建，计算得到其对应的袋外误差率，则袋外误差率最低的即为最优特征子集。

3.3 支持向量机分类模型

在深度学习兴起之前，支持向量机是最好的分类模型之一[15]，它在处理高维特征、小容量样本集和非线性问题上有良好的表现，并且能在很大程度上避免"过拟合"和"维度灾难"等问题。因此，在处理回归分析、模式识别、时空预测和异常值监测等领域都到了极大的重视，并被广泛应用于山体滑坡预测[16]、洪水风险评估[17] 和地表覆盖分类[18] 等。

支持向量机的基本原理是寻找一个超平面对样本空间进行划分，这样的超平面理论上有无限多个。但这个超平面在满足分类精确度要求的同时要使得正例和反例之间的分类间隔最大化，所以我们的目标是寻找到这个唯一存在的最优超平面，如图 4 所示。

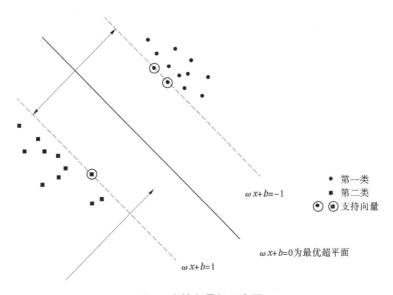

图 4　支持向量机示意图

4　结果与分析

4.1　图像分割结果

分割参数的设定对于影像的多尺度分割至关重要。只有选择合理的分割参数才能得到准确的对象，从而更好地参与分类[19]。本次研究使用 eCognition 软件完成图像分割任务，其中涉及的分割参数包括多尺度分割中的分割尺度（scale parameter）、形状因子（shape）和紧致度因子（compactness），以及光谱差异分割中的光谱差异最大值。在经过多轮反复试验后，最终我们确定多尺度-光谱差异分割中尺度参数、形状因子、紧致度因子、光谱差异最大值分别为（200，0.7，0.3，25）的组合，基于这组分割参数可以获得较好的影像分割结果，如图 5 所示。

4.2　特征空间优化

为了提高模型表现效果，利用随机森林算法评估各个特征的重要性进行特征筛选，从而实现高维特征空间的优化。将特征空间中的 50 个特征按重要性从大到小进行排列，如图 6 所示。

为了验证随机森林模型对梯田特征空间进行优化的可行性，本研究选用 K 最近邻模型（KNN）和支持向量机模型（SVM）作为对照试验，三种算法基于同样的影像分割结果、一致的特征空间以及相同的样本数据集。图 7 显示的是各分类器基于重要性评价得分的特征数目与总体精度的关系。从图中可以看出，随着特征数量的不断增加，三种分类模型的分类精度局部存在着小范围的波动，从整

图 5　影像分割结果

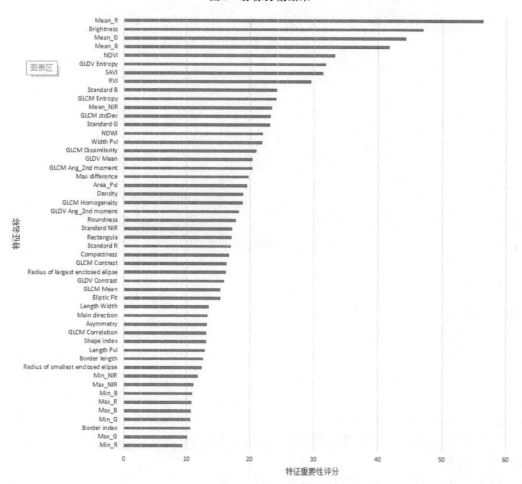

图 6　特征贡献评分

体上看呈现出先增加后减少的变化趋势，达到峰值后继续波动然后趋于稳定。随着特征数量的增加，参与分类决策的信息愈发丰富，分类的精度逐渐增加。但随着重要性较低的特征不断加入，信息冗余的现象也愈发明显，不仅会使分类精度增加的速率减缓，甚至还会降低分类精度。

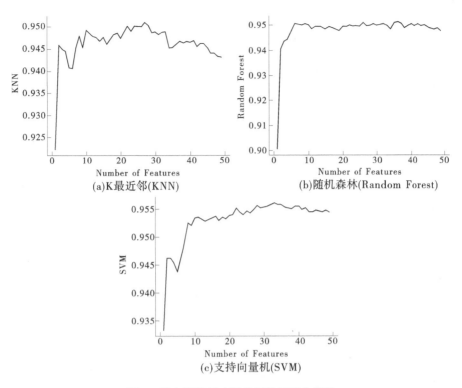

(a)K最近邻(KNN) (b)随机森林(Random Forest)

(c)支持向量机(SVM)

图7 信息提取精度随特征数目变化趋势

4.3 梯田信息提取结果

本文利用万源市南部的梯田分布区遥感影像选取 KNN、Random Forest（随机森林）、SVM 三种机器学习分类模型基于各自对应的最优特征组合进行梯田信息的提取。首先基于目视的效果从主观的角度对提取结果进行评价。从研究区中选取样区一、样区二、样区三，然后将样区真值图和模型提取结果图进行对比。图中白色部分为梯田目标区域，黑色部分为非梯田背景区域。

样区一的原始图、真值图和模型提取结果如图8和图9所示。

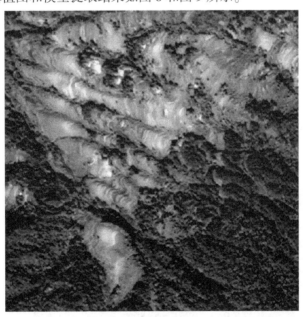

图8 样区一遥感影像

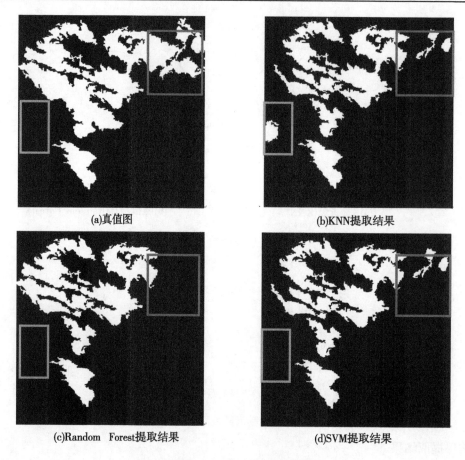

(a)真值图   (b)KNN提取结果

(c)Random　Forest提取结果   (d)SVM提取结果

图9　样区一真值图与模型提取结果

  结合图8和图9对样区一的提取效果进行对比分析，从整体看，三个模型基本上都能把大部分的梯田提取出来，在局部地区会存在一些差异。在左侧方框区域，KNN把一块草地错分为梯田。在右侧方框区域，有一块较大的梯田，三个模型都未能很好地进行提取，KNN和SVM只提取出方框上边区域的局部条带状梯田，而Random Forest未能识别出此区域的梯田。错分和漏分的原因是分类模型的不同而导致对特征信息理解的差异。

  样区二的原始图、真值图和模型提取结果如图10和图11所示。

　　　　　　　　　　　　　图10　样区二遥感影像

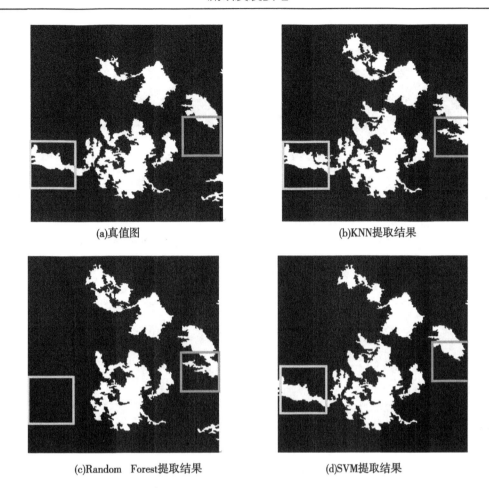

(a)真值图 　　　　　　　　　　　　　(b)KNN提取结果

(c)Random　Forest提取结果 　　　　　　　(d)SVM提取结果

图 11　样区二真值图与模型提取结果

结合图 10 和图 11 对样区二的提取效果进行对比分析，其中左侧方框中有一处面积较大的梯田，KNN 和 SVM 模型均较好地完成了识别，而 Random Forest 模型未能将其提取出来。右侧方框中，有一块地区并无梯田存在，Random Forest 模型将此处判定为梯田，而 KNN 和 SVM 模型未发生错分。错分和漏分的原因：不同机器学习模型对于训练样本的学习程度存在差异。

样区三的原始图、真值图和模型提取结果图如图 12 和图 13 所示。

图 12　样区三遥感影像

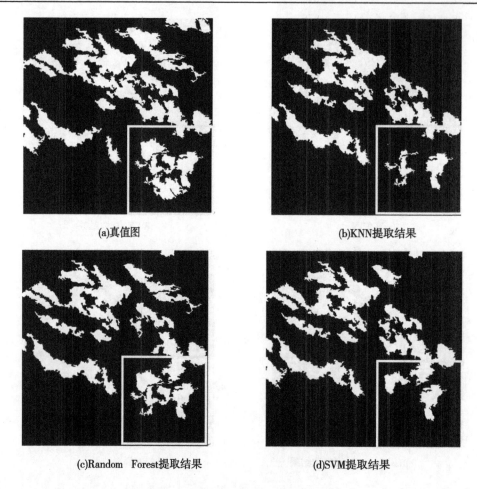

(a)真值图   (b)KNN提取结果

(c)Random　Forest提取结果   (d)SVM提取结果

图 13　样区三真值图与模型提取结果

结合图 12 和图 13 对样区三的提取效果进行对比分析，整体来看，三个模型基本上都能完成大部分梯田的提取工作。而在局部细节地方，不同的模型提取效果存在一定的差异。在遥感影像对应的真值图中，在右下角方框中存在较大面积的梯田分布。观察各模型的提取结果，Random Forest 较好地完成了该地区的梯田区分，而 KNN 和 SVM 都只提取了较小的部分区域。

综上来看，KNN、Random Forest 和 SVM 都能完成梯田信息提取的工作。即面向对象方法能够很好地与机器学习模型进行结合。尽管如此，三个模型对于同一研究区的提取效果却存在着一定的区别。在有的区域，某一模型能较好地将该区域的梯田从背景中分离出来。而在其他区域，另一模型的分类性能却表现得更佳。这主要是因为不同的模型对于梯田特征和训练样本的学习程度存在差异。对于三种模型的表现优劣，需要在定性评价的基础上，对三种机器模型的分类精度进行定量分析评价。

4.4　梯田信息提取精度评价

统计基于 KNN、Random Forest、SVM 三种机器学习模型特征优选前后对研究区的分类精度指标和分类时间，得到表 2。

经过特征优选，使得冗余特征大大减少，三种机器学习模型的各分类精度指标均有不同程度的提高。同时，经过特征优选，机器学习模型的分类效率也有了较大的提升。其中，分类效率提升最为明显的是 SVM。由表 2 可以看出，尽管相对于 Random Forest 和 KNN 模型，SVM 的分类效率已经是最高的。但由于特征空间从原来的 50 个特征减少到优化后的 33 个，特征数量减少了 17 个，冗余特征的减少使得其分类效率依旧得到了一定的提升。

表 2　机器学习模型分类精度评价

模型	特征选择	分类精度评价指标和分类时间			
		总体精度/%	Kappa 系数	召回率/%	Time/s
KNN	YES	95.25	0.680 6	83.38	0.256 3
	NO	94.57	0.678 2	80.21	0.399 1
Random Forest	YES	96.00	0.713 0	83.38	0.832 7
	NO	95.25	0.702 4	82.75	1.021 8
SVM	YES	96.05	0.724 8	84.26	0.027 9
	NO	95.86	0.710 3	83.42	0.045 9

对 KNN、Random Forest、SVM 三种模型的提取效果进行对比，首先考察基于混淆矩阵的指标，特征优选后的 KNN、Random Forest、SVM 三种模型中：总体精度最高的为 SVM，达到了 96.05%；Kappa 系数最高的为 SVM，达到了 0.724 8；召回率最高的为 SVM，达到了 84.26%。在各种精度评价指标中，SVM 模型均为最高，这也体现了 SVM 在高维非线性小样本数据中分类精度高的特点。

5　结论与展望

本研究利用 GF-1 PMS 高分辨率遥感影像数据，探索了基于面向对象方法的山地丘陵地区梯田信息提取。通过对比精度评价，特征优选后各模型的分类精度均得到了提升，支持向量机在取得最高的提取精度的同时分类效率最高，证明本文的方法在 GF-1 PMS 影像数据梯田信息提取中能取得最好的效果。

同时，本文也存在一定的局限性。本文使用的数据为 GF-1 号遥感影像数据，较为单一，在今后的研究中，可结合多源数据（无人机数据、高精度 DEM、雷达影像数据等），针对不同的形态梯田进行提取。同时，通过多时相数据，能够掌握梯田的动态变化，从而更全面地了解地区的水土保持措施分布情况，为地区水土保持政策的制定和流域综合治理工作的开展提供充分的数据支撑。

参考文献

[1] 王效科，欧阳志云，肖寒鸿，等. 中国水土流失敏感性分布规律及其区划研究 [J]. 生态学报，2001（1）：14-19.

[2] Fang Haiyan, Sun Liying. Modelling soil erosion and its response to the soil conservation measures in the black soil catchment, Northeastern China [J]. Soil & Tillage Research, 2017, 165：23-33.

[3] 刘宝元，刘瑛娜，张科利，等. 中国水土保持措施分类 [J]. 水土保持学报，2013，27（2）：80-84.

[4] Yi Zhang, Mingchang Shi, Xin Zhao, et al. Methods for automatic identification and extraction of terraces from high spatial resolution satellite data (China-GF-1) [J]. International Soil and Water Conservation Research, 2017, 5（1）：17-25.

[5] Anton Pijl, Edoardo Quarella, Teun A. Vogel, Vincenzo D'Agostino, Paolo Tarolli. Remote sensing vs. field-based monitoring of agricultural terrace degradation [J]. International Soil and Water Conservation Research, 2020, 9（1）：1-10.

[6] 张元星. 流域水沙变化对水土保持梯田措施的响应研究 [D]. 咸阳：西北农林科技大学，2014.

[7] 陈明，周伟，袁涛. "GF-1" 影像质量评价及矿区土地利用分类潜力研究 [J]. 测绘科学技术学报，2015，32（5）：494-499.

[8] 王庆. 基于高分辨率遥感影像纹理特征的水土保持措施提取方法研究 [D]. 西安：西北大学，2008.

[9] 李斌兵，黄磊. 基于面向对象技术的黄土丘陵沟壑区切沟遥感提取方法研究 [J]. 水土保持研究，2013，20（3）：115-119，124.

[10] Diaz-Varela R A, Zarco-Tejada P J, Angileri V, et al. Automatic identification of agricultural terraces through

object-oriented analysis of very high resolution DSMs and multispectral imagery obtained from an unmanned aerial vehicle ［J］. Journal of environmental management, 2014, 134: 117-126.

［11］薛牡丹, 张宏鸣, 杨江涛, 等. 无人机影像与地形指数结合的梯田信息提取［J］. 计算机应用研究, 2019, 36 (8): 2527-2533, 2538.

［12］Leo Breiman. Random Forests ［J］. Machine Learning, 2001, 45 (1).

［13］Yasmina Loozen, Karin T. Rebel, Steven M. de Jong, et al. Mapping canopy nitrogen in European forests using remote sensing and environmental variables with the random forests method ［J］. Remote Sensing of Environment, 2020, 247.

［14］詹国旗, 杨国东, 王凤艳, 等. 基于特征空间优化的随机森林算法在 GF-2 影像湿地分类中的研究［J］. 地球信息科学学报, 2018, 20 (10): 1520-1528.

［15］林卉, 邵聪颖, 李海涛, 等. 高分辨率遥感影像 5 种面向对象分类方法对比研究［J］. 测绘通报, 2017 (11): 17-21.

［16］Bahareh Kalantar, Biswajeet Pradhan, Seyed Amir Naghibi, et al. Assessment of the effects of training data selection on the landslide susceptibility mapping: a comparison between support vector machine (SVM), logistic regression (LR) and artificial neural networks (ANN) ［J］. Geomatics, Natural Hazards and Risk, 2018, 9 (1).

［17］Choubin Bahram, Moradi Ehsan, Golshan Mohammad, et al. An ensemble prediction of flood susceptibility using multivariate discriminant analysis, classification and regression trees, and support vector machines ［J］. The Science of the total environment, 2019, 651 (Pt 2).

［18］樊彦丽. 基于多特征的 SVM 高分辨率遥感影像分类研究［D］. 北京: 中国地质大学, 2018.

［19］Yuxuan Liu, Yuchun Wei, Shikang Tao, et al. Object-oriented detection of building shadow in TripleSat-2 remote sensing imagery ［J］. Journal of Applied Remote Sensing, 2020, 14 (3).

三门峡、小浪底水库对上大洪水的水沙调控效应

杨　飞[1,2]　王远见[1,2]　江恩慧[1,2]

(1. 黄河水利委员会黄河水利科学院，河南郑州　450003；
2. 水利部黄河下游河道与河口治理重点实验室，河南郑州　450003)

摘　要： 本文以三门峡水库和小浪底水库联合调度运用为研究对象，分析了1843年上大洪水在两库不同蓄泄运用方式下的出库水沙过程，量化了该串联水库对上大洪水的水沙叠加效应。三门峡水库调蓄能力较弱，但能明显削峰，小浪底水库调蓄作用较强，三门峡水库对小浪底水库在输水过程上的叠加效应较小。1843年洪水对三门峡水库有很强的冲刷，单纯考虑三门峡水库则会对下游造成明显的淤积，小浪底水库则明显冲刷，小浪底水库对下游的减沙作用十分明显。

关键词： 三门峡水库；小浪底水库；上大洪水；串联水库；调控效应

1　前言

水沙调控是解决黄河水沙关系调节的关键手段。水库群联合调度、加快中游水沙调控体系建设是实现治黄四项目标的重要途径（李国英，2001）。2010年以来黄河水沙情势发生了明显的变化，迫切需要建立完善的黄河水沙调控体系（胡春宏，等，2008）。江恩慧（2020）从水沙调控的系统理论、水库高效泥沙机制、水沙调控的效应出发，研究黄河水沙调控模式与技术。水沙调控研究在宏观层面已经确立了相应的理论框架和技术体系，目前干流七大控制性骨干工程龙羊峡、刘家峡、黑山峡、碛口、古贤、三门峡、小浪底为主体工程体系，为水沙联合调度提供技术支撑（王煜，等，2013）。对于具体水库的联合水沙调控开展调控效应研究，将有助于完善黄河水沙调控技术体系。本文选择三门峡、小浪底两座水库开展上大洪水水沙调控效应计算，确定两库联合调控与水库单独运用之间的定量差异，进而得出串联水库不同的蓄泄过程下叠加效应。

2　算例设置

串联水库对上大洪水蓄泄时序的叠加效应较为明显，选择1843年典型上大洪水过程，计算三门峡水库、小浪底水库不同蓄泄过程下的水沙冲淤过程的影响，算例设置如表1所示。三门峡水库调度设置为不考虑（不考虑水库的调蓄能力）、敞泄、控泄，其中控泄参照现有调度规则，设置起调水位305 m。小浪底水库调度设置为不考虑（不考虑水库的调蓄能力）、控泄，其中控泄参照上节调度规则，分别设置起调水位（同汛限水位）205 m、215 m、235 m。不考虑水库调蓄功能时，水库出库过程不受泄流能力控制，不计算库区的冲淤。1843年洪水小浪底至花园口区间汇流较小，区间汇流不考虑支流水库的调节作用。

1843年洪水重现期为千年一遇，最大12天洪量119亿 m³，根据洪痕高程推算的陕县断面洪峰流量36 000 m³/s，洪水来源于大北干流区间支流及泾河支流马连河、洛河河源区，暴雨中心在皇甫川、

基金项目： 国家重点研发计划重点专项（2021YFC3200404）；国家自然科学基金项目（52179066、42041004）；河南省优秀青年科学基金项目（202300410540）。

作者简介： 杨飞（1985—），男，博士，研究方向为河流动力学。

通信作者： 江恩慧（1963—），女，教授级高级工程师，博士，博士生导师。

窟野河一带及泾河、洛河上游，含沙浓度高（黄河水利委员会勘测规划设计院，1985）。

表 1　上大洪水算例设置

算例编号	三门峡水库	小浪底水库
0+0	不考虑	不考虑
$0+X_1-205$	不考虑	控泄、205 m
$0+X_1-215$	不考虑	控泄、215 m
$0+X_1-235$	不考虑	控泄、235 m
S_0+X_1-205	敞泄	控泄、205 m
S_0+X_1-215	敞泄	控泄、215 m
S_0+X_1-235	敞泄	控泄、235 m
S_1+X_1-205	控泄、305 m	控泄、205 m
S_1+X_1-215	控泄、305 m	控泄、215 m
S_1+X_1-235	控泄、305 m	控泄、235 m

3　结果分析

　　1843 年洪水历时短，洪水过程陡涨陡落，采用的潼关站水沙过程如图 1 所示。图 2 为模拟得到的三门峡水库出库过程，对于 1843 年洪水，不考虑两个水库调节作用时，经过该河段的洪峰从 36 000 m³/s 降至 30 300 m³/s。三门峡水库对洪峰的消落作用非常明显，洪峰从 36 000 m³/s 削减至 16 000 m³/s，洪水过程变矮胖。同时，相比于敞泄，水库水位达到最高水位（落水期入库流量等于泄流能力）后，控泄能够保证在水位不继续升高的前提下，更大限度地控制出流不超过 10 000 m³/s

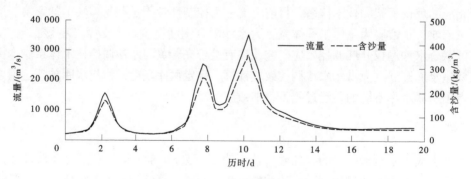

图 1　1843 年洪水潼关站水沙过程

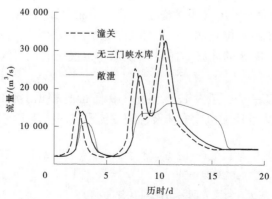

图 2　1843 年洪水三门峡出库流量和含沙量过程

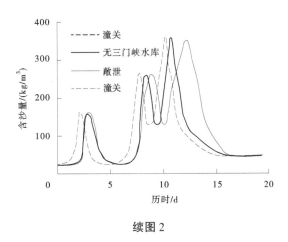

续图 2

的历时。经过三门峡水库调度，敞泄和控泄情况下含沙量过程比无水库情况更加滞后。在控泄情况下含沙量峰值明显下降，峰值从 360 kg/m³ 下降至 265 kg/m³，其他情况下含沙量峰值变化较小。

三门峡水库三种调度情形下的小浪底水库模拟出库过程如图 3~图 5 所示。小浪底水库对 1843 年洪水过程水量过程调蓄十分明显。不考虑两个水库调节作用时，经过该河段的洪峰从 32 800 m³/s 降至 30 300 m³/s。不同情况下，小浪底水库控泄均能保证出库流量不大于 10 000 m³/s。

如图 5 所示，对于小浪底水库控泄，起调水位越高，壅水输沙造成的淤积越明显，同时输沙过程越滞后。对于同一入库含沙量过程，小浪底水库前期水位低，后期水位高，前期含沙量降幅要比后期低，1843 年洪水后两个沙峰经过小浪底水库调整，大小已经相当。

1843 年洪水小浪底出库沙量如表 2 所示，三门峡水库在该洪水过程中发生了明显冲刷，小浪底水库则发生了明显的淤积，两个水库的叠加效应为出库沙量减少。随着小浪底水库起调水位的抬高，淤积作用逐渐明显，出库沙量逐渐下降。

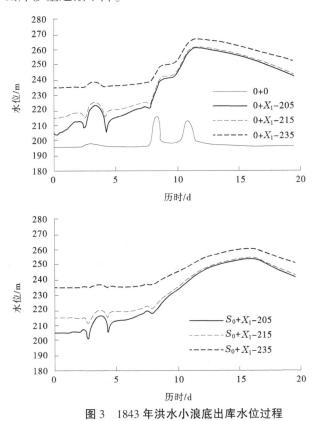

图 3 1843 年洪水小浪底出库水位过程

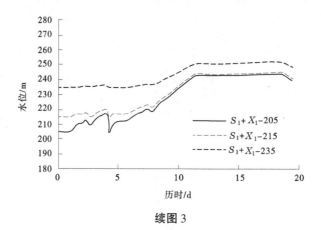

续图 3

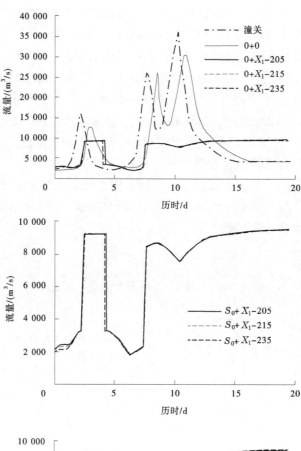

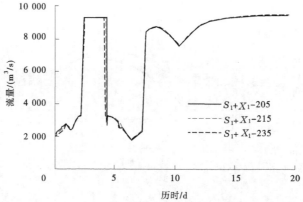

图 4 1843 年洪水小浪底出库流量过程

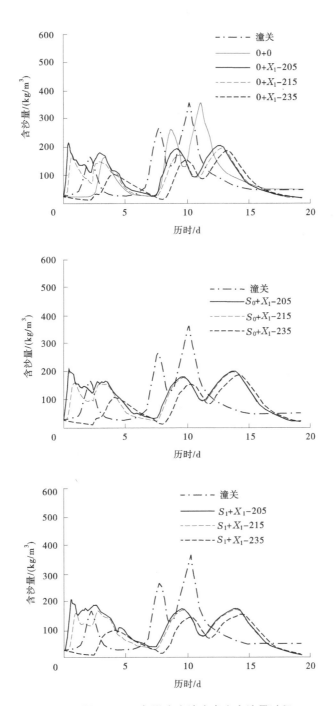

图5　1843年洪水小浪底出库含沙量过程

4　主要结论

三门峡水库对洪水过程的调蓄能力很弱，但能够明显削峰。小浪底水库对洪水的调蓄作用很大，因此三门峡水库对小浪底水库在输水过程上的叠加效应较小。三门峡水库有很强的冲刷作用，单纯考虑三门峡水库则会对下游造成明显的淤积，小浪底水库则明显冲刷，小浪底水库对下游的减沙作用十分明显。对于1843年上大洪水（见表2），小浪底水库与三门峡水库蓄泄的叠加效应表现在：

（1）多库与单库相比，洪水水量的调节作用增强。与小浪底水库单独运用相比，结合三门峡水库可以增加调蓄水量1亿~5亿 m^3，洪峰削减作用影响较小。

（2）多库与单库相比，洪水输沙的调节作用增强。与小浪底水库单独运用相比，结合三门峡水库可以增加输沙 0.5 亿~5 亿 t，沙峰削减作用影响较小。

（3）小浪底水库不同水位迎洪，水流调节作用变化不大，输沙影响较大。水位每抬升 5 m，沙量减少 0.5 亿~2 亿 t。

表 2　1843 年洪水的调蓄量和削峰率

算例编号	1843 年	
	削峰率（−）	调蓄/亿 m³
0+0	0.156	13.0
$0 + X_1 - 205$	0.736	54.4
$0 + X_1 - 215$	0.736	54.4
$0 + X_1 - 235$	0.736	54.4
$S_0 + X_1 - 205$	0.736	55.1
$S_0 + X_1 - 215$	0.736	55.1
$S_0 + X_1 - 235$	0.736	55.2
$S_1 + X_1 - 205$	0.736	54.7
$S_1 + X_1 - 215$	0.736	54.7
$S_1 + X_1 - 235$	0.736	54.8

参考文献

［1］李国英. 论黄河长治久安［J］. 人民黄河，2001，23（7）：1-2，5.

［2］胡春宏，陈建国，孙雪岚，等. 黄河下游河道健康状况评价与治理对策［J］. 水利学报，2008，39（10）：1189-1196.

［3］江恩慧. 黄河泥沙研究重大科技进展及趋势［J］. 水利与建筑工程学报，2020，18（1）：1-8.

［4］王煜，安催花，李海荣，等. 黄河水沙调控体系规划关键问题研究［J］. 人民黄河，2013，35（10）：23-25，32.

［5］黄河水利委员会勘测规划设计院. 1843 年 8 月黄河中游洪水［J］. 水文，1985（3）：57-63.

跨流域调水条件下水库群调度规则研究进展

彭安帮[1,2]　李　昂[3]

(1. 南京水利科学研究院 水文水资源与水利工程科学国家重点实验室，江苏南京　210029；
2. 南京水利科学研究院水文水资源研究所，江苏南京　210029；
3. 中国水利水电科学研究院水生态环境研究所，北京　100038)

摘　要：跨流域调水条件下水库群调度规则是在规划阶段制定，用于指导水库调（引）水和供水调度实时运行阶段的重要决策工具。本文以跨流域调水条件下水库群调度规则及其求解为重点，全面总结评述了调度规则［供水规则、调（引）水规则和分配规则］的研究进展及适用条件，基于跨流域水库群调度规则制定框架体系，分析了规则提取方法、建模方法和优化方法的研究进展。在不同的库群拓扑结构和调度目标下，供水规则形式较为单一，而调（引）水规则和分配规则形式具有多样性，同时指出结合模拟方法与优化方法来提取调度规则最实用并且应用最广泛，多目标优化及决策方法和并行求解技术也将成为研究的热点。本文研究成果可为跨流域水库群优化调度研究提供一定参考。

关键词：跨流域调水；水库群调度；调度规则；引水规则；分水规则；并行计算；研究进展

1　研究背景

跨流域调水条件下水库群调度是一个多变量、多目标、多阶段、非线性的复杂时空决策优化问题，呈现较为复杂的特点。一是涉及范围广，研究对象涉及多个流域或区域；二是具有多目标性，兼顾多个目标如供水、发电、生态等之间的冲突与效益；三是连通方式复杂，自然、人工、间接连通方式形成了复杂的水网体系结构；四是调度过程复杂，不仅需要统筹考虑上下游水量需求、多目标供水决策，还需要考虑调水区与受水区间的水文补偿等[1]。与一般水库群调度规则不同，跨流域水库群存在通过调水解决受水区缺水的情况，那么何时调水、调多少水，以及如何与供水协同以发挥最大供水效益，极大地增加了调度决策难度，不仅需要制定供水决策，还需要研究科学调（引）水决策，从而提高引水效率并使供水效益的最大化。因此，为提高整个系统水资源综合利用效益，如何在跨流域水库群调度规则中合理体现以上有关信息，制定出科学合理的调度规则是关键。

跨流域调水条件下水库群调度规则一般以当前时段的水文状态（各库蓄水、来水、水位等）为依据，对当前时段水库调水（调水水库调出水量）、引水（受水水库调入水量）和供水做出合理决策，以期获得长期的运行效果。目前针对供水规则的研究相对较多，从最初的线性决策规则、标准运行策略、平衡曲线法等，逐渐发展为较常用的限制供水形式——枯水期提前减少供水以避免后期造成严重缺水[2]；而调（引）水规则与水库群间的拓扑结构、调度目标密切相关，需要综合调水水库（调出水量的水库）与受水水库（接受调入水量的水库）信息制定复杂的调（引）水决策，目前调（引）水规则形式多样，研究成果相对有限，主要集中在长系列优化引水序列和特定拓扑结构的调水领域，如吴恒卿等[3]通过添加调（引）水控制线解决"何时"开始启动引水以及引水量确定问题。由于完全依靠调（引）水和供水规则还不能完全满足实际调度需求，需要引入水量分配规则（分水

基金项目：国家自然科学基金资助项目（51709177）。

作者简介：彭安帮（1985—），男，高级工程师，主要从事水库（群）优化调度研究方面的工作。

规则），对水量在水库间进行二次分配，具体体现在以下两个方面：当涉及联合供水任务时需要分解供水任务，以及当多受水水库引水时需要分配调入水量，以明确各成员水库的供水量和引水量。有学者针对供水分配方面进行了初步研究，而对于引水分配方面仍缺乏系统认识，如郭旭宁等[4] 对补偿调节规则、固定分水系数和变动分水系数三种分水规则下的供水效果进行比较分析，验证了不同方法的实用性和优越性。

目前，关于调度规则的研究主要集中于供水系统，综述也大多围绕优化方法展开，针对联合供水规则的研究和综述相对较少，尤其是跨流域调水条件下调（引）水规则的有关研究。基于以上分析，本文从调度规则及其制定方法两方面，系统总结与评述相关研究进展，并对今后研究重点方向进行展望，以促进调度规则相关研究的完善与发展。

2 跨流域调水条件下水库（群）调度规则

跨流域水库（群）调度规则可归纳为"总-分"模式："总"模式，由水库群供水规则和引水规则分别确定水库系统总供水量和调水水库总调水量；"分"模式，由供水分配规则和引水分配规则分别确定每个成员水库承担的供水任务和每个受水水库的引水量。从而水库群调度决策是供水规则、引水规则、水量分配规则耦合交互作用下的综合决策过程。其中，供水规则的作用在于改变天然来水的时间分配过程，使水库放水的时间分布过程更加合理；而引水规则的作用在于改变天然来水的空间分配过程，解决水资源空间分布格局。当水库存在联合供水任务，利用供水分配规则，明确成员水库承担的供水量；当存在多受水水库引水时，利用引水分配规则，确定各受水水库的初始引水量。供水分配规则与引水分配规则，同样体现了优化天然来水的空间分配过程，如通过某一水库在相同调度时段内多供水少引水，而另一水库少供水多引水。供水规则、引水规则、分配规则间相互制约与协同，实现最佳的水资源时空分配效果。

2.1 水库供水规则

目前，针对水库（群）供水规则的研究相对较多，从最初的纽约规则、空间规则、线性决策规则、平衡曲线规则、标准运行策略（SOP）等，逐渐发展为较常用的供水调度图和调度函数。

纽约规则是由 Clark[5] 在 1950 年提出的，基本原理是在保证水库群期望缺水量最小的条件下，使系统内的每个水库保持相同的弃水发生概率，避免了一些水库发生弃水而另外一些水库仍未蓄满的情况发生。在此基础上，Bower 等[6] 在 1966 年提出了空间规则，基本原理是对未来来水更大的水库预留更多的库容空间，当并联库群中每座水库的来水分布规律相同时，纽约规则就变成了空间规则，因此可以将空间规则看作纽约规则的一种特殊形式。线性决策规则和平衡曲线规则[7] 提出描述系统总蓄水量或时段可利用量与各水库理想蓄水量之间的关系，但存在线性描述是否合理以及与复杂系统难以结合的问题。标准运行策略是以水库按最大供水能力供水以保证当前时段的目标需水量而不考虑未来时段的需水要求，规则形式较为简单，目的是追求系统供水量最大化，然而忽视了某一时段或某些时段潜在缺水所造成的严重破坏[7]。为了避免这种情况造成巨大的经济损失，学者对 SOP 在枯水期供水策略进行了改进，形成限制供水规则（HR）。HR 规则宁愿在枯水期多选择若干时段来减少供水造成轻微或较小的缺水，从而可以为后期较大缺水预留水量，避免较少时段的严重缺水。最初的限制供水规则也仅用于单目标水库供水决策，之后，Srinivasan 等[8] 提出了离散限制供水规则用于多目标水库供水决策，但以相同限制供水系数对所有用水户限制供水，没有针对不同用水户分质分量进行供水。鉴于相同供水破坏程度对不同用水户造成的损失不同，设置不同用水户限制供水线和限制供水系数，即供水调度图[9-10]。供水调度图形式简单，实用性强，是一种应用比较广泛的规则形式。由指导水库运行的控制曲线图组成，以时间（月、旬）为横坐标，以水库水位或蓄水量为纵坐标，由控制水库蓄水或供水的指示线，将水库划分为不同的供水区指导水库实时蓄水和供水决策。

另一种常用的规则形式是调度函数，它建立了面临时段决策水库供水量（决策变量）与水库（群）当前蓄水量以及面临时段天然入库水量或引水量（状态变量）之间的函数关系。跨流域调水条件下，跨流域水库供水调度函数可按式 $R=F$（S，Q，I）进行描述。式中：S 为本水库和关联水库蓄水量集合，Q 为本水库和关联水库天然入库水量，I 为本水库和关联水库引水量。在水库群调度函数中，如何合理确定有效的调度函数形式 F 是关键。其中，线性调度函数最为常用[11]，一般通过多元线性回归分析获得，但是单一线性函数形式不具代表性。与线性调度规则相比，考虑不同调度函数形式组合或在不同调度阶段采用不同调度函数形式的动态调度函数方法可提高水库调度的有效性[12]，但不同程度上存在选择基函数和求解系数难的问题，获得的调度函数难以表示出水库调度决策复杂的非线性关系。神经网络、支持向量机、贝叶斯网络等人工智能技术方法，对于建立非线性、多变量的复杂水库（群）调度函数具有较好的实用性[13]。但是，这些方法本质上是黑箱模型，所得的调度规则实用性较差，变量之间的关系及物理机制不明。因此，如何将非线性调度函数显式地表达出来是一个值得研究的方向。

水库调度图常以水库（群）当前蓄水状态为依据进行供水决策，而调度函数状态变量中常还考虑了预报因子（面临入库水量）。二者可以是相同调度规则不同表现形式，具有互通性。如多目标用水户进行决策供水的离散型限制供水规则（供水调度图），实质上也是调度函数的图形表示。可在常规调度图中考虑下一时段实际入库水量或预报入库水量来制作预报调度图，并探究预报不确定性对调度图或者调度方案的影响是值得深入研究的课题。

2.2 水库调（引）水规则

跨流域水库群系统，往往涉及复杂的工程拓扑关系，水力联系交错形成高维解空间，关联变量非线性问题突出，确定性调（引）水过程求解难度大，常采用调（引）水调度图的形式，指导跨流域水库群调水和引水决策。需要同时解决两个基本问题：一是"何时"开始启动调（引）水；二是调（引）水量的确定问题。以不同性质水库（调水水库或受水水库）参与与否为依据，归纳出四类典型工程拓扑下调（引）水规则描述如下（见图1）。

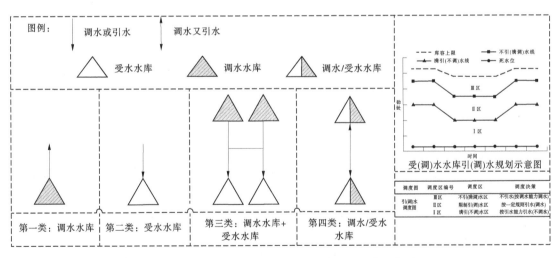

图1 跨流域调水条件下典型工程引（调）水示意图

第一类规则只考虑调水水库的调水决策，尽量实现调水水库可调水量最大的目标。如王银堂等[14] 利用调水水库（丹江口水库）调度图控制陶岔口实际引汉水量，采用多层次分解协调的逐步迭代寻优技术来使各子系统以及整个系统的效益达到最优。

第二类规则假设调水水库的水量充足，无论受水水库何时需要引水，调水水库都会发生调水。如李成振等[15] 应用基于引水控制线确定引水与否以及引水量大小问题。显然，利用该规则获得的是一种理想引水状态，在实际调度中很难满足。

第三类规则考虑受水水库的引水决策不仅受到自身水库蓄水状态影响，而且受到调水水库的影响。该类规则形式多样，如 Zeng 等[16] 在调水水库引水调度图上为每个受水水库添加一条调水控制线，分别进行各受水水库的独立调水决策；Peng 等[17] 同时考虑了调水水库和受水水库的蓄水状态，提出了一种在受水水库采用双引水控制线的引水规则，提高了（特别是丰水年、平水年的）引水效率。

第四类规则指水库既考虑调水又考虑引水的一种复杂的情景。如张建云等[18] 通过供水控制线制定本级系统工业与农业的供水决策、本级系统的引水决策和上级系统工业与农业的调水决策，利用蓄水控制线避免过度引水造成不必要的弃水。

综上，第一类规则和第二类规则组合形成第三类规则，而第三类规则和第四类规则组合可以形成更为复杂的调度规则。引水规则形式及决策方式具有多样性，如何高效提取最优引水规则，分析不同形式引水规则的有效性与适用性是有待加强的研究内容。

2.3 水量分配规则

2.3.1 供水分配规则

水库群联合供水任务如何以最优方式分配到各成员水库是难点，目前研究大概分为以下五类：其一，隐随机优化方法，首先通过确定性优化算法求解长系列水库的最优蓄水过程，然后建立考虑蓄水状态、用水等信息的线性或非线性模型，实现联合供水任务的分解。但隐随机优化方法难以运用于具有复杂拓扑结构的水库群调度领域。其二，库容补偿方法，首先比较水库的调节能力，调节能力小的水库尽最大能力先供水，剩余供水任务再由调节能力大的水库完成，可以充分发挥大水库的调蓄能力并减少弃水[19]。库容补偿方法一般应用于水库群间存在明显补偿关系的串联水库。其三，主控水库方法，在主控水库添加供水任务联合供水线，存在两种调度决策方式：一是根据主控水库时段初蓄水量与联合供水线间的位置关系，确定由哪个水库优先供水，剩余的供水任务再由其他水库供给[20]；二是根据主控水库时段初蓄水量与联合供水线间的位置关系，确定联合任务的供水决策（供水总量），然后采用分解模型明确成员水库的分配水量[21]。但主控水库方法只考虑了一个水库的蓄水量对供水量的影响，无法充分体现整个库群的供水能力。其四，聚合水库方法，先将成员水库聚合成虚拟水库，根据虚拟水库中联合供水任务的供水限制线来制定供水决策，然后采用分解模型将供水量分配到成员水库[22]。聚合水库方法虽然可以综合考虑水库群的蓄水状态，准确定位系统供水能力，但共同供水任务怎么最优地分配到相应的具体水库仍是难点之一。目前一种方法是聚合与分解调度分开迭代优化求解；另外一种方法是将聚合与分解调度置于统一的目标函数和约束条件下同时进行求解。其五，动态分水系数法[21]，综合水库的蓄水状态（或库容空缺）、供水压力、调节能力等因素动态调整供水系数，能较好地利用水文补偿及库容补偿规律，具有简单适用的特点。

2.3.2 引水分配规则

对于只涉及一个调水水库与一个受水水库的简单跨流域调水工程而言，主要以受水水库目标效益最大化或者调水水库与受水水库整体效益最优为目标来确定合理的调水量及调水方式。而对于涉及多调水水库和多受水水库的复杂跨流域调水系统，通常先根据调（引）水规则确定各受水水库的初始调水量，再根据缺水程度，利用引水分配规则对初始调水量进行再次分配，二者配合实现调水在空间的优化配置，常有以下方法：其一，首先进行系统结构的简化处理，然后分解变量[23]，如构建聚合分解调度模型，最终确定各受水水库的引水量；其二，长系列优化计算获得最优引水策略，获得时段各受水水库最优引水过程[24]；其三，利用固定比例系数进行调水量分配[25]。我国最重要的跨流域调水工程的引水分配有关研究成果常采用以下两种方法：一是根据受水水库（或受水区）的引水需求（或缺水缺口）来制定引水分配模型，如毛耀等[26] 根据调水水库（丹江口水库）调度图确定陶岔口实际引汉水量，以各引水口子系统的引汉需水量的比例关系进行陶岔口实际引汉水量的分配。二是依据大系统分解协调理论[27]，将整个系统划分为多层次结构、多个子系统，将引水量作为上、下层之间的协调变量，实现调水量在各个子系统之间的最优分配。

上述方法中，聚合分解方法计算过程较为烦琐，且分解部分具有不确定性；长系列优化方法可实现对历史过程的反演，但无法指导实时调（引）水决策；固定比例系数法没有考虑水库蓄水、来水等因素的动态性，造成诸如水库既引水又弃水的不合理引水现象；大系统分解协调法一般将引水与供水决策分开优化求解，迭代过程较为复杂。鉴于简单实用特点，建立考虑水库的蓄水状态（或库容空缺）、供水压力、调节能力等因素的动态引水分配方法[21]，综合状态因子属性动态调整引水系数，是解决引水分配的有效途径之一。

3 跨流域调水条件下水库群调度规则制定方法

跨流域水库群优化调度的目的是获取用于指导水库运行的最优调度规则，其获取方式直接影响模型构建和优化方法的选取，跨流域水库群调度规则制定方法框架体系如图2所示。首先根据调度规则研究形式，选择调度规则提取方式；然后建立目标函数和约束条件，结合系统多层性、多目标性，构建跨流域水库群优化调度模型；最后根据调度模型的特点选用合理可行的优化方法，并采用模拟方法与优化方法相结合的方式，获取最优调度规则。

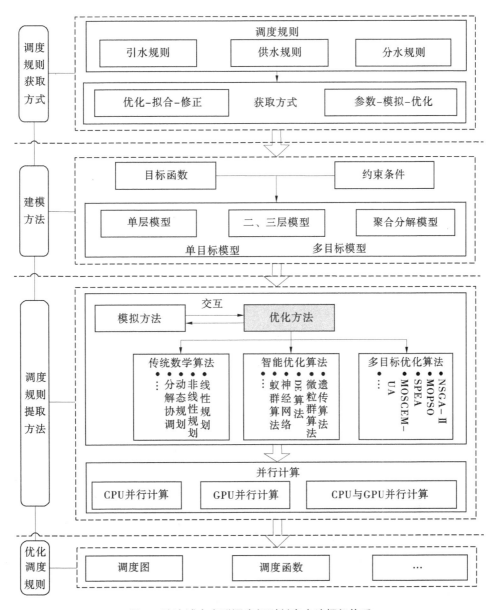

图2 跨流域水库群调度规则制定方法框架体系

3.1 调度规则提取方式

水库群调度图、调度函数等调度规则常见有以下两类提取方式[28]：一是"优化-拟合-修正"提取方式,即采用隐随机优化调度方法获取调度规则;二是"参数–模拟–优化"提取方式,直接优化获取调度规则。第一类将调度问题分解为确定性寻优和调度规则提取两个步骤,先对水文资料进行确定性优化得到最优蓄、放水量决策系列,分析选择调度函数的因变量(决策变量)和自变量(影响因子),然后将二者的关系表达映射成线性或非线性组合,形成特定的调度规则表达形式,再通过模拟调度对参数进行调整和修正[29-30]。这种方法在一定程度上减轻了同时考虑径流随机性和优化调度带来的求解难度,但人为性较强且容易使模型陷入"维数灾"。第二类首先预设调度规则参数形式,给定初始调度参数;然后根据调度规则参数模拟水库引水与供水决策;再根据模拟结果,采用优化算法调整调度参数;重复以上步骤,最终获取最优调度规则。这类提取方式能充分描述复杂调水系统调度过程,而且有助于降低手工计算量和寻找最优解,是当前应用最广泛的调度规则提取方式[31]。

3.2 调度模型构建方法

一般来说,调水与供水系统的主要目标是在不破坏系统约束条件下使系统在引水量最小条件下的供水量最大。对供水单元,通常以供水量最大、弃水量最小、时段最大缺水量最小、缺水量最小或缺水指数最小作为目标函数[32-33]。其中,国外常用缺水指数最小作为目标函数,不仅考虑了基本的缺水特征,还强调了缺水对社会经济的影响[34]。然而,国内通过考虑保证率约束和破坏深度约束,也可以保证用水户供水要求并使缺水社会经济损失最小化。对调水单元,跨流域调水还需至少考虑三个因素:调水成本、尽量少引水减轻对水源区的影响、减少不合理的既调水又弃水情况。显然,跨流域水库群调度规则求解是一个多目标、多层次的优化问题。针对多目标优化问题,一是采用权重、约束法将多目标转化为单目标模型求解;二是直接采用多目标方法求解,多目标方法可以获得一组非劣Pareto前沿解集,并能反映多目标之间的竞争与协同关系,成为目前研究的热点,如陈悦云等[35]建立面向发电、供水、生态要求的赣江流域水库群优化调度模型,分析了不同来水频率下三个目标之间的竞争关系。针对多层次优化问题,一是将调水系统和受水系统单元置于统一的目标函数下求解(单层模型);二是采用聚合–分解模型迭代求解;三是建立二、三层规划模型分步求解,实质是大系统分解协调模型,如万芳等[36]在二层规划模型的基础上,建立调水、引水、供水的三层规划模型,从深层次揭示跨流域供水水库群之间的主从递阶层次的独立性及相互关联性,并对模型进行分层优化求解。然而,后两类方法迭代过程相对较为复杂,算法易陷入局部最优,限制了其应用范围。

3.3 调度规则优化方法

水库(群)调度规模扩大和调度问题求解的复杂性增大,对大系统计算效率和寻优能力提出越来越高的要求,线性规划、非线性规划、动态规划等传统数学算法难以满足需求[37],遗传算法、微粒群算法、差分进化算法等现代智能算法在水库群优化调度中得到广泛应用。针对算法存在"早熟收敛"的问题,学者不断改进算法,以提高算法的优化性能。如王丽萍等[38]提出了均匀自组织映射遗传算法,弥补了传统遗传算法中初始解的生成过于随机以及进化过程中易陷入局部的不足,并验证了在求解梯级库群长期优化调度问题中实用性;Kumar、Jiang等[39-40]将整个微粒群划分为多个子种群,定期(固定时间步长或迭代次数)进行种群融合和划分子种群,实现种群间信息的共享。相对于常规优化算法,现代智能算法对模型的连续性、可导性、凸凹性等没有限制,具有较快的收敛速度和较高的求解精度等。但是,现代智能优化算法一般很难保证所得到结果是理论最优的,但它所获得的相对最优的结果,能够满足生产实践的需要。

上述算法常采用约束法、权重法、隶属度函数法等将多目标调度问题转换成单目标问题进行求解,不仅需要许多先验知识,而且只能得到单个解,求解效率比较低。随着智能优化理论的发展,发展出一类用于处理多目标的优化算法——多目标进化法(MOEAs),可以获得一组非劣Pareto前沿解集,并能反映目标之间的竞争与协同关系,供决策者深刻认识问题的本质和规律。在跨流域调水条件下,学者越来越关注引水、供水、生态等多目标之间的关系,如吴恒卿等[3]建立以引水量最小和公明水库换水量最大为目标函数的引水与供水调度模型,采用多目标遗传算法NSGA-II对模型进行优化求解,探讨了公明水库的交换水量与引水量的关系。为了从非劣解集中优选出最终决策方案,往往需要综合目标关系、人为偏好等主客观因素来综合确定，决策难度大。陈守煜[41]自1990年提出的工程模糊集理论，在方案决策领域中应用广泛；Vague集可从隶属度、非隶属度以及犹豫度三个不同的决策层面分析各指标的优劣程度，从而提供满足实际工程需求的最佳方案[42]；同时，结合计算机可视化技术的多目标决策方法，可为决策者提供可视化的、定性与定量相结合的优选决策过程。但如何综合主、客观信息进行满意方案决策还没有统一的标准，评价决策方法的科学与实用性仍需进一步研究。

根据传统数学算法和现代智能算法基本原理，将计算机硬件并行性和问题并行性相结合，设计出并行计算方法，可以提高求解效率和求解质量。其中，并行进化算法不仅可以降低多种群协同进化的数值代价，大大减少运算时间，而且种群间相互隔离也保证了种群的多样性，提高解的质量。随着计算机多核处理器的普及应用，并行计算逐渐成为解决复杂水库群优化调度问题的高效实用新方法[43-44]。Peng等[45]在PSO中引入多种群思想，保证了种群的多样性，基于Fork/Join框架将种群分配到不同内核上独立求解，利用Java并发机制实现子种群间信息的周期交流，避免陷入局部最优。此外，GPU并行计算近年来发展迅速，与CPU擅长处理具有复杂步骤和数据依赖的计算任务不同，GPU采用顺序执行机制，具有大量的执行单元，依靠大量的并行多线程掩盖其内存访问延迟。目前，并行计算技术在水库群调度领域应用还处于初步阶段[46]，随着计算机技术、人工智能技术的不断发展，并行计算的性能将会进一步提高，为大系统复杂水库群优化求解提供技术支撑。

4　结论

本文全面总结评述了水库群不同类型调度规则的研究进展及适用条件，提出了调度规则求解方法框架体系，分析了调度规则求解方法的特点与趋势，有助于人们加深对调度规则的理解和推广应用。随着水文气象预报、计算机及人工智能等新兴学科的不断发展，仍然存在有待于进一步研究的问题：

（1）水库调度各个目标之间存在着不同程度的竞争与协作关系，有待深入挖掘多目标间的协同竞争规律，完善多目标决策理论与方法。

（2）目前，国家强化了水资源统一调度管理，加强了河流生态流量管控等工作，开展复杂水库群生态水量调度研究，可为水资源管理工作提供重要支撑。

（3）未来时段的入库水量是制定水库实时调度决策的重要因素。随着降雨、径流预报技术的不断发展，水库群调度中耦合预报信息及其不确定性，并开展预报调度风险分析将是研究热点。

参考文献

［1］庞博，徐宗学．河湖水系连通战略研究：理论基础［J］．长江流域资源与环境，2015，24（Z1）：138-145.

［2］You J Y, Cai X M. Hedging rule for reservoir operations：1. A theoretical analysis［J］. Water Resources Research，2008，44（1）：186-192.

［3］吴恒卿，黄强，徐炜，等．基于聚合模型的水库群引水与供水多目标优化调度［J］．农业工程学报，2016，32（1）：140-146.

［4］郭旭宁，胡铁松，李新杰，等．配合变动分水系数的二维水库调度图研究［J］．水力发电学报，2013，32（6）：57-63.

［5］Clark E J. New York control curves［J］. Journal of the American Water Works Association，1950，42（9）：823-827.

［6］Bower B T, Hufschmidt M M, Reedy W W. Operating procedures：Their role in the design of water-resource systems by simulation analyses［M］. Cambridge：Harvard University Press，1966.

［7］方洪斌，胡铁松，曾祥，等．基于平衡曲线的并联水库分配规则［J］．华中科技大学学报（自然科学版），2014，42（7）：44-49.

［8］Srinivasan K, Kumar K. Multi-objective simulation-optimization model for long-term reservoir operation using piecewise lin-ear hedging rule［J］. Water Resources Management，2018，32：1901-1911.

［9］Ji Y, Lei X H, Cai S Y, et al. Hedging rules for water supply reservoir based on the model of simulation and optimization［J］. Water, 2016, 8（6）：249.

［10］Taghian M, Rosbjerg D, Haghighi A. Optimization of conventional rule curves coupled with hedging rules for reservoir operation［J］. Journal of Water Resources Planning and Management, 2014, 140：693-698.

［11］Karamouz M, Houck M H, Delleur J W. Optimization and simulation of multiple reservoir systems［J］. Journal of Water Resources Planning and Management, 1992, 118（1）：71-81.

［12］王力磊, 袁晶瑄, 徐炜. 桓仁流域汛期旬径流预报方法研究［J］. 水文, 2012, 32（6）：52-55, 27.

［13］纪昌明, 李继伟, 张新明, 等. 基于粗糙集和支持向量机的水电站发电调度规则研究［J］. 水力发电学报, 2014, 33（1）：43-49.

［14］王银堂, 胡四一, 周全林. 南水北调中线工程水量优化调度研究［J］. 水科学进展, 2001, 12（1）：72-80.

［15］李成振, 孙万光, 陈晓霞. 有外调水源的库群联合供水调度方法的改进［J］. 水利学报, 2015, 46（11）：1272-1279.

［16］Zeng X, Hu T S, Guo X N, et al. Water transfer triggering mechanism for multi-reservoir operation in inter-basin water transfer-supply project［J］. Water Resources Management, 2014, 28（5）：1293-1308.

［17］Peng Y, Chu J G, Peng A B, et al. Optimization operation model coupled with improving water-transfer rules and hedging rules for inter-basin water transfer-supply system. Water Resources Management, 2015, 29（10）：3787-3806.

［18］张建云, 陈洁云. 南水北调东线工程优化调度研究［J］. 水科学进展, 1995, 6（3）：198-204.

［19］Lund J R, Guzman J. Some derived operating rules for reservoirs in series or in parallel［J］. Journal of Water Resources Planning and Management, 1999, 125（3）：143-153.

［20］Chang L C, Chang F J. Multi-objective evolutionary algorithm for operating parallel reservoir system［J］. Journal of Hydrology, 2009, 377：12-20.

［21］Peng A B, Peng Y, Zhou H C, et al. Multi-reservoir joint operating rule ininter-basin water transfer-supply project［J］. Sci China Tech Sci, 2014, 58, 123-137.

［22］彭勇, 徐炜, 姜宏广. 深圳市西部城市供水水库群联合调度研究［J］. 水力发电学报, 2016, 35（11）：74-83.

［23］方淑秀, 黄守信, 王孟华. 跨流域引水工程多水库联合供水优化调度［J］. 水利学报, 1990（12）：1-8.

［24］梁国华, 王国利, 王本德, 等. 大伙房跨流域引水工程预报调度方式研究［J］. 水力发电学报, 2009（3）：32-36.

［25］李昱, 彭勇, 初京刚, 等. 复杂水库群共同供水任务分配问题研究［J］. 水利学报, 2015, 46（1）：83-90.

［26］毛耀, 邵东国, 沈佩君. 南水北调中线工程水量优化调度模型研究［J］. 武汉大学学报（工学版）, 1998, 31（1）：6-10.

［27］刘建林, 马斌, 解建仓, 等. 跨流域多水源多目标多工程联合调水仿真模型——南水北调东线工程［J］. 水土保持学报, 2003（1）：75-79.

［28］方洪斌, 王梁, 李新杰. 水库群调度规则相关研究进展［J］. 水文, 2017, 37（1）：14-18.

［29］纪昌明, 苏学灵, 周婷, 等. 梯级水电站群调度函数的模拟与评价［J］. 电力系统自动化, 2010, 34（3）：33-37.

［30］Liu P, Guo S, Xu X, et al. Derivation of aggregation-based joint operating rule curves for cascade hydropower reservoirs［J］. Water Resources Management, 2011, 25（13）：3177-3200.

［31］Rani D, Moreira M M. Simulation-optimization modeling：a survey and potential application in reservoir systems operation［J］. Water Resources Management, 2010, 24（6）：1107-1138.

［32］Shiau J T. Optimization of reservoir hedging rules using multiobjective genetic algorithm［J］. J Water Resour Plann Manage, 2009, 135（5）：355-363.

［33］Tu M, Hsu N, Tsai F. Optimization of hedging rules for reservoir operations［J］. Journal of Water Resources Planning and Management, 2008, 134（1）：3-13.

［34］Chang L C, Chang F J, Wang K W. Constrained genetic algorithms for optimizing multi-use reservoir operation［J］. Journal of Hydrology, 2010,（390）：66-74.

［35］陈悦云, 梅亚东, 蔡昊. 面向发电、供水、生态要求的赣江流域水库群优化调度研究［J］. 水利学报, 2018, 49（5）：628-638.

［36］万芳，周进，原文林．大规模跨流域水库群供水优化调度规则［J］，水科学进展，2016，27（3）：448-447.

［37］冯仲恺，牛文静，程春田，等．大规模水电系统优化调度降维方法研究Ⅱ：方法实例［J］．水利学报，2017，48（3）：270-278.

［38］王丽萍，王渤权，李传刚，等．基于均匀自组织映射遗传算法的梯级水库优化调度［J］．系统工程理论与实践，2017，37（4）：1072-1079.

［39］Kumar D N, Reddy M J. Multipurpose reservoir operation using particle swarm optimization［J］. Journal of Water Resources Planning and Management, 2007, 133（3）, 192-201.

［40］Jiang Y, Hu T S, Huang C C, et al. An improved particle swarm optimization algorithm［J］. Applied Mathematics and Computation, 2007, 193: 231-239.

［41］陈守煜．多阶段多目标决策系统模糊优选理论及其应用［J］．水利学报，1990（1）：1-10.

［42］Bustince H, Burillo P. Vague sets are intuitionistic fuzzy sets［J］. Fuzzy Sets and System, 1996, 79（3）: 403-405.

［43］Tu K Y, Liang Z C. Parallel computation models of particle swarm optimization implemented by multiple threads［J］. Expert Systems with Applications, 2011, 38: 5858-5866.

［44］Wang S, Cheng C T, Wu X Y, et al. Parallel stochastic dynamic programming for long-term generation operation of cascaded hydropower［J］. Sci China Tech Sci, 2014, 44（2）: 209-218.

［45］Peng Y, Peng A B, Zhang X L, et al. Multi-core parallel particle swarm optimization for the operation of inter-basin water transfer-supply systems, Water Resources Management, 2016, 31（1）: 27-41.

［46］王本德，周惠成，卢迪．我国水库（群）调度理论方法研究应用现状与展望［J］．水利学报，2016，47（3）：337-345.

黄河流域高校用水情况调查分析

任 亮 董小涛 王浩然

（水利部综合事业局，北京 100053）

摘 要：通过对黄河流域高校用水情况进行专项统计，以及对黄河流域部分高校开展实地调研，摸清了黄河流域高校用水情况底数，梳理总结了黄河流域高校节水工作存在的突出问题和典型经验做法。基于数据统计与实地调研结果，提出黄河流域高校节水工作建议，为持续推进黄河流域高校节水专项行动提供决策参考。

关键词：节约用水；黄河流域；高校；调查研究；问题与建议

黄河流域是我国重要的生态屏障和经济地带，在我国经济社会发展和生态安全方面具有十分重要的地位。然而从水资源人均占有量来看，黄河流域属于资源型缺水流域，水资源短缺是黄河流域最为突出的矛盾。黄河流域高校数量多、人员密集，是城市绝对的用水大户。通过对黄河流域各省（自治区）高校进行调查研究，摸清高校用水情况底数，为贯彻落实《黄河流域生态保护和高质量发展规划纲要》，持续推进黄河流域高校节水工作提供决策参考。

1 调研基本情况

项目组于 2020 年组织开展了黄河流域高校用水专项调研工作，在对各省级行政区高校用水数据分析基础上，选择黄河流域典型高校开展实地调研，同时也收集了 2020 年水利部高校用水督查的相关材料相互印证，数据来源可靠。

1.1 黄河流域高校用水情况调查

2020 年，水利部印发了《水利部办公厅关于开展 2020 年高校节约用水有关工作的通知》，由省级水行政主管部门会同教育部门组织本省范围内普通高校填报相关用水信息，水行政主管部门审核上报。本文使用了黄河流域河南、山东、陕西、山西、甘肃、青海、宁夏、内蒙古 8 省（自治区）上报提供的数据，包括黄河流域普通高校 2019 年下达的计划用水量、实际用水量（不包括家属区、商业等非教学相关的用水），全日制统招生、留学生、教职工人数和缴纳水费等。

1.2 黄河流域部分省份实地调研

选择黄河流域 10 所典型高校开展了实地调研，调研以听取汇报、座谈交流、查阅资料、查看现场等方式进行。同时，对陕西、山东等黄河流域高校节水工作进行了书面调研。调研内容包括调研高校基本情况、用水现状、用水制度建设、用水管理以及用水相关问题等情况。

2 调查数据统计分析

2.1 高校数量与用水人数

黄河流域 8 省（自治区）报送普通高校（含校区）数量 665 所，占全国高校总数（2 881 所）的 23.7%（见图 1）；用水人数共计 846.8 万人，占全国高校用水人数（3 501.3 万人）的 24.2%。

作者简介：任亮（1985—），男，硕士，副处长/高级工程师，长期从事水资源节约、水环境保护、节水灌溉等工作。

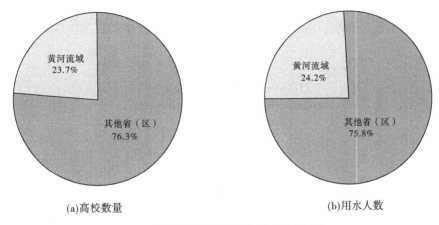

(a)高校数量　　　　　　　　　　(b)用水人数

图 1　黄河流域高校数量与用水人数占比

2.2　用水量

2019 年，黄河流域高校用水总量为 3.5 亿 m³，占全国高校用水总量的 20%。人均用水量为 118 L/（人·d），低于全国高校平均人均用水量 142 L/（人·d），与北方地区高校平均人均用水量 119 L/（人·d）基本持平，高校平均用水量为 53 万 m³（见图 2、图 3）。

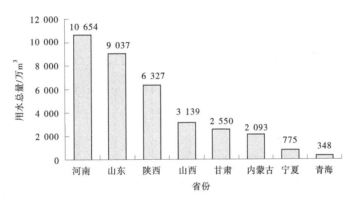

图 2　黄河流域各省（自治区）高校用水总量

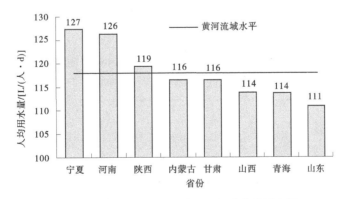

图 3　黄河流域各省（自治区）平均人均用水量

从用水总量上来看，河南、山东和陕西三省用水量最高，占全部黄河流域 8 省（自治区）高校用水总量的 74.3%；从人均用水量来看，宁夏、河南和陕西三省（自治区）高校人均用水量较高，高于黄河流域高校人均用水量平均水平。

2.3　用水定额执行情况

2.3.1　与省用水定额比较

2019 年，在黄河流域 665 所高校中，有 320 所高校人均用水量超本省高校用水定额，占黄河流域高校数量的 48.1%，明显高于全国总体水平（38.0%）。其中，陕西、宁夏和山东三省（自治区）超省用水定额高校比例超过 50%；内蒙古自治区超省用水定额比例最低，为 24.6%（见图 4）。

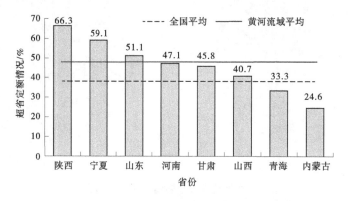

图 4　黄河流域各省（自治区）高校超省定额情况

2.3.2　与国家用水定额通用值比较

有 474 所高校人均用水量达到国家用水定额通用值要求，占黄河流域高校数量的 71.3%，低于全国总体水平（78.8%）。其中，河南、陕西和宁夏三省（自治区）达到国家用水定额高校数量占比低于黄河流域平均水平（见图 5）。

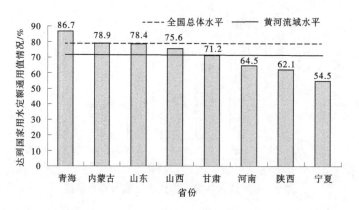

图 5　黄河流域各省（自治区）高校达到国家用水定额通用值情况

2.3.3　与国家用水定额先进值比较

有 271 所高校人均用水量达到国家用水定额先进值，占黄河流域高校数量的 40.8%，基本与全国总体水平（40.7%）持平。其中，青海省超过 73% 高校达到国家用水定额先进值，在黄河流域省份中表现较为突出（见图 6）。

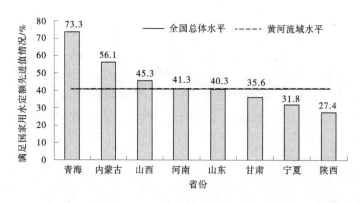

图 6　黄河流域各省（自治区）高校满足国家用水定额先进值情况

2.4 计划用水执行情况

2.4.1 计划用水覆盖情况

黄河流域有173所高校未下达计划用水指标，占黄河流域高校数量的26%，高于全国高校未下达计划的比例（21.3%）。各省级行政区未下达计划用水指标高校数量比例如图7所示。

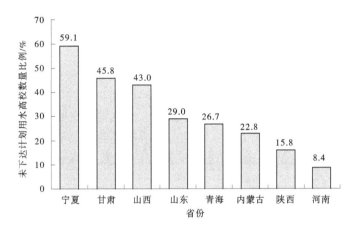

图7 黄河流域各省（自治区）未下达计划用水高校数量比例

2.4.2 超计划用水情况

黄河流域下达计划用水的492所高校中，共有40所高校超计划用水，所占比例为8.1%，低于全国总体水平（12.4%）。40所高校超计划水量共计345万 m^3（见图8）。

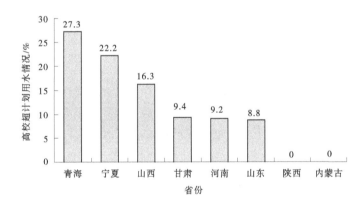

图8 黄河流域各省（自治区）高校超计划用水情况

3 黄河流域高校节水典型经验做法

3.1 高位推动高校节水工作

各地建立高规格节约用水工作联席会议机制，甘肃省由省政府牵头，建立节约用水工作厅际联席会议机制；宁夏水利厅积极协调机关事务管理局、教育厅，联合印发《关于深入开展全区高校节约用水工作的通知》；陕西水利厅与教育厅联合印发《关于开展校园节水工作的指导意见》；山东建立节约用水工作联席会议机制，明确省水利厅、教育厅和机关事务管理局高校节水工作责任。

3.2 强化节水约束激励措施

甘肃将节水型高校建设情况纳入各部门公共机构节能考核评价体系，定期进行督导检查，对发现的问题采取"一校一单"印发反馈并督促整改；山东和宁夏全面开展节水型高校评定工作，并按相关规定给予表扬、资金补助或奖励，充分发挥节水标杆示范引领作用；陕西省颁发《陕西省行业用水定额》《陕西省计划用水管理办法》，将公共供水管网内规模以上用水户纳入计划用水管理，进一步规范高校等用水大户的用水过程管控并组织用水考核。

3.3 推动多元化高校节水措施

甘肃省积极开展节水文化进校园活动，将节水教育纳入学校教育和课程体系，通过多学科交叉推动产学研紧密结合，积极推动节水科研与社会实践活动相结合；宁夏回族自治区大力推动高校再生水冲厕绿化回用、雨洪利用，通过集中收集回收处理方式，在高校大量适用非常规水；陕西省将节水教育融入校园德育教育，向师生普及节水知识、宣讲节水行动，开展"寻找节水达人"，师生参与热情高涨，全省校园节水氛围浓厚。

3.4 积极推广合同节水管理

西安市累计投入各级财政补助资金 3 000 多万元，吸引节水服务企业实施高校合同节水管理项目，扶持 20 余所高校开展合同节水管理项目。宁夏回族自治区配套引导资金，结合分布式生活污水处理中水回用一体化项目，推动合同节水管理项目落地；山东省搭建校企对接平台，推动高校与企业签约合作协议，积极推广合同节水管理模式；甘肃省部分高校在用水系统相对独立、运维专业化程度和服务水平要求高、节水潜力大的环节采用合同节水管理模式推进节水型高校建设。

4 黄河流域高校用水存在的主要问题

4.1 水行政主管部门管理存在的问题

4.1.1 部分省份对高校用水监管能力不足

部分省份虽然建立了高校节水工作协调机制，但并没有形成行之有效的措施和抓手推动节水型高校建设。部分地方水行政主管部门对高校用水管理缺失，未掌握高校用水情况，在协调获取高校用水情况方面也存在困难。

4.1.2 计划用水下达比例低于全国总体水平

黄河流域 8 省（自治区）均未实现高校计划用水管理全覆盖，未下达计划用水指标高校占黄河流域高校数量的 26%，计划用水下达比例低于全国总体水平。

4.1.3 未按定额下达计划用水比例高于全国总体水平

黄河流域共有 195 所高校下达的计划用水指标大于应下达的计划用水指标（根据用水定额反算计划用水指标），占黄河流域全部下达计划高校数量的 39.6%，明显高于全国总体水平（28%）。突出反映了部分地方水行政主管部门在下达计划时未严格按照用水定额核定计划用水指标，计划用水管理流于形式。

4.1.4 高校节水激励机制不完善

陕西、宁夏、山东、甘肃等 4 省（自治区）通过资金补助或授予节水型高校荣誉等方式建立了创建节水型高校激励机制，流域内部分省份目前只采取"压任务"方式布置节水型高校建设工作，缺乏实质的资金奖励和精神奖励措施，高校积极性不高。

4.2 黄河流域部分高校用水问题突出

4.2.1 对于节水工作重视程度不够

部分高校对于节水工作未引起足够重视，没有把节水工作放在突出的位置，未发挥高校应有的教书育人、立德树人的作用，尤其是资金较充裕的重点高校，毫无超计划用水压力，水费支出占高校总支出的比例不到 1%，使得高校更加不重视节水工作。

4.2.2 超定额问题较为突出

黄河流域人均用水量超省定额高校有 320 所，占黄河流域高校数量的 48.1%，明显高于全国总体水平（38.0%）；人均用水量超国家定额通用值的高校有 191 所，占黄河流域高校数量的 28.7%，高于全国总体水平（21.2%）。

4.2.3 部分高校用水设施问题突出

现场督导检查的 26 所高校中，2 所高校未开展节水改造工作，占 8%；4 所高校存在使用非节水器具的现象，占 15%；5 所高校用水原始记录和统计台账不完备，占 19%；15 所高校未建设用水在线监控平台，占 58%；已建设用水在线监控平台的 11 所高校中，2 所高校运行存在问题，占 18%。高校由于节水设施不完善，加之日常用水管理不到位，导致高校用水底数不清。

4.2.4 部分高校节水宣传教育不足

现场督导检查的 26 所高校中，4 所高校未将节水纳入日常教学活动，部分高校宿舍、食堂、教学楼等主要用水点基本未设置节约用水的标识标语，未在高校形成人人节水的校园节水文化。

5 工作建议

5.1 进一步理顺高校节水工作协调机制

黄河流域各省（自治区）要建立由水行政主管部门、教育主管部门、机关事务管理部门共同参与的高校节水工作协调机制，畅通工作沟通渠道，健全保障措施，加大对各高校节水工作的指导和支持力度，形成工作合力，统筹推进高校节水工作。

5.2 深度推动黄河流域高校节水专项行动

针对黄河流域高校在超省定额、超国家定额通用值和未下达计划用水等方面存在的突出问题，督促黄河流域各省开展黄河流域高校超定额专项整治活动，力争通过 2~3 年的专项整治行动，黄河流域高校用水水平 100% 达到高校用水定额标准。

5.3 建立用水统计核查制度

黄河流域各省（自治区）要组织有关部门和单位，按照计划用水管理权限，统计核查本行政区域内的高校用水情况，建立高校用水情况数据库，加快推进高校用水数字化、网络化、智能化管理。对超计划、超定额用水的高校及时给予警示，实施在线动态监控，督促其开展水平衡测试，制订节水方案和措施。

5.4 完善激励机制推进节水型高校建设

黄河流域各省（自治区）要注重激励奖励，加大对高校节水工作的支持力度。充分利用节水专项资金，采取高校节水试点项目等形式，引导社会资金和高校资金投入节水工作，带动高校节水工作积极性。同时，及时总结提炼节水型高校建设的典型经验做法，为高校节约用水工作提供参考借鉴，示范带动全社会节约用水。

5.5 严格计划用水和定额管理

严格督促黄河流域 8 省（自治区）全面下达计划用水指标，将高校全部纳入计划用水管理，严格按照定额核定下达计划用水指标。对各省高校计划用水下达情况进行监督检查，对高校计划用水未全覆盖的省份和用水计划宽松软问题突出的省份进行约谈，督促整改，切实发挥计划用水和定额管理的刚性约束作用。

5.6 大力推广合同节水管理

各级水行政主管部门要大力推动高校采用合同节水管理模式开展高校节水改造，利用高校合同节水项目现场会的形式，为高校和节水服务企业搭建平台，利用节水专项资金，对试点项目进行财政资金补贴，调动社会资本和专业技术力量，集成先进节水技术和管理模式参与高校节水工作。

5.7 加强宣传引导

各级水行政主管部门要联合教育主管部门、国家机关事务管理部门及时总结高校节水专项行动经验，宣传行动成效，引导高校提高用水效率、推动节水工作。鼓励高校将节水教育纳入公共课程，号召广大师生开展内容丰富、形式多样的节水宣传活动，提高节水意识。

河南黄河生态保护和防洪工程建设协同发展研究

毋　甜[1,2]　郑　钊[1,2]　张庆杰[1,2]

（1. 河南黄河勘测规划设计研究院有限公司，河南郑州　450003；

2. 河南省黄河保护治理工程技术研究中心，河南郑州　450003）

摘　要：本文系统分析了河南黄河生态保护和防洪工程建设协同发展目前存在的问题，通过统计分析生态
环境部门对"十三五"期间防洪工程建设项目各类处置方式，结合现行《中华人民共和国水法》
《中华人民共和国防洪法》等重要法规，提出了河南黄河防洪工程建设与自然保护区协同发展建
议，为河南黄河生态保护与高质量发展提出合理建议。

关键词：河南黄河；生态保护；防洪工程建设；协同发展

1　绪论

黄河是中华民族的母亲河，保护黄河是事关中华民族伟大复兴的千秋大计。习近平总书记在
2019 年 9 月黄河流域生态保护和高质量发展座谈会上明确指出黄河流域今后发展的五个重点方向，
其中"加强生态环境保护"和"保障黄河长治久安"是首要的两个主要内容，在"加强生态环境保
护"中习近平总书记强调"下游的黄河三角洲是我国暖温带最完整的湿地生态系统，要做好保护工
作，促进河流生态系统健康，提高生物多样性"，在"保障黄河长治久安"中强调"实施河道和滩区
综合提升治理工程，减缓黄河下游淤积，确保黄河沿岸安全"。黄河下游防洪工程建设是贯彻总书记
保障黄河长治久安的体现，开展工程对生态环境影响研究是落实总书记加强生态环境保护，坚持生态
优先，促进河流生态系统健康的具体措施[1]。

黄河是流域生物联通和遗传信息传输的生态廊道。黄河中下游河床频繁摆动形成了原生、脆弱的
河道及河漫滩湿地，为鸟类和鱼类觅食、产卵等提供了良好的栖息场所，在我国生物多样性保护中占
有重要地位。为保护黄河中下游特有生境类型、重要湿地、景观资源等，国家及沿岸省区相继划定了
自然保护区、风景名胜区、水产种质资源保护区等各类保护区，开展湿地生态系统和生物多样性保护
工作，为保护黄河生态环境发挥了重要作用。

黄河下游两岸修建了连续完整的堤防体系，通过对堤防工程的加高加固，有效地解决了设计洪水
下堤防漫决、溃决的问题。黄河下游也修建了大量的控导工程，稳定了主流流路，一定程度上避免了
主流直接顶冲两岸堤防的防洪问题，同时也遏制了塌村塌滩，很好地保护了滩区群众的生产、生活安
全。然而，防洪工程在发挥巨大防洪效益的同时，也与黄河生态保护存在着相互制约的关系[2]。

2　河南黄河防洪工程与生态保护存在的问题

黄河流域生态环境脆弱，人类活动干扰强烈，水土资源开发过度，加上气候变化因素的影响，水

基金项目：国家自然科学基金黄河水科学研究联合基金项目（U2243219）；国家自然科学基金黄河水科学研究联合基
金项目（U2040217）；中国水利水电科学研究院流域水循环模拟与调控国家重点实验室开放研究基金
（IWHR-SKL-202104）。

作者简介：毋甜（1982—），女，高级工程师，主要从事水利工程规划设计工作。

通信作者：郑钊（1985—），男，高级工程师，主要从事黄河下游水沙输移与河道冲淤工作。

资源量持续减少，水污染日益严重，河流连通性遭到破坏，黄河水生态系统受到胁迫越来越大，导致水生态系统恶化，生态功能退化[3]。

（1）工程抗洪能力不足是威胁黄河生态安全的短板。

河南黄河虽建成了较为完备的防洪工程体系，但河南黄河小浪底至花园口区间仍有 1.8 万 km² 无工程控制，河道整治工程不配套，小浪底水库调水调沙后续动力不足，水沙调控体系的整体合力无法充分发挥，下游防洪短板突出，洪水预见期短、威胁大，"二级悬河"发育严重，游荡性河势尚未得到彻底控制，横河、斜河和顺堤行洪经常发生，严重危及堤防安全；滩区 120 多万群众的生产、生活及安全问题尚未得到有效解决，防汛信息化建设滞后，与新时代防洪保安的要求还有很大差距，防洪运用和经济发展矛盾长期存在。

（2）水资源供需矛盾突出是制约区域生态建设的瓶颈。

目前，河南沿黄经济社会快速发展对黄河水资源的刚性需求不断增加，缺水与发展的矛盾已成为河南黄河水资源利用面临的新常态。近 10 年来，河南省黄河干流年均取水已接近国务院分配河南省黄河干流取水指标 35.67 亿 m³。随着河南省小浪底北岸、小浪底南岸、赵口引黄灌区二期、西霞院输水等四大灌区工程的建设，明清黄河故道综合整治开发、各地城市水生态治理等项目的实施，国家分配河南省的黄河干流指标即将用完，黄河水资源供需矛盾越发凸显。

（3）黄河下游滩区防洪保安与区域经济发展矛盾突现。

黄河下游滩区既是行洪、滞洪、沉沙的场所，又是滩区广大人民群众赖以生存的家园。由于滩区安全建设滞后，经济结构单一，增长动力不足，是河南省"三山一滩"最为集中的贫困地区之一，在全面建成小康社会的新形势下，如何妥善安置滩区人口，促进滩区群众脱贫致富，既是百万群众极为迫切的民生诉求，也是破解下游治理瓶颈的关键所在。

（4）河南黄河治理开发与生态保护存在法规不协调。

《中华人民共和国水法》《中华人民共和国防洪法》等上位法对黄河的针对性、可操作性和强制性不足，尽管河南省相继出台了涉及黄河防汛、工程管理等方面的地方性法规，但涉及黄河生态建设的条文不够、力度不强，致使部分防洪及民生工程项目的实施受到不同程度制约，迫切需要通过立法进一步强化依法治河、管河能力。

（5）协同推进河南黄河治理的合力尚未形成。

目前，河道存在多头管理现象，滩区内湿地保护区、水源保护区、鸟类保护区、跨河工程保护区以及基本农田等交叉存在，涉及行业监管的部门较多，管理体制机制不顺畅。现有法律条文上支撑度不够、针对性和强制性不足，河道内乱堆、乱占、乱建现象时有发生，河务部门行业执法难度大、执法效果不理想，亟待加快推进综合执法、多方管理保护的体制机制建设。

3 河南黄河防洪治理与生态保护协同发展方式研究

3.1 防洪工程涉及自然保护区处理方式建议

通过统计分析"十三五"期间防洪工程建设项目环境保护主管部门对防洪工程涉及自然保护区的各类处置方式，可以总结为以下几点：①防洪工程作为国家重大民生工程，属非生产设施，对自然保护区内的防洪工程建设持支持态度。②对涉及自然保护区的防洪工程建设项目，首先要将取弃土场、施工营地等临时工程调整出保护区范围；其次将保护措施落实充分后，即可允许施工建设。③对仅涉及自然保护区实验区的防洪工程建设项目，在编制保护区影响专题报告通过审查，出具同意工程建设意见后即可允许施工建设。④对涉及核心区和缓冲区的防洪工程，以临时调整或调整自然保护区功能区划避让工程建设方式，同意工程施工；对工程防洪保滩必要性充分、保护湿地和栖息地安全意义重大的工程，保护区管理部门出具同意意见后，也可施工建设。⑤"十三五"防洪工程建设在环境审批过程中，要求防洪工程建设将维持湿地和栖息地稳定与安全作为工程主要任务之一，同时要求在工程形式设计上贯彻生态化改造等一系列要求，以求将工程生态效益最大化。

通过以上分析可以看出，在自然保护区内建设防洪工程需慎重考虑工程建设对于自然保护区生态环境的影响，并且需要编制环境影响专题报告。首先，将对环境影响较大的取土场等区域调出保护区范围；其次，经专题报告论证后，实验区内可以开展防洪工程建设，核心区和缓冲区内通过优化工程结构形式以及临时调整保护区范围等方式也可以施工建设。

3.2 防洪工程建设与环境政策空间分析

通过梳理水利工程和自然保护区法律法规及政策要求，结合已批复的防洪工程建设项目涉及自然保护区的管理方式，分析防洪工程建设与环境管理政策的协调性。①防洪工程属于防洪减灾工程，为生态影响类项目，不属于生产设施，工程对环境产生的不利影响主要发生在施工期，且影响程度和范围较为有限，工程结束后，各类不利影响也随即消失。黄河下游湿地保护区众多，防洪工程建设兼具防洪安全和生态安全的保障作用。②从相关法律法规梳理结果来看，《中华人民共和国水法》《中华人民共和国防洪法》和河道管理条例对河道内和水工程范围内设立保护区、开展湿地保护并无特别要求；自然保护区条例对非生产设施并无特别规定，但对核心区和缓冲区人员活动做了限制，约束了防洪工程的建设，由于自然保护区条例是从人员活动而非工程种类上进行约束，因此，在法律政策上难以找到协调空间和解决上述问题的途径。③鉴于黄河防洪工程属于民生工程，防洪安全意义重大，在实际操作中，环境主管部门依据工程必要性情况，对防洪工程的环境管理进行灵活处理，其处理方式有两种：一种为临时调整保护区功能区区划；另一种为将生态保护作为防洪工程主要任务之一，同时生态化改造工程形式，将其作为生态保护和修复工程予以批准[4]。

3.3 防洪工程与自然保护区协同发展建议

按照《中华人民共和国防洪法》《中华人民共和国自然保护区条例》等法律法规的规定，合理划分核心区域，在确保防洪前提下，对功能区进行优化和调整。将河南黄河河道管理范围内涉及的湿地保护区核心区及缓冲范围进行调整，确保黄河防洪安全和湿地生态安全。

（1）涉及自然保护区核心区、缓冲区的防洪工程协同发展方案建议。

涉及自然保护区核心区、缓冲区的工程主要分布在河南黄河湿地国家级自然保护区和新乡黄河湿地鸟类国家级自然保护区这两个自然保护区。

①涉及自然保护区核心区、缓冲区的工程，大部分多年未进行加固、续建等工程建设，部分工程建设要求较为迫切，但因涉及自然保护区核心区、缓冲区，在近期建设中均未得到安排。考虑防洪保安、完善防洪体系且防洪工程的建设大多早于自然保护区成立等因素，建议在经科学论证评估后，将涉及自然保护区核心区缓冲区的防洪工程用地调整为实验区或者调出保护区[5]。

②涉及自然保护区核心区、缓冲区的工程，均有日常维护任务。因涉及自然保护区核心区、缓冲区，为工程日常维护任务和管理带来了较大的限制，急需对工程日常维护与自然保护区的管理进行协调。建议在保护区尚未调整到位之前，允许在自然保护区核心区、缓冲区进行防洪工程的日常维护、防汛防凌、抗洪抢险等活动。

（2）涉及自然保护区实验区的防洪工程协同发展方案建议。

河南黄河防洪工程与河道湿地自然保护区空间重叠、管理交叉的问题将长期存在，建议在经科学论证评估后，适当简化涉及自然保护区的防洪工程环境影响评价工作程序，保障防洪工程建设、保障防洪安全。此外，涉及自然保护区实验区的工程，还存在着工程涉及对岸行政区自然保护区、一个工程涉及本工程河岸及对岸两个自然保护区等问题。建议对自然保护区重新进行勘界立标，以解决自然保护区边界不清、范围重叠、涉及其他行政区等问题。

4 结语

黄河是中华民族的母亲河，保护黄河是事关中华民族伟大复兴的千秋大计。黄河下游防洪工程建设是贯彻习近平总书记保障黄河长治久安的体现，开展防洪工程与生态环境影响协同关系研究是落实习近平总书记加强生态环境保护，坚持生态优先，促进河流生态系统健康的具体措施。本文在分析河南生态保护与防洪治理存在问题的基础上，提出了河南黄河防洪治理与生态保护协同发展建议，希望能为河南黄河生态保护与高质量发展尽绵薄之力。

参考文献

[1] 耿明全. 黄河下游河南段治理与保护综合提升工程分析 [J]. 人民黄河, 2020, 42 (9): 76-80, 122.

[2] 张金良, 仝亮, 王卿, 等. 黄河下游治理方略演变及综合治理前沿技术 [J]. 水利水电科技进展, 2022, 42 (2): 41-49.

[3] 徐辉, 丁祖栋, 武玲玲. 黄河下游沿黄城市生态系统健康评价 [J]. 人民黄河, 2022, 44 (2): 12-15, 20.

[4] 江恩慧, 屈博, 曹永涛, 等. 着眼黄河流域整体完善防洪工程体系 [J]. 中国水利, 2021 (18): 14-17.

[5] 黄河勘测规划设研究院计有限公司. 黄河下游"十三五"防洪工程建设可行性研究报告 [R]. 郑州, 2015.

黄河蔡楼控导河段河道综合治理技术探讨

徐同良[1]　崔晓艳[2]

（1. 东平湖管理局梁山黄河河务局，山东济宁　272000；

2. 山东黄河工程集团有限公司，山东济南　250000）

摘　要： 黄河蔡楼控导工程为河道治理的重点河段，近几年受调水调沙、京九黄河铁路大桥、京九黄河浮桥及孙口黄河公路大桥桥墩的影响，该控导工程河势上提趋势显著。工程上首多次出现险情，通过对该工程河势变化分析，提出对蔡楼控导治理措施，以提高工程的抗洪能力，有效控制该河段河势，防止不利河势的发展，减少洪水对下游堤防工程的威胁，兼顾滩区广大群众的利益。

关键词： 黄河；蔡楼控导；河道治理；河势变化；治理措施

1　河道概况

黄河蔡楼控导现行河道是 1855 年黄河从河南铜瓦厢（今兰考县东坝头以西）决口改道夺大清河入海后逐渐形成的。多年来，黄河泥沙进入下游河道，一部分输入大海，使河口三角洲陆地面积增加；另一部分淤在河道，抬高河床，因此形成"地上河"。1986—2005 年，下游河道来水来沙量明显减少；汛期来水比例减少，而非汛期来水比例增加；泥沙淤积在主槽的比例加大，滩地淤积相应减少。通过 2002—2005 年调水调沙，主槽沿程冲刷，到 2005 年，梁山黄河河道过水能力恢复到 3 400 m³/s 左右。

河道属游荡型向弯曲型河道的过渡性河段。该河段上宽下窄，呈"漏斗"状，进水量大，泄水量小，高洪水位持续时间长，槽高滩低，堤根低洼。河道宽 3~9 km，主河槽宽 400~800 m，滩面横比降约 1∶700，纵比降约 1∶8 000。该河段由于修建了 5 处控导工程，缩小了主流摆动范围，主流河势基本得到控制。由于滩面比降大，并残存许多串沟与堤河相连，遇大洪水漫滩，部分堤段有顺堤行洪的可能。

1986—2001 年汛期，孙口站大于 2 000 m³/s 的洪水天数减少，使主河槽淤积大于冲刷，全年呈淤积状态。同流量级洪水随着时间的推移，孙口站水位表现越来越高，说明河道不断淤积抬高，河道萎缩，排洪能力逐年降低。如"96·8"洪水时，孙口站洪峰流量为 5 540 m³/s，水位 49.66 m，比1958 年孙口站洪峰流量 15 900 m³/s 相应水位 49.28 m 高出 0.38 m。洪水传播时间也在延长，10 000 m³/s 洪水从花园口站到孙口站的传播时间由原来的 46 h 变为 53 h，槽高、滩低、堤根低洼的"二级悬河"局面逐年加剧。黄河蔡楼控导河段河道见图 1。

2　蔡楼控导工程建设情况

根据河势演变需要，按照整治中水河槽、控制行洪主溜、稳定河势，依托大堤或河岸修建的坝、垛、护岸工程，主要包括依托堤防修建的险工和依托滩地修建的控导工程等控制主流、缩小游荡范围、防止冲决大堤的目标，通过新修、续建、改建不断完善已有工程。

控导工程土石结构的坝垛、护岸均由土坝基、护坡（裹护）、护根三部分组成。土坝基一般用壤土填筑，护坡用块石抛筑，基础护根采用块石、铅丝（石）笼或柳石枕等抛筑。按照实施条件不同

作者简介： 徐同良（1984—），男，高级工程师，主要从事水利工程建设与管理工作。

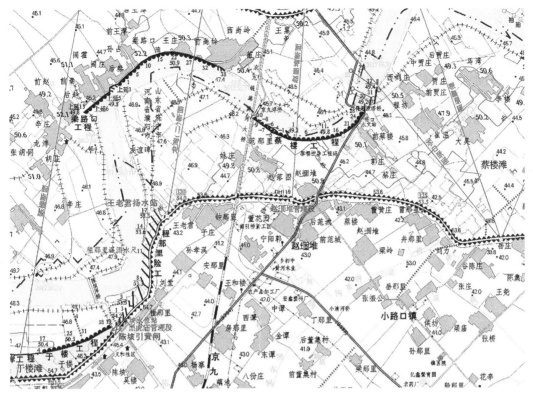

图 1　黄河蔡楼控导河段河道

分为旱地筑坝和水中进占。旱地筑坝土坝基一般顶宽 10~15 m，并用黏土包边和修筑坝胎，厚 0.5~1 m，边坡 12 m，有裹护段边坡 113 m，坝前挖槽 1~2 m，以加深护砌深度。石方裹护顶高与土坝基平，自挖槽底面开始裹护，一般用柳石枕、散抛石及铅丝石笼，内坡 11.3 m，外坡 1.3~115 m，顶宽 1 m，按照靠溜部位采用不同裹护断面，并考虑预留冲刷铺宽基础、设计坝岸冲刷深度，陶城铺以上河段为 12 m，以下河段为 9 m。水中进占施工，根据水流流速的大小采取不同的方式。当水流流速小于 0.5 m/s 时，可直接往水中倒土填筑坝基，并及时在坝基的上游侧抛柳石枕防冲。当水流流速大于 0.5 m/s 时，需在土坝基上游侧采用柳石搂厢进占，设计占体一般高于施工水位 1 m，顶宽 5~8 m，占体下游（背水）坡直立，上游（迎水）坡 101 m。一次搂厢进占体 4~6 m，完成一个占体需抓紧分别在其上、下游侧抛柳石枕护根及水中倒土修筑坝基。

蔡楼控导工程位于位于梁山县赵固堆乡蔡楼村，相应黄堤 322+150~324+440 处，工程长度 2 802 m，护砌长度 2 957 m，共有 35 道坝垛，其中 5 道坝、30 个垛，均为乱石坝（垛），坝（垛）顶高程 47.67~49.00 m（黄海），连坝宽 10 m，丁坝宽 15 m，设计水位为 47.27 m。以当地 2000 年水平 4 000 m³/s 流量相应水位超高 1 m 为设防标准，平面布局形式为凹型，坝头形式为圆形，坝垛结构为乱石坝垛，筑坝土质为两合土，迎水面与堤或连坝岸交角 30°，与下坝挡距 65~100 m，土坝体顶高程 47.68~49.01 m，坦石顶高程 46.31~49.01 m，坝轴线长度 16.2~332 m，工程裹护长度 44~221 m，土坝体顶宽 8~27 m，坦石顶宽 1 m，土坝体坡度 1:2，坦石坡度 1:1~1:1.5，土坝体高度 2~3.2 m，坦石高度 1.9~2.15 m。

该工程始建于 1968 年，共修建鱼鳞垛土坝基 30 个，乱石裹护。1969 年又增修 31、32 两道丁坝。1970 年修建蔡楼渡口时，将 29 垛拆除。1973 年、1997 年进行了帮宽加高。因河势变化，蔡楼工程河势上提，工程上首滩地不断坍塌后退，洪水期间有超后路的危险，1998 年又上延了 4 个鱼鳞垛。2009 年汛前，按照 2000 年设防标准，对其进行了帮宽加固，已达 2000 年设防标准。

黄河下游防洪工程"十三五"时期蔡楼控导工程自 -4# 垛上延 -5# ~ -10# 共 6 道垛，上首至京九铁路桥下，沿规划治导线布置，垛间距 70 m，垛半径 15 m，上跨角 300，下跨角 600，工程长度 455 m

（桩号 0+000~0-455）。新续建、改建加固工程采用建筑物类型为土石结构（垛）。

蔡楼控导对岸上游为梁路口控导工程，直线距离 3.5 km，对岸下游为影唐险工，直线距离 3 km。河道总体呈西南东北流向，属游荡型向弯曲型河道的过渡性河段，上宽下窄，呈"漏斗"状，进水量大，泄水量小，由于生产堤的原因，洪水漫滩概率减少，河道出现了严重的淤积，泥沙大部分淤积在左右岸生产堤之间，由此逐渐形成了"二级悬河"。槽高滩低，堤根低洼，临河滩面横比降 1∶700 左右，大水漫滩后极易顺堤行洪险情。

3　近年蔡楼控导河段河势变化情况

1994 年以前蔡楼控导工程主要靠水坝号为 3~32 坝，其中 6~8 坝靠主溜，3~5、9~32 坝靠边溜，1~2 坝为旱坝，生产堤至水边宽度为 22 m。京九铁路黄河大桥 1996 年投入运行。因受京九黄河铁路大桥桥墩影响，蔡楼工程河势上提，1997 年汛前主要靠水坝号为 1~32 坝，其中 1~4 坝靠主溜，5~18 坝靠边溜，19~32 坝为靠水无溜。工程上首滩地坍塌后退，生产堤至水边宽度只有 5 m 左右，洪水期间有超后路的危险，于 1998 年又上延了 4 个鱼鳞垛，即-4~-1 坝。

近几年受京九黄河铁路大桥、京九黄河浮桥及孙口黄河公路大桥桥墩的影响，该控导工程河势上提趋势显著。2005 年调水调沙期间 1~12 坝靠主溜，2007 年调水调沙期间-4~6 坝靠主溜；2008 年调水调沙期前，控导工程-4 坝前，滩岸坍塌距离生不堤不足 2 m，工程上首发生 2 次严重坍塌险情，为防止险情的发生，修筑了 3 个临时坝垛。2009 年汛前，对蔡楼控导工程-4 号坝及上首水毁工程进行了抛石加固。2010—2011 年调水调沙期间-4~8 坝及 3 个临时坝垛靠主溜。

1994 年蔡楼控导河段工程见图 2，2011 年蔡楼控导河段工程见图 3。

图 2　1994 年蔡楼控导河段工程

图 3　2011 年蔡楼控导河段工程

4 蔡楼控导河段河势变化的主要原因

4.1 整体河势变化影响

近年从上游工程的变化来看，整体河势普遍上提，郓城的杨集工程、伟庄工程以及左岸河南的梁路口控导工程，河势普遍上提，一弯变弯弯变。

4.2 京九铁路黄河大桥对河势的影响

京九铁路黄河大桥于1994年开始建设，1996年投入运行。京九铁路黄河大桥建成后，对该河段河势造成一定影响。1994年以前蔡楼控导工程主要靠水坝号为3~32坝，其中6~8坝靠主溜，3~5坝、9~32坝靠边溜，1~2坝为旱坝，生产堤至水边宽度为22 m。因受京九铁路黄河大桥桥墩影响，蔡楼工程河势上提，1997年汛前主要靠水坝号为1~32坝，其中1~4坝靠主溜，5~18坝靠边溜，19~32坝为靠水无溜。工程上首滩地坍塌后退，生产堤至水边宽度只有5 m左右，洪水期间有超后路的危险，于1998年又上延了4个鱼鳞垛，即-4~-1坝。近几年京九铁路黄河大桥桥墩的影响，该控导工程河势上提趋势依旧显著。

4.3 孙口公路大桥对河势的影响

2004年孙口公路大桥施工单位在距工程上首约300 m处河道内修建了2座桥台后，该段河势上提加剧，2004年未修建桥台前，蔡楼控导工程靠主溜坝号在1坝以下，而修建桥台后，该工程靠主溜坝号上提到-4坝，并且工程上首滩地坍塌严重，导至2008年险情的发生。

4.4 调水调沙对蔡楼控导工程的影响

2002年开始实施黄河调水调沙试验，并辅以人工扰动措施，利用水库调节进入下游的水沙。2005年，调水调沙正式投入生产运行。至2009年，4年调水调沙期间，高村至孙口河段共冲刷泥沙0.172亿t，冲刷强度为14.5万t/km；孙口至艾山河段冲刷泥沙0.303亿t，冲刷强度为47.4万t/km。2005年调水调沙期间与2002年比较，高村至孙口河段的平滩流量由1 800~2 500 m³/s增至3 200~3 500 m³/s，孙口至艾山河段由2 500~3 000 m³/s增至3 300~3 500 m³/s，过流能力明显增大。3 000 m³/s流量下，孙口站水位较2002年调水调沙初期同流量级水位下降0.38 m。

2002年调水调沙时蔡楼控导流量2 860 m³/s，相应水位48.39 m；2010年调水调沙时蔡楼控导最大流量4 510 m³/s，相应水位48.62 m。经过13次调水调沙，蔡楼河段河床普遍下切1.34 m，在调水调沙期间，主溜靠右岸，右岸下切深度较大。目前，蔡楼控导工程在调水调沙期间，工程全部着水靠溜，坝前下切的较深，一般6~7 m，导致工程频繁出险，特别是-4坝及其上首，多次出现险情，已严重威胁到大堤的防洪安全。

4.5 "驼峰"河段对河势的不利影响

自2002年以来，黄河连续10年进行了13次调水调沙，该河段主河槽最大过流能力由1 800 m³/s扩大至2011年汛前的4 000 m³/s左右，但在孙口断面上下存在着局部河段主槽过流能力明显小于其上下游相近河段的现象，称为"驼峰"河段。蔡楼控导工程正处于这样的"驼峰"河段。由于"驼峰"的存在，该段水位表现高，河势变化大，这也是造成蔡楼控导工程河势上提、出险的原因之一。2011年蔡楼控导工程"驼峰"河段见图4。

5 蔡楼控导河段河道治理措施

5.1 蔡楼控导河段河道治理规划

蔡楼控导工程上首工程比较薄弱，很容易发生险情，大河主溜可能在蔡楼工程上首抄其后路直冲大堤，造成顺堤行洪。为防止蔡楼控导工程上首生产堤溃决形成顺堤行洪，直接威胁黄河大堤和滩区群众的生命安全，因此需对蔡楼控导工程上首工程采取以下治理措施：

（1）应尽快实施对"驼峰"河段治理，治理后的河段主河槽河床下切，主槽平滩流量加大，遏制滩岸坍塌，防止不利河势发展。同时，使河段滩面横比降减小，纵比增大，减少大水漫滩的概率。

图4 2011 年蔡楼控导工程"驼峰"河段

（2）对蔡楼控导工程进行上延，提高工程的抗洪强度，有效控制该河段河势，减少洪水对下游堤防工程的威胁，兼顾滩区广大群众的利益。

5.2 生态廊道建设

近年来加强黄河生态廊道建设，对蔡楼控导工程进行高标准整修，树立黄河生态廊道建设品牌，更换坝顶行道林树株，将原有已成材的杨树全部砍伐，并栽植楸树；对坝坡按照标准坡度进行全面精修；对坝面沉陷部位进行大面积土方加高填垫，并新植草皮，其中点缀百日红、红叶石楠等观赏树种，生态保护体系初见成效。2022 年蔡楼控导工程生态廊道建设见图 5、图 6。

图5 2022 年蔡楼控导工程生态廊道建设（一）

5.3 智慧黄河建设

智慧黄河建设是推进流域水利高质量发展的显著标志，是推动流域水治理体系与治理能力现代化的重要举措。在深入分析黄河流域水利信息化建设现状及存在问题的基础上，提出建成具有水利全要素数字化映射、全息精准模拟、超前仿真推演和评估优化的数字孪生流域，推进实现数字化场景、智慧化模拟、精准化决策的总体目标。按照"大系统设计，分系统建设，模块化链接"的建设原则，提出以数字孪生流域为基础、以物理黄河与孪生流域同步仿真运行为驱动、以智慧黄河预报预警预演预案为目的的智慧黄河建设总体框架。在此基础上，统筹黄河治理保护需求和水利信息化建设需求，提出智慧黄河建设的主要任务。智慧黄河是补齐流域水利信息化短板、提升流域水利现代化管理能力

图6　2022年蔡楼控导工程生态廊道建设（二）

的重要支撑，将在今后流域治理保护中发挥重要作用。

6　结语

按照黄河流域生态保护和高质量发展国家战略，加强综合治理的系统性和整体性，防止顾此失彼，坚持统筹协调、科学规划、创新驱动、系统治理。本河段是河道治理的重点，蔡楼工程所处河段存在诸多问题，槽高、滩低、堤根洼，大堤堤根地势低洼，堤沟河明显；局部河段主槽过流能力明显小于其上下游相近河段的现象。

今后，水利交通、生态环境等部门需加强协作，联合推进该河段综合治理，确保防洪安全、河势稳定和生态安全，本河段河势控制工程的实施需以保护生态红线为首要前提，积极推进多部门联防联控，联合治理。同时将河流生态与治理工程和谐共生理念贯穿治理工程规划设计及施工全过程，提升治理工程的生态效益。

参考文献

[1] 耿明全．黄河下游宽河道"补短板、强监管"途径探讨——黄河下游宽河道系统治理论证 [J]．水利建设与管理，2019，39（5）．

[2] 王亚月．泥沙河道管线冲刷的紊动强度及雷诺应力特性实验探究 [J]．水利建设与管理，2020，40（4）．

[3] 耿明全，姚秀芝．黄河下游宽河道生态保护与高质量发展问题探讨 [J]．水利建设与管理，2019，39（12）．

[4] 黄万凌．上海市内河中小河道疏浚现状与思考 [J]．水利建设与管理，2019，39（9）．

基于 RAGA 的参数分类优化方法的适用性研究

韦瑞深¹ 刘佳嘉¹ 周祖昊¹ 刘清燕²,³ 严 军³ 贾仰文¹ 王 浩¹

(1. 中国水利水电科学研究院 流域水循环模拟与调控国家重点实验室，北京 100038；
2. 山东水发技术集团有限公司，山东济南 250101；
3. 华北水利水电大学，河南郑州 450046)

摘 要：本文基于分布式水文模型 WEP-L 模型对黄河流域中上游的水文过程进行模拟，并采用基于 RAGA 的参数分类优化方法对 WEP-L 模型的参数进行优化，在黄河源区玛曲站、湟水民和站、上游头道拐站、窟野河温家川站和渭河干流咸阳站进行适用性验证。研究发现，基于参数分类优化算法的模型模拟精度优于手动调参效果。其中，纳什效率系数在 0.69~0.8，民和站和温家川站的纳什效率系数分别增加了 0.06 和 0.08；玛曲站、头道拐站、温家川站和咸阳站的相对误差分别减少了 6.7%、3.1%、3.6% 和 1.84%。说明基于 RAGA 的参数分类优化方法对黄河流域上中游水文模拟具有较好的适用性。

关键词：RAGA；参数分类优化方法；适用性；黄河流域；分布式水文模型

1 引言

水文模型是探索和认知水循环和水文过程的重要手段，分为集总式水文模型、半分布式水文模型和分布式水文模型[1]。分布式水文模型可以描述流域内降雨和下垫面要素的空间变化对径流产生的影响，在水文模拟过程中更具优势。但在实际应用中，由于分布式水文模型参数众多，结构复杂，参数率定成为应用中的难点问题。

目前，已有很多学者对分布式水文模型参数优化的问题进行了研究。苟娇娇等[2] 针对水文模型参数优化难题，阐述了参数不确定性分析框架 "敏感性分析—参数优化—参数区域化" 的概念与应用情况，将该方法引入水文优化过程，可有效保证模型的真实性并提高模型的预测精度。Chen 等[3] 提出了分布式水文模型的参数优化框架，并运用粒子群算法对流溪河模型进行参数优化，该方法明显提高了参数模拟精度，选择珠江水系的武江与甽头水流域构建流溪河模型，经优化后，模型的纳什效率系数（NSE）达到 0.79 以上。马海波等[4] 以修河水系的万家埠流域作为研究区域，构建 TOPMODEL 模型模拟四场洪水过程，并且用 SCE-UA 算法对参数进行优化，优化后的径流量相对误差（RE）在 10% 左右。雷晓辉等[5] 等通过采用 EasyDHM 模型，利用 LH-OAT 敏感性分析方法和 SCE-UA 参数优化方法对汉江上游流域进行了水文模拟及参数率定；率定期内 NSE 基本在 0.9 以上，验证期 NSE 基本在 0.7 以上。李德龙等[6] 以新安江模型为例，引入蜂群和蛙跳两种新型人工智群算法进行参数寻优，模拟南方流域的 3 次洪水过程，RE 在 5% 左右。相较于以往应用较多的优化算法，人工智能算法具有收敛速度快、寻优效果好等特点。张文明等[7] 以钱塘江水系的某流域为研究对象，以 1982—1988 年径流资料进行率定和验证，采用基于粒子群算法的多目标算法，多目标优化后

基金项目："十三五" 国家重点研发计划课题（2016YFC0402405）；"十四五" 国家重点研发计划课题（2021YFC3000205）。
作者简介：韦瑞深（1997—），男，硕士研究生，研究方向为流域水循环及伴生过程模拟与调控。
通信作者：周祖昊（1975—），男，正高级工程师，博士，研究方向为流域水循环及伴生过程模拟与调控。

NSE 在 0.9 左右，率定期 *RE* 在 5%左右，验证期在 10%左右，多目标参数优选方法综合考虑了水文过程的各种要素，比单目标优选结果具有更高的模拟精度。Huang 等[8] 对动态纬度搜索算法进行修正，在松花江流域构建 EasyDHM 模型，采用修正后的算法对参数进行优化，模型模拟的 *NSE* 可达到0.8 以上，改进后的算法对于高维度分布式水文模型的参数寻优效果显著。周祖昊等[9] 提出了一种基于 RAGA 的参数分类优化方法，将参数根据其物理意义划分类别，然后进行分类优化，在玛曲站以上区域进行验证，相比不分类的参数优化方法，优化时间减少了 37%，率定期的 *NSE* 达到 0.829，验证期 *NSE* 达到了 0.738。

不少学者对水文模型参数寻优进行了研究，各方法虽然取得了不错的效果，但是我国国土辽阔，气候条件、地质地貌条件、人类活动程度各不相同，各种优化方法的优化效果缺少区域适用性的深入分析。上述研究集中于参数优化算法的改进，但大多针对单一研究区或者气候、水文地质条件等差异性不大的区域进行验证，缺乏对不同区域下参数优化算法适用性的分析与讨论。

黄河流域跨度大，上中下游气候条件、地质地貌条件及人类活动程度不尽相同，分式流域水循环模型 WEP-L（Waetr and Energy transfer Process in Large Scale Basin）模型[10-12] 在黄河流域具有较好的适用性，团队成员在此基础上进一步提出了基于 RAGA[13] 的参数分类优化方法[9]。本文以黄河流域作为研究区，构建了 WEP-L 水文模型，根据其空间分布差异性，从 31 个参数分区中选取代表性区域，探讨基于 RAGA 的参数分类优化方法在黄河流域不同区域的适用性，为水文模型参数优化研究提供借鉴。

2 研究区域与资料

2.1 研究区域概况

黄河流域跨越了青藏高原、黄土高原和华北平原三大典型地貌，气候变化从寒带到温带，从干旱、半干旱到半湿润地区。黄河流域以河口镇、桃花峪划分为上、中、下游，其中下游面积仅 2.3 万 km²。

为了研究基于 RAGA 的参数分类优化算法的适应性，从黄河上中游干支流选取气候、地理条件各不相同多个水文站作为典型水文站进行研究，这些站点分别为玛曲、民和、头道拐、温家川和咸阳 5 个水文站，位置见图 1。

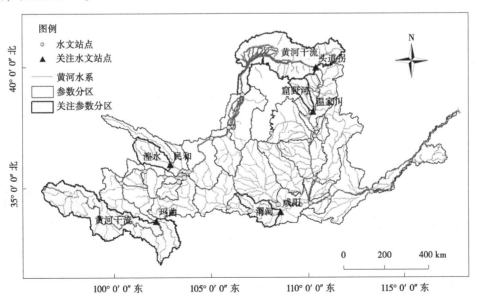

图 1 黄河流域概况

玛曲水文站位于甘肃省玛曲县，为黄河源区代表性水文站，地势西高东低，海拔大都在 3 000 m

以上。气候上属于高寒半湿润性气候，除冷暖两季外，无明显的四季之分，年平均气温为 -4 ~ 5.2 ℃，年平均降水量为 400 ~ 500 mm。植被较好，相对湿度较大，分布有大面积的沼泽、草原。该地区受人类活动影响较弱。

民和水文站位于青海省民和县，是黄河上游主要支流湟水的重要代表站，属大陆性气候，流域地势较高，气温偏低，区内地形差异大，气温的时空变化也较大，年平均气温 0.6 ~ 7.9 ℃，大部分地区年降水量 300 ~ 500 mm。该地区主要地形为黄土丘陵，土层深厚，人口稠密，农业开发较早。

头道拐水文站位于内蒙古托克托县，是黄河上中游分界点，其所在位置地势平坦，海拔在 1 000 m 左右。气候上属于中温带大陆性干旱半干旱季风气候，干燥寒冷，雨雪较少。年平均气温为 4 ~ 8 ℃，年平均降水量为 150 ~ 450 mm。该地区植被由灌丛草原、干草原和草甸草原等有规律更替分布。该地区上游修建了龙羊峡、青铜峡等一系列大型水利工程，人类活动影响剧烈。

温家川水文站位于山西省神木县，是黄河中游支流窟野河的主要站。窟野河是黄河上一条著名的多沙粗沙河流，是黄河粗泥沙的主要来源区之一。属于干旱半干旱大陆性季风气候，年降水量为 393 mm，多年平均气温为 7.9 ℃。流域内植被稀少，长期干旱，人类活动影响大，水土流失现象较为严重。

咸阳水文站位于咸阳市秦都区，是黄河最大支流渭河干流的主要站。渭河流域（不含泾河、北洛河）分为东、西两个部分，西为黄土丘陵沟壑区，东为关中平原区。渭河流域是黄河流域最大支流，冬冷夏热，四季分明。气温由东南向西北逐渐递减，年平均气温为 6 ~ 13 ℃，年平均降水量为 500 ~ 800 mm。植被类型以森林、耕地和草地为主。经过多年的水土保持工作，该地区受人类活动影响较强。

2.2 资料情况

黄河流域分布式水文模型的数据主要包括以下 10 类：

（1）气象数据，包括 407 个国家气象站的降水、气温、湿度、风速、日照逐日数据，以及 1 245 个雨量站点逐日降水数据。

（2）水文数据，来自黄河水利委员会水文局，包括黄河流域干支流共计 31 个水文站的逐月实测流量。

（3）DEM 数据，来自于 GTOPO30。

（4）土地利用数据，来自于中科院地理所，精度为 1 km，共包括 1980 年、1990 年、2000 年、2010 年及 2015 年 5 期。

（5）植被参数，包括黄河流域植被覆盖度和叶面积指数，植被覆盖度由归一化植被指数（NDVI）计算得出。NDVI 来源于 1982—2006 年 8 km 精度的 GIMMS AVHRR 数据和 2000—2016 年 1 km 精度的 MOD13A2 数据；叶面积指数来源于 1982—2005 年 8 km 精度的 GlobMap LAI 数据和 2000—2015 年 1 km 精度的 MOD15A2 数据。

（6）土壤数据，采用全国第二次土壤普查资料，比例尺为 1∶100 000。

（7）水文地质参数，来源于黄河水利委员会第二次黄河流域水资源规划。

（8）用水数据，以水资源三级区和地级行政区为统计单元，收集整理了 1980 年、1985 年、1990 年、1995 年、2000 年等 5 个典型年份不同用水门类的地表水、地下水供用耗水信息。2001—2018 年数据来源于《黄河水资源公报》。

（9）水保数据，来源于 1980—2000 年各县《水利统计年鉴》公布的水土保持建设信息，以及黄河水利委员会水土保持统计资料。

（10）水利工程数据，包括大型水库和灌区数据，来源于黄河水利委员会相关汇编资料，重点考虑了 119 处 10 万亩以上的大型灌区。

3 研究方法

3.1 适用性验证方法

WEP-L模型以"子流域内等高带"为计算单元，并用"马赛克"法考虑计算单元内土地覆被的多样性，避免了采用过粗网格单元产生的模拟失真问题，可以详细描述流域水循环的各个要素和环节，而且在我国黄河流域有着较好的适用性。在黄河流域构建WEP-L水文模型，根据其空间分布差异性，将其划分为不同的参数分区，对各个参数分区内的参数采用基于RAGA的参数分类优化方法进行优化，以纳什效率系数（*NSE*）和相对误差（*RE*）作为评价指标，来验证其算法在黄河流域的适用性。

3.2 基于RAGA的参数分类优化方法

3.2.1 RAGA原理

RAGA是对遗传算法改进后的一种算法，采用了实数编码的方法，因此不需进行频繁的编码与解码，降低了计算量。通过选择、杂交、变异操作并行进行，且在优化过程中，采用第一代和第二代演化迭代产生的优秀子群体对应的变量变化区间，作为变量新的初始变化区间，从而逐步缩小优秀个体的变化区间，直至优秀个体与最优点的距离越来越近，从而实现了加速寻优。

3.2.2 参数分类优化方法

基于RAGA的参数分类优化方法首先对分布式水文模型的众多参数进行分类。参数分类原则为：将对水循环具有同样影响效果的参数分为一类，再按照每类参数对径流影响强度的大小对每类参数的优化顺序进行排序。接下来先对径流影响较强的参数类别运用RAGA进行优化；对该类参数优化完成后，其参数保持不变，再对下一类参数进行优化。通过将参数分类优化，可降低参数寻优维度，提高优化效率；在保持参数物理意义的同时，可以在一定程度上解决局部优化的问题。

3.2.3 多目标参数优化

单目标优化通常可采用*NSE*或者*RE*作为优化目标，来对参数进行优化。多目标与单目标优化是通过一定的优化算法获得目标函数的最优解或近似最优解，当目标函数有两个或两个以上时称为多目标优化。不同于单目标优化，多目标优化的解考虑到均衡解，不同的目标函数反映水文过程中不同行为特征。通过在可行域内寻求最优参数使得各目标函数同时达到最大值或最小值。本文目标函数设为最小值：

$$\min\{O_1(\theta), O_2(\theta), \cdots, O_m(\theta)\} \tag{1}$$

式中：m 为目标函数个数；$O_i(\theta)$ 为第 i 个目标函数值（$i=1, 2, \cdots, m$）；θ 为率定模型参数。

其中，目标函数的选择对优选结果至关重要。Nash-Sutcliffe效率系数经常被用来作为水文模型的目标函数，但不能确保流域整体水文特征的代表性。本研究以多年径流相对误差*RE*和纳什效率系数*NSE*为目标函数评价模型模拟效果。多年平均径流量相对误差反映了总量的精度，相对误差的绝对值越小，模拟精度越好。纳什效率系数*NSE*反映径流过程模拟效果的好坏，*NSE*越接近1，表示模拟精度越高。各目标函数计算公式如下：

$$NSE = 1 - \frac{\sum_{i=1}^{n}(Q_{i,\text{obs}} - Q_{i,\text{sim}})^2}{\sum_{i=1}^{n}(Q_{i,\text{obs}} - \overline{Q_{i,\text{obs}}})^2} \tag{2}$$

$$RE = \frac{\left| \sum_{i=1}^{n} Q_{i,\text{sim}} - \sum_{i=1}^{n} Q_{i,\text{obs}} \right|}{\sum_{i=1}^{n} Q_{i,\text{obs}}} \tag{3}$$

式中：$Q_{i,\text{obs}}$ 为实测值；$Q_{i,\text{sim}}$ 为模拟值；$\overline{Q_{i,\text{obs}}}$ 为实测值系列的均值；n 为实测序列的点据数。

4 结果与分析

4.1 参数设置

将黄河流域划分成 31 个参数分区，见图 1。其中，玛曲站位于黄河源区，参数优化区域为玛曲以上区域；民和站位于湟水流域，参数优化区域为民和以上区域；头道拐站位于黄河干流，参数优化区域为石嘴山—头道拐区间；温家川站位于窟野河流域，参数优化区域为温家川以上区域；咸阳站位于渭河流域，参数优化区域为上游林家村—咸阳区间。

为了尽可能覆盖全部的参数取值区间，参数取值范围设置较宽，以此测试参数优化算法的通用性。同时，适当考虑不同区域气象、土壤、植被、地质等特征。民和站所在的湟水流域、温家川站所在的窟野河以及林家村—咸阳区域多为黄土高原，下伏巨厚黄土层，因此这三个水文参数分区的含水层厚度修正系数的上限设置较大。此外，各参数分区内的其他参数取值范围一致，见表 1。

表 1 各站点参数取值范围

参数类别	参数名称	参数优化分区				
		玛曲以上	民和以上	石嘴山—头道拐	温家川以上	林家村—咸阳
第一类（流域储水能力类）	山区含水层厚度修正系数	(2, 10)	(2, 25)	(2, 10)	(2, 25)	(2, 25)
第二类（蒸散发类）	第 1 层土壤厚度/m	(0.1, 0.8)				
	第 2 层土壤厚度/m	(0.2, 1)				
	第 3 层土壤厚度/m	(0.3, 2)				
	气孔阻抗修正系数	(0.1, 10)				
第三类（地下产流类）	土壤饱和导水系数	(0.1, 2)				
	河床地板材料导水修正系数	(0.1, 1)				
	含水层侧向导水修正系数	(2, 10)				
第四类（地表产流类）	洼地储留深/mm 林地	(20, 90)				
	草地	(10, 60)				
	裸地	(2, 20)				
	坡耕地	(5, 30)				
	水田	(80, 160)				
	灌溉农作物	(50, 120)				
	非灌溉农作物	(40, 100)				
	坝地	(80, 300)				
	梯田	(60, 200)				

为对比参数优化对分布式水文模型 WEP-L 模型模拟精度的影响，结合区域水文站实测径流数据，对比 WEP-L 模型分别基于自动调参和手动调参后的参数优化的水文模型模拟效果精度。

4.2 模拟结果对比分析

参数率定耗时较多,为了减少计算时间,根据水文丰平枯特征,选取具有代表性的系列年资料用于参数优化。因河川径流量在气候、下垫面以及人类活动等多种因素的综合影响下呈现出不同的变化,所以基于各站实测径流资料选取不同的代表系列,以达到所选系列同时涵盖丰水期、平水期和枯水期。

图 2 为手动调参、自动调参后的五个水文站月径流过程模拟结果与实测结果的对比。从结果可以明显看出,将自动调参优化后参数用于 WEP-L 模型,模拟值与实测值的变化趋势具有较好的一致性。

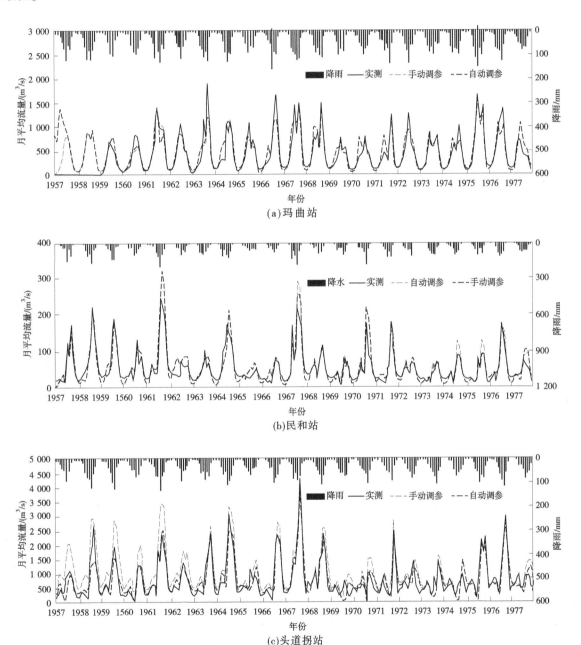

图 2 手动调参和自动调参后模型模拟流量与实测流量对比

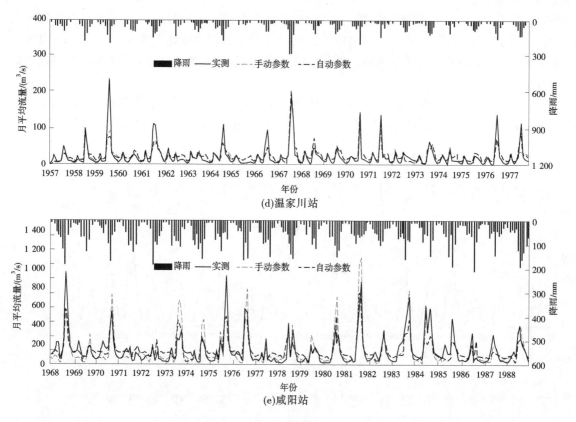

续图 2

不同站点自动调参和手动调参的模拟精度如表 2 所示。相比于手动调参，自动调参优化后，民和站的 NSE 增加了 0.06，温家川站的 NSE 增加了 0.08；玛曲站、头道拐站、温家川站和咸阳站的 RE 分别减少了 6.7%、3.1%、3.6% 和 1.84%。

表 2 各站点手动调参和自动调参模拟效果对比

参数优化分区	手动调参		自动调参	
	NSE	RE/%	NSE	RE/%
玛曲以上	0.79	6.8	0.80	0.1
民和以上	0.71	2.9	0.77	3.77
石嘴山—头道拐	0.76	3.2	0.75	0.1
温家川以上	0.62	8.5	0.70	4.9
林家村—咸阳	0.69	7.7	0.69	1.36

综上可见，采用基于参数分类优化的 RAGA 算法对 WEP-L 模型的参数进行优化，水文模拟的精度优于手动调参后的精度，而且大大降低了参数调试的难度，说明该参数优化方法在黄河中上游流域的适用性和可靠性。

4.3 最优参数分析

表 3 为五个参数分区优化后得到的参数值。可以看出，民和以上区域、温家川以上区域和林家村—咸阳区间的含水层厚度修正系数明显高于其余两个参数分区，这与三个区域大部分处于黄土高原有关。玛曲以上区域、石嘴山—头道拐区间、林家村—咸阳区间植被对径流影响较大，气孔阻抗修正系

数较为敏感，故取值与其他两个区域不同。其他参数各区域相差不大。

表3 参数优化结果

参数类别	参数名称		参数优化分区				
			玛曲以上	民和以上	石嘴山—头道拐	温家川以上	林家村—咸阳
第一类 （流域储水能力类）	含水层厚度修正系数		4.87	9.52	2.26	7.51	23.5
第二类 （蒸散发类）	第1层土壤厚度/m		0.15	0.19	0.16	0.14	0.1
	第2层土壤厚度/m		0.64	0.28	0.47	0.77	0.53
	第3层土壤厚度/m		0.72	0.99	0.63	1.14	0.87
	气孔阻抗修正系数		3.56	0.50	2.06	0.21	6.14
第三类 （地下产流类）	土壤饱和导水率修正系数		0.72	1.18	0.88	0.1	1.13
	河床地板材料导水率修正系数		0.62	0.28	0.64	1	0.87
	含水层侧向导水率修正系数		6.39	9.2	6.2	5	8.09
第四类 （地表产流类）	洼地储留深/mm	森林	74	66	83	91	37
		草地	11	53	46	59	18
		裸地	3	2	8	8	2
		坡耕地	21	7	14	15	18
		水田	127	96	156	120	157
		灌溉农作物	50	110	102	120	115
		非灌溉农作物	56	88	94	100	44
		坝地	—	263	192	200	83
		梯田	—	103	80	150	173

5 结论

本文构建了黄河流域分布式二元水循环模型，并采用基于RAGA参数分类优化方法进行参数自动优化。为了研究该参数优化方法的适用性，考虑黄河流域不同地区的差异性，以黄河源区主要站玛曲以上、上游支流湟水代表站民和以上、上游石嘴山—头道拐区间、黄土高原地区重要支流窟野河主要站温家川以上和渭河干流林家村—咸阳区间为研究区进行参数优化和长系列模拟。发现采用该参数优化方法后，模型可以较好地模拟径流过程，五个站点水文模拟的纳什效率系数在0.69~0.8。自动调参的效果优于手动调参。其中，民和站和温家川站的 NSE 分别增加了0.06和0.08；玛曲站、头道拐站、温家川站和咸阳站的 RE 分别减少了6.7%、3.1%、3.6%和1.84%，说明基于RAGA的参数分类优化方法在黄河流域具有较好的可靠性和适用性。

参考文献

［1］ 徐宗学．水文模型：回顾与展望［J］．北京师范大学学报（自然科学版），2010，46（3）：278-289．

［2］ 苟娇娇，缪驰远，徐宗学，等．大尺度水文模型参数不确定性分析的挑战与综合研究框架［J］．水科学进展，2022，33（2）：327-335．

［3］ Chen Y，Li J，Xu H．Improving flood forecasting capability of physically based distributed hydrological models by parameter optimization［J］．Hydrology and Earth System Sciences，2016，20（1）：375-392．

［4］ 马海波，董增川，张文明，等．SCE-UA算法在TOPMODEL参数优化中的应用［J］．河海大学学报（自然科学版），2006（4）：361-365．

［5］ 雷晓辉，蒋云钟，王浩，等．分布式水文模型EasyDHM（Ⅱ）：应用实例［J］．水利学报，2010，41（8）：893-899，907．

［6］ 李德龙，程先云，杨浩，等．人工智群算法在水文模型参数优化率定中的应用研究［J］．水利学报，2013，44（S1）：95-101．

［7］ 张文明，董增川，朱成涛，等．基于粒子群算法的水文模型参数多目标优化研究［J］．水利学报，2008，380（5）：528-534．

［8］ Huang X，Liao W，Lei X，et al．Parameter optimization of distributed hydrological model with a modified dynamically dimensioned search algorithm［J］．Environmental modelling & software，2014，52：98-110．

［9］ 周祖昊，刘清燕，韦瑞深，等．基于RAGA的分布式水文模型参数分类优化方法研究［J］．水文．https：//doi.org/10.19797/j.cnki.1000-0852.2021464．

［10］ Jia Y，Wang H，Zhou Z，et al．Development of the WEP-L distributed hydrological model and dynamic assessment of water resources in the Yellow River basin［J］．Journal of Hydrology，2006，331（3-4）：606-629．

［11］ 周祖昊，刘佳嘉，严子奇，等．黄河流域天然河川径流量演变归因分析［J］．水科学进展．2022，33（1）：27-37．

［12］ Zhou Z H，Jia Y W，Qiu Y Q，et al．Simulation of dualistic hydrological processes affected by intensive human activities based on distributed hydrological model［J］．Journal of Water Resources Planning and Management，2018，144（12）：1-16．

［13］ 金菊良．遗传算法及其在水问题中的应用［D］．南京：河海大学，1998．

水文监测机制改革如何适应现代化水文信息发展刍议

蒙雅雯 徐永红 王泽祥

（黄河水利委员会西峰水文水资源勘测局，甘肃庆阳 745000）

摘 要：根据新时期加强涉水空间管控，强化生态用水调度管理，建立健全干流和主要支流生态流量监测预警机制，确保黄河不断流，维护黄河健康生命新要求，本文结合西峰勘测局正在推进的水文监测机制改革，通过机构设施、制度建设、人员配置以及各种现代化设备及各类软件的建设，分析区域代表站实施驻巡结合，以巡为主的方式下，如何能够实现雨水情收集分析、洪水预判预估预报、洪水演进中测洪方案启动指导、洪水过程控制、协调巡测队人力资源调配和防汛物资调度等一系列功能强大的水文监测机制建设，探讨适应现代化水文信息发展的新方向。

关键词：黄河；生态；水情；发展；测控中心；暴雨；泾流；数据库

1 背景

2022 年 4 月 20 日，在十三届全国人大常委会举行第二十八讲专题讲座上，水利部黄河水利委员会党组书记、主任汪安南做了题为《从黄河流域生态演变看人与河的关系》的讲座。讲座中，汪主任针对黄河保护治理有关对策措施建议提出：要鼓励水利科技创新，构建具有预报、预警、预演、预案功能的数字孪生黄河，以数字化、网络化、智能化支撑带动黄河保护治理现代化；要从黄河流域生态环境系统性和完整性出发，加强涉水空间管控，强化生态用水调度管理，建立健全干流和主要支流生态流量监测预警机制，确保黄河不断流，维护黄河健康生命。

新时期、新目标，黄河流域强监管和高质量发展迫切要求水文全面提升支撑能力，迫切要求水文服务范围向"四水同治"拓展，水文的基础性支撑地位和职责任务发生了根本性变化。勘测局作为测区水文监测机制改革的重点之一，需要在原有的水情分中心的基础上，建设一个设备先进、综合功能完备的测控中心，实现从水情分中心到测控中心的华丽转变。

2 水文现代化改革现状分析

水资源勘测局及辖区各站点作为各类水文原始信息收集、加工及处理的基本节点，其水文资料的及时性、可靠性、全面性直接影响情报预报及信息服务水平。但在 2019 年之前，部分勘测局所辖大部分测站仍为驻守测验方式，普遍存在基地配套设施不完善、巡测能力不足、水文观测数据在线率不高、与当前大数据平台对接等困难，难以支撑"驻巡结合、以巡为主"水文监测机制改革的有效推进，成为阻碍测区水文现代化发展的瓶颈。具体矛盾体现在以下几个方面。

2.1 测验管理模式不够高效

近年来，测区围绕测验管理模式改革进行了有益探索，部分水文站进行了测验方式优化，实现流

作者简介：蒙雅雯（1986—），女，工程师，主要从事水文勘测工作。
通信作者：徐永红（1971—），男，副高级工程师，主要从事水文水资源方面的研究工作。

量校测、输沙率间测。但大部分测站由于水文要素自动化监测的设施设备缺少，日常监测工作仍无法脱离人工采集，导致测验工作仍为驻守测验；由于缺少必要的巡测设备，本应该开展的巡测工作仍无法实施，水文测站的常规运行维护管理及汛期水文测验的应急支援仍有较大局限性；同时，远程信息监测系统仍未达到系统化、在线自动化，使得测验管理效率不高，信息获取范围有限，测站人员得不到有效解放；由于缺少计算分析的设备，后端水文信息处理服务人员大部分工作仍为人工计算，计算分析技术力量薄弱，勘测局作为水文资料加工处理服务的基本节点职能不能充分发挥。总之，测区测验管理模式现状整体仍十分传统，不够高效，与以"无人值守"为主体的自动测报模式和精兵高效的现代管理模式目标尚存巨大差距。

2.2 巡测运维能力薄弱

现代化测站改革推进需依托勘测局建立高效的运维管理体系，常规水文测验将由勘测局巡测运维人员承担，由于巡测运维任务急剧增加，必须装备完备的巡测运维及后勤保障设备。然而，目前部分基地配置的仪器设备主要为流速仪等常规测验仪器，缺少必要的自动化测流测沙设备，配备的少量经纬仪、水准仪等测量仪器也已达报废年限，无法正常使用；运行维护所需的工具、仪器配备数量不足，功能单一，现有设备数量、质量远不能满足剧增的巡测及运维任务需要。此外，缺少必要的运维监测设备，这一切都制约着巡测改革的正常开展。

2.3 数据处理服务能力不足

随着测验改革的推进，大部分测站将调整为巡测站、驻巡结合站，测站前端主要采集原始测验信息，勘测局将承担原始信息的预处理、报汛、整编及信息产品加工服务等全过程工作，计算分析任务剧增。目前，勘测局仅装备了计算机等常规的分析计算设备，安装了仅具备水情值班及报汛基本功能的软件，且机房及计算设备已运行多年，老化严重，亟需大幅提升计算分析处理能力，保障基地水文数据处理服务工作的高效开展。

2.4 基础设施及通信网络建设仍不完善

"十一五"以来，水文基建项目多偏重于水文测站升级改造，基地改造项目相对较少，部分勘测局已多年未改造，供水、排水、供电及站院环境等配套附属设施老化严重；未建设监控室，缺乏必要的监控软硬件设备，难以对测站前端水情、设备工况、视频等信息进行有效的监控，基本不具备远程监控能力；基地仅靠 VPN 单链路接入上级局域网，网络传输不稳定，可靠性差，同时广域网和互联网出口共用 1 处防火墙，网络安全性低等；亟需对基地设施设备进行更新升级，进一步完善基地功能。

3 探索水文巡测改革创新举措

为真正全面贯彻"十六字"治水思路，落实黄河流域生态保护和高质量发展规划纲要，落实"四预"要求，更好地服务于测区水旱灾害防御、水资源管理，促进各个测区"三个水文"建设，针对上述问题，从测区流域特点、管理机制、人员结构等实际情况出发，从测站和勘测局两个层面着力，优先补齐基层一线测报短板，改革测验模式，提升测验管理效率，解放人力资源，拓展水文服务，逐步构建以无人值守为主体的自动测报模式和精兵高效的现代管理模式。

3.1 管理与技术并举，分类逐站改革

在测站层面，分要素分时段推进在线监测，全面推进"以巡为主，驻巡结合"的测验模式；测站信息主要包括水位、流量、降水、蒸发等水雨情信息，各类设施设备运行工况信息以及视频信息。针对不同测站，加强对应技术能力，针对不同岗位，重点发挥核心职责。

3.2 人员与设备相辅，拓展勘测功能

在勘测局层面，全面拓展勘测局内外业功能，内业主要负责远程监控、水情值班、水情会商以及

数据接收、分析计算处理、自动报汛、在线整编、数据深加工等数据处理服务。根据监控的设备工况、水情信息以及数据处理服务等情况，全面提升测控中心网络容量和速度。

3.3 按需传输信息、加快数据处理

在信息传输方面，测站采集信息全部传至勘测局，驻测站同时本地存储，并可访问勘测局查询上下游水情信息；勘测局将分析处理后的信息上传至上级水情中心，供上级水情中心进行决策会商、水情预报、综合管理、信息服务等。

3.4 按需采选信道，节约网络成本

在通信组网方面，测站至勘测局地面信道优先租用 MSTP 专线，空中信道采用 4G/5G，北斗卫星通信备份；勘测局至上级水情中心采用 MSTP 专线双链路组网。

3.5 优化资源配置，增强人员互动

在人员架构方面，将巡测站、驻巡站一线人员上收至勘测局，减少驻测站驻守人员，解放测站一线人力资源，充实勘测局人员技术力量，为勘测局业务拓展提供人力支撑。

4 测验机制改革成果分析

2021 年西峰勘测局南北巡测队、测控中心正式成立，当月完成机构设施、制度建设、人员配置。巡测队、测控中心硬件设施建设全面展开。新建了发电机房，改建了中心机房、监控室、值班室等。购置巡测设备，包括 GNSS 罗经一体机、ADCP 遥控电动船、无人机测流系统、GNSS、NSS 接收机、多功能集成 RTU、监控终端控制设备、北斗卫星指挥机、监控维护终端、水情分析服务器、数据库服务器等。经过一年的试运行和探索，各种现代化设备及各类软件的建设，使得西峰勘测局各站及原水情分中心彻底蜕变成能够实现雨水情收集分析、洪水预判预估预报、洪水演进中测洪方案启动指导、洪水过程控制、协调巡测队人力资源调配和防汛物资调度等一系列功能强大的水文监测机制体系，真正蜕变成了一个集数据采集、汇总、分析、指挥、成果处理综合功能为一体的巡测队+水文测控中心的"两队一中心"工作机制模块。

结合西峰勘测局的案例分析，比较水文工作的前后变化，测验机制改革可取得以下成果和收获。

4.1 预警、预报能力持续增强

为切实提高测控中心"预警、预报、预判"能力，发挥水文防汛尖兵作用，充分利用汛前准备阶段，快速系统收集泾河、马连河上游多年各大中小级洪水、特殊洪水以及相关水文站、雨量站的水雨情信息，建立不同暴雨量级下产流信息数据库，并从区域暴雨洪水特性、降雨产流机制、上下游水量对照、洪水演进衰减规律等逐一进行分析研判，可快速制作水文降雨径流相关分析图表，为指导测区各站洪水预判做好充分的前期准备。

4.2 联合测洪演练凸显成效，应急监测能力稳步提升

为充分发挥测控中心指挥调度能力以及巡测队进行人员调配的应急处置能力，切实增强防汛应急监测的组织管理，提高应对突发洪水的实战能力。测控中心按照勘测局安排部署，在巡测南北队分别进行了多次"两队一中心"联合测洪演练。在演练过程中，测控中心及时关注和推送雨水情信息，及时进行数据分析、跟进方案启动指导、全程测报质量过程控制；各巡测队、各站选用合理的测验方法，安全、有序、快捷、准确地开展测验及报汛。通过演练，提高了"两队一中心"人员默契程度，为水文巡测机制改革下测好大洪水打下坚实基础。

4.3 发挥创新团队作用，不断提升改革创新能力

测控中心经过人员优化后，集中了测区多名技术骨干，并以此创建了西峰勘测局创新工作组。经过一年的运行，创新小组推进了 GNSS、全站仪建立水文巡测测验数字化探索研究，拓展了 GIS 类分析软件配合测验数据建立矢量化数据的应用。分析测区植被覆盖、子流域划分、测区基础信息等课

题，为测验的预警、预案执行提供依据。同时全面开展新仪器的比测应用，探索 SVR 雷达枪在不同测站的应用方法，拓展应急测验范围，提高新仪器测验精度，确定了在不同测验条件下的应用方法。

随着水文现代化工作的进一步推进，"两队一中心"建设将更加完备，这对拓展巡测功能，提升远程监控及巡测能力，推进测验模式改革，解放测验一线人力资源起到有力的支撑作用，为测区水文事业高质量发展发挥关键的基础作用，为现代信息水文发展开拓了新思路和新方向。

基于不同干旱级别下调水方案的云南省水系连通效果评估

许立祥[1]　邱丛威[1]　郑　寓[1]　桑学锋[2]

（1. 水利部产品质量标准研究所，浙江杭州　310012；
2. 中国水利水电科学研究院，北京　100038）

摘　要：本文结合云南省 2012 年气象干旱发生频率和时间，通过实施不同干旱级别下的水系连通方案，开展 1 个月、3 个月、6 个月、12 个月、连续枯水年等干旱情况下的供水安全分析，运用 ArcGIS 绘图，对不同级别干旱方案的缺水率进行空间上的展布，定性与定量上识别不同级别水系连通作用和效果，提出应对不同级别干旱情况下水系连通工程方案。

关键词：云南省；干旱；水系连通；ArcGIS；识别

1　概述

云南省分属长江、珠江、红河、澜沧江、怒江、伊洛瓦底江六大水系。省内集水面积在 100 km² 以上的河流有 908 条，其中有 47 条省际河流和 37 条国际河流。云南省水资源总量比较丰富，多年平均自产水量 2 210 亿 m³，入境水量 1 650 亿 m³，出境水量多达 3 834 亿 m³。云南省地形多为高原和山地，两者占全省国土面积的 94%，而集中了全省 2/3 人口和 1/3 耕地的坝子地仅占 6%，坝子与主要河流的高差常达数百米以上，造成水低田高、水低人高、水低城高的局面，从水量丰富的干流和支流上取水十分困难，加上云南省水资源时空分布不均，只通过节水或者本地挖潜远达不到云南省各行业的需水要求，工程性缺水严重，2011 年中央 1 号文件和中央水利工作会议明确提出，尽快建设一批河湖水系连通工程，提高水资源调控水平和供水保障能力[1]。因此，通过构建云南省水系连通工程达到解决全省工程性缺水问题是现阶段的必然趋势。

水系连通是指在水文循环要素内部和各要素之间，物质、能量和生物体以水为媒介进行迁移和传递的能力[2]。水系连通工程是目前解决水资源供需平衡的重要措施，2010 年水利部部长陈雷在全国水利规划计划工作会议上强调"河湖连通是提高水资源配置能力的重要途径"[4]，本次实施的云南省水系连通工程有助于解决干旱条件下全省不同地区、不同行业的需水要求。各级调水方案为云南省水资源供需平衡提供支撑。

2　水系连通方案设置

河湖水系连通是调整水土资源匹配关系、提升河湖服务功能、提高水资源调配能力、改善生态环境状况、降低洪涝灾害风险的重要手段与措施[3]。本次水系连通方案设置以《云南省水资源中长期供求规划》《云南省水资源综合规划》《云南省大中型水电站综合利用专项规划》等为基础，以现状水平年 2012 年已建水利工程为基准方案，考虑蓄水、引提水、地下水、调水等规划新建工程设置六项水系连通配置方案。具体如下：

方案 1：以 2012 年现状水利工程为基础，在需求侧主要考虑通过各项节水措施，目的是识别区

作者简介：许立祥（1990—），男，硕士，中级工程师，研究方向为水利标准化。

域现状供水能力与节水模式下外延式增长的用水需求间的供需矛盾。

方案 2：在方案一基础上，在供给侧除了立足于当前已建、在建蓄引提调水工程，进一步考虑本区域挖潜将要投入使用的拟建水库调蓄工程来进行分析。

方案 3：在方案二基础上，考虑 4 级连通工程主要来解决乡镇级别的用水需求，进行水资源调控分析。

方案 4：在方案三基础上，考虑 3 级连通工程所能提供的供水量，主要是解决各地市州内各区县的供需缺水问题。

方案 5：在方案四基础上，考虑 2 级大中型水电站综合利用连通工程，进一步扩大区域供水能力，提高地市供水保障。

方案 6：在方案五基础上，考虑跨 1 级流域进行大规模调水，综合提高大跨地市大区域供水保障。

各级连通注释如下：

1 级连通：六大江河相济，丰枯互补，构建"自然-人工"二元供水主动脉。

2 级连通：引干强支，动脉连通支脉，提高资源综合利用效能。

3 级连通：支流水系跨县互连，合理调配，促进协调发展。

4 级连通：县内水系相通，乡镇互济，打造民生水利。

3 数据

3.1 数据来源及处理

本次对云南省不同干旱级别水系连通性评价的数据均由云南省设计院提供。数据采用 1956—2013 年 58 年逐月降水系列，以 2030 远期水平年经济社会供水安全保障为目标，开展 1 个月、3 个月、6 个月、12 个月、连续枯水年等干旱情况下对应的水资源供需平衡配置，分析水系连通工程的效果。篇幅限制，以发生 1 个月干旱情况为例，实施水系连通各级连通方案后，云南省各地区缺水率见表 1。

表 1　1 个月干旱情况下不同地区在不同方案下的缺水率

地区	方案 1	方案 2	方案 3	方案 4	方案 5	方案 6
昆明	0.26	0.15	0.13	0.05	0.04	0.01
曲靖	0.11	0.02	0.01	0	0	0
玉溪	0.10	0.08	0	0	0	0
保山	0.01	0	0	0	0	0
昭通	0.11	0	0	0	0	0
丽江	0.06	0.01	0	0	0	0
普洱	0.15	0	0	0	0	0
临沧	0	0	0	0	0	0
楚雄	0.24	0.14	0.10	0.09	0.09	0.01
红河	0.14	0.01	0.01	0.01	0	0
文山	0.23	0.08	0.05	0.05	0.05	0.05
西双版纳	0.18	0	0	0	0	0
大理	0.21	0.03	0.02	0.02	0.02	0
德宏	0.05	0.05	0.05	0.05	0	0
怒江	0.08	0.03	0.01	0.01	0.01	0.01
迪庆	0.02	0.02	0	0	0	0

3.2 图形展布

地理信息系统（GIS）是一个获取、存储、编辑、处理、分析和显示地理数据的空间信息系统，其核心是用计算机来处理和分析地理信息[6]。GIS 自 20 世纪 60 年代被首次提出之后，凭借其快速处理和运筹帷幄的优势，已成为国家宏观决策和区域多目标开发的重要技术工具[5]。基于 GIS 的云南省不同干旱级别水系连通图形展布具体步骤如下：

（1）打开 ArcMap，添加云南省界、市界图层。

（2）标注要素后，在云南市界图层连接处理好的 Excel 表格（见表 1）。

（3）在云南市界图层选择属性，在符号系统中的数量界面中选择所要展绘的缺水率指标。

（4）选择分级颜色和分级梯度，点击"确定"得到 1 个月干旱情况下不同地（州）在不同方案下的缺水率图形（见图 1~图 6）。

（5）添加图例、指北针后成图。

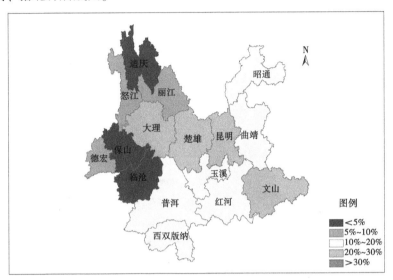

图 1　方案 1 缺水率

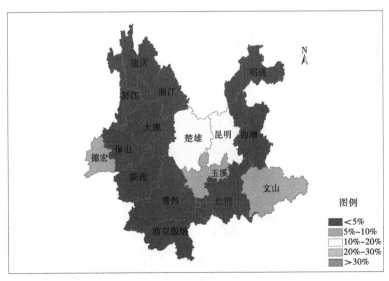

图 2　方案 2 缺水率

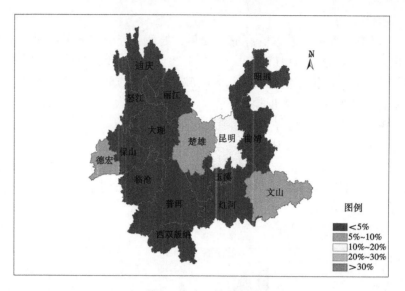

图 3　方案 3 缺水率

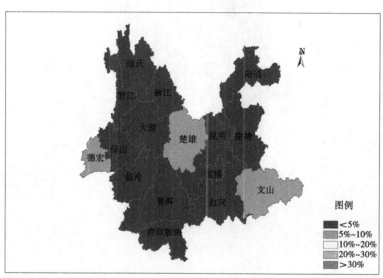

图 4　方案 4 缺水率

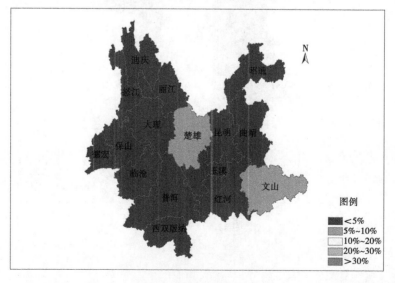

图 5　方案 5 缺水率

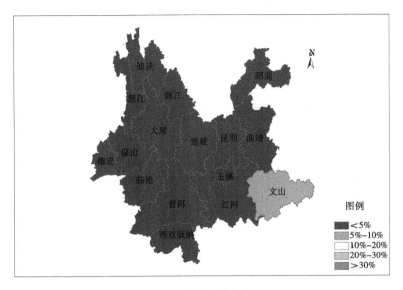

图 6　方案 6 缺水率

4　不同干旱级别供需平衡分析

由水系连通实施方案得到全省发生 1 个月、3 个月、6 个月、12 个月、连续 3 年干旱情况下经济社会需水量分别为 25.4 亿 m^3、74.0 亿 m^3、134.2 亿 m^3、237.8 亿 m^3、237.8 亿 m^3，各级干旱情况下，不同水系连通方案的供水量如图 7～图 11 所示。不同干旱级别下，各种方案下对应的缺水率如表 2 所示。

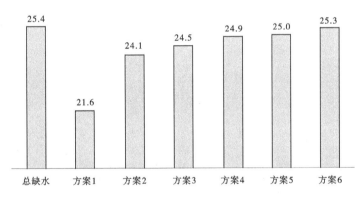

图 7　1 个月干旱情景下不同方案供水量

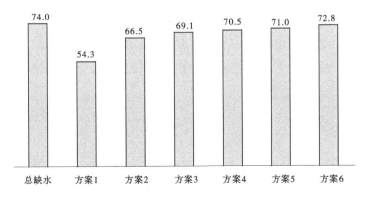

图 8　3 个月干旱情景下不同方案供水量

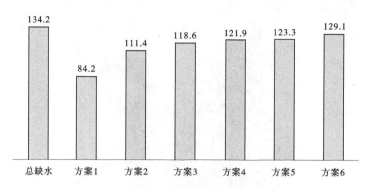

图 9 6 个月干旱情景下不同方案供水量

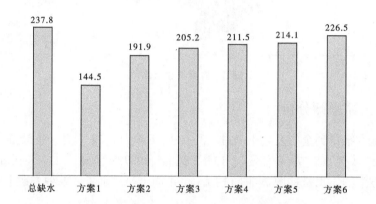

图 10 12 个月干旱情景下不同方案供水量

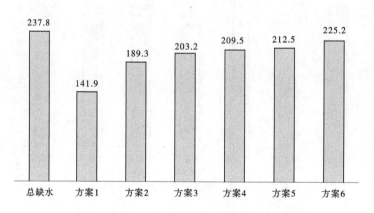

图 11 连续 3 年干旱情景下不同方案供水量

表 2 云南省不同干旱级别下不同水系连通方案的缺水率 %

方案	1 个月干旱情景	3 个月干旱情景	6 个月干旱情景	12 个月干旱情景	连续 3 年干旱情景
方案 1	15.1	26.7	37.2	39.2	40.3
方案 2	4.9	10.1	17.0	19.3	20.4
方案 3	3.4	6.7	11.6	13.7	14.5
方案 4	2.1	4.8	9.2	11.1	11.9
方案 5	1.9	4.1	8.1	9.9	10.6
方案 6	0.5	1.6	3.8	4.7	5.3

5 水系连通识别与应对

本次针对各干旱条件，生活工业等行业用水保障比常态下略有降低，保障率为90%；农业用水保障则略有提高，保障率为70%。

5.1 1个月干旱应对

通过水资源各方案供需结果可以看出，发生1个月干旱情况下（见表3），云南省方案2缺水率仅为4.9%，其中生活工业缺水率5.3%，农业缺水率4.8%，满足行业用水保障标准，可以看出现状工程+新增调蓄工程方案可以保证云南省发生1个月供水安全需求。

表3 1个月干旱情景不同方案缺水率

缺水率	方案1	方案2	方案3	方案4	方案5	方案6
生活工业	10.9%	5.3%	4.6%	1.7%	1.6%	0.5%
农业	16.8%	4.8%	2.9%	2.3%	2.0%	0.5%
总计	15.1%	4.9%	3.4%	2.1%	1.9%	0.5%

5.2 3个月干旱应对

通过水资源各方案供需结果可以看出，发生3个月干旱情况下（见表4），云南省方案2缺水率为10.1%，其中生活工业缺水率10.2%，农业缺水率10.1%；方案3缺水率为6.7%，其中生活工业缺水率8.6%，农业缺水率5.9%；方案3基本满足行业用水保障标准，可以看出现状工程+新增调蓄工程+第4级连通工程方案可以保证云南省发生3个月供水安全需求。

表4 3个月干旱情景不同方案缺水率

缺水率	方案1	方案2	方案3	方案4	方案5	方案6
生活工业	16.3%	10.2%	8.6%	4.1%	3.7%	1.2%
农业	30.8%	10.1%	5.9%	5.0%	4.2%	1.7%
总计	26.7%	10.1%	6.7%	4.8%	4.1%	1.6%

5.3 6个月干旱应对

通过水资源各方案供需结果可以看出，发生6个月干旱情况下（见表5），云南省方案4缺水率为9.2%，其中生活工业缺水率9.9%，农业缺水率8.8%，基本满足行业用水保障标准，可以看出现状工程+新增调蓄工程+第4级连通工程+第3级连通工程方案可以保证云南省发生6个月供水安全需求。

表5 6个月干旱情景不同方案缺水率

缺水率	方案1	方案2	方案3	方案4	方案5	方案6
生活工业	22.3%	16.0%	14.2%	9.9%	9.5%	3.2%
农业	44.1%	17.5%	10.4%	8.8%	7.5%	4.1%
总计	37.2%	17.0%	11.6%	9.2%	8.1%	3.8%

5.4 12个月干旱应对

通过水资源各方案供需结果可以看出，发生12个月干旱情况下（见表6），云南省方案6缺水率为4.7%，其中生活工业缺水率4.8%，农业缺水率4.7%，满足行业用水保障标准，可以看出现状工程+新增调蓄工程+第 4 级连通工程+第 3 级连通工程+第 2 级连通工程+第 1 级连通工程方案才能保证云南省发生 12 个月供水安全需求。

表6　12个月干旱情景不同方案缺水率

缺水率	方案1	方案2	方案3	方案4	方案5	方案6
生活工业	25.4%	18.4%	16.5%	12.3%	11.8%	4.8%
农业	46.9%	19.8%	12.1%	10.4%	8.9%	4.7%
总计	39.2%	19.3%	13.7%	11.1%	9.9%	4.7%

5.5　连续 3 年连枯干旱应对

通过水资源各方案供需结果可以看出，发生连续 3 年连枯干旱情况下（见表7），云南省方案 6 缺水率为 5.3%，其中生活工业缺水率 5.1%，农业缺水率 5.4%，满足行业用水保障标准，可以看出现状工程+新增调蓄工程+第 4 级连通工程+第 3 级连通工程+第 2 级连通工程+第 1 级连通工程方案可以保证云南省发生连续 3 年连枯干旱情况下的供水安全需求。

表7　连续3年干旱情景不同方案缺水率

缺水率	方案1	方案2	方案3	方案4	方案5	方案6
生活工业	25.9%	18.8%	17.0%	12.8%	12.3%	5.1%
农业	48.3%	21.2%	13.2%	11.3%	9.7%	5.4%
总计	40.3%	20.4%	14.5%	11.9%	10.6%	5.3%

6　结语

针对云南省不同干旱级别条件下的缺水情况，分别采用 6 种方案进行效果评估，在水资源供需平衡的基础上，为满足各行业的用水需求，得到不同干旱级别下水系连通方案实施后的效果数据。通过分析可以得到发生 1 个月干旱时，采用现状工程+新增调蓄工程方案；发生 3 个月干旱时，采用现状工程+新增调蓄工程+第 4 级连通工程方案；发生 6 个月干旱时，采用现状工程+新增调蓄工程+第 4 级连通工程+第 3 级连通工程方案；发生 12 个月干旱时，采用现状工程+新增调蓄工程+第 4 级连通工程+第 3 级连通工程+第 2 级连通工程+第 1 级连通工程方案；发生连续 3 年干旱时，采用现状工程+新增调蓄工程+第 4 级连通工程+第 3 级连通工程+第 2 级连通工程+第 1 级连通工程方案，即可解决生活工业与农业的用水要求。从数据上定量地分析了不同干旱级别条件下水系连通的效果。运用 ArcGIS 对云南省各地（州）不同级别干旱条件下的缺水率进行展布，进一步定性识别水系连通效果。

参考文献

[1] 黎玉彬. 陆川县九洲江流域江河湖库水系连通的探讨［J］. 广西水利水电，2015（2）：44-46.
[2] 窦明，张远，张亚洲，等. 淮河流域水系连通状况评估［J］. 中国水利，2013（9）：21-23.
[3] 李原园，黄火键，李宗礼，等. 河湖水系连通实践经验与发展趋势［J］. 自然资源学报，2014.8，12（4）：81-85.
[4] 刘伯娟，邓秋良，邹朝望. 河湖水系连通工程必要性研究［J］. 人民长江，2014，8（16）：6-11.
[5] 杨晓敏. 基于图论的水系连通性评价研究［D］. 济南：济南大学，2014.
[6] 胡祎. 地理信息系统（GIS）发展史及前景展望［D］. 北京：中国地质大学，2011.

黄河流域防洪规划修编山东段重大问题治理思路探讨

王永刚

（山东黄河勘测设计研究院有限公司，山东济南 250013）

摘　要： 黄河山东段河道是着力构建山东黄河"一段两核"（山东黄河安澜段，东平湖、河口综合治理核心区）防洪安全体系中的重要一环。本文坚持目标导向与问题导向相结合原则，重点分析了黄河下游防洪形势及存在的问题，提出了河道和滩区综合治理、"二级悬河"治理及智慧山东黄河建设的思路，以期为防洪规划修编提供借鉴和参考。为全面加快山东黄河防洪安全体系建设，为把黄河建成造福人民的幸福河做出实际贡献。

关键词： 一段两核；二级悬河；中水河槽；综合治理；智慧山东黄河

1　引言

2007—2009 年，国务院相继批复长江、黄河等七大流域防洪规划，在实施大规模江河防洪治理、加强防洪薄弱环节建设、提升洪涝灾害防御能力等方面，发挥了重要基础性作用。

目前，七大流域防洪规划实施已接近远期水平年 2025 年。对表对标新发展阶段、新发展理念、新发展格局和推动高质量发展的要求，为做好七大流域防洪规划修编准备工作，开展防洪规划修编重大问题论证探讨是必要的。黄河山东段属于黄河下游干流河道部分主要河段，山东段重大问题治理思路是防洪规划修编中必须要考虑的问题。

2　河段基本情况

2.1　河道概况

黄河发源于青藏高原巴颜喀拉山北麓海拔 4 500 m 的约古宗列盆地，流经青海、四川、甘肃、宁夏、内蒙古、山西、陕西、河南、山东等九省（自治区），在山东垦利县注入渤海，干流河道全长 5 464 km。黄河干流自桃花峪以下为黄河下游，流域面积 2.27 万 km²，干流河道长 786 km。

白鹤至高村河段，河道长 299 km，其中白鹤至桃花峪河道长 92.5 km。高村至陶城铺河段，河道长 165 km，河道平均比降 0.148‰，堤距 1.4~8.5 km，河槽宽 1.0 km 左右，主流已基本归顺。

陶城铺至渔洼河段，河道长 349 km，河道平均比降 0.101‰，堤距 0.4~5.5 km，河槽宽 800 m 左右，目前主流基本归顺。

渔洼以下为河口段，河道随着黄河入海口的淤积、延伸、摆动，入海流路相应改道变迁，现行入海流路是 1976 年人工改道的清水沟流路，河道长 65.0 km，已行河 42 年。

2.2　河段经济社会概况

2.2.1　下游防洪保护区

黄河下游两岸防洪保护区内人口密集，有郑州、开封、新乡、济南、聊城、菏泽、东营、徐州、阜阳等大中城市，有京广、京沪、陇海、京九等铁路干线以及京珠、连霍、大广、永登、济广、济青

作者简介：王永刚（1977—），男，高级工程师，主要从事水利工程规划设计工作。

等高速公路，有中原油田、胜利油田、永夏煤田、兖济煤田、淮北煤田等能源工业基地。除洪水直接淹没造成巨大损失外，洪水带来的泥沙沉积在城市、农村、工矿企业、淤塞治海、治淮水系和引黄渠道，淤高交通道路，大量良田沙化，这些损失远远超过直接淹没的损失，对经济社会和生态环境造成的灾难影响将长期难以恢复。

2.2.2 下游滩区

黄河下游渔洼以上河段流经河南省、山东省的 15 个市 43 个县（区）。下游河道面积 4 860 km²，现行河道两岸堤防之间，有 120 多个大小不等的滩地，滩区总面积 3 154 km²，占下游河道总面积的 65%。截至 2007 年，黄河下游滩区涉及沿黄 43 个县（区），滩区内有村庄 1 928 个，居住人口 189.52 万人，滩区内耕地面积 340.1 万亩。

渔洼以下河段，属河口地区。该河段黄河滩内居住有 5 个村庄近千名群众，滩内有耕地 20 余万亩，还有部分胜利油田的相关设施。

黄河下游滩区社会经济是典型的农业经济，基本无工业。

3 黄河下游防洪形势及存在的主要问题

3.1 小浪底水库投入运行后黄河下游仍有可能发生致灾大洪水

沁河河口村水库建成生效后可控制小花间无工程控制区的部分洪水，使小花间无工程控制区的面积由目前的 2.7 万 km² 减小到 1.8 万 km²。经五座水库的联合调节，可将花园口百年一遇洪峰流量由四库联调后的 15 700 m³/s 削减到 14 700 m³/s，削减 1 000 m³/s，因此当无控制区发生较大洪水，且沁河来水也较大的洪水类型，河口村水库在一定程度上可减轻黄河下游洪水威胁，缓解黄河下游大堤的防洪压力，但如果无控制区以伊洛河洪水为主，则河口村水库的作用十分有限。

3.2 泥沙问题长期存在，滩唇高仰，堤根低洼，堤防冲决的威胁没有根本消除

大量泥沙淤积在下游河道，使河道日益高悬，冲淤变化异常复杂，是黄河下游水患威胁严重的根本原因。目前的河床与 20 世纪 50 年代相比普遍抬高了 2~4 m，河床高出背河地面 4~6 m，局部河段高出 10 m 以上。

黄河多年平均天然来沙量 16 亿 t，各类水利水保措施多年平均减少入黄泥沙 4 亿 t 左右，占自然来沙量的 25%，水沙关系进一步恶化。预估正常降雨条件下，2020 年入黄泥沙减少 5 亿~5.5 亿 t，到 2030 年入黄泥沙减少 6 亿~6.5 亿 t，即使实现这个目标，入黄泥沙仍有 9 亿~10 亿 t，黄河仍将是一条多泥沙河流。中游骨干工程可以有效拦减泥沙，但拦沙期有限。因此，泥沙问题仍然是长期困扰黄河下游防洪的核心问题。

3.3 部分河段堤防抗洪能力弱，河道整治工程不完善，尚不能有效控制洪水

目前，下游多达 1 000 多道险工坝垛和控导工程坝垛存在着坝型不合理，根石坡度陡、深度浅，稳定性差，近年来坝垛出险频繁；河道整治工程不完善，尤其是高村以上长 299 km 宽河段为下游河势变化最大的河段，也是最难整治的河段，目前部分河段河势变化仍很剧烈。根据 1985 年以来的河势变化观测资料统计，年均发生"横河"9 次，威胁堤防安全。小浪底水库建成运用以来，中常洪水出现的概率并未出现较大改变，根据小浪底水库近 20 年的运用情况，下游河床将继续冲刷下切，局部河势变化，工程出险时有发生。

3.4 "二级悬河"及滩区财产损失

黄河下游"二级悬河"于 20 世纪 70 年代初在东坝头—高村河段的部分断面开始出现。目前滩唇一般高于黄河大堤临河地面 3 m 左右，最大达 4~5 m，其中东坝头至陶城铺河段滩面横比降达 1‰~2‰，而河道纵比降为 0.14‰，是下游"二级悬河"最为严重的河段。

由于长期小水行河，"二级悬河"加剧，加之嫩滩耕种、糙率增加，下游河道中水河槽过流能力严重下降，水位表现明显偏高，漫滩概率增大，洪水淹没损失增加。"96·8"洪水虽属中常洪水，但下游大部分滩区受淹成灾，直接经济损失 64.6 亿元。

4 山东段重大问题治理思路

4.1 河道和滩区综合治理

4.1.1 优化黄河宽滩区综合治理方案

目前，黄河滩区既是行洪通道，又是滞洪沉沙场所，部分宽滩区还是群众生产生活场所，与淮河流域行洪区功能基本一致。不同之处在于，淮河行洪区采用建设低标准圩堤并通过进水闸、排水闸与河道分隔，便于行洪调度控制。

黄河滩区综合治理可借鉴淮河流域相关经验，研究滩区分区运用，建设具有独立分洪退洪控制性工程行洪区的可能性。科学控制洪水漫滩范围，减少滩区行洪损失。

4.1.2 完善中水河槽稳固工程体系

2021 年汛期黄河山东段主槽过流能力最高达 5 370 m^3/s，水利部部长李国英针对黄河下游秋汛防御工作提出"滩区不漫滩、工程不跑坝、河势不突变、人员不伤亡"的要求。山东黄河河务局全体职工全员上岗，连续奋战，最终取得了秋汛洪水防御的全面胜利。但在秋汛过程中也暴露出河道工程整治标准与防汛实际要求不相匹配，河口河段主槽排洪能力不足，部分前进生产堤侵占行洪河道，控导防汛路标准低、连坝路硬化率低，抢险物料运输及大型机械进场困难等问题。

为适应新阶段防洪新要求，减小中小洪水上滩概率，提高滩区防洪保障水平，应推动建设中水河槽稳固工程，进一步稳固现有主河槽行洪输沙能力，有效管控中小洪水，减小洪水漫滩概率，改善防汛抢险交通状况，提高滩区安全保障水平。

逐步完善河道工程布局体系。研究论证堡城—高村河段整治方案，着力稳定河势。继续开展新（续）建控导工程建设，解决高村以下局部河段河势上提下挫问题。

研究提升河道整治工程建设标准。结合防洪规划修编，按照 5 000 m^3/s 流量相应水位加 0.5 m 提升控导工程整治标准，推动工程论证实施。通过提高河道治理工程建设标准，可以进一步稳固主槽过流能力，巩固洪水调度空间，减少下游特别是艾山以下河段漫滩概率。

推进实施控导连接工程。以"稳槽护滩、兼顾交通"为原则，在满足河道行洪河宽前提下，统筹考虑现有生产堤使用，布设控导连接工程。提高控导防汛路建设规模和控导连坝路硬化率。改善防汛抢险交通及滩区群众出行条件，同时对于逐步推动废除影响行洪河宽的生产堤，实现滩区土地分类管控具有积极意义。

4.2 "二级悬河"治理

4.2.1 大力开展下游河道整治工程和疏浚工程

通过堵串沟、建立滚河防护工程和淤临淤背工程等确保黄河下游的防洪安全。利用机械疏浚主河槽和形成高含沙水流，淤积滩地和大堤的临背，修筑标准堤防，形成"相对地下河"。

4.2.2 实施泥沙资源化和水沙优化配置

将黄河泥沙作为资源充分利用，可采用水动力和机械措施综合利用泥沙。从流域的角度来研究水沙资源的优化配置，通过小浪底水库调水调沙运用、河道整治工程、引水调水工程和机械措施等将进入下游的水沙合理配置，最大限度地减少主河槽淤积，提高主河槽的泄流输沙能力，从根本上解决黄河下游河道横比降问题和主槽萎缩问题，最终解决"二级悬河"问题。

4.2.3 积极推动河口河段河道疏浚工程

通过人工干预，因势利导，减轻河道淤积，稳定入海流路，顺利输沙入海，为进一步稳固提升下游主槽行洪输沙能力提供有利条件。加强刁口河流路综合保护治理，推进实施刁口河备用流路疏浚工程，提升生态补水效率，强化备用流路管控能力。

4.3 智慧山东黄河建设

结合山东黄河特点，拟在重点地区、局部工程处，开展数字孪生建设。按照"需求牵引、应用至上、数字赋能、提升能力"的原则，以"数字化场景、智慧化模拟、精准化决策"为目标，充分利用正在推进的视频监控全覆盖、无人机全覆盖、视频会议全覆盖等项目，选取山东黄河济南段和东平湖区域的高精度地形数据、河道断面数据、倾斜摄影数据等开展数字孪生平台建设，探索对山东黄河的数据捕捉与虚拟映射。

在完成数字化映射的基础上，投入力量研究半潜水下机器人以实现水下地形地貌绘制和根石走失量计算，采用大数据分析技术，根据预案、洪水演进模型生成调度方案，以经验指导实际，以实际繁衍经验，最终模拟出较优化的调度方案，实现各类水利治理管理行为的超前仿真推演与评估优化，为水工程调度管理提供智能化、科学化技术支持，提升智能化决策支撑能力。

参考文献

［1］黄河水利委员会. 黄河下游"二级悬河"成因及治理对策［M］. 郑州：黄河水利出版社，2003.

［2］山东黄河河务局. 山东黄河"二级悬河"的危害及防治措施［R］. 济南：山东黄河河务局，2003.

东平湖蓄滞洪区新湖区二级运用设想

王永刚

（山东黄河勘测设计研究院有限公司，山东济南 250013）

摘　要：东平湖新湖区面积 418 km²，一旦使用，即使新湖只有较小的蓄洪量，也会造成新湖区大面积淹没，易造成小水大灾现象的发生。新湖区二级运用基本设想是利用流长河输水河道东堤作为新湖区二级运用的隔堤，需要增加的投入较少，在向新湖区分洪总量小于 2.48 亿 m³ 时，可只利用西区分洪最高水位 39.5 m，避免小水大灾现象发生，基本设想经济、技术的可行性也是合理的。在开展七大流域防洪规划修编的新阶段，新湖区二级运用设想、研究可纳入规划范畴，为实现新湖区二级运用提供规划依据。东平新湖区二级运用设想可为幸福河湖建设运用提供技术支撑和决策依据。

关键词：防洪规划；防洪减灾体系；二级运用基本设想；幸福河湖建设

1　引言

2007—2009 年，国务院相继批复长江、黄河等七大流域防洪规划，批复实施上一轮七大流域防洪规划以来，国家加快江河治理骨干工程建设，以水库、堤防、蓄滞洪区等工程措施和非工程措施相结合的防洪减灾体系逐步建立，成功应对 2020 年发生的大洪水威胁，最大程度减轻人民生命财产损失。近些年来，洪涝灾害损失率从"十五"期间的 0.71% 降低到 0.27%。

为贯彻落实党中央、国务院有关决策部署，保障江河防洪安澜，结合新形势新要求需适时开展七大流域防洪规划修编。蓄滞洪区是防洪减灾体系中的关键节点，东平湖蓄滞洪区是黄河流域国家蓄滞洪区名录中唯一重点滞洪区，探讨、研究东平湖新湖区建设运用方式对优化东平湖蓄滞洪区布局就尤为重要，为此我们提出东平湖新湖区二级运用基本设想。

2　新湖区概况

二级湖堤将东平湖蓄滞洪区分为新、老两个滞洪区。总面积 626 km²，老湖区 208 km²，新湖区 418 km²。目前，新湖区蓄洪运用水位 43.22 m，相应库容 21.6 亿 m³；新湖区设计防洪运用水位 43.72 m，相应库容 23.67 亿 m³。

新湖区运用原则为：有洪蓄洪，无洪生产。为保证分洪时库区群众能够安全避洪和迁移，在区内修筑了避水村台 139 个，撤退道路 215 km，初步形成了纵横相连的撤退公路网络。

新湖区内的流长河，是梁济运河的一条支流，也是东平湖新湖区内具有灌溉、排涝、航运功能的重要河道。目前的流长河北起二级湖堤八里湾闸，向南流经泰安市东平县的商老庄乡，济宁市梁山县的小安山、小路口、馆驿、韩岗镇等五个乡（镇），至新湖围坝西南端张桥闸（流长河闸），全长 21.3 km。

作者简介：王永刚（1977—），男，高级工程师，主要从事水利工程规划设计工作。

3 新湖区二级运用的可行性

3.1 新一轮防洪规划修编可为实现二级运用提供规划依据

黄河流域生态保护和高质量发展，是重大国家战略。推动黄河流域生态保护和高质量发展，非一日之功，需要进行顶层设计与重大问题研究。东平湖蓄滞洪区的建设与运用是幸福河湖建设，让黄河成为造福人民的幸福河的重要环节。东平湖新湖区二级运用设想正是需思考研究的重大问题。在开展七大流域防洪规划修编的新阶段，新湖区二级运用设想研究纳入规划范畴，是实现新湖区二级运用的最佳时机，可为实现二级运用提供规划依据。

3.2 理论分析

滞洪区淹没损失与水深有直接关系，即

$$S = f(H) \tag{1}$$

一般淹没损失随水深的增加而增大，当水深增加到一定程度以后，水深再增加时，淹没损失就不会有大的变化。

如果设滞洪区分为 m 个二级运用，二级运用以后，对于第 i 个二级运用而言，其淹没损失与水深的关系为

$$S_i = f_i(H) \tag{2}$$

如果滞洪区需要蓄滞的洪量为 Q，全区运用时造成的水深为 H_q，造成的损失即为

$$S = f(H_q)$$

如果采取二级运用，滞洪区需要蓄滞的洪量为 Q，仅使用 n（$n<m$）个二级运用，第 i 个二级运用的水深为 H_i，那么所造成的损失为

$$S_F = \sum_{i=1}^{n} f_i(H_i) \tag{3}$$

理论上，由于在每个区域的淹没损失一般都不与水深成正比，也不与水量成正比，所以不能证明 $S_F<S$ 不可能出现，因此在理论上存在二级运用合理的可能性。

3.3 东平湖水库分区运用效果的示范作用

东平湖水库在 1963 年修建二级湖堤后，把东平湖滞洪区分成新湖区和老湖区，运用方式改为二级运用。此二级运用方式，对于减少新湖的淹没损失起了很大的作用，减少了新湖分滞洪运用的概率和淹没损失。在 1964 年、1990 年、1996 年、2001 年、2007 年、2020 年，老湖蓄洪都达到了 42.22 m 以上的较高水位，只用老湖调蓄解决了汶河洪水，有效地保护了新湖区 20 多万人口和 30 万亩耕地的安全。可见，东平湖的二级运用，对于减少淹没损失效果十分显著，也为新湖二级运用起到了很好的示范作用。

3.4 新湖二级运用的可能性

黄河大洪水与汶河大洪水相遇的概率很小。经调洪验算，汶河发生 20 年一遇的洪水，遭遇黄河中度顶托和严重顶托情况时，均需启用新湖滞蓄洪水，但进入新湖的水量仅有 0.17 亿 m³ 和 1.66 亿 m³。在黄河分洪时，黄河发生 50 年一遇洪水，遭遇汶河来水 5 亿 m³ 情况，也需要使用新湖，即使全部向新湖分洪，分洪量也只有 3.29 亿 m³；当黄河发生 100 年一遇洪水，遭遇汶河来水 5 亿 m³ 情况，充分发挥老湖的蓄洪能力，在保持老湖水位 44.72 m 的条件下，需要向新湖分洪量仅有 2.48 亿 m³。

对于需要新湖滞蓄的洪水，完全有可能仅使用其中的部分区域承担，且不会产生太大的水深，从而进一步减小另一区域的运用概率，有效避免新湖区全区运用造成小水大灾现象，促进区域经济快速发展。

3.5 南水北调东线工程的实施为新湖区二级运用提供支持

南水北调东线，新湖区内的输水工程南起司垓闸东侧的邓楼泵站，北至二级湖堤八里湾，全长

21.3 km。其中，河道设计桩号 0+019～4+800、19+594～21+299 为新开挖河段，总长 6.486 km；其余均利用现在的流长河进行扩挖，总长 14.794 km。渠道西岸堤防顶宽 10 m，堤顶修沥青路面做交通道路使用，东岸堤顶宽 4.0 m，边坡 1:3，河道开挖弃土 428 万 m³。弃土堆放在西岸堤防外侧，边坡 1:3。实际上，已经形成新湖区分为东、西两个区域的现实状态，利用其弃土形成隔堤，将新湖区沿流长河分为东、西两个区。

4 新湖区二级运用基本设想

在平面上结合南水北调东线工程新湖区输水线路，沿流长河形成一定高标准的隔堤，将东平湖新湖分为东、西两区。隔堤的高度不要求太高，在南水北调东线工程原设计的基础上适当整修，充分利用原设计的弃土，以尽量少增加工程投资为原则。与交通道路、渠道等交叉，仍然可以留有一定宽度的缺口，在预报需要滞洪运用时，进行临时的封堵。

二级运用以后，主要解决以下问题：

一是在单独蓄滞汶河来水时，遇 20 年一遇洪水遭遇黄河中度及严重顶托情况时，在充分利用老湖蓄水能力的前提下，向新湖泄水最多为 1.66 亿 m³，仅使用新湖的西区，减少新湖的淹没损失。

二是在处理黄河 100 年一遇洪水、遭遇汶河来水 5 亿 m³ 的情况下，在充分利用老湖的蓄水能力的前提下，向新湖泄水 2.48 亿 m³，仅使用新湖的西区，减少新湖的淹没损失。

三是对于需要新湖滞蓄较大的洪水时，不影响新湖的全区运用。

如此，通过新湖的二级运用，对于不同量级的洪水，分别采用相应运用方式，达到既确保防洪安全，又减少经济损失的目的。以期促进新湖区经济发展，为当地社会经济发展做出应有的贡献，实现幸福河湖建设。

5 效益分析

5.1 新湖区水位库容分析

二级运用隔堤建设后，新湖区和西区水位–库容曲线见图 1。

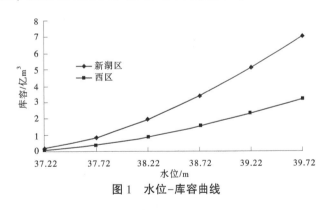

图 1　水位–库容曲线

5.2 新湖区淹没损失分析及二级运用减灾效益

东平湖新湖区现有耕地 39.29 万亩，其中东区 21.5 万亩，占 54.72%，分布在梁山、汶上、东平三县；西区 17.79 万亩，占 45.28%，分布在梁山、东平两县。新湖区涉及人口 21.76 万人，其中东区 11.35 万人，占 52.16%；西区 10.42 万人，占 47.89%。各级水位下的灾情预估损失主要包括以下内容：

（1）淹没区面积上综合损失（包括村庄的房产，农业、副业和一般工程设施等公私财产）。

（2）淹没影响的灌溉效益。

（3）公路、桥涵中断损失。

新湖区和西区底水分别为 0.83 亿 m³、0.3 亿 m³，根据图 1 水位–库容关系曲线，蓄滞洪区蓄洪量与经济损失关系，新湖全区运用与仅运用西区蓄洪量-经济损失曲线比较见图2。当蓄洪量相同时，仅运用西区的淹没损失明显小于全区运用时的损失。

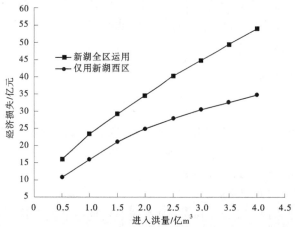

图2 新湖全区运用与仅运用西区蓄洪量-经济损失曲线比较

根据调洪验算结果，当汶河发生20年一遇的洪水，遭遇黄河中度顶托和严重顶托情况时，二级运用后，分洪一次可分别减少东区经济损失1.93亿元和10.91亿元；当黄河发生50年一遇、100年一遇洪水，遭遇汶河5亿 m³ 洪水时，二级运用后，分洪一次可减少东区经济损失1.26亿~10.35亿元。东平湖新湖区二级运用具有十分显著的减灾效益。

5.3 社会效益和环境效益

新湖区隔堤的作用是保护东区39.5 m 水位以下11.35万人口和229.96万亩耕地，减少新湖全区运用的机遇。二级运用可以减少洪水对新湖区东区人民生命财产、区域生态环境安全的威胁，可以减免洪水对工农业生产和保护区生态环境造成的毁灭性灾害，为当地人民的生产生活提供更为稳定宽松的环境，可有利于推动新湖区的社会稳定与经济发展。

6 结论

（1）黄河流域生态保护和高质量发展，是重大国家战略。在开展七大流域防洪规划修编的新阶段，新湖区二级运用设想研究纳入规划范畴，是实现新湖区二级运用的最佳时机，可为实现二级运用提供规划依据。

（2）为减少新湖区淹没损失，避免小水大灾现象的发生，新湖区二级运用西区最高蓄水位39.5 m，相应蓄水量为2.48亿 m³，在技术上是可行的。

（3）利用流长河输水河道东堤作为新湖区二级运用的隔堤，利用弃土需要增加投入有限，在向新湖区分洪总量小于2.48亿 m³ 时，可只利用西区分洪，减少东区运用一次可避免大量的经济损失，因此在经济上也是合理的。

（4）有利于促进区域经济持续发展和群众生活水平稳步提高，具有显著的经济效益和社会效益，有利于幸福河湖建设。

参考文献

［1］尤宝良，武士国. 东平湖治理与运用［M］. 郑州：黄河水利出版社，1999.
［2］王志良，黄珊，等. 黄河流域水文数据插补方法比较及应用［J］. 人民黄河，2020，42（7）：14-18.

基于灌溉系统物理结构的灌区田块
水权分配方法研究

常布辉[1,2]　刘　畅[1,2]　马朋辉[1,2]　曹惠提[1,2]　李自明[1,2]　李　婷[1,2]

（1. 黄河水利科学研究院，河南郑州　450003；
2. 河南省农村水环境治理工程技术研究中心，河南郑州　450003）

摘　要： 传统确权田块水权分配方法通常将多年平均引水量根据灌溉面积平均分配。在实际灌溉过程中，由于灌溉系统物理结构的不规律性，处于灌区灌溉系统不同位置的农田取水量在输配水过程中的损失情况并不相同。根据水权的"四权说"理论，提出了基于"灌溉系统物理结构"的确权田块水权分配方法，将确权田块水权拆分为田间用水量和渠系渗漏损失量。以河套灌区沈乌灌域巴彦套海农场东四斗为例，对改善的确权田块水权分配方法进行实例应用，表现了良好的适用性，对于完善河套灌区乃至其他灌区水权确权制度具有重要的实用意义和参考价值。

关键词： 河套灌区；水权分配；四权说；农业用水

1　引言

随着我国经济社会的快速发展，人们对水资源的需求量也急剧增大。水资源供需矛盾严重限制了干旱地区经济社会与生态环境的可持续发展。水资源作为一种不可再生的自然资源，区域的水资源禀赋往往难以显著提高。因此，加强水资源的管理，科学合理地利用有限的水资源是缓解水资源供需矛盾的关键途径。水权管理是水资源管理的重要内容，而初始水权的分配是水权管理的基础[1]。初始水权分配是指水资源管理部门将水的使用权分配给相应的用水行业，主要有工业、农业、生态和生活用水等行业，一般由流域管理机构和部门或者政府机关等进行初始水权的确权工作[2-4]。初始水权确定后，通过有效方式进行确权的管理，从而加强用水户的水权意识，明确水权工作的责、权、利，能够有效促进水资源合理高效利用。

2014 年，水利部将内蒙古自治区列为全国七个水权试点之一，试点目标通过在河套灌区乌兰布和灌域推行节水工程，在巴彦淖尔市、鄂尔多斯市、阿拉善盟开展水权转让、建立健全水权交易平台、建设水权交易制度和探索相关改革[5-6]。目前，内蒙古河套灌区水利发展中心以直口渠（一般为斗渠）为单元，对乌兰布和灌域内的 461 个群管组织发放了《引黄水资源管理权证》，16 037 个终端用水户发放了《引黄水资源使用权证》，完成了直口渠灌溉用水初始水权分配和计量设施体系的建设。乌兰布和灌域水权分配试点在国内水权管理方面取得了良好的引领效果。为继续推进灌区水资源高效利用和精细化管理，有必要探索将直口渠的初始水权分配延伸到农业用水户层级的分配方案。但是受灌区灌溉信息的实时获取能力不足、直口渠以下水权行使情况监管困难等问题的制约，研究建立适宜的农业用水户的水权确权方法对于农业用水户层级的水权管理具有重要的理论意义与实际价值。

基金项目： 黄河水利科学研究院基本科研业务费专项（HKY-JBYW-2019-06）。

作者简介： 常布辉（1986—），男，工程师，主要从事灌区遥感应用及水循环模拟方面的研究工作。

通信作者： 刘畅（1991—），男，博士，研究方向为农业水土资源管理与综合利用。

2 研究区概况

乌兰布和灌域是河套灌区五大灌域之一，位于三盛公枢纽西北部，南边界在乌兰布和沙漠穿沙公路以北，北边界为磴口县与杭锦后旗行政界，东起河套总干渠及乌拉河干渠，西至狼山冲洪积坡地边界。乌兰布和灌域海拔为 1 030~1 060 m，地处中纬度内陆，属中温带大陆性季风气候，冬寒夏炎，四季分明，日光充足温差大，光能丰富积温高，降水稀少，蒸发强烈。灌域总的地势自西南向北东微倾，地势平坦开阔，局部有起伏，形成岗丘和洼地。乌兰布和灌域地处乌兰布和沙漠东北部，地貌特征属于内陆高平原、河套盆地。

3 研究方法

传统确权田块水权分配方法通常为：将多年平均引水量根据灌溉面积平均分配。在实际灌溉过程中，由于灌区灌溉系统物理结构的不规律性，处于灌区灌溉系统不同位置的农田取水量在输配水过程中的损失情况并不相同。受输配水渠道长度的影响，渠系末端农田的输配水损失往往更大，而渠首农田的输配水损失则相对较小。由此可知，由于传统确权田块水权分配方法没有考虑到不同位置农田在输配水过程中水量损失程度的差异性，单位面积农田实际分得的水量并不相同，因此传统方法的公平性仍存在改善空间。

本研究提出了基于"灌溉系统物理结构"的确权田块水权分配方法，将确权田块水权拆分为田间用水量和渠系渗漏损失量。根据水权的"四权说"理论，水权是指水资源的所有权、占有权、支配权和和使用权组成的权利束。根据公平性原则，灌溉系统中单位面积农田的田间用水量应该相等，即赋予所有农田相等的水资源使用权。考虑到不同位置农田具有不同的渠系渗漏损失量，为实现水资源使用权相等的目标，同时需要赋予不同位置的农田以不同的水资源占有权。确权田块水资源使用权计算方法为：将斗渠新确权水量乘以渠系水利用系数求得田间用水总量，然后除以灌溉总面积即为单位面积的田间用水量（单位面积的农田水资源使用权），其具体计算公式可以表示为

$$CWAV = \frac{W_{斗} \times \eta_{斗} \times \eta_{农}}{\sum_{i=1}^{n} A_i} \tag{1}$$

式中：$CWAV$ 为单位面积的田间用水量，m^3/亩；$W_{斗}$ 为斗渠取水量，m^3；$\eta_{斗}$ 为斗渠渠系水利用系数；$\eta_{农}$ 为农渠渠系水利用系数；A_i 为第 i 个确权田块的灌溉面积，亩；n 为确权田块的总数量。

确权田块水资源占有权计算方法为：假设同一等级渠道的单位长度渗漏损失量相同，确权田块单位灌溉面积所分配的水资源占有权应与对应等级渠道的输水长度呈正比例函数关系。因此，基于某一等级渠道在灌溉系统中的渗漏损失总量，求得灌溉系统单位灌溉面积单位渠道输水长度的渗漏损失系数，然后乘以与对应等级渠道的输水长度即可求得确权田块单位灌溉面积在该等级渠道的水资源占有权，将所有等级渠道水资源占有权求和从而求得最终分配的水资源占有权，其具体计算公式可以表示为

$$k_{斗} = \frac{W_{斗} \times (1 - \eta_{斗})}{\sum_{i=1}^{n} D_{i,斗} \times A_i} \tag{2}$$

$$k_{农} = \frac{W_{斗} \times \eta_{斗} \times (1 - \eta_{农})}{\sum_{i=1}^{n} D_{i,农} \times A_i} \tag{3}$$

$$LWAV_{i,斗} = k_{斗} \times D_{i,斗} \tag{4}$$

$$LWAV_{i,农} = k_{农} \times D_{i,农} \tag{5}$$

$$LWAV_i = LWAV_{i,斗} + LWAV_{i,农} \tag{6}$$

式中：$D_{i,斗}$ 为第 i 个确权田块灌溉输水斗渠长度，m；$k_斗$ 为灌溉系统单位灌溉面积单位斗渠输水长度的渗漏损失系数，m³/（亩·m）；$D_{i,农}$ 为第 i 个确权田块灌溉输水农渠长度，m；$k_农$ 为灌溉系统单位灌溉面积单位农渠输水长度的渗漏损失系数，m³/（亩·m）；$LWAV_{i,斗}$ 为第 i 个确权田块单位面积在斗渠的水资源占有权，m³/亩；$LWAV_{i,农}$ 为第 i 个确权田块单位面积在农渠的水资源占有权，m³/亩；$LWAV_i$ 为第 i 个确权田块单位面积的水资源占有权，m³/亩。

4 实例应用

以河套灌区沈乌灌域巴彦套海农场东四斗（见图 1）为例，对基于"灌溉系统物理结构"的确权田块水权分配方法进行实例应用。

图 1 巴彦套海农场东四斗确权耕地空间分布

巴彦套海农场东四斗新确权水量为 62.97 万 m³，2012 年引黄灌溉面积为 2 826.22 亩，斗渠渠系水利用系数为 0.961 8，农渠渠系水利用系数为 0.911 3，根据式（1）求得东四斗单位面积的田间用水量为 195.29 m³/亩，即确权田块水资源使用权为 195.29 m³/亩。通过调研东四斗 445 个田块的灌溉面积及其对应斗渠 $D_{i,斗}$ 和农渠长度 $D_{i,农}$（见图 2 和图 3），利用式（2）和式（3）求得巴彦套海农场东四斗灌溉系统的斗渠渗漏损失系数为 0.008 8 m³/（亩·m），农渠渗漏损失系数为 0.043 m³/（亩·m）。

在求得地块各级渠系长度和渗漏损失系数的基础上，利用式（4）~式（6）计算各确权田块单位面积的水资源占有权。所有地块编号如图 4 所示。受篇幅限制，本文只展示 1~30 号地块确权结果，如表 1 所示，所有田块均具有相同的使用水权，而田块的占有水权则各不相同。田块至斗渠距离、农业距离越长，占有水权越大；田块至斗渠距离、农业距离越短，占有水权越小。渠系物理结构决定了田块占有水权的大小。同时，该分配结果也确保了每个田块均具有相同的使用水权，更能体现水权确权的公平性。

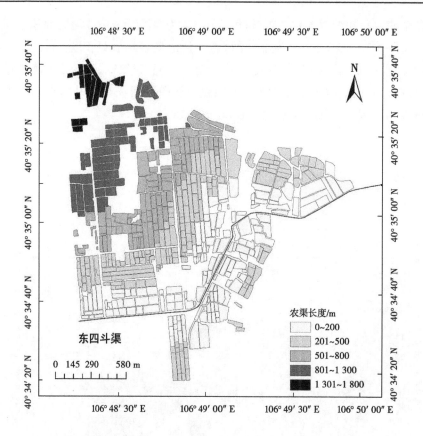

图 2　巴彦套海农场东四斗确权田块农渠输水长度

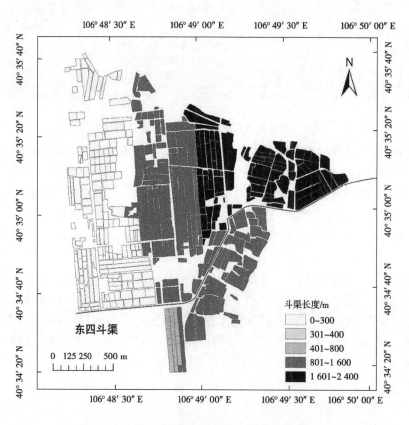

图 3　巴彦套海农场东四斗确权田块斗渠输水长度

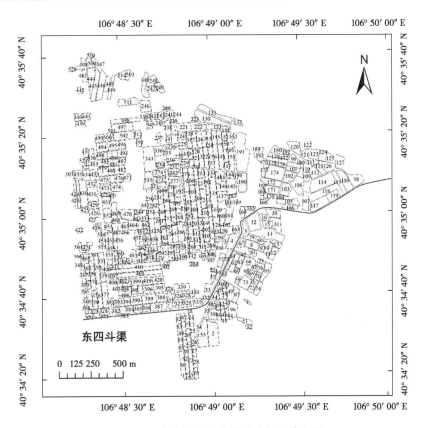

图 4　巴彦套海农场东四斗确权田块编号

表 1　巴彦套海农场东四斗 1~30 号田块水权确权结果

田块编号	占有水权 $LWAV_i$ / (m^3/亩)	使用水权 $CWAV$ / (m^3/亩)	确权水权/ (m^3/亩)	田块编号	占有水权 $LWAV_i$ / (m^3/亩)	使用水权 $CWAV$ / (m^3/亩)	确权水权/ (m^3/亩)
1	21.42	195.29	216.71	16	14.48	195.29	209.77
2	13.2	195.29	208.49	17	27.46	195.29	222.75
3	12.6	195.29	207.89	18	8.24	195.29	203.53
4	10.68	195.29	205.97	19	10.03	195.29	205.32
5	12	195.29	207.29	20	13.42	195.29	208.71
6	11.46	195.29	206.75	21	17.8	195.29	213.09
7	12.61	195.29	207.9	22	20.24	195.29	215.53
8	14.06	195.29	209.35	23	27.69	195.29	222.98
9	19.68	195.29	214.97	24	8.35	195.29	203.64
10	21.18	195.29	216.47	25	11.96	195.29	207.25
11	23.05	195.29	218.34	26	17.34	195.29	212.63
12	24.49	195.29	219.78	27	19.45	195.29	214.74
13	23.21	195.29	218.5	28	23.06	195.29	218.35
14	19.38	195.29	214.67	29	23.06	195.29	218.35
15	16.94	195.29	212.23	30	29	195.29	224.29

5 结论

相比传统的水权确权方法，本研究提出的基于"灌溉系统物理结构"的水权分配方法不仅反映了各田块面积的差异性，同时将田块在灌溉系统物理结构中位置的差异性也纳入考虑范围，保证了单位面积田块得到相同的使用水权，相比传统水权确权方法更加体现公平性，在河套灌区沈乌灌区的巴彦套海农场东四斗具有良好的适用性，对于完善河套灌区乃至其他灌区水权确权制度具有重要的实用意义和参考价值。

参考文献

[1] 党连文. 松辽流域初始水权分配实践与探索 [J]. 中国水利, 2005 (13): 56-58.

[2] 黄安齐. 灌区引黄灌溉水权多层级分配及确权研究 [D]. 郑州: 郑州大学, 2020.

[3] 吴丹, 向筱茜, 冀晨辉. 我国水权分配研究热点及演化的可视化分析 [J]. 人民黄河, 2022, 44 (7): 53-58.

[4] 慕丹丹. 中卫市水权确权方案及其应用研究 [D]. 银川: 宁夏大学, 2017.

[5] 陈波. 水资源国家治理现代化研究——以内蒙古河套灌区为例 [J]. 中国软科学, 2022 (3): 11-23.

[6] 马春霞, 潘英华. 河套灌区跨盟市水权转让的探讨与实践 [J]. 内蒙古水利, 2020 (1): 19-20.

跨省界河湖水污染联防联控现状、不足及完善路径

唐　见[1,2]　赵科锋[1,2]　李晓萌[1,2]　罗慧萍[1,2]

(1. 长江科学院流域水环境研究所，湖北武汉　430010；
2. 流域水资源与生态环境科学湖北省重点实验室，湖北武汉　430010)

摘　要：如何加强省际协作，提高跨界河湖水污染治理成效，是新发展阶段亟待解决的难题。法制体系、流域统筹、联合监测和信息共享、联合执法、监督考核与奖励激励等方面的"堵点"，仍然制约跨省界河湖水污染联防联控向纵深推进。因此，需要推动流域立法；在全流域探索形成统一规划，推进跨省界水污染联防联控工作标准化；优化监测站网，构建流域水环境监控体系，推进数字孪生流域建设，加强信息共享；建立考核与激励并行的横向生态补偿办法，开展跨省控制断面监督考核。研究结果可为决策者制定省际水污染防控协作相关政策或规划提供理论支持。

关键词：水污染；联防联控；信息共享；生态补偿

　　水环境污染问题是社会关注的焦点，尤其是跨省界水污染问题显得尤为突出，成为践行习近平总书记美丽中国、幸福河湖建设道路上面临的重大挑战。全国跨省界河湖超过 2 800 条（个），水污染问题没有行政边界，水体污染的根本在于流域内陆面上的人类活动，下游的水环境问题可能是由于上游的污染排放导致的，跨省界水污染联防联控是环境管理工作的重点及难点，也是水环境管理改革深水区必须要取得突破的关键环节和重点领域[1]。

　　河湖是个复杂的有机生态系统，河湖生命系统和生命支持系统相互作用耦合，形成一个在流域地理单元上连续的功能体，生态系统整体性和流域的系统性是其最自然、最根本的特征，这种特征决定了河湖治理管理的思维和行为必须以流域为基础单元。传统的基于行政区域内的碎片化的水污染治理模式会造成河湖分段（片）的保护管理，不利于形成流域整体保护合力。地区间经济技术水平差异和联防联控不足也可能导致了流域层面上水污染防治工作不能同频共振[2]，相邻河段或湖面的保护管理目标、任务、标准和措施缺乏协调统筹，难以有效控制跨省界水污染问题。如何加强上下游省之间的协作，提高水污染治理的成效，仍是一个亟待解决的难题[3]。但现阶段，大部分河湖尤其是跨省界河湖还不能落实流域统筹，协调处理好江河湖泊、上中下游、干流支流关系，形成全方位、全地域、全过程的水污染联防联控体制机制。因此，亟需开展跨省界水污染联防联控体制机制研究，防控跨界流域水污染风险，提升跨界水污染治理能力。

　　本文梳理了跨省界水污染联防联控典型流域实践；分析了跨省界水污染防治体制存在的问题；在此基础上，有针对性地提出跨省界水污染防治体制机制完善建议，以期能够更加有效地指导流域跨省水污染联防联控实践，切实提高流域水安全保障水平。

1　跨省界水污染联防联控典型流域实践

　　东江、滦河、太湖、新安江、赤水河等典型跨省界河湖水污染联防联控先行先试，取得了较好成效，形成了系列经验做法。

基金项目：世界银行 TCC6 项目（A48-2020）；黄冈市亚行贷款项目（HTA3.4）。

作者简介：唐见（1985—），男，高级工程师，博士（后），主要从事流域水环境管理研究工作。

1.1 建立联防联控协作框架协议

针对跨界水污染问题，流域管理机构积极探索跨省河流突发水污染事件联防联控协作机制，为推动跨行政区域水污染联防联控提供议事协商平台，明确联防联控工作相关任务的具体牵头落实部门和参与部门，谁牵头、谁参与、谁负责，职责权限相对清晰，通过协作机制强化跨省界流域突发水污染事件的信息研判与预警、信息交流与发布、应急监测、应急处置、应急保障等工作，共同协调解决跨界河湖水污染防治重点难点问题。

1.2 强化流域统筹

强有力的流域统筹可以避免区域治理的"碎片化""无序化"等问题。各地通过构建涉水综合管理政府部门及推行流域统一规划，统筹全流域联防联控，取得了较好的成效。

江苏省成立了太湖办，统一协调太湖流域治污的法制建设、规划、监督、管理等工作。浙江省探索提出治污水、防洪水、排涝水、保供水、抓节水"五水共治"的战略决策，从水利、生态环境、自然资源等相关涉水管理部门抽调人员组成治水办，组建成立"五水共治"技术服务团，集成各部门联合办公。

太湖局牵头编制完成长三角生态绿色一体化发展示范区水利规划，逐步实现流域河湖管理等级、管理目标、养护标准的统一，建立流域联合水资源保护、执法检查、水生态环境监测、水污染防控等管控措施，实现区域一体化和流域管理融合，推进太湖、淀山湖"一湖一策"联合修编。

1.3 联合开展跨省界河湖管护

各地通过跨区域水务一体化、跨省设置管理机构、联合清漂保洁、上下游协同参与水质保护等措施，推进跨省界河湖水污染联防联控（见表1）。

表1 跨省界河湖水污染联防联控工作模式

案例	涉及区域	工作模式
跨区域水务一体化	江苏	从江宁引管网给博望区供水，为博望区节省3 000余万元
	安徽	开展配套污水设施建设，将博望区污水一并收集处理
跨省设置管理机构	天津	天津市下设局属处级单位引滦黎河管理中心和引滦工程隧洞管理处，两个单位办公场所位于河北省唐山市
	河北	与河北省地方相关部门建立了巡查机制，定期联合河北省属地水政、公安等部门开展巡查，确保输水安全
联合清漂保洁	江苏	江苏省无锡市和浙江省湖州市共同签署了太湖蓝藻防控机制合作协议
	浙江上海	建立统一规划、项目准入、联席会议、联合执法、生态修复、信息共享、联合巡查、交叉检查、应急支援、推广应用等十项机制，提升蓝藻联防联控水平
联合开展水质保护	安徽	杭州市和黄山市共同委托生态环境部环境规划院开展《新安江流域水生态环境共保规划》
	浙江	组织水环境、磷污染防治和水环境保护课题研究，为流域水环境齐抓共管提供决策依据

1.4 开展联合监测与信息共享

新安江、太湖、东江等流域通过开展跨界断面水质监测、视频监控、信息平台建设等，掌握了省际交界断面的水情动态，为跨界河湖的水污染防治及生态补偿提供了数据支撑。

为保障新安江水质安全，以及新安江流域上下游横向生态补偿试点工作顺利开展，黄山市、杭州市、歙县、淳安县生态环境检测中心每月在新安江省际交界断面（街口）开展联合监测。

太湖局会同江苏省、浙江省和上海市的水利、生态环境部门搭建太湖流域水环境综合治理信息共享平台，全面涵盖太湖流域水文水资源、水环境、水生态、涉水工程、河湖管理等情况。

1.5　强化监督考核和奖励激励

在国家及部委指导下，地方积极探索上下游横向生态补偿（见表2），形成了新安江、赤水河、东江、密云水库等一系列生态补偿典型经验，有效解决流域内水生态环境保护与经济协调发展的问题，为深化水污染联防联控工作提供了资金激励[4]。

表2　典型流域生态补偿模式

案例	涉及区域	补偿方式
新安江生态补偿	安徽浙江	第一轮（2012—2014年），设置补偿资金每年5亿元（中央3亿元，安徽、浙江两省各出资1亿元），试点资金专项用于新安江流域产业结构调整和产业布局优化、流域综合治理、水环境保护、水污染防治以及生态保护等方面。 第二轮（2015—2017年），补偿资金每年7亿元（中央3亿元，安徽、浙江两省各出资2亿元），要求提升水质目标。 第三轮（2018—2020年），补偿资金4亿元（安徽、浙江两省各出资2亿元），水质目标进一步提升，并鼓励社会资本投入新安江流域综合治理和绿色产业发展
赤水河流域生态补偿	云南贵州四川	2018年2月，云南、贵州、四川签订《赤水河流域横向生态保护补偿协议》，并按1∶5∶4的比例共同出资2亿元，设立赤水河流域横向补偿资金。 三省将逐步建立"成本共担、生态共享、合作共治"机制，促进赤水河流域生态保护
东江流域生态补偿	江西广东	2016年10月，江西、广东两省政府正式签订《关于东江流域上下游横向生态补偿的协议》，实行联防联控和流域共治，共同维护东江流域水环境质量稳定和持续改善。 2019年12月签订《东江流域上下游横向生态补偿协议（2019—2021年）》，继续推进东江流域上下游横向生态补偿并建立长效机制
密云水库生态补偿	北京河北	北京市与河北省签订《密云水库上游潮白河流域水源涵养区横向生态保护补偿协议》，创新建立了考核与激励相结合的机制。 水质考核除国家规定的高锰酸盐指数、氨氮、总磷三项指标外，还增加了总氮指标，对总氮下降幅度给予奖励。 水量考核在2000年以来多年平均入境水量的基础上，实行多来水、多奖励的机制

1.6　引导群众参与跨界河湖的治水护水

跨界河湖联防联控仅仅依靠政府力量远远不够，还需要社会各界的多元参与（见表3），各地利用"绿水币""生态美超市""河长制+精准扶贫"等多样性化的手段，引导公众积极参与跨界河湖水污染防治的各项环节，确保联防联控成效可持续。

表3　公众参与跨界河湖保护

案例	参与方式
浙江省公众护水"绿水币"制度	采用"问题有发现，发现有积分，积分有奖励，奖励有保障"的原则，强化全域管理，全民管护河湖。 社会公众通过巡河、发现问题、处理问题等多种形式参与河湖管护工作，获取相应数额的"绿水币"，可以兑换相应生活物品
安徽省"生态美超市"	新安江沿线村民将收集的矿泉水瓶、塑料袋、旧电池、烟头等垃圾分类，按数量标准兑换食盐、黄酒、牙刷、肥皂等日常生活用品
广东省"河长制+精准扶贫"	建档立卡贫困户选为保洁员和巡河员。清理河面垃圾以及水质动态监测，助力精准扶贫

各地通过联合巡河、联合执法、水质监测、信息共享等机制，破解上下游、左右岸、干支流协同联动问题，凝聚形成水污染防治合力，省界断面水质稳步向好（见图 1）。统计分析了 2006—2020 年中国环境监测总站公布的全国地表水水质月报数据，以 9 月跨省界断面监测数据为例，跨省界断面的 Ⅰ～Ⅲ 类比例不断上升，由 2006 年的 44.79% 上升到 2020 年的 74.78%；跨省界断面的 Ⅳ～Ⅴ 类和劣 Ⅴ 类水比例呈现下降的变化趋势，尤其是劣 Ⅴ 类水由 2006 年的 18.75% 下降到 2020 年的 2.65%，跨省界断面的水质有明显提升。

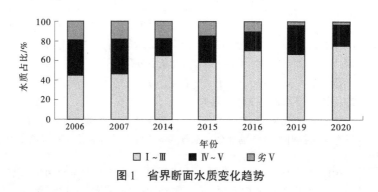

图 1　省界断面水质变化趋势

2　跨省界水污染联防联控困境

现阶段跨省界水污染联防联控工作取得了重要进展和成效，但当前我国的水污染治理仍然面临行政区域壁垒的困境与限制，体制机制仍然存在堵点和短板。

一是法制体系不健全，跨界水污染联防联控工作难以持续。联防联控工作完全依赖属地行政手段推动，且联防联控工作侧重长江、黄河、太湖等大江大河大湖，或者受到中央领导点名关注的河湖，这些河湖水污染联防联控工作成为政治任务，必须要大力推动，多方参与，联防联控工作开展较为顺利。而大部分跨界河湖，由于没有上位法规制度指导，矛盾尖锐，需要大量资金投入，联防联控还难以开展实质性工作，只停留在一些协议的签署上，实质性行动不多。

二是流域统筹不全面，区域的分片治理与流域的整体治理、系统治理、协同治理之间矛盾较多，缺乏流域统一规划，河湖功能定位不一致，造成河湖管理标准不协调，制约水污染联防联控纵深推进。东江流域粤赣交界断面上下游水质目标不一致。上游江西省采用国家标准，按地表水环境质量标准 Ⅲ 类进行管控；下游广东省采用更严格的地方标准，对交界断面水质按地表水环境质量标准 Ⅱ 类进行管控，下游水质目标严于上游，从而易导致跨界河湖水质管理纠纷。

三是跨界断面统一监测和信息共享不够，流域监测体系顶层设计薄弱，部委、流域管理机构与地方各级涉水主管部门根据需要设置断面开展相关要素监测，测站功能单一，重复建设，站网布局不合理，部分省际边界断面及重要水域监测站点及指标稀少，各部门监测数据及信息共享不足，形成信息孤岛，不能有效为跨界水污染联防联控提供数据决策支持。国家、安徽省和浙江省三家都在新安江街口交界断面设置水质监测点，各方仍然各自开展监测工作，数据并不共享，重复投入，造成资源浪费。

四是联合监管与保护工作薄弱。一方面跨省河湖违法违规行为的监管通常采用现场调查督查的传统手段，信息化水平不高，交界断面的联合巡查监管缺乏先进技术手段。另一方面，联合执法力度不足，流域管理机构与地方涉水行政主管部门的事权划分不明晰，联合执法能力和执法水平有限，难以开展有效联合执法。

五是考核与奖励激励不足。一方面，跨界河湖联防联控缺乏深层次监督考核，各省水污染防治成效以内部监督考核为主，跨界河湖水污染联防联控未纳入考核体系，省级领导对跨界河湖水污染联防联控重视不够。另一方面，各地积极推进横向上下游生态补偿，但横向跨流域生态补偿范围、标准、对象等不明确和难统一，未能充分调动各方积极性。目前，引滦入津上下游横向生态补偿的评价指标侧重于化学需氧量、氨氮等，水量未纳入补偿评价指标。补偿办法侧重于考核，水质考核达标后给予补偿，但缺乏激励措施，没有为上游改善水质工作给予相应的奖励，不能充分调动上游河北省参与联防联控的积极性。

3 跨省界水污染联防联控机制完善建议

跨省界河湖水污染联防联控体制还存在堵点，需要进一步完善跨界河湖水污染联防联控法制体系，在全流域探索形成统一规划、统一标准、联合监测、联合执法的流域环境治理与保护机制等举措，完善监督考核机制，不断夯实联防联控工作基础，推进跨界河湖水污染联防联控工作取得更好效果。

3.1 完善法制体系，打通体制机制堵点

充分吸收借鉴《中华人民共和国长江保护法》，修订《中华人民共和国水污染防治法》《中华人民共和国水法》等涉水管理法律的立法理念和管理制度。立法理念上体现新时期水环境管理的流域统筹、联防联控需要，全面系统地对流域水污染防治、生态补偿等重大问题的管理体制做出规定。

从流域尺度开展流域综合性专门立法研究，是流域实现高水平生态环境保护与高质量发展的根本保障[5]。推进黄河、淮河、珠江、太湖等大江大河保护立法工作；针对重要跨省河湖和饮用水水源地，参照赤水河流域"条例+共同决定"的地方共同立法创新形式，出台流域保护条例或管理办法。

3.2 推行统一规划，打通流域统筹堵点

研究流域防洪规划、水资源保护规划、水量分配方案、岸线保护利用规划、水源地规范化建设规划、水功能区划、入河排污口布设规划、水系连通实施方案、突发性水污染事件应急、重点跨省断面生态流量保障实施方案、水土保持规划等规划的多规合一，形成"一河（湖）一策"。

研究重要河湖、跨省河湖水污染联防联控的监测、评估与考核指标体系，构建跨界河湖水污染联防联控标准体系，推进跨界河湖水污染联防联控工作标准化。

3.3 开展联合监测，打通数据共享堵点

开展大江大河流域监测与信息共享部际合作，统筹协调国务院有关部门在已经建立的台站和监测项目基础上，健全流域生态环境、资源、水文、气象、航运、自然灾害等监测网络体系，开展流域干、支流，河湖重要水系节点、省界断面、重要水利工程断面全覆盖的水生态环境要素监测，提升水量–水质–水生态–水域岸线综合监测能力与水平。

持续推动流域已有水生态环境信息资源的整合共享，不断完善流域控制断面监督管理预警平台功能，推进数字孪生流域建设，实现水生态环境预报、预警、预演、预案"四预"功能和科学精准决策，提升流域水生态环境信息化、智能化、精细化管理水平，为跨界河湖水污染防治提供决策依据。

3.4 开展联合执法，打通协同联动堵点

制定跨界河湖联合巡查机制，联合各地及相关部门定期排查重要河湖、跨省河湖、重要水源保护区污染源。针对跨省河湖突发水污染事件，根据《生态环境部 水利部关于建立跨省流域上下游突发水污染事件联防联控机制的指导意见》，跨省流域上下游省级政府应按照自主协商、责任明晰的原则，充分发挥河湖长制作用，建立具有约束力的协作制度，增强上下游突发水污染事件联防联控合力。

跨省河湖所在的省级河长办，组织有关部门采用卫星遥感、无人机、视频监控、站网监测、物联网等信息化监管方式，联合监控跨省河湖违法违规行为和水污染、水灾害等突发事件，做到问题早发现、早制止、早处置。

3.5 强化奖励激励，打通激励考核堵点

开展跨省控制断面水功能区水质达标率、控制断面最小下泄流量及水质标准、主要污染物入河控制量等多项指标落实情况的监督考核，督促各地将指标落实情况纳入河长制考核指标体系，监督检查结果纳入省级领导干部的年度综合评价依据。

建立考核与激励并行的补偿办法，上游在水质改善和水量保障上面做出的牺牲要给予激励补偿。实施多样化的横向水生态保护补偿方式，调整跨区域对口支援工作，上下游地区可通过采取对口协作、产业转移、人才培训、共建绿色产业园区等方式实现补偿方和受偿方的共赢。

4 结论

（1）国内新安江、太湖、赤水河等典型跨省界河湖水污染联防联控先行先试，跨省界断面水质有明显提升。形成了"流域水生态环境共保规划""五水共治""跨界水务一体化""新安江生态补偿模式""太湖流域水环境综合治理信息共享平台""绿水币"等先进经验。

（2）跨界水污染联防联控工作中存在五个"堵点"：法制体系不健全、流域统筹不全面、跨界断面统一监测和信息共享不够、联合监管与保护工作薄弱、考核与奖励激励不足。

（3）针对跨界水污染联防联控的五个"堵点"，提出打通"堵点"的五个抓手：完善法制体系、推行统一规划、开展联合监测、开展联合执法、强化考核奖励。

参考文献

[1] 刘靳，涂耀仁，段艳平，等. 长三角区域跨界水污染治理的协同联动体制机制构建 [J]. 环境与可持续发展，2021，46（3）：153-159.

[2] 唐见，许永江，靖争，等. 河湖长制下跨界河湖联防联控机制建设研究 [J]. 中国水利，2021（8）：11-14.

[3] 璩爱玉，董战峰，郄晗彤，等. 京津冀地区水污染联防联控联治机制研究 [J]. 环境保护，2021，49（20）：38-41.

[4] 刘聪，张宁. 新安江流域横向生态补偿的经济效应 [J]. 中国环境科学，2021，41（4）：1940-1948.

[5] 廖建凯，杜群. 黄河流域协同治理：现实要求、实现路径与立法保障 [J]. 中国人口 资源与环境，2021，31（10）：39-46.

我国河口管理研究进展

刘　培[1,2]　黄鹏飞[2]　张艳艳[2]　许　伟[2]　林中源[2]

（1. 水利部珠江河口治理与保护重点实验室，广东广州　510000；
2. 珠江水利委员会珠江水利科学研究院，广东广州　510611）

摘　要：本文在归纳总结河口定义、功能及梳理我国河口分布、分类的基础上，从管理依据、管理任务和管理成效等方面阐述了我国主要河口管理现状，同时总结了现阶段河口管理存在的不足，并针对性地给出了相应建议，为今后河口管理提供借鉴和参考。

关键词：河口管理；河口概况；管理任务；管理成效

我国是一个发展中的海洋大国，海岸线北起鸭绿江口，南至中越交界北仑口，总长 1.8 万 km，分布着大小不同类型的河口 1 800 多个。河口地区城市化程度高，人口密集、经济发达，以占陆域国土 13% 的面积，承载着全国 40% 左右的人口，创造了全国 60% 左右的国民经济产值[1]。随着河口地区的快速发展，人类活动对河口的影响日益增加，河口管理暴露出诸多问题。近年来，由于河口规划管理中的治理开发方向和目标不明确、开发建设与治理保护不协调、管理范围划定不清、管理体制上的多头管理等一系列问题，在一定程度上制约了河口地区的综合管理工作，深刻影响着河口地区经济社会的发展。

河口管理的最终目标是河口的永续健康，结构和功能彼此协调[2]。这种健康是在人类活动作用下的健康，而不是自然条件下的健康，即河口开发是在河口能够承受和自然恢复的范围内进行，使二者达到一种动态平衡。如何实现河口管理的最终目标已经成为诸多河口管理者和决策者关心的重要问题，因此河口管理作为一门备受关注的学科，有必要对其开展专项研究。

本文通过归纳总结我国河口分布、分类，我国河口管理的相关法律法规、河口管理任务及主要河口的管理成效，了解我国主要河口概况，并针对目前河口管理中普遍存在的问题，提出若干具有针对性的河口管理的建议，为今后我国河口管理提供借鉴和参考。

1　我国主要河口概况

1.1　河口定义及功能

河口广义的概念是指河流与受水体相连接的区域。由于受水体如海洋、湖泊、水库和河流的不同，可将河口分为入海河口、入湖河口、入库河口和支流河口等。从词源看，"河口"起源于拉丁语"Aestus"，即"潮汐的"，因此河口狭义的概念是指入海河口，其范围包括潮汐影响的河段和径流影响的海洋区域。根据沿程径流、潮流相对势力分布差异，河口区可分为河流进口段、河口过渡段和口外海滨段，河口区分段示意图见图 1。

河口及其三角洲是海岸带的重要组成部分，是海陆相互作用的界面，是岩石圈、水圈、大气圈和生物圈相互作用最敏感、最活跃的地带，是一个复杂的自然综合体[3]。这些界面既受径流、潮汐、潮流、地形、盐淡水混合、风应力、口外流系等自然因子作用，又愈来愈受到人类活动影响[4]。因

———————————————
基金项目：国家重点研发计划（2021YFC3001000）。
作者简介：刘培（1986—），女，高级工程师，副所长，主要从事河流河口治理、洪涝灾害防御等方面的研究工作。

此，河口在泄洪纳潮、保障供水、排涝灌溉、航运交通、生态服务等方面扮演着重要角色。

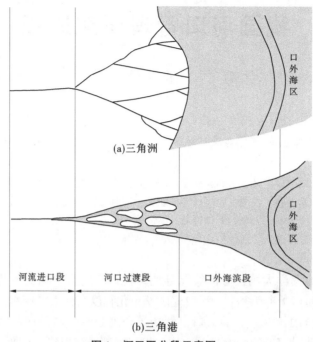

图 1　河口区分段示意图

（1）泄洪纳潮功能。河口是河流的尾闾，承担着流域洪水宣泄入海的任务，同时接纳潮汐吞吐以稳定河势。行洪、纳潮、保安全功能是河口最基本的功能，也是最需要维护和捍卫的功能。

（2）保障供水功能。河口地区经济发达，人口稠密，用水总量需求大。如珠江河口地区供水以河道型水源为主，取水口绝大多数布设于西江、北江、东江干流。

（3）排涝灌溉功能。河口地区地势相对低平，潮位周期性涨落为农田灌溉和涝水排放提供了有利条件。农田灌溉常利用短时间高水位所带来的淡水进行引水（俗称偷淡），排涝则是利用落潮低潮位时进行抢排。

（4）航运交通功能。河口是河海水路交通的咽喉，内连河流腹地，外通海洋，独特的自然条件成就了海运和"江海联运"，支撑了地方经济快速发展。

（5）生态服务功能。河口区域存在大量湿地资源，在调节气候、涵养水源、蓄洪防旱、控制土壤侵蚀、促淤造陆、净化环境、维持生物多样性和生态平衡等方面均具有十分重要的作用，有"自然之肾"之称。

1.2　中国河口分布与分类

1.2.1　河口数量及分布

中国大陆海岸线北起鸭绿江口，南至中越交界北仑河口，总长 1.8 万 km，加上岛屿岸线，共计 3.2 万 km。海岸线上有大小不同类型的河口 1 800 多个，其中大部分分布在渤海、黄海、东海、南海四海沿岸，以东海和南海沿岸最多（见表 1）。

1.2.2　河口分类

河口主要的分类有河口平面形态分类法[5]、动力或能量分类法[6-7]、盐度结构分类法[8]、潮差分类法[9]、自然地理学分类法[10]、沉积地貌分类法[11] 等。这些分类各自从河口平面形态、地形、地貌、潮差、盐淡水混合等方面区分河口类型，从不同角度反映河口特征。

国内的河口分类研究，有黄胜[12]、王恺忱[6]、周志德[13] 等分别从水沙特性、动力相互作用、河口河床演变的角度出发对河口进行分类的研究，将我国河口类型基本分为河口湾型、过渡型和三角洲型三大类；金元欢等[14] 选取河口潮、径流动力及其组合的 9 个指标，运用模糊聚类分析方法，对我国河口进行了综合分类，提出了相应的分类指标。

表 1　入海河口的分布与概况

海域		渤海	黄海	东海	南海	台湾以东太平洋海域	总计
河口的分布	河口数量	249	165	711	704	50	1 879
	占河口总数/%	13.25	8.78	37.84	37.46	2.67	100
流域面积	面积/km²	1 335 910	334 132	2 044 098	585 637	11 760	4 311 532
	占流域总面积/%	30.98	7.75	47.42	13.58	0.27	100
多年平均入海径流量	径流量/亿 m³	801.49	561.45	11 699.3	4 821.81	268.37	18 152.44
	占入海总水量/%	4.42	3.09	64.45	26.56	1.48	100
多年平均入海输沙量	输沙量/万 t	120 881	1 467	63 060	9 592	6 375	201 375
	占入海总沙量/%	60.03	0.73	31.31	4.76	3.17	100

最新的河口分类学研究，熊绍隆以径流、潮流比值和径流、潮流含沙量比值的合理组合作为分类指标，将我国入海河口分为河口湾型、过渡型和三角洲型三个大类 7 个亚类[15]。

2　中国河口管理现状

针对河口治理、开发与保护中的突出问题，保障流域区域的水安全，发挥河口综合功能，各大河口纷纷出台管理办法，如《黄河河口管理办法》《珠江河口管理办法》《海河独流减河永定新河河口管理办法》等。各大河口管理办法的出台，规定了各河口规划的法律地位、有关编制程序、与其他相关规划的关系；明确了入海河道特别是无堤防河道管理范围的划定标准；对河口的开发利用做出了具体的保护规定；确立了入海河道整治与建设的基本要求，并明确规定入海河道治理工程纳入国家基本建设计划，按照基本建设程序统一组织实施；明确了入海河道工程的管护主体和经费筹集渠道；明确了划定河海界限的主体、程序和政策依据等。作为专门性规章制度，各河口管理办法的颁布施行，为河口的综合治理、河口开发建设活动的管理提供了统一的规范和约定，具有十分重要的意义。

2.1　河口管理相关法律法规

目前，我国河口管理所依据的相关法律主要为《中华人民共和国水法》《中华人民共和国防洪法》《中华人民共和国河道管理条例》（简称《水法》《防洪法》《河道管理条例》）。《水法》是为了对开发、利用、节约、保护水资源和防治水害，实现水资源的可持续利用，适应国民经济和社会发展的需要而制定的。《防洪法》是为了防治洪水，防御、减轻洪涝灾害，维护人民的生命和财产安全，保障社会主义现代化建设顺利进行而制定的。《河道管理条例》是为加强河道管理，保障防洪安全，发挥江河湖泊的综合效益而制定的，是加强河道规范化管理和依法行政的重要依据与基础，自1988 年颁布实施以来，已经发挥了重要的作用。

为进一步加强对河口整治开发活动的管理，保障流域区域的水安全，发挥河口综合功能，相关河口也制定了相应的法律法规和规章制度：长江河口《中华人民共和国长江保护法》《上海市滩涂管理条例》，黄河河口《黄河河口管理办法》，珠江河口《珠江河口管理办法》《广东省河口滩涂管理条例》，海河河口《海河独流减河永定新河河口管理办法》，辽河河口《辽宁省河道管理条例》，钱塘江河口《浙江省钱塘江管理条例》。各办法（条例）均根据《水法》《防洪法》《河道管理条例》等法律法规制定。

2.2　河口管理体制

长江河口、辽河河口水利管理实行流域管理与区域管理、省级管理与市县级管理相结合的体制。

根据《黄河河口管理办法》，黄河水利委员会及其所属的黄河河口管理机构按照规定的权限，负责黄河河口黄河入海河道管理范围内治理开发活动的统一管理和监督检查工作。

根据《珠江河口管理办法》，珠江河口整治开发实行水行政统一管理和分级管理相结合的管理体制。珠江河口整治开发活动由水利部珠江水利委员会和广东省人民政府水行政主管部门按照划定的权限实施监督管理。

根据《海河独流减河永定新河河口管理办法》，海河水利委员会负责三河口治理、开发和保护活动的统一监督管理。天津市人民政府水行政主管部门按照办法规定的权限，负责永定新河河口治理、开发和保护活动的监督管理。

根据《浙江省钱塘江管理条例》，浙江省水行政主管部门是钱塘江河道的主管机关。设区的市、县（市、区）人民政府水行政主管部门按照规定的职责负责本行政区域内钱塘江河道的管理工作。

2.3　河口管理职能

目前，河口区域由水利行政主管部门实施的管理职能主要有以下几项：①防洪、潮、涝的职责；②河道、河口内建设项目占用水域、岸线、滩涂的审批管理；③利用河道进行水资源统一配置和压咸补淡的管理；④对河道内水质进行监测的职责；⑤对河道管理的职责以及堤防水闸等防洪工程设施的管理。

河口区域具体由水利行政主管部门实施的行政许可项目有：

（1）取水许可审批：其目的是加强水资源的统一管理，维护取水用户的合法权益。

（2）河道管理范围内建设项目工程建设方案审批：其目的是加强对河道管理范围内各类建设项目的管理，保证河道行洪安全，保护各类水工程的安全，维护防洪安全。

（3）水工程建设规划同意书审核：其目的是加强对水工程建设管理，保证河道行洪安全，规范报批程序，维护防洪安全。

（4）专用水文测站的审批：其目的是加强水文站网管理，充分发挥水文站网功能和作用。

（5）国家基本水文测站上下游建设影响水文监测工程的审批：其目的是加强水文监测环境和设施保护，保障水文监测工作正常进行。

（6）开发利用河口滩涂的审批制度：其目的是加强河口滩涂管理，保障河道行洪纳潮，维护人民生命财产安全，保护和合理开发利用河口滩涂资源，促进经济可持续发展。

（7）采砂许可审批。

3　我国河口管理成效

（1）河势总体维持稳定。历来，各河口通过加强河口地区涉水事务管理、推进河口综合整治工程，以控制节点分流、改善水流条件，引导河口的有序延伸，维护滩槽稳定。如长江口稳定了南、北港和南、北槽的分流口，总体维护了"三级分叉、四口入海"的形态格局；黄河口制定清水沟流路，保障上游来水宣泄至渤海湾；珠江口规划治导线对河口泄洪纳潮通道布局做出了合理安排，维持了各口门水沙分配及河口湾"三滩两槽"格局。

（2）防洪（潮）排涝能力显著提升。各大河口因地制宜地通过清、退、拦、导、疏等综合整治工程实施，增强口门泄洪能力；建设加固堤防，提高抵御洪潮能力；建设泵站并维护河口低水环境，提升区域排涝能力。如珠江口通过泄洪整治、区域堤防达标加固和涉水项目管控，畅通了尾闾，提高了区域防洪（潮）标准，维持了伶仃洋和黄茅海两个河口湾低水环境，便于三角洲涝水排出；钱塘江口进行了两次系统加固海塘，实现了60年无重大洪潮灾害。

（3）供水安全得到有效保障。在综合治理、有序开发的基础上，加强水资源保护和水功能区的管理，通过因地制宜地采取束窄河口、建设挡潮闸、设立丁坝、开展调水压咸潮和节水蓄水等措施抑制咸潮上溯，保障了区域供水安全。如长江口严格控制了污染物的入河排放总量，束窄北支中下段的河宽，减轻了北支的纳潮量及咸潮入侵的影响，保障了区域用水；珠江口采用丁坝、调水压咸等，控制咸潮上溯，保障区域供水；海河口防潮闸建设使海河干流"咸淡分家"，控制了咸水入侵，配合跨流域输水工程，保障了区域的供水。

（4）航道条件进一步改善。河口通江连海，有先天性优越的通航条件，航道的开发与治理一直伴随着河口的发展。河口河势的维持和尾闾的畅通，使得河口的航道条件有所改善，如长江口深水航道治理工程实施，使得深水航道向上游延伸，航道条件得到明显改善。

（5）生态环境持续向好。河口是海陆生态交错的区域，良好的生态环境是动植物生长的温床，保护生态环境有利于生态多样性的维持。通过控制入河排污总量，加强岸线滩涂保护，河口整体生态环境得到了持续保障。如黄河口成立黄河三角洲国家级自然保护区，保护区域生物多样性，维持区域生态平衡，保持了中国最完整、最广阔、面积最大的新生湿地生态系统；珠江口通过遏制湿地开发活动，保护了南沙、淇澳岛等湿地生态系统；钱塘江口注意防护林地、湿地开发的规模和速度，保持滩地动态平衡，维持候鸟迁徙、重要鱼类繁衍生产、生物多样性的生态系统。

（6）岸线、滩涂资源开发有序。通过加强河口涉水项目管理，合理有序开发利用岸线滩涂资源，推动流域和河口地区经济社会又好又快发展。据统计，钱塘江河口开发利用滩涂200余万亩，珠江河口开发利用滩涂近百万亩，均为河口地区提供了宝贵的城镇、工业、港口、码头、仓储发展用地，创造了巨大的经济价值和社会价值。辽河河口原来未利用的荒滩开发为水田、苇田、虾田等，滩涂转为陆地对油田的发展起到了积极的促进作用。

（7）地方经济发展得到大力保障。河口在开发与治理的同时，兼顾文化遗产的保护，历史古迹得以保留，结合旅游业的发展，因地制宜地塑造水景观，推动了河口的文旅产业融合与发展。如黄河三角洲自然保护区被国际湿地保护机构授予"国际重要湿地"称号并颁发了证书，提供良好的河口旅游资源；珠江河口南沙湿地公园在保护的同时，也作为旅游资源，为珠江三角洲提供湿地观赏风光。钱塘江河口治理后，保护了潮涌景观和约40 km的明清老海塘文物资源，形成了稳定适宜的观潮地点，同时使得观潮点和潮景的选择都更为丰富多样，把水利旅游、休闲、文化建设相结合，吸引大众对水利的关注。

4 我国河口管理展望

通过前文对我国河口管理的现状、管理所依据的法律法规、管理的任务及所取得成效的梳理，发现目前我国河口管理虽然已经取得了很大成就，但是还存在一些不足，应处理好以下几方面的关系：

（1）流域与区域的关系。树立河口治理的系统整体观，河口区域的水资源、洪水来自流域中上游，调配水资源、调蓄洪水的骨干工程亦集中在流域中上游，决定河口的"安全""生态""美丽"必须从全流域层面统筹考虑。

（2）协调多部门间的关系。由于河口管理涉及水利、海洋、交通、国土、环境等多个部门，目前存在管理权限互相交叉、管理范围划定不清、行政审批项目重复设置等问题，一定程度上影响河口区域的有序开发和有效保护。

（3）开发利用与保护的关系。当前河口来水来沙条件发生的巨大变化，人类活动影响下河口边界条件较几十年前显著不同，同时在国家对河口生态环境保护提出了更高要求的背景下，河口治理、开发与保护矛盾日益突出，需要系统评估以往河口治理策略在变化环境下的适宜性，以"大保护"为方向，遵循系统治理的理念，综合制定河口保护、治理和开发策略，实现河口地区经济社会发展与人口、资源、环境相协调。

（4）加强基础观测和科学研究。河口的治理和管理应遵循河口的自然特性及其发展演变规律，因此河口原型观测和基础理论研究尤其重要。在河口来水来沙条件变化的情况下，加上河口人类活动影响剧烈，现有的原型观测数据难以满足要求，河口演变规律已发生了较大变化，需要加强变化环境下河口原型观测及基础理论研究，做到河口规划与治理有理可依、有理可循。

5　结语

本文通过归纳总结我国河口分布、分类，目前河口管理的现状，我国河口管理的相关法律法规、河口管理任务以及我国主要河口的管理成效等内容，得出以下几点结论：

（1）我国河口众多，相关法律法规日渐健全，为河口的综合治理、河口开发建设活动的管理提供了统一的规范和约定，具有十分重要的意义。

（2）各河口在河势稳定、防洪（潮）排涝能力提升、供水安全保障、航运条件改善、生态环境向好、地方经济发展等方面管理成效显著。

（3）河口管理应在加强基础观测和科学研究的基础上，妥善处理好流域与区域、不同部门以及开发利用与保护等方面的关系。

参考文献

[1] 赵晓涛，杨威，周丹，等. 影响我国河口地区可持续发展的五大问题 [J]. 海洋开发与管理，2008，3（4）：91-93.

[2] 易小兵，王世俊，李春初. 珠江河口界面特征与河口管理理念 [J]. 海洋学研究，2008，26（4）：86-92.

[3] 陈吉余. 长江口生态环境变迁与调控 [J]. 人民长江报，2009（5）：1-4.

[4] 沈焕庭，胡刚. 河口海岸侵蚀研究进展 [J]. 华东师范大学学报（自然科学版），2006（6）：1-8，2.

[5] Pritchard D W. Salinity distribution and circulation in the Chesapeake Bay estuarine system J Mar. , 1952, 11：106-123.

[6] 王恺忱. 潮汐河口的分类探讨 [C] //1980 年全国海岸带海涂资源综合调查、海岸工程学术会议论文集，北京：海洋出版社，1982，113-117.

[7] Pritchard D W. What is an estuary：physical viewpoint. Lanff G H（Editor），Estuaries. AAAS Pub. 83, Washington, D. C. , 1967, 3-5.

[8] Hayes M O. Morphology of sand accumulation in estuaries：an introduction to the symposium. Cronin（Editor）L E. Estuarine Research, Academic Press, New York, 1975, 2, 3-22.

[9] Davis J L. A morphogenetic approach to world shorelines Z Geomorph. , 1964, 8：127-142.

[10] Fairbridge R W. The estuary：its definitiion and geodynamic cycle. In：Olausson E and Cato I（Editor）. Chemistry and Biogeochemistry of Estuaries, Wiley, New York, 1960, 1-135.

[11] Dalrymple R W, Zaitlin B A, Boyd R. A conceptual model of estuarine sedimentation [J]. Sediment Petrol. , 1992, 62：1130-1146.

[12] 黄胜，葛志瑾. 潮汐河口类型商榷. 南京水利科学研究所研究报告汇编 1958～1965 年第 29 号（河港研究第二分册）：1-15.

[13] 周志德、乔彭年. 潮汐河口分类的探讨 [J]. 泥沙研究，1982（2）：52-59.

[14] 金元欢，沈焕庭，陈吉余. 中国入海河口分类刍议 [J]. 海洋与湖沼，1990，21（2）：132-143.

[15] 熊绍隆，曾剑. 潮汐河口分类指标与河床演变特征研究 [J]. 水利学报，2008，39（12）：1286-1295.

喷头压力-流量关系中参数的不确定度计算

杨书君 贾燕南

（中国水利水电科学研究院，北京 100048）

摘 要：不确定度的表示及其应用，受到各国际组织和计量部门的高度重视。国际实验室间的数据比较和量值比对，要求提供包括包含因子和置信水平约定的测量结果的不确定度，以取得相互承认和共识。不确定度是检测数据客观真实性的反映，通过对每个不确定度分量的分析，明确测量过程中影响不确定度的因素，进而提高测量质量。本文根据实验室多年实践经验，提出了喷头压力、流量测量结果的影响因素，并根据测得喷头不同压力下的流量，对压力-流量进行公式（$Q=a \cdot H^b$）拟合，从而确定参数 a、b 值，对其进行不确定度计算，分别给出了参数 a 和 b 的合成不确定度。

关键词：压力-流量关系；不确定度评定；合成不确定度

1 引言

《检测和校准实验室能力的通用要求》（GB/T 27025—2019）（IDT ISO/IEC 17025-2017）中指出：当不确定度与检测结果的有效性或应用有关，或客户的指定中有要求，或当不确定度影响到对规范限度的符合性时，检测报告中还需要包括有关不确定度的信息[1-2]。中国合格评定国家认可委员会公布的《测量不确定度政策》（2002）明确指出，认可委在认可实验室的技术能力时，必须要求检测实验室制定与检测工作特点相适应的测量不确定度评定程序，并将其用于不同类型的检测工作。要求具体实施检测人员正确应用和报告测量不确定度，要求实验室建立维护评定测量不确定度有效性的机制[3]。近年来，检测领域实验室对测量不确定度的评定受到高度重视。本文依据《测量不确定度评定与表示》（JJF1059.1—2019）[4]、《旋转式喷头》（GB/T 22999—2008），对喷头压力-流量关系测量过程中产生的不确定度进行分析，找出影响不确定度的因素，并对不确定进行评估，为实验室质量控制及检测结果报告的合理性提供科学依据。

2 喷灌试验台的组成和用途

喷灌试验台为自行研发设备，由水源、水泵、管路、闸阀等部分组成（见图1）。测量仪器有涡轮流量计和压力表。试验台用于测量喷头压力-流量关系。

3 对喷头压力-流量关系中参数的不确定度计算

3.1 喷头压力-流量测量结果的影响因素

喷头压力-流量的不确定度主要来源于压力表和涡轮流量计的误差、压力脉动引起的误差，以及人员的操作失误造成的误差。

根据以往试验经验，人员的失误往往对结果影响较大，产生较大误差。人员的失误包括：流量仪参数输入错误，压力表位置安装不符合要求。试验前必须认真按照作业指导书及试验方法标准的要求检查设备情况，避免人员失误。

作者简介：杨书君（1979—），女，高级工程师，主要从事节水灌溉产品质量检测工作。

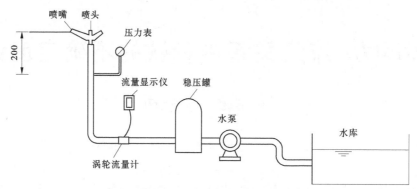

图 1　喷头压力-流量关系试验示意图

试验中喷头采用 Φ15-30BH 型一个，测定这个喷头的压力-流量关系：

$$Q = a \cdot H^b \tag{1}$$

式中：Q 为喷头流量，m³/h；H 为压力，kPa；a、b 为参数。

最终计算参数 a 和 b 的不确定度。

3.2　参数 a、b 不确定度的 A 类评定

测量不确定度是表征合理的赋予被测量之值的分散性，与测量结果相联系的参数[5]。测量不确定度是独立而又密切与测量结果相联系的、表明测量结果分散性的一个参数。在测量的完整的表示中，应该包括测量不确定度。测量不确定度用标准偏差表示时称为标准不确定度。

采用对检测数据进行统计分析方法来评定标准不确定度，称为不确定度 A 类评定，所得到的不确定度称为 A 类不确定度[6]。某被测量值的 A 类不确定度的评定是进行等精度的独立多次重复测量，得到一系列测量值。根据《旋转式喷头》（GB/T 22999—2008），对喷头的压力-流量关系进行 10 次试验，试验数据见表 9。根据喷头的压力-流量关系式（1），计算结果见表 1、表 2。

表 1　喷头压力-流量关系 10 次试验结果下参数 a、b 值

试验次数	1	2	3	4	5	6	7	8	9	10
a	0.145	0.150 9	0.147 3	0.146 3	0.152 6	0.156 1	0.152 4	0.149 2	0.144 5	0.148 3
b	0.483 6	0.476 8	0.481 1	0.482 3	0.475 5	0.472 2	0.475 9	0.479 1	0.484 5	0.479 9

表 2　对参数 a、b 值的均值、标准差计算结果

参数	均值	标准差（A 类不确定度）
a	0.149 3	0.003 7
b	0.479 1	0.004 0

3.3　参数 a、b 不确定度的 B 类评定

采用非统计方法来评定的标准不确定度称为不确定度 B 类评定，所得到的相应标准不确定度称为 B 类不确定度。

对于参数 a 和 b 的 B 类不确定度评定，是通过分析测量值 H 和 Q 的误差得到的。所以首先需要分析 H 和 Q 的随机误差。

3.3.1　水头 H 的随机误差

水头的误差由压力表读数的误差和压力的脉动误差合成而定。在试验中采用 0.4 级的压力表，量程为 1 000 kPa，所以误差为 4 kPa。经过长期观测，本实验室脉动误差为 1%。不同压力下的误差见表 3。

表3　水头 H 引起的误差　　　　　　　　　　单位：kPa

试验压力	200	225	250	275	300	325	350	375	400	425
压力表随机误差	4	4	4	4	4	4	4	4	4	4
脉动压力随机误差	2.00	2.25	2.50	2.75	3.00	3.25	3.5	3.75	4.00	4.25
试验水压力误差	4.47	4.59	4.72	4.85	5.00	5.15	5.32	5.48	5.66	5.84

注：试验水压力误差 $=\sqrt{压力表随机误差^2+脉动压力随机误差^2}$。

3.3.2　流量 Q 的随机误差

采用涡轮式流量计测流量，根据流量计的检测报告，涡轮流量传感器检定结论：准确度为0.5级。根据10次测量的结果确定的参数 a 和 b 可以求出试验压力下的流量，并根据涡轮式流量计的精度确定流量 Q 引起的误差，结果见表4。

表4　流量 Q 引起的误差

试验压力/kPa	200	225	250	275	300	325	350	375	400	425
试验流量/（m³/h）	1.889	1.999	2.103	2.201	2.295	2.384	2.470	2.554	2.634	2.711
试验流量误差/（m³/h）	0.009	0.010	0.011	0.011	0.011	0.012	0.012	0.013	0.013	0.014

3.3.3　参数 a 的 B 类不确定度评定

由式（1）可得出：

$$a=\frac{Q}{H^b} \tag{2}$$

因为 H 和 Q 的测量值的随机误差是相互独立的，根据误差合成理论，由式（2）可以求出参数 a 的标准差为 σ_a：

$$\sigma_a=\sqrt{\left(\frac{\partial a}{\partial Q}\right)^2\sigma_Q^2+\left(\frac{\partial a}{\partial H}\right)^2\sigma_H^2}=\sqrt{\frac{1}{H^{2b}}\sigma_Q^2+\frac{(Qb)^2}{H^{2b+2}}\sigma_H^2} \tag{3}$$

式中：σ_Q 为流量 Q 引起的标准差；σ_H 为压力水头 H 引起的标准差。

由式（3）可以看出，参数 a 的标准差 σ_a 不但与 σ_Q 和 σ_H 有关，而且与流量 Q 和压力 H 有关。将表3和表4的结果代入式（3），可以得出不同流量 Q 和压力水头 H 下参数 a 的标准差 σ_a，也就是B类不确定度，结果见表5。

表5　参数 a 的标准差 σ_a

试验压力/kPa	200	225	250	275	300	325	350	375	400	425
试验流量/（m³/h）	1.889	1.999	2.103	2.201	2.295	2.384	2.470	2.554	2.634	2.711
H 标准差 σ_H	4.472	4.589	4.717	4.854	5.000	5.154	5.315	5.483	5.657	5.836
Q 标准差 σ_Q	0.009	0.010	0.011	0.011	0.011	0.012	0.012	0.013	0.013	0.014
参数 a 的标准差 σ_a（B类）	0.001 8	0.001 6	0.001 5	0.001 5	0.001 4	0.001 4	0.001 3	0.001 3	0.001 3	0.001 2

3.3.4　参数 b 的 B 类不确定度

$$b=\frac{\ln Q-\ln a}{\ln H} \tag{4}$$

求参数 b 的标准差 σ_b 方法与3.3相似，将表3和表4的结果代入式（5），可以得出不同流量 Q 和压力水头 H 下参数 b 的标准差 σ_b，也就是B类不确定度，结果见表6。

$$\sigma_b = \sqrt{\left(\frac{\partial b}{\partial Q}\right)^2 \sigma_Q^2 + \left(\frac{\partial b}{\partial H}\right)^2 \sigma_H^2} = \sqrt{\left(\frac{1}{Q\ln H}\right)^2 \sigma_Q^2 + \left(\frac{b}{H\ln H}\right)^2 \sigma_H^2} \tag{5}$$

表 6　参数 b 的标准差 σ_b

试验压力/kPa	200	225	250	275	300	325	350	375	400	425
试验流量/（m³/h）	1.889 5	1.999 2	2.102 7	2.200 9	2.294 6	2.384 3	2.470 5	2.553 5	2.633 7	2.711 3
H 标准差 σ_H	4.472 1	4.589 4	4.717 0	4.854 1	5.000 0	5.153 9	5.315 1	5.482 9	5.656 9	5.836 3
Q 标准差 σ_Q	0.009 4	0.010 0	0.010 5	0.011 0	0.011 5	0.011 9	0.012 4	0.012 8	0.013 2	0.013 6
参数 b 的标准差 σ_b（B 类）	0.002 2	0.002 0	0.001 9	0.001 7	0.001 7	0.001 6	0.001 5	0.001 5	0.001 4	0.001 4

3.4　计算合成不确定度

当测量结果是由若干个其他量的值求得时，按其他各量的方差和协方差算得的标准不确定度，称为合成标准不确定度。通过对压力–流量关系中的参数 a 和 b 的 A 类不确定度和 B 类不确定度的分析，最终可以确定合成不确定度。

$$\sigma_{总} = \sqrt{\sigma_A^2 + \sigma_B^2} \tag{6}$$

由（6）式可以确定参数 a 和 b 的合成不确定度，结果见表 7 和表 8。

表 7　参数 a 的合成不确定度

试验压力/kPa	200	225	250	275	300	325	350	375	400	425
试验流量/（m³/h）	1.889 5	1.999 2	2.102 7	2.200 9	2.294 6	2.384 3	2.470 5	2.553 5	2.633 7	2.711 3
A 类不确定度 σ_A	0.003 7	0.003 7	0.003 7	0.003 7	0.003 7	0.003 7	0.003 7	0.003 7	0.003 7	0.003 7
B 类不确定度 σ_B	0.001 8	0.001 6	0.001 5	0.001 5	0.001 4	0.001 4	0.001 3	0.001 3	0.001 3	0.001 2
合成不确定度 $\sigma_{总}$	0.004 1	0.004 0	0.004 0	0.004 0	0.004 0	0.004 0	0.003 9	0.003 9	0.003 9	0.003 9

表 8　参数 b 的合成不确定度

试验压力/kPa	200	225	250	275	300	325	350	375	400	425
试验流量/（m³/h）	1.889 5	1.999 2	2.102 7	2.200 9	2.294 6	2.384 3	2.470 5	2.553 5	2.633 7	2.711 3
A 类不确定度 σ_A	0.004 0	0.004 0	0.004 0	0.004 0	0.004 0	0.004 0	0.004 0	0.004 0	0.004 0	0.004 0
B 类不确定度 σ_B	0.002 2	0.002 0	0.001 9	0.001 7	0.001 7	0.001 6	0.001 5	0.001 5	0.001 4	0.001 4
合成不确定度 $\sigma_{总}$	0.004 6	0.004 5	0.004 4	0.004 3	0.004 3	0.004 3	0.004 3	0.004 3	0.004 2	0.004 2

4　结论

ISO/IEC 17025—2017 中 6.4.1 条款规定：实验室应获得正确开展实验室活动所需的并影响结果的设备。自制设备由于适用的特殊性，一般很难进行校准。采用测量不确定度评估自制设备的测量能力，不仅可以走出较难校准的困境，快速地判断自制设备与检测标准要求之间的符合性，还能改善测量系统，以及为自制设备的改进提供方向，从而提高实验室的检测水平。

试验数据见表 9。

表 9　试验数据

压力/ kPa	流量/ (m³/h)									
	1	2	3	4	5	6	7	8	9	10
200	1.872	1.888	1.883	1.875	1.883	1.908	1.881	1.888	1.885	1.897
225	1.990	1.989	1.991	1.990	2.017	2.008	2.027	1.994	1.981	1.983
250	2.105	2.099	2.094	2.103	2.114	2.122	2.110	2.109	2.098	2.098
275	2.190	2.200	2.204	2.208	2.204	2.208	2.205	2.205	2.198	2.194
300	2.289	2.282	2.295	2.302	2.295	2.302	2.299	2.289	2.300	2.291
325	2.382	2.389	2.383	2.380	2.385	2.405	2.395	2.381	2.384	2.383
350	2.473	2.470	2.469	2.464	2.474	2.482	2.471	2.473	2.473	2.477
375	2.550	2.544	2.553	2.555	2.564	2.556	2.556	2.556	2.545	2.557
400	2.624	2.620	2.624	2.628	2.639	2.636	2.631	2.621	2.628	2.625
425	2.697	2.699	2.703	2.700	2.701	2.727	2.720	2.717	2.711	2.705

参考文献

［1］曹宏燕. 分析测试中测量不确定度及评定第一部分测量不确定度概述［J］. 冶金分析, 2005, 25（1）: 77.

［2］国家标准化管理委员会. 检测和校准实验室能力的通用要求: GB/T 27025—2008［S］. 北京: 中国标准出版社, 2008.

［3］中国合格评定国家认可委员会. 测量不确定度政策［Z］.

［4］测量不确定度评定与表示: JJF 1059.1—2012［S］.

［5］通用计量术语及定义: JJF 1001—2018［S］.

［6］刘石岉. 声速测量及不确定度分析［J］. 大学物理实验, 2013（8）: 99.

工程构筑物表面智能检测技术的研究与应用

何国伟　蔡云波

（中水东北勘测设计研究有限责任公司，吉林长春　130061）

摘　要：本文提出一种运用无人机搭载人工智能为核心的构筑物表面缺陷的智能检测方法。首先利用超宽带 UWB 定位技术解决了无人机在 GPS 信号被遮挡情况下的定位问题。然后无人机搭载高清相机在构筑物表面进行全方位的自主飞行和数据采集。最后通过影像提取发现裂缝等缺陷信息。智能化的检测方法为工程构筑物定期检修提供科学和精准的判别，有效弥补了传统构筑物表面缺陷检测过程中存在的不足。通过检测，对尚未造成影响的病害及时发现并处理，可避免病害和变形不断扩大，保障工程的运行安全。

关键词：智能检测；UWB 定位技术；裂缝识别；研究与应用

1　引言

水利水电工程中构筑物的建筑质量是决定工程是否安全运行的重要因素之一。对于长期受力的工程构筑物，在运行一段时间后，在其局部表面易出现细微的、不易被发现的缝隙，目前常见的表面检测技术手段主要依靠人工进行隐患排查，存在视力所不及、检查部位人员难以到达等诸多问题，想要人工到达指定部位进行仔细检查，传统的方式是，通过搭建梯架等辅助设施，工作人员爬上工作平台，然后对构筑物进行检测。对此要以付出高额的成本为代价，这种检查往往效率较低，且伴随着高空作业的风险。此外，采用人工望远镜或高倍望远镜对构筑物表面进行远距离观测的方式也在检测中有所应用。这种方式成本低，易于实施，无安全隐患，但由于检查人员距离检测目标较远，不易发现构筑物表面细微裂缝等病害，且病害不易准确定位和描述，也存在检测盲区，极易造成误判，进而也间接导致检测人员工作量巨大。

对此，本文提出了一种以无人机为载体、人工智能为核心的桥梁渡槽外观缺陷的智能检测方法。重点介绍了利用超宽带 UWB 技术实现无人机在 GPS 信号被遮挡情况下的定位方法研究，以及通过试验验证了该方案下无人机的定位精度。

2　无人机技术现状

无人机是指没有驾驶员驾驶的飞机，体积较小，它同时可以执行多种任务，同一辆无人机可以承载多种设备，是能够人为控制的，还是性能良好的航空器。因为无人机可以长时间在空中停留，也不会大幅度受到人类生理方面的影响，并且无人机在空中容易控制，所以它被用于火力制导、侦察环境及通信中继等方面，试验效果都非常的不错。

无人机技术出现的同时也代表着一个全新技术时代的产生。随着无人机技术的不断进步，无人机用于桥梁检测的报道时有出现[1]。检测过程通常由两名技术人员手动配合完成无人机的飞行和拍摄，再对获取的数据进行处理。而采用人工飞行进行桥梁检测存在诸多问题：①在抵近观察时，飞行员近距离长时间观看视频会产生眩晕感；②飞行员和无人机距离较远时，无人机易与天空等背景形成融

作者简介：何国伟（1979—），男，高级工程师，主要从事水利水电工程安全监测设计、施工、资料分析、安全鉴定评估等工作。

合，无法有效地对飞行状况进行监控；③飞行位置与观察部件的距离无法进行有效的把控，无法对裂缝进行定量分析。

即使人工飞行存在诸多问题，目前对于桥梁检测大多还是采用人工飞行的方式。主要原因是无人机无法在桥梁检测中进行有效的航线规划和自主导航，传统无人机定位的方式在桥下失效：①桥底GPS信号被遮挡，无人机无法确定自身水平位置；②桥下风大，气流不稳定，无人机无法利用气压计确定自身高度[2]。

因此，想要形成以无人机为载体、人工智能为核心的桥梁渡槽外观缺陷的智能检测方法，首先要解决的问题就是在GPS信号被遮挡情况下的定位方法。

3 无人机室内定位技术的运用

定位是指通过一些设备或信息来获取目标位置。20世纪70年代，美国开始研制通过卫星实现对目标定位——全球定位系统（GPS），如今我国组建完成的北斗卫星导航系统（BDS），就是为全球用户提供全天候、全天时、高精度的定位、导航和授时服务的国家重要空间基础设施。伴随着无线技术和移动通信技术的迅猛发展以及"普适计算""情境感知"等概念的相应提出，人们更加渴望在任意时间、地点对环境中所处的物体进行信息的获取与处理，感知环境变化，从而享受更多的背景服务。对许多重要情境服务的室内公共环境，如超市、图书馆、医院等，利用室外定位技术不能直接应用于室内定位中，因此室内定位技术就应运而生。

在无GPS信号情况下获取无人机位置信息是实现无人机自主导航的基础。当环境中无法使用GPS信号定位，而采用其他技术手段定位物体当前所处位置的技术，都称为室内定位技术[3-4]。

过去，国内外采用较多的为基于视觉信息的地标识别实现位置和方向估计实现对室内无人机位置信息的获取[5-6]。视觉定位受光线强弱的影响较大，而且如果为了提高图像更多的细节信息，那么图像处理时就会面临着巨额的计算量，这将影响着定位的实时性，如果图像数据量较小，细节信息的缺失又会影响定位的精度。激光SLAM技术由于十分符合无人机的室内定位场景，所以国内外很多科研人员都开始将其应用于室内无人机定位的研究[7-8]。但是SLAM技术较为复杂，难度较高，目前技术还不是十分成熟，使用门槛和系统成本都比较高。

近年来，一种完全不同于传统基于正弦载波通信方式的新型无线通信技术——超宽带技术（UWB）开始被应用于无线定位领域，因其信号穿透性高、稳定抗干扰及优异的时间分辨力及多径分辨力，使得厘米级的精确定位成为可能[9-10]。UWB的定位原理和卫星定位原理很相似，就是在室内布置3个以上已知坐标的定位基站，通过测量被测移动站与多个基站间的距离计算出被测移动站的位置坐标。已有少量研究团体尝试将其用于无人机的室内定位[11-12]。UWB超宽带定位技术与其他方式相比，方便可行，定位精度高。

4 定位试验应用实例

本文结合工程实例，深入解析利用无人机搭载UWB实现无人机在桥下的精确定位技术。首先在检测区域架设四个超宽带UWB基站，调整四个UWB基站到同一水平高度。如图1所示。

用差分定位RTK设备测出每个UWB基站所处位置的高精度GPS坐标，转化为笛卡儿坐标系，分别记为 $(0, 0, 0)$、$(X_1, Y_1, 0)$、$(X_2, Y_2, 0)$ 和 $(X_3, Y_3, 0)$，其中第四个基站作为备用基站。然后在无人机上安装一个超宽带UWB作为移动站。通过无人机上安装的移动站实时获取无人机到四个基站的距离，分别记为 L_0、L_1、L_2 和 L_3。最后可以根据四个基站的笛卡儿坐标和无人机到四个基站的距离解算出无人机所处的水平位置坐标为

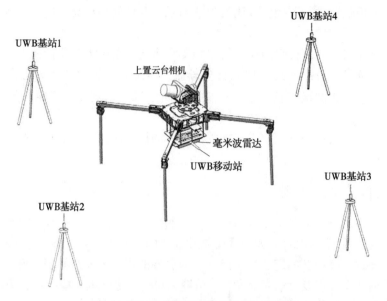

图 1　无人机室内定位方案结构示意图

$$\begin{cases} X = \dfrac{(L_0^2 - L_1^2 + X_1^2 + Y_1^2)\,Y_2 - (L_0^2 - L_2^2 + X_2^2 + Y_2^2)\,Y_1}{2(X_1 Y_2 - X_2 Y_1)} \\[4mm] Y = \dfrac{(L_0^2 - L_1^2 + X_1^2 + Y_1^2)\,X_2 - (L_0^2 - L_2^2 + X_2^2 + Y_2^2)\,X_1}{2(X_2 Y_1 - X_1 Y_2)} \end{cases}$$

将笛卡儿坐标下的水平坐标和高度坐标转化为 GPS 地理坐标系，并将 GPS 信息以 NMEA 协议的格式嵌入飞控中，最终解决无人机在桥底的精确定位问题。

4.1　试验流程

试验流程如图 2 所示。为了验证 UWB 定位的精度，首先进行定位基站布点，并测得每个基站的 RTK 坐标，计算获得定位基站的坐标值，并进行定位系统的配置；然后进行无人机航线规划，在每个航点进行悬停时间设置，以便采集定点结果数据。设置完毕后，按照飞机飞行流程及操作规范起飞，并在飞行过程中采集数据；飞机降落后读取日志数据并进行定位分析。

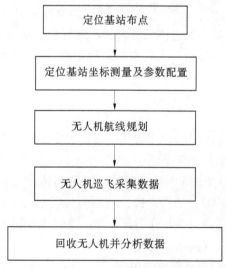

图 2　基于 UWB 无线定位试验流程

4.2　试验过程

试验开始前需要先对试验现场进行初步勘测，详细了解布点区域的环境及干扰因素，特别注意周边的高压线、大型广告牌或铁塔之类的大型干扰飞机飞行的不利因素，在确定了周边环境的安全因素后，即可以开始进行定位基站的布设。完成定位基站的布设后，测量基站在大地坐标系下的坐标值，并利用定位系统软件进行定位系统配置。

完成上述的配置后，利用地面站进行航线规划，试验过程中具体的航线规划路线如图 3 所示。无人机飞行高度设置为 8 m，距离桥梁底部约 3 m。航线规划完毕后，点击一键起飞，无人机便可按照规划的航线在桥下进行自主飞行。

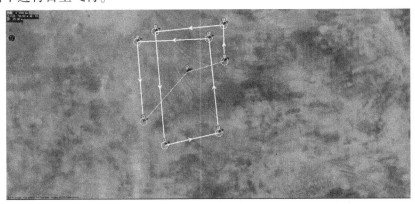

图 3　航线规划路线

上述所有步骤完成后，进行飞机回收，并利用地面站软件导出日志数据，进行数据后处理分析。

4.3　数据分析

本次验证定位的航点有 8 个，整个飞行时间约 150 s，数据采样频率 10 Hz，共采集数据 1 500 帧。通过对整个飞行过程的定位数据进行分析可以得到实际的定位曲线，与规划曲线对比结果如图 4 所示。

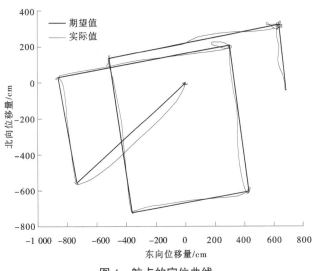

图 4　航点的定位曲线

为了评估 UWB 平面定位的精度，对东向和北向的定位曲线进行逐帧对比，对比结果如图 5 和图 6 所示。

对每个航点的定位偏差进行统计分析，可以得出，8 个航点定位偏差的均值为 11.5 cm，其中最大定位偏差为 30 cm，最小定位偏差为 7 cm。因此，利用 UWB 无线定位的方式进行无人机的定位，定位精度高，无人机依航线飞行的功能正常，能稳定在每个航点进行定点悬停，可搭载上云台相机并用于桥梁、渡槽等构筑物底部表面缺陷的影像采集。

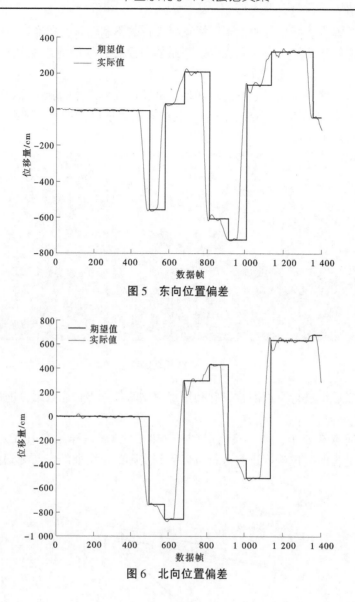

图5 东向位置偏差

图6 北向位置偏差

5 结语

针对传统构筑物缺陷检测过程中存在的不足，本文提出了一种构筑物表面缺陷的智能检测方法。一方面，利用超宽带 UWB 定位技术解决了无人机在 GPS 信号被遮挡情况下的定位问题。另一方面，无人机桥下飞行的试验表明，利用 UWB 定位技术的无人机在飞行过程中的定位精度为 11.5 cm，可搭载上置云台相机并用于桥梁、渡槽等底部表观缺陷检测的影像采集。该方法为构筑物表面检测技术从传统方式朝智能化方向发展提供了新的思路。

参考文献

［1］许宏元. 无人机在桥梁检测中的应用［J］. 中国公路，2017（10）：39-40.

［2］茹滨超，鲜斌，宋英麟，等. 基于气压传感器的无人机高度测量系统［C］// 2013 年中国智能自动化学术会议论文集（第五分册）. 2013.

［3］朱敏. 室内定位技术分析［J］. 现代计算机（专业版），2008（2）：79-81.

［4］刘逸飞，郦苏丹. 室内定位技术分析［J］. 科学与信息化，2019（34）.

［5］庄瞳. 单目视觉/惯性室内无人机自主导航算法研究［D］. 南京：南京航空航天大学，2012.

［6］吴妍，吴芬，戚国庆．基于人工标志的单目视觉下无人机位姿估计［J］．电子设计工程，2017，25（12）：143-148.

［7］孔天恒．基于 Radar－scanner/INS 的微小型旋翼无人机室内组合导航与控制的研究［D］．杭州：浙江大学，2014.

［8］胡禹超．基于多传感器的四旋翼无人机室内自主导航研究［D］．沈阳：东北大学，2014.

［9］Tomé P，Robert C，Merz R，et al. UWB-based Local Positioning System：From a smal-scale experimental platform to a large-scale deployable system ［C］∥ International Conference on Indoor Positioning & Indoor Navigation. 2010.

［10］Dardari D，Conti A，Lien J，et al. The effect of cooperation on UWB－based positioning systems using experimental data ［J］．Eurasip Journal on Advances in Signal Processing，2008（1）：124.

［11］尤洪祥．超宽带融合光流的无人机室内定位技术研究［D］．沈阳：辽宁大学，2018.

［12］杨森，马添麒．基于 UWB 室内定位六旋翼无人机的设计［J］．无线互联科技，2018，15（7）：19-21.

河南黄河白鹤—伊洛河口河段引水大河流量分析
——以大玉兰引黄闸为例

李利琴[1]　李朋杰[2]

（1. 河南黄河勘测规划设计研究院有限公司，河南郑州　450003；
2. 山东黄河勘测设计研究院有限公司，山东济南　250013）

摘　要： 黄河下游引黄闸引水相应大河流量按黄河下游引黄涵闸、虹吸设计标准的几项规定取值，规定给出了主要控制站的引水相应大河流量，引黄闸的引水大河流量根据与主要控制站的位置关系内插取值。但对于水系复杂、有支流汇入的河段建设引黄闸，直接采用规定值会相对粗略。如大玉兰引黄闸位于河南黄河白鹤—伊洛河口河段，与其下游主要控制站花园口站之间的河南黄河干流河段有支流伊洛河和沁河汇入，考虑大玉兰引黄闸改建时设计引水相应大河流量的精确推算，采用核减支流汇入并按距离内插的方法和依据闸址处与最近主要控制站的流量相关的方法来推求，两种方法相互验证，结果一致，比直接采用主要控制站的结果修正了约10%，较精确地推算出引黄闸设计引水相应大河流量。

关键词： 引水大河流量；支流汇入；大玉兰引黄闸

1　概述

河南黄河白鹤—伊洛河口河段为禹王故道，是黄河出峡谷进入平原、河道开始展宽的河段。河道初出峡谷时，溜势忽然趋于平缓，在靠近峡谷出口的地方，堆积了由粗砂和卵石构成的鸡心滩。河谷放宽以后，沙洲棋布，水流分汊，河床变化不定，属典型的游荡性河道[1-2]。该河段右岸为邙山黄土岗，左岸为清风岭，孟县中曹坡以下开始有堤防。逯村至大玉兰修建了移民防护堤，河道内修建了河道整治工程[3]，且布设了引黄闸等引水工程。

大玉兰引黄闸位于河南黄河白鹤—伊洛河口河段，闸址位于河南黄河北岸温孟滩移民安置区防护堤临河侧，相应防护堤桩号36+250处，大玉兰工程24~25坝之间，是温县引水补源生态治理工程的重要组成部分[4]（见图1）。解决了温县中南部地区地下水逐年下降的状况，为温县县城工业发展、人民生活、环保用水提供可靠的水源保证，缓解了县城长期缺水的问题；通过引黄补源，改善了治理区恶劣的自然环境，促进了农业生态环境的协调发展和自然生态系统的良性循环。

根据《黄河下游引黄涵闸、虹吸设计标准的几项规定》（黄工字〔1980〕5号文）[5]，黄河下游引黄涵闸设计引水相应大河流量，应遵循上、下游统筹兼顾的原则，按表1中所列各站流量内插求出拟建涵闸处的引水相应大河流量。

2　设计引水相应大河流量推求

2.1　引黄闸引水大河流量推求思路

大玉兰引黄闸距离上游小浪底水文站约60 km，花园口水文站在其下游约65 km位置，且大玉兰引黄闸与花园口水文站之间有黄河支流伊洛河和沁河汇入[6]（见图2）。

作者简介：李利琴（1979—），女，高级工程师，主要从事水利工程规划设计工作。

图 1　大玉兰引黄闸现状

表 1　设计引水相应大河流量

控制站	花园口	夹河滩	高村	孙口
流量/（m³/s）	600	500	450	400

图 2　河段支流汇入示意图

大玉兰引黄闸位于花园口水文站上游，根据黄工字〔1980〕5 号文，对应花园口站引水大河流量为 600 m³/s，由于引水闸和花园口站之间有支流汇入，因此对应花园口站大河流量 600 m³/s 时，推求大玉兰引黄闸处相应大河流量有两种方法：一是点绘 2001—2021 年长系列花园口站流量与闸址处对应流量相关关系图；二是统计 2001—2021 年长系列花园口站约 600 m³/s 流量，减去支流同期汇入的流量，再根据距离内插。

2.2　相关关系图法

统计整理小浪底、花园口、黑石关（伊洛河）和武陟（沁河）水文站 2001—2021 年日均流量资料，花园口站流量核减伊洛河来水和沁河来水，再根据大玉兰引黄闸在小浪底站和花园口站之间的位置，距离内插得到闸址处相应大河流量，点绘花园口站—闸址处流量相关关系见图 3，得到花园口站 600 m³/s 流量时闸址处相应流量为 545 m³/s。

2.3　核减支流汇入法

统计 2001—2021 年长系列日均流量资料，根据每年花园口站 600 m³/s 左右流量时闸址处相应流量，见表 2，推算出闸址处流量占花园口站流量平均比例为 89.5%，得到花园口站 600 m³/s 流量时闸址处对应平均流量为 537 m³/s。

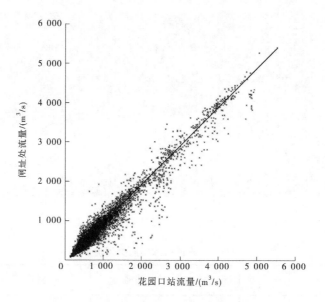

图 3 2001—2021 年花园口站—闸址处流量相关关系

表 2 花园口站约 600 m³/s 时闸址处流量

年	月	日	花园口站流量/（m³/s）	闸址处流量/（m³/s）	比例
2001	9	8	592	361	0.61
2001	9	20	610	631	1.03
2001	10	26	602	459	0.76
2002	3	20	600	470	0.78
2002	3	30	605	487	0.81
2002	4	5	600	516	0.86
2002	4	7	610	517	0.85
2002	4	25	600	632	1.05
2002	6	24	600	506	0.84
2002	6	29	600	382	0.64
2002	7	3	600	483	0.81
2002	9	6	600	440	0.73
2002	10	5	600	638	1.06
2002	10	20	610	468	0.77
2003	3	6	600	572	0.95
2003	3	12	600	663	1.10
2003	3	17	610	490	0.80
2003	6	3	595	477	0.80
2003	6	19	600	394	0.66
2003	6	21	600	672	1.12
2003	6	25	610	469	0.77
2003	6	26	605	436	0.72

续表 2

年	月	日	花园口站流量/（m³/s）	闸址处流量/（m³/s）	比例
2004	1	28	600	499	0.83
2004	2	28	610	504	0.83
2004	3	21	600	450	0.75
2004	8	14	605	299	0.49
2005	3	4	595	441	0.74
2005	3	10	610	482	0.79
2005	3	11	610	402	0.66
2005	3	12	600	510	0.85
2006	7	17	591	423	0.72
2006	9	12	600	414	0.69
2006	9	16	610	448	0.73
2006	9	29	600	509	0.85
2006	10	4	600	505	0.84
2006	10	11	600	498	0.83
2006	10	13	610	540	0.88
2006	10	22	610	515	0.84
2006	11	25	600	654	1.09
2007	4	16	600	739	1.23
2007	5	13	610	628	1.03
2007	5	26	605	582	0.96
2007	5	30	600	477	0.79
2007	8	22	600	485	0.81
2007	10	3	600	766	1.28
2007	11	10	610	583	0.96
2008	1	28	598	459	0.77
2008	2	2	600	357	0.60
2008	2	3	600	343	0.57
2008	6	3	605	566	0.94
2008	6	12	602	502	0.83
2008	6	15	600	611	1.02
2008	7	23	600	454	0.76
2008	10	18	595	520	0.87
2008	11	16	610	580	0.95
2008	11	30	600	796	1.33
2008	12	1	600	500	0.83

续表 2

年	月	日	花园口站流量/（m³/s）	闸址处流量/（m³/s）	比例
2009	2	3	610	499	0.82
2009	2	7	610	817	1.34
2009	3	22	608	568	0.93
2009	7	28	600	477	0.79
2009	8	7	598	454	0.76
2009	8	10	600	503	0.84
2009	9	15	595	602	1.01
2009	10	12	610	887	1.45
2009	11	4	607	684	1.13
2009	12	29	595	557	0.94
2010	4	14	595	517	0.87
2010	5	25	605	531	0.88
2010	5	28	605	573	0.95
2010	5	29	610	545	0.89
2010	10	11	610	515	0.84
2010	10	19	595	477	0.80
2011	2	19	610	520	0.85
2011	2	20	600	509	0.85
2011	2	21	610	509	0.83
2011	7	26	600	536	0.89
2012	1	31	603	635	1.05
2013	2	21	600	566	0.94
2013	9	1	600	515	0.86
2013	10	9	600	775	1.29
2014	7	12	600	538	0.90
2014	7	31	592	1 007	1.70
2014	8	2	600	471	0.78
2014	10	31	610	471	0.77
2014	11	17	595	542	0.91
2014	11	22	595	502	0.84
2014	11	27	605	406	0.67
2014	12	2	595	527	0.89
2014	12	11	594	508	0.86
2014	12	12	603	520	0.86
2014	12	26	610	537	0.88

续表2

年	月	日	花园口站流量/（m³/s）	闸址处流量/（m³/s）	比例
2016	5	4	597	663	1.11
2016	7	2	600	691	1.15
2016	8	10	595	543	0.91
2017	8	4	607	594	0.98
2017	10	31	596	424	0.71
2017	11	1	602	542	0.90
2017	11	6	610	448	0.73
2017	11	7	610	531	0.87
2017	11	13	592	389	0.66
2017	11	19	607	629	1.04
2018	2	19	602	721	1.20
2018	11	23	610	549	0.90
2018	11	27	610	713	1.17
2018	11	28	610	707	1.16
2018	12	4	607	746	1.23
2019	11	20	595	535	0.90
2019	12	29	609	531	0.87
2019	12	31	610	561	0.92
2020	2	27	602	568	0.94
2021	8	13	603	291	0.48
均值			600	537	0.895

2.4 结果分析

黄工字〔1980〕5号文只给出了主要控制站的涵闸引水大河流量，对于河段水系复杂、有支流汇入的河段建设引黄闸，引黄闸的设计引水大河流量如果直接采用规定的上下游最近主要控制站的引水大河流量，结果会相对粗略。就大玉兰引黄闸而言，如果直接采用花园口站的引水大河流量600 m³/s，结果可能会偏大10%。

采用闸址处与主要控制站流量相关法和支流汇入核减法两种方法，都能较精确地推算出引黄闸设计引水相应大河流量。综合考虑两种方法的结果，大玉兰引黄闸设计引水相应大河流量采用540 m³/s较为合适。

3 结语

（1）有支流汇入的河南黄河干流河段建设引黄闸，设计引水大河流量如果直接采用规定的上下游最近主要控制站的引水大河流量，结果会相对粗略，需进一步精确推算。

（2）提出了白鹤—伊洛河口河段引黄闸设计引水相应大河流量的推求思路。核减支流汇入并按距离内插或依据闸址处与最近主要控制站的流量相关关系推求。

（3）两种方法相互验证，结果一致，能较精确地推算出引黄闸设计引水相应大河流量，比直接采用主要控制站的结果修正了约10%。

参考文献

［1］胡一三．黄河防洪［M］．郑州：黄河水利出版社，1996.

［2］胡一三，江恩慧，曹常胜，等．黄河河道整治［M］．北京：科学出版社，2020.

［3］河南黄河勘测规划设计研究院有限公司．温孟滩移民安置区河道整治工程设计工作报告［R］．郑州：黄河水利委员会，2001.

［4］河南黄河勘测规划设计研究院有限公司．温县大玉兰引黄闸工程初步设计报告［R］．郑州：黄河水利委员会，2003.

［5］黄河下游引黄涵闸、虹吸设计标准的几项规定［Z］．郑州：黄河水利委员会，1980.

［6］黄河勘测规划设计研究院有限公司．黄河下游干流河道地形图［R］．郑州：黄河水利委员会，2014.

珠江河口水安全形势与对策研究

刘　培[1,2]　黄鹏飞[2]　王　未[2]

(1. 水利部珠江河口治理与保护重点实验室，广东广州　510611；
2. 珠江水利委员会珠江水利科学研究院，广东广州　510611)

摘　要：珠江河口位于粤港澳大湾区的核心区域，其水安全保障对粤港澳大湾区高质量发展意义重大。当前珠江河口供水安全亟待提高、防洪安全形势严峻、水质安全有待提升、局部岸线滩涂生态功能退化，水安全问题不容乐观。系统分析珠江河口面临的水安全问题，科学研判未来形势要求，进一步提出今后工作建议，为珠江河口水安全保障提供支撑，助力珠江河口高质量发展。

关键词：珠江河口；水安全；高质量发展；综合治理

　　水安全概念，涵盖社会发展所需的高质量水资源、可持续维系水环境健康、确保人民生命财产免受水旱灾害与水环境污染等方面[1]，自提出以来，受到国内外学者的广泛关注[1-3]。水安全问题涉及供水安全、防洪安全、水质安全和水生态安全等问题[1]，学科过程多元，变化机制复杂。近年来，粤港澳大湾区水安全形势严峻，如"城市看海"现象频发[4]、咸潮上溯威胁供水安全[5]和水生态环境退化[6]等。变化环境下水安全问题已成为粤港澳大湾区高质量发展面临的重大挑战。

　　珠江河口位于粤港澳大湾区的核心区域，是世界上水系结构和动力特性最复杂、人类活动最显著的河口之一[7]。珠江河口水安全问题的驱动因素复杂（见图1），既有三江八口、河网水系交错、径潮交织等内在驱动，也有全球气候变化和剧烈人类活动等外在影响[5]。其中，全球气候变化导致风暴潮等极端天气频发、海平面加速上升[8]，河口防潮形势严峻。快速城市化和滩涂高强度开发利用显著改变了水生态环境。因此，科学研判珠江河口水安全面临形势，深度剖析其水安全重大问题，对珠江河口区域水安全保障与高质量发展有重要的参考意义。

　　本文细致分析当前珠江河口存在的重大水安全问题（见图2），结合珠江河口高质量发展等形势要求，探讨未来河口综合治理的方向与技术体系。研究将进一步丰富和发展水安全问题评估成果，为珠江河口水安全保障提供借鉴。

1　珠江河口面临的水安全问题

1.1　供水安全问题

　　珠江河口供水安全亟待提高，既面临咸潮上溯加速的外在威胁，也存在多市供水水源单一的潜在风险。近年来，在珠江三角洲河床下切、拦门沙萎缩显著、海平面加速上升、珠江河口潮动力整体呈增大趋势等不利因素的综合影响下[5]，咸潮上溯呈加剧的趋势。2020年12月，西江梧州站和北江石角站平均流量之和达3 580 m³/s，咸界上溯至中山市的全禄水厂，平岗泵站连续5 d不可取水，平均取淡概率仅有46%，比历史同等流量的取淡概率减小20%。2020年10月以来，东江流域持续干旱少雨，旱情形势达到特枯年程度。2021年东江新丰江、枫树坝、白盆珠三大水库蓄水量比多年同期减少八成，博罗来水总量低于历史最枯1963年，东江三角洲发生严重咸潮，东莞市主要水厂取水口氯化物严重超标，400万人供水受影响；广州东部水厂取水口氯化物超标，影响了增城、黄埔与天河等

基金项目：国家重点研发计划2021YFC3001000。

作者简介：刘培（1986—），女，高级工程师，副所长，主要从事河流河口治理、洪涝灾害防御等方面的研究工作。

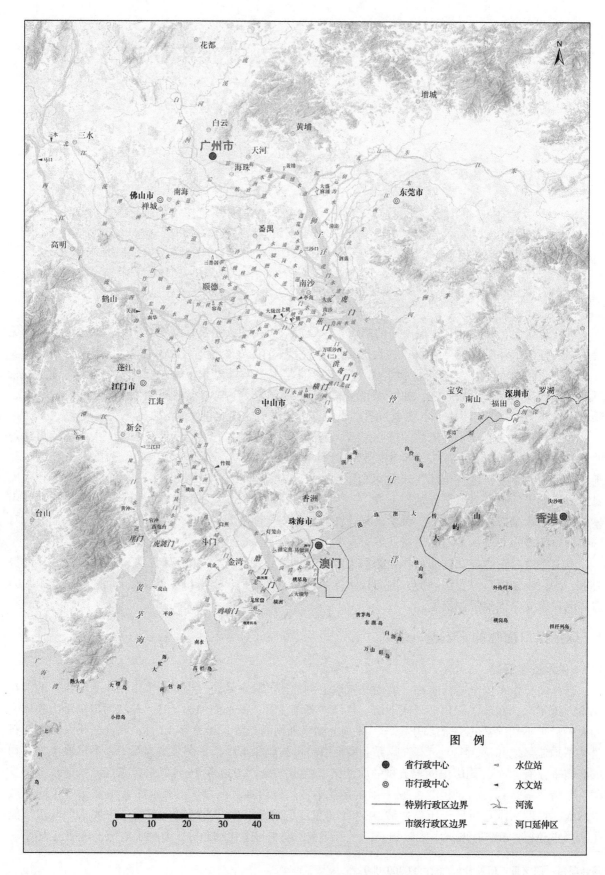

图 1　珠江河口水系示意图

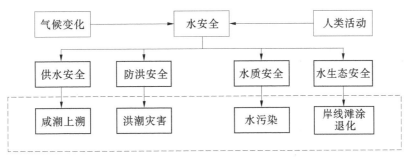

图 2　珠江河口水安全形势示意图

区域供水安全[9]。咸潮上溯加剧影响枯季供水安全。

另外，珠江河口附近城市供水水源单一，河道供水约占总供水的 70.4%[5]。河口附近城市取水设施尚未完善，备用水源建设不足，且城乡供水管网尚未互联互备。而河道供水受到中上游径流情势和咸潮上溯的显著影响，因此单一的供水结构存在一定风险隐患。

1.2　防洪安全问题

珠江河口防洪安全形势严峻，洪潮灾害接连突破历史极值。当前珠江河口流域洪水归槽明显、节点分流比变化[10]，流域汇流机制发生改变，同频率下设计洪峰流量急剧增加，河口防洪压力增大。如思贤滘原 50 年一遇设计洪峰流量为 60 700 m³/s，洪水全归槽后洪峰流量达到 67 800 m³/s。2022年 5 月以来，珠江流域连续遭遇 11 场强降雨过程，降雨范围广、强度大、历时长，累积降水量为 1961 年以来同期最多。珠江流域 230 条河流发生超警洪水，其中西江和北江先后发生 6 次编号洪水，为中华人民共和国成立以来最多；北江遭遇 1915 年以来最大洪水，多处水位流量超历史极值。

另外，全球气候变化背景下海平面加速上升，1980—2020 年我国南海沿海海平面上升速率为 3.5 mm/a[11]，河口风暴潮等极端天气频发。21 世纪以来，珠江河口地区相继遭受"黑格比"（2008年）、"天鸽"（2017年）、"山竹"（2018年）等强台风暴潮袭击，实测最高潮位接连突破历史极值，珠江河口 200 年一遇设计潮位比原成果抬高 0.17～0.74 m，致使已建海堤的设防标准被动下降，防潮短板突出。

1.3　水质安全问题

珠江河口水质安全有待提升，部分河段水质不够优。大湾区地处我国改革开放的前沿地带，经济社会高速发展的同时，废污水年排放量比 20 世纪 80 年代末废污水排放量增加 3 倍多，水环境污染严重，节水减排任务重。据统计，至 2018 年，珠江三角洲总长 3 207.1 km 河流里，水质为劣 V 类占比约 13.8%[12]。此外，受到未经处理或处理不当的入河排污口等点源污染、航运、水体养殖及集水区垃圾倾倒等面源污染综合影响，珠江河口部分河涌黑臭水体现象频现[6]。经过整治，目前区域黑臭水体数量有所下降，但仍有相当数量的河涌尚未消除黑臭。

1.4　水生态安全问题

珠江河口滩涂发育减缓，局部岸线滩涂生态功能退化。如伶仃洋西滩淤积强度由 20 世纪的 0.06 m/a，减缓为近期的不足 0.01 m/a。滩涂发育减缓既有自然水沙情势变化的制约，也有强人类活动开发的影响[13]。一方面，河口上游来沙量持续减少，根据实测资料统计，20 世纪 80 年代、90 年代上游多年平均来沙量分别为 9 288 万 t 和 7 500 万 t，到 2000—2009 年、2010—2017 年则分别减少为 3 476 万 t、2 659 万 t。另一方面，滩涂开发利用强度相对较高，部分河滨带生态空间被挤占。近 20 年来珠江河口湿地面积减少了 410 km²，减幅 20%，局部水生态遭到破坏。河口水域生态群落结构也发生较大变化，部分水域鱼类产卵场受到威胁，渔获种类大幅减少，鱼类低值化、低龄化、小型化日趋严重。

2 珠江河口综合治理面临形势

2.1 新时期发展阶段提出了新目标

《粤港澳大湾区发展规划纲要》提出到 2035 年将大湾区建设成为充满活力的世界级城市群、具有全球影响力的国际科技创新中心、"一带一路"建设的重要支撑、内地与港澳深度合作示范区、宜居宜业宜游的优质生活圈的战略定位和建设国际一流湾区,打造高质量发展典范的目标。依托粤港澳良好合作基础,充分发挥前海深港现代服务业合作区、横琴粤澳深度合作区等重大合作平台作用,探索协调协同发展新模式。

把握新阶段,珠江河口综合治理必须以满足人民日益增长的美好生活需要为根本目的,着力解决河口地区水安全保障能力不平衡不充分问题,全面维系河口供水安全、防洪安全、水质安全和水生态安全,支撑粤港澳大湾区高质量发展。

2.2 应对全球气候变化与"双碳"目标提出了新挑战

根据 IPCC(联合国政府间气候变化专门委员会)第六次评估报告[14],未来 20 年全球温度升高幅度将达到 1.5 ℃,低洼沿海地区的气候风险将加剧。"黑天鹅""灰犀牛"事件呈易发多发之势,洪潮灾害的突发性、异常性、不确定性将更为突出。根据《2020 年中国海平面公报》,1980—2020年中国南海沿海海平面上升速率为每年 3.5 mm,高于同时段全球平均水平。预计未来 30 年,广东沿海平面将上升 60~170 mm。未来海平面上升趋势还将进一步加剧,给河口地区防潮安全带来严重威胁。珠江河口治理需增强忧患意识,警惕极端气候对洪潮灾害风险防控提出的新挑战,强化底线思维,着力锻长板、补短板、固底板,提升河口水旱灾害防御能力,做好超标准洪水、超强风暴潮、特枯年咸潮等风险防控。

2015 年 12 月,《联合国气候变化框架公约》(UNFCCC)设定了全球碳排放量到 2030 年控制在400 亿 t,到 2080 年实现碳中和。2020 年 9 月,习近平总书记在第七十五届联合国大会上提出"中国的二氧化碳排放力争于 2030 年前达到峰值,努力争取 2060 年前实现碳中和"。《国民经济和社会发展第十四个五年规划和 2035 年远景目标纲要》提出"落实 2030 年应对气候变化国家自主贡献目标,制定 2030 年前碳排放达峰行动方案"和"锚定努力争取 2060 年前实现碳中和"。河口综合治理是生态环境改善不可分割的保障系统,是实现经济社会高质量发展和"双碳"目标的重要影响因素。珠江河口水安全保障应紧密结合"双碳"目标,深入贯彻党中央决策部署,找准实施路径,助推实现"双碳"目标。

3 今后工作建议

新时期珠江河口面临复杂多变的供水安全、防洪安全、水质安全和水生态安全问题,为助力高质量发展战略、应对新挑战,需从以下方面完善水安全保障工作。

(1)形成"上补、中蓄、下阻"咸潮防控布局。

为有效应对咸潮上溯持续加剧的新情势,保障河口区枯水期供水安全,通过加强流域枯水期水量调度、完善区域取蓄供水体系,筑牢供水安全保障三道防线,探索口门防咸抑咸工程措施,减缓咸潮上溯,减轻枯水期水量调度压力,逐步形成"上补、中蓄、下阻"咸潮防控布局。"上补"主要通过流域上游骨干水库群枯季水量调度,加大下泄流量,增加下游取水口取淡概率;"中蓄"主要通过三角洲河网区取水口布局优化和水源工程群的调蓄,提升取水口取淡概率和供水水库的蓄淡能力;"下阻"主要通过探索拦门沙保护与修复、挡咸工程等措施,降低咸潮上溯范围和强度。

(2)完善珠江河口防洪(潮)工程与非工程体系。

珠江河口地区主要涉及流域防洪规划确定的珠江三角洲滨海防潮保护区,以及珠江下游三角洲防洪保护区。通过协调流域与区域防洪体系,基于流域整体观,统筹优化系统防御策略,推进水库(群)优化调度[15],建设生态化海堤,局部区域堤防达标加固,完善珠江河口防洪(潮)工程体系;

通过打造数字孪生流域，加强"四预"体系建设，完善洪水预测预报预警系统，制定超标准洪水防御预案，科学布局临时蓄滞洪区，加强报道宣传引导，完善珠江河口防洪（潮）非工程体系。

（3）有序推进水污染综合治理。

针对区域点源、面源污染分布特点，追溯污染源，加强工业、城镇和农村水污染治理，开展河涌内源治理。加大工业集聚区水污染治理力度，完善废水收集处理设施。建设完善再生水利用实施，提升工业再生水利用水平。提高企业废水循环利用率，鼓励实现废水零排放。

加快补齐城镇污水收集和处理设施短板，逐步实现生活污水的全覆盖收集和处理，逐步提高污水处理标准。因地制宜地对现有合流制排水系统实施全面截污和雨污分流改造，城镇新区建设均实行雨污分流。推进初期雨水收集、处理和资源化利用。持续开展农村人居环境整治行动，推进农村"厕所革命"，加强农村生活垃圾治理和污水治理，建立美丽宜居乡村。强化畜禽养殖业水污染防治，提高养殖场污水处理及废物利用水平。采用先进的农业灌溉技术和耕作方式，推进种植业面源污染防治。调查评估河涌水体水质和底泥污染状况，合理制订并实施清淤疏浚方案，推广污染底泥无害化、减量化和资源化处理处置。加强水体及河岸的垃圾清理，整治城市蓝线及河湖管理范围内的非正规垃圾堆放点，建立健全垃圾打捞转运和无害化处理体系。

（4）加强岸线滩涂生态修复。

按照突出安全功能、生态功能，兼顾景观功能的次序，因地制宜地开展珠江河口岸线滩涂保护修复，塑造魅力滨水河湾、保护重要河口生境。在此基础上，发挥珠江河口集聚粤港澳大湾区现代港口物流业、战略性新兴产业、现代服务业、现代海洋产业等优势，形成珠江河口黄金水岸。伶仃洋、黄茅海河口湾两岸水沙动力差异大，东岸以潮汐动力为主，水深条件好，滩涂分布少，岸线滩涂多用于开发利用；西岸以径流动力为主，滩涂湿地发育，岸线呈海湾的自然风貌，具备较好保护修复条件。

参考文献

[1] 夏军，石卫. 变化环境下中国水安全问题研究与展望 [J]. 水利学报，2016，47（3）：292-301.

[2] Mishra B K, Kumar P, Saraswat C, et al. Water security in a changing environment: Concept, challenges and solutions [J]. Water, 2021, 13 (4): 490.

[3] 高真，黄本胜，邱静，等. 粤港澳大湾区水安全保障存在的问题及对策研究 [J]. 中国水利，2020 (11)：6-9.

[4] 陈文龙，徐宗学，宋利祥，等. 基于流域系统整体观的城市洪涝治理研究 [J]. 水利学报，2021，52（6）：659-672.

[5] 杨芳，陈文龙，卢陈，等. 粤港澳大湾区咸潮防控理论框架研究 [J]. 水资源保护，2022.

[6] 赵玲玲，夏军，杨芳，等. 粤港澳大湾区水生态修复及展望 [J]. 生态学报，2021，41（12）：5054-5065.

[7] 许伟，刘培，黄鹏飞，等. 珠江河口复杂河网的水资源调度研究 [J]. 水资源保护，2021.

[8] 翟盘茂，周佰铨，陈阳，等. 气候变化科学方面的几个最新认知 [J]. 气候变化研究进展，2021，17（6）：629-635.

[9] 胥加仕. 2021 年珠江流域抗旱保供水工作实践与启示 [J]. 中国水利，2022 (1)：8-11.

[10] 黄伟杰，刘霞，卢陈，等. 珠江河口口门洪水分流比变化及成因 [J]. 长江科学院院报，2021，38（12）：66-71.

[11] 中华人民共和国自然资源部. 2020 年中国海平面公报 [R]. 北京：自然资源部，2021.

[12] 陈文龙，刘万根，张康，等. 粤港澳大湾区水资源安全战略思考 [J]. 中国水利，2022 (5)：54-57.

[13] 梁海涛，徐辉荣，黄德治. 珠江河口滩涂保护与利用方案浅析 [J]. 广东水利水电，2011 (1)：26-30.

[14] IPCC. Climate Change 2022: Impacts, Adaptation, and Vulnerability. Contribution of Working Group Ⅱ to the Sixth Assessment Report of the Intergovernmental Panel on Climate Change. Cambridge University Press. In Press. 2022.

[15] 陈文龙，徐宗学，刘培，等. 粤港澳大湾区洪潮涝灾害与防御策略 [M]. 南京：河海大学出版社，2020.

黄河内蒙古冲积性河段近期淤积变化及治理对策

倪菲菲¹ 鲁 俊²,³ 闫孝廉²,³

（1. 河南黄河勘测规划设计研究院有限公司，河南郑州 450003；
2. 黄河勘测规划设计研究院有限公司，河南郑州 450003；
3. 水利部黄河流域水治理与水安全重点实验室（筹），河南郑州 450003）

摘 要： 20世纪80年代中期以后，黄河内蒙古冲积性河段巴彦高勒至头道拐河道冲淤发生明显变化：河道淤积加重，巴彦高勒至三湖河口段由冲刷转为淤积，三湖河口至头道拐段淤积加重，且均以主槽淤积为主。淤积加重的原因是进入该河段的水沙条件主要是干流的水沙条件发生了显著变化，汛期干流来水量减少、有利于汛期输沙的大流量过程减少是导致河道淤积加重、防凌防洪形势严峻的主要原因。增加汛期输沙水量，恢复汛期中常洪水过程，协调干支流水沙关系，稀释支流高含沙洪水，进行支流水土流失治理，是内蒙古河段淤积治理的重要方向。

关键词： 内蒙古冲积性河段；淤积变化；治理对策

黄河内蒙古河段自都思兔河口至马栅乡全长843 km，其中石嘴山至巴彦高勒为峡谷型河段，长158 km，巴彦高勒至头道拐为平原冲积性河段，长511 km，区间有10余条较大支流入汇，其中流经库布齐沙漠的十大孔兑是该河段的主要来沙支流。头道拐以下为峡谷型河道，长174 km。黄河内蒙古河段河道位置与河段水系分布示意图见图1。

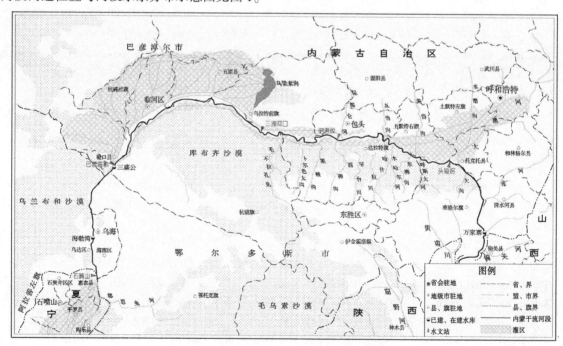

图1 黄河内蒙古段河道与水系示意图

作者简介： 倪菲菲（1982—），女，高级工程师，主要从事水利工程规划设计工作。

内蒙古河段地理位置特殊，地处黄河流域最北端，冬季干燥寒冷，几乎每年都会发生凌汛。20世纪80年代以来，内蒙古巴彦高勒至头道拐河段河道淤积萎缩严重[1]，主槽过流能力减弱，严重威胁河段防凌安全[2-5]，先后发生了6次凌汛决口和1次汛期决口，防凌防洪形势十分严峻。研究内蒙古河段近期淤积特点、原因及治理对策，可为内蒙古河段治理提供技术支撑。

1 近期淤积特点

内蒙古巴彦高勒至头道拐河段分别采用断面法、输沙率法[6-9]进行河道冲淤量计算。两种计算方法结果各有优缺点，输沙率法冲淤量在时间尺度上连续性好，但在空间尺度上连续性弱；断面法冲淤量在空间尺度上连续性好，但在时间尺度上连续性不足。因此，利用两种方法相互补充对内蒙古巴彦高勒至头道拐河段冲淤变化进行分析。

利用历年实测水沙资料，计算出1960—1968年、1969—1986年、1987—2018年三个时段输沙率法年均冲淤量分别为-0.002亿t、0.108亿t、0.495亿t。采用1962年、1982年、1991年、2000年、2018年实测的大断面资料，计算出1962—1982年、1982—1991年、1991—2000年、2000—2018年四个时段断面法年均冲淤量分别为-0.009亿t、0.379亿t、0.54亿t、0.243亿t。可见，不管是输沙率法冲淤量还是断面法冲淤量，均反映出20世纪80年代以来内蒙古巴彦高勒至头道拐河段持续淤积这样一个明显特点。内蒙古巴彦高勒至头道拐河段输沙率法、断面法冲淤量分别见表1和表2。

表1　巴彦高勒至头道拐河段输沙率法冲淤量　　　　　　　　　　单位：亿t

时段	巴彦高勒—三湖河口			三湖河口—头道拐			合计		
	汛期	非汛期	全年	汛期	非汛期	全年	汛期	非汛期	全年
1960—1968	-0.172	-0.037	-0.209	0.195	0.012	0.207	0.023	-0.025	-0.002
1969—1986	-0.08	0.05	-0.030	0.122	0.016	0.138	0.042	0.066	0.108
1987—2018	0.026	0.055	0.081	0.249	0.06	0.309	0.361	0.134	0.495
1960—2018	-0.036	0.039	0.003	0.202	0.039	0.241	0.254	0.096	0.35

注：时段划分主要考虑上游龙羊峡水库、刘家峡水库运用时间；"-"号表示冲刷，下同。

表2　巴彦高勒至头道拐河段断面法冲淤量　　　　　　　　　　单位：亿t

时段	横向分布	巴彦高勒—三湖河口	三湖河口—头道拐	合计
1962—1982	主槽	-0.074	-0.107	-0.181
	滩地	0.022	0.150	0.172
	全断面	-0.052	0.043	-0.009
1982—1991	主槽	0.057	0.155	0.213
	滩地	0.040	0.127	0.166
	全断面	0.097	0.282	0.379
1991—2000	主槽	0.103	0.37	0.473
	滩地	0.017	0.05	0.067
	全断面	0.12	0.42	0.54
2000—2018	主槽	0.013	0.107	0.119
	滩地	0.029	0.094	0.124
	全断面	0.043	0.201	0.243

续表2

单位：亿 t

时段	横向分布	巴彦高勒—三湖河口	三湖河口—头道拐	合计
1991—2018	主槽	0.039	0.192	0.231
	滩地	0.025	0.081	0.106
	全断面	0.065	0.272	0.337
1962—2018	主槽	0.002	0.079	0.081
	滩地	0.027	0.113	0.139
	全断面	0.029	0.191	0.22

注：时段划分主要根据断面测验资料时间。

巴彦高勒至头道拐河段近期淤积加重主要表现在以下三个方面：

（1）河道淤积量增加，三湖河口以上由冲刷转为淤积，三湖河口以下淤积量增加明显。

根据输沙率法冲淤量成果，三湖河口以上河段，1986年以前呈冲刷状态，1960—1968年、1969—1986年年均冲刷量分别为0.209亿t、0.030亿t，1986年以后转为淤积，1987—2018年年均淤积量为0.081亿t。三湖河口以下河段，1986年以来淤积量增加明显，由1960—1968年年均淤积量0.207亿t、1969—1986年年均淤积量0.138亿t增加至1987—2018年的0.309亿t。

断面法冲淤量成果与输沙率成果基本一致，三湖河口以上河段，20世纪80年代以前表现为冲刷，1962—1982年年均冲刷量为0.052亿t，80年代以后转为淤积状态，1982—1991年、1991—2000年、2000—2018年年均淤积量分别为0.097亿t、0.12亿t、0.043亿t；三湖河口至头道拐河段80年代以后年均淤积量明显增加，由1962—1982年年均淤积量的0.043亿t增加至1982—1991年的0.282亿t、1991—2000年的0.42亿t、2000—2018年的0.201亿t。随着河道淤积量的增加，主槽淤积量比例也同步增加，从整个内蒙古河段看，20世纪80年代，滩槽同步淤积，1982—1991年主槽、滩地年均淤积量分别为0.213亿t、0.166亿t，滩槽淤积比例基本相当，90年代以后主槽淤积比例加大，1991—2018年主槽、滩地年均淤积量0.231亿t、0.106亿t，主槽淤积比例增加至68.5%，主槽淤积比例增大，导致中水河槽过流能力减小[4]。

（2）汛期淤积量增加，9—10月由冲刷转为淤积，7—8月淤积增加明显。

巴彦高勒至头道拐河段1960—1968年、1969—1986年、1987—2018年三个时段汛期平均冲淤量分别为0.023亿t、0.042亿t、0.361亿t，1987年以来汛期淤积量增加。进一步分析汛期7—8月、9—10月冲淤量变化，可以看出，巴彦高勒至头道拐河段汛期淤积主要集中于7—8月，20世纪60年代以来汛期淤积量增加，7—8月增加更为明显，9—10月由冲刷转为淤积。7—8月，1960—1968年、1969—1986年、1987—2018年三个时段平均淤积量分别为0.225亿t、0.163亿t、0.326亿t。9—10月，1960—1968年、1969—1986年平均冲刷量分别为0.202亿t、0.121亿t，1987年以后由冲刷转为淤积，年均淤积量为0.035亿t。

（3）中、细泥沙由冲刷转为淤积，粗泥沙淤积增加明显，特粗泥沙淤积变化不大。

计算巴彦高勒至头道拐河段不同时期悬移质分组泥沙冲淤量，对于细颗粒泥沙（粒径小于0.025mm），1960—1968年、1969—1986年年均冲刷量分别为0.169亿t、0.118亿t，1987年以后由冲刷转为淤积，1987—2018年年均淤积量为0.07亿t；对于中颗粒泥沙（粒径0.025~0.05mm），1960—1968年年均冲刷量为0.035亿t，1968年以后逐渐由冲刷转为淤积，1969—1986年、1987—2018年年均淤积量分别为0.004亿t、0.081亿t。对于粗颗粒泥沙（粒径0.05~0.1mm），1960—1968年、1969—1986年、1987—2018年年均淤积量分别为0.051亿t、0.054亿t、0.1亿t，1987年以后该粒径组泥沙淤积量增加；大于0.1mm悬移质泥沙年均淤积量分别为0.159亿t、0.163亿t、0.137亿t，该粒径组泥沙淤积量变化不大。

2 淤积加重原因

干流、支流、引水等来水来沙条件是影响内蒙古河段冲淤变化的主要影响因子[4,10-12]。内蒙古河段引水主要在巴彦高勒断面以上，巴彦高勒断面以下基本没有引水，也少有退水。因此，引起该河段冲淤变化的水沙条件主要取决于干流巴彦高勒断面来水来沙以及区间支流来水来沙。对巴彦高勒至头道拐河段淤积加重原因进行剖析发现：

（1）干流来水条件不利、大流量过程减少、水流输沙动力减弱是淤积加重的主要原因。

巴彦高勒不同时期汛期日平均流量过程见图2。由图2可以明显看出，1968年以前，巴彦高勒断面有明显的伏汛、秋汛洪水过程，大部分时间的流量在1 500 m³/s以上，其中伏汛洪水的尖峰过程对应了十大孔兑主要来沙期。1969年以后，随着上游刘家峡水库、龙羊峡水库先后投入运用，巴彦高勒断面汛期流量明显减小，流量过程趋于平稳，已然没有了1968年以前的明显伏汛、秋汛洪水特征，绝大部分时期的流量在1 000 m³/s以下，水流动力减弱必然影响泥沙输移。以区间支流来沙较少且变化不大的9—10月（1960—1968年、1969—1986年、1987—2018年三个时段9—10月的支流来沙量分别为0.013亿t、0.019亿t、0.011亿t，该时期河道冲淤主要受干流水沙条件影响）为例，1960—1968年巴彦高勒来沙量0.627亿t、大于2 000 m³/s的天数23.2 d，1969—1986年来沙量减少至0.307亿t、大于2 000 m³/s的天数减少至11.8 d，1987—2018年进一步减少，来沙量仅0.091亿t、大于2 000 m³/s的天数减少至1.5 d。虽然干流来沙减少，但是由于来水量尤其是大流量天数大幅减少，导致9—10月河道由1986年以前的冲刷状态逐渐转为淤积状态。巴彦高勒不同流量级条件下支流来沙量及河道冲淤量统计见表3。

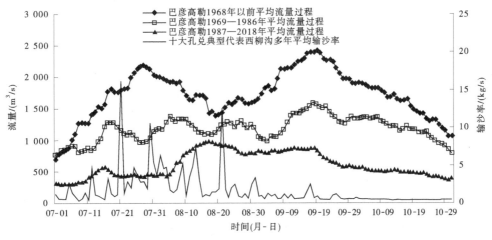

图2　巴彦高勒不同时期汛期日均流量过程变化（十大孔兑删除）

（2）干流大流量过程减少尤其是支流来沙期大流量过程减少不利于支流泥沙输移。

1960—1968年、1969—1986年、1987—2018年巴彦高勒至头道拐河段7—8月支流来沙量分别为0.203亿t、0.242亿t、0.227亿t，支流来沙量没有太大变化，但是由于支流来沙遭遇不同的干流水沙条件而使河道淤积表现不同。巴彦高勒1960—1968年7—8月流量级1 000 m³/s以下的天数为17.9 d，相应流量级对应支流沙量为0.012亿t，占7—8月总沙量的5.9%；1969—1986年流量级1 000 m³/s以下的天数为35.4 d，相应支流来沙量比例增加到52.1%；1987—2018年流量级1 000 m³/s以下的天数为51.8 d，支流来沙量比例进一步增大到89.4%。与之相反的是，7—8月2 000 m³/s以上大流量天数由1968年以前的18.8 d减少至2 d，相应支流的来沙比例由42.4%减少到4.0%，这样的变化导致内蒙古的河道年淤积量由1968年以前的0.225亿t增大至0.326亿t。可见，支流来沙不遭遇干流大水，支流泥沙输送受到影响，支流泥沙淤积后，干流后续没有大水冲刷，支流泥沙淤积造成河道形态恶化，又会反过来进一步影响干流泥沙输移。

表3　巴彦高勒不同流量级相应支流来沙与河道冲淤情况统计

时段		巴彦高勒流量 分级/（m³/s）	巴彦高勒			对应支流 来沙量/亿 t	对应河道 冲淤量/亿 t
			天数/d	水量/亿 m³	沙量/亿 t		
7—8月	1960—1968年	0～1 000	17.9	10.00	0.037	0.012	0.225
		1 000～2 000	25.3	33.90	0.241	0.105	
		>2 000	18.8	43.20	0.467	0.086	
		合计	62.0	87.00	0.746	0.203	
	1969—1986年	0～1 000	35.4	16.70	0.048	0.126	0.163
		1 000～2 000	17.5	21.80	0.110	0.072	
		>2 000	9.1	20.80	0.165	0.044	
		合计	62.0	59.30	0.323	0.242	
	1987—2018年	0～1 000	51.8	19.92	0.094	0.203	0.326
		1 000～2 000	8.2	8.55	0.091	0.015	
		>2 000	2.0	6.33	0.020	0.009	
		合计	62.0	34.81	0.205	0.227	
9—10月	1960—1968年	0～1 000	13.9	9.30	0.026	0	-0.202
		1 000～2 000	23.9	30.50	0.166	0.001	
		>2 000	23.2	57.00	0.435	0.012	
		合计	61.0	96.80	0.627	0.013	
	1969—1986年	0～1 000	32.3	15.80	0.025	0.006	-0.121
		1 000～2 000	16.9	20.50	0.090	0.008	
		>2 000	11.8	28.90	0.192	0.005	
		合计	61.0	65.20	0.307	0.019	
	1987—2018年	0～1 000	53.7	21.43	0.053	0.008	0.035
		1 000～2 000	5.7	6.27	0.025	0.003	
		>2 000	1.5	3.07	0.013	0	
		合计	61.0	30.76	0.091	0.011	

3　淤积治理对策

内蒙古河段近期淤积分布分析表明，主槽淤积加重，中水河槽过流能力减小。中水河槽过流能力与凌汛期冰下过流能力关系密切[13]，中水河槽过流能力减小使得凌汛期冰下过流能力降低，凌水漫滩封冻，改变槽蓄水增量的形成过程，槽蓄水增量大，开河期冰凌水释放容易发生险情。恢复较大的中水河槽过流能力对防凌有利，对汛期防洪也有益。

内蒙古河段近期淤积加重主要集中在 0.1 mm 以下的中细泥沙，干流汛期水量及大流量过程减少，水流输沙动力减弱是近期中细泥沙大量淤积的主要原因。基于以上认识，结合治黄实践经验[14]，提出控制内蒙古河段河道淤积、恢复较大中水河槽规模宜采取综合治理措施，按照"增水、减沙、调水调沙"的治理思路进行治理。一是要节水和跨流域调水，增加河道内输沙水量；二是要恢复进入内蒙古河段的中常洪水过程，协调干支流水沙关系，稀释支流高含沙洪水；三是要加大上游支流特别是内蒙古十大孔兑和上游沙漠区的综合治理力度，尽量减少进入内蒙古河段的泥沙；四是要通过堤防加高加固、河道治理和挖河疏浚等措施，增加河道排洪能力、防洪能力。

4 结论

（1）分析内蒙古巴彦高勒至头道拐河段近期淤积变化，总结了几个明显特征：河道淤积加重，巴彦高勒至三湖河口段由冲刷转为淤积，三湖河口至头道拐段淤积加重，且均以主槽淤积为主；汛期淤积加重，9—10月由冲刷转为淤积，7—8月淤积加重；分组泥沙淤积加重，0.05 mm以下的中、细泥沙由冲刷转为淤积，0.05~0.1 mm的粗泥沙淤积加重，0.1 mm以上的特粗泥沙变化不大。

（2）分析内蒙古河段近期淤积加重的原因，得出主要是由于进入该河段的水沙条件主要是干流的水沙条件发生了显著变化，汛期干流来水量减少，有利于汛期输沙的大流量过程减少，水流输沙动力减弱是导致河道淤积加重、防凌防洪形势严峻的主要原因。

（3）分析提出内蒙古河段淤积治理对策，按照"增水、减沙，调水调沙"的治理思路进行治理。一是要节水和跨流域调水，增加河道内输沙水量；二是要恢复中常洪水过程，协调干支流水沙关系，稀释支流高含沙洪水；三是要加大支流特别是内蒙古十大孔兑治理，尽量减少进入内蒙古河段的泥沙；四是要通过堤防加高加固、河道治理和挖河疏浚等措施，增加河道排洪能力、防洪能力。

参考文献

[1] 刘晓燕，侯素珍，常温花．黄河内蒙古河段主槽萎缩原因和对策［J］．水利学报，2009（9）：1048-1054.
[2] 翟家瑞，钱云平．黄河宁蒙河段防洪形势分析与对策［N］．黄河报，2006-03-07，003.
[3] 冯国华，朝伦巴根，高瑞忠，等．黄河内蒙古段防凌对策研究［J］．水文，2009（2）：47-49.
[4] 安催花，鲁俊，钱裕，等．黄河宁蒙河段冲淤时空分布特征与淤积原因［J］．水利学报，2018（2）：195-215.
[5] 龙虎，杜宇，邬虹霞，等．黄河宁蒙河段河道淤积萎缩及其对凌汛的影响［J］．人民黄河，2007（3）：25-26.
[6] 马睿，马良，张罗号，等．黄河流域典型沙质河段冲淤量预估方法及应用［J］．水利学报，2016（10）：1277-1286.
[7] 周丽艳，鲁俊，张建．黄河宁蒙河段沙量平衡法冲淤量的计算及修正［J］．人民黄河，2008（7）：30-31.
[8] 张建，周丽艳，陶冶．黄河宁蒙河段冲淤演变特性分析［J］．人民黄河，2008（8）：43-44.
[9] 侯素珍，王平，常温花，等．黄河内蒙古河段冲淤量评估［J］．人民黄河，2007（4）：21-23.
[10] 鲁俊，周丽艳，张厚军，等．黄河青铜峡水库排沙对下游河道冲淤的影响［J］．人民黄河，2012（3）：19-21.
[11] 胡春宏，陈绪坚，陈建国．黄河水沙空间分布及其变化过程研究［J］．水利学报，2008（5）：518-527.
[12] 李秋艳，蔡强国，方海燕．黄河宁蒙河段河道演变过程及影响因素研究［J］．干旱区资源与环境，2012（2）：68-73.
[13] 鲁俊，刘红珍，李超群，等，黄河内蒙古段中水河槽过流能力变化对凌情的影响［M］．中国水利学会2018学术年会论文集第三分册．376-382.
[14] 黄河水利委员会．黄河流域综合规划（2012—2030年）［M］．郑州：黄河水利出版社．

黄河下游河道岸线功能评估及划分探讨

倪菲菲[1]　钱　胜[2]

（1. 河南黄河勘测规划设计研究院有限公司，河南郑州　450003；
2. 黄河勘测规划设计研究院有限公司，河南郑州　450003）

摘　要： 黄河下游岸线开发是黄河流域综合治理的重点，由于黄河下游防洪和生态环境等因素的制约，目前农耕是下游岸线最主要的开发利用方式，造成滩区高质量发展动力不足。本文从黄河下游岸线定义出发，优化和细化现行岸线功能，综合考虑黄河水沙情势变化、防洪工程体系变化、滩区洪水淹没风险等因子，建立包括 4 个步骤的黄河下游岸线功能评估流程，为未来黄河下游岸线多元化利用和滩区高质量发展提供技术支持。

关键词： 黄河下游；宽滩区河段；岸线功能评估；岸线划分技术

1　引言

河湖岸线为水域（含内河、湖泊、水库）与其临界陆地之间以满足自身生态稳定性及人类生活生产功能（防洪、供水、港口、工业仓储等开发利用功能）的可变动空间区域[1]。根据《黄河流域综合规划》，黄河岸线为水利部授权黄委管理的河道范围内的重要河道岸线和城市河段[2]，包括干流的上游城市河段、岸线利用矛盾较为突出的省际界河、重要规划水库的库区段、黄河下游（包括河口及备用流路）以及部分重要支流。

黄河岸线的开发对我国经济社会发展有重要作用，河道岸线利用由来已久，其岸线利用主要集中在经济发达、临河城市等岸线较为稳定的河段。近年来，随着人们对环境保护意识的增强，河湖岸线管理中呈现的生物多样性衰减、资源无序利用和原有生态系统破坏等问题日益突出，需在遵循"生态保护红线、环境质量底线、资源利用上线"三条准则的基础上，实现"三生"（生态、生活、生产）功能的和谐发展，因此对河湖岸线的功能评估已成为河湖保护与开发进程中一项重要议题。

2　岸线功能评估

2.1　评估原则

参考河湖保护岸线确定和功能评估方法的研究成果[3]，综合黄河水沙情势变化、防洪工程体系变化、滩区洪水淹没风险特点等多方面研究成果，黄河下游宽滩区河段岸线划分应遵循以下原则：

（1）在维持下游现状河宽 5~14 km 的"一条宽河"前提下，建设一个河宽 2~3 km、能够长期过流 10 000 m³/s 洪水泥沙的核心水沙宣泄通道，通道内永久禁止人员居住并尽可能减少人类活动干扰，逐步修复为接近自然的河流生态系统。该通道的边界线即为临水控制线，可大致以控导工程和生产堤的连线作为界线。

（2）外缘控制线以大堤背水侧管理范围外边线为界线。对于外缘控制线与临水控制线之间的滩区，可明确一个适度的防洪安全标准，结合生态和文化产业对防洪减淤负面影响相对较小且有一定经济潜力的特点，分区开发，逐步建成生态安全、人水和谐、环境优美的河滩生态系统。根据黄河下游

基金项目： 国家自然科学基金黄河水科学研究联合基金项目（U2243219）。

作者简介： 倪菲菲（1982—），女，高级工程师，主要从事水利工程规划设计工作。

"一条宽河"的原则，在现状滩区地形地貌条件的基础上，对典型宽滩区进行岸线划分（见图1）。

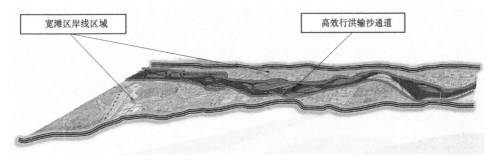

图 1　黄河下游宽滩区河段岸线格局示意图

　　根据黄河下游"一条宽河"的原则，在现状滩区地形地貌条件的基础上，对典型宽滩区进行岸线划分。温孟滩、开封滩、原阳滩的临水控制线根据现有控导工程的连线构成（见图2～图4）。

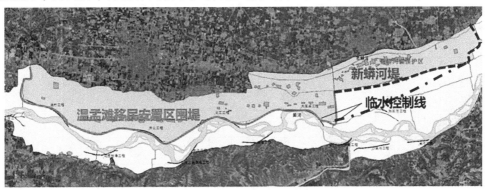

图 2　温孟滩岸线

图 3　开封滩岸线

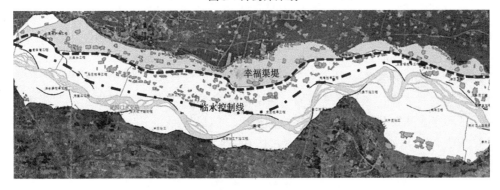

图 4　原阳滩岸线

2.2 岸线利用模式

黄河下游滩区开发利用方式主要有耕地、林地、居民用地、水面坑塘、水利设施用地、交通用地、企业用地等具体类别。按照"点、线、面"划分原则和分类机制，对上述岸线利用方式进行分类，如表 1 所示。

表 1 黄河下游滩区利用模式分类

序号	滩区利用类型	二级分类	占比/%	分类指标				分类模式类别
				形状率 (F)	紧凑度 (C)	侵入河宽比 (R)	岸线河宽比 (K)	
1	耕地		66.05	>0.1	>1	>0.05	>0.1	面
2	林地		8.88	>0.1	>1	>0.05	>0.1	面
3	居民用地		7.31	>0.1	>1	>0.05	>0.1	面
4	水面坑塘		11.58	>0.1	<1	<0.05	<0.1	点
5	水利设施用地	堤防、护岸	1.51	<0.1	—	<0.05	>0.1	线一
6	交通用地	沿江公路	0.28	<0.1	—	<0.05	>0.1	线一
		跨江大桥		<0.1		<0.05	<0.1	线二
7	企业用地		1.35	>0.1	<1	<0.05	<0.1	点
8	其他		3.03					

从划分结果来看，黄河下游岸线利用模式主要以面状利用模式为主，占比达到 82.24%，其他两种模式占比较小。这也与黄河下游滩区的基本特征有直接的关系。黄河滩区是典型的农耕经济区域，耕地是滩区资源最主要的开发利用方式。同时，滩区上分布着大量的村镇，种植了成片的树林，都是面状利用模式。

2.3 岸线功能评估技术及分类

黄河下游滩区的岸线功能评估流程按照指标选取和量化、层次构建、底层权重计算、上层权重计算等四部分。

2.3.1 指标选取和量化

指标体系由各自独立又具有相互联系的一组指标构成，指标的选择、计算方法以及对指标之间的逻辑关系判断直接影响评价结果的优劣。指标体系是功能评估体系建立的前提，指标体系主要包括反映区域分异规律的自然和社会经济两个特征属性。通过对以往研究的归纳，最终选取 14 个指标参数，作为岸线开发适宜性评估指标。其中自然属性指标 8 个，编号 $N_1 \sim N_8$；社会经济属性指标 5 个，编号 $S_1 \sim S_5$。

对于可量化指标，根据技术规范或者经验的上下限值取插值即可；对于不可量化的定性指标按照分级赋值，尽量避免主观判断打分中的偏差。评估指标见表 2。

2.3.2 层次构建

在水利部《河湖岸线保护与利用规划编制指南（试行）》[4] 岸线功能区划的基础上，将原有的岸线控制利用区和岸线开发利用区合并为岸线利用区，然后按照"三生"的功能分区，将岸线利用区进一步细化为生态岸线利用区、生活岸线利用区和生产岸线利用区，见表 3。黄河下游滩区岸线功能的总层次分区见图 5。

表 2 黄河下游滩区岸线功能评估指标及打分等级划定

属性	编号	指标	含义	分级	打分 (X_K)
自然	N_1	岸线防洪标准	代表三滩的抵御洪水的能力	滩区防洪标准可达到 20 年一遇以上；防洪标准达到 10~20 年一遇；防洪标准达到 10~5 年一遇；防洪标准在 5 年一遇以下	90，70，50，30
	N_2	岸前水深	水深条件因素	水域范围内水深超过 20 m；水域范围内水深 10~20 m；水域范围内水深 5~10 m；水域范围内水深<5 m	100~75，75~50，50~25，25~0
	N_3	岸线陆域宽度	表征岸线后方陆域可利用空间大小	滩区岸线可利用宽度：500 m 以上；300~500 m；100~300 m；小于 100 m	100~75，75~50，50~25，25~0
	N_4	岸线水域宽度	滩区主河槽跨度	300 m 以上；300~200 m；200~100 m；<100 m	100~75，75~50，50~25，25~0
	N_5	生态敏感度	距离自然保护区、水产种质资源保护区、饮水水源地等生态敏感区的距离	与生态敏感区距离>1 km；与生态敏感区距离<1 km；位于生态敏感区缓冲区和试验区；位于生态敏感区核心区	90，70，50，30
	N_6	水质	用以评价水体质量状况	Ⅰ和Ⅱ类；Ⅲ类；Ⅳ类；Ⅴ类	90，70，50，30
	N_7	地质条件	滩区地质环境各项因素的综合	基岩、中-硬土，地势平坦、开阔；可-软塑土低膨胀性土，有斜坡但无陡坎；软土、液化砂土、膨胀土分布区；地质灾害发育/危及区	90，70，50，30
	N_8	与滩槽交界的距离	评价临水程度	距离滩槽交界 1 km 以上；距离滩槽交界 500~1 000 m；距离滩槽交界 100~500 m；距离滩槽交界 100 m 以内	90，70，50，30
社会经济	S_1	城镇邻近度	与最近的城镇中心距离	距离城镇中心<5 km；距离城镇中心 5~10 km；距离城镇中心 10~50 km；距离城镇>50 km	100~75，75~50，50~25，25~0
	S_2	交通便利度	滩区岸线交通状况	依托城市主干道串联，道路密集；城市次干道串联，道路密集度中等；道路密集度低，属于景观道路；目前没有通道路	90，70，50，30
	S_3	依托城市类型	腹地城市经济发展水平	新一线城市、二三线城市、四线城市、五线城市	90，70，50，30
	S_4	所在区域人均 GDP	滩区安置区域人均生产总值	>12 万元/年；9 万~12 万元/年；6 万~9 万元/年；<6 万元/年	100~75，75~50，50~25，25~0
	S_5	安置人口密度	单位土地面积上安置人口数量	>0.25 万人/km²；0.15 万~0.25 万人/km²；0.05 万~0.15 万人/km²；<0.05 万人/km²	100~75，75~50，50~25，25~0

表3 黄河下游滩区岸线分层及定义

准则层	方案层	定义
生态岸线利用区	生态景观岸线	指具有涵养滩区水源,提供绿色开放空间,供居民休憩、健身、游玩等人为养护岸线
生活岸线利用区	城镇生活岸线	满足滩区居民居住以及学校、医院、体育活动中心等公共服务设施的建设等占用岸线
	过江通道	滩区桥梁、隧道、铁路、公路、管道运输、高压输电等横跨黄河的占用岸线
	取水口岸线	滩区生活、农业和生产引水的泵站、渠首闸和相应管线等占用岸线
	排污口岸线	用于滩区生活、工业排污口及相应管线等占用岸线
	特殊利用生活岸线	滩区水文测站、观测平台、探索步道或科研活动等占用岸线
生产岸线利用区	工业岸线	用于滩区开展工业生产、产品加工制造、生物研发等产业发展占用岸线
	渔业岸线	指涉及开展滩区渔业生产、水产养殖等开发利用渔业资源的岸线
	农业岸线	开展滩区农牧业生产活动等相关利用的岸线

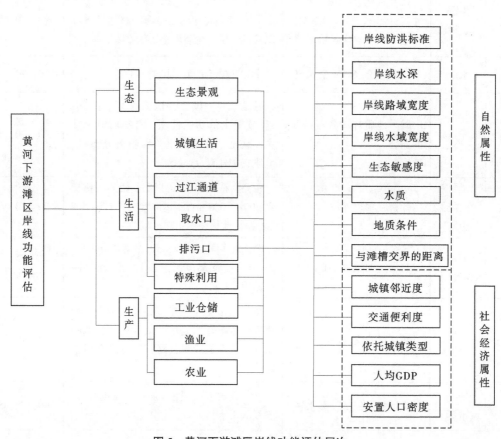

图5 黄河下游滩区岸线功能评估层次

2.3.3 底层权重计算

滩区岸线功能评估低层即指标层对方案层的评价以传统1~9标度法为基础,扩展为1~13标度法,前者比后者的重要性依次递增,直到极端重要13,其倒数表示后者对前者的重要性,依次构造各类型滩区岸线的判断矩阵,得到最大特征值后进行一致性检验,最终得到各指标权重,见表4。其中值得注意的是,因为水域深度和宽度的增加会提高过江通道修建的施工难度和投资比例,所以岸前水深和水域宽度这两项指标对过江通道岸线为逆向型指标，即该指标取值越小越优。其他还有几项同类型指标，比如城镇邻近度和水质对于排污口岸线、城镇邻近度和依托城市类型对于农业岸线，与滩槽交界的距离对于特殊利用生活岸线和渔业岸线也都属于逆向型指标。

表 4 黄河下游各类型岸线指标权重计算结果

序号	类型	权重（F_K）												
		自然								社会经济				
		N_1	N_2	N_3	N_4	N_5	N_6	N_7	N_8	S_1	S_2	S_3	S_4	S_5
1	生态景观岸线	0.105 3	0.052 6	0.105 3	0.052 6	0.052 6	0.105 3	0.052 6	0.052 6	0.105 3	0.105 3	0.052 6	0.052 6	0.105 3
2	城镇生活岸线	0.225 3	0.007 9	0.108 6	0.007 9	0.072 9	0.038 5	0.108 6	0.161 3	0.072 9	0.051 7	0.023 6	0.012 3	0.108 6
3	过江通道岸线	0.221 0	0.157 4	0.057 4	0.110*	0.057 4	0.007 9	0.110 4	0.012 5	0.057 4	0.016 2	0.026 7	0.007 9	0.157 4
4	特殊利用生活岸线	0.131 7	0.181 9	0.011 4	0.131 7	0.011 4	0.244 3	0.072 9	0.025 0	0.043 2	0.008 6	0.032 7	0.008 6	0.096 7
5	取水口岸线	0.164 3	0.051 4	0.012 9	0.051 4	0.227 6	0.164 3	0.038 3	0.022 7	0.118 2	0.007 9	0.012 9	0.009 8	0.118 2
6	排污口岸线	0.013 2	0.106 6	0.051 3	0.051 3	0.013 2	0.106 6	0.019 2	0.395 8	0.073 6	0.106 6	0.013 2	0.013 2	0.036 5
7	工业仓储岸线	0.179 9	0.010 6	0.120 8	0.010 6	0.083 5	0.007 1	0.120 8	0.120 8	0.060 0	0.179 9	0.028 5	0.017 5	0.060 0
8	渔业岸线	0.018 3	0.180 8	0.018 3	0.136 2	0.244 3	0.106 8	0.018 3	0.180*	0.018 3	0.012 6	0.009 3	0.009 3	0.046 4
9	农业岸线	0.083 4	0.029 4	0.218 3	0.016 7	0.218 3	0.063 3	0.029 4	0.083 4	0.009*	0.012 3	0.009*	0.009	0.218 3

注：＊对应类型指标取值越小越优，取值为 $X_K = 100 - XK$。

指标层对方案层的评价按照式（1）计算：

$$M_{I,J} = \sum F_K \times X_K \tag{1}$$

式中：$M_{I,J}$ 为第 I 段岸线的第 J 种类型岸线开发适宜性的综合打分值；F_K 为岸线开发适宜性权重值；X_K 为各指标打分值。J 代表九种类型岸线，取值 1~9；I 代表研究对象的第 I 段岸线序号；K 代表 13 个指标，取值 1~13。

另外对于目标层而言，各方案层处于同等重要的地位，也就是权重值相等，故在总评估时不再考虑这个层次的权重。

2.3.4 上层权重计算

黄河下游滩区岸线功能上层权重计算即准则层对目标层的评价，根据功能总评估的重要性排序，针对高滩、二滩和嫩滩，以 0.1~0.9 标度法计算"三生"的权重，即

$$W_S = [w_1, w_2, w_3] \tag{2}$$

其中：S 代表三种滩型，取值 $1 \sim 3$。计算结果见表5。

表5 三滩的"三生"权重赋分

滩型	生态 w_1	生活 w_2	生产 w_3
高滩	1.049 1	1.100 8	1.000 0
二滩	1.049 9	1.000 0	1.049 9
嫩滩	1.099 8	1.000 0	1.000 0

3 河道岸线划分

3.1 黄河下游滩区临水线划定

目前，黄河下游修建有大量的控导、险工等河道整治工程[5]。黄河下游各河段临水线划定原则如下。

3.1.1 白鹤—陶城铺以上宽河段（游荡型和过渡型、有治导线河段）

临水线的划定采用控导工程连线方案。

3.1.2 陶城铺—渔洼窄河段（弯曲型、无治导线河段）

临水线的划定采用控导工程连线方案，主河槽宽度原则上留足800 m。

3.2 黄河下游河道外缘线划定

黄河下游开展了标准化堤防建设，对于修建淤背的河段，堤防工程管理范围应从淤背的背河侧坡脚开始算起。各河段堤防工程的管理范围规定如下。

3.2.1 有堤防河段（河南段）

根据《河南省黄河河道管理办法》第十八条规定，堤防工程护堤地（管理范围）兰考县东坝头以上黄河堤左右岸临背河各30 m，东坝头以下的黄河堤，贯孟堤、太行堤、北金堤以及孟津、孟县和温县黄河堤临河30 m，背河10 m。

3.2.2 有堤防河段（山东段）

根据《山东省黄河工程管理办法》第十五条规定，堤防工程护堤地的划定，从堤（坡）脚算起，其宽度为：东明县高村断面以上黄河大堤为临河50 m，背河10 m；高村断面至利津县南岭子和垦利县纪冯黄河堤为临河30 m，背河10 m；利津县南岭子和垦利县纪冯险工以下，临背河均为50 m；展宽区堤和旧金堤为临河7 m，背河10 m。

3.2.3 无堤防河段

黄河下游的无堤防河段主要位于：左岸的吉利河段、孟州河段、温县河段，右岸的孟津河段、巩义河段、荥阳河段、惠金河段、东平湖段、平阴河段、长清河段[5]。

在无堤防河段，外缘线可采用黄河下游设计洪水位（花园口 22 000 m³/s、艾山 11 000 m³/s、近千年一遇）与岸边的交线。

根据《水利部关于开展河湖管理范围和水利工程管理范围与保护范围划定工作的通知》（水建管〔2014〕285号）和《水利部关于加快推进河湖管理范围划定工作的通知》（水河湖〔2018〕314号）要求，目前黄河下游划界工作已完成初步成果。因此，本次黄河下游（含河口）的外缘线均采用划界成果。

根据上述划分原则和划分方法，黄河下游临水边界线长 1 677.24 km，外缘边界线长 1 879.67 km，见表6。

表6　黄河下游各河段岸线边界线成果

序号	河段	河长/km	临水边界线/km			外缘边界线/km		
			左岸	右岸	小计	左岸	右岸	小计
1	白鹤镇至高村	299.0	284.62	292.10	576.72	299.10	322.83	621.92
2	高村至陶城铺	165.0	146.06	144.25	290.31	153.42	151.88	305.30
3	陶城铺至渔洼	349.0	341.03	341.74	682.77	381.97	470.29	852.26
4	渔洼以下	65.0	62.80	64.63	127.43	48.40	51.79	100.19
	合计	878	834.52	842.72	1 677.24	882.89	996.78	1 879.67

4　结语

目前黄河下游现状岸线利用方式以耕地为主，其次是水域及水利设施用地、园地和林地，利用形式单一，黄河下游滩区人水矛盾突出等问题得到了广泛关注。黄河下游滩区防洪安全任务繁重、生态系统复杂、人水矛盾突出、现存岸线利用不规范等多种因素共同决定了黄河下游岸线功能评估的复杂性。本文通过确定黄河下游岸线功能评估指标因子，确定功能评估流程，确定黄河下游岸线划分技术成果，希望在岸线利用和滩区治理上充分考虑到生态保护和水资源需求等自然和经济社会因素，充分发挥功能评估的指导作用，为未来黄河下游岸线多元化利用和滩区高质量发展提供技术支持。

参考文献

［1］张谦益.海港城市岸线利用规划若干问题探讨［J］.城市规划，1998（2）：3-5.

［2］黄河水利委员会.黄河流域综合规划［M］.郑州，黄河水利出版社，2013.

［3］鲁婧，刘春晶，谷蕾蕾.河湖岸线功能评估指标及体系构建探讨［J］.人民黄河，2021，7（47）：52-55.

［4］水利部水利水电规划设计总院.河湖岸线保护与利用规划编制指南（试行）［Z］.北京：水利部水利水电规划设计总院，2019：4-8.

［5］黄河勘测规划设计研究院有限公司.黄河下游"十四五"防洪工程可行性研究报告［R］.郑州：黄河勘测规划设计研究院有限公司，2022.

蛟河抽水蓄能电站工程安全监测设计

蔡云波 何国伟 周雪玲

（中水东北勘测设计研究有限责任公司，吉林长春 130061）

摘 要：本文介绍了蛟河抽水蓄能电站工程安全监测项目及监测仪器布置，从环境量监测、变形监测控制网、上下水库、输水建筑物及地下厂房系统等，全方位介绍了抽水蓄能电站工程的监测项目、仪器布置及仪器数量，可为同类工程监测设计提供参考。

关键词：安全监测；监测设计；仪器布置；抽水蓄能电站

为了实现"双碳"目标，在新能源快速增长的背景下，抽水蓄能对于维护电网安全稳定运行、建设以新能源为主体的新型电力系统具有重要的作用。在抽水蓄能电站工程的设计、施工和运行过程中，安全监测越来越得到重视，安全监测是及时发现水电工程安全隐患的一种有效方法，通过监测仪器和巡视检查，可以及时获取工程安全的有关信息，是工程建设和运行管理中非常必要、不可或缺的一项工作。

1 概述

蛟河抽水蓄能电站位于吉林省蛟河市境内，站址距长春市公路里程 275 km，距吉林市公路里程 145 km，距蛟河市公路里程 50 km。电站装机容量 1 200 MW，额定水头 392 m。工程主要由上水库、下水库、泄水消能建筑物、输水建筑物、地下厂房及其附属建筑物等部分组成；工程等别为一等，工程规模为大（1）型。

2 安全监测的范围

本工程主要由上水库、下水库、泄水消能建筑物、输水建筑物、地下厂房及其附属建筑物等部分组成，各建筑物监测范围如下。

上水库：钢筋混凝土面板堆石坝、库内开挖防护（含库内料场）及库岸防渗处理工程等。

下水库：钢筋混凝土面板堆石坝、右岸泄洪放空洞、右岸溢洪道等。

输水建筑物：引水系统包括上水库进/出水口、引水隧洞、引水事故闸门井、压力管道、高压引水岔管及高压引水支管等；尾水系统包括尾水支洞、尾水事故闸门室、尾水岔管、尾水调压室、尾水主洞、尾水检修闸门井及下水库进/出水口等。

地下厂房及其附属建筑物：地下厂房和主变洞、尾闸室、岩壁吊车梁、机组结构、开关站及变电站边坡等。

3 环境量监测

环境量监测包括上、下库水位监测，库水温监测，雨量和气温监测。

作者简介：蔡云波（1971—），男，高级工程师，主要从事水利水电工程安全监测设计、施工、资料分析、安全鉴定评估等工作。

通信作者：何国伟（1979—），男，高级工程师，主要从事水利水电工程安全监测设计、施工、资料分析、安全鉴定评估等工作。

在上下水库大坝钢筋混凝土面板表面、库岸边坡以及溢洪道等便于观测的部位分别布置涂漆水尺，共计 8 条。同时在上、下水库各布置 1 支电测水位计，自动监控库水位变化。

上、下水库水温受气温和入库水温的影响，并随水深变化，在面板内布置的温度计可兼测库水温。运行期必要时可采用电测温度计监测不同区域和水深的库水温度。

在上水库布置 1 套自动化简易气象站，包括自记式温湿度计、自记式雨量计、风速风向远传自记仪等。

4 变形监测控制网

4.1 上、下水库变形监测控制网

上、下水库平面监测控制网为专用控制网，采用三角形网建立，平面监测控制网的测量等级确定为专二级。为充分保障监测基准的点位精度，监测控制网采用基准网和工作基点二级布网形式，其中上水库基准网由 6 个控制点组成，工作基点网由 5 个点组成；下水库基准网由 7 个控制点组成，工作基点网由 6 个点组成。

4.2 上、下库水准监测控制网

水准监测控制网由水准基点、水准工作基点和水准联系点组成闭合水准路线，按照二等水准施测。根据实际情况，在距上、下水库坝端 400 m 左右连接路拐弯处设置一组水准基点，其中 1 个为双金属标。水准基点之间，用单一水准路线联测，作为水准基点间的检核。在上下水库坝肩、各高程马道左右岸分别布设 1 组（2 点）水准工作基点，水准路线中视地质条件和受工程影响小的适当位置埋设 2~4 个水准联系点。

5 安全监测仪器布置

5.1 上水库安全监测仪器布置

5.1.1 变形监测

（1）表面变形。

大坝表面变形：在坝顶上游坝坡正常蓄水位以上靠近防浪墙部位、下游侧靠近坝顶部位及下游坝坡 820 m、800 m 马道上游侧沿平行坝轴线方向共布置 4 条测线；表面变形测点间距 100 m 左右布设 1 个测点，共布置测点 29 个测点。

库岸边坡及环库路垂直位移表面变形：库岸边坡表面变形主要在开挖坡比为 1∶0.7 的边坡支护区布置 2 个表面变形监测断面，每个监测断面布置 2 个测点，共布置 4 个变形监测点。在环库公路上根据地质条件布设 10 个测点。

（2）内部变形。

大坝内部变形：①水平向测点布置方式中，布置 4 个监测断面，每个断面选择 1~2 个监测层面布设水平位移测线和垂直位移测线，每条测线布置 3~5 个测点；4 个断面内共布设振弦式土体位移计和振弦式沉降仪各 7 套 27 个测点。②竖向测点布置方式时，在 4 个监测断面的坝顶下游侧分别布设 1 根测斜管和 1 根沉降管，共计 4 根测斜管、4 根沉降管。典型监测断面布置见图 1。

库岸边坡内部变形：在库岸开挖支护区选择 2 个监测断面（与表面变形监测断面一致），在每个监测断面布置 2 套多点位移计、2 个测斜孔，监测库岸边坡内部变形。

（3）面板接缝变形。

周边缝接缝变形：在趾板不同高程部位布置三向测缝计进行周边接缝变形监测，测点布设在正常高水位以下的河床部位、左右岸陡坡部位，共布设 9 组三向测缝计。

面板接缝变形：与坝体表面变形及面板中的应力应变监测断面相结合，选择面板受拉、受压缝进行面板垂直缝变形监测，重点加强张性缝的接缝变形监测。在面板垂直缝上的 2 个高程处布设 16 支单向测缝计。

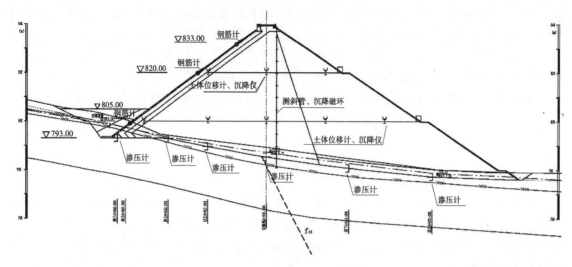

图 1　上水库典型监测断面布置

5.1.2　渗流监测

（1）坝体和坝基渗流。

为监测坝体和坝基渗流的分布情况，在 4 个监测断面（与内部变形观测断面一致）沿坝基上、下游方向设置渗压计，测点布置在上游帷幕后面板周边缝处、垫层料区（过渡料）、坝基地形突变处和堆石区，每个监测断面布置 6 个测点，共计 24 支渗压计；在周边缝设置三向测缝计位置，与其相对应的周边缝底部坝基内设置 9 支渗压计；在大坝基础断层带位置，根据断层走向与出露情况布置 6 支渗压计。坝基和周边缝位置埋设的渗压计，整体构成坝体和基础渗流监测系统，布置 36 支渗压计。

（2）绕坝渗流。

根据地形地质条件及防渗帷幕的布置，在两岸坝肩帷幕线上、下游侧以及帷幕延长线上，沿可能产生渗流的流线方向布置测压管，共布置 18 个测压管。

（3）渗流量。

为尽量排除下游堆渣体客水干扰，在下游坡脚布置排水沟，在排水沟内安装 1 个量水堰，监测渗流的汇集流量，并布置 1 支精密量水堰计，实现自动监测。

（4）库周地下水位。

地下水位监测采用钻孔埋设测压管的方法进行观测，测压管沿帷幕灌浆线进行布置，同时在岩体较差、地质条件薄弱的单薄分水岭相应增加测点，共布置 18 个测压管。

5.1.3　应力、应变及温度监测

（1）钢筋应力监测。

根据本工程的具体情况，与变形监测断面一致，选择 4 个主监测断面，每个断面内分三个高程布置钢筋计，共计 14 个测点。每个测点在顺坡、水平两个方向安设钢筋计，共布置 28 支。

（2）温度监测。

本工程地处北方严寒地区，考虑夏季日照辐射高温、冬季库水结冰、库水骤升骤降温差等不利因素的影响，需进行面板的温度监测。除利用应力应变测点监测温度外，还在河谷最长面板条块沿不同高程布置温度测点，共布置电测温度计 8 支。

（3）库岸边坡锚杆应力监测。

为了解库内开挖边坡支护措施效果，在库岸边坡内部变形监测断面位置，结合边坡支护锚杆的布置情况，共布置锚杆应力计 8 支。

5.1.4　强震动反应监测

上库坝为 1 级建筑物，设计烈度为Ⅷ度，根据大坝结构布置情况，在大坝左岸、最大坝高断面的

坝顶和距大坝 150 m 下游自由场位置分别设置 1 个台阵测点，共布设 3 个测点，每个测点均安装 3 分向加速度传感器。

5.2 下水库安全监测仪器布置

5.2.1 变形监测

（1）表面变形。

大坝表面变形：在坝顶上游坝坡正常蓄水位以上靠近防浪墙部位、下游侧靠近坝顶部位、下游坝坡马道上游侧沿平行坝轴线方向共布置 3 条测线；按 70 m 左右间距布设 1 个测点，共布置测点 19 个。水平位移和垂直位移监测共用 1 个测墩。

边坡表面变形：在泄洪防空洞进口边坡、泄洪防空洞出口边坡以及溢洪道右岸边坡部位共布置 6 个表面变形监测点。

（2）内部变形。

①混凝土面板堆石坝内部变形：在 3 个监测断面的坝顶下游侧分别布设 1 根测斜管和 1 根沉降管。共计布置 3 根测斜管、3 根沉降管。

②边坡内部变形：在泄洪防空洞进出口边坡、溢洪道右岸边坡共布设 6 套多点位移计和 6 个测斜孔监测边坡内部变形。

（3）面板接缝变形。

①周边缝接缝变形：在趾板不同高程部位布置三向测缝计进行周边接缝变形监测，共布设 7 组三向测缝计，其中 1 组布设在溢洪道与面板堆石坝趾板接触面的趾墙处。

②面板接缝变形：根据钢筋混凝土面板的分缝，选择面板受拉、受压缝进行面板垂直缝变形监测，重点加强张性缝的接缝变形监测。在面板垂直缝上的 2 个高程处布设 13 支单向测缝计。

5.2.2 渗流监测

（1）坝体和坝基渗流。

为监测坝体和坝基渗流分布情况，在 3 个监测断面（与内部变形观测断面一致）沿坝基上、下游方向设置渗压计，每个监测断面布置 6 个测点；在周边缝设置三向测缝计，底部坝基内设置 5 支渗压计，结合周边缝的变形，综合监测渗透压力及周边缝止水结构和趾板基础灌浆帷幕的防渗效果；在大坝基础断层带位置布置 5 支渗压计。坝基和周边缝位置埋设的渗压计，整体构成坝体和基础渗流监测系统，共布置 28 支渗压计。

（2）溢洪道基础渗流。

溢洪道基础渗透压力采用埋设渗压计的方法进行观测，在溢洪道基础顺水流方向的中心线上，在帷幕灌浆前后、排水孔处及地下轮廓线有代表性转折部位各布置 1 支渗压计，溢洪道工作闸室和泄槽底板共布置 7 支渗压计。

（3）绕坝渗流。

在左、右岸坝肩帷幕上游侧、帷幕灌浆终点下游侧以及左、右岸帷幕下游侧分别布置测压管，形成 3 个断面，共布置 14 个测压管。

5.2.3 应力、应变及温度监测

根据下水库的具体情况，选择坝体 1 个主监测断面和 2 个辅助监测断面，与变形监测断面一致，进行混凝土面板应力、应变监测。面板钢筋应力在 3 个监测断面内分三个高程布置钢筋计，每个测点在顺坡、水平两个方向安设钢筋计，共计 11 个测点，共 22 支钢筋计。

除利用应力、应变测点监测温度外，在河谷最长面板条块，在正常蓄水位以上、正常蓄水位到死水位，以及死水位以下三段区域按疏密结合、水位变动区应加密的原则，共布置电测温度计 6 支，观测混凝土温度的变化。

5.2.4 泄洪放空洞监测

泄流放空洞布置 2 个监测断面，每个监测断面布置 1 套多点位移计、3 套锚杆应力计、2 支测缝

计、6 支钢筋计。2 个监测断面共布置 2 套多点位移计、6 套锚杆应力计、4 支测缝计和 8 支钢筋计。

5.3 输水建筑物安全监测仪器布置

5.3.1 进/出水口及边坡监测

在 1# 洞事故闸门井和出口检修闸门中间部位各选择一个监测断面,每个布置 4 套锚杆应力计、8 支钢筋计,监测围岩的稳定及支护结构钢筋受力情况。共计布置 8 支锚杆应力计、16 支钢筋计。

为监测上水库和下水库进/出水口边坡施工期和运行期的围岩稳定,分别在上水库和下水库进、出水口上方边坡选择 2 个监测断面,每个监测断面布设 4 个表面变形位移测点,布置 2 套多点位移计监测内部变形。共计布置 8 个位移测点、4 套多点位移计。

5.3.2 输水隧洞监测

(1)输水隧洞洞身监测。

输水隧洞在断层构造规模相对较大或者隧洞的关键部位,布置重点监测断面,断面仪器布置相对较全面;在断层构造规模相对较小的部位或次要特征部位,布置一般监测断面,进行重点项目的监测,其仪器布置相对精简。

①钢筋混凝土衬砌段布置 10 个监测断面(其中 7 个为重点断面),断面的围岩内布置 2 套多点位移计、2 支锚杆应力计和 2 支渗压计,在衬砌与围岩的接缝处布置 2~3 支单向测缝计,在内外侧环向钢筋上布置 4 支钢筋计。10 个断面共计布置 20 套多点位移计、26 支测缝计、28 支钢筋计、30 套锚杆应力计、20 支渗压计。

②在钢板衬砌段布置 4 个监测断面,在断面的围岩内布置 2 套多点位移计、2 支锚杆应力计、3 支渗压计,在断面的钢衬与回填混凝土之间布置 6 支单向测缝计,在断面钢衬的外壁,沿环向布置 3 支钢板应力计。4 个断面共布置 8 套多点位移计、24 支测缝计、12 支钢板计、8 套锚杆应力计、12 支渗压计。

(2)帷幕防渗效果监测。

在 1#、2# 引水隧洞和 1#、2# 尾水隧洞的防渗帷幕的上、下游侧各布置 1 支渗压计,共计 8 支,监测相应部位的帷幕防渗效果。

(3)压力管道岩体地下水位及渗流量监测。

利用压力管道中平段和下平段的排水廊道,在廊道内分别向下斜段和下平段压力管道处垂直打孔,共布置 9 个测压管,监测压力管道处围岩的地下水位;同时结合排水廊道的排水沟分区,布置 6 个量水堰,进行渗流量监测。

5.3.3 引水钢岔管监测

引水钢岔管监测选择在 1# 钢岔管进行。具体分别在岔管进口(主管段)、主支锥相贯线、肋板、岔管出口部位(支管段)布置 4 个主要监测断面。引水钢岔管部位共计布置 2 套多点位移计、15 支测缝计、8 套锚杆应力计、28 支钢板计、8 支渗压计。

5.3.4 尾水混凝土岔管监测

选择 1# 尾水岔管进行监测,具体分别在岔管出口(主管段)、主支锥相贯线、岔管进口部位(支管段)布置 3 个监测断面,共计布置 2 套多点位移计、8 支测缝计、8 套锚杆应力计、6 支渗压计、18 支钢筋计。

5.3.5 尾水调压室监测

在 1# 和 2# 调压室分别布置 2 个监测断面,重点监测 f199 断层及其与其他节理组合切割部位,尾水调压室共计布置 4 套多点位移计、4 支锚杆应力计、8 支钢筋计、4 支渗压计。

5.4 地下厂房及其附属建筑物安全监测仪器布置

5.4.1 地下厂房围岩监测

地下厂房及主变洞室规模较大,监测断面布置重点布置在断层切割及其组合对围岩稳定不利的位置,以及代表性关键部位,同时在重点监测断面间穿插布置一般监测断面,以整体监测洞室围岩的安全与稳定。地下厂房布置重点监测横断面 2 个、一般横断面 2 个。地下厂房典型断面监测布置见图 2。地下厂房围岩监测共计布置 51 套多点位移计、51 套锚杆应力计、14 支渗压计、14 支温度计、6 个量水堰、24 根测压管、18 支锚索测力计。

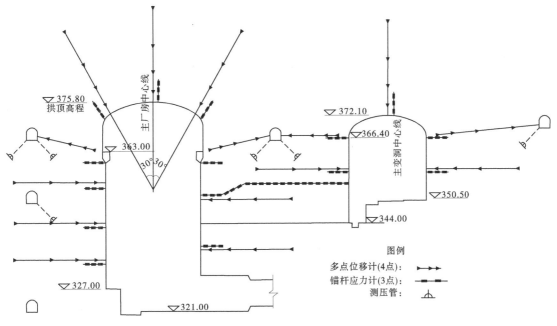

图 2 地下厂房典型断面监测布置

5.4.2 岩壁吊车梁监测

岩壁吊车梁监测断面选取结合地下厂房洞室群的监测统筹考虑，厂房岩壁吊车梁布置 4 个监测断面，上下游对称布置，断面间距 30～40 m。同时在重点断面之间上游高边墙部位，增加对上倾受拉锚杆进行监测。共布置 20 套锚杆应力计、16 支单向测缝计、32 支钢筋计、16 支压应力计。

5.4.3 机组结构监测

选择 2 台机组进行监测，监测项目包括接缝变形、渗透压力、钢筋应力和钢板应力。

机组结构接缝变形采用单向测缝计进行监测，包括机组混凝土与围岩之间、机组结构之间以及蜗壳与外包混凝土之间的接缝变形监测，每个机组结构置 10 支单向测缝计；渗透压力监测仅对每台机组基础渗透压力进行监测，具体在每个机组的中心线横剖面沿上下游方向沿建基面各布置 2 支渗压计；钢筋应力监测布置在机组支撑结构钢筋受力较大的部位，每台机组结构共布置 15 支钢筋应力计；钢板应力监测布置在每台机组中心线横剖面的尾水肘管及机组纵、横剖面的蜗壳最大截面外侧，每台机组共布置 8 支钢板应力计。

5.4.4 尾闸室监测

在尾闸室地质条件较差部位布置 2 个监测断面，在每个监测断面顶拱、上下游边墙布置 3 支锚杆应力计，监测围岩锚固效果；在监测断面顶拱布置 1 套多点位移计监测围岩的稳定。尾闸室共布置 6 支锚杆应力计、2 套多点位移计。

5.4.5 地面开关站、施工变电站等边坡监测

地面开关站及施工变电站边坡监测项目为地下水位、表面变形和内部变形监测。共计布置 12 个表面位移测点、8 套多点位移计、8 根测斜管、6 个水位观测孔。

6 结语

随着经济的发展，以抽水蓄能电站为主体的新型电力系统将起到越来越重要的作用，抽水蓄能电站的安全监测工作也将越来越得到重视，本文全面介绍了蛟河抽水蓄能电站工程安全监测项目、监测

范围及仪器布置，可为同类工程监测设计提供参考。

参考文献

［1］蔡云波，韩琳，等．吉林蛟河抽水蓄能电站工程安全监测设计专题报告［R］．长春：中水东北勘测设计研究有限责任公司．

［2］中华人民共和国国家能源局．土石坝安全监测技术规范：DL/T 5259—2010［S］．北京：中国电力出版社，2011.

［3］中华人民共和国国家测绘局标准化研究所．国家一、二等水准测量规范：GB/T 12897—2006［S］．北京：中国标准出版社，2006.

［4］中华人民共和国国家测绘局标准化研究所．国家三角测量规范：GB/T 17942—2000［S］．北京：中国标准出版社，2004.

南水北调工程渠坡测斜数据的衔接处理与分析

何国伟[1]　蔡云波[1]　崔铁军[2]　刘　峻[3]

(1. 中水东北勘测设计研究有限责任公司，吉林长春　130061；

2. 中国南水北调集团中线有限公司河北分公司，河北石家庄　050000；

3. 中国水利水电第四工程局有限公司，青海西宁　810000)

摘　要：本文主要以南水北调中线干线工程总干渠挖方渠段为例，介绍测斜管在起测点高程发生变化情况下的数据处理，以及通过对测斜管的观测数据整理分析，结合其他监测项目，对南水北调中线工程渠坡变形异常部位进行综合分析研判，对其他类似工程部位测斜数据处理及分析给予借鉴、参考。

关键词：南水北调中线工程；测斜管；渠坡变形；数据处理与分析

1　引言

测斜管是用来监测边坡滑移变形的一种重要设备，也是常规边坡内部水平位移监测的一个重要手段。目前，边坡内部水平位移监测多为测斜管搭配滑动式测斜仪进行监测，观测时需人工携带测斜仪进行逐点测量，随着监测技术的发展，出现一种阵列式位移计来替代测斜仪探头对边坡进行测试，属于固定测斜方式，可便于实现监测数据的自动化采集功能，极大地满足了监测工作的需求，也便于运用和管理。

在实际运行中，由于测斜管管口是外露出地面高程的，根据施工作业单位的无意识行为，管口外露长度也不同，对于南水北调中线这种重要的引调水工程，监测设施外观的美观性也是有要求的，需对外露较长的测斜管部分进行切割，对此，切割后的管口起测位置就发生了变化，测斜数据无论是人工观测的还是自动化采集的，只要起测点发生了变动，整个测管上的各个测点的位置就发生了变化，使得切割前后的数据序列无法对应衔接。

要想将同一个测斜管切割前后的数据进行有效衔接，就要从测斜仪的工作原理、测斜数据的整编计算等方面进行阐述说明。

本文以南水北调中线某一段测斜管数据的整编处理为例，对起测点发生变化后的数据处理、衔接进行讲解，同时列举实例对测斜数据的分析成果进行解读和研判。

2　概述

2.1　工程概况

南水北调中线干线工程是国家南水北调工程的重要组成部分，全长 1 432.49 km。南水北调中线一期工程从加高扩容后的丹江口水库陶岔渠首闸引水，沿线开挖渠道，经唐白河流域西部过长江流域与淮河流域的分水岭方城垭口，沿黄淮海平原西部边缘，在郑州以西李村附近穿过黄河，沿京广铁路西侧北上，可基本自流到北京、天津等城市。

南水北调中线干线工程为Ⅰ等工程，总干渠渠道按 1 级建筑物设计，由于地势高低不同，为确保

作者简介：何国伟（1979—），男，高级工程师，主要从事水利水电工程安全监测设计、施工、资料分析、安全鉴定评估等工作。

水保持自流状态，工程建设过程中必然存在低填高挖的渠段，其渠道断面就出现高填方、全填方、半填半挖方、全挖方等不同形式。挖方渠段的渠坡内部水位位移是必设监测项目之一，多采用测斜管搭配滑动式测斜仪的观测方式进行。

南水北调中线干线已运行了7年之久，为达到现场监测设施的美观性和一致性，对测斜管外露较多的部分要实施切割，由于渠坡内部水平位移数据序列时段较长，切割后的数据与切割前数据对应不上，对此需对测斜管切割前后的测点进行一一对应，数据进行衔接处理，确保数据的有效性和连续性。

2.2 测斜管的选材

测斜管根据材料的不同分为 PVC 测斜管与 ABS 测斜管，水利水电工程中常用的是 ABS 测斜管。ABS 测斜管是由 ABS 高强度塑料颗粒一次挤塑成型的测斜管。ABS 测斜管除保留传统 PVC 测斜管的优点外，其抗冲击强度和韧性远优于 PVC 测斜管。目前，南水北调中线干线工程中所使用的测斜管均为 ABS 高强度树脂测斜管。测斜管内有供测斜仪探头定向的90°间隔的导槽，测斜管与测斜管之间采用凹凸槽连接管箍，并用自攻螺丝固定，以保证管体坚固和测斜管导槽无扭旋现象；测斜管多搭配滑动式测斜仪一起使用。

2.3 测斜仪工作原理

滑动式测斜仪为观测数据采集设备，其工作原理是量测仪器轴线与铅垂线之间的夹角变化量，进而计算出岩土体不同高程处的水平位移，见图1。

用适当的方法在渠坡土体内埋设一垂直并有4个导槽的测斜管。当测斜管受力发生变形时，测斜仪便能逐段（一般50 cm 一个测点）显示变形后测斜管的轴线与垂直线的弧度偏移夹角 θ_i。按测点的分段长度分别求出不同高程处的水平位移增量 Δd_i，即

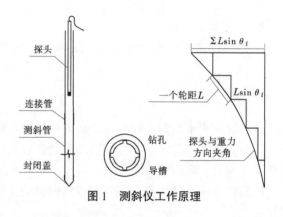

图 1　测斜仪工作原理

$$\Delta d_i = L\sin\theta_i \tag{1}$$

由测斜管底部测点开始逐段累加，可获得任一高程处的实际水平位移值，即

$$b_i = \sum_{i=1}^{n} \Delta d_i \tag{2}$$

式中：Δd_i 为测量段内的水平位移增量，mm；L 为测量点的分段长度，一般取 0.5 m（探头上下两组滑轮间距离一般为 0.5 m）；θ_i 为测量段内管轴线与铅垂线的夹角，（°）；b_i 为自固定点的管底端以上 i 点处的位移，mm；n 为测孔分段数目，$n=H/0.5$，H 为孔深。

测斜仪探头通常包括两个轴（双轴）互成90°的传感器，A 轴与滑轮组成一排平行，B 轴与其成直角。因而在测量时，得出 A_0、A_{180} 读数，也就得到了 B_0、B_{180} 读数。

数据处理时，将该两组读数（A_0、A_{180}、B_0、B_{180}）相结合（用一组数据减去另一组数据），以此来消除传感器零点漂移的影响。测斜仪探头在竖直位置时读数产生零点漂移，理想的偏差应是0，但在使用探头时，由于传感器的偏差、滑轮的磨损，或者由于探头下落过快与测斜管底部严重相碰等造成对传感器的冲击，通常测试数据会产生零点漂移并发生变化。

3　测斜数据的衔接处理

工程辖区内部分测斜管安装在了渠道两侧路面上。测斜管安装后，高出路面长度不一，严重影响工程整体美观，也对过往巡查车辆造成一定影响。若将高出路面部分测斜管切割掉，既能避免测斜管被破坏，又能达到美化工程环境、渠道工程整体一致性的效果。

测斜管切割后，测斜管自身长度发生了变化，导致切割后的测斜管正常观测点位（每0.5 m 一个测点）与切割前测点的点位存在一定偏差，可通过以下方法使得切割前后测斜管内不同深度水平位移数据序列保持完整。数据衔接方法如下：

（1）测得切割后测斜管孔口高程，与切割前孔口高程相比，计算测斜管内自下而上每个测点的点位偏差。例如，某个测斜管管口高出路面 0.2 m，切割前测斜管某一测点的点位 $H_i = 10.5$ m 时，当切割掉高出路面的 0.2 m 长测斜管后，该测点的点位变为 $H_i = 10.7$ m。点位变化如图 2 所示。

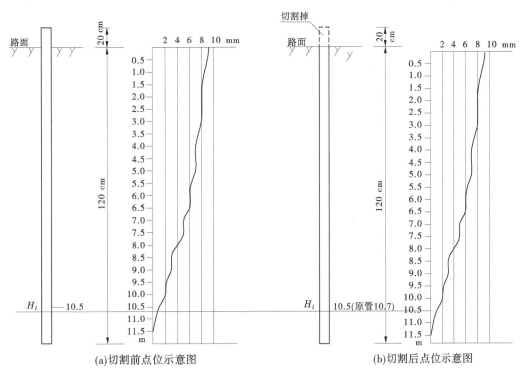

(a)切割前点位示意图　　　　　　　(b)切割后点位示意图

图 2　测斜管切割前后测点的点位变化示意图

（2）确定切割前后各测点的点位对应关系后，根据上下相邻测点的水平位移量采用内插法计算切割后测点 A、B 两个方向的水平位移量 XA_i、XB_i。

例如：当测斜管高程变化 0.2 m，切割后测斜管点位 $H_i = 10.7$ m 时，对应原测斜管点位为 10.5 m，则 $XA_{10.7}$ 可采用切割后 $XA_{10.5}$ 和 $XA_{11.0}$ 两个测点的测值按式（3）计算：

$$XA_{10.7} = XA_{10.5} + \frac{10.7 - 10.5}{11.0 - 10.5} \times (XA_{11.0} - XA_{10.5}) \tag{3}$$

同理，$XB_{10.7}$ 通过上下相邻两个测点的 $XB_{10.5}$ 和 $XB_{11.0}$ 测值按内插法进行计算。

（3）切割后测斜管正常观测，并重新取基准值，观测后计算当前位移变化量 ΔXA_i、ΔXB_i。测斜管累计位移量计算公式如下：

$$XA_{i累计} = XA_i + \Delta XA_i, \quad XB_{i累计} = XB_i + \Delta XB_i \tag{4}$$

采用上述数据衔接方法，可确保测斜管内各测点水平位移测值序列的连续性。

4　测斜数据分析实例

南水北调中线干线沿线地质条件复杂多变，各等级的膨胀土、湿陷性黄土、砂砾石层等屡见不鲜[1]。此类岩性土质对地下水变化较为敏感，表现较为突出的就是 2021 年汛期，2021 年 7—10 月，整个南水北调中线干线工程辖区沿线多地先后出现（特）大暴雨，7 月 19—24 日郑州、焦作、新乡、安阳等地出现千年一遇强降雨，最大日降水量超过 600 mm。受强降雨影响，工程沿线发生多处工程险情。下面以南水北调中线干线工程某一挖方渠段为例，重点分析在 2021 年汛期受强降雨影响下，渠坡局部发生滑塌前后，渠坡布设的测斜管监测数据的变化情况。

2021 年 7 月 12 日，工程沿线地区陆续发生降雨，运管部门时刻关注沿线渗压计测值变化情况，以及雨后加强测斜管观测数据采集、分析工作。实例发生所在地 2021 年 7 月 12 日开始降雨，当天降水量达到 146.7 mm，7 月 15—16 日连续降雨，降水量为 21.7 mm 和 10.7 mm，7 月 19 日的降水量为 21.9 mm，运管人员通过对辖区沿线测斜管进行了观测，观测结果未见异常；7 月 21—22 日又开始出现连续降雨，降水量为 53.2 mm 和 225.9 mm。

7 月 22 日上午 9：00，实例发生渠段左岸渠坡出现 2 处滑塌，合计滑坡面长约 40 m，宽 10 m。7 月 22 日下午，立即组织安全监测人员到滑坡渠段对滑坡区域附近测斜管进行数据采集，整理分析后发现，2 号监测断面测斜管 CX09 和 CX10、3 号监测断面测斜管 CX1 均出现较大位移变形（见图 3）。

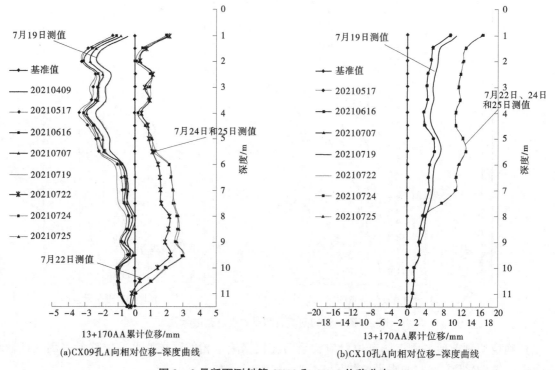

图 3   2 号断面测斜管 CX09 和 CX10 位移分布

2021 年 7 月 7 日，监测断面测斜管观测数据未见异常，7 月 19 日雨后复测测斜数据也未见异常，7 月 22 日下午复测后上述两个监测断面测斜数据变化明显，2 号断面三级马道测斜管 CX09 最大位移变量为 2.54 mm，发生在孔深 9.5 m 处；二级马道测斜管 CX10 最大位移变量为 5.81 mm，发生在孔深 2 m 处。从 CX09 和 CX10 位置关系来看，测斜管 CX09 孔深 9.5 m 处与二级马道测斜管 CX10 孔深 2 m 处基本处于同一水平面，与现场滑坡部位高度基本一致。分析认为，受断面下游 30 m 处滑坡影响，使得 1 号监测断面测斜管数据明显增大。

7 月 24 和 25 日测斜监测成果显示，测斜管 CX09 和 CX10 各测点水平位移变量较小，24 日各测点位移变量为 -0.25~0.76 mm，25 日各测点位移变量为 -0.29~0.21 mm，变形趋势稳定，2 号断面测斜管内各测点位移变化情况见图 3。

7 月 22 日，3 号断面三级马道 CX1 观测结果显示，孔深 7.5 m 出现剪切位移变形，管口至孔深 7.5 m 管段各测点位移变化量增幅明显，位移增幅为 27.88~44.51 mm，其中孔深 5.5 m 处位移变量最大，量值为 44.51 mm，一级马道测斜管 CX3 观测数据未见异常；7 月 23 日，对该断面测点进行了复测，管口至孔深 7.5 m 管段各测点水平位移较 22 日基本一致，位移变量为 0.31~2.11 mm，其中，孔深 7 m 处位移变量最大。

分析认为，受距离断面上游侧 10 m 渠段滑坡影响，3 号断面三级马道测斜管 CX1 水平位移增幅明显。

7 月 24 和 25 日测斜监测成果显示，3 号断面测斜管 CX1 各测点水平位移变量较小，24 日各测点位移变量为 -0.34~0.78 mm，25 日各测点位移变量为 -0.41~0.07 mm，变形趋势稳定，3 号断面测斜管内各测点位移变化情况见图4、图5。3号断面一级马道测斜管CX3测斜数据未见异常。

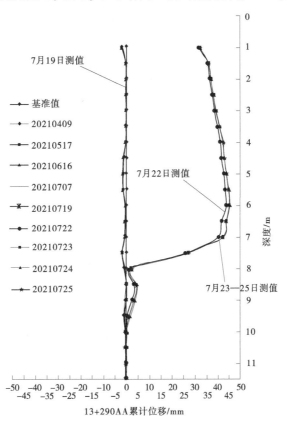

图4　3号断面测斜管CX1位移分布

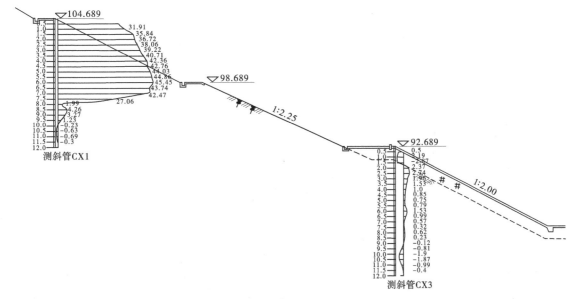

图5　3号断面测三级马道测斜管CX1水平位移分布示意图

本次滑塌区域上游侧100 m处，存在一个监测断面，编号为1号断面。该断面三级马道和二级马道各安装1个测斜管，编号分别为CX07和CX08。

测斜监测成果显示：7月7日该断面测斜管监测数据未见异常，7月19日雨后复测也未见异常，7月22日下午复测后上述三个监测断面测斜数据变化明显，1号断面三级马道测斜管CX07最大位移变量为5.47 mm，发生在孔深8.5 m处；二级马道测斜管CX08最大位移变量为6.14 mm，发生在孔深 2 m 处。从 CX07 和 CX08 位置关系来看，测斜管 CX07 孔深 8.5 m 处与二级马道测斜管 CX08 孔深 2 m 处基本处于同一水平面，与现场滑坡部位高度基本一致。分析认为，受渠段滑塌影响，1 号断面测斜管数据明显增大。7 月 24 日和 25 日测斜监测成果显示，1 号断面测斜管 CX1 各测点水平位移变量较小，24 日各测点位移变量为 0.25~0.74 mm，25 日各测点位移变量为 -0.41~0.04 mm，变形趋势稳定。1 号断面测斜管内各测点位移变化情况见图 6、图 7。

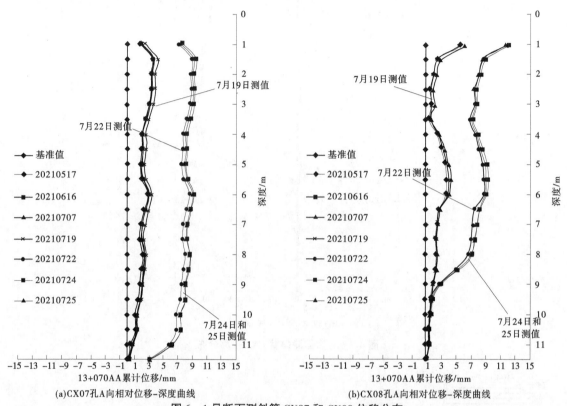

图 6 1号断面测斜管 CX07 和 CX08 位移分布

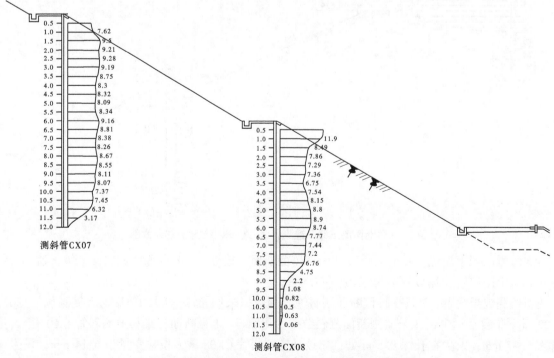

图 7 1号断面测斜管 CX07 和 CX08 水平位移分布示意图

5　结语

测斜管作为监控边坡内部位移变形的常规设备之一，普遍应用于各大水电工程枢纽边坡工程中。工程边坡在出现滑坡前，其岩体或土体内部的应力分布必然有所变化[4]，这些变化势必会导致边坡内部发生位移的变化，此时，通过连续的测斜观测数据可以提前预判边坡或土坡发生的细微变形，数据处理的时效性显得尤为重要。现实工程中，对于测斜管整改后起测点高程发生了变动，前后数据衔接是形成完整观测数据序列的重要工作，做好数据衔接可准确获取滑移面的所处高程位置，为后续工程加固方案设计提供重要基础支撑。

降水量的大小也是诱发工程边坡发生滑塌的重要因素之一，测斜数据的反馈是提前预警的关键，也是防止边坡滑塌的重要依据。当前，测斜管主要以人工观测为主，观测时需投入较多的人力、物力，受天气影响，数据延迟采集情况时有发生，观测数据及时性受到一定程度的影响。若实现自动化数据采集，不但解决数据及时性的问题，还能永久性地节省人工观测造成的成本费用。对此，衍生出阵列式位移计（又叫柔性测斜仪）监测仪器，目前已被应用在众多水电工程中。

参考文献

[1] 蔡耀军，赵旻，马贵生，等．南水北调中线工程地质总述 [J]．人民长江，2005，36（10）．
[2] 马全珍，张宝华．钻孔测斜仪在边坡监测中的应用 [J]．常州工学院学报，2005，18（12）：85-89.
[3] 卢肇钧．土的变形破坏机理和土力学理论问题 [J]．岩土工程学报，1989，11（6）：65-73.
[4] 姚宏旭，韦秉旭．浅谈边坡滑坡监测中测斜数据曲线的定性分析和判断 [J]．工程建设，2011，43（3）：16-21.

南水北调汤阴北张贾桥至羑河进口
渠段安全监测专题分析

赵义春[1]　何国伟[1]　陈志鹏[2]

（1. 中水东北勘测设计研究有限责任公司，吉林长春　130061；
2. 南水北调中线干线汤阴管理处，河南安阳　456150）

摘　要： 本文主要介绍了南水北调汤阴北张贾桥至羑河进口渠段安全监测专题分析。通过安全监测成果分析、工程巡查、水下机器人排查等方法对汤阴北张贾桥至羑河进口渠段进行综合分析，得出了该渠段出现异常的主要原因。体现了安全监测工作在南水北调工程安全评价和运行管理中的重要性，也为运行管理单位在处理同类工程异常情况给出了指导性意见和建议。

关键词： 南水北调；安全监测；工程巡查；水下机器人排查；专题分析

2021 年度南水北调中线工程河南分公司辖区工程经历了建成以来降雨强度最大、影响范围最广、破坏力最强的特大暴雨洪水考验。其中在 2021 年 7—10 月，河南分公司辖区沿线多地先后出现（特）大暴雨，7 月 19—24 日郑州、焦作、新乡、安阳等地出现千年一遇强降雨，最大日降水量超过 600 mm。受连续强降雨影响，工程沿线发生多处外水入渠、局部滑塌、衬砌板隆起及渠堤异常沉降等工程险情，汤阴北张贾桥至羑河进口渠段正是受连续强降雨的缓慢影响导致渠堤异常下沉。

1　概述

1.1　工程概况

南水北调中线干线工程，是国家南水北调工程的重要组成部分。南水北调中线干线工程全长 1 432.493 km，其中陶岔渠首至石家庄段工程，长 969.993 km，京石段工程长 307.215 km，主要采用明渠输水。天津干线自西黑山分水闸引出，至天津外环河出口闸，全长 155.285 km，采取暗涵输水形式。

汤阴北张贾桥至羑河进口渠段为高填方渠段，最大填高 11.5 m，渠道底宽 18.8 m，渠底高程 87.264 m，渠顶高程 95.76 m，渠道衬砌面板内坡坡比 1:2。总干渠设计流量 245 m^3/s，加大流量 280 m^3/s。

渠道采用全断面混凝土衬砌，渠坡混凝土厚 10 cm，渠底混凝土厚 8 cm。渠道衬砌分缝间距 4 m，分缝临水侧采用聚硫密封胶封闭，下部均采用闭孔塑料泡沫板充填。渠底布设逆止式排水器一排，左、右岸渠坡各布设逆止式排水器一排。

1.2　地质情况

该渠段地质为黄土状中粉质壤土 Q_4^{1al+pl} 的湿陷系数 $\delta_s = 0.023 \sim 0.046$，具中等湿陷性；黄土状中粉质壤土 Q_3^{2al+pl} 的湿陷系数 $\delta_s = 0.018 \sim 0.058$，具中等湿陷性；黄土状重粉质壤土 $Q_3^{2\ al+pl}$ 湿陷系数 $\delta_s = 0.016 \sim 0.085$，具中等–强湿陷性。湿陷深度 2~5 m。

汤阴北张贾桥至羑河进口渠段地质纵剖面图见图 1。

作者简介： 赵义春（1985—），男，高级工程师，主要从事水利水电工程安全监测设计、施工、资料分析、安全鉴定评估等工作。

通信作者： 何国伟（1979—），男，高级工程师，主要从事水利水电工程安全监测设计、施工、资料分析、安全鉴定评估等工作。

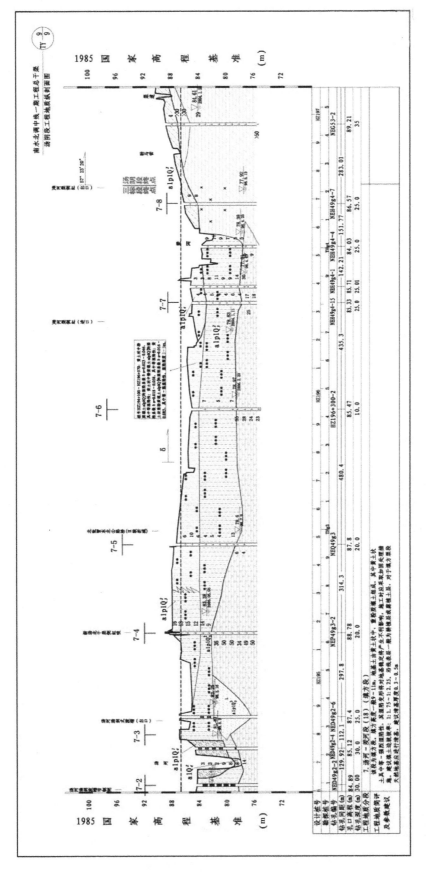

图 1 汤阴北张贾桥至姜河进口渠段地质纵剖面图

1.3 安全监测概况

北张贾东北公路桥至羑河渠道倒虹吸进口渠段布设有 3 个一般监测断面（K689+202.5、K689+352.5、K689+538.5），以及 1 个重点监测断面（K689+538.8），主要监测项目包括衬砌板扬压力、渠堤内部水平位移、渠堤内部垂直位移和表面垂直位移监测等。布置的仪器类型包括渗压计、土体位移计、沉降仪、垂直位移测点，见图 2。

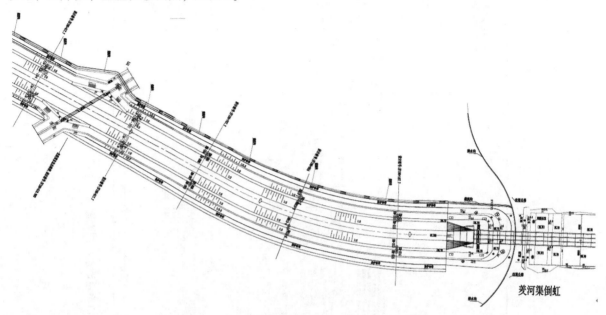

图 2　汤阴北张贾桥至羑河进口渠段监测平面布置

渠道桩号 K689+538.8（Ⅳ195+954）断面为重点监测断面，在左右衬砌板下部、底板左右侧和中心下及左右岸渠堤一级马道下部和外坡分别布置 1 支渗压计，共布置 9 支渗压计，用于监测衬砌板下和左右岸渠堤渗流变化情况；在左右岸渠堤外坡肩各布设 1 套沉降仪，用于监测左右岸渠堤内部沉降；在左右岸渠堤内分别布置 3 支土体位移计，用于监测渠堤内部水平位移；在左右岸一级马道两侧分别布设一个沉降标点，用于监测渠堤表面垂直位移；监测设施布置见图 3。

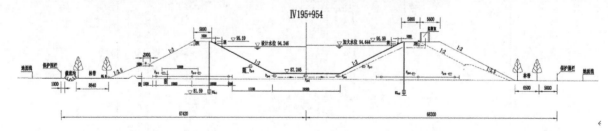

图 3　重点监测断面 K689+538.8（Ⅳ195+954）监测布置

一般沉降监测断面分别在左右一级马道两侧和外侧渠坡各布设一个沉降标点，用于监测渠堤表面垂直位移，监测设施布置见图 4。

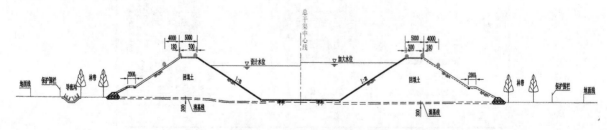

图 4　一般沉降监测断面表面垂直位移测点布置

2 安全监测成果分析

2.1 环境量监测

2.1.1 渠道水位

2021 年 7 月以来，渠道水位在 93.24（2021-07-22）~94.95 m（2021-09-26）范围内（见图 5），水位平均值为 94.46 m。

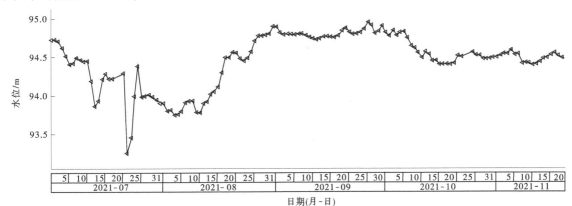

图 5　K689+538.8 断面渠内水位过程线

2.1.2 气温

2021 年 7—11 月辖区最高气温为 31.4 ℃（2021-08-07），最低气温为 0.7 ℃（2021-11-07）（见图 6）。

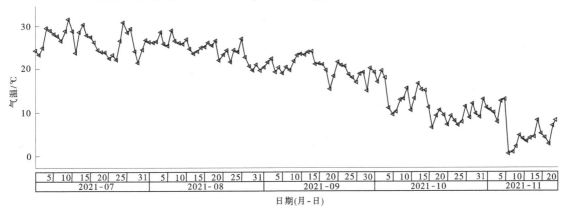

图 6　气温-时间过程线

2.1.3 降水量

汛期主要集中在每年的第二、三季度，2021 年 7—11 月辖区最大降水量发生在 2021 年 7 月 22 日，为 498.8 mm（见图 7），累计降水量为 1 285.4 mm，最大降水量和累计降水量均远超往年。

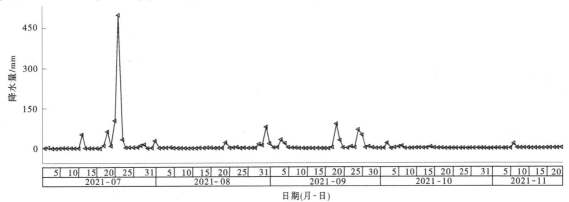

图 7　降水量-时间过程线

2.2 变形监测

2.2.1 表面垂直位移监测

表面垂直位移采用几何水准法观测，观测等级为二等。下沉为正，上抬为负。观测频次：2021年8月之前为1次/2月，8月4—25日时段为1次/周，8月26日至10月15日时段为1次/半月，10月16—25日时段为1次/周，10月26日至11月16日时段为1次/天。

2021年8月3—4日对张贾桥至羑河进口渠段进行了观测，当期沉降量为-3.53（EM-297）~35.50 mm（EM-305），其中K689+352.5、K689+752.5断面沉降量较大，最大沉降量为35.50 mm（EM-305），最大累计沉降量72.58 mm（EM-305），变形最大测点EM-305位于K689+352.5断面左岸堤顶外坡肩。

2021年8月、9月监测结果显示，该渠段整体仍处于下沉趋势，其中K689+352.5断面9月下沉量较大。

2021年10月15日，监测结果显示该测段仍然呈整体下沉状态，且沉降量较大，沉降速率有所加大，当期变化0.62（EM13-3）~30.63 mm（EM-305），累计沉降量为16.21（EM-298）~117.66 mm（EM-305）。

由于9月25—28日、10月2—7日连续强降雨，10月15日K689+352.5断面6个测点平均下沉28.61 mm，变化量较大，沉降速率有所加大，出现明显下沉。

10月15日至11月16日张贾桥至羑河进口渠段左岸测点沉降量为1.46~7.56 mm，右岸测点沉降量为1.47~6.76 mm。从过程线（见图8~图11）看出，自10月25日后该渠段变形逐步趋于稳定。

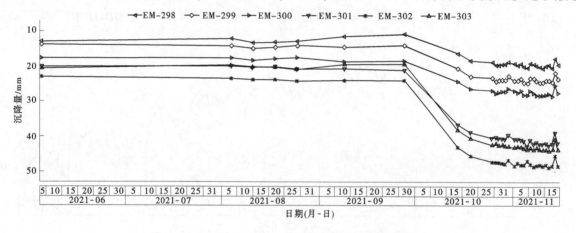

图8 K689+202.5断面垂直位移测点沉降测值过程线

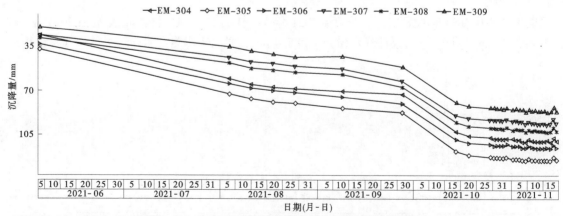

图9 K689+352.5断面垂直位移测点沉降测值过程线

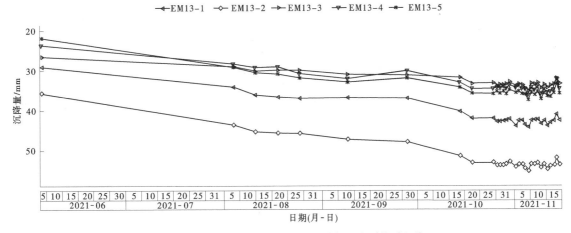

图 10　K689+538.8 断面垂直位移测点沉降测值过程线

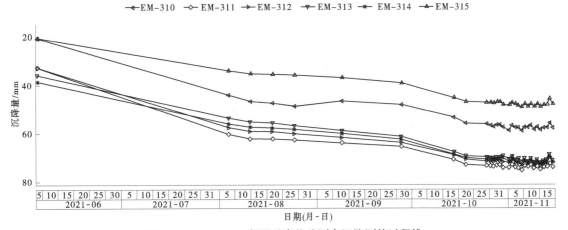

图 11　K689+752.5 断面垂直位移测点沉降测值过程线

从沉降纵向分布图（见图 12～图 15）可以看出，K689+352.5 断面沉降最大，K689+752.5 断面沉降次之，K689+202.5 和 K689+538.8 断面沉降较小，说明该渠段沉降属于局部异常。从历次沉降分布曲线来看，6 月 4 日至 8 月 4 日和 9 月 28 日至 10 月 15 日沉降变化量较大，其他时段变化量较小，说明该渠段沉降不是均匀沉降的，可能受外界条件影响较大，尤其是受降雨影响很大。

从沉降横向分布图（见图 16～图 19）可以看出，K689+202.5 断面右岸沉降要大于左岸沉降，K689+352.5 断面和 K689+538.8 断面左岸沉降均大于右岸沉降，K689+752.5 断面左右岸沉降基本一致，说明该渠段存在不均匀沉降。

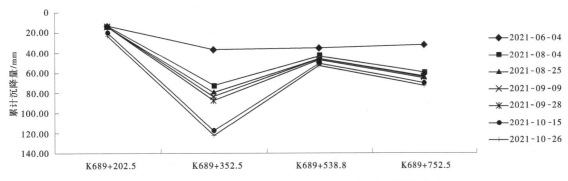

图 12　汤阴北张贾桥至姜河进口渠段左岸外坡肩沉降纵向分布

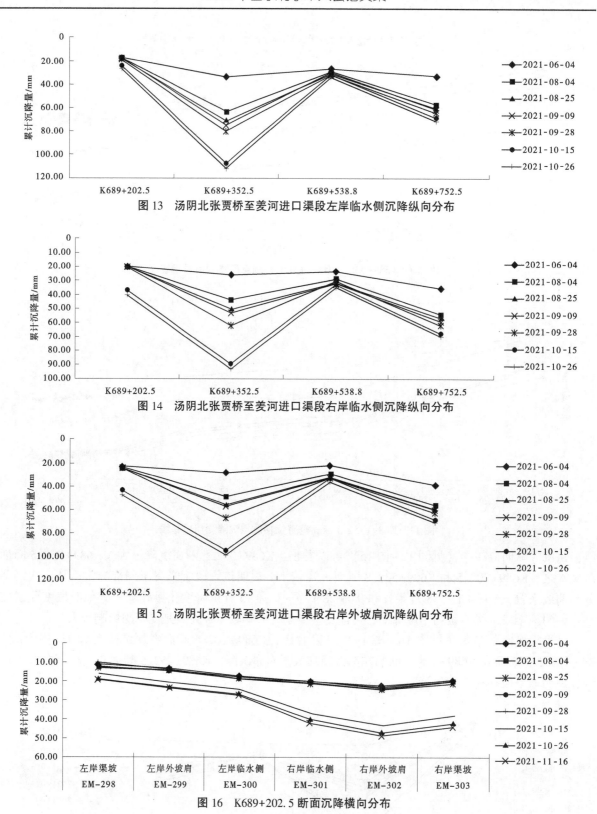

图 13 汤阴北张贾桥至姜河进口渠段左岸临水侧沉降纵向分布

图 14 汤阴北张贾桥至姜河进口渠段右岸临水侧沉降纵向分布

图 15 汤阴北张贾桥至姜河进口渠段右岸外坡肩沉降纵向分布

图 16 K689+202.5 断面沉降横向分布

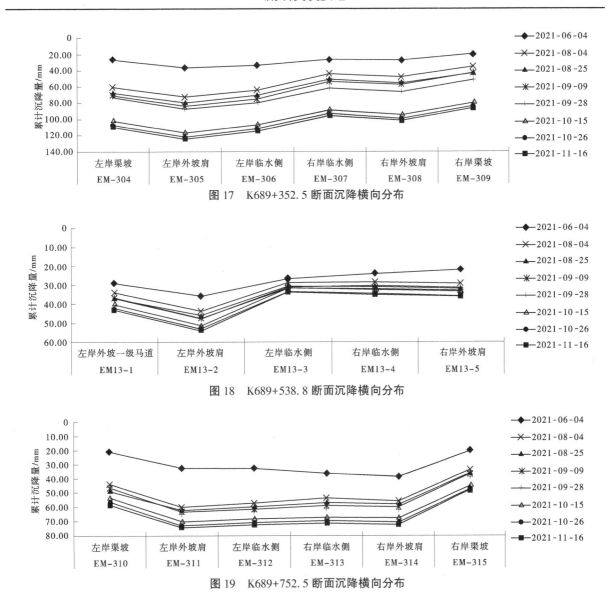

图 17 K689+352.5 断面沉降横向分布

图 18 K689+538.8 断面沉降横向分布

图 19 K689+752.5 断面沉降横向分布

2.2.2 内部垂直位移监测

在 K689+538.8（Ⅳ195+954）断面左右岸渠堤外坡肩各布设 1 套沉降仪，用于监测左右岸渠堤内部沉降。监测成果（见图 20、表 1）分析，左右渠堤内沉降仪 2021 年 6—11 月测值变化稳定，变幅分别为 0.19 mm、0.25 mm，当前沉降量为 3.44 mm、0.05 mm，量值很小，说明渠堤内部未出现异常沉降。

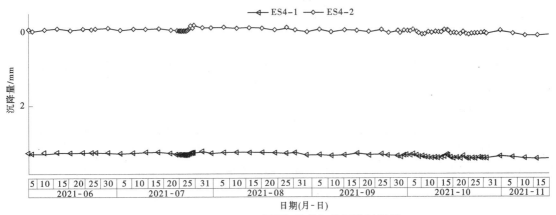

图 20 K689+538.8 断面沉降仪沉降测值过程线

表 1   K689+538.8 断面沉降仪特征值统计

测点编号	统计时段 （年-月）	最大值/mm	最大值日期 （年-月-日）	最小值/mm	最小值日期 （年-月-日）	变幅/mm	平均值/mm
ES4-1	2021-06—2021-11	3.46	2021-11-12	3.27	2021-07-28	0.19	3.36
ES4-2	2021-06—2021-11	0.07	2021-11-12	-0.18	2021-07-25	0.25	-0.06

2.2.3   内部水平位移监测

在 K689+538.8（Ⅳ195+954）断面左右岸渠堤底部各布设 3 支土体位移计，用于监测左右岸渠堤内部水平位移，受压为正。监测成果（见图 21、表 2）分析，左右渠堤内土体位移计 2021 年 6—11 月测值变化稳定，变幅在 0.01~1.20 mm，当前位移量在 0.12~25.06 mm（EZ13-4），除 EZ13-4 外，测值在 1.5 mm 以内，说明渠堤内部未出现异常沉降。

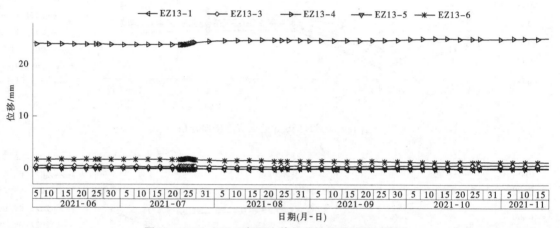

图 21   K689+538.8 断面土体位移计位移测值过程线

表 2   K689+538.8 断面土体位移计特征值统计

测点编号	统计时段 （年-月）	最大值/mm	最大值日期 （年-月-日）	最小值/mm	最小值日期 （年-月-日）	变幅/mm	平均值/mm
EZ13-1	2021-06—2021-11	0.16	2021-07-10	-0.17	2021-08-12	0.33	0.03
EZ13-3	2021-06—2021-11	0.83	2021-11-12	0.49	2021-07-10	0.35	0.61
EZ13-4	2021-06—2021-11	25.06	2021-11-16	23.86	2021-07-21	1.20	24.36
EZ13-5	2021-06—2021-11	0.18	2021-07-20	0.17	2021-06-04	0.01	0.17
EZ13-6	2021-06—2021-11	1.90	2021-07-22	1.36	2021-11-16	0.54	1.64

2.3   渗流监测

在 K689+538.8（Ⅳ195+954）断面左右衬砌板下部、底板左右侧和中心下及左右岸渠堤一级马道下部和外坡分别布置 1 支渗压计，共布置 9 支渗压计，用于监测衬砌板下和左右岸渠堤渗流变化情况，监测结果见图 22、表 3。

2021 年 7 月 20 日连续强降雨后，渠道 K689+538.8 断面最大渗压水位为 90.97 m（P13-7），位于渠道右岸内侧边坡换填层内，其中位于渠道内侧边坡和内侧坡脚渗压计测值有明显上升，渗压水位上升 1.29 m，其他部位渗透压力为 0，现场巡查，未发现异常渗漏现象。截至 11 月 16 日该断面渗压水位最大为 90.788 m，低于渠道水位（94.535 m）约 3.8 m。

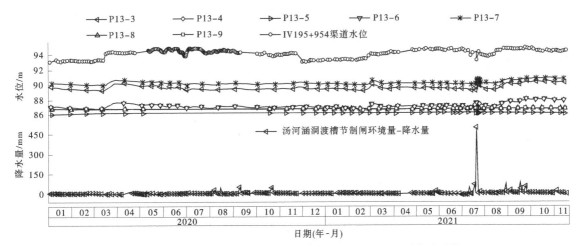

图22　K689+538.8断面渗压水位与渠道水位、降雨量测值过程线

表3　K689+538.8断面渗压水位特征值统计

测点编号	统计时段（年-月-日）	最大值/m	最大值日期（年-月-日）	最小值/m	最小值日期（年-月-日）	变幅/m	平均值/m
P13-3	2021-05-20—2021-11-16	90.468	2021-10-27	89.259	2021-07-18	1.210	89.805
P13-4	2021-05-20—2021-11-16	88.097	2021-09-28	86.930	2021-07-14	1.167	87.434
P13-5	2021-05-20—2021-11-16	86.246	2021-11-16	86.246	2021-11-16	0	86.246
P13-6	2021-05-20—2021-11-16	88.114	2021-09-28	86.960	2021-07-14	1.155	87.459
P13-7	2021-05-20—2021-11-16	90.909	2021-09-28	90.029	2021-07-14	0.879	90.417
P13-8	2021-05-20—2021-11-16	86.804	2021-11-16	86.804	2021-11-16	0	86.804
P13-9	2021-05-20—2021-11-16	86.797	2021-11-16	86.797	2021-11-16	0	86.797

3　工程巡查

工程巡查是安全监测工作的重要内容，应根据工程的具体情况和特点，制定切实可行的检查制度。

南水北调中线工程按照"统一部署、分级管理"原则由中线公司、各分公司、各现地管理处组织实施工程巡查，初步建立了巡查组织管理体系，共分为四级管理，为中线公司、业务主管部门（质量安全监督中心）、各分公司、现地管理处，明确了各级单位和部门的职责。其中现地管理处负责实施现场工程巡查，按程序报送巡查发现的问题，按要求组织落实处理问题。

在汤阴北张贾桥至羑河进口渠段发现异常后，汤阴管理处工程巡查人员立即对该部位进行了现场踏勘。通过现场巡查，发现渠道内测混凝土衬砌板存在明显裂缝、挤压变形（见图23）等情况。现场巡查发现的问题与安全监测数据发现的问题相符。

4　水下机器人排查

水下机器人由水面设备（包括操纵控制台、电缆绞车、吊放设备、供电系统等）和水下设备（包括中继器和潜水器本体）组成。潜水器本体在水下靠推进器运动，本体上装有观

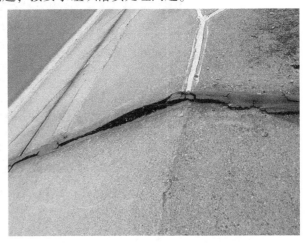

图23　K689+710断面两块衬砌板之间聚硫密封胶挤压隆起

测设备（摄像机、照相机、照明灯等）和作业设备（机械手、切割器、清洗器等）。

水下机器人潜水器的水下运动和作业，是由操作员在地面上控制和监视的，操作人员通过人机交互系统以面向过程的抽象符号或语言下达命令，并接收经计算机加工处理的信息，对潜水器的运行和动作过程进行监视并排除故障。操作人员仅下达任务，机器人就能根据识别和分析环境，自动规划行动、回避障碍、自主地完成指定任务。

在汤阴北张贾桥至羑河进口渠段发现异常后，2021 年 9 月 14 日汤阴管理处利用水下机器人对改渠段水下衬砌底板和左右衬砌边坡进行了水下排查，未发现水下衬砌板出现明显错台隆起等现象（见图 24~图 26），说明该部位出现异常沉降主要发生在渠堤表面，未对渠堤内部造成明显影响。

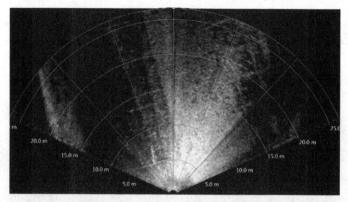

图 24　左岸渠坡声呐图

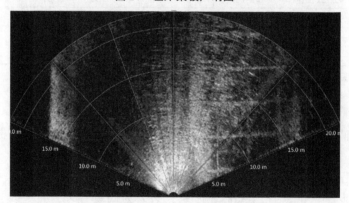

图 25　右岸渠坡声呐图

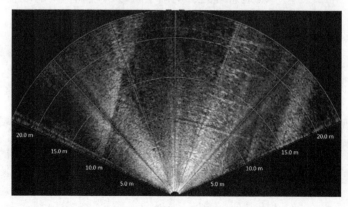

图 26　渠底声呐图

5 结语

（1）在北张贾桥至羑河进口渠段出现异常沉降后，管理处采取了相关处理措施，通过这些措施，为后期深入分析异常出现的原因、后期沉降的发展趋势等提供了可靠的依据。主要包括以下几个方面：

①对该段安全监测数据进行复测，复核工作基点，排除因降雨造成工作基点抬升造成的测量影响，并对该渠段垂直位移测点进行加密观测。

②组织对异常渠段进行重大异常问题研判，通过研判分析异常出现的原因、可能造成的影响、是否影响通水运行安全。

③增加监测设施：在 K689+352 左、右侧堤顶外坡肩处各增设 1 根测压管和 1 根测斜管；增加 7 个观测断面，每个观测断面左、右岸的绿化带、半坡、外侧和内侧坡肩增设垂直位移测点；在 K689+202.5、K689+352.5、K689+537.5、K689+752.5 等 4 个断面左、右岸绿化带内增设垂直位移测点。

④在每天巡查过程中，测量 K689+224 结构缝开裂后宽度，并持续记录。

（2）北张贾桥至羑河进口渠段在巡查过程中存在衬砌板结构缝挤压（K689+710）和结构缝开裂现象（K689+224），与安全监测数据发现的问题相符。

（3）北张贾桥至羑河进口渠段在连续强降雨后呈明显的下沉，与地质条件、降雨和土体含水情况相关。

（4）结合工程巡查和水下机器人排查情况判断，该部位出现异常沉降主要发生在渠堤表面，未对渠堤内部造成明显影响，上述异常问题不影响工程运行安全。

参考文献

[1] 南水北调中线干线工程安全监测数据采集和初步分析技术指南（试行）：Q/NSBDZX G011—2016 [S].
[2] 南水北调东、中线一期工程运行安全监测技术要求（试行）：NSBD 21—2015 [S].
[3] 中华人民共和国水利部. 土石坝安全监测技术规范：SL 551—2012 [S]. 北京：中国水利水电出版社，2012.
[4] 中华人民共和国水利部. 混凝土坝安全监测技术规范：SL 601—2013 [S]. 北京：中国水利水电出版社，2013.
[5] 中华人民共和国水利部. 水利水电工程安全监测设计规范：SL 725—2016 [S]. 北京：中国水利水电出版社，2016.

高含沙洪水过程动力学模型的构建与验证

张晓丽　黄李冰　窦身堂

（黄河水利科学研究院，河南郑州　450003）

摘　要：根据高含沙洪水含沙量沿程显著调整与河道大幅冲淤的现象，应用守恒形式的浑水运动控制方程，构建高含沙洪水演进数学模型，描述沿程浑水密度差异、河道冲淤作用、重力和阻力调整等因素的影响。基于特征线理论，分析变量沿特征线传播的物理本质，描述高含沙洪水演进的独特现象，揭示其内在的动力学机制。

关键词：高含沙洪水；浑水控制方程；洪水演进；溯源冲刷

小浪底水库投入运用后，水库防御大洪水的能力明显加强，但是拦沙能力仍然有限，在异重流排沙期间经常下泄高含沙洪水[1-4]，高含沙洪水过程同时还伴随出现"异常"高水位现象，引起局部河段河床的强烈冲刷[5-8]。洪峰流量与洪水沙量是高含沙洪水的重要特征指标，洪峰流量较大的漫滩高含沙洪水，黄河下游滩地往往产生大量淤积，有时会发生淤滩刷槽现象。目前已有一维水沙动力学数学模型采用耦合或半耦合解法模拟了高含沙洪水过程[9-11]，本文应用守恒形式的浑水运动控制方程[12-15]，考虑沿程浑水密度差异、河道冲淤作用、重力和阻力调整等因素的影响[16-20]，建立高含沙洪水过程动力学模型，基于特征线理论，分析变量沿特征线传播的物理本质，描述高含沙洪水演进的独特现象，揭示其内在的动力学机制。

1　基本方程

考虑浑水密度空间不均匀性的水流控制方程包括连续方程和动量方程。

浑水连续方程

$$\frac{\partial(\rho_m A)}{\partial t} + \frac{\partial(\rho_m Q)}{\partial x} = -\frac{\partial(\rho'_s A_s)}{\partial t} \tag{1}$$

浑水运动方程

$$\frac{\partial(\rho_m Q)}{\partial t} - (Q^2/A^2 - gh)\frac{\partial(\rho_m A)}{\partial x} + \frac{2Q}{A}\frac{\partial(\rho_m Q)}{\partial x}$$

$$= \left[\rho_m gh^2\frac{\partial B}{\partial x} + gA(h - h_c)\frac{\partial \rho_m}{\partial x}\right] + U\frac{\partial}{\partial t}(\rho'_s A_s) + (G' - T) \tag{2}$$

式中：A 和 A_s 分别为过水面积和床面冲淤面积；B 为河宽；h 和 h_c 分别为水深和形心处水深，h 可表示为 A/B，h_c 近似取 $0.5h$；Q 为断面流量；U 为断面平均流速，可表示为 Q/A；g 为重力加速度；ρ_m 为浑水密度；ρ'_s 为混合层泥沙密度；G' 为重力在水流方向的分量；T 为阻力。

根据控制方程的特征线（见图1）和相容方程，通过数学推导，得出流量 Q 和过水面积 A 的表达式（3）。需要说明，这里的流量 Q_F 和过水面积 A_F 并未被独立显式表达。

$$\begin{cases} Q_F = Q_M + \alpha_1 Q_M + \alpha_2[(\rho_m Q)_M - (\rho_m Q)_N] + \alpha_3[(\rho_m A)_M - (\rho_m A)_N] + \alpha_4 \cdot \Delta t \\ A_F = A_M + \beta_1 A_M + \beta_2[(\rho_m A)_M - (\rho_m A)_N] + \beta_3[(\rho_m Q)_M - (\rho_m Q)_N] + \beta_4 \cdot \Delta t \end{cases} \tag{3}$$

作者简介：张晓丽（1982—），女，高级工程师，主要从事水力学及河流动力学方面的研究工作。

式中：

$$\alpha_1 = \left(\frac{(\rho_m)_M}{(\rho_m)_F} - 1\right), \quad \beta_1 = \left(\frac{(\rho_m)_M}{(\rho_m)_F} - 1\right),$$

$$\alpha_2 = \frac{1}{(\rho_m)_F} \cdot \left(\frac{Q/A - \sqrt{gh}}{2\sqrt{gh}}\right)_F, \quad \beta_2 = -\frac{1}{(\rho_m)_F} \cdot \left(\frac{Q/A + \sqrt{gh}}{2\sqrt{gh}}\right)_F,$$

$$\alpha_3 = \frac{1}{(\rho_m)_F} \cdot \left(\frac{-Q^2/A^2 + gh}{2\sqrt{gh}}\right)_F, \quad \beta_3 = \frac{1}{2(\rho_m\sqrt{gh})_F},$$

$$\alpha_4 = \frac{1}{(\rho_m)_F} \cdot \left[\left(\rho_m gh^2 \frac{\partial B}{\partial x} + gA(h - h_c)\frac{\partial \rho_m}{\partial x}\right) + U\frac{\partial}{\partial t}(\rho'_s A_s) + (G' - T)\right]_F, \quad \beta_4 = \frac{-\frac{\partial}{\partial t}(\rho'_s A_s)}{(\rho_m)_F}$$

2 洪水演进动力学机制

由式（3）和图 1 可以看出，在以对流输运为主的洪水演进过程中，一般仍由上游对流通量起主导作用，即 F 点的流量 Q_F 主要由上游流量 Q_M 决定（右端第一项），并在外界条件的综合作用下进行沿程调整（右端后四项）。

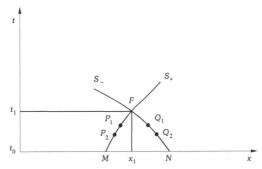

图 1　信息沿特征线传播示意图

该式中，$\alpha_1 Q_M$ 是流体密度变化项，反映流体密度变化对流体体积变化的影响。对于由清水和泥沙组成不可压缩流体而言，其密度变化是由于水体泥沙与床面泥沙的不平衡交换引起的，在不考虑浑水中水沙相变的情况下（含沙量增减不会使水体体积发生明显变化），该项可不计入。但是，由于水体泥沙与床面泥沙的不平衡交换（沿程冲淤）引起的动量交换和附加力则应被考虑。

$\alpha_2[(\rho_m Q)_M - (\rho_m Q)_N]$ 为对流输运不平衡项，反映对流通量不平衡对洪峰传播的影响。缓流时，该项系数 $\alpha_2 < 0$，在涨水阶段一般有 $[(\rho_m Q)_M - (\rho_m Q)_N] > 0$，对上游传递的大流量有削减作用。在落水阶段 $[(\rho_m Q)_M - (\rho_m Q)_N] < 0$，对上游传递的小流量有增补作用。该项间接反映了河段槽蓄调洪作用。

$\alpha_3[(\rho_m A)_M - (\rho_m A)_N]$ 可表示为 $\alpha_3 \cdot \frac{1}{g} \cdot [(\gamma_m h \cdot B)_M - (\gamma_m h \cdot B)_N]$，反映了压力能沿程变化对洪水演进的影响，可与动能相互转化。当上游浑水密度大于下游浑水密度时，促进水流运动；反之，则抑制水流运动。洪水涨峰阶段，含沙量迅速增加（特别是人工调控洪水，随着异重流出库含沙量骤然增加），河段上游浑水密度显著大于下游。即使在沙峰传播的过程中，高含沙洪水淤积、含沙量减少，沿程密度梯度依然存在，指向下游的压力作用加强，促使水流向下游运动。

$\alpha_4 \cdot \Delta t$ 为外力对水流演进的时间累积效应。主要包括压力剩余项、冲淤引起的动量交换项、重力作用和阻力项。压力剩余项是由河宽和浑水密度变化引起的附加项，表达式为 $\left(\rho_m gh^2 \frac{\partial B}{\partial x} + gA(h - h_c)\frac{\partial \rho_m}{\partial x}\right)$，一般情况下，该项与方程左端的压力梯度项 $-gh\frac{\partial}{\partial x}(\rho_m A)$ 相比属于次要项，特别是在顺直河道的低含沙情形时，该项趋于 0。冲淤引起的动量交换项是指具有动量的水体悬沙沉积于床面止动，或床面静止泥沙被水流起动获得动量过程中，水体与泥沙之间的动量交换。冲刷过程中，床面泥沙起动需从水体获得动量，水体在质量增加的同时减小流速以维持动量守恒；反之，随水体一起运动的悬沙止动于床面过程中，其所具有的动量会在近底转移至水体，在水体质量减小的同时增大流速来保持动量守恒。因此，在淤积状态下，该项促进水流向下游运动；冲刷状态下，该项抑制水流向下运动。这也有助于解释水流在由冲转淤时综合阻力会减小的论断。重力和阻力是促使和阻止水流运动的两个重要方面。重力分量的具体表达式为 $G' = \rho_m g A J_b$。可以看出，随着浑水密度的增大，重力在流动方向的分量得到加强，且这种加强随河道比降 J_b 增大而愈加明显。这也有助于解释洪峰增值易出现在河道比降较大的河段。阻力作用直接影响了水流演进速度与传播特征，一般可用 $\rho_m g A \dfrac{n^2 U^2}{R^{4/3}}$ 表示，n 为曼宁系数，也即综合糙率系数，反映河道边界及水力因子综合特征。当 n 变大时水流运动受到抑制，当 n 较小时，水流流动得到加强以平衡重力作用。

从以上分析可见，含沙量沿程分布、槽蓄作用、冲淤作用、重力及阻力调整均为影响洪水传播的关键因素，受其影响，洪水在传播过程中有可能被坦化，也有可能被加强，形成洪峰增值的特殊现象。

3 溯源冲刷模式处理

溯源冲刷河段水流流速较大，河床冲刷剧烈。若按照通常的沿程冲淤计算模式，即在泥沙方程采用不平衡输沙模式-$\alpha\omega\left(S^* - S\right)$ 计算，由于该模式的时空恢复尺度较长而无法反映和模拟冲刷迅速剧烈发生的情况，需对冲刷模式和底部边界条件另做处理。

溯源冲刷所发生的河床剧烈调整，可以概化为河床滑塌和土体力学失稳的土力学行为与水流挟沙输移的水动力学行为的共同作用。需要考虑水流剪切力、淤积物物理化学特性及河床土力学特性的关系式。

3.1 溯源冲刷段控制方程

溯源冲刷河段泥沙基本变量包括输沙率 QS、河床变形 ΔZb 及冲刷距离 l。

泥沙连续方程：

$$\begin{cases} \dfrac{\partial(QS)}{\partial x} + \gamma' B \dfrac{\partial Zb}{\partial t} = 0 \quad x \in (C,\ D) \quad \text{微分形式} \\ \displaystyle\int_C^D \left(\gamma' B \cdot \dfrac{\partial Zb}{\partial t} \cdot \Delta T \right) \mathrm{d}l = \int_0^{\Delta T} \left(\dfrac{\partial QS}{\partial x} \cdot l \right) \mathrm{d}t \quad \text{积分形式} \end{cases} \tag{4}$$

河床形态（变形）方程：

$$\begin{cases} Zb = Zb(x,\ t) \quad x \in (C,\ D) \quad \text{河床形态方程} \\ \Delta Zb = \Delta Zb(x,\ t) \quad x \in (C,\ D) \quad \text{河床变形方程} \end{cases} \tag{5}$$

式中：河床形态（变形）仅给出其一般式，具体表达式因概化和简化不同，有不同表达形式；C、D 为溯源冲刷发生的上、下临界点；l 为 C、D 两点之间的长度，即溯源冲刷发展距离，是溯源冲刷计算的补充变量，也是计算的关键变量。

溯源冲刷发展距离 l 主要由溯源冲刷段流量 Q、河宽 B、比降 J、时段 ΔT 等决定，这里同样给出其一般形式如下：

$$l = l(Q,\ B,\ J,\ \Delta t) \tag{6}$$

3.2 溯源冲刷段进出口条件

一旦进口点 D 的位置确定（不同模式，确定方法不同，后有详述），溯源冲刷段进口泥沙条件便可由上段沿程冲淤水沙演进求得，方程为

$$(QS)_{溯in} = (QS)_{沿D} \tag{7}$$

溯源冲刷出口（侵蚀基点 C）通常取为坝前水深减去正常水深处，该处冲刷剧烈，可按饱和输

沙处理，即输沙量等于输沙力，也借助经验公式表达，在参数合理取值时，两者为同一值。表达式为

$$(QS)_c = (QS^*)_c \quad \text{或} \quad (QS)_c = \left(\varphi \frac{Q^{1.6} J^{1.2}}{B^{0.6}} \right)_c \tag{8}$$

3.3 溯源冲刷控制方程

利用溯源冲刷段水流条件与河道几何特征定量表达冲刷距离 l 发展的表达式，如韩其为二次曲面假定冲刷距离 l 公式有：

$$l = \sqrt{12} \sqrt{\frac{qs_{c+l}}{\gamma'_s J_{c+l}} \Delta T} \tag{9}$$

溯源冲刷河段河床冲刷是在较强的水流条件下，以河床滑塌和土体力学失稳为主。假定河床冲刷的深度与该处水流条件呈正比关系，水流条件选取挟沙力因子 $U_3/(gh)$。定义侵蚀基点 C 处的河床变形为 ΔZb_C，可得如下方程：

$$\Delta Zb(x) = \frac{(U^3/gh)_x^m}{(U^3/gh)_C^m} \Delta Zb_C \tag{10}$$

式中：m 可仿照挟沙力计算进行取值。

式（10）是关于 C 点河床变形 ΔZb_C 的方程，将该式与冲刷距离方程式（9）、溯源冲刷段进口条件式（6）和出口条件式（8）代入泥沙连续方程（4）中的积分表达式，可得关于 ΔZb_C 的独立方程式：

$$-\int_C^{C+l} \gamma' B \frac{(U^3/gh)_x^m}{(U^3/gh)_C^m} \Delta c_c \mathrm{d}l = \left[\left(\varphi \frac{Q^{1.6} J^{1.2}}{B^{0.6}} \right)_c - (QS)_{沿C+l} \right] \Delta T \tag{11}$$

同样可求得溯源冲刷后的河床形态与沿程输沙过程。本模式考虑了水流条件对冲刷深度的直接影响，冲刷后的剖面形态受初始形态和水流条件共同影响，更符合实际。

4 模型验证

为检验模型对高含沙洪水的适用性，计算分析黄河中游水库（三门峡水库、小浪底水库）与黄河下游河道的两次长时段水沙运动过程，河道计算考虑伊洛河及沁河水量汇入。选择 2002 年 10 月 1 日至 2004 年 9 月 30 日计算时段，计算包括三门峡水库（潼关—三门峡坝址）、小浪底（三门峡坝址—小浪底坝址）和下游计算（铁谢—利津）。计算地形均采用相应年份的实测地形。

2003 年黄河流域普降大雨，特别是华西秋雨降雨量明显偏多，在黄河干支流形成了 17 次洪水过程。其中，潼关水文站 10 月 3 日发生最大洪峰流量 4 220 m³/s，最大含沙量 274 kg/m³；三门峡水库汛期降水冲刷，最大含沙量达 916 kg/m³；小浪底水库蓄水运用或调水调沙试验，最大流量 2 540 m³/s，最大含沙量 149 kg/m³。2003 年黄河中下游洪水，洪峰流量不大，但是持续时间长，自 8 月中旬至 10 月中旬，持续时间长达 50 多天。

2004 年 8 月黄河中游发生了一场典型的高含沙洪水过程，潼关站最大洪峰流量 2 300 kg/m³，最大含沙量 366 kg/m³。经三门峡水库调节，出库最大流量 2 960 m³/s，最大含沙量 346 kg/m³；三门峡水库排出的高含沙洪水在小浪底水库形成异重流，小浪底出库最大流量 2 590 m³/s，最大含沙量 352 kg/m³；异重流高含沙洪水在黄河下游演进中出现了洪峰增值现象，洪水流量由小浪底演进至花园口，扣除伊洛河、沁河加水，洪峰流量增加 1 360 m³/s，花园口最大洪峰流量达到 4 150 m³/s。

4.1 三门峡水库验证分析

表 1 和表 2 分别为计算时段内水库冲淤量和冲淤过程，计算时段内总出库沙量为 11.03 亿 t，实测为 10.58 亿 t，相差 0.5 亿 t，误差小于 10%；从历时来看，淤积总体变化趋势符合较好，分时段淤积量有所偏差，但最大误差在 20% 以内，满足工程要求。从排沙比来看，计算排沙比一般为 60% ~ 130%，与实测排沙比接近，定量有所差别。

表1 冲淤量分析统计

时段（年-月-日）	实测（地形法）	计算（地形法）
2002-10-05—2003-05-25	0.83	0.45
2003-05-26—2003-10-20	−2.2	−1.85
2003-10-21—2004-06-10	0.85	0.69
2004-06-11—2004-09-30	−0.41	−0.33
合计	−0.93	−1.04

表2 出库沙量及排沙比分析统计

时段（年-月-日）	入库沙量/亿t	出库沙量/亿t		冲淤量（输沙率）/亿t		排沙比/%	
		计算	实测	计算	实测	计算	实测
2002-10-01—2003-06-30	0.84	0.26	0.11	0.59	0.73	61.75	13.07
2003-07-01—2003-09-30	3.90	5.20	5.75	−1.30	−1.85	130.42	147.50
2003-10-01—2004-06-30	2.38	2.72	2.03	−0.34	0.35	69.80	85.14
2004-07-01—2004-09-30	2.53	2.85	2.69	−0.32	−0.17	97.32	106.56
合计	9.65	11.03	10.58	−1.38	−0.93	100.78	109.64

　　为进一步分析模拟验证成果的合理性，对出库沙量较大的2003年和2004年主汛期（7月1日至8月30日）出库含沙量过程做了分析。由图2可以看出，计算出库含沙量过程与实测出库含沙量过程基本符合。

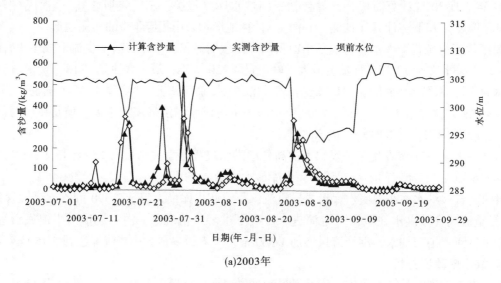

(a)2003年

图2 三门峡水库出库含沙量对比

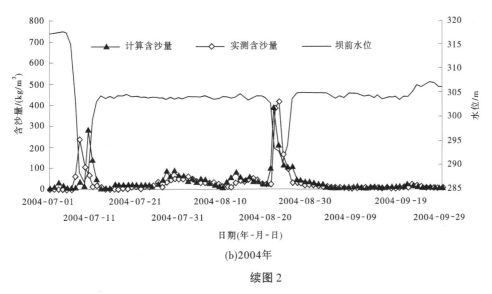

(b)2004年

续图2

图3为三门峡水库纵剖面形态。可以看出，计算河段内断面深泓变化与实测基本吻合，无论是沿程冲淤还是近坝段溯源冲刷，基本能够反映河床变形的特征。

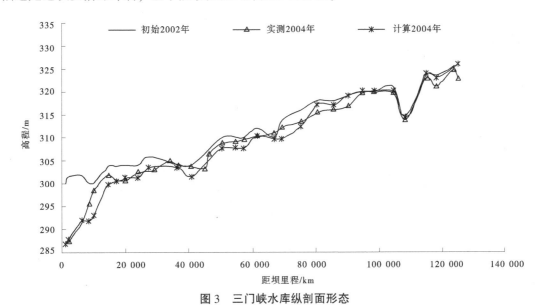

图3　三门峡水库纵剖面形态

4.2　小浪底水库验证计算

表3和表4分别为计算时段内水库冲淤量和冲淤过程，时段内总出库沙量为2.53亿t，实测为2.57亿t，与实测值相当；从历时来看，淤积总体变化趋势符合较好，分时段淤积量有所偏差，绝对误差一般在0.5亿t以内，满足工程要求。从排沙比来看，计算排沙比一般为8%~55%，与实测排沙比接近，定量有所差别。

表3　冲淤量分析统计

时段（年-月）	实测（地形法）	计算（地形法）
2002-10—2003-05	0.25	0.07
2003-05—2003-11	4.60	4.80
2003-11—2004-05	0.20	0.37
2004-05—2004-10	1.20	0.95
合计	6.25	6.19

表4 出库沙量及排沙比分析统计

时段 （年-月-日）	入库 沙量/亿t	出库沙量/亿t		冲淤量 （输沙率）/亿t		排沙比/%	
		计算	实测	计算	实测	计算	实测
2002-10-01—2003-06-30	0.11	0.02	0.04	0.09	0.07	22.37	37.69
2003-07-01—2003-09-30	5.75	0.49	0.89	5.25	4.86	8.58	15.49
2003-10-01—2004-06-30	2.03	0.56	0.22	1.47	1.81	27.57	10.76
2004-07-01—2004-09-30	2.69	1.46	1.42	1.24	1.27	54.10	52.80
合计	10.58	2.53	2.57	8.05	8.01	23.95	24.31

图4分别为出库输沙率和含沙量过程对比，计算出库含沙量过程与实测出库含沙量过程基本符合。由于泥沙计算为恒定流模式，无法模拟出入库高含沙洪水过后，库区浑水仍可维持出库具有一定的含沙量，并且逐渐衰减的过程；计算出库含沙量主要受坝前水位和出库流量影响，未直接反映库区蓄水体的掺混调整作用。

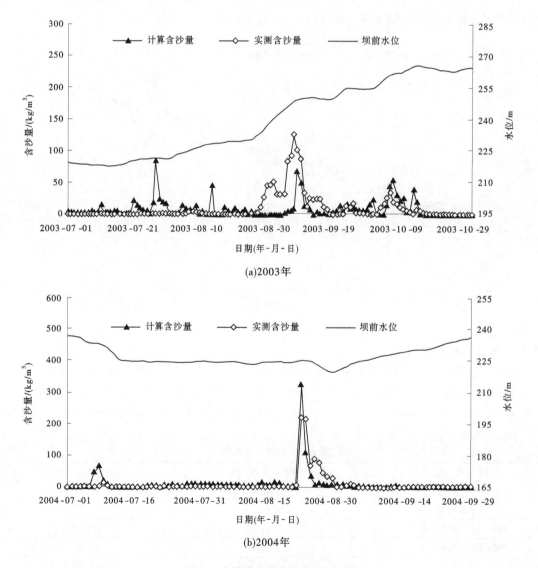

(a)2003年

(b)2004年

图4 小浪底水库出库含沙量对比

图 5 为小浪底水库纵剖面形态。可以看出，2002—2004 年库区中段发生了剧烈淤积，三角洲推进明显；计算河段内断面深泓变化与实测基本吻合，能基本反映三角洲淤积过程和特性。

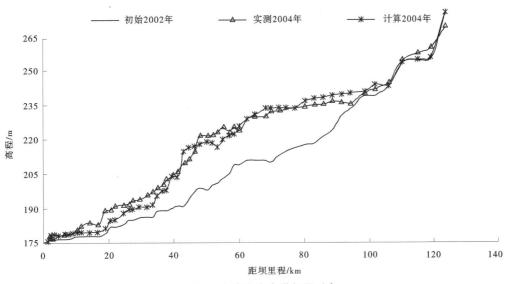

图 5 小浪底水库纵剖面形态

4.3 黄河下游验证计算

图 6 绘出了沿程各站第一场洪水传播过程，计算结果与实测过程基本一致，传播过程合理，计算值和实测值最大绝对误差在 200 m³/s 以内，最大相对误差一般不超过 5%。

图 7 绘出了沿程各站第一场含沙量传播过程，含沙量自上而下传播过程合理，峰值相当，能基本反映该场洪水的泥沙传播特性；但在小水阶段的计算值比实测值略小。

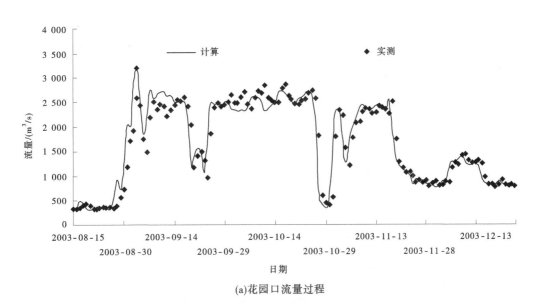

(a)花园口流量过程

图 6 洪水传播过程

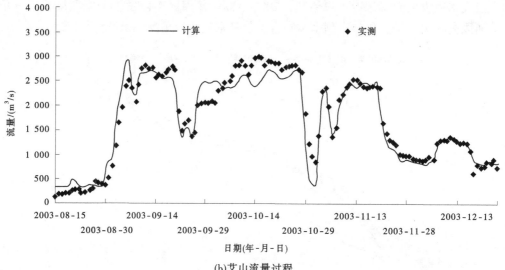

(b)艾山流量过程

续图 6

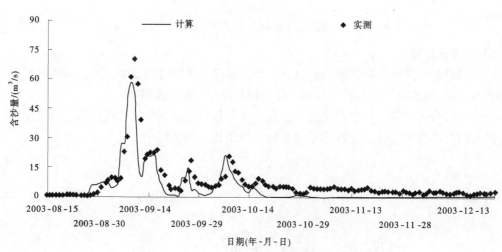

(a)花园口含沙量过程

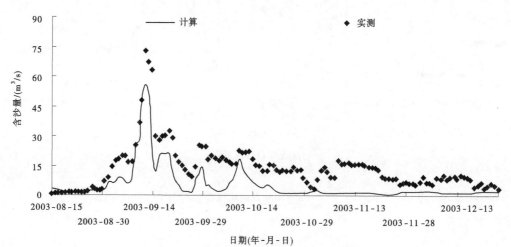

(b)艾山含沙量过程

图 7　含沙量传播过程

图8绘出了黄河下游典型水文站"04年8月"洪水流量过程。可以看出，计算花园口洪峰流量与实测值符合较好；在艾山站，无论是洪峰值还是洪峰前后小流量过程，计算值都明显小于实测值。图9绘出了黄河下游典型水文站"04年8月"含沙量的时间变化过程。花园口站和艾山站的沙峰峰值和相位都与实测计算结果符合较好，含沙量自上而下传播过程合理，能基本反映该场洪水的泥沙传播特性。

表5给出了淤积量统计成果。可以看出，各河段冲淤特性一致，量值基本相当，全河段冲淤量接近。从计算结果来看各河段均呈现冲刷趋势，其中铁谢—花园口、花园口—夹河滩段冲刷量较大，在1亿 m³ 以上，整个下游冲刷5亿 m³ 左右，冲刷效果明显。同时也表明，沿程冲刷主要发生在艾山以上河段（实测比例为75%，计算比例为79.8%），特别是高村以上的河段。

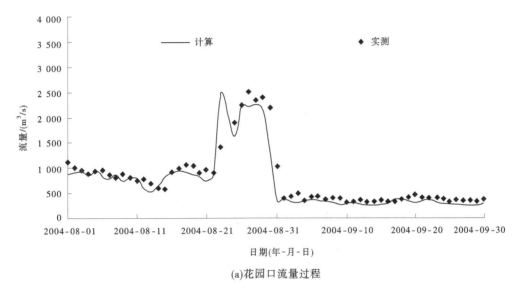

(a)花园口流量过程

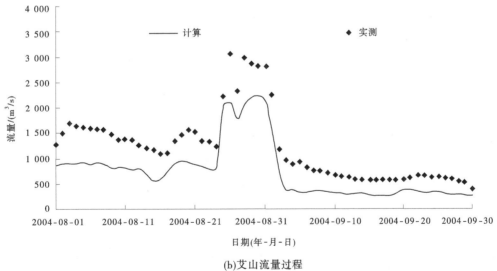

(b)艾山流量过程

图8　黄河下游典型水文站"04年8月"洪水流量过程

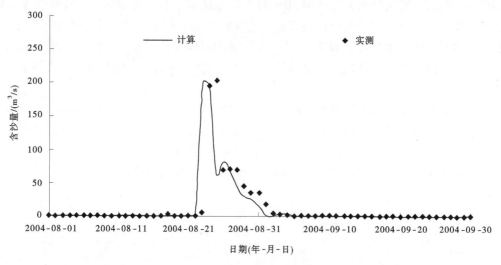

(a)花园口含沙量过程

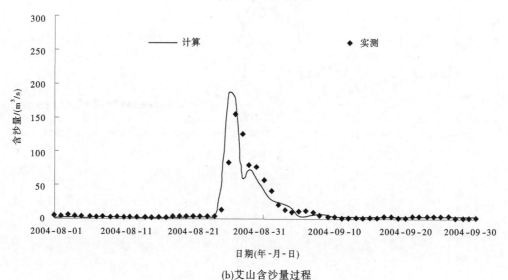

(b)艾山含沙量过程

图9 黄河下游典型水文站"04年8月"含沙量过程

表5 冲淤量统计

单位：亿 m³

河段	铁—花	花—夹	夹—高	高—孙	孙—艾	艾—泺	泺—利	全河段
计算（全断面）地形法	-1.64	-1.17	-0.69	-0.87	-0.41	-0.50	-0.71	-5.99
实测（全断面）地形法	-1.21	-1.20	-0.44	-0.35	-0.18	-0.45	-0.67	-4.50
误差	-0.47	0.03	-0.25	-0.52	-0.22	-0.05	-0.05	-1.49

从三门峡水库和小浪底水库冲淤量和出库排沙比来看，模型计算值和实测值总体变化趋势符合较好，基本能够反映河床变形的特征和洪水的泥沙传播特性。但分时段淤积量有所偏差，排沙比定量有所差别，这是因为泥沙计算为恒定流模式，无法模拟入库高含沙洪水过后，库区浑水仍可维持出库具有一定的含沙量，并且逐渐衰减的过程；计算出库含沙量主要受坝前水位和出库流量影响，未直接反映库区蓄水体的掺混调整作用。

5 结论

根据高含沙洪水含沙量沿程显著调整与河道大幅冲淤的现象，应用守恒形式的浑水运动控制方程，构建高含沙洪水演进数学模型，描述沿程浑水密度差异、河道冲淤作用、重力和阻力调整等因素的影响。基于特征线理论，分析变量沿特征线传播的物理本质，描述高含沙洪水演进的独特现象，揭示其内在的动力学机制。利用"2002—2004年"水沙过程对模型进行验证，结果表明构建的数学模型精度较高，能够用来进行方案调控计算。

参考文献

［1］江恩惠，赵连军，韦直林. 黄河下游洪峰增值机理与验证［J］. 水利学报，2006，37（12）：1454-1459.

［2］申冠卿，尚红霞，李小平. 黄河小浪底水库异重流排沙效果分析及下游河道的响应［J］. 泥沙研究，2009，2（1）：39-47.

［3］侯素珍，焦恩泽，林秀芝，等. 小浪底水库异重流运动特征分析［J］. 泥沙研究，2004，10（5）：46-50.

［4］李向阳，许立祥，解赞琪，等. 2014年汛期小浪底库区异重流演进规律分析［J］. 水资源与水工程学报，2017，28（6）：163-167.

［5］李国英. 黄河洪水演进洪峰增值现象及其机理［J］. 水利学报，2008，39（5）：511-517.

［6］江恩惠，赵连军，韦直林. 黄河下游洪峰增值机理与验证［J］. 水利学报，2006，37（12）：1454-1459.

［7］李海荣，慕平，王宝玉，等. 高含沙洪水后黄河下游游荡段宽深比变化规律［J］. 人民黄河，2016，38（11）：26-30.

［8］姚文艺，冉大川，陈江南. 黄河流域近期水沙变化及其预测［J］. 水科学进展，2013，24（5）：606-607.

［9］夏军强，张晓雷，邓珊珊，等. 黄河下游高含沙洪水过程一维水沙耦合数学模型［J］. 水科学进展，2015，26（5）：686-697.

［10］Li Wei, van Maren D S, Wang Zhengbing, et al. Peak discharge increase in hyperconcentrated floods［J］. Advance in Water Resources, 2014, 67: 65-77.

［11］He Li, Duan Jennifer, Wang Guangqian, et al. Numerical simulation of unsteady hyperconcentrated sediment-laden flow in the Yellow River［J］. Journal of Hydraulic Engineering, ASCE, 2012 138 (11): 958-969.

［12］钟德钰，姚中原，张磊，等. 非漫滩高含沙洪水异常传播机理和临界条件［J］. 水利学报，2013，44（1）：50-58.

［13］韩其为. 非均匀悬移质不平衡输沙的研究［J］. 科学通报，1979，4（17）：804-808.

［14］韩其为. 泥沙运动统计理论前沿研究成果［J］. 水利学报，2018，49（9）：1040-1054.

［15］费祥俊，吴保生. 黄河下游输沙平衡关系及应用［J］. 水力发电学报，2015，34（7）：1-11.

［16］谢鉴衡. 河流模拟［M］. 北京：水利电力出版社，1990.

［17］钱宁，万兆惠. 高含沙水流运动研究评述［J］. 水利学报，1985，16（5）：27-34.

［18］邵学军，王兴奎. 河流动力学概论［M］. 北京：清华大学出版社，2013.

［19］王明甫，陈立，周宜林. 高含沙水流游荡型河道滩槽冲淤演变特点及机理分析［J］. 泥沙研究，2000（1）：1-6.

［20］江恩惠. 黄河下游高含沙洪水数值模拟及运动机理研究［D］. 武汉：武汉水利电力大学，1997.

涵闸特征设计年限探讨——设计水平年、设计使用年限、合理使用年限

崔文娟　李利琴

（河南黄河勘测规划设计研究院有限公司，河南郑州　450003）

摘　要：涵闸设计时，涵闸特征设计年限包含设计水平年、设计使用年限、合理使用年限，三者密切相关且易于混淆，本文深入分析国家和行业相关规定，厘清三者之间关系，并根据黄河下游涵闸实际情况，以黄河大堤上的穿堤闸为例，分析黄河下游涵闸的设计使用年限，同时，指出设计水平年、设计使用年限、合理使用年限在设计中的作用，即给出了这三个指标具体用在哪个专业的哪一部分等具体用途。

关键词：设计水平年；设计使用年限；合理使用年限；涵闸

1　引言

如果把涵闸作为一种商品来看，运行管理单位比较关心的一项指标是涵闸的使用年限，对于设计人员来说，就是涵闸的设计使用年限。与涵闸设计使用年限密切相关且易于混淆的还有设计水平年、合理使用年限。本文深入分析国家和行业相关规定，厘清三者之间关系，并根据黄河下游涵闸实际情况，以黄河大堤上的穿堤闸为例，分析黄河下游涵闸的设计使用年限，同时，指出设计水平年、设计使用年限、合理使用年限在设计中的作用，即这三个指标具体用在哪个专业的哪一部分，为设计人员在相关设计工作中提供参考。

2　设计水平年定义及取值

2.1　设计水平年定义

从字面上来理解，设计水平年中的设计可以有两种解释：一种是狭义的设计，指规划设计阶段相关设计单位参与的设计时限，也就是工程竣工前的时段，比如水土保持方案中的设计水平年是：主体工程完工后，方案确定的水土保持措施实施完毕并初步发挥效益的时间，其中建设类项目为主体工程完工后的当年或后一年，建设生产类项目为主体工程完工后投入生产之年或后一年；另一种是广义的设计，指的是工程运行后的一定时段，这个时段需要考虑工程的运行环境来确定，与设计阶段无关，是根据对经济社会发展、工程运行环境的预测，得到的工程建成后完全发挥效益，完全达产的某一年。也指今后某一年是最大负荷，设计一般都是按最大负荷设计，并适应不同的运行方式，那这一年就是设计水平年。

水利水电工程从规划到开工建设，周期较长，一般有规划（流域综合规划）、项目建议书、可行性研究报告、初步设计报告、招标技施等阶段，大型工程从规划到开工需经历十几年甚至几十年的时间，中小型工程会稍短些。可能今年设计的可行性研究报告，5年后才正式运行，那就不能以今年作为设计水平年来考虑了，就要结合5年后工程运行时经济发展、工程需求、管理、周边环境情况等，

作者简介：崔文娟（1981—），女，高级工程师，主要从事水利规划、设计与咨询等研究工作。

那设计水平年就是作为选择工程规模及其他特征参数而依据的有关国民经济部门计划达到某个发展水平的年份[1-2]。

水利工程设计时多采用广义设计来分析。

2.2 黄河下游涵闸设计水平年取值

黄河下游特殊的来水来沙条件造成河床冲淤变化较大。不同年份，甚至同一年内，同流量对应水位受河道断面冲淤影响也会有较大变化。小浪底水库运用前，河床整体呈现出淤积抬高的趋势，水库运用后，进入下游的水沙条件进一步发生变化，黄河下游河床出现明显冲刷下切。为规范设计洪水位、设计引水位的确定，在保证防洪安全、引水安全的情况下兼顾经济合理，黄河水利委员会颁布的《黄河下游引黄涵闸、虹吸工程设计标准的几项规定》（黄工字〔1980〕第5号）中，对于黄河下游涵闸的设计水平年有明确规定："设计水平年，以工程建成后第三十年作为设计水平年"。意味着应该保证工程建成后30年内，能满足取水保证率的要求。

3 合理使用年限定义及取值

3.1 合理使用年限定义

建设工程由不同的建筑物组成，而各个建筑物又由不同的结构组成。对于一个工程、一个建筑物、一个结构，在规定的使用条件和正常的维修条件下，应有一个能正常发挥设计功能、保证安全使用的时期，这个时期就是其合理使用年限。工程、建筑物和结构三者之间的合理使用年限存在一定的关系，对于同一个工程，结构设计应满足其所在建筑物的合理使用年限要求，而建筑物的合理使用年限又由其工程的合理使用年限决定[3]。为满足水利水电工程设计的需要，提高建筑物质量、延长工程使用寿命、减少维修重建费用，国家明确了工程的合理使用年限。水利水电工程及其水工建筑物建成投入运行后，在正常运行使用和规定的维修条件下，能按设计功能安全使用的最低要求年限，称为合理使用年限。

工程及建筑物要满足合理使用年限的要求，一方面是自身结构需要达到一定的条件，另一方面是要有合适的外部环境。换句话说，工程只有内外兼修，才能达到合理使用年限。建筑物中各结构或构件的合理使用年限可不同，次要结构和构件或需要大修、更换的构件的合理使用年限可比主体结构的合理使用年限短，缺乏维修条件的结构或构件的使用年限应与工程的主体结构的合理使用年限相同。

3.2 取值及作用

对于黄河大堤上的穿堤闸，为单一的水工建筑物，不需要确定其工程等别，只需根据其建筑物级别确定合理使用年限。涵闸的工程级别应根据设计流量确定，穿越堤防的建筑物级别，不应低于相应堤防的级别。黄河下游堤防是保障黄、淮、海平原防洪安全的屏障，根据《防洪标准》（GB 50201—2014）及《堤防工程设计规范》（GB 50286—2013）规定，黄河右岸孟津堤段防洪标准为50年一遇，级别为2级；左岸孟县堤段防洪标准为25年一遇，级别为4级；其他堤段防洪标准均在100年一遇以上，相应的堤防级别为1级。位于黄河大堤上的穿堤闸，其工程级别应按其所在堤防及设计流量指标较高的确定，位于1级堤防上的涵闸，工程级别为1级，其主要建筑物为1级，次要建筑物为3级，则主要建筑物合理使用年限为100年，次要建筑物合理使用年限为50年。

合理使用年限确定后，主要是指导结构耐久性设计。耐久性设计主要考虑两个方面的要求：一个是裂缝、防腐和保护层等构造要求；另一个是混凝土强度、水泥用量、水胶比、氯离子含量和碱含量等环境要求。

4 设计使用年限分析

根据《工程结构可靠性设计统一标准》（GB 50153—2008）中设计使用年限定义：设计规定的结构或结构构件不需进行大修即可按预定目的使用的年限；根据《水利水电工程结构可靠性设计统一标准》（GB 50199—2013）中设计使用年限定义：设计规定的结构能发挥预定功能或仅需局部修复即

可按预定功能使用的年限，即建筑物在正常设计、正常施工、正常使用、正常维护环境下，不需要进行大修就能按预定目的使用的年限；根据《水工混凝土结构设计规范》（SL 191—2008）中设计使用年限定义：结构在使用过程中仅需一般维护（包括构件表面涂刷等）而不需进行大修的期限[4-6]。

水工结构的设计、施工和维护应使结构在规定的设计使用年限内以安全且经济的方式满足规定的各项功能要求：①在正常施工和正常使用时，应能承受可能出现的各种作用；②在正常使用时，应具有设计规定的工作性能；③在正常维护下，应具有设计规定的耐久性；④在出现预定的偶然作用时，主体结构应能保持必需的稳定性。

水工结构设计时，应规定结构的设计使用年限。1~3级主要建筑物结构的设计使用年限应采用100年，其他永久性建筑物结构的设计使用年限应采用50年。对于黄河1级堤防上的涵闸，其主要建筑物结构的设计使用年限为100年，次要建筑物结构设计使用年限为50年。

5 三者之间的关系

以黄河下游一级堤防上的涵闸为例（见表1），按照相关规范，涵闸的建筑物级别为1级，设计水平年为工程建成后30年，主要建筑物合理使用年限为100年，主要结构构件的设计使用年限为100年。就三者的大小关系，设计使用年限等同于合理使用年限，两者均大于设计水平年（见表1）。

表1 三项指标特性（以黄河一级堤防上涵闸为例）

指标	如何取值			如何应用			依据规范
	针对对象	主要决定因素	取值	应用专业	作用	相对关系	
设计水平年	整个工程	工程所处环境：工程所处河流的河道和堤防特点	30年	水文	考虑冲淤变化，确定特征水位	最小年限	
		工程建设的任务	30年	工程任务及规模	考虑经济社会发展，确定设计流量		
合理使用年限	工程和建筑物	工程和建筑物，自身条件和所处环境	100年	水工	按设计功能安全使用的最低要求年限	合理使用年限应小于或等于设计使用年限	《水利水电工程合理使用年限及耐久性设计规范》（SL 654—2014）
设计使用年限	建筑物构件	结构自身的重要性	100年	水工	应用于结构强度设计、耐久性设计	一定程度上，设计使用年限和合理使用年限可通用	《水利水电工程结构可靠性设计统一标准》（GB 50199—2013）

6 问题探讨

（1）设计水平年对确定工程规模及特征水位等重要参数有着重要的意义，选取时需结合社会经济发展、工程管理、工程周边环境等综合确定，以达到一个合理、经济、可行的建设方案。

（2）一定程度上，合理使用年限等同于设计使用年限，合理使用年限可用于工程、建筑物、构件，而设计使用年限常用于结构构件，使用范围上合理使用年限可包含设计使用年限。

（3）"水工结构设计时，应规定结构的设计使用年限"是规范中的强制性条文，必须严格执行。而规范中的合理使用年限为非强制性条文，因此在工程设计中，设计使用年限需明确。

参考文献

[1] 谭启富. 关于水电站设计水平年问题 [J]. 人民长江, 1986 (4): 44-47, 8.

[2] 陶琳. 谈水资源工程设计水平年与代表年的选择 [J]. 科技创业家, 2012 (23): 197.

[3] 陆忠民, 刘志明. 水利水电工程合理使用年限及其耐久性设计问题 [J]. 中国水利, 2015 (8): 55-63.

[4] 陆忠民, 柏宝忠.《水利水电工程合理使用年限及耐久性设计规范》的编制和应用 [J]. 水利技术监督, 2015 (1): 1-4, 36.

[5] 孙娟娟. 水利水电工程合理使用年限及其耐久性设计研究 [J]. 居舍, 2018 (18): 85.

[6] 柏宝忠, 王以仁. 水利工程耐久性和合理使用年限的探讨 [J]. 人民长江, 2004 (9): 44-45.

伊洛河夹滩河段"典型洪水"计算分析

张晓丽[1]　窦身堂[1]　赵彩霞[2]

(1. 黄河水利科学研究院，河南郑州　450003；
2. 河南省濮阳水文水资源勘测局，河南濮阳　457000)

摘　要： 伊洛河是黄河"下大洪水"的主要来源区之一，其洪水具有涨势猛、突发性强、预见期短等特点，夹滩河段仍是防洪的重点河段。近年来，由于河道堤防及治理工程建设速度加快，大量堤防和工程投入使用，河道边界发生较大变化。本文应用黄河河道二维水沙数学模型（YRSSHD2D0112）模拟分析现状河道边界条件下该河段遭遇历史大洪水时夹滩河段过流能力、漫滩特性。

关键词： 二维水沙数学模型；洪峰；糙率；溃口

1　引言

伊洛河是黄河"下大洪水"的主要来源区之一，其洪水具有涨势猛、突发性强、预见期短等特点。历史上，伊洛河洪水频发，灾害严重，如 1954 年、1958 年和 1982 年等均发生大洪水。伊洛河中段夹滩地区由于地势低洼，历史上是一个天然滞洪区，当遇大洪水时在夹滩滞洪区内发生堤防决溢或洪水倒灌，大面积漫滩，进而滞洪，对黑石关和黄河小—花间的洪峰和洪量产生一定影响。

近年来，伊洛河河道堤防及治理工程建设速度加快，大量堤防和工程投入使用，河道边界发生较大变化。此外，伊洛河夹滩汇流口附近，河道过流断面较小、堤防标准不一，存在局部薄弱段，在发生大洪水，特别是伊河、洛河同时发生大洪水时，夹滩洪泛区依然承担关键的分洪作用，夹滩内尚有道路、耕地和居民，仍是防洪的重点河段。

本文应用黄河河道二维水沙数学模型（YRSSHD2D0112）完成 1958 年、1982 年和 2011 年典型洪水的龙门镇（白马寺）—黑石关河段计算，并依据计算结果初步进行分析研究。

2　伊洛河段基本情况

夹滩洪泛区指伊河北堤和洛河南堤伊洛河交汇处的三角地带，东西长 19 km、南北宽约 4 km。伊洛夹滩地区包括 3 个镇 56 个行政村，总人口 12.5 万人，总面积 15.01 万亩，耕地面积 10.52 万亩，是粮食高产区，也是经济发展快速区域。二里头遗址、汉魏古城等全国重点文物位于夹滩地区翟镇、佃庄境内，该地区工农业的快速发展、文物古迹的保护使夹滩地区的防汛安全显得尤为重要[1]。伊洛河洪泛区见图 1[2]。

当洛河南岸或伊河北岸或两河交汇处的堤防决口时，洪水即进入该滞洪区，待伊、洛河水位降低后，滞蓄水量一部分仍排入原河道。目前堤防的防洪标准为 20 年一遇，个别重点堤段超过 20 年一遇。1982 年洪水在伊河南堤决口 40 多处，其中东石坝、顾县镇堤段决溢最严重，伊河、洛河交汇处的东横堤全线漫溢倒灌，淹没区的水深一般为 1.5 m，最深处可达 6 m[3]。

作者简介： 张晓丽（1982—），女，高级工程师，主要从事水力学及河流动力学方面的研究工作。

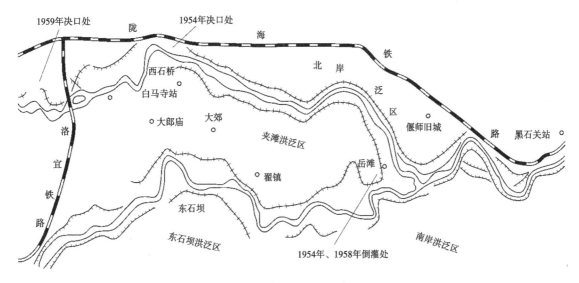

图 1　伊洛河洪泛区示意图

3　伊洛河典型洪水分析

根据历年实测洪水资料统计，伊洛河龙门站和白马寺站大于 3 000 m³/s 的洪水出现在 7 月、8 月的占 90%，其中 7 月中旬占 85%。从历史资料看，特大洪水几乎全部发生在 7 月中旬至 8 月中旬。

洪水遭遇情况复杂，伊洛河同时出现大洪水的情况时有发生。汉代以来 20 余次大洪水中，记录伊洛河同为大水的有 18 次。其中，明清以来的 1553 年、1658 年、1761 年、1868 年、1931 年及 1958 年伊洛河同为大水年。

多年平均径流量：洛河白马寺站为 21.18 亿 m³，年平均流量 67.17 m³/s；伊河龙门站为 12.07 亿 m³，年平均流量 38.28 m³/s；黑石关站为 34.85 亿 m³，年平均流量 110.52 m³/s。

实测年最大洪峰流量：洛河白马寺水文站为 8 300 m³/s，伊河龙门水文站 6 850 m³/s，黑石关水文站为 11 800 m³/s（白马寺站、黑石关站为考虑决溢分流还原后流量），均发生在 1958 年 7 月。

表 1 为伊洛河各站设计洪水成果[1]。

表 1　伊洛河各站设计洪水成果

站点	项目	不同频率洪水设计值		
		10%	5%	2%
龙门镇	洪峰/（m³/s）	3 930	5 610	7 970
白马寺	洪峰/（m³/s）	3 940	5 770	8 370
黑石关	洪峰/（m³/s）	6 220	8 720	12 200

4　关键问题处理

4.1　橡胶坝

经初步统计，计算河段内目前伊洛河共有已建、在建橡胶坝 7 处。其中，伊河伊滨区 6 处、洛河偃师市 1 处。橡胶坝的主要参数为：坝高 3.0~4.5 m（底座还有一定高度）；蓄水量一般 80 万~480 万 m³，一般认为流量过大（如超过 300 m³/s）时，可能造成橡胶坝毁坏。因此，需要在出现大于判别流量时，泄空运行，具体操作是：先从最下面的一级开始，然后逐级向上，直到最上游的一级完全塌坝；每级橡胶坝从开始塌坝至泄完约 2 h 左右。本次计算利用防办提供伊洛河橡胶坝数据，以此为基础，通过修改橡胶坝坝址的局部地形予以考虑。

4.2 滩槽糙率

本次计算中对主槽糙率和滩地糙率分别处理。

主槽糙率首先对主要断面进行糙率率定，再在断面间进行插补。计算河段内的糙率分布见图2。由图2可见，伊河龙门镇河段糙率最大，小水时可达0.05以上，随流量增大而趋减，在20年一遇洪水时（4 700 m^3/s）为0.035左右，这是由于该河段两岸为山体，基本属于山区河段，地形比降较大（2‰左右），加之该河段修有多级橡胶坝、多道铁路与公路桥等，对水流产生一定的局部阻水影响，导致该河段糙率值相对较大。白马寺河段与黑石关河段为平原河段，地形比降较缓，糙率值一般为0.01~0.015。滩地糙率结合地物地貌实际情况并参考类似河道进行取值，一般取为0.03~0.034。

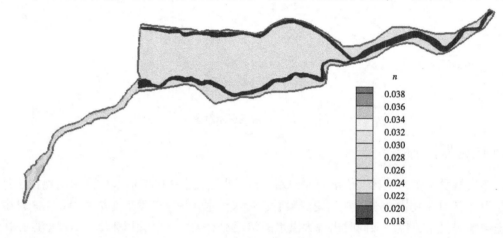

图2 计算区域糙率取值

4.3 夹滩堤防溃堤

夹滩堤防溃堤参考黄河下游处理方式，初步选定生产堤溃口的可能出现范围，再依据当地水力条件判别生产堤是否溃口。

具体判别条件为

$$\begin{cases} H > 1.5 \text{ m} \\ U > 1.8 \text{ m/s} \end{cases}$$

或 $Zb\_Dike < Z + 1.0$ m

式中：H 和 U 分别为生产堤的水深和流速；Zb_Dike 和 Z 分别为生产堤的高程和近生产堤水面。

5 小结

基于最新可利用地形，河道主槽采用2013年实测大断面资料，并利用近年卫星遥感图进行汇流口修正，计算范围内布设7个流量统计及水位统计断面。针对2011年、1982年和1958年实测洪水开展计算，模拟其基于现状地形下漫滩淹没特征和洪水传播过程。

与历史状况（1958年、1982年及2011年）相比，现状条件下河道边界发生了很大变化。计算结果表明，在现状边界及地形影响下，洪水的演进特性发生了明显变化，不同的洪水类型表现出不同特征。

5.1 2011年洪水

洪水整体表现好于当年，计算表明，现状地形下2011年洪水夹滩不再漫滩，在不发生漫滩的前提下，洪水由龙门镇（白马寺）演进至黑石关的削峰较小，一般在20%以内，现状地形对于2011年洪水基本安全。

5.2 1982年洪水

现状地形条件下1982年洪水在汇流口上游伊洛河夹滩一侧发生决口，决口位置、决口长度和滩区分流量都有所减小；洪峰演进至黑石关洪峰流量较1982年明显加大，相应水位有所提高。夹滩滩区大面积上水，淹没水深在 1.0 m 以上，但淹没范围及蓄水量较 1982 年有所减小，汇流口以下伊洛河段过洪压力增大。

5.3 1958 年洪水

与历史情况相比，夹滩决口发生在大洪峰来临前，伊河、洛河均发生决口，对两河洪峰的分洪作用明显，夹滩大范围上水，淹没范围一般在 2.0 m 以上；由于 1958 年洪峰偏瘦，在夹滩分洪后，黑石关洪峰明显低于 1958 年。此外，由于 1958 年以来，河道发生很大调整，水位流量关系明显改变，现状地形下，尽管洪峰流量明显减小，但洪峰水位却升高 1.9 m。洪峰过后。退水时间较长，退水流量也大于当年。

参考文献

［1］黄河水利委员会. 伊洛河流域综合规划［R］. 郑州：黄河水利委员会，2013.
［2］郑秀雅，杨振立. 伊洛河夹滩自然滞洪区分、滞作用对黄河下游洪水的影响［J］. 人民黄河，1988（5）：12-17.
［3］李海荣，慕平，王宝玉，等. 伊洛河夹滩地区对伊洛河入黄洪水的影响［J］. 人民黄河，2000（11）：26-27.

期刊

水利期刊地图出版现状与思考

穆禹含[1]　李　硕[2]　张建新[1]

（1. 水利部信息中心，北京　100053；

2. 北京金水信息技术发展有限公司，北京　100053）

摘　要：地图是国家版图最主要的表现形式，具有严肃的政治性、严密的科学性和严格的法定性，不同类型的水利期刊均可能涉及地图出版。本文在分解地图出版政策要求的基础上，抽样分析了近两年水利期刊地图出版现状及问题，结合办刊实践经验，提出了加强期刊地图出版应注意的问题和管理举措。

关键词：水利期刊；地图出版；地图审核；期刊管理

1　概述

地图是国家版图最主要的表现形式，具有严肃的政治性、严密的科学性和严格的法定性，不同类型的水利期刊均可能涉及地图出版。为加强地图管理，维护国家主权、安全和利益，国家出台了《中华人民共和国测绘法》（简称《测绘法》）、《地图管理条例》（简称《条例》）以及《地图审核管理规定》（简称《规定》）等系列法律法规，其中《测绘法》是所有测绘活动应当遵守的法律，是《条例》和《规定》的制定依据，凡涉及地图编制、审核、出版等活动均应遵守《条例》和《规定》。

本文从期刊地图出版的角度对《条例》和《规定》进行解读，归纳期刊地图出版相关的条例，为后文水利期刊地图出版现状及问题分析提供依据。

1.1　《地图管理条例》

《条例》中与期刊地图出版直接相关的条目汇总于表 1，可知：①期刊中的地图出版应该遵循《条例》；②中国国界、世界各国边界、行政区域界限、重要地理信息、保密处理等是地图审核重点，作者和编辑部对此类地图出版应具有高度敏感性；③按《条例》应进行地图审核的，应由编辑部汇总并提交至地图审核受理部门，由作者提供相应送审材料；④经审核批准的地图插图在期刊出版时应标注审图号。

1.2　《地图审核管理规定》

《规定》中与期刊地图出版直接相关的条目汇总于表 2，可知：①应根据《规定》中具体情形来判断是否需要送审地图；②进行地图审核的，应按要求提交材料；③地图审核具有一定的审核周期，编辑部应根据刊物出版周期等统筹协调，避免因此延误出版的情况；④已审核通过的地图，期刊出版时应在适当位置标注审图号。

作者简介：穆禹含（1994—），女，工程师，主要从事科技管理方面的工作。

通信作者：张建新（1969—），男，教授级高级工程师，主要从事水文及水利信息化方面的工作。

表 1　《地图管理条例》涉期刊地图出版条目

序号	章节	条目	释义	从期刊地图出版角度解读
1	第二章 地图编制	第十条	国界、边界、历史疆界绘制	是地图审核的重点，期刊中的地图插图应该遵守
2		第十一条	行政区域界线绘制	
3		第十二条	重要地理信息表示	
4		第十三条	保密处理	
5		第十四条	公益性地图	国家相关机构提供并定期更新公益性地图，可供无偿使用
6	第三章 地图审核	第十五条	地图审核	除部分内容简单的地图外，其他向社会公开的地图均应送审；地图审核不得收费
7		第十六条	送审主体	谁出版谁负责，期刊出版地图插图且符合应当送审规定的，应当由编辑部送审
8		第二十一条	地图审核内容及审图号	经审核批准的地图，应标注审图号
9		第二十二条	审图号的标注	
10	第四章 地图出版	第二十八条	出版物插附地图规定	出版单位根据需要，可在出版物中插附经审核批准的地图

表 2　《地图审核管理规定》涉期刊地图出版条目

序号	条目	释义	从期刊地图插图出版角度解读
1	第五条	需要地图审核的情形	出版、展示、登载地图或者附着地图图形的产品的应当提出地图审核申请
2	第六条	不需要地图审核的情形	已具有审图号的公益性地图；部分内容简单的地图；法律法规明确应予公开且不涉及国界、边界、历史疆界、行政区域界线或者范围的地图，不需要地图审核
3	第七条、第八条	不同情况下负责地图审核的主管部门	编辑部应根据地图具体情况向地图审核主管部门提交申请
4	第十条	地图审核材料	地图审核申请表；地图最终样图或样品；地图编制单位的测绘资质证书（所有材料需要电子版和纸质版）
5	第十八条	地图审核内容	共计 6 项审核内容
6	第二十四条	审核周期	审核周期一般 20 个工作日内；发行频率高于 1 个月的报刊等插附地图的，可缩减至 7 个工作日内
7	第二十七条	审图号标注要求	经审核批准的地图"属于出版物的，应当在版权页标注审图号；没有版权页的，应当在适当位置标注审图号"

2　水利期刊地图出版现状及问题分析

2.1　样本数据及统计内容

本研究主要考虑期刊类型（综合类、学术类、技术类等）、主办单位类型（科研院所、高校等）、期刊文种（中文、英文）等因素，以近 2 年为研究期，从国内约 125 个[1] 水利期刊中抽取 10 个刊物为研究样本，统计地图插图的使用情况，以及对照相关规定涉及的问题。

2.2　现状及问题分析

从选取的水利期刊样本来看，直接使用只含地理基础信息地图的情况并不多见，但因涉及涉水要素信息的空间展示，常出现经"二次加工"的专题地图来表达研究区域内水利监测站点空间分布，如降水、洪涝、旱情、水利工程等要素空间分布的地图插图。按期刊类型，学术类期刊涉及地图插图最多［平均 5 个/（刊·年）］，技术类期刊次之［平均 3 个/（刊·年）］，综合类期刊最少［平均 1 个/（刊·年）］。未显著发现主办单位类型、期刊文种与地图插图使用之间的相关性。

选取的样本中超过一半的水利期刊对地图插图的出版已具备一定的敏感性，主要体现在：只在必要时使用地图插图、使用具有审图号的地图插图等。但对照《条例》和《规定》仍然存在一定的问题，本文按《条例》和《规定》并参考文献［2］提出的"科技期刊地图插图常见问题"进行统计，梳理得出样本期刊的 7 项常见问题（见图 1）。其中，"未标注审图号"、绘制中国全幅地图时"无九段线或标注不全""未标注台湾省数据暂缺"出现的次数排名前三，合计占比约 79%。此外，在已经标注审图号的插图中，中国全幅的专题地图还容易存在"附图压盖主图的海上归属范围线或重要岛屿""附图专题要素与主图不一致"等问题，区域性地图容易出现"比例尺、图例、方向标（经纬度）等地图要素表达不规范""重要岛屿及部分省区表达不规范"等问题。

综上，不同类型水利期刊均可能涉及地图插图出版；多数水利期刊虽已具有地图出版敏感性，但对照国家相关条例和规定仍然存在部分问题，需要引起作者和编辑部共同关注；从出版角度来看，编辑部尚未完全具备地图插图出版的长效质量控制机制。

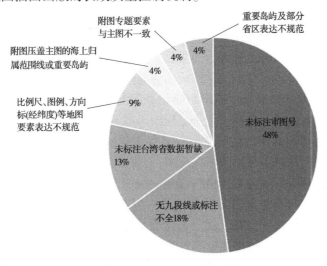

图 1　样本水利期刊地图插图问题及占比

3　对水利期刊地图出版的思考

近年来国家高度重视地图出版，在发布了一系列政策法规基础上，开展了多次"问题地图"专项整治行动，公开发表的刊物应积极贯彻落实地图出版相关政策法规。据前文分析可知，目前多数水利期刊编辑部和部分作者已具备了一定的地图出版意识，但对照政策法规仍存在一些常见问题。此外，作者或期刊编辑部在实践过程中还可能存在对地图插图出版"矫枉过正"的回避现象。实际上，在必要时采用专题地图展示要素的空间分布具有直观、简洁、利于传播等作用。这种情况下，将地图插图的出版视为"洪水猛兽"，一味地采取回避态度也是违背论文刊载和信息传播初衷的。因此，如何能够既规范又科学地刊登地图插图，建立长效的质量控制机制，是期刊管理必须思考的问题和需要采取的举措。本文根据前文分析成果以及实际办刊经验，对水利期刊地图出版应注意的问题和管理措施总结如下。

3.1 作者和编辑部均应增强地图出版意识

在公开发表的出版物中正确使用地图插图是出版者应尽的责任和义务，尤其是涉及国界和重要岛屿的，一旦出现错绘和漏绘，可能会造成不良的影响。从实践经验看，期刊地图出版良好氛围的营造需要作者和编辑部的共同努力。

作者应对自己的投稿负责。对于地图插图的使用秉持科学的态度，具体包括：采用正规渠道的地图并按要求标明出处及审图号，不使用来路不明的地图；对于需要地图审核的情况，应积极准备地图审核材料，配合编辑部完成相关手续的办理。

编辑部应对出版的刊物负责。这就要求期刊负责人和编辑人员在加强地图出版相关政策和常识学习的基础上，引导投稿作者正确使用地图插图，同时将相关知识融合在稿件审校过程中，落实地图审核相关规定，避免出现"问题地图"。

3.2 编辑部应建立地图出版质量控制的长效机制

由地图出版相关政策解读可知，国家对地图出版具有详细的要求；对于应进行审核的地图需要提交送审材料（同时涉及审核流程和周期）。但由于对政策理解不透彻、对地图送审流程不熟悉、缺乏交流渠道等，许多水利期刊编辑部不知如何下手。因此，本文从统计得出的样本水利期刊地图插图常见问题入手，结合实践经验总结适用于水利期刊的地图出版质量控制思路，以供水利期刊同仁借鉴和进一步探讨。

（1）面向投稿作者做好提前说明的工作。具体可将地图出版相关的要求和注意事项通过投稿网站等渠道简明扼要地传递给作者，如地图插图使用的必要性判断，具有审图号地图的使用和标注，地图审核所需材料、周期，地图插图常见问题及注意事项等，以引导投稿作者正确使用地图插图。

（2）将地图插图的审核融合在三审三校过程中，层层把关，避免"问题地图"。期刊地图的审核主要涉及作者、编辑部和地图审核的主管部门。按照工作流程来看：①编辑部内审和校对环节应纳入对地图插图的把关，并向作者及时提出修改意见或准备地图送审材料的要求。编辑部可依据《条例》《规定》，并根据来稿情况归纳具有可操作性的判断标准。例如，水利期刊中除使用具有行政区划界限的地图为底图来制作专题地图外（此时需要进行地图审核，需要标注审图号），还可能用到流域边界为底图的示意图（此时可将不必展示的行政区划界限去除，单纯展示流域及站网位置、研究要素的空间分布等示意性信息的示意图不在地图审核范围）；对于使用中国全幅地图为底图的（包括左上的中国国界形状缩略图）必须标注审图号；研究区为全国但台湾地区没有数据的应在显著位置标注；专题要素（如降水、温度、水位等空间分布、经纬度）应在主图和附图中保持一致；主图、附图中的海上归属范围、国界等重要信息不可被遮盖。②对于需要编辑部向地图审核主管部门送审的情况，一般重点关注送审材料、送审流程、送审周期等。编辑部首先需要在自然资源部网上政务服务平台注册账号，再将送审材料（详见《规定》第十条）电子版通过该平台上传，线上预审通过后寄送纸质材料（同电子版），审核通过后获得地图审核批准书。送审周期详见《规定》第二十四条。

综上，审图需要一定的材料、流程和周期，因此编辑部应根据出版周期和工作流程来确定地图送审的时间节点。已有相关文献[3]探讨地图审核流程优化的相关内容，可供编辑同仁借鉴，本文不再赘述。

4 结语

地图是国家版图最主要的表现形式，具有严肃的政治性、严密的科学性和严格的法定性，《条例》明确规定："公民、法人和其他组织应当使用正确表示国家版图的地图"。水利期刊作为水利科技、文化、政策等信息传播和宣传的媒介，具有对国家疆域自觉维护、规范展示的责任，因此对待地图插图的出版应秉承严谨的态度。然而许多投稿作者和期刊工作者因对地图出版相关政策理解不透彻、对地图送审流程不熟悉等，导致不知如何下手。因此，本文首先在解读地图出版相关政策的基础上，从分析研究期刊地图出版常见问题入手，结合实践经验总结对水利期刊地图出版的思考，供水利期刊同仁借鉴和进一步探讨。

参考文献

［1］李中锋，刘玉龙，王勤．走进新中国水利期刊［M］．北京：中国水利水电出版社，2022.
［2］李小玲，何书金．科技期刊地图插图的规范绘制和常见问题［J］．中国科技期刊研究，2021，32（6）：699-718.
［3］李晓波，周锐．科技期刊中地图审核流程优化［J］．编辑学报，2022，34（2）：158-162.

市场经济背景下编辑出版工作分析

吕艳梅　张华岩

（黄河水利委员会新闻宣传出版中心，河南郑州　450003）

摘　要： 市场经济因其能在极大程度上繁荣经济、提高生产力，已经渐渐成为了世界经济发展模式的主要潮流。这种经济大背景对我国的编辑出版机构也具有重大的影响。本文简要地分析了在市场经济大背景下编辑出版机构的重要产物——出版物在市场经济中所具有的属性，同时探讨了编辑出版机构所处其中的特有性质，并就市场经济背景下编辑出版机构应对举措提出建议，旨在为编辑出版工作者提供一定的参考。

关键词： 市场经济；出版机构；编辑出版；工作

1　引言

经济一直以来都备受关注，而经济体制的变化也会对社会发展中的各个方面产生重要的影响。对于我国的编辑出版机构而言，市场经济这种大背景就是一大挑战，其中经济发展的自我调节机制使得编辑出版机构压力倍增。在市场经济中，不管是物质产品还是精神产品，都会按照一般商品生产、流通的产业链进行，编辑出版业也就成为了一种受市场规律支配的、面向市场大众的文化产业。因此，编辑出版机构如何采取正确的措施应对市场经济的新形势，是所有出版工作者需要认真思考的重要课题。

2　市场经济背景下编辑出版工作

2.1　市场经济背景下出版物的特殊性

受市场经济影响，编辑出版物具有了特殊的属性。这种特殊性体现在两个方面：一方面，使用价值不同。在市场经济中，一般物质产品的使用价值具有短期性、直接性的特点，价值判断的标准比较统一。但是就出版物而言，它的使用价值具有长期性以及间接性，而且出版物的价值判断标准也是复杂多变的。另一方面，交换价值不同。在经济学中，商品的交换价值由商品生产所必需的社会劳动时间决定，但是对于出版物却是不太适合的。因为出版物的发行更多是依靠独特的、创造性的写作和编辑活动，其中的劳动时间很难进行比较、计算。

2.2　市场经济背景下编辑出版工作的性质

在市场经济大背景下，对于编辑出版机构的性质也需要有一个新的定位和认识。编辑出版机构进行的工作活动兼具文化性、经济性，同时服务于物质文明建设以及精神文明建设，在遵循市场经济发展的客观规律基础上按照出版工作行业发展规律工作。由此，也决定了编辑出版工作的两重性。

2.2.1　兼具文化、经济活动

在市场经济发展背景下，编辑出版机构进行的工作活动兼具文化性、经济性两种特性。编辑出版机构进行的活动贯穿于出版物（精神生产、物质生产）的生产和流通过程中。所谓精神生产，指的是出版物的规划、设计、选择等工作，所谓物质生产，指的是出版物的印刷、营销工作。对于现今所

作者简介： 吕艳梅（1983—），女，副编审，主要从事水环境与水生态研究及编辑出版工作。

通信作者： 张华岩（1983—），女，副编审，主要从事水利工程研究及编审出版工作。

有的出版机构而言，兼具文化、经济企业的双重特点。

2.2.2　物质、精神文明建设服务两手抓

伴随着市场经济活动的发展、成熟，市场经济中的经济发展和文化事业发展的相关度越来越高。一些从事物质生产的单位也渐渐渗透了文化性，特别是现今许多企业注重文化精神、职业道德建设等。但是，这并不能抹灭这类企业追求物质财富、经济效益的本性，相对于这些企业，出版机构具有自身的独特性。市场经济中的编辑出版机构一方面要为经济建设服务，另一方面要为政治、文化建设服务，在保证自身发展的基础上，还要把社会效益纳入考虑因素，做到满足社会现代化建设的客观要求。

2.2.3　多重发展规律的遵循

在市场经济中，编辑出版机构不仅要遵循市场经济发展的客观规律，还要按照出版工作行业发展规律办事。编辑出版机构作为市场经济竞争中的参与者，就需要遵循市场经济中的价值规律、供求规律，需要根据市场的需求调节自身的出版生产，更需要正确对待市场中的竞争机制，采取有效措施激发工作者的积极性，增加出版机构的生命力。同时编辑出版机构作为文化工作部门，不能仅把经济效益当作活动的目标，而应该注重文化的建设、积累，做到坚持社会主义的出版方向。

3　编辑出版机构应对市场经济的举措

在深刻、全面、客观地分析新形势的情形下，编辑出版机构工作者需要认识到市场经济既是一大挑战，更是一大机遇，需要认识到出版工作和市场经济体制的一致性，在重视出版工作特殊性的前提下，采取有效的措施更好地应对市场经济，包括重视市场经济中的竞争、增强质量意识、注重市场的多元化需求以及遵守职业道德等，现具体阐述如下。

3.1　重视市场经济中的竞争

在市场经济大背景下，为了更好地发展编辑出版工作，编辑出版的相关管理层必须要创新工作模式，树立起良性的市场竞争意识。编辑出版机构的竞争关键点在于选题，制订选题的适当、独创与否对于出版物的关注度具有决定性的影响。如果编辑出版工作者不对市场、读者的需要有一个很好的了解，单凭主观意志、经验进行选题，那么注定会是失败的。因此，编辑出版机构在市场经济环境中，应该更加注重市场需求的动态，对读者的需求进行深刻的剖析，在竞争中处于有利的地位。

3.2　增强质量意识

质量是声誉的关键，在市场经济中，编辑出版机构尤其需要注重质量问题。出版物的质量代表着出版机构的形象，也保障着出版物的使用期限。出版工作对编辑的专业素质、业务水平具有较高的要求。在编辑出版工作者的选题、审稿过程中需要做到认真、深刻、全面、客观、综合考虑等，更好地做好自己的本职工作，以一丝不苟的态度保障编辑出版工作的高质量完成。

3.3　注重市场的多元化需求

在市场经济中，了解大众的需求对编辑出版机构具有十分重要的意义，编辑出版机构需要对机构的现状有一个很好地定位，需要根据市场的发展动态进行长期发展规划。编辑出版机构在参与经营活动过程中，需要积极开发出版资源，进行高质量作者队伍的建设；根据市场的需求，进行最优的出版物生产成本、制作方法的选择；争取在市场中占领更多的份额，及时了解市场的反馈信息，进行出版物的多元化宣传。

3.4　遵守职业道德

在市场经济中，编辑出版机构需要特别注重职业道德的遵守，增强责任意识的树立。市场经济对编辑出版机构的一大挑战就是诱惑的增强，特别是金钱、利益的诱惑。因此，编辑出版工作者需要严格遵守职业道德，抵制不良诱惑的侵蚀，做到对社会、对读者、对出版物质量负责，为纯洁市场经济中的价值观、文化做出应有的贡献。

4　结束语

市场经济体制的确立、发展，以及逐渐成熟对于编辑出版机构而言，既是一大挑战，也是一大机遇，编辑出版机构应该在正确认清形势的基础上，采取有效的应对措施，更好地发展我国的文化事业。

参考文献

[1] 黄崇亚. 编辑出版技术手段现代化面临的问题与对策 [J]. 传播与版权，2014（4）：41-42，45.

[2] 李建伟，杜彬. 2012 年编辑出版学发展与创新 [J]. 新闻爱好者，2013（12）：10-13.

[3] 郝振省. 新技术条件下编辑出版工作面临的挑战 [J]. 中国编辑，2010（6）：53-54.

[4] 陈可阔，要兴磊. 当代图书编辑面临的挑战及其角色转换 [J]. 石油大学学报：社会科学版，2012（4）：111-113.

[5] 于元元. 档案期刊编辑出版工作存在的问题与对策 [J]. 牡丹江师范学院学报：哲学社会科学版，2009（2）：77-78.

[6] 邵益文. 新时期编辑活动新的特点和要求 [J]. 出版科学，2001（4）：4-7.

[7] 吴巧生. 市场经济条件下读者、作者与编辑的构型关系 [J]. 编辑学刊，1997（5）：14-16.

[8] 祁云. 编辑出版工作中编辑创新的价值探究 [J]. 传播力研究，2020，4（16）：108-109.

英文科技期刊有效选取审稿人的若干思考

王玉丹　滕　玲

（南京水利科学研究院科技期刊与信息中心，江苏南京　210024）

摘　要： 同行评议是保证期刊学术质量的重要手段。如何找到足够数量且资历合适的审稿专家来加快同行评议、缩短出版时滞，时常困扰学术编辑。结合办刊实际，分析了外审前的准备工作和合适审稿人的特征，归纳给出科技期刊特别是英文科技期刊选取审稿专家的十余种有效途径，探索给予审稿人恰当激励的方式以调动审稿积极性。所提建议可为期刊同仁提供借鉴参考，有助于科技期刊更高效地开展同行评议。

关键词： 英文科技期刊；审稿人；同行评议；回避；激励

1　引言

知名学术同行评议平台 Publons 曾于 2018 年发布了有史以来规模最大的同行评议研究报告《全球同行评议现状报告》（Global State of Peer Review）[1]，这项针对全球超 1.1 万研究人员的调查结果表明，由于同行评议能够有效保证学术质量和诚信，98% 的受访者认为其重要（31%）或非常重要（67%）。而施普林格·自然集团 2020 年针对合作期刊编辑的问卷显示，44% 的受访编辑坦言为稿件找到足够数量的同行评审专家是工作的痛点，36% 的编辑在寻找合适的审稿人时遇到过困难[2]。

既有研究针对科技期刊审稿团队建设进行了许多有益探索[3-6]，在审稿专家队伍建设与维护方面积累了较多经验。还有许多编辑同仁从某一种具体措施入手，如基于细分研究方向精准搜索[7]、巧用参考文献[8]、借助新媒体手段[9] 等遴选合适的审稿人。

截至 2020 年底，中国科技期刊总量为 4 963 种，其中纯英文科技期刊 375 种、中英文科技期刊 184 种[10]。与中文科技期刊相比，我国主办的英文科技期刊在审稿专家遴选上既有共性又有特性[11]。由于语言载体不同、稿源范围更广，英文科技期刊审稿工作难度普遍更大，对审稿人的英文水平和年龄等因素有更高要求[11]，但同时又有许多中文期刊极少考虑的国际化资源可以利用[12]，因此全面梳理英文科技期刊同行评议的准备工作、分析高效审稿人的特征、总结审稿人搜索途径及激励措施具有重要实践意义。

2　全方位评估待审稿件

同行评议响应率或质量不高除审稿人自身学术工作繁忙等原因外，也常常由送审不合适、不准确而造成。因此，稿件通过形式审查、外送同行评议前，责任编辑需要细致地评估待审稿件，做到有的放矢。该研究属于什么主题范围？采用了什么模型和理论？具体的研究问题是什么？是否采用了非常规方法而需要审稿人具有某些特殊专长？稿件是否有什么需要在同行评议中特别注意的方面？

以地学类稿件为例，通常具有较强境外地理特征的研究送审失败率较高，许多开展相似方法研究的审稿专家略读标题和摘要后即决定退审，理由是研究对象不熟悉。对于熟悉数值模拟计算的审稿专家对物理模型试验也难以有效把关。交叉学科、边缘学科稿件更是送审的痛点。由此可见，"精准"是外送同行评议的要义，只有内容把握得准，审稿专家才能找得准，那么送审工作就会事半功倍。盲

作者简介：王玉丹（1989—），女，二级翻译，主要从事期刊出版相关研究工作。

目地广撒网，不仅不利于提升稿件同行评议的时效和质量，还可能影响期刊在学术圈的形象。

3 有效候选审稿人特征

候选审稿专家首先应当熟悉待审文章的研究内容及研究方法，在这个前提下，进一步细化选取标准可以有效提高送审响应率和评阅质量，包括该专家具有较成熟的学术发表经验，且近年来仍活跃在学术一线，持续发表专业论文、承担基金项目、培养指导研究生等；该专家自身的学历学术背景过硬，如具有博士学位、副教授及以上职称、硕博导师资格等；候选审稿人之间彼此相对独立（不是经常见面或合作频繁的同事、亲属、同学等），这样才可以最大程度地保证评审意见的客观独立；审稿人没有潜在的、为学术圈熟知的学术偏见。就英文科技期刊而言，英语语言能力是选取审稿专家的重要参考条件。对于母语非英语的审稿专家，具有英语国家留学、访学、工作经历或大量英语期刊发文经验为宜。

基于期刊实践经验，这里建议英文科技期刊给予中青年学者更多的关注，理由是他们思想活跃、精力充沛，积累了一定的学术经验又处于学术上升期，知识更新快，行政职务和社会兼职相对不太多，有意愿也有需要专心开展学术研究以及为英文学术期刊审稿。境内候选审稿专家的相关履历信息大多可在其就职的高校及科研院所个人简介、导师名录等页面详细查询到，境外专家信息通常通过数据库载文情况判断。

4 选取同行评议专家的途径

依据上述审稿人选取标准，期刊编辑部应通过多种途径不断充实扩大、动态调整期刊审稿专家库。以下总结基于办刊实践的一些有效措施：

（1）期刊自有审稿专家库。各个期刊在多年办刊工作中都会积累信息、建设专家库，有的定期导入采编系统，有的采用 Excel 表单分学科方向登记。笔者所在的期刊近年采取了一个有益尝试，在稿件录用通知的模板邮件中增加一段话，请作者推荐对其文章感兴趣的其他学者信息，一方面可以在出版后文章宣传推送时精准推送，一方面则可以有效积累相似研究内容的候选审稿专家。

（2）待审稿件参考文献作者。一般来说，稿件参考文献基本与稿件内容相关度较高，责任编辑可以从文末所列的参考文献中选取近 5 年的相关文章，按照篇名在各数据库中搜索，尽量获取第一作者及通信作者的邮箱。如有可能，应进一步通过姓名和邮箱查询相关学者的学术背景，以判断是否具备该篇论文的审稿资质。

（3）国内外数据库。通过关键词在国内外常用数据库中检索，搜索近五年相关内容发文最多的作者进一步甄别。数据库包括中国知网、万方、维普、Web of Science、Science Direct 等。一般高校和科研院所都会购买相关重点学科的文库，通过数据库获取全文难度一般不大。除期刊论文外，值得注意的是数据库中的硕士、博士学位论文，可以选取其指导教师作为候选审稿人。

（4）相近内容学术报告发言人。学术编辑参加各类线上线下专业会议时应多留意讲座人联系方式，能够成为受邀公开学术报告发言人的学者一般都具有相当的学术水平，完全可以考虑邀请成为期刊审稿人。

（5）拒审专家的其他推荐。部分受邀审稿人因故拒审后会在系统中或回复编辑的邮件中推荐他们认为合适的其他审稿人供编辑部参考，责任编辑不妨做好记录并进一步查询详情，扩充专家库。

（6）本刊过往发表的类似内容稿件作者。期刊的刊载范围通常较为稳定，过往已发表文章总有与待审稿件研究内容和研究方法近似之处，此时可以考虑将已发表文章的作者中具有一定学术身份的专家作为候选审稿人，一则因为其在本刊发文，较了解期刊内容与形式的要求，二则对期刊更有感情，通常不会拒绝审稿邀请。

（7）借助线上工具。英文科技期刊采用的投审稿系统一般较国际化，如主流的 ScholarOne 系统集成 Web of Science 库资源，依据稿件类别和关键词抓取并推荐审稿人；与英文期刊合作的国际出版商通常也会提供相应同行评议辅助措施，如 Springer Nature Reviewer Finder；科研社交网络服务网站 Researchgate 也是英文期刊编辑的高频选择。

（8）期刊编委会成员。期刊编委会一般由行业内较为知名且关心期刊发展的专家组成，英文科技期刊的编委会"阵容"更加豪华，众多海内外院士领衔，各类学术人才济济。虽然通常不会过多邀请大专家作为日常审稿人，但遇到特别稿件，如重要组稿约稿、研究内容疑难稿件或初审意见相悖稿件等，便会考虑请该方向重要编委把关审核，甚至"一锤定音"。正因为编委会中的专家学术身份地位显赫，职务头衔也较多，难以在审稿工作中投入很多精力，越来越多的英文科技期刊成立了青年编委会，旨在发掘与联络行业内活跃的青年学者，由他们承担更多的审稿工作，并作为编委会后备人选。这一做法与前述关注中青年学者的建议不谋而合。

（9）编辑个人联系。作为期刊学术编辑，总会在工作中接触到相关学科专家，如期刊承办单位（高校、科研院所、行业学会等）的专业技术同事以及编辑出差调研或参会时结识的其他学者等。对于这些互相记录手机号码，成为微信、QQ 等好友的学者，编辑的送审和催审工作会因这层人际关系变得容易许多。

需要注意的是，同行评议过于依赖编委会成员和编辑个人社交圈也存在一定弊端，尽管期刊编委会成员和与编辑私交较好的专家学者可能会更快响应审稿邀请，但英语学术论文的评阅总非易事，对于母语非英语的学者来说更是耗时耗力。频繁邀约少部分熟识的专家学者也会给他们带来审稿疲劳，影响其个人学术工作计划。当这些熟识的专家学者因故无法接受审稿邀请时，往往会给编辑部推荐他们熟识的其他专家学者（常常是本单位合作同事或同学），这就可能带来另一个问题——审稿人的多元化受损。

（10）同类期刊推荐。属于相同领域的期刊刊文内容具有较大的相似性，但不同期刊学术圈又不尽相同，如果与相关期刊编辑部熟识，可以请其编辑帮助推荐审稿人；如果相关期刊（如期刊网站）对编委会专家研究方向介绍较详尽，也可直接搜索相关专家信息。如果待审稿件所属的细分领域有专业化程度更高的期刊，也可以考虑从该期刊编委会中寻找潜在审稿专家。

（11）作者推荐审稿人。期刊投审稿系统在投稿界面一般都设有"推荐审稿人"和"回避审稿人"环节，部分期刊"推荐审稿人"甚至是必填项。相对期刊编辑，文章作者通常对其研究内容更精通、对相关领域专家更了解，因此推荐审稿人可以给编辑送审提供有益参考。但对于作者团队的推荐，责任编辑需要谨慎查阅被推荐人的履历详情。被推荐的审稿人很可能与作者存在较多学术关联，或为现任/前任同事，同出一个师门，开展过项目合作研究等。一旦同行评议被暗中操纵，评审意见就有较大可能丧失客观性和准确性。因此，作者推荐审稿人是同行评议专家选取中最后的选择，尤其需要注意非机构邮箱的被推荐人，不到别无他法，通常不建议直接使用于本篇文章的审稿，但可记录到期刊的专家库中，作为其他类似文章的审稿人备选。

通过上述多种方式筛选出审稿人后，编辑仍需注意审稿回避，对于近期与作者有学术合作、与作者隶属于同一个研究机构、作者主动提出需规避的学者，或对待审稿件的论点持有已知的相反或支持的态度、具有利益冲突、亲属关系等的候选人，均应从本次送审中剔除。

4　恰当的审稿人激励

编辑部应当注意维系与审稿专家的良好关系，充分考虑审稿人学术贡献，采取恰当有效的激励措施：①审稿专家提交审稿意见后及时发送感谢邮件，既是对其劳动的感谢也表示编辑部成功收到了评审意见，做到事事有回应。②编辑部可根据审稿质量灵活调整审稿劳务费，充分体现多劳多得的原则。③由于担任期刊特别是有影响力的学术期刊的审稿人是青年学者参与学术活动和学术实力的体现，如果审稿人提出需要审稿证明，编辑部应积极配合，以助力审稿人获得学术圈更高认可度。④对于审稿响应快、质量高的评审专家投稿至本刊的论文，一经录用可给予优先发表。⑤编辑部可采用诸如期刊门户网页、微信公众号或年度最后一期刊物附页等电子或纸质方式公开致谢全年审稿人，亦可年终时开展优秀审稿人评选活动，发放证书及适当的奖金。⑥如果英文期刊采用的与国际接轨的采编系统中集成 Publons 和 ORCID（国际通用的开放研究者与贡献者身份识别码），可设置由审稿专家自行选择是否将审稿记录显示在他们的学术账号中，以便其获得更多学术曝光度。合适有效的审稿激励有利于维护期刊在审稿专家群中的形象与口碑，有利于"可持续性"审稿工作的开展。

5 结语

学术论文同行评议是期刊出版行业普遍认可的学术质量把关的有效方式，对编辑、审稿人、作者、读者及学术圈都大有裨益。随着研究专业化程度的增加，找到与研究相匹配的审稿人愈发困难，因此学术编辑在工作实际中应多总结、多反思，精细化评估每一篇待审稿件，更多关注科研工作活跃、国际化视野丰富的中青年学者，通过编委会、国内外各类数据库、线上学术工具、学术活动、作者推荐等多种途径拓展审稿人选取方式和范围，并注重维护与期刊审稿专家的联系，采取恰当激励措施，以便充分发挥同行评议在科技期刊质量提升中的效用，缩短审稿周期，促进我国科技期刊高质量发展。

参考文献

[1] Publons. 2018 Global State of Peer Review［R/OL］.（2018-09-07）［2022-10-10］. https：//publons. com/static/Publons-Global-State-Of-Peer-Review-2018. pdf.

[2] Springer Nature. 2020 Editor Survey［Z/OL］.［2020-10-10］. https：//www. springernature. com/gp/editors/campaigns/editor-satisfaction.

[3] 聂兰英，王钢，金丹，等. 论科技期刊审稿专家队伍的建设［J］. 编辑学报，2008，20（3）：241-242.

[4] 杨波，王小唯，程建霞，等. 科技期刊审稿专家库的构建及动态管理方法研究［J］. 中国科技期刊研究，2004，15（1）：74-75.

[5] 李海兰，吴岩，毕淑娟，等. 科技期刊审稿专家共享数据库的建立与维护——以中国科学院金属研究所学报信息部审稿专家库为例［J］. 中国科技期刊研究，2012，23（3）：436-438.

[6] 杨凤霞，钮凯福. 加强审稿专家队伍建设 合理组织同行评议［J］. 学报编辑论丛，2020（0）：658-662.

[7] 陈爱萍，徐清华，余溢文，等. 从研究方向入手，准确查找审稿人：以《建筑与土木工程前沿》（英文版）为例［J］. 中国科技期刊研究，2011，22（3）：439-440.

[8] 孙丽莉，刘祥娥. 巧用文后英文参考文献辅助审稿［J］. 编辑学报，2012，24（2）：134-135.

[9] 于红艳. 学术科研类微信公众号对遴选"小同行"审稿人的启示［J］. 学报编辑论丛，2020（00）：574-578.

[10] 中国科学技术协会. 中国科技期刊发展蓝皮书（2021）［M］. 北京：科学出版社，2021.

[11] 郭飞，胡志平，薛婧媛，等. 英文学术期刊快速有效锁定国内目标审稿专家分析［J］. 编辑学报，2016，28（4）：366-367.

[12] 冯景. 一流科技期刊审稿人系统建设的思考——基于 Reviewer Locator 和 Reviewer Recommender 审稿人推荐系统的分析［J］. 学报编辑论丛，2021（00）：542-546.

水利科技期刊知识服务能力建设的探索实践

孙高霞　丁绿芳　邓宁宁　冯中华　李　震

（南京水利科学研究院科技期刊与信息中心，江苏南京　210029）

摘　要： 水利科技期刊的改革发展离不开外部推动和内部创新。在努力实现期刊高质量发展的进程中，水利科技期刊不断探索从传统出版向知识服务转型之道。通过调研部分水利科技期刊在知识服务转型过程中的实践，本文从策划重大选题、提升引领能力，组织行业活动、增强凝聚能力，关注重大事件、提高响应能力，建设水利文化、提升科普能力，重视人才培养、锻炼育人能力等 5 方面对相关编辑部开展的工作进行了梳理；分析了知识服务能力建设中存在的问题及其原因，提出了一些思考和建议，谨供各位期刊同行参考。

关键词： 科技期刊；水利；知识服务；服务转型

1　引言

2019 年，中国科协等部门联合印发了《关于深化改革 培育世界一流科技期刊的意见》。意见指出"科技期刊传承人类文明，荟萃科学发现，引领科技发展，直接体现国家科技竞争力和文化软实力"，要"提高科技期刊围绕中心、服务大局能力"。

随着数字化、网络化、智能化的快速推进，期刊的出版发行方式和盈利模式正由传统纸质出版发行向传统出版-新兴出版融合发展过渡[1]。出版的实质在于知识传承和知识服务。大数据时代，科技数据泛滥和"信息爆炸"下的"知识缺乏"并存，必然要求期刊出版由内容生产向知识服务转型[2-3]。

新时期，水利科技期刊顺应时代发展变革，在传统出版向知识服务转型中进行了很多探索实践。"三人行，必有我师"。本文对近几年水利行业中部分科技期刊在知识服务能力建设方面的探索实践活动进行梳理和归纳，以期为广大水利科技期刊提供参考。

2　知识服务能力建设

2.1　策划重大选题，提升引领能力

期刊出版向知识服务转型，并非丢弃内容生产。稿件质量始终是期刊的灵魂。水利科技期刊应根据国家重大决策部署和战略需求，围绕国家水安全保障能力目标，紧扣水旱灾害防御、水资源集约节约利用和优化配置、大江大河大湖生态保护治理等各项能力提升，跟踪流域防洪、国家水网、河湖生态环境复苏和智慧水利建设等工程的实施，积极策划专题（专栏或专辑），加强优质内容出版，为知识服务提供"源头活水"。

在选题策划和征稿方面：《水利水电技术（中英文）》发布了 2021 年选题指南，包括"极端天气灾害风险评估与管理""水沙过程与环境生态效应""国家水网与智慧水利建设""新时期综合灾害风险管理与可持续发展"等专刊（专栏）征稿。《人民长江》发布了"水资源刚性约束""水旱灾害防御""澜湄水资源合作""水生态文明建设"专题征稿启事。

在专栏（专题或专辑）出版方面：近两年，《水科学进展》刊发了"西南河流源区径流变化和适

作者简介： 孙高霞（1984—），女，高级工程师，主要从事期刊出版相关研究工作。

应性利用"重大研究计划专栏、"全球变化及应对"重点专项专栏；《水利学报》刊发了"城市洪涝防治与水安全保障"专辑、"水资源战略"专栏；《水资源保护》刊发了黄河流域高质量发展、粤港澳大湾区水问题、城市防洪等专题；《人民黄河》刊发了"黄河流域生态保护和高质量发展"专栏论文 100 余篇（2020 年至今）。

2.2　组织行业活动，增强凝聚能力

2.2.1　举办行业会议

对行业会议的策划和组织，是期刊搭建交流平台、服务业内专家学者能力的体现，反映了期刊的凝聚力和品牌影响力。

《岩土工程学报》在 1998 年创办了"黄文熙讲座"。至今，"黄文熙讲座"已成为我国岩土工程界非常重要的品牌，遴选为"黄文熙讲座"主讲人，被视为国内岩土工程领域的最高学术荣誉之一[4]。2022 年 5 月 8 日，第 25 讲"黄文熙讲座学术报告会"在北京召开，线上参会总人数达到 8 700 余人，观看总人次达到 26 000 余次。

2019 年，首届水利学科发展前沿学术研讨会由《水利学报》编辑部发起举办，后续三届逐步发展为《水利学报》编辑部、《中国水利水电科学研究院学报》编辑部、国际水利与环境工程学会中国分会共同承办。2022 年，第四届水利学科发展前沿学术研讨会采用线上分期开讲的形式，每期邀请 1~2 位专家[5]。

2.2.2　开展专家论坛

受客观条件和外在条件限制，各水利科技期刊编辑部自行组织大型学术会往往较难实现。不少编辑部克服困难、另辟蹊径，通过开展线上专家论坛（讲座）等形式，促进交流、提升影响、增强期刊引领和服务水平。

《水资源保护》于 2021 年 12 月创立新媒体运营平台《水资源保护》线上分享会，至今已经开展了 34 期。《岩土工程学报》通过微信公众号"岩土学术 CJGE"设立青年论坛，分专题组织岩土界青年学者的成果报道和学术演讲报告，目前已开展 9 个专题，共计 78 场次报告。

2.3　关注重大事件，提高响应能力

科技期刊是推动理论创新和科技进步的重要力量，也是传播思想文化的重要阵地，对构筑中国精神、中国价值、中国力量也具有重要作用。在重大事件中，科技期刊应认识到和承担起自身的使命。

2019 年，中华人民共和国成立 70 周年。《水利学报》第 1 期刊发纪念专刊，综述新中国 70 年来水利相关学科、领域的成长历程，展示水利科技创新进取对水利水电事业发展的卓越贡献。10 月，在港珠澳大桥通车一周年之际，《水科学进展》出版"港珠澳大桥通车一周年专刊"，向祖国献礼。

2020 年初，新冠肺炎疫情暴发。习近平总书记强调，面对疫情既要有责任担当之勇，又要有科学防控之智。科学防控也是水利人应对水旱灾害的最有力武器。在新冠疫情对科学防控体系建设要求的启示下，《水利水运工程学报》编辑部针对新时期水旱灾害防御和水环境等重点领域，策划了"共克时艰 未雨绸缪——水旱灾害防御和水环境方向"征稿。

2021 年 7 月，河南省出现历史罕见的极端强降雨天气，造成了河南郑州"7·20"特大暴雨灾害。为科学认识和积极防御雨洪灾害，《水利水电技术（中英文）》发布了"特大暴雨与城市防洪减灾应急"专刊征稿函；《水利水运工程学报》发起了"全球气候变化下雨洪研究与极端洪涝灾害应对"专题征稿，以期进一步科学认识和应对暴雨洪涝问题。

2021 年 8 月，针对入汛以来我国局地极端强降雨多发、频发，且致灾性强、危害严重的情势，《水科学进展》和《水利水运工程学报》编辑部联合整理了"溃坝洪水和水库大坝安全研究"虚拟专辑，以供防汛工作和研究参考。

2022 年 7—8 月，长江流域遭遇 1961 年以来最严重的气象干旱[6]。《人民长江》编辑部策划 2022 年"水旱灾害防御"专题。

2.4 建设水利文化，提升科普能力

为加快推进水文化建设，助力推动新阶段水利高质量发展，水利部发布了《水利部关于加快推进水文化建设的指导意见》。

《南水北调与水利科技（中英文）》《水利水电快报》等微信公众号开设科普栏目。2021 年，在"世界水日""中国水周"期间，南京水利科学研究院和江苏省科技期刊学会在南科院铁心桥水科学与水工程试验基地，共同举办"期刊集群高质量建设研讨会"，同时向与会代表宣传水文化。2022 年，我国"世界水日""中国水周"活动主题为"推进地下水超采综合治理 复苏河湖生态环境"，《水科学进展》和《水利水运工程学报》联合推出"地下水和河湖生态环境相关研究"虚拟专辑；众多期刊通过纸质期刊、网站或微信公众号刊登"世界水日""中国水周"公益宣传广告。

在弘扬水利科学家精神方面，2022 年《水利学报》于微信公众号发布"郑守仁：坚守三峡的'工地院士'"宣传画。在迎接第六个"全国科技工作者日"之际，《岩土工程学报》微信公众号陆续推出周培源、茅以升、李四光等科学家故事。

2.5 重视人才培养，锻炼育人能力

科技期刊不仅交流学术思想、报道研究和工程前沿，也在培养、服务和激励人才方面发挥了不可或缺的作用。

2.5.1 指导论文写作

利用"水科学讲堂"平台或受相关高校、科研院所和其他机构邀请，《水利学报》程晓陶主编多次做"水利科技论文的价值追求与评审""水利科技论文的写作与发表""如何做好学术论文的筛选与编审"等讲座；《水科学进展》副主编、编辑部主任贺瑞敏多次做"学术不端行为界定与中文科技论文写作""水利中文科技论文写作与投稿""传承求索荟八方精品 开拓创新促水利发展"等报告。《人民珠江》编辑部通过微信公众号转发了系列论文写作方面的指导文章。这些报告或文章提高了作者科技论文写作的能力，加深了青年学者对严谨、创新、求实的学术精神的理解。

2.5.2 提升信息服务

信息的重要性毋庸置疑。科技期刊不仅自身是信息源，在跟踪学术前沿、追踪行业热点的过程中，也掌握和积累了一些行业信息。很多期刊积极将获取到的行业前沿和信息提供给业内专家和学者。

《南水北调与水利科技（中英文）》在其微信公众号设立"一周水利精编版"报道水利行业相关政策资讯、水利要闻、研究动态。《水利水运工程学报》自 2021 年 8 月开始，通过学报微信工作群和 QQ 工作群"博观"栏目，分享水利相关领域学术报告和会议交流信息，至今已发布 1 000 余条。

2.5.3 评选优秀论文

期刊以内容为王。开展优秀论文评选活动，有利于鼓励学者们发表高质量、高影响的论文，促进水利科技的创新发展。

2021 年 11 月，首届江苏省科技期刊优秀论文评选活动启动。江苏省水利科技期刊积极响应，经编辑部推荐、江苏省科技期刊学会组织院士及学科专家遴选和终审认定等程序，河海大学主办的 4 种学术期刊《河海大学学报（自然科学版）》、Water Science and Engineering、《水资源保护》、《水利经济》共 5 篇论文入选；南京水利科学研究院主办的 5 种学术期刊《水利水运工程学报》、《岩土工程学报》、《海洋工程》、China Ocean Engineering、《水科学进展》共 6 篇论文入选。

众多期刊编辑部，如《水利学报》《水科学进展》《人民长江》《水利水运工程学报》等编辑部陆续开展期刊的年度优秀论文评选活动。另外，在举办会议期间，编辑部作为主办单位或承办单位也会组织优秀会议论文评选，如 2022 第十届中国水利信息化技术论坛共收到投稿论文 186 篇，由《河海大学学报（自然科学版）》《水资源保护》《水利信息化》《人民长江》《水利水电快报》5 个编辑部组织评审专家，评选出一、二、三等奖优秀论文 30 篇。

2.5.4 托举优秀人才

人才是第一资源。水利科技人才的成长需要各方给予更多的信任、更好的帮助、更有力的支持。

除通过多种形式的优秀论文评选对作者进行表彰外，《水利学报》《南水北调与水利科技（中英文版)》《人民长江》《中国农村水利水电》等期刊编辑部还在微信公众号对单篇优秀论文进行推介，并十分注重对论文作者的宣传。

很多编辑部还对优秀编委、审稿人进行了表彰、感谢和激励。例如 2021 年度，《人民珠江》表彰 10 位优秀编委和 20 位优秀审稿人，《水利水电技术（中英文)》表彰 8 位优秀编委，《水利学报》表彰 30 位优秀审稿专家，《中国水利水电科学研究院学报》表彰 10 位优秀审稿专家，《水资源保护》致谢 53 位优秀审稿专家。

3 对知识服务能力建设现状的思考

"十三五"以来，中国建设世界一流科技期刊、实现期刊高质量发展的政策和资助项目不断推出，水利科技期刊迎来了前所未有的发展机遇。但面对国际出版集团的激烈竞争，我国水利科技期刊也面临着优质稿源外流、出版理念和知识服务能力亟待提高等问题[7-8]，所以挑战异常艰巨。

经过以上几方面梳理，在知识服务转型建设中，众多期刊结合自身情况做出了很多有益的探索，在学术引领能力、期刊凝聚能力、重大事件响应能力、水利科普能力和人才培养能力等方面积累了很多经验，取得了一定的成绩，但仍存在以下几方面的不足：①知识服务形式多样，但执行主体主要集中在少数几家期刊，很多期刊未能形成具有自身特色的服务方式[9]；②服务内容主要集中在依托期刊论文所开展的信息服务，对水利科学研究缺乏全过程、全方位的支撑；③对服务对象（编委、审稿人和作者）的引导和支持仍显不足，未能充分增强其责任感、调动其积极性，科研共同体建设有待加强；④期刊间的合作服务意识有待增强，部分期刊因拥有共同的主管单位、主办单位或承办单位，而具有合作的先天优势，但整体集群化建设水平有待提高。

分析以上不足产生的原因，主要可能源于以下几个方面：①对知识服务转型的认识不深刻；②期刊管理体制和运行机制欠缺灵活性，激励机制不足；③编辑部岗位设置不科学，人员数量和结构不尽合理；④期刊相关从业人员忧患意识偏弱。

4 结语

水利行业的高质量发展，需要全体水利科技期刊共同承担起引领责任和服务使命。水利科技期刊由传统出版向知识服务转型的进一步建设，需要期刊主管单位、主办单位、承办单位和中国水利学会期刊工作委员会等组织的精心指导和大力支持，以及各期刊出版单位的共同探索和实践。因作者信息掌握能力有限，同时考虑到文章篇幅，很多期刊在知识服务转型中所开展的探索实践工作未能关注到和一一列举。另外，由于思维高度和分析能力的不足，对知识服务转型建设工作的梳理和总结可能欠妥，不足之处敬请批评指正。

参考文献

[1] 黄晓新. 加快促进我国学术期刊出版深度融合发展 [J]. 出版发行研究，2022 (8)：1.

[2] 林鹏. 科技出版向知识服务转型的探索与实践 [J]. 科技与出版，2017 (6)：4-8.

[3] 刘厚磊. 基于大数据技术的期刊知识服务优化策略研究 [J]. 文化产业，2022 (18)：4-6.

[4] 天津大学建筑工程学院. 2022 年黄文熙讲座（第 25 讲）成功举办 我校郑刚教授为主讲人 [EB/OL]. (2022-05-10) [2022-09-10]. http://jgxy.tju.edu.cn/info/1074/3553.htm.

[5]《水利学报》编辑部. 第四届水利学科发展前沿学术研讨会第一讲开讲了！[EB/OL]. (2022-03-25) [2022-09-10]. https://mp.weixin.qq.com/s/nNn0YM1-2GNIVk5sDNVyAQ.

[6] 霍思伊. 长江全流域遭遇 61 年最严重干旱，做好"抗大旱、抗长旱"战略准备 [EB/OL]. (2022-08-31)

［2022-09-10］. http：//www. inewsweek. cn/cover/2022-08-31/16441. shtml.

［7］李灿灿，徐秀玲，王贵林，等 . 新形势下我国科技期刊稿源变化趋势——面向作者和科技期刊编辑的问卷调查与分析［J］. 中国科技期刊研究，2021，32（9）：1166-1173.

［8］徐会永 . 从稿源外流和中英文特点谈中国科技期刊发展［J］. 编辑学报，2020，32（4）：372-375，379.

［9］叶喜艳，常宗强，张静辉 . 影响作者向中文科技期刊投稿的因素以及期刊改进措施［J］. 中国科技期刊研究，2018，29（8）：771-779.